航天器电池阵/天线动力学与控制

Dynamics and Control of Space Solar Array and Antenna

蔡国平　刘　翔　李海泉　房光强　著

科学出版社

北　京

内 容 简 介

本书共四篇，分别以航天器空间帆板、大型空间桁架电池阵、大型空间薄膜天线、大型空间平面相控阵天线为对象，介绍它们的动力学与控制的理论与方法。帆板研究内容包括：刚性帆板展开动力学建模与主动控制，柔性帆板展开动力学建模与主动控制，铰摩擦问题。桁架电池阵研究内容包括：展开动力学建模与主动控制，关节间隙问题和摩擦问题，程序设计问题。薄膜天线研究内容包括：褶皱分析，结构动力学建模与振动主动控制，刚柔耦合动力学建模与主动控制，挠性参数在轨辨识技术。平面相控阵天线研究内容包括：形面保持控制技术，空间热载荷分析，振动主动控制，动力学模型等效。本书内容是作者多年来在空间天线和电池阵方面的研究成果汇总，具有系统性、新颖性和先进性。

本书可供从事航天器动力学与控制研究的学者和工程技术人员阅读与使用。

图书在版编目(CIP)数据

航天器电池阵/天线动力学与控制/蔡国平等著. —北京：科学出版社，2023.2

ISBN 978-7-03-074966-6

Ⅰ. ①航…　Ⅱ. ①蔡…　Ⅲ. ①航天器–飞行力学　Ⅳ. ①V412.4

中国国家版本馆 CIP 数据核字(2023)第 028782 号

责任编辑：刘信力　郭学雯／责任校对：彭珍珍

责任印制：吴兆东／封面设计：无极书装

科学出版社 出版

北京东黄城根北街 16 号

邮政编码：100717

http://www.sciencep.com

北京中科印刷有限公司 印刷

科学出版社发行　各地新华书店经销

*

2023 年 2 月第　一　版　　开本：720 × 1000　1/16

2024 年 1 月第二次印刷　　印张：26 1/2

字数：532 000

定价：228.00 元

(如有印装质量问题，我社负责调换)

前　言

太阳能电池阵的主要功能是为航天器提供能源与电力，薄膜天线和相控阵天线主要用于深空探测、天基预警、对地观测与跟踪等。在发射入轨前，它们处于折叠状态，入轨后通过机构进行展开。随着航天科技的进步，电池阵与天线朝着大型化和轻量化方向发展，形式越来越多样化，功能要求越来越高，振动、关节间隙与摩擦、褶皱、热载荷等因素对系统动力学行为的影响越发重要，这对动力学与控制的研究提出了巨大挑战。大型空间柔性航天器是当今空间技术水平的集中展示，是衡量一个国家综合国力的重要标志之一，也是我国由“航天大国”迈向“航天强国”过程中亟须开发的重大技术装备，开展相关技术问题的研究不但具有科学意义，而且具有工程价值。

本书分别以航天器太阳能帆板、大型空间桁架电池阵、大型空间薄膜天线、大型空间平面相控阵天线为对象，详细介绍相关的动力学与控制问题，内容主要包括：展开动力学建模，结构动力学建模，刚柔耦合动力学建模，动力学模型等效，振动和姿态主动控制，形面精度保持，关节摩擦与间隙，挠性参数在轨辨识，热载荷分析等。本书内容是作者多年来从事空间电池阵和空间天线动力学研究的总结。

感谢国家自然科学基金 (12172214，12102252，11132001) 和航天产业部门多年来的大力支持，使得本书的研究内容得以顺利完成。本书得到上海交通大学水动力学教育部重点实验室 (B 类) 的资助，在此鸣谢！本书所有内容是刘翔博士、李海泉博士、范亮博士、周纪扬博士、卢光宇博士、史江博士、段柳成硕士在学位论文期间完成的，他们在学位论文期间进行了积极和卓有成效的探索，作者衷心地表示感谢。本书撰写中还参考了国内外许多专家和学者的成果，书中皆已给出文献注释，在此一并对他们表示感谢。作者希望本书内容对我国航天器动力学的研究有所裨益，同时，也衷心希望各位专家和学者能够提出宝贵意见，以使得我们今后可以做进一步的研究和探索。

由于作者水平有限，本书内容难免会出现描述不妥当的地方，敬请批评与指正。

作　者

2022 年 5 月于上海交通大学

目　　录

第四篇 大型空间平面相控阵天线动力学与控制

第一篇
空间帆板展开动力学与控制

第 1 章 绪论 1：空间帆板展开动力学与控制

1.1 研究目的和意义

随着人类对太空的不断探索以及空间科学技术的飞速发展，航天器的空间任务日趋多样化，部件结构越来越复杂化。为满足航天器轻量化、运输载荷有效化以及发射成本低耗化等的要求，轻质和柔性附件在航天器中大量使用。航天器对空间定位、机械臂抓获等作业任务的要求越来越高，铰链之间的摩擦、间隙等非光滑因素对展开机构动力学的影响愈发重要。柔性问题和摩擦等非光滑问题已经成为当前航天器动力学的研究热点，同时也是难点之一。帆板 (太阳阵) 是航天器的重要部件之一，它为航天器的在轨工作提供电力。航天任务的多样化和航天器部件的复杂化往往意味着需要在轨消耗更多能源，这就要求太阳阵尺寸足够大且质量轻，因此现行航天器通常带有大型柔性太阳阵。太阳阵在发射入轨前通常处于收拢状态，入轨后通过释放压紧机构并依靠展开机构动作，从而实现各基板的展开与锁定。只有在太阳阵顺利实现展开与锁定动作后，航天器才能获得足够的动力来开展正常的空间活动。太阳阵的展开与锁定是航天器入轨后极为关键的操作之一，该过程伴随有复杂的动力学行为，需要进行精准的动力学建模与分析。此外，太阳阵和航天器本体之间存在着刚柔耦合，太阳阵的展开及锁定会对航天器本体姿态造成影响，航天器的姿态调整会引起太阳阵的弹性振动。综上所述，开展航天器太阳阵展开动力学与控制的研究具有重要意义和工程价值。

1.2 空间帆板展开动力学研究综述

帆板展开动力学的研究主要是以多体系统动力学理论为基础，以下针对多体系统动力学的研究和空间帆板展开动力学的研究进行简要综述。

1.2.1 多体系统动力学

多体系统动力学是一门主要研究机械系统动力学的学科。多体系统往往是由通过某种方式相互连接的多个物体 (包括质点、刚体、弹性体等) 组成的复杂系统。组成系统的各成员物体是以铰链等形式相互连接，受到来自不同方向或不定大小的力作用，这些力一方面源于铰链内的铰约束反力、摩擦力、接触力、重力、外力等，另一方面源于作动器如阻尼、弹簧等施加的力，当然也包括其他外部物体如机车、轮胎等施加的力。在多体系统中，铰链形式灵活多样，既有一些特殊用途的组合铰，也有一些比较常规的铰，如滑移铰、圆柱铰、旋转铰、球铰、胡克铰。多体系统所涉及的工程领域很宽泛，如船舶、汽车、航天、兵器、机器人等工程领域中有着大量的多体系统，诸如风电设备、机械臂、汽车底盘系统、航空发动机系统，绝大多数机械系统均可归结为多体系统。随着国民经济的快速发展以及国防建设的日趋完善，各行业各领域对机械系统产品动态性能的要求也越来越高。因此，对复杂的大型机械系统进行精细的动力学行为分析成为当前的热点和难点问题，多体系统动力学便在这样的工程背景下应运而生。多体系统动力学通常研究机械系统各部件的位移、速度、加速度以及力之间的复杂关系，并在综合理论力学、材料力学、分析动力学、计算数学等多领域学科的研究成果上，充分结合现代电子计算机的发展，经过多年不断地改善和经验累积，逐步发展成熟并自成体系。多体系统动力学在工业领域正在发挥着巨大的应用价值，是力学在工程上运用最为广泛的热点领域之一。纵观前人的研究可以发现，多体系统动力学分析的核心主要包括动力学建模方法和数值计算，而如何快速、精准地建立合理的系统动力学方程，并能够结合当前计算机技术进行高效的数值求解而且可以保证良好的通用性，这是非常具有挑战性的。

截至目前，国内外学者对多体系统动力学的探究主要历经了两个重要阶段，即多刚体系统动力学阶段和柔性多体系统动力学阶段。多刚体系统动力学是多体系统动力学的发展初始阶段，主要是依托经典力学而得以发展和成熟。伴随科技的不断进步和工程应用的日趋广泛，学者们已经在该领域开展了大量的研究工作，取得了非常可观而成熟的理论研究成果。著名学者 Wittenburg[1] 出版了第一本较为全面地阐述多刚体系统动力学的著作 *Dynamics of Systems of Rigid Bodies*，随后国际理论与应用力学联盟 (IUTAM) 主持了首届国际性的多体系统动力学学科交流会议，意味着多刚体系统动力学的建模方法已经得以基本解决。随着科学研究的深入与工程技术的跨越式进步，机械系统日益复杂，系统的运行速度越来越快，而对系统精度的要求却越来越高，以往的基于刚体假设的多体系统动力学的分析方法已经无法适用于现代工程系统的分析。在这种背景下，多体系统动力学理论得到了新发展，柔性多体系统动力学顺势诞生，并且得到不断发展，变得成熟。顾名思义，柔性多体系统通常是指由许多个刚体或者柔性体以某种连接方式 (如铰链等) 组成的复杂多体系统，它可以说是多刚体系统动力学的自然拓展和提升。在某种程度上可以认为柔性多体动力学是结构力学和多刚体动力学的组合，主要研究弹性体的振动变形与系统大范围空间运动的彼此作用或耦合，以及该耦合所产生的动力学效应。但是，柔性多体系统动力学又不等同于多刚体系统动力学或者结构动力学，其原因也是考虑到了上述耦合效应。因此从严格意义上说，柔性多体系统动力学综合了有限元理论、理论力学、牛顿经典力学、现代计算机技术和控制理论等多学科知识，是极富有工程应用价值和科学研究意义的新兴领域 [2]。

自 20 世纪 60 年代以来，人们对多体系统动力学的相关研究取得了显著成绩，诸多学者对多体系统的各个方面开展了深入研究。以下将分别对多体系统动力学两个发展阶段的主要研究成果进行简述。

对于多刚体系统动力学问题，目前各种成果层出不穷，如下所述。Wittenburg[1] 撰写了第一本系统阐述多体系统动力学的专著，将图论方法运用到了多体系统动力学的研究中，该著作已成为多刚体系统动力学中拉格朗日 (Lagrange) 方法的基石。Schiehlen[3] 首次提出了连续系统和有限元离散系统近似等效性的观点，并撰写了较为权威的多体系统动力学研究指南。Kane[4] 在综合分析并比较现有动力学原理的基础上，提出了兼具矢量力学和分析力学特点的 Kane 方法，并进一步探讨了 Kane 方法在航天器动力学等领域的具体应用。Nikravesh[5] 研究了多体系统建模和数值求解的计算机实现方法，出版了基于计算机辅助分析的多体系统仿真方面的专著。Haug[6] 提出了多刚体系统动力学的笛卡儿建模方法，为后续通用多体系统仿真分析软件的程序开发提供了理论基础。Roberson 等 [7] 从多体系统的发源、刚性体建模、线性方程求解以及计算机实现等方面进行了综述性的研究工作。贾书惠、刘延柱等 [8−11] 对多刚体系统动力学的建模和数值计算问题进行了理论研究，并各自出版了多体系统动力学的论著。休斯敦 (Huston) 和刘又午 [12,13] 在 Kane 研究成果的基础上，给出了多体系统拓扑结构的低序体阵列描述方法和空间物体相对位置的欧拉 (Euler) 参数表述方法，通过相关数学变换提出了具有计算机程式化的高效建模方法。Shabana[14] 对多刚体系统的动力学建模和数值求解问题进行了详细研究，并提出了卓有成效的计算多刚体系统动力学方法。de Jaln 等 [15] 给出了多刚体系统的完全笛卡儿坐标描述方法，提出了一种有效的多刚体系统动力学建模方法，并给出了高效的数值求解策略。Stejskal 等 [16] 从复杂的空间机构的虚拟样机设计角度出发，采用一种新的方法来描述高、低两类运动副的运动学约束，并基于此描述方法进一步讨论了动力学建模与数值仿真的相关问题。陈立平等 [17] 在对 ADAMS 通用多体计算程序进行概括性总结的基础上，详细介绍了多刚体系统动力学的建模方法在解决工程问题上的广泛应用。芮筱亭等 [18−20] 提出并逐渐完善了多体系统的离散时间传递矩阵方法，该方法解决了由多体系统自由度大、求解速度慢而引起的一系列的工程难题，实现了多刚体系统数值计算的高效性、快速性的工程要求。Wittenburg[21] 系统全面地介绍了多体系统建模的方法，并着重讨论了图论方法和接触碰撞动力学问题。Featherstone[22] 分别针对开环和闭环的多刚体系统进行了正、逆向动力学建模分析，并讨论了接触碰撞问题的数值求解算法。

伴随国家经济的快速发展和国防建设的不断完备，多刚体系统模型逐渐难以满足工程精度要求，很多工程实际问题必须同时考虑机械部件的大范围运动和部件自身振动变形的相互耦合，因此关于多体系统中柔性体建模问题的研究工作愈发显得重要而紧迫。基于上述工程背景，柔性多体动力学的理论研究工作得到学者们的高度重视，并且不断发展与成熟，而且在实际工程中得到广泛运用。Huston、Bremer、黄文虎、洪嘉振和 Shabana 等 [23−28] 分别在各自撰写的著作中较为详细地探讨了柔性多体系统动力学的建模方法和数值求解策略，为柔性多体系统领域的研究工作奠定了理论基础。Geradin 和 Cardona[29] 采用有限元方法对柔性多体系统动力学的相关工程问题进行了研究和探索。艾伯哈特和胡斌等 [30] 综合了多刚体方法和有限元思想的优点，提出了有限元和多刚体混合建模方法，提高了柔性多体模型中接触问题的计算效率和精度。潘振宽等 [31] 探讨了多体系统动力学问题中的动态最优化设计问题，并对数值求解过程中模型的灵敏度问题展开了讨论。Wasfy 等 [32,33] 对柔性多体系统中的参数不确定性动力学问题开展了大量的研究工作。Wittbrodt[34] 提出了刚体有限元思想，通过一类铰坐标自动生成和数学相似变换方法建立了刚柔耦合系统的动力学方程。Eberhard 等 [35] 给出了柔性多体系统的一种模型缩聚方法，该方法是基于 Gramian 矩阵降阶方法和 Krylov 子空间方法的综合改进，能够明显地提高数值计算效率。齐朝晖等 [36,37] 给出了柔性多体系统动力学中非理想约束的建模方法，并重点讨论了多体系统铰内接触的摩擦处理方法和冗余约束的建模问题。Shabana 等 [28] 提出了柔性多体系统的大变形建模问题的绝对坐标法。胡海岩和田强等 [38−42] 采用绝对节点坐标法对多个柔性多体系统进行了动力学建模研究，并且对高效计算方法进行了深入研究。Yoo 等 [43,44] 基于绝对坐标法研究了包含梁、板、壳等大变形柔性构件的多体系统动力学问题。芮筱亭等 [45−48] 提出了弹性体变形的模态描述思想，建立了大范围运动弹性体的动力学方程，并基于弹性体全新的传递矩阵和传递函数给出了多体系统离散时间的传递矩阵法，实现了柔性多体模型的高效快速计算。方喜峰等 [49] 对多体系统的正、逆动力学问题展开研究，采用空间算子代数思想进行了模型设计与算法实现。蒋建平等 [50−52] 采用柔性多体系统动力学的相关研究理论，分别对航天器动力学、舰船机械设备隔振系统动力学，以及多体系统中的碰撞等问题进行了大量研究工作。以上研究成果显示，现有的多体系统动力学建模方法已经极大地促进了当代工业技术的发展步伐，成为解决各类复杂机械系统动力学问题的核心理论基础和强有力的计算手段。

以上给出了多体系统动力学建模方法的研究进展情况，下面简要介绍多体系统动力学的另一核心问题，即数值计算方法。一般意义上的多体系统的动力学模型是微分和代数混合方程组，其中微分方程部分为系统动力学方程，代数方程部分则为系统约束方程。该动力学模型的一般形式为

$$\begin{cases} \boldsymbol{M}\ddot{\boldsymbol{x}} + \boldsymbol{\Phi}_x^{\mathrm{T}}\boldsymbol{\lambda} = \boldsymbol{f} \\ \boldsymbol{\Phi}(\boldsymbol{x}, t) = \boldsymbol{0} \end{cases} \tag{1-1}$$

式 (1-1) 是封闭形式的系统微分代数方程，即 DAE。关于这类微分代数方程的求解策略已有许多文献可供参考，概括起来大致分为三大类：缩并法、增广法、混合法。逐一简介如下。

缩并法是当前广为使用的数值方法，其核心思想是通过各类矩阵变换和分解的方法将描述系统的坐标划分为独立坐标和不独立坐标两种，通过正交性变换来消除不独立的广义坐标，不独立的系统微分方程最后转换成独立的微分方程，从本质上来说这是一种解除约束的数值方法。这类方法通常只能在局部实现，因为柔性多体系统动力学的方程往往存在时变和强非线性耦合问题。缩并法通常有以下几种形式 [53−55]：正交三角分解 (QR) 法，直接三角分解 (LU) 法，奇异值分解 (SVD) 法。无论哪种形式的缩并方法，本质上都是搜索约束空间的正交补空间，利用约束空间和补空间的正交特性来消除不独立的广义坐标。

增广法主要包括直接积分法和约束稳定法两种求解策略。直接积分法的思路就是对约束方程进行二阶导数求解，获得具有加速度意义的约束方程，并将其与系统微分方程联立，最终形成类似以下形式的代数方程组：

$$\begin{bmatrix} \boldsymbol{M} & \boldsymbol{\Phi}_x^{\mathrm{T}} \\ \boldsymbol{\Phi}_x & \boldsymbol{0} \end{bmatrix} \begin{bmatrix} \ddot{\boldsymbol{x}} \\ \boldsymbol{\lambda} \end{bmatrix} = \begin{bmatrix} \boldsymbol{f} \\ \gamma \end{bmatrix} \tag{1-2}$$

考虑到上述方程的系数矩阵满秩，因此可以通过求解线性方程组的方式来求得 $\ddot{\boldsymbol{x}}$ 和 $\boldsymbol{\lambda}$，然后通过积分求出下一个时间步的 $\dot{\boldsymbol{x}}$ 和 $\boldsymbol{x}$。这种计算方法使用起来虽然方便，但考虑到积分算法存在误差积累，因此很容易导致数值结果发散。为了减少直接积分带来的数值误差，Baumgarte[56] 运用反馈控制的思想来抑制数值积分导致的误差累积，提出了违约稳定方法。该方法的数值稳定性通常取决于反馈系数的大小，由于反馈系数的选择没有通用的方法，所以在选取上存在一定的经验性。

混合法是采用缩并法进行坐标分块和采用增广法进行数值积分计算的混合方法，这种方法实际上是利用约束方程和约束方程的速度形式来进行违约修正，因此在本质上应该属于增广法。

多体系统动力学是本书研究工作的理论基础，以上简要概述了前人在多体系统动力学的建模方法和数值求解方面的研究进展，接下来将重点阐述多体系统动力学理论在航天器太阳阵帆板展开动力学与控制问题上的应用情况，以及其他相关热点、难点问题的研究。

1.2.2 空间帆板展开动力学

航天工程中存在着复杂的动力学行为，学者们对航天器动力学问题的研究是推动多体系统动力学发展的一个至关重要因素。纵观多体系统动力学的发展历程，研究多是以航天器为工程背景展开的，如空间机器人抓捕、太阳阵伸展、航天器定位等，这些问题都需要采用多体系统动力学理论予以解决。

太阳阵的展开过程会产生复杂的动力学行为，帆板展开会对航天器的姿态造成影响，航天器姿态的变化反过来又会影响帆板的展开过程。随着航天科技的发展，一方面航天器朝着大型化和柔性化方向发展，太阳阵尺寸和规模随之变大；另一方面是高速度和高精度的要求，这就需要对太阳阵的展开过程进行精确的动力学建模和动力学分析，为后续的控制设计提供模型保障。截至目前，众多学者对太阳阵展开动力学进行了大量的研究。1986 年，Wie 等 [57] 对 INSAT 航天器的闭环拓扑结构进行了运动学建模和数值仿真。1990 年，周志成和曲广吉 [58] 采用 Kane 理论建立了太阳阵的展开动力学模型，讨论了其中的碰撞动力学问题，并编写了通用仿真程序。2002 年，Oskar 和 Simon[59] 运用 SIMPACK 软件对太阳能帆板解锁释放、调姿、展开三个阶段进行了仿真，探究了在上述各阶段太阳阵的振动变形对驱动机构的影响。2004 年，郭峰等 [60] 基于 ADAMS 软件建立了刚性太阳阵多体系统动力学模型，探讨了帆板展开过程的动力学问题，并初步揭示了间隙和铰摩擦等非线性因素对太阳阵展开的影响。2006 年，白争锋等 [61] 基于 ANSYS 和 ADAMS 软件对柔性太阳阵展开和锁定过程进行了动力学仿真，并给出了航天器的本体在两种不同展开模式下的姿态变化情况及太阳阵自身的动力学特性。2008 年，Yasushi 等 [62] 建立了刚性本体–柔性附件式卫星多体系统太阳阵展开过程中卫星姿态响应的解析模型，并运用 ADEOS 卫星和 ADEOS-II 卫星的飞行数据进行了数值求解。2010 年，Birhanu 等 [63] 利用 ADAMS 和 ANSYS 软件对太阳阵展开与锁定过程进行了分析，并详细论述了太阳阵展开过程与卫星本体姿态运动的相互作用，最后给出了帆板振动控制方面的建议。2011 年，王晛等 [64] 基于虚拟样机技术综合考虑多影响因素模拟了太阳阵地面展开锁定冲击过程，较好地预测了其动态行为。2012 年，游斌弟等 [65] 基于拉格朗日和牛顿法推导了递推形式的太阳阵展开锁紧动力学模型，研究了铰链副接触碰撞对卫星太阳阵系统的影响。2014 年和 2015 年，段柳成等 [66–68] 分别对刚性和柔性太阳能帆板展开动力学建模问题以及铰摩擦问题进行了详细研究，并且采用模糊自适应比例微分 (fuzzy PD) 方法进行了控制律的设计。2016 年至今仍有许多学者开展了研究，取得了许多成果，在此不一一介绍。值得说明的是，虽然目前学者们已经对太阳阵展开动力学进行了大量研究和取得了丰硕成果，但是仍存在一些问题有待进行深入探讨，例如，现有的研究中，对包含铰链副摩擦影响的太阳阵展开的刚柔耦合动力学的研究尚很不充分。摩擦虽然是微观层面上的量，但是会对系统宏观上的动力学行为造成重要影响。航天器铰链间不可避免地存在着间隙和摩擦 [69]，由于太空环境恶劣和温差变化剧烈，铰链摩擦有时会对太阳阵展开造成重要影响。李君兰等 [70] 基于商业软件 ADAMS 对空间可展构件进行了动力学数值仿真，进一步指出摩擦等对展开动力学行为的影响不可忽略。另外，商业软件 ADAMS 等在对摩擦问题的处理上是直接采用经典的库仑 (Coulomb) 摩擦或其改进形式，对于复杂系统的摩擦问题的描述存在一定局限性。随着激光、高速摄影等现代测量技术的发展，人们有能力在微观层面上对运动副之间的摩擦进行观测，并且提出了更为精准的摩擦模型，如三维 (3D) 鬃毛模型、LuGre 模型等。因此有必要进一步开展太阳阵展开动力学的研究工作，更为精准地阐述铰摩擦对展开动力学的影响。

1.3 空间帆板控制问题研究综述

现代航天器一般都带有大型挠性附件，如大型柔性太阳阵、长柔伸展天线等。这些附件的尺寸通常很大，为了减轻运载工具的负担和载重，它们大多采用了低刚度和低质量的优化设计构造。航天器入轨后，挠性附件的展开与锁定动作会与航天器本体的大范围运动产生耦合，影响航天器的姿态控制精度。例如，1958 年美国发射的第一颗人造卫星“探险者 1 号”，由于星体外的四根鞭状天线的弹性振动而造成卫星的姿态翻滚；1982 年，柔性太阳阵的驱动系统和航天器的姿态控制系统彼此间产生的耦合干扰，直接导致了美国“陆地卫星 4 号”的观测仪旋转系统未能达到预期的性能；“国际 5 号”通信卫星的太阳阵由于其高阶的扭转模态和驱动系统之间发生的共振，而产生停转、打滑等严重问题等。这些事实说明，柔性附件的展开、锁定动作以及弹性振动是影响航天器定位精度和控制性能的关键因素，柔性问题也一直是航天器动力学研究的热点之一。

学者们对航天器太阳阵的主动控制问题进行了大量的研究工作，取得了许多成果。以下简述几篇国内学者的研究成果。李东旭等 [71,72] 采用压电作动器对挠性帆板的振动主动控制进行了研究，设计了一个自适应模糊控制器。刘新建等 [73] 针对太阳阵的振动问题提出了一种快速有效的控制方法，为带大挠性附件航天器的变轨和交会对接等提供了价值。李俊峰和王照林 [74] 探讨了航天器大型附件的展开动作对航天器本体的姿态运动的影响，为航天器的姿态控制的研究提供了理论参考。王天舒等 [75] 研究了铰间隙大小对附件展开动力学和航天器本体姿态的影响。戈新生等 [76,77] 研究了太阳阵展开过程中航天器本体的姿态优化控制问题，基于数值迭代方法和智能优化算法来搜索最优解。孙凯和戈新生 [78] 研究了航天器太阳阵展开过程的最优控制问题，采用粒子群智能算法对展开过程中航天器本体的姿态进行有效控制。郭正雄和戈新生 [79] 讨论了太阳阵展开过程中的优化控制问题，采用数值逼近的方法克服了以往研究中的控制输入的初始和终止参数不可为零值的情况。白争锋等 [80] 讨论了在不同的太阳阵展开模式下航天器本体的姿态变化情况，分析了太阳阵展开与锁定对航天器姿态的影响，进一步指出对航天器本体施加控制的必要性。目前关于太阳能帆板动力学的研究，大多考虑的是帆板伸展到位后的振动抑制或者帆板展开过程对航天器本体位姿的扰动，不考虑航天器本体的主动控制。帆板的展开会引起航天器本体位姿发生改变，帆板瞬间的锁定所产生的碰撞力更会对本体造成冲击。白争锋等 [56] 研究了太阳阵展开与锁定动作对航天器中心体姿态变化的影响，指出了对航天器本体进行姿态控制的必要性。

1.4　其他问题的研究

除了以上提及的铰摩擦、主动控制等，太阳阵的展开与锁定过程中常常还涉及其他的一些动力学问题，简要阐述如下。

(1) 太阳阵的非线性问题。传统的航天器部件级以及子系统的动力学研究均是在线性假设前提下开展的，而且相关研究工作已经较为成熟。随着科技的发展，线性假设逐渐难以满足现代工程精度的要求，因此非线性问题成为太阳阵多体系统动力学的研究热点。目前，铰链间隙就是非线性问题中的一个研究热点，它是引起太阳阵展开动力学非光滑特性的主要原因之一，对展开动力学行为有着明显影响。间隙的存在会导致展开机构铰链处的碰撞以及摩擦等接触形式，而这些碰撞力和摩擦力往往与结构的变形不再是简单的线性关系，这使得系统动力学方程具有显著的非光滑特性。

(2) 太阳阵的平面度问题。太阳阵的平面度是用来描述太阳阵各帆板的表面保持在同一平面内的程度的指标，而太阳阵在展开过程中能否保证其各个帆板不发生侧偏，这对驱动机构的驱动效率是非常关键的，因此保持高度的平面性至关重要 [81]。目前，人们对平面度的控制仅限于对太阳阵工艺上的严格要求，而对在轨工作的太阳阵的平面度分析尚有待深入研究。

(3) 展开机构间的碰撞振动对姿态的影响。空间任务的高度复杂化和精细化，对航天器的高精度定位提出了更加苛刻的要求。以高分辨率和高定位精度的遥感卫星为例，该卫星主要应用于对地观察、远程通信和深空探测等作业，对指向定位和姿态控制精度的要求非常高。然而，在轨航天器往往会受到各种随机的微小扰动力作用，大柔性太阳能帆板的展开与锁定动作往往会导致展开机构间的接触碰撞、帆板的变形振动，以及结构动态不对称产生的力矩扰动，这些因素常常影响到航天器本体的定位和控制，进而对整个航天器系统的空间作业造成干扰，因此必须对太阳阵的展开与锁定过程的动力学问题进行精细研究。

(4) 热载荷分析问题。众所周知，太空的气候环境复杂且多变，会引起航天器大柔性太阳阵表面的温度骤变，进而对太阳阵的性能和展开机构的可靠性产生较大影响，因此热载荷分析问题值得重视。

(5) 重要部件寿命分析。经济性和寿命等指标是航天器设计中极为重要的一环，随着航天工程的不断国际化和市场化，民用商用航天器得到了极大的发展，航天器的质量控制也因此变得极为关键，寿命可靠性分析成为航天器设计的重要问题，同样也是航天器动力学研究的热点问题。

1.5 本篇研究内容

本篇对空间帆板展开动力学与控制问题进行研究，详细内容可参见文献 [82]。本篇共分 4 章，各章内容简介如下。

第 1 章，绪论。介绍研究目的和意义，以及空间帆板展开动力学研究综述。

第 2 章，刚性空间帆板展开动力学与控制。首先，给出刚性太阳阵系统的结构描述，并建立系统各机构的等效物理、数学模型；然后，采用系统独立的广义坐标 (铰坐标) 推导刚性太阳阵多体系统的动力学方程；接着，采用模糊自适应 PD 控制方法设计控制律；最后，进行数值仿真，以验证所给方法的正确性与有效性。

第 3 章，柔性空间帆板展开动力学与控制。首先，给出太阳阵帆板的动力学建模方法，并采用有限元理论建立各柔性帆板的离散化有限元模型，以提取柔性体的模态信息；其次，采用系统独立的广义坐标 (铰坐标和模态坐标) 推导柔性太阳阵多体系统的动力学方程；再次，采用模糊自适应 PD 控制方法设计控制律；最后，进行数值仿真，以验证所给方法的正确性与有效性。

第 4 章，考虑铰摩擦的空间帆板展开动力学。首先，阐述了工程中常用的摩擦模型及其建模方法；然后，基于虚功率原理并分别采用拉格朗日乘子法和牛顿–欧拉单向递推法推导铰摩擦对系统动力学方程的贡献，同时分别基于 LuGre 摩擦模型和 3D 鬃毛摩擦模型建立系统的封闭形式的多体动力学方程；最后，通过数值仿真验证所建立动力学模型的正确性，以及铰摩擦对太阳阵多体系统动力学的影响。

参 考 文 献

[1] Wittenburg J. Dynamics of Systems of Rigid Bodies[M]. Stuttgart: B. G. Teubner, 1977.

[2] Shabana A A. An absolute nodal coordinate formulation for large rotation and deformation analysis of flexible bodies[R]. Technical Report No. MBS96-1-UIC, University of Illinois at Chicago, 1996.

[3] Schiehlen W. Multibody Systems Handbook[M]. Berlin: Springer Verlag, 1990.

[4] Kane T R, Likins P W, Levinson D A. Spacecraft Dynamics[M]. New York: McGraw Hill Book Company, 1983.

[5] Nikravesh P E. Computer-aided Analysis of Mechanical Systems[M]. Engelwood Cliffs, NJ: Prentice-Hall, 1988.

[6] Haug E J. Computer-aided Kinematics and Dynamics of Mechanical Systems[M]. Boston: Allyn and Bacon, 1989.

[7] Roberson R E, Schwertassek R. Dynamics of Multibody Systems[M]. Berlin: Springer Verlag, 1988.
[8] 贾书惠. 刚体动力学 [M]. 北京: 高等教育出版社, 1986.
[9] 刘延柱, 洪嘉振, 杨海兴. 多刚体系统动力学 [M]. 北京: 高等教育出版社, 1989.
[10] 袁士杰, 吕哲勤. 多刚体系统动力学 [M]. 北京: 北京理工大学出版社, 1992.
[11] 陈乐生, 王以轮. 多刚体动力学基础 [M]. 哈尔滨: 哈尔滨工程大学出版社, 1993.
[12] 休斯敦 R L, 刘又午. 多体系统动力学 (上册) [M]. 天津: 天津大学出版社, 1987.
[13] 休斯敦 R L, 刘又午. 多体系统动力学 (下册) [M]. 天津: 天津大学出版社, 1991.
[14] Shabana A A. Computational Dynamics[M]. New York: Wiley, 1994.
[15] de Jalon G J, Bayo E. Kinematic and Dynamic Simulation of Multibody Systems: The Real Time Challenge[M]. New York: Springer Verlag, 1994.
[16] Stejskal V, Valasek M. Kinematics and Dynamics of Machinery[M]. New York: Marcel Dekker, 1996.
[17] 陈立平, 张云清, 任卫群. 机械系统动力学分析及 ADAMS 应用教程 [M]. 北京: 清华大学出版社, 2005.
[18] Rui X T, Lu Y Q, Ling P, et al. Discrete time transfer matrix method for mutibody system dynamics[C]//Euromech Colloquium 404 on Advances in Computational Multibody Dynamics, Lisbon, Portugal, 1999: 93-108.
[19] Rui X T, He B, Lu Y Q, et al. Discrete time transfer matrix method for multibody system dynamics[J]. Multibody System Dynamics, 2005, 14(3-4): 317-344.
[20] 芮筱亭, 贠来峰, 陆毓琪, 等. 多体系统传递矩阵法及其应用 [M]. 北京: 科学出版社, 2008.
[21] Wittenburg J. Dynamics of Multibody Systems[M]. Berlin: Springer Verlag, 2008.
[22] Featherstone R. Rigid Body Dynamics Algoriths[M]. New York: Springer Verlag, 2008.
[23] Huston R L. Multibody Dynamics[M]. Boston: Butterworth Heinemann, 1990.
[24] Bremer H, Pfeiffer F. Elastische Mehrkorpersysteme[M]. Stuttgart: Teubner, 1992.
[25] 黄文虎, 邵成勋. 多柔体系统动力学 [M]. 北京: 科学出版社, 1996.
[26] 陆佑方. 柔性多体系统动力学 [M]. 北京: 高等教育出版社, 1996.
[27] 洪嘉振. 计算多体系统动力学 [M]. 北京: 高等教育出版社, 1999.
[28] Shabana A A. Dynamics of Multibody Systems[M]. 3rd ed. New York: Cambridge University Press, 2005.
[29] Geradin M, Cardona A. Flexible Multibody Dynamics: A Finite Element Approach[M]. New York: Wiley, 2001.
[30] 艾伯哈特 P, 胡斌. 现代接触动力学 [M]. 南京: 东南大学出版社, 2003.
[31] 潘振宽, 丁洁玉, 高磊, 等. 多体系统动力学动态最优化设计与灵敏度分析 [J]. 力学学报, 2005, 37(5): 612-619.
[32] Wasfy T M, Noor A K. Finite element analysis of flexible multibody systems with fuzzy parameters[J]. Computer Methods in Applied Mechanics and Engineering, 1998, 160: 223-243.

[33] Sandu A, Sandu C, Ahmadian M. Modeling multibody systems with uncertainties. Part I: Theoretical and computational aspects[J]. Multibody System Dynamics, 2006, 15: 373-395.

[34] Wittbrodt E, Wojciech S. Dynamics of Flexible Multibody Systems: Rigid Finite Element Method[M]. Berlin: Springer Verlag, 2006.

[35] Lehner M, Eberhard P. A two-step approach for model reduction in flexible multibody dynamics[J]. Multibody System Dynamics, 2007, 17: 157-176.

[36] 齐朝晖, 许永生, 罗晓明. 含非理想约束多柔体系统递推建模方法 [J]. 力学学报, 2008, 40(5): 686-694.

[37] 齐朝晖. 多体系统动力学 [M]. 北京: 科学出版社, 2008.

[38] Li J C, Liu C, Hu H Y, et al. Analysis of elasto-plastic thin-shell structures using layered plastic modeling and absolute nodal coordinate formulation[J]. Nonlinear Dynamics, 2021, 105(4): 2899-2920.

[39] Sun J L, Tian Q, Hu H Y, et al. Axially variable-length solid element of absolute nodal coordinate formulation[J]. Acta Mechanica Sinica, 2019, 35(3): 653-663.

[40] 刘铖, 田强, 胡海岩. 基于绝对节点坐标的多柔体系统动力学高效计算方法 [J]. 力学学报, 2010, 42(6): 1197-1205.

[41] 田强, 张云清, 陈立平, 等. 柔性多体系统动力学绝对节点坐标方法研究进展 [J]. 力学进展, 2010, 40(2): 189-202.

[42] Tian Q, Chen L P, Zhang Y Q, et al. An efficient hybrid method for multibody dynamics simulation based on absolute nodal coordinate formulation[J]. Journal of Computational and Nonlinear Dynamics, 2009, 4(2): 021009.

[43] Yoo W S, Lee J H, Park S J, et al. Large deflection analysis of a thin plate: computer simulations and experiments[J]. Multibody System Dynamics, 2004, 11: 185-208.

[44] Yoo W S, Lee J H, Park S J, et al. Large Oscillations of a thin cantilever beam: physical experiments and simulation using the absolute nodal coordinate formulation[J]. Nonlinear Dynamics, 2003, 34: 3-29.

[45] Rui X T, He B, Rong B, et al. Discrete time transfer matrix method for multi-rigid-flexible-body system moving in plane[J]. Proceedings of the Institution of Mechanical Engineers Part K, Journal of Multibody Dynamics, 2009, 223(K1): 23-42.

[46] Rong B, Rui X T, Wang G P. New method for dynamics modeling and analysis on flexible plate undergoing large overall motion[J]. Proceedings of the Institution of Mechanical Engineers Part K, Journal of Multibody Dynamics, 2010, 224(K1): 33-44.

[47] Rong B, Rui X T, Wang G P. Dynamics modelling and simulation of spacecraft with flexible solar panel[C]//International Conference on Mechanical Engineering and Mechanics, 2009.

[48] Rui X T, Rong B, He B, et al. Discrete time transfer matrix method of multi-rigid-flexible-body system (keynote)[C]//International Conference on Mechanical Engineering and Mechanics 2007, Science Press USA Inc, 2007: 2244-2250.

[49] 方喜峰, 吴洪涛, 刘云平, 等. 基于空间算子代数理论计算多体系统动力学建模 [J]. 机械工程学报, 2009, 45(1): 228-234.

[50] 蒋建平, 李东旭. 带太阳帆板航天器刚柔耦合动力学研究 [J]. 航空学报, 2006, 27(3): 418-422.

[51] 谢向荣, 俞翔, 朱石坚. 基于柔性多体系统动力学理论的舰船机械设备隔振系统建模 [J]. 振动与冲击, 2009, 28(9): 200-203.

[52] 白争锋, 赵阳, 田浩. 柔性多体系统碰撞动力学研究 [J]. 振动与冲击, 2009, 28(6): 75-78.

[53] Singh R P, Likins P W. Singular value decomposition for constrained dynamical systems[J]. Journal of Applied Mechanics, 1985, 52(12): 943-948.

[54] Wehage R A, Haug E J. Generalized coordinate partitioning of dimension reduction in analysis of constrained dynamic system[J]. ASME Journal of Mechanical Design, 1982, 104(4): 247-255.

[55] Kim S S, Vanderploeg M J. QR decomposition for state space representation of constrained mechanical dynamic system[J]. ASME Journal of Mechanisms Transmissions and Automation in Design, 1986, 7108(2): 183-189.

[56] Baumgarte J. Stabilized of constraints and integrals of motion[J]. Computer Methods in Applied Mechanics and Engineering, 1972, 1: 1-16.

[57] Wie B, Furumoto N, Banerjee A K, et al. Modeling and simulation of spacecraft solar array deployment[J]. Journal of Guidance, Control, and Dynamics, 1986, 9(5): 593-598.

[58] 周志成, 曲广吉. 航天器太阳阵多体展开的动力学分析 [J]. 力学与实践, 1990, 6: 53-57.

[59] Oskar W, Simon W. Simulation of deployment of a flexible solar array[J]. Multibody System Dynamics, 2002, 7: 101-125.

[60] 郭峰, 黄振华, 邓扬明. 基于 ADAMS 航天器刚性太阳帆板动力学仿真分析 [J]. 机械设计与制造, 2004, 4: 71-72.

[61] 白争锋, 田浩, 赵阳. 基于 ADAMS 航天器太阳帆板展开与锁定动力学仿真 [J]. 机械设计与制造, 2006, 11: 124-126.

[62] Yasushi K, Shigemune T, Yoshiaki O. Dynamic simulation of stick-slip motion of a flexible solar array[J]. Special Section on Large Scale Systems, 2008, 16(6): 724-735.

[63] Birhanu F, Chen Z B, Ma W S. Modeling simulation of satellite solar panel deployment and Lockin[J]. Information Technology Journal, 2010, 9(3): 600-604.

[64] 王晛, 陈天智, 柴洪友. 太阳阵地面展开锁定的动力学仿真分析 [J]. 航天器工程, 2011, 20(3): 86-92.

[65] 游斌弟, 王兴贵, 陈军. 卫星太阳阵展开锁紧过程冲击振动 [J]. 机械工程学报, 2012, 48(21): 67-76.

[66] 段柳成, 李海泉, 刘晓峰, 等. 考虑铰摩擦的柔性太阳阵展开动力学研究 [J]. 力学学报, 2014, 46(6): 957-970.

[67] 段柳成, 李海泉, 刘晓峰, 等. 考虑铰摩擦的太阳翼展开动力学研究 [J]. 应用数学和力学, 2014, 35(12): 1308-1319.

[68] 段柳成, 李海泉, 刘晓峰, 等. 航天器太阳阵的刚柔耦合动力学与控制研究 [J]. 振动工程学

报, 2015, 28(5): 770-777.

[69] 吴爽, 赵寿根, 吴大方, 等. 太阳阵铰链结构的动力学试验与非线性动力学建模 [J]. 宇航学报, 2013, 34(12): 1550-1556.

[70] Li J L, Yan S Z, Guo F, et al. Effects of damping, friction, gravity, and flexibility on the dynamic performance of a deployable mechanism with clearance[J]. Proceedings of the Institution of Mechanical Engineers, Part C, Journal of Mechanical Engineering Science, 2013, 227(8): 1791-1803.

[71] 许睿, 李东旭. 柔性太阳能帆板振动变论域自适应模糊控制 [J]. 上海航天, 2012, 29(6): 11-15.

[72] 蒋建平, 李东旭. 智能太阳翼有限元建模与振动控制研究 [J]. 动力学与控制学报, 2009, 7(2): 164-170.

[73] 刘新建, 雷勇军, 唐乾刚. 大挠性太阳能帆板航天器的姿态控制 [J]. 国防科技大学学报, 2003, 25(5): 6-8.

[74] 李俊峰, 王照林. 带空间机械臂的充液航天器姿态动力学研究 [J]. 宇航学报, 1999, 20(2): 81-86.

[75] 王天舒, 孔宪仁, 王本利, 等. 太阳帆板绳索联动同步机构的机理和功能分析 [J]. 宇航学报, 2001, 21(3): 29-33.

[76] 戈新生, 刘延柱. 航天器太阳帆板展开过程的最优控制 [J]. 空间科学学报, 1997, 17(4): 36-66.

[77] 戈新生, 张奇志. 航天器太阳阵展开过程最优控制的遗传算法 [J]. 力学季刊, 2000, 21(1): 13-138.

[78] 孙凯, 戈新生. 航天器太阳帆板展开过程最优控制的粒子群算法 [J]. 工程力学, 2007, 24(9): 188-192.

[79] 戈新生, 郭正雄. 航天器太阳帆板伸展过程最优控制的数值逼近方法 [J]. 力学季刊, 2012, 33(3): 359-366.

[80] 白争锋, 田浩, 赵阳. 基于虚拟样机的太阳帆板展开动力学仿真 [J]. 系统仿真学报, 2009, 21(13): 3975-3979.

[81] 申庆雷. 大型太阳帆板展开与对日定向过程碰撞动力学研究 [D]. 哈尔滨工业大学硕士学位论文, 2012.

[82] 段柳成. 太阳阵展开动力学与控制研究 [D]. 上海交通大学硕士学位论文, 2015.

第 2 章　刚性空间帆板展开动力学与控制

2.1　引　言

航天器使用的空间帆板又称太阳能帆板，其将太阳的光能转换成电能，以为航天器提供能源。帆板的面积一般很大，像翅膀一样在航天器的两边展开，所以又叫作太阳翼。其上贴有半导体硅片或砷化镓片，就是靠它们将太阳光的光能转换成电能的，所以空间帆板实际上就是太阳能电池阵。早期航天器上的帆板是设置在航天器的外表面上的，后来由于航天器用电量需求的增加，才发展为大尺寸的可展开帆板。按照帆板结构刚度的不同，通常可以分为刚性帆板、半刚性帆板、柔性帆板三种 [1]。本章研究刚性帆板展开动力学与控制问题，它是柔性帆板展开动力学的基础，柔性帆板展开动力学与控制问题将在第 3 章介绍。

考虑到装载空间和质量的限制，太阳阵帆板在航天器入轨前呈收拢状态，入轨后通过压紧机构的释放和展开机构的伸展动作来实现太阳阵各基板的展开与锁定。太阳阵的展开过程呈现出复杂的动力学行为，帆板展开会对航天器的姿态造成影响，航天器姿态的变化反过来又会影响帆板的展开过程。目前众多学者对刚性太阳阵的展开动力学问题进行了大量研究，取得了许多成果。例如，Wie 等 [2] 对 INSAT 航天器的刚性太阳阵进行了展开运动学建模和数值仿真；周志成和曲广吉 [3] 在 Kane 理论的基础上建立了太阳阵展开动力学模型，重点讨论了太阳阵展开与锁定过程中的碰撞问题，并编写了通用仿真程序；段柳成等 [4] 对刚性帆板展开动力学进行了理论建模，并且采用模糊自适应 PD 控制方法设计了控制器；郭峰等 [5] 基于 ADAMS 软件建立了刚性太阳阵多体系统动力学模型，探讨了帆板展开过程的动力学问题，并研究了间隙和铰摩擦等非线性因素对太阳阵展开的影响；游斌弟等 [6] 基于拉格朗日和牛顿法推导了递推形式的刚性太阳阵展开与锁紧动力学模型，并研究了铰链副接触碰撞对卫星太阳阵系统的影响。现有的研究工作许多是基于通用软件 ADAMS 进行数值仿真的，展开动力学的理论建模研究较少。ADAMS 是采用非独立的笛卡儿坐标对系统进行动力学描述的，这样的建模具有很好的通用性，但在实际工程中笛卡儿坐标不便于直接的物理测量，且难以进行主动控制的设计。

本章采用单向递推组集方法建立一类刚性太阳阵的多体系统动力学模型，并且研究航天器本体的姿态主动控制问题。首先，给出刚性太阳阵系统的结构描述，并建立系统各机构的等效物理、数学模型；其次，采用独立的广义坐标即铰坐标，推导刚性太阳阵多体系统的动力学方程；再次，采用模糊自适应 PD 控制，对航天器本体进行主动控制设计；最后，进行数值仿真，对所建动力学模型的正确性和控制律的有效性进行验证。

2.2 刚性帆板系统描述

2.2.1 系统描述

航天器太阳能帆板通常采用折叠式结构 [7,8]。本章以带三块太阳电池板和支架的航天器太阳阵系统为研究对象，如图 2-1 所示，系统由航天器本体 (hub)、支架 (yoke)、3 块太阳能的帆板和铰链等组成，其中航天器本体、支架、太阳能帆板三者之间均通过扭簧铰链相互铰接，由此形成链式结构 [9,10]。太阳阵释放前处于折叠状态，在航天器入轨后各展开构件靠扭簧驱动而同步展开，展开到预定位置后触发锁定装置使太阳阵最终锁定在期望位置。

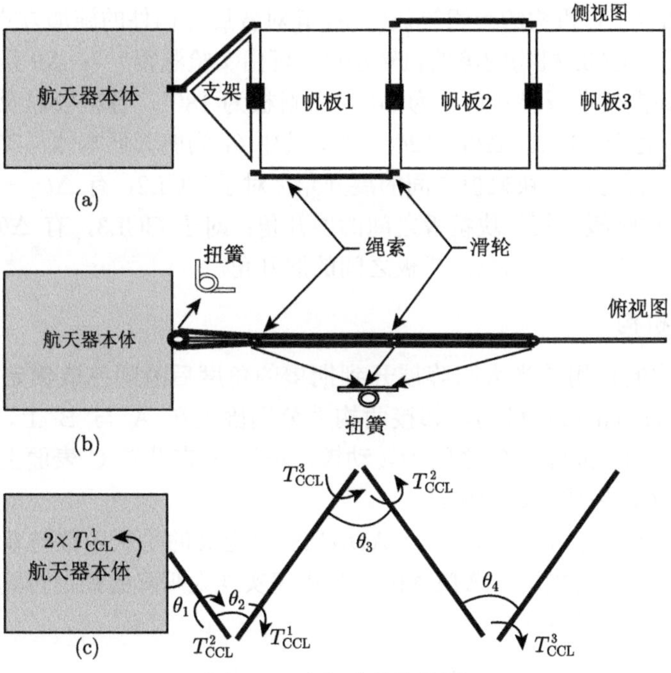

图 2-1 太阳阵结构简图

扭簧所提供的扭矩可以表达如下 [11]：

$$T_{\rm d}^i = K_{\rm d}^i(\theta_{i0} - \theta_i) - C_i\frac{{\rm d}\theta_i}{{\rm d}t} \tag{2-1}$$

式中，K_{d}^i 为扭簧 i 的扭转刚度，$i=1,\cdots,4$；C_i 为扭簧 i 的阻尼系数；θ_{i0} 为扭簧 i 的预紧角，对于支架有 $\theta_{10}=90^\circ$，而对于各个帆板则有 $\theta_{i0}=180^\circ, i=2, 3, 4$；$\theta_i$ 为构件 i 的展开角，如图 2-1(c) 所示；$\dfrac{\mathrm{d}\theta_i}{\mathrm{d}t}$ 为展开角速度。

2.2.2 同步机构

航天器太阳阵各个构件的展开要求保持同步，这在实际中常常是通过绳索联动装置 (CCL) 来实现的，其连接方式如图 2-1(a) 所示。CCL 类似于带传动机构，对于太阳阵的展开起着被动控制的作用，而且，当某个铰链上的扭簧驱动出现故障时还可以起到临时备份的作用。在采用 ADAMS 软件对太阳阵展开进行仿真时，文献 [9], [12], [13] 采用了 ADAMS 的关联副法 (COUPLER) 描述 CCL，这实际上是将 CCL 的软钢索刚度视为无穷大，与实际结构有差别。本书将 CCL 视为一个反馈控制系统，这可以更加有效地描述 CCL 的力学性能，其数学模型为 [2]

$$T_{\mathrm{CCL}}=K_{\mathrm{CCL}}\Delta\theta \tag{2-2}$$

式中，T_{CCL} 是 CCL 机构的绳索等效力矩，其对各展开构件的施加方式如图 2-1(c) 所示；K_{CCL} 是 CCL 机构的等效扭转刚度，可由实验测得 [13]；$\Delta\theta$ 是邻接展开角之差。考虑到支架期望展开角度为 90°，各帆板为 180°，各帆板以及支架之间保持同步展开，对于 CCL1，$\Delta\theta_1=2\theta_1-\theta_2$，其中 θ_1 为航天器本体与支架之间的展开角，θ_2 为支架与第一块帆板之间的展开角；对于 CCL2，有 $\Delta\theta_2=\theta_2-\theta_3$，其中 θ_3 为第一块帆板和第二块帆板之间的展开角；对于 CCL3，有 $\Delta\theta_3=\theta_3-\theta_4$，其中 θ_4 为第三块帆板和第二块帆板之间的展开角。

2.2.3 锁定机构

锁定机构的作用是当太阳阵展开到期望的角度后瞬间完成锁定。本书考虑图 2-2 所示的凸轮锁定机构，邻接两构件分别固定在 A 与 B 上，凸轮 C 固定于 A 上，轴 D 和凸轮 C 之间为转动铰，滑销 E 在凸轮 C 表面上滑动，最终扣入槽窝 G 中，完成锁定动作。

锁定机构的数学模型可以结合 ADAMS 自定义的阶跃函数与双侧碰撞函数的写法来确定，然后采用 MATLAB 编写程序实现太阳阵的锁定仿真，锁定力矩的函数形式如下 [14,15]：

$$M_{\mathrm{LOCK}}(\theta_i)=\mathrm{STEP}(\theta_i,\ x_1,\ 0,\ x_2,\ 1)\times\mathrm{BISTOP}(\theta_i,\ \dot{\theta}_i,\ x_3,\ x_4,\ k,\ e,\ c,\ d) \tag{2-3}$$

式中，θ_i 为展开构件 i 的展开角位移，如图 2-1(c) 所示，$\dot{\theta}_i$ 为其展开角速度；x_1 和 x_2 分别为阶跃函数 STEP 中角位移变量的低阈值和高阈值；x_3 和 x_4 分别为双侧

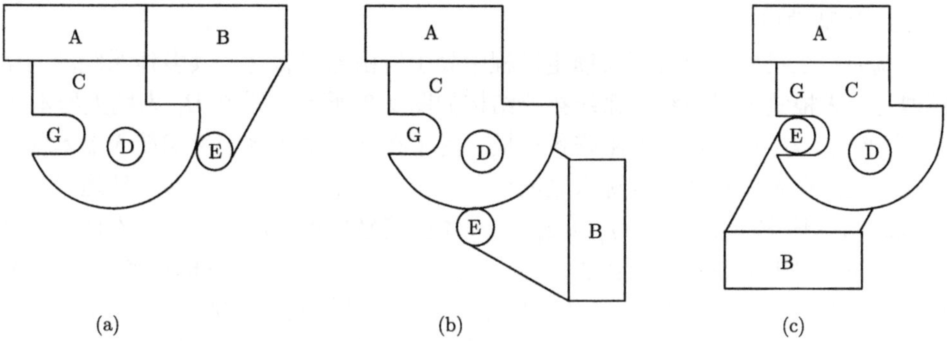

图 2-2 锁定机构结构示意图

(a) 收拢状态；(b) 展开过程；(c) 机构锁定

碰撞函数 BISTOP 的角位移变量的低阈值和高阈值；k 和 e 分别为刚度系数和刚度指数；c 和 d 分别为阻尼系数和阻尼增量距离。阶跃函数 STEP$(\theta_i, x_1, 0, x_2, 1)$ 起着锁定检测的作用，当滑销 E 即将进入槽窝 G 时 (即展开构件接近期望角度)，STEP 值由 0 光滑过渡到 1，STEP 值为 1 时开始锁定。双侧碰撞函数 BISTOP 等效于槽窝 G，起锁定作用，STEP 值为 1 时 BISTOP 生效，通过锁定力矩将相对角位移变量 θ_i 控制在期望角度内，即槽窝 G 将滑销 E 锁定在槽内，展开构件锁定。STEP 和 BISTOP 函数具体的表达式如下：

$$\begin{aligned}&\mathrm{STEP}(\theta_i,\ x_1,\ h_s^1,\ x_2,\ h_s^2)\\&=\begin{cases}h_s^1, & \text{若 } \theta_i < x_1\\ h_s^1-(h_s^1-h_s^2)\left(\dfrac{\theta_i-x_1}{x_2-x_1}\right)^2\times\left(3-2\times\dfrac{\theta_i-x_1}{x_2-x_1}\right), & \text{若 } x_1\leqslant\theta_i\leqslant x_2\\ h_s^2, & \text{若 } \theta_i > x_2\end{cases}\end{aligned} \tag{2-4}$$

$$\begin{aligned}&\mathrm{BISTOP}(\theta_i,\ \dot{\theta}_i, x_3, x_4, k, e, c, d)\\&=\begin{cases}[k(x_3-\theta_i)^e-\dot{\theta}_i\mathrm{STEP}(\theta_i, x_3-d, c, x_3, 0),\ 0]_{\max}, & \text{若 } \theta_i < x_3\\ [-k(\theta_i-x_4)^e-\dot{\theta}_i\mathrm{STEP}(\theta_i, x_4, 0, x_4+d, c),\ 0]_{\min}, & \text{若 } \theta_i > x_4\end{cases}\end{aligned} \tag{2-5}$$

2.3 多刚体系统动力学与控制

2.3.1 系统动力学建模

这里首先给出航天器帆板多体的系统坐标描述，再根据邻接物体的几何关系推导运动学递推关系，并采用速度变分原理推导单个物体的动力学方程，最后根据运动学递推关系得到以铰坐标表达的系统动力学方程，具体阐述如下。

1) 运动学递推关系

航天器在帆板整个展开及锁定过程中处于自由悬浮状态，其多体系统动力学模型为一无根链式树系统。系统拓扑结构如图 2-3 所示，其中 B_1 为航天器本体，B_2 为支架，$B_3 \sim B_N$ 为太阳阵各帆板。为了在动力学仿真中考虑航天器本体姿态的变化，在本体和轨道坐标系之间引入一个六自由度的虚铰，建立轨道坐标系 $x_0y_0z_0$ 与本体虚铰坐标系 $x_{P_1}y_{P_1}z_{P_1}$，本体虚铰坐标系 $x_{P_1}y_{P_1}z_{P_1}$ 与本体浮动坐标系 $x_1y_1z_1$ 固结，并令初始时 $x_0y_0z_0$ 与 $x_{P_1}y_{P_1}z_{P_1}$ 两坐标系相互平行。Q_j 和 P_i 分别为铰 H_i 在邻接两物体 B_j 和 B_i 上的内、外接铰点，坐标系 $x_{P_i}y_{P_i}z_{P_i}$ 和 $x_{Q_j}y_{Q_j}z_{Q_j}$ 分别为铰点 P_i 和 Q_j 的当地坐标系。坐标系 $x_Ry_Rz_R$ 为绝对参考坐标系且令其与轨道坐标系平行。坐标系 $x_iy_iz_i$ 为 B_i 的浮动坐标系 (通常建立在 B_i 的质心位置)，$i = 1 \sim N$ 为物体 B_i 标号。

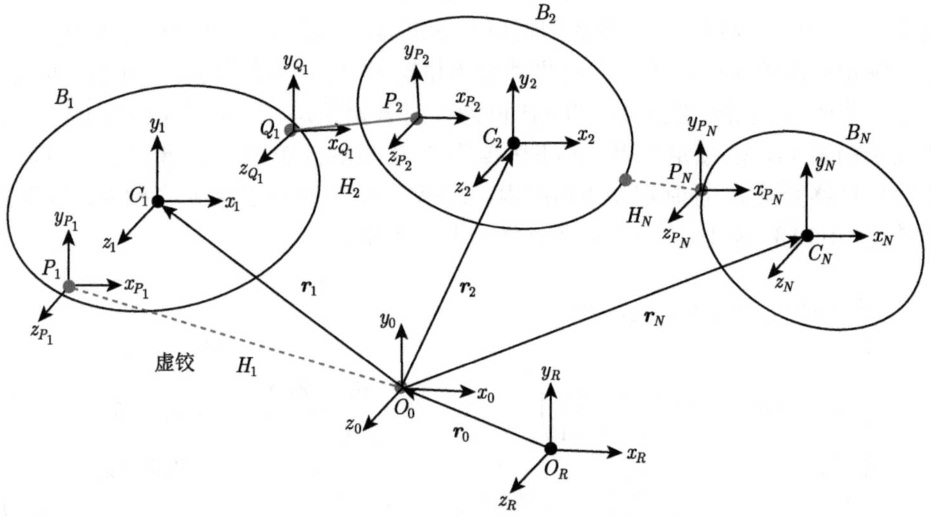

图 2-3 帆板多刚体系统拓扑结构图

采用广义相对坐标即铰坐标来描述物体的位姿。定义 B_i 的广义坐标为

$$\boldsymbol{y}_i = \boldsymbol{q}_i, \quad i = 1 \sim N \tag{2-6}$$

式中，$\boldsymbol{q}_i \in \Re^{\delta_{H_i} \times 1}$ 为铰 H_i 的坐标列阵，这里 δ_{H_i} 为铰 H_i 的自由度数，$\delta_{H_i} \leqslant 6$。则帆板系统的独立广义坐标列阵可以表示为

$$\boldsymbol{y} = [\boldsymbol{y}_1^{\mathrm{T}}, \cdots, \boldsymbol{y}_N^{\mathrm{T}}]^{\mathrm{T}} \tag{2-7}$$

2) 运动学递推关系

以下推导邻接刚体的运动学关系。在多刚体系统中，邻接刚体之间是通过铰进行连接的，铰的相对运动可以通过固定在这两个刚体上的坐标系的相对运动进行描述。图 2-4 为系统中两个邻接物体 B_i 和 B_j 的连接示意图。设系统物体和铰按固定规则编号 [16]，如物体 B_i 的内接物体为物体 B_j，连接物体 B_i 和 B_j 之间的铰的编号为 i。如图 2-4 所示，点 P_i 和 Q_j 分别是铰 i 在物体 B_i 和 B_j 的安装铰点，两个物体上在铰点 Q_j 和 P_i 处建立的局部坐标系分别为 $\boldsymbol{e}_i^{h_0}$ 和 $\boldsymbol{e}_i^{h}$，其中 $\boldsymbol{e}_i^{h_0}$ 称为本地坐标系，$\boldsymbol{e}_i^{h}$ 称为动基，B_i 相对于 B_j 姿态的变化可以用动基 $\boldsymbol{e}_i^{h}$ 相对于本地坐标系 $\boldsymbol{e}_i^{h_0}$ 的方向余弦阵进行描述。绝对参考基建立在 B_0 上，绝对参考基基点为 O。B_i 和 B_j 相对于绝对参考基的角速度矢量分别为 $\boldsymbol{\omega}_i$ 和 $\boldsymbol{\omega}_j$，刚体 B_i 相对于 B_j 的相对角速度矢量为 $\boldsymbol{\omega}_{ri}$。矢量 $\boldsymbol{h}_i$ 描述铰 H_i 的相对运动。$\boldsymbol{r}_i$ 和 $\boldsymbol{r}_j$ 分别为物体 B_i 和 B_j 的质心 C_i 和 C_j 相对于绝对参考系的位置矢量。

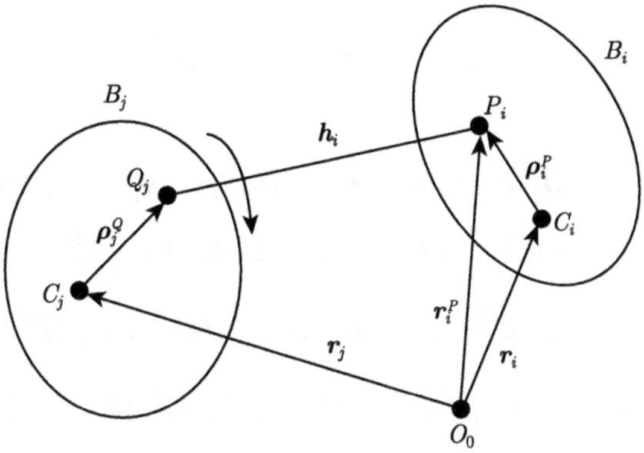

图 2-4 邻接刚体示意图

如果铰 i 有平动自由度，则点 Q_j 和 P_i 相对位置向量 $\boldsymbol{h}_i$ 在当地坐标系 $\boldsymbol{e}_i^{h_0}$ 的坐标阵为

$$\boldsymbol{h}_i' = \boldsymbol{H}_i'^{h\mathrm{T}} \boldsymbol{q}_i \tag{2-8}$$

式中，$\boldsymbol{H}_i'^{h}$ 是关于 $\boldsymbol{q}_i$ 的函数，当铰的类型已知时，$\boldsymbol{H}_i'^{h}$ 关于 $\boldsymbol{q}_i$ 有着明确的表达式 [16]。矢量 $\boldsymbol{h}_i$ 在当地坐标系 $\boldsymbol{e}_i^{h_0}$ 下对时间的一次和二次导数，也即点 P_i 相对于 Q_j 的速度和加速度在 $\boldsymbol{e}_i^{h_0}$ 下的坐标阵分别为

$$\boldsymbol{v}_{ri}' = \boldsymbol{H}_i'^{h\mathrm{T}} \dot{\boldsymbol{q}}_i, \quad \dot{\boldsymbol{v}}_{ri}' = \boldsymbol{H}_i'^{h\mathrm{T}} \ddot{\boldsymbol{q}}_i \tag{2-9}$$

如果铰 i 有旋转自由度，动基 $\boldsymbol{e}_i^{h}$ 相对于当地坐标系 $\boldsymbol{e}_i^{h_0}$ 的角速度和角加速度在 $\boldsymbol{e}_i^{h_0}$ 下的坐标阵分别为

$$\boldsymbol{\omega}_{ri}' = \boldsymbol{H}_i'^{\Omega\mathrm{T}} \dot{\boldsymbol{q}}_i, \quad \dot{\boldsymbol{\omega}}_{ri}' = \boldsymbol{H}_i'^{\Omega\mathrm{T}} \ddot{\boldsymbol{q}}_i + \boldsymbol{\eta}_i' \tag{2-10}$$

式中，$\boldsymbol{H}_i'^{\Omega}$ 是 $\boldsymbol{q}_i$ 的函数，$\boldsymbol{\eta}_i' = \dot{\boldsymbol{H}}_i'^{\Omega\mathrm{T}}\dot{\boldsymbol{q}}_i$ 是 $\boldsymbol{q}_i$、$\dot{\boldsymbol{q}}_i$ 的函数，当铰的类型一定时，它们都有着明确的表达式。

式 (2-9) 和式 (2-10) 在绝对参考基下的绝对坐标式可以分别表达为

$$\boldsymbol{v}_{ri} = \boldsymbol{H}_i^{h\mathrm{T}}\dot{\boldsymbol{q}}_i, \quad \dot{\boldsymbol{v}}_{ri} = \boldsymbol{H}_i^{h\mathrm{T}}\ddot{\boldsymbol{q}}_i \tag{2-11}$$

$$\boldsymbol{\omega}_{ri} = \boldsymbol{H}_i^{\Omega\mathrm{T}}\dot{\boldsymbol{q}}_i, \quad \dot{\boldsymbol{\omega}}_{ri} = \boldsymbol{H}_i^{\Omega\mathrm{T}}\ddot{\boldsymbol{q}}_i + \boldsymbol{\eta}_i \tag{2-12}$$

式中，$\boldsymbol{H}_i^{h\mathrm{T}} = \boldsymbol{A}_i^{h0}\boldsymbol{H}_i'^{h\mathrm{T}}$，$\boldsymbol{H}_i^{\Omega\mathrm{T}} = \boldsymbol{A}_i^{h0}H_i'^{\Omega\mathrm{T}}$，$\boldsymbol{\eta}_i = \boldsymbol{A}_i^{h0}\boldsymbol{\eta}_i'$，这里 $\boldsymbol{A}_i^{h0}$ 为当地坐标系 $\boldsymbol{e}_i^{h_0}$ 相对绝对参考系的方向余弦阵。

由图 2-4 可知，$\boldsymbol{r}_i$ 和 $\boldsymbol{r}_j$ 之间的关系如下：

$$\boldsymbol{r}_i = \boldsymbol{r}_j + \boldsymbol{\rho}_j^Q + \boldsymbol{h}_i - \boldsymbol{\rho}_i^P \tag{2-13}$$

对式 (2-13) 两边求导，可得

$$\dot{\boldsymbol{r}}_i = \dot{\boldsymbol{r}}_j + \dot{\boldsymbol{\rho}}_j^Q + \dot{\boldsymbol{h}}_i - \dot{\boldsymbol{\rho}}_i^P \tag{2-14}$$

式中，

$$\dot{\boldsymbol{\rho}}_j^Q = -\tilde{\boldsymbol{\rho}}_j^Q\boldsymbol{\omega}_j, \quad \dot{\boldsymbol{h}}_i = \boldsymbol{v}_{ri} - \tilde{\boldsymbol{h}}_i\boldsymbol{\omega}_j, \quad \dot{\boldsymbol{\rho}}_i^P = -\tilde{\boldsymbol{\rho}}_i^P\boldsymbol{\omega}_i \tag{2-15}$$

将式 (2-15)、式 (2-11) 和式 (2-12) 代入式 (2-14) 中，可得

$$\dot{\boldsymbol{r}}_i = \dot{\boldsymbol{r}}_j + (-\tilde{\boldsymbol{\rho}}_j^Q - \tilde{\boldsymbol{h}}_i + \tilde{\boldsymbol{\rho}}_i^P)\boldsymbol{\omega}_j + (\boldsymbol{H}_i^{h\mathrm{T}} + \tilde{\boldsymbol{\rho}}_i^P\boldsymbol{H}_i^{\Omega\mathrm{T}})\dot{\boldsymbol{q}}_i \tag{2-16}$$

式中，$\tilde{\boldsymbol{\rho}}_j^Q$、$\tilde{\boldsymbol{\rho}}_i^P$ 和 $\tilde{\boldsymbol{h}}_i$ 分别是 $\boldsymbol{\rho}_j^Q$、$\boldsymbol{\rho}_i^P$ 和 $\boldsymbol{h}_i$ 的反对称阵，矢量 $\boldsymbol{h}_i$ 的反对称坐标方阵定义为

$$\tilde{\boldsymbol{h}}_i = -\tilde{\boldsymbol{h}}_i^{\mathrm{T}} = \begin{bmatrix} 0 & -h_{i3} & h_{i2} \\ h_{i3} & 0 & -h_{i1} \\ -h_{i2} & h_{i1} & 0 \end{bmatrix}, \quad \boldsymbol{h}_i = \begin{bmatrix} h_{i1} \\ h_{i2} \\ h_{i3} \end{bmatrix} \tag{2-17}$$

定义两邻接刚体的速度坐标列阵如下：

$$\boldsymbol{v}_k = [\dot{\boldsymbol{r}}_k^{\mathrm{T}}, \boldsymbol{\omega}_k^{\mathrm{T}}]^{\mathrm{T}}, \quad k = i, j \tag{2-18}$$

根据角速度叠加原理，B_i 和 B_j 角速度矢量之间的关系为

$$\boldsymbol{\omega}_i = \boldsymbol{\omega}_j + \boldsymbol{\omega}_{ri} \tag{2-19}$$

式中，$\boldsymbol{\omega}_{ri}$ 为 B_i 相对于 B_j 的相对角速度矢量，即动基 $\boldsymbol{e}_i^h$ 相对于当地坐标系 $\boldsymbol{e}_i^{h_0}$ 的角速度矢量在绝对参考基下的坐标列阵，其具体表达如式 (2-12) 所示。

对式 (2-19) 两边求导，可得

$$\dot{\boldsymbol{\omega}}_i = \dot{\boldsymbol{\omega}}_j + \dot{\boldsymbol{\omega}}_{ri} + \tilde{\boldsymbol{\omega}}_j \boldsymbol{\omega}_{ri} \tag{2-20}$$

式中，$\boldsymbol{\omega}_j$ 为 B_i 相对于 B_j 的相对角加速度矢量，即动基 $\boldsymbol{e}_i^h$ 相对于当地坐标系 $\boldsymbol{e}_i^{h_0}$ 的角加速度矢量在绝对参考基下的坐标阵，其具体表达如式 (2-12) 所示。

考虑到式 (2-12)、式 (2-16) 和式 (2-19)，可以得到刚体 B_i 和 B_j 的速度之间的关系式，表达如下：

$$\boldsymbol{v}_i = \boldsymbol{T}_{ij}\boldsymbol{v}_j + \boldsymbol{U}_i\dot{\boldsymbol{y}}_i, \quad j = L(i), \quad i = 1 \sim N \tag{2-21}$$

式中，$j = L(i)$ 为 B_i 内接物体标号。上式中变量表达如下：

$$\boldsymbol{T}_{ij} = \begin{bmatrix} \boldsymbol{I}_3 & -\tilde{\boldsymbol{\rho}}_j^Q - \tilde{\boldsymbol{h}}_i + \tilde{\boldsymbol{\rho}}_i^P \\ \boldsymbol{0} & \boldsymbol{I}_3 \end{bmatrix}, \quad \boldsymbol{U}_i = \begin{bmatrix} \boldsymbol{H}_i^{h\mathrm{T}} + \tilde{\boldsymbol{\rho}}_i^P \boldsymbol{H}_i^{\Omega\mathrm{T}} \\ \boldsymbol{H}_i^{\Omega\mathrm{T}} \end{bmatrix} \tag{2-22}$$

其中，$\boldsymbol{T}_{ij} \in \Re^{6\times\delta_i}$，$\boldsymbol{U}_i \in \Re^{6\times\delta_i}$，$\boldsymbol{I}_3 \in \Re^{3\times3}$ 为单位阵。式 (2-21) 描述了邻接物体 B_i 和 B_j 速度之间的递推关系。以下将推导邻接物体 B_i 和 B_j 的加速度之间的递推关系，其推导过程如下。

将式 (2-16) 对时间求导，可以得到刚体 B_i 和 B_j 的平动加速度之间的关系式为

$$\ddot{\boldsymbol{r}}_i = \ddot{\boldsymbol{r}}_j + (-\tilde{\boldsymbol{\rho}}_j^Q - \tilde{\boldsymbol{h}}_i + \tilde{\boldsymbol{\rho}}_i^P)\dot{\boldsymbol{\omega}}_j + (\boldsymbol{H}_i^{h\mathrm{T}} + \tilde{\boldsymbol{\rho}}_i^P \boldsymbol{H}_i^{\Omega\mathrm{T}})\ddot{\boldsymbol{q}}_i + \boldsymbol{\beta}_{i1} \tag{2-23}$$

式中，

$$\boldsymbol{\beta}_{i1} = \tilde{\boldsymbol{\omega}}_j\tilde{\boldsymbol{\omega}}_j\boldsymbol{\rho}_j^Q - \tilde{\boldsymbol{\omega}}_i\tilde{\boldsymbol{\omega}}_i\boldsymbol{\rho}_i^P + \tilde{\boldsymbol{\rho}}_i^P\boldsymbol{\beta}_{i2}, \quad \boldsymbol{\beta}_{i2} = \tilde{\boldsymbol{\omega}}_j\boldsymbol{\omega}_{ri} + \boldsymbol{\eta}_i \tag{2-24}$$

其中，$\tilde{\boldsymbol{\omega}}_i \in \Re^{3\times3}$ 和 $\tilde{\boldsymbol{\omega}}_j \in \Re^{3\times3}$ 分别为 $\boldsymbol{\omega}_i$ 和 $\boldsymbol{\omega}_j$ 的反对称阵。

根据式 (2-20)、式 (2-23) 和式 (2-12)，可以得到刚体 B_i 和 B_j 的加速度之间的关系为

$$\dot{\boldsymbol{v}}_i = \boldsymbol{T}_{ij}\dot{\boldsymbol{v}}_j + \boldsymbol{U}_i\ddot{\boldsymbol{y}}_i + \boldsymbol{\beta}_i, \quad j = L(i), \quad i = 1 \sim N \tag{2-25}$$

式中，$\boldsymbol{\beta}_i = [\boldsymbol{\beta}_{i1}^{\mathrm{T}},\ \boldsymbol{\beta}_{i2}^{\mathrm{T}}]^{\mathrm{T}} \in \Re^{6\times1}$。

以上推导了两个物体之间的速度和加速度关系式。类似地，若系统中包含有 N 个物体，则各物体的速度和加速度关系式可表示为

$$\begin{cases} \boldsymbol{v}_i = \boldsymbol{G}_{i0}\boldsymbol{v}_0 + \displaystyle\sum_{k:B_k\leqslant B_i} \boldsymbol{G}_{ik}\dot{\boldsymbol{y}}_k, \\ \dot{\boldsymbol{v}}_i = \boldsymbol{G}_{i0}\dot{\boldsymbol{v}}_0 + \displaystyle\sum_{k:B_k\leqslant B_i} \boldsymbol{G}_{ik}\ddot{\boldsymbol{y}}_k + \boldsymbol{g}_{ik}, \end{cases} \quad i = 1 \sim N, \quad k \neq 0 \tag{2-26}$$

式中，

$$\boldsymbol{G}_{i0}=\boldsymbol{T}_{ij}\boldsymbol{G}_{j0}\in\Re^{6\times6},\quad j=L(i),\quad i=1\sim N,\quad \boldsymbol{G}_{00}=\boldsymbol{I}_{6\times6} \tag{2-27a}$$

$$\boldsymbol{G}_{ik}=\begin{cases}\boldsymbol{T}_{ij}\boldsymbol{G}_{jk}, & \text{当 } B_k<B_i,\\ \boldsymbol{U}_i, & \text{当 } B_k=B_i,\\ \boldsymbol{0}, & \text{当 } B_k\neq< B_i,\end{cases}\quad i,k=1\sim N \tag{2-27b}$$

$$\boldsymbol{g}_{ik}=\begin{cases}\boldsymbol{T}_{ij}\boldsymbol{g}_{ik}, & \text{当 } B_k<B_i,\\ \boldsymbol{\beta}_i, & \text{当 } B_k=B_i,\\ \boldsymbol{0}, & \text{当 } B_k\neq< B_i,\end{cases}\quad i,k=1\sim N \tag{2-27c}$$

其中，“$B_k<B_i$”代表 B_k 在根物体到 B_i 的路径上；“$B_k=B_i$”代表 B_k 和 B_i 是同一个物体；“$B_k\neq< B_i$”代表 B_k 不在根物体到 B_i 的路径上。

将式 (2-26) 所示的多刚体系统中 N 个刚体的速度和加速度进行组集，可得

$$\begin{cases}\boldsymbol{v}=\boldsymbol{G}_0\boldsymbol{v}_0+\boldsymbol{G}\dot{\boldsymbol{y}}\\ \dot{\boldsymbol{v}}=\boldsymbol{G}_0\dot{\boldsymbol{v}}_0+\boldsymbol{G}\ddot{\boldsymbol{y}}+\boldsymbol{g}\hat{\boldsymbol{I}}_N\end{cases} \tag{2-28}$$

式中，$\boldsymbol{v}=[\boldsymbol{v}_1^{\mathrm{T}},\cdots,\boldsymbol{v}_N^{\mathrm{T}}]^{\mathrm{T}}$ 为多刚体系统的速度坐标列阵；$\hat{\boldsymbol{I}}_N\in\Re^{N\times1}$ 为 N 维列阵，其元素取值都为 1。其他参数表达如下：

$$\boldsymbol{G}_0=[\boldsymbol{G}_{10}^{\mathrm{T}},\cdots,\boldsymbol{G}_{N0}^{\mathrm{T}}]^{\mathrm{T}},\quad \boldsymbol{G}=\begin{bmatrix}\boldsymbol{G}_{11}&\cdots&\boldsymbol{G}_{1N}\\ \vdots&&\vdots\\ \boldsymbol{G}_{N1}&\cdots&\boldsymbol{G}_{NN}\end{bmatrix},\quad \boldsymbol{g}=\begin{bmatrix}\boldsymbol{g}_{11}&\cdots&\boldsymbol{g}_{1N}\\ \vdots&&\vdots\\ \boldsymbol{g}_{N1}&\cdots&\boldsymbol{g}_{NN}\end{bmatrix} \tag{2-29}$$

3) 动力学方程建立

基于上述运动学关系的推导结论，以下将建立系统的动力学方程。根据速度变分原理，系统的速度变分形式的动力学方程可以表示为

$$\sum_{i=1}^{N}(\Delta\boldsymbol{v}_i)^{\mathrm{T}}(-\boldsymbol{M}_i\dot{\boldsymbol{v}}_i+\boldsymbol{f}_i)+\Delta P=0 \tag{2-30}$$

式中，$\boldsymbol{v}_i$ 为 B_i 的绝对速度列阵；$\boldsymbol{M}_i\in\Re^{6\times6}$ 为 B_i 的广义质量阵；$\boldsymbol{f}_i\in\Re^{6\times1}$ 为 B_i 的广义力列阵；ΔP 为系统中的力元和非理想约束力的虚功率之和。经整理，$\boldsymbol{M}_i$ 和 $\boldsymbol{f}_i$ 的表达式给出如下。

$\boldsymbol{M}_i$ 的表达式为

$$\boldsymbol{M}_i=\begin{bmatrix}m_i\boldsymbol{I}_3&\boldsymbol{0}\\ \boldsymbol{0}&\boldsymbol{J}_i\end{bmatrix} \tag{2-31}$$

式中，m_i 为第 i 个刚体的质量；$\boldsymbol{I}_3 \in \Re^{3\times3}$ 为单位矩阵；$\boldsymbol{J}_i \in \Re^{3\times3}$ 为第 i 个刚体的转动惯量矩阵。

$\boldsymbol{f}_i \in \Re^{6\times1}$ 由 B_i 所受到的外力列阵 $\boldsymbol{f}_i^o$ 和惯性力列阵 $\boldsymbol{f}_i^\omega$ 组成，即

$$\boldsymbol{f}_i = -\boldsymbol{f}_i^\omega + \boldsymbol{f}_i^o \tag{2-32}$$

具体表达式如下所示：

$$\boldsymbol{f}_i^\omega = \begin{bmatrix} \boldsymbol{0} \\ \tilde{\boldsymbol{\omega}}_i \boldsymbol{J}_i \boldsymbol{\omega}_i \end{bmatrix}, \quad \boldsymbol{f}_i^o = \begin{bmatrix} \sum\limits_{k=1}^{l_i} \boldsymbol{F}_{ik} \\ \boldsymbol{M}_i^o \end{bmatrix} \tag{2-33}$$

式中，$\sum\limits_{k=1}^{l_i} \boldsymbol{F}_{ik}$ 为第 i 个刚体所受外力的合力；l_i 为第 i 个刚体所受到的外力的个数；$\boldsymbol{M}_i^o$ 为第 i 个刚体所受外力对质心的合力矩。

将式 (2-30) 整理成矩阵形式，则有

$$\Delta\boldsymbol{v}^{\mathrm{T}}(-\boldsymbol{M}\dot{\boldsymbol{v}} + \boldsymbol{f}) + \Delta P = 0 \tag{2-34}$$

式中，$\boldsymbol{v} = [\boldsymbol{v}_1^{\mathrm{T}}, \cdots, \boldsymbol{v}_N^{\mathrm{T}}]^{\mathrm{T}}$ 为多刚体系统的速度坐标列阵；$\boldsymbol{M} = \mathrm{diag}(\boldsymbol{M}_1, \cdots, \boldsymbol{M}_N)$ 和 $\boldsymbol{f} = [\boldsymbol{f}_1^{\mathrm{T}}, \cdots, \boldsymbol{f}_N^{\mathrm{T}}]^{\mathrm{T}}$ 分别为多刚体系统的广义质量阵和广义外力阵。

对于本书所研究的太阳能帆板系统，系统中的力元包括中心体上的控制力和各帆板之间铰链扭簧所产生的弹性力，非理想约束力是铰链间的摩擦力。使用运动学递推关系式 (2-28)，并且考虑到 $\Delta P = (\Delta\dot{\boldsymbol{y}})^{\mathrm{T}}(\boldsymbol{f}_e^{ey} + \boldsymbol{f}_{nc}^{ey})$，其中 $\boldsymbol{f}_e^{ey}$ 和 $\boldsymbol{f}_{nc}^{ey}$ 分别为系统中力元和非理想约束力对应关于坐标 $\boldsymbol{y}$ 的广义力，则可以得到以系统广义坐标形式所描述的系统动力学方程的速度变分形式为

$$(\Delta\dot{\boldsymbol{y}})^{\mathrm{T}}(-\boldsymbol{Z}\ddot{\boldsymbol{y}} + \boldsymbol{z} + \boldsymbol{f}^{ey}) = 0 \tag{2-35}$$

式中，

$$\begin{cases} \boldsymbol{Z} = \boldsymbol{G}^{\mathrm{T}}\boldsymbol{M}\boldsymbol{G} \\ \boldsymbol{z} = \boldsymbol{G}^{\mathrm{T}}(\boldsymbol{f} - \boldsymbol{M}\boldsymbol{g}\hat{\boldsymbol{I}}_N - \boldsymbol{M}\boldsymbol{G}_0\dot{\boldsymbol{v}}_0) \\ \boldsymbol{f}^{ey} = \boldsymbol{f}_e^{ey} + \boldsymbol{f}_{nc}^{ey} \end{cases} \tag{2-36}$$

由于 $\boldsymbol{y}$ 为系统独立的广义坐标，因此最终可得系统的动力学方程为

$$-\boldsymbol{Z}\ddot{\boldsymbol{y}} + \boldsymbol{z} + \boldsymbol{f}^{ey} = \boldsymbol{0} \tag{2-37}$$

2.3.2 控制设计

考虑航天器处于自由漂浮状态，其位置和姿态均不受约束。由于驱动的作用，太阳阵在空间展开时，其展开动作与航天器的姿态运动会彼此耦合，引起航天器姿态的改变。当太阳阵伸展到位并实现瞬间锁定时，展开机构彼此间会产生碰撞，碰撞力等非线性因素会对航天器姿态产生影响。为保证太阳阵的展开与锁定动作最小限度地影响航天器的姿态，有必要对展开与锁定过程的控制问题进行研究。本节将设计控制律来抑制这种姿态误差，通过施加在航天器本体六个自由度上的控制力和力矩来控制帆板展开所引起的系统位姿变化。考虑控制项后，系统方程 (2-37) 可以改写为

$$\ddot{\boldsymbol{y}} = \boldsymbol{F}(\dot{\boldsymbol{y}}, \boldsymbol{y}) + \boldsymbol{D}\boldsymbol{\tau}(t) \tag{2-38}$$

式中，$\boldsymbol{F}(\dot{\boldsymbol{y}}, \boldsymbol{y}) = \boldsymbol{Z}^{-1}(\boldsymbol{z} + \boldsymbol{f}^{ey})$；$\boldsymbol{D}$ 为控制输入对应坐标与系统动力学广义坐标之间的转换矩阵；$\boldsymbol{\tau}(t) \in \Re^{6\times 1}$ 为控制力列阵。这里采用航天器本体的信息进行控制反馈。以下将重点考虑 $\boldsymbol{\tau}(t)$ 的控制律设计问题。

在机械系统中，PD 控制方法在实际工程和理论研究中被广泛地使用。根据不完全统计，在工业过程控制、航空航天控制等工程领域中，PD 控制的应用达到了 80%以上 [17]。PD 控制方法简单易行、可操作性好，而且能够满足实际工程控制的需求，是经典的控制方法之一。学者们不断研究和拓展 PD 控制器的各种设计方法，包括各类自适应调参、最优化方法等。本书将分别采用常规 PD 控制方法和模糊自适应 PD 控制方法来进行控制律的设计，讨论这两种控制方法对航天器位姿控制的有效性，并且比较两者在控制效果上的差异。

1) 常规 PD 控制

PD 控制是按偏差的比例和微分来控制系统的，它是工业控制中最常用的控制方法。简单地说，PD 调节器分为两个环节，即比例环节和微分环节。顾名思义，比例环节即成比例地调整控制系统的偏差信号，如果系统产生偏差，调节器会立刻产生与偏差成比例的控制作用来减少偏差 [18]。微分环节通过调整偏差信号的变化速率来加快系统响应速度，减少调节时间。微分环节具备一定的预见性，能够在信号偏差值过大之前，通过在控制系统中引入有效的早期修正信号，来实现对偏差的快速控制。PD 控制器的系统结构相对简单清晰，控制参数也容易调整，通过人们长期的工程实践，现在已经积累了较为丰富的实际应用经验。特别是在复杂的过程控制中，由于建立控制对象的精确数学模型非常困难，且很难确定时变的、不稳定的系统参数，为此人们常常采用 PD 控制器，根据经验实施控制参数的整定。随着工程精度的要求越来越高，人们对控制方法的研究也不断加深，PD 控制算法也得到不断的拓展和改进而变得更加完善，并与其他控制方法进行结合，以期能够获得更为显著的控制效果。

PD 控制基本结构形式通常可以分为连续形式和离散形式。连续形式的 PD 控制器如下：

$$u(t) = k_P e(t) + k_D \dot{e}(t) \tag{2-39}$$

式中，$e(t) = y_r - y(t)$ 为输出误差；k_P 和 k_D 是 PD 控制器的两个关键控制参数，工程中常常需要根据经验来确定。

离散形式的 PD 控制器如下：

$$u(k) = k_P \bar{e}(k) + k_D \Delta \bar{e}(k) \tag{2-40}$$

式中，$\bar{e}(k) = \bar{y}_r - \bar{y}(k)$ 为离散形式的输出误差。

根据式 (2-38) 所示的控制系统，为抑制航天器本体在太阳阵展开与锁定过程中发生的姿态漂移，采用航天器本体的位置和速度信息进行 PD 反馈控制。PD 控制律可以写为

$$\boldsymbol{\tau}(t) = -\boldsymbol{k}_P \boldsymbol{y}_{\text{Hub}} - \boldsymbol{k}_D \dot{\boldsymbol{y}}_{\text{Hub}} \tag{2-41}$$

式中，$\boldsymbol{k}_P \in \Re^{6\times 6}$ 和 $\boldsymbol{k}_D \in \Re^{6\times 6}$ 为控制增益矩阵，都为正定对角阵，具体控制参数取值根据经验来确定，本章数值仿真部分将会讨论控制参数对控制结果的影响；$\boldsymbol{y}_{\text{Hub}} \in \Re^{6\times 1}$ 和 $\dot{\boldsymbol{y}}_{\text{Hub}} \in \Re^{6\times 1}$ 分别为本体的位姿列阵和速度列阵。从 2.4 节的数值仿真将可以看出，PD 控制律能够有效地抑制太阳阵展开所引起的本体位姿漂移。

2) 模糊自适应 PD 控制

由以上可以看出，常规 PD 控制方法算法简单，该方法在实际工程中得到了大量应用。实际中有些复杂控制工程非线性较强，并且系统输入和结构参数存在不确定性，因此，常规的定常增益参数的 PD 控制方法对系统的控制效果欠佳。为此人们提出和发展了模糊自适应 PD 控制方法，它能够在线调整控制参数，具有更强的适应性，能够适用于复杂系统的主动控制并取得好的控制效果 [19]。

模糊控制是以人类自然语言为基础而建立的一种控制方法，首先利用数值或数值模型抽象出模糊集合和模糊逻辑，然后转化成计算机命令以实现有目的、有计划的控制。在模糊控制中，数值模型的建立依赖于人的逻辑判断和实际经验，因而并不是完全准确的数学模型，所以模糊控制是一种趋向于人类思维决策过程的智能控制手段。如图 2-5 所示的含有模糊控制器的系统常被称为模糊控制系统，其由模糊控制器 (FC)、被控对象 (G) 和反馈传感通道 (H) 所组成。模糊 PD 控制器综合了模糊推理控制和常规 PD 控制思想，它能够很好地适用于非线性、时变的控制对象，具有一定的鲁棒性，可以较好地保证系统的稳态精度。模糊 PD 控制以偏差和偏差变化率作为控制器的输入，并根据系统特点设定相应的模糊规

则对 PD 控制的系统参数进行自适应调整，进而可以满足不同的输入在不同时刻对控制参数的要求。

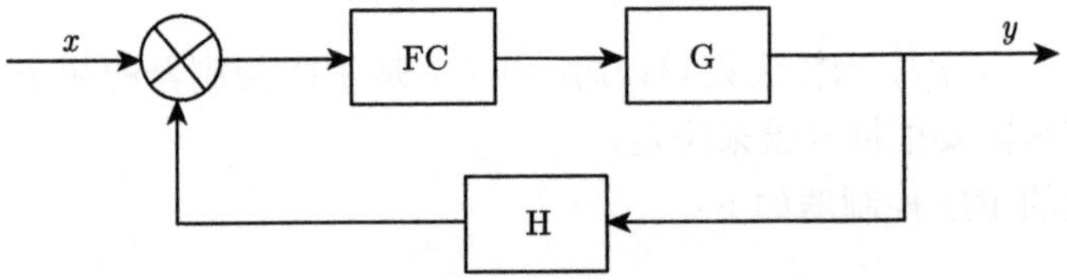

图 2-5 模糊自适应控制的基本结构

模糊自适应 PD 控制器的设计关键在于确定模糊控制器的输入量和控制规则 [19]。对于式 (2-38) 的控制系统，其中输入量分别为 $\boldsymbol{y}_{\text{Hub}} \in \Re^{6\times 1}$ 和 $\dot{\boldsymbol{y}}_{\text{Hub}} \in \Re^{6\times 1}$，输出量分别为 $\Delta \boldsymbol{k}_P \in \Re^{6\times 6}$ 和 $\Delta \boldsymbol{k}_D \in \Re^{6\times 6}$，输入量的模糊子集和模糊论域分别根据常规 PD 控制的经验确定，这将在本章的仿真部分给出。本章控制系统的模糊自适应 PD 控制原理如图 2-6 所示，其控制律可写为

$$\boldsymbol{\tau}(t) = -(\boldsymbol{k}_P + \Delta \boldsymbol{k}_P)\boldsymbol{e}_a(t) - (\boldsymbol{k}_D + \Delta \boldsymbol{k}_D)\dot{\boldsymbol{e}}_a(t) \tag{2-42}$$

式中，$\boldsymbol{e}_a(t)$ 和 $\dot{\boldsymbol{e}}_a(t)$ 分别为航天器本体姿态漂移和漂移速度；$\boldsymbol{k}_P$ 和 $\boldsymbol{k}_D$ 为常规 PD 控制增益矩阵，均为对角阵；$\Delta \boldsymbol{k}_P$ 和 $\Delta \boldsymbol{k}_D$ 为模糊自适应 PD 控制增益修正矩阵，均为与 $\boldsymbol{e}_a(t)$ 和 $\dot{\boldsymbol{e}}_a(t)$ 相关的对角阵。从 2.4 节的数值仿真将可以看出，模糊自适应 PD 控制器能够有效地抑制太阳阵展开所引起的本体位姿漂移，且比常规 PD 控制方法能够取得更好的控制效果。

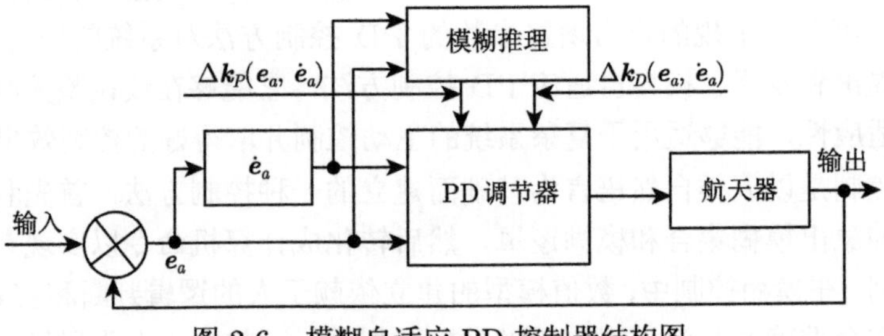

图 2-6 模糊自适应 PD 控制器结构图

2.4 数 值 仿 真

本节进行数值仿真，验证以上理论内容的有效性。考虑航天器带有三块帆板的情况。系统物理参数见表 2-1。航天器在空间处于漂浮状态，初始时刻帆板为

收拢状态。所有扭簧刚度皆取值为 $K_{\mathrm{d}}^{i}=0.1\ \mathrm{N\cdot m/rad}$, $i=1,\cdots,4$，支架和三块帆板在展开过程中需要保持同步性，因此任意时刻展开角之间在数值上应满足 $\theta_1=\theta_2=\theta_3=2\theta_0$。参考文献 [13]，CCL 的等效扭转刚度取值为 $K_{\mathrm{CCL}}=1.5\ \mathrm{N\cdot m/rad}$。锁定机构施加于各展开机构之间，锁定力矩函数各参数的取值可以参考文献 [15]，如表 2-2 中所示。

表 2-1　航天器帆板模型物理参数

结构	尺寸 (长/m× 宽/m× 高/m)	质量 m_i/kg	转动惯量 $J_{xx}/(\mathrm{kg\cdot m^2})$	转动惯量 $J_{yy}/(\mathrm{kg\cdot m^2})$	转动惯量 $J_{zz}/(\mathrm{kg\cdot m^2})$
航天器本体	1×1×1	1800	300	300	300
支架	0.765×2×0.025	4.500	1.730	1.500	0.220
帆板 1	1.530×2×0.025	9.036	4.775	3.013	1.763
帆板 2	1.530×2×0.025	9.036	4.775	3.013	1.763
帆板 3	1.530×2×0.025	9.036	4.775	3.013	1.763

表 2-2　式 (2-3) 中锁定力矩的参数

参数	x_1	x_2	x_3	x_4	k	e	c	d
$i=1$	88.9°	89.9°	89.9°	90.1°	10^5	1.5	10^3	0.1°
$i=2\sim4$	178.9°	179.9°	179.9°	180.1°	10^5	10^5	10^3	0.1°

2.4.1 展开与锁定仿真

根据本书理论采用 MATLAB 语言编程进行数值仿真。航天器连接架和三块帆板的角位移时间历程如图 2-7 所示，可以看出，太阳阵各展开构件在扭簧驱动及同步机构 CCL 共同作用下实现了同步展开动作，并在 17.50s 依靠锁定机构实现瞬间锁定。图 2-7 中同时给出了采用 ADAMS 软件进行仿真的结果，可以看出，采用本书方法能够取得与 ADAMS 软件相同的仿真结果，这验证了本书建模方法的正确性。

图 2-8 给出了太阳阵展开角速度的时间历程曲线。可以看出，展开过程中，在同步机构、扭簧驱动和惯性的共同作用下，各帆板的展开角速度并不是平滑增加的，而是存在一定的微幅波动；展开到位瞬间，由于锁定机构的作用，太阳阵各帆板的展开角速度由峰值下跌到零值附近，并在锁定机构的碰撞力矩作用下角速度数值在零值附近不断振荡，最后在锁定机构的作用下趋近零值。图 2-8 中还给出了采用 ADAMS 仿真所得的太阳阵展开角速度的时间历程曲线，如图 2-8 中的点线所示，可以看出采用本书理论方法仿真所得结果能够与 ADAMS 的仿真结果很好地吻合，这也进一步验证了本书建模方法的正确性。

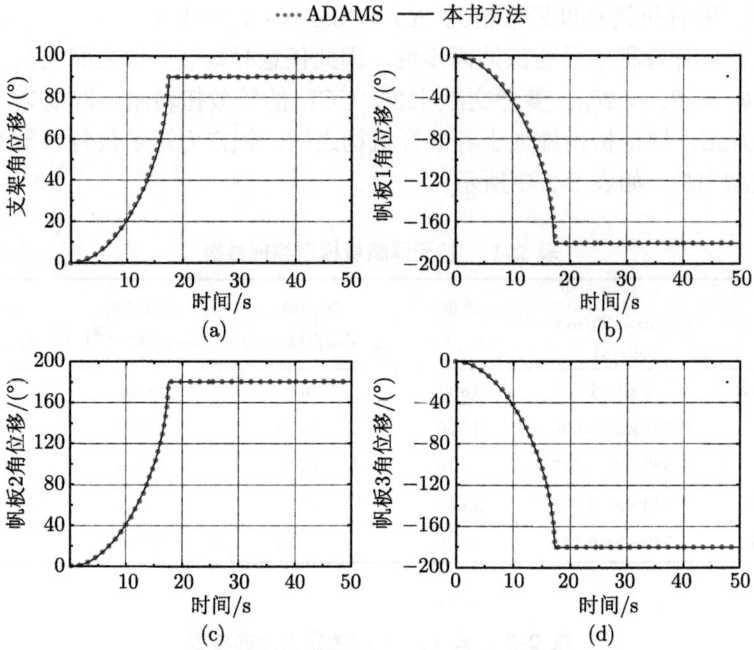

图 2-7　太阳阵角位移时间历程

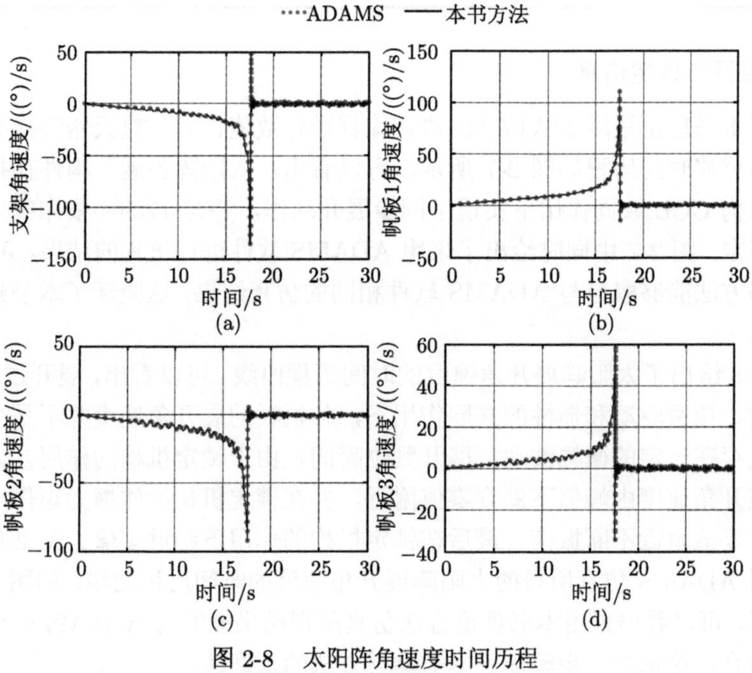

图 2-8　太阳阵角速度时间历程

2.4.2 姿态控制仿真

以下分别采用常规 PD 控制方法和模糊自适应 PD 控制方法对航天器本体的姿态漂移进行控制仿真，并且进行控制效果对比。

1) 常规 PD 控制

太阳阵的展开与锁定动作会引起航天器本体的姿态漂移。如图 2-9 中的虚线所示，航天器本体在绝对参考基的 x 轴方向和 y 轴方向均发生了一定的位置扰动，渐渐偏离初始时刻的位置，在 z 轴方向发生了转动，偏离了初始时刻的姿态。为了抑制位姿漂移，采用 PD 方法进行控制，控制增益取值为 $\boldsymbol{k}_P(i,i)=10^3$，$\boldsymbol{k}_D(i,i)=2\times10^2$，$i=1\sim6$。控制仿真结果如图 2-9 中实线所示，可以看出，施加控制后航天器本体基本维持在初始位置，这说明常规 PD 控制方法具有不错的控制效果。

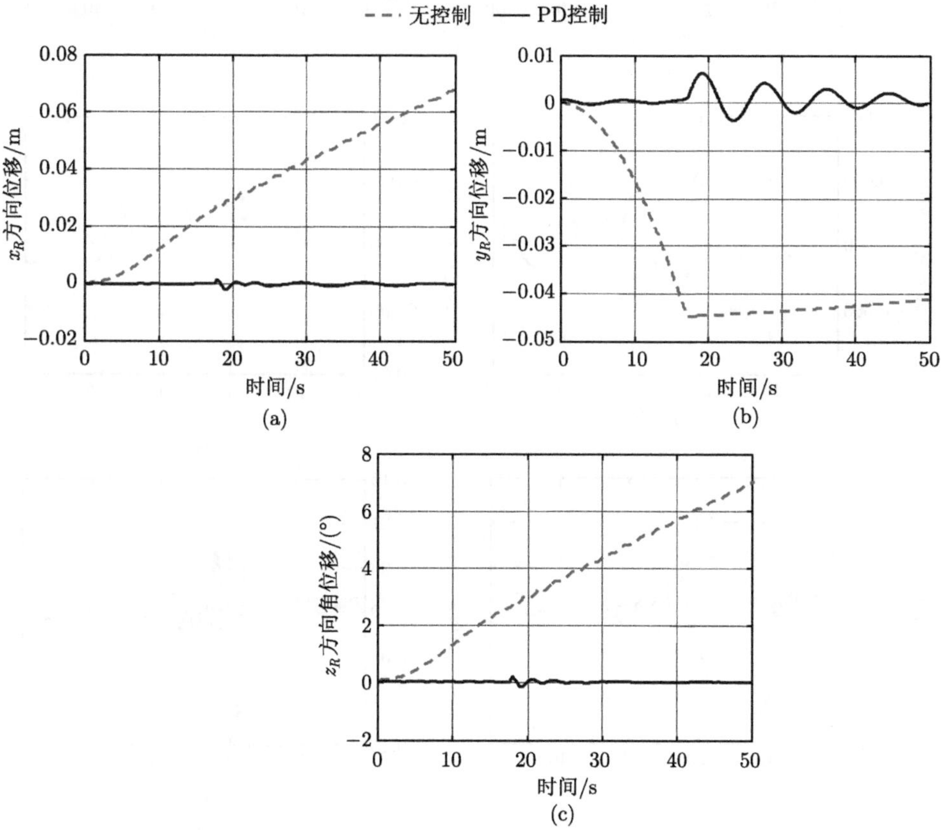

图 2-9 航天器本体的姿态位移和角位移响应

PD 控制的两个增益参数设定的合理性直接影响控制效果的优劣，因此有必要讨论这两个参数的设定问题。图 2-10 分别给出了 PD 控制两个增益参数对控制效果的影响，其中图 2-10(a) 给出的是 $\boldsymbol{k}_D(i,i) = 200$、$\boldsymbol{k}_P(i,i) = [1500, 1250, 1000, 750]$ ($i = 1\sim6$) 时的控制效果，图 2-10(b) 给出的是 $\boldsymbol{k}_P(i,i) = 1000$、$\boldsymbol{k}_D(i,i) = [300, 250, 200, 150]$ ($i = 1\sim6$) 时的控制效果。从图 2-10 可以得出如下结论。

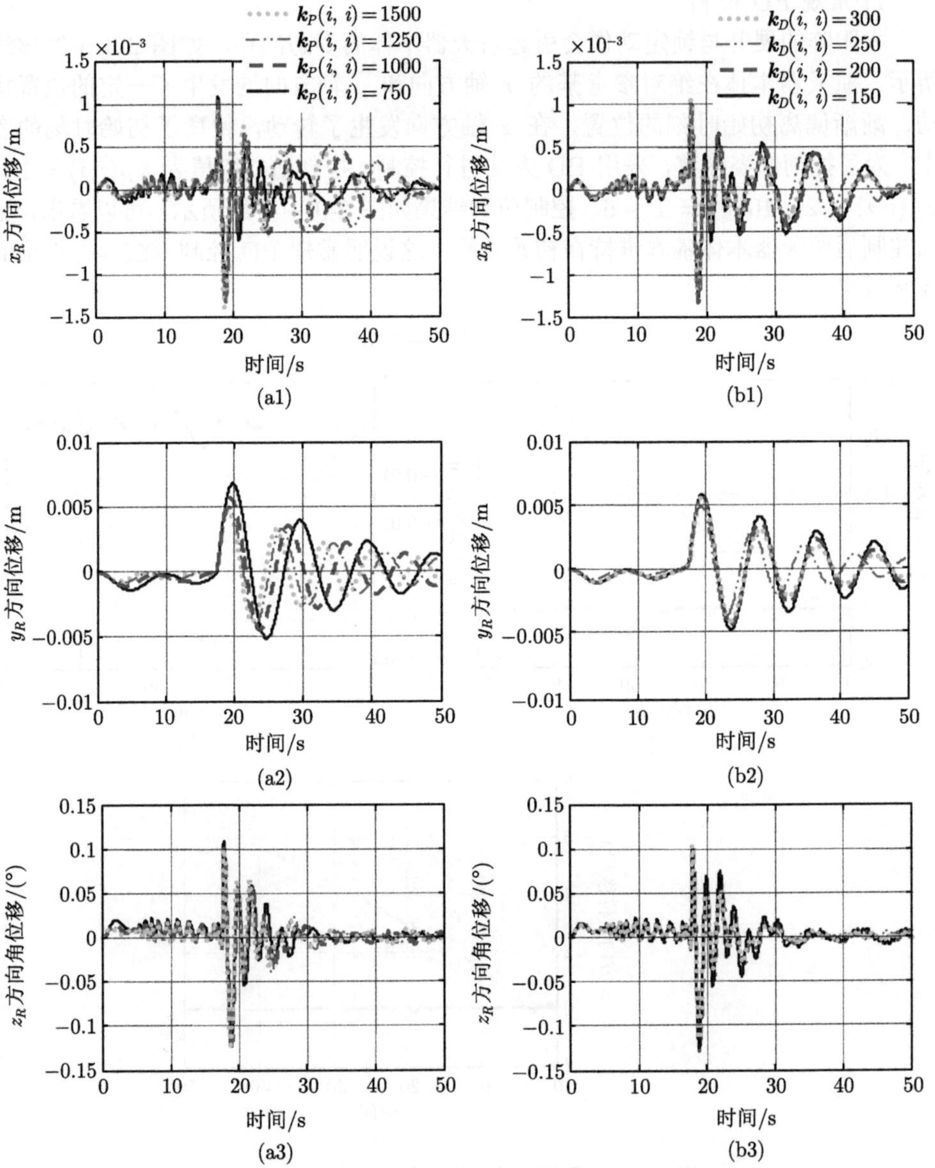

图 2-10　不同控制参数情况下航天器本体的位移与角位移时间历程

(a) $\boldsymbol{k}_P$ 对控制效果的影响 [$\boldsymbol{k}_D(i,i) = 200$, $i = 1\sim6$]；(b) $\boldsymbol{k}_D$ 对控制效果的影响 [$\boldsymbol{k}_P(i,i) = 1000$, $i = 1\sim6$]

(1) 给定 $\boldsymbol{k}_D(i,i)=200$ 和 $\boldsymbol{k}_P(i,i)=[1500, 1250, 1000, 750]$ 时，可以发现控制系统并不是在任意控制时段内 $\boldsymbol{k}_P(i,i)$ 的值越大控制效果越好，反之也不恒成立，即控制效果与 $\boldsymbol{k}_P(i,i)$ 的关系不是绝对的正相关或者负相关。因此，在同一控制系统的不同时间段或者不同的控制系统，系统取得较优效果的 $\boldsymbol{k}_P(i,i)$ 取值并不总是一致的。

(2) 给定 $\boldsymbol{k}_P(i,i)=1000$ 和 $\boldsymbol{k}_D(i,i)=[300, 250, 200, 150]$ 时，同样可以看出 $\boldsymbol{k}_D(i,i)$ 为 300 时系统的控制效果并不是一直保持最好的，$\boldsymbol{k}_D(i,i)$ 取值为 250 时的系统控制效果在 0~20s 时间段明显优于其他取值。因此，$\boldsymbol{k}_D(i,i)$ 对系统控制效果的影响也并不是正相关或者负相关的，要获得较好的控制效果也需要根据系统的具体情况进行调整。

由以上分析可以看出，PD 控制参数对系统控制效果有显著的影响，不同的控制系统需要整定不同的控制参数，对于同一系统的不同时刻也需要进行在线调整控制参数。本书以下将采用一种可以实时自适应调整控制参数的控制方法进行仿真分析。

2) 模糊自适应 PD 控制

根据以上关于常规 PD 控制参数的初步探讨可以知道，对复杂控制系统的参数进行实时调整是非常有必要的。本书以下将采用模糊自适应 PD 控制方法进行数值仿真。

首先设定合理的模糊控制规则。以图 2-11 示意图为例进行问题描述。图 2-11 所示实线为某一自由度 j 上某一时间段 Δt 内的实际轨迹图，虚线为期望通过模糊 PD 控制所达到的控制效果。当输入状态为 C 点时，e_a^j 为正值，$\dot{e}_a^j$ 为 0，按照设计要求，相应的偏差控制系数 k_D 应该取负大值，偏差速率控制系数 k_P 应该取 0，从而能够接近预期的控制效果。依此类推，得到其他各状态点处的模糊推理规则，如表 2-3 所示。

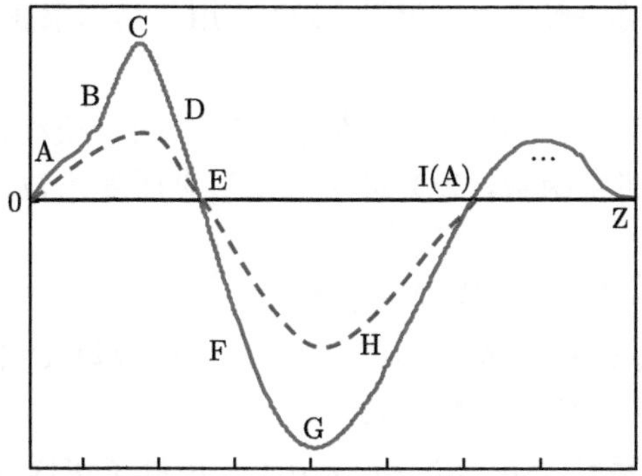

图 2-11　模糊控制规则示意图

表 2-3　$\Delta k_P^j(e_a^j, \dot{e}_a^j)$ 和 $\Delta k_D^j(e_a^j, \dot{e}_a^j)$ 的模糊控制规则

$\dot{e}_a^j$	e_a^j		
	N	ZO	P
N	$\Delta k_P^j \sim$P, $\Delta k_D^j \sim$P	$\Delta k_P^j \sim$ZO, $\Delta k_D^j \sim$P	$\Delta k_P^j \sim$N, $\Delta k_D^j \sim$P
ZO	$\Delta k_P^j \sim$P, $\Delta k_D^j \sim$ZO	$\Delta k_P^j \sim$ZO, $\Delta k_D^j \sim$ZO	$\Delta k_P^j \sim$P, $\Delta k_D^j \sim$ZO
P	$\Delta k_P^j \sim$N, $\Delta k_D^j \sim$P	$\Delta k_P^j \sim$ZO, $\Delta k_D^j \sim$P	$\Delta k_P^j \sim$P, $\Delta k_D^j \sim$P

隶属度函数的选取通常具有一定的经验性，选择何种形式的函数往往取决于控制设计者使用起来是否感到快捷、高效和方便。隶属度函数的取值范围常常设定为 $[0,1]$。模糊系统中可供参考的隶属度函数大致有 11 种，包括高斯型、钟型、sigmoid 型、差型 sigmoid、积型 sigmoid、Z 型、S 型、梯形和三角形等。这里采用三角形和梯形隶属度函数，根据上文 PD 控制的研究大致确定输入变量 e_a^j、$\dot{e}_a^j$ 和输出变量 Δk_P^j、Δk_D^j 的范围，并综合考虑到表 2-3 给出的模糊规则来定义输入变量 e_a^j、$\dot{e}_a^j$ 和输出变量 Δk_P^j、Δk_D^j 的模糊论域和隶属度函数。以下给出各输入、输出量的模糊子集、模糊论域和隶属度函数。

(1) 输入量的模糊子集和模糊论域。

x_R 方向位移偏差 e_a^x 的模糊子集为 {N, ZO, P}，模糊论域为 $[-1.8\times10^{-3}, 1.8\times10^{-3}]$，子集 N 采用梯形隶属度函数，ZO 采用三角形隶属度函数，P 采用梯形隶属度函数。

x_R 方向速率偏差 $\dot{e}_a^x$ 的模糊子集为 {N, ZO, P}，模糊论域为 $[-4\times10^{-3}, 5\times10^{-3}]$，子集 N 采用梯形隶属度函数，ZO 采用三角形隶属度函数，P 采用梯形隶属度函数。

y_R 方向位移偏差 e_a^y 的模糊子集为 {N, ZO, P}，模糊论域为 $[-5\times10^{-3}, 6\times10^{-3}]$，子集 N 采用梯形隶属度函数，ZO 采用三角形隶属度函数，P 采用梯形隶属度函数。

y_R 方向速率偏差 $\dot{e}_a^y$ 的模糊子集为 {N, ZO, P}，模糊论域为 $[-4\times10^{-3}, 6\times10^{-3}]$，子集 N 采用梯形隶属度函数，ZO 采用三角形隶属度函数，P 采用梯形隶属度函数。

z_R 方向角移偏差 $e_a^{\theta_z}$ 的模糊子集为 {N, ZO, P}，模糊论域为 $[-0.15, 0.15]$，子集 N 采用梯形隶属度函数，ZO 采用三角形隶属度函数，P 采用梯形隶属度函数。

z_R 方向角速率偏差 $\dot{e}_a^{\theta_z}$ 的模糊子集为 {N, ZO, P}，模糊论域为 $[-0.50, 0.70]$，子集 N 采用梯形隶属度函数，ZO 采用三角形隶属度函数，P 采用梯形隶属度函数。

(2) 输出量的模糊子集和模糊论域。

所有方向的控制系数 Δk_P^j $(j = x, y, \theta_z)$ 的模糊子集均为 {N, ZO, P}，模糊论域为 $[-500, 500]$，所有子集均采用三角形隶属度函数。

所有方向的控制系数 Δk_D^j $(j = x, y, \theta_z)$ 的模糊子集为 {N, ZO, P}，模糊论域为 [−100, 100]，所有子集均采用三角形隶属度函数。

图 2-12 给出了各方向的位姿控制的各输入、输出变量的隶属度函数。每个输入及输出变量指定三个隶属度函数 N (负)，ZO (零附近)，P (正)。

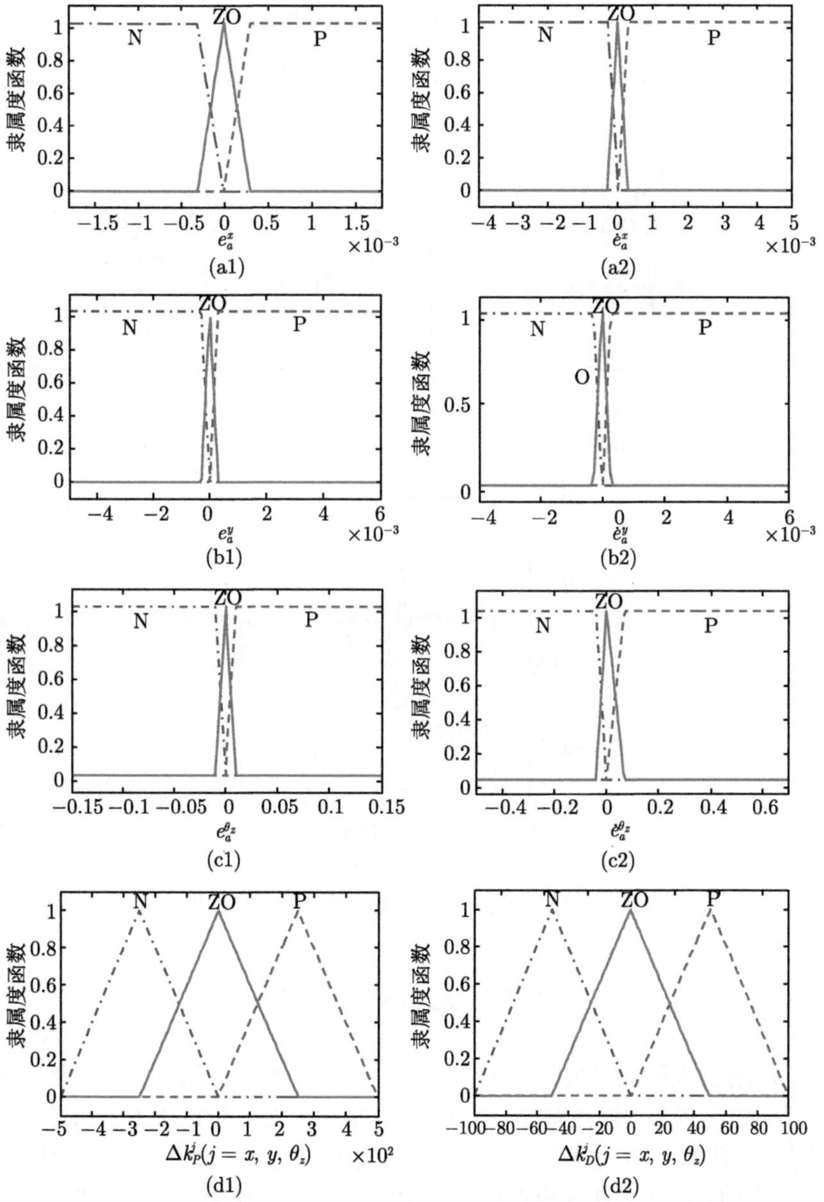

图 2-12 输入和输出变量的隶属度函数

3) 模糊自适应 PD 控制仿真结果与分析

图 2-13 给出了在航天器本体产生位姿漂移的三个方向上施加 PD 控制和模糊自适应 PD 控制的效果，可以直观地看出，模糊自适应 PD 控制方法能够取得比常规 PD 控制方法更好的效果。

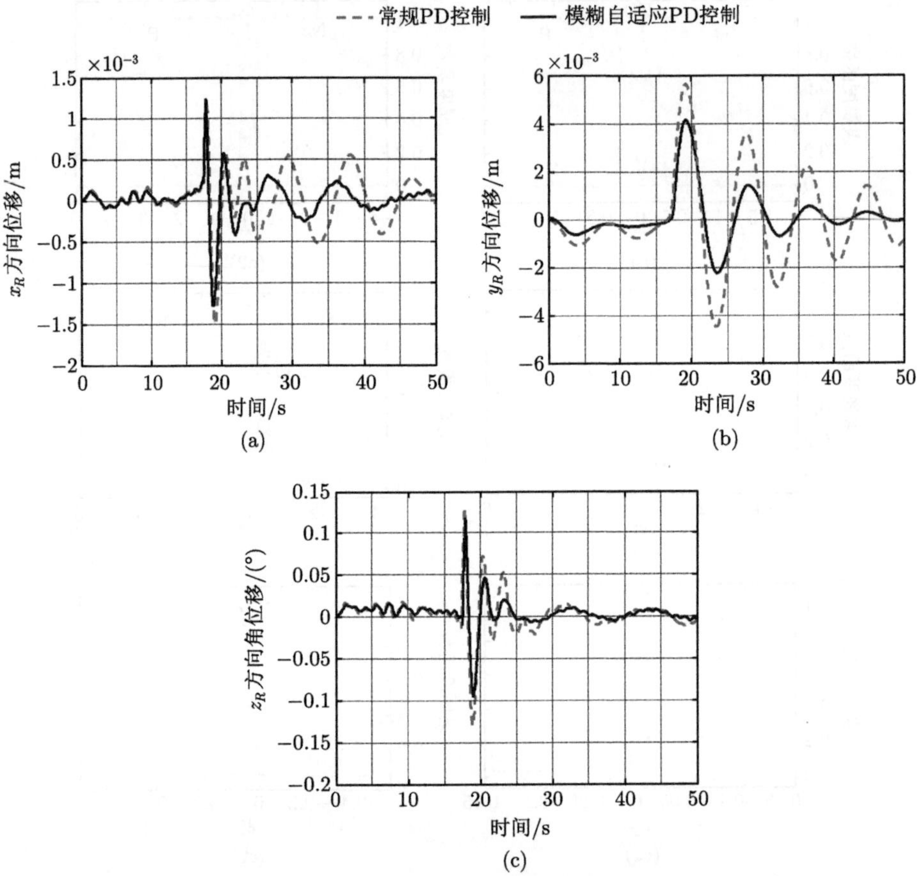

图 2-13　控制下的航天器本体位姿仿真结果

2.5　本章小结

本章以刚性太阳能帆板为对象，采用单向递推组集方法建立了帆板多刚体系统的展开动力学模型，通过与 ADAMS 仿真结果的对比验证了本书所建动力学模型的正确性。研究了航天器本体在太阳阵展开与锁定过程中的姿态主动控制问题，讨论了常规 PD 控制方法和模糊自适应 PD 控制方法控制效果上的差异，仿真结果显示，模糊自适应 PD 控制方法能够取得比常规 PD 控制方法更好的控制效果。

参 考 文 献

[1] 袁家军. 卫星结构设计与分析 [M]. 北京: 中国宇航出版社, 2004.

[2] Wie B, Furumoto N, Banerjee A K, et al. Modeling and simulation of spacecraft solar array deployment[J]. Journal of Guidance, Control, and Dynamics, 1986, 9(5): 593-598.

[3] 周志成, 曲广吉. 航天器太阳阵多体展开的动力学分析 [J]. 力学与实践, 1990, 6: 53-57.

[4] 段柳成, 李海泉, 刘晓峰, 等. 考虑铰摩擦的太阳翼展开动力学研究 [J]. 应用数学和力学, 2014, 35(12): 1308-1319.

[5] 郭峰, 黄振华, 邓扬明. 基于 ADAMS 航天器刚性太阳帆板动力学仿真分析 [J]. 机械设计与制造, 2004, 4: 71-72.

[6] 游斌弟, 王兴贵, 陈军. 卫星太阳阵展开锁紧过程冲击振动 [J]. 机械工程学报, 2012, 48(21): 67-76.

[7] 周志成, 董福祥. 空间大型天线多体动力学分析 [M]. 北京: 中国宇航出版社, 2015.

[8] 谢宗武, 宫钇成, 史士财, 等. 空间太阳能电池阵列技术综述 [J]. 宇航学报, 2014, 35(5): 491-498.

[9] 肖宁聪, 李彦锋, 黄洪钟. 卫星太阳翼展开机构的可靠性分析方法研究 [J]. 宇航学报, 2009, 30(4): 1704-1710.

[10] Kiper G, Soylemez E. Deployable space structures[C]//The 4th International Conference on Recent Advances in Space Technologies, Istanbul, Turkey, 2009.

[11] Gao E W, Zhang X P, Yao Z Q. Simulation and analysis of flexible solar panels' deployment and locking processes[J]. Journal of Shanghai Jiaotong University, 2008, 13(3): 275-279.

[12] 白争锋, 田浩, 赵阳. 基于 ADAMS 航天器太阳帆板展开与锁定动力学仿真 [J]. 机械设计与制造, 2006, 11: 124-126.

[13] 王天舒, 孔宪仁, 王本利, 等. 太阳帆板绳索联动同步机构的机理和功能分析 [J]. 宇航学报, 2001, 21(3): 29-33.

[14] 王晛, 陈天智, 柴洪友. 太阳阵地面展开锁定的动力学仿真分析 [J]. 航天器工程, 2011, 20(3): 86-92.

[15] Daniel W K. Techniques for using ADAMS in spacecraft applications[C]//ADAMS: Mechanical Dynamics Customer Service. The 16th European MDI User Conference, Berchtesgaden, Germany, 2001.

[16] 洪嘉振. 计算多体系统动力学 [M]. 北京: 高等教育出版社, 1999.

[17] 吴宏鑫, 沈少萍. PID 控制的应用与理论依据 [J]. 控制工程, 2003, 10(1): 37-42.

[18] 杨巨庆, 黄健, 段丽华. PID 控制技术与应用 [J]. 哈尔滨师范大学自然科学学报, 2004, 20(2): 76-79.

[19] Wen S H, Yang H. Fuzzy adaptive PD control for robot and experiment study[C]//Proceedings of the Fourth International Conference on Machine Learning and Cybernetics, 2005, 2: 834-839.

第 3 章　柔性空间帆板展开动力学与控制

3.1　引　　言

早期航天器的结构形式相对简单，将柔性附件作刚性假设能够满足当时工程精度的要求。20 世纪 70 年代后，随着空间科学技术的发展和人类空间活动的增多，航天器的结构形式变得越来越复杂；同时考虑到航天器质量、有效载荷和地面发射成本等，轻质和柔性附件在现代航天器中大量使用，柔性效应的影响变得不容忽略。例如，航天器上的柔性机械臂、大型太阳能帆板和空间天线等，一方面会使得航天器整体呈现出低频密集特征，一旦发生振动会持续很长时间；另一方面会对航天器的姿态精度等造成重要影响，甚至导致航天任务的失败。柔性问题也是当今航天工程领域亟待解决的关键问题。截至目前，有许多学者对柔性太阳能帆板的展开动力学问题进行了大量研究。Oskar 和 Simon[1] 采用 SIMPACK 程序对柔性太阳能帆板的展开进行了动力学建模，分析了太阳阵帆板的柔性效应对驱动机构的影响。Gao 等 [2] 采用 ADAMS 和 NASTRAN 软件建立柔性太阳能帆板的动力学模型，研究了帆板锁定撞击力的时间历程。蒋建平和李东旭 [3] 研究了柔性太阳能帆板的刚柔耦合建模问题，采用假设模态法进行弹性体的离散，基于 Kane 方程建立了系统高精度的动力学模型，并对系统的刚柔耦合动力学行为进行了深入研究。Yasushi 等 [4] 建立了航天器的刚柔耦合展开动力学模型，运用 ADEOS 卫星和 ADEOS-II 卫星的飞行数据进行了数值仿真。段柳成等 [5] 对带有柔性帆板的航天器的展开动力学建模与主动控制进行了研究，探讨了帆板柔性对展开动力学特性的影响。何柏岩和王树新 [6] 给出了柔性太阳阵帆板的离散化方法，基于 Kane 方程和多柔体系统动力学理论建立了航天器帆板的展开动力学模型，并以某型号航天器为例进行了数值仿真。王远峰和水小平 [7] 采用 ADAMS 软件对太阳能帆板进行了展开动力学仿真，研究了帆板柔性效应对展开动力学的影响。Gina 等 [8] 采用有限元方法对立方体卫星的 Z 形折叠式太阳阵自由展开轨迹进行了仿真分析，并通过摄影测量系统进行了实验验证。李海泉等 [9]、李媛媛等 [10,13]、邱雪松等 [14,15] 对考虑铰链摩擦或间隙的柔性太阳能帆板的展开动力学问题进行详细研究，指出了摩擦和间隙对展开动力学特性的影响。

本章对柔性空间帆板的展开动力学建模与控制问题进行研究。首先，介绍柔性帆板的离散化方法和坐标的选择；其次，基于单向递推组集方法和采用独立的

广义坐标 (铰坐标和模态坐标的组集) 推导柔性太阳能帆板多体系统的动力学方程；再次，采用模糊自适应 PD 控制方法进行了主动控制设计；最后进行数值仿真，验证动力学建模与控制设计的有效性。

3.2 柔性帆板离散化方法

航天器的太阳能帆板一般为蜂窝夹层板 [16]，上下两个表板与中间的蜂窝夹芯通过胶黏剂连接在一起。在对帆板进行有限元分析之前，需要计算蜂窝夹层板的等效参数，以获得该结构的弹性模量、剪切模量和泊松比等的等效物理参数 [16]。

本质上讲帆板为连续体，具有无穷多自由度，工程计算时常需要对它进行离散化，以建立系统有限自由度的动力学方程。常使用的离散化方法主要有集中质量法、有限元方法、假设模态法等。集中质量法是将连续体的质量集中到有限个点或截面上，假设振型法是用有限个函数的线性组合来构造连续体的解，有限元法兼有以上两种方法的特点。各种离散化方法的共同特点是用有限自由度的系统对无限自由度的系统进行近似。

有限元方法是将复杂结构分割成有限个单元，单元端点称为节点，将节点的位移作为广义坐标，并将单元的质量和刚度集中到节点上；每个单元作为弹性体，单元内各点的位移用节点位移的插值函数 (形函数) 表示；由于是仅针对单元，而非针对整个结构，所以形函数可以取得十分简单，并且可令各个单元的形函数相同。有限元方法具有众所周知的计算收敛性上的保障，因此在实际工程中得到了大量使用，其有效性在大量的工程实践中得到了检验。有限元方法也有使用上的局限性，例如，采用该方法所建立的系统动力学模型的维数一般很大，不便于主动控制的设计。对于结构动力学问题，有限元方法常用于动力响应的分析，假设模态法常用于主动控制的设计。

对于诸如航天器的刚柔耦合动力学系统，混合坐标方法是常使用的系统动力学建模方法，它通过在每个柔性体上建立连体基来描述柔性体在连体基下的弹性变形，忽略系统大范围运动对弹性变形的影响。在连体基上描述柔性体的变形时，经常使用有限元方法或者假设模态法；在使用假设模态法时，柔性体上任意点的变形表示为 $\boldsymbol{\delta}=\boldsymbol{\Phi x}$，其中 $\boldsymbol{\Phi}$ 为结构动力学意义上的模态矩阵，$\boldsymbol{x}$ 为模态坐标列阵。与结构动力学问题相同，对于刚柔耦合动力学系统，采用有限元方法描述柔性体的变形所建立起的系统动力学方程，其维数较大，而假设模态法的则较小，因此有限元方法也通常仅用于系统动力特性的分析，而假设模态法用于主动控制的设计。

本章的航天器太阳能帆板系统与第 2 章中相同，系统由航天器本体 (hub)、支架 (yoke)、3 块太阳能帆板和铰链等所组成，其中航天器本体、支架、太阳能帆板三者之间都是通过扭簧铰链相互铰接，扭簧铰链、同步机构和锁定机构同第 2 章。除了帆板为柔性体外，其他部件都与第 2 章一致。本书采用的帆板材料为航天领域常用的铝蜂窝夹层结构，研究中采用 ANSYS 有限元软件对柔性帆板进行模态分析，以提取各个帆板的模态信息。

3.3　多柔体系统动力学与控制

3.3.1　系统动力学建模

本书采用混合坐标 (即浮动坐标与模态坐标) 来描述多体系统的柔性体运动，由速度变分原理推导单个物体的动力学方程，然后根据邻接物体的运动学递推关系推导得到以独立广义坐标表达的系统动力学方程，具体阐述如下。

1) 系统坐标描述

航天器太阳能帆板多体系统拓扑结构如图 3-1(a) 所示，其中 B_1 为航天器本体，B_2 为支架，$B_3 \sim B_N$ 为太阳阵各柔性帆板。与第 2 章相同，为了在动力学仿真中考虑航天器本体姿态的变化，在本体和轨道坐标系之间引入一个六自由度的虚铰，建立轨道坐标系 $x_0y_0z_0$ 与本体虚铰坐标系 $x_{P_1}y_{P_1}z_{P_1}$，本体虚铰坐标系 $x_{P_1}y_{P_1}z_{P_1}$ 与本体浮动坐标系 $x_1y_1z_1$ 固结，并令初始时 $x_0y_0z_0$ 与 $x_{P_1}y_{P_1}z_{P_1}$ 两坐标系相互平行，Q_j 和 P_j 分别为铰 H_i 在邻接两物体上的内接和外接铰点，坐标系 $x_{P_i}y_{P_i}z_{P_i}$ 和 $x_{Q_j}y_{Q_j}z_{Q_j}$ 分别为铰点 P_i 和 Q_j 的当地坐标，坐标系 $x_Ry_Rz_R$ 为参考坐标系且令其与轨道坐标系平行，坐标系 $x_iy_iz_i$ 为 B_i 的浮动坐标系 (通常建立在 B_i 未变形前的质心位置)，$i = 1 \sim N$ 为物体 B_i 标号，$j = L(i)$ 为 B_i 内接物体标号。

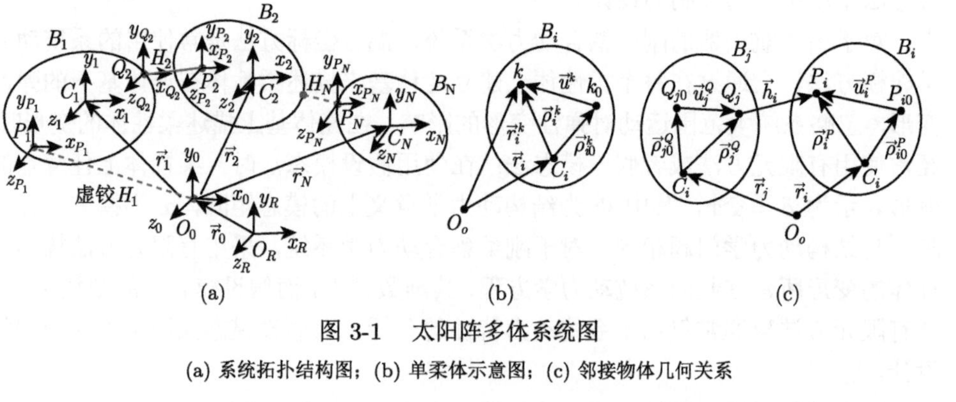

图 3-1　太阳阵多体系统图

(a) 系统拓扑结构图；(b) 单柔体示意图；(c) 邻接物体几何关系

采用浮动坐标与模态坐标的混合坐标形式来描述多柔体系统的位形。定义第

i 个物体 B_i 的独立广义坐标为

$$\boldsymbol{y}_i = \begin{cases} (\boldsymbol{q}_i^{\mathrm{T}}, \boldsymbol{x}_i^{\mathrm{T}})^{\mathrm{T}}, & \text{柔性体,} \\ \boldsymbol{q}_i, & \text{刚体,} \end{cases} \quad i = 1 \sim N \tag{3-1}$$

式中，$\boldsymbol{q}_i \in \Re^{\delta_{H_i} \times 1}$ 为铰 H_i 的坐标列阵，这里 δ_{H_i} 为铰 H_i 的自由度数，$\delta_{H_i} \leqslant 6$；$\boldsymbol{x}_i \in \Re^{s_i \times 1}$ 为描述 B_i 弹性变形的模态坐标列阵，这里 s_i 为截取 B_i 的模态阶数。则帆板系统独立的广义坐标列阵可以表示为

$$\boldsymbol{y} = [\boldsymbol{y}_1^{\mathrm{T}}, \cdots, \boldsymbol{y}_N^{\mathrm{T}}]^{\mathrm{T}} \tag{3-2}$$

2) 单柔体运动学与动力学

首先分析单个物体的运动学情况。采用集中质量有限元的方法将图 3-1(b) 所示的变形体 B_i ($i = 1 \sim N$) 分割成 l_i 个单元，则第 k 个节点的广义质量阵表述如下：

$$\boldsymbol{M}_i^k = \begin{bmatrix} \boldsymbol{m}_i^k & \boldsymbol{0} \\ \boldsymbol{0} & \boldsymbol{J}_i^k \end{bmatrix} \in \Re^{6\times 6}, \quad k = 1 \sim l_i \tag{3-3}$$

式中，$\boldsymbol{m}_i^k \in \Re^{3\times 3}$ 和 $\boldsymbol{J}_i^k \in \Re^{3\times 3}$ 分别是第 k 个节点的平动质量阵和转动惯量阵；l_i 是变形体 B_i 的节点总数，$i = 1\sim N$。

如图 3-1(b) 所示，在 B_i 未变形前的质心 C_i 上建立浮动坐标系 $\vec{\boldsymbol{e}}^i$，质心 C_i 与节点 k 的绝对矢径分别记为 $\vec{r}_i$ 与 $\vec{r}_i^k$，节点 k 的相对位置矢量为 $\vec{\rho}_i^k$，未变形时它处在矢径 $\vec{\rho}_{i0}^k$ 的位置。$\vec{u}_i^k$ 和 $\vec{\varphi}_i^k$ 分别为节点 k 的平动和转动变形矢量，可以表达如下：

$$\vec{u}_i^k = \vec{\boldsymbol{\Phi}}_i^k \boldsymbol{x}_i \tag{3-4}$$

$$\vec{\varphi}_i^k = \vec{\boldsymbol{\Psi}}_i^k \boldsymbol{x}_i \tag{3-5}$$

式中，$\vec{\boldsymbol{\Phi}}_i^k$ 与 $\vec{\boldsymbol{\Psi}}_i^k$ 分别是 B_i 节点 k 的平移模态矢量阵与转动模态矢量阵；$\boldsymbol{x}_i$ 是 B_i 的模态坐标阵。假设物体 B_i 保留到 s_i 阶模态，则有 $\vec{\boldsymbol{\Phi}}_i^k = [\vec{\varphi}_{i1}^k, \cdots, \vec{\varphi}_{is_i}^k]$、$\vec{\boldsymbol{\Psi}}_i^k = [\vec{\psi}_{i1}^k, \cdots, \vec{\psi}_{is_i}^k]$ 和 $\boldsymbol{x}_i = [x_{i1}, \cdots, x_{is}]^{\mathrm{T}}$，$\boldsymbol{\Phi}_i^k \in \Re^{3\times s_i}$ 和 $\boldsymbol{\Psi}_i^k \in \Re^{3\times s_i}$ 分别为 $\vec{\boldsymbol{\Phi}}_i^k$ 和 $\vec{\boldsymbol{\Psi}}_i^k$ 在绝对参考基下的坐标阵。根据图 3-1(b) 几何关系可以得到

$$\vec{r}_i^k = \vec{r}_i + \vec{\rho}_i^k = \vec{r}_i + \vec{\rho}_{i0}^k + \vec{u}_i^k \tag{3-6}$$

式 (3-6) 对时间分别求一阶和二阶导数，得到节点 k 的平动速度矢量和加速度矢量：

$$\dot{\vec{r}}_i^k = \dot{\vec{r}}_i + \dot{\vec{\rho}}_i^k = \dot{\vec{r}}_i + \vec{\omega}_i \times \vec{\rho}_i^k + \vec{v}_{ir}^k \tag{3-7}$$

$$\ddot{\vec{r}}_i^k = \ddot{\vec{r}}_i + \ddot{\vec{\rho}}_i^k = \ddot{\vec{r}}_i + \dot{\vec{\omega}}_i \times \vec{\rho}_i^k + \vec{a}_{ir}^k + 2\vec{\omega}_i \times \vec{v}_{ir}^k + \vec{\omega}_i \times (\vec{\omega}_i \times \vec{\rho}_i^k) \tag{3-8}$$

式中，$\vec{\omega}_i$ 为浮动基 $\vec{\boldsymbol{e}}^i$ 相对于绝对参考基的角速度矢量；$\vec{v}_{ir}^k$ 和 $\vec{a}_{ir}^k$ 分别为节点 k 相对浮动基的平动速度矢量和加速度矢量，它们在绝对参考基下的坐标阵如下：

$$\boldsymbol{v}_{ir}^k = \boldsymbol{\Phi}_i^k \dot{\boldsymbol{x}}_i, \quad \boldsymbol{a}_{ir}^k = \boldsymbol{\Phi}_i^k \ddot{\boldsymbol{x}}_i \tag{3-9}$$

根据式 (3-9)，式 (3-6)~ 式 (3-8) 在绝对参考基下的坐标阵形式可以给出如下：

$$\boldsymbol{r}_i^k = \boldsymbol{r}_i + \boldsymbol{\rho}_i^k = \boldsymbol{r}_i + \boldsymbol{\rho}_{i0}^k + \boldsymbol{\Phi}_i^k \boldsymbol{x}_i \tag{3-10}$$

$$\dot{\boldsymbol{r}}_i^k = \dot{\boldsymbol{r}}_i + \dot{\boldsymbol{\rho}}_i^k = \dot{\boldsymbol{r}}_i - \tilde{\boldsymbol{\rho}}_i^k \boldsymbol{\omega}_i + \boldsymbol{\Phi}_i^k \dot{\boldsymbol{x}}_i \tag{3-11}$$

$$\ddot{\boldsymbol{r}}_i^k = \ddot{\boldsymbol{r}}_i + \ddot{\boldsymbol{\rho}}_i^k = \ddot{\boldsymbol{r}}_i - \tilde{\boldsymbol{\rho}}_i^k \dot{\boldsymbol{\omega}}_i + \boldsymbol{\Phi}_i^k \ddot{\boldsymbol{x}}_i + \boldsymbol{\varpi}_i^k \tag{3-12}$$

式中，$\boldsymbol{\varpi}_i^k = 2\tilde{\boldsymbol{\omega}}_i \boldsymbol{\Phi}_i^k \dot{\boldsymbol{x}}_i + \tilde{\boldsymbol{\omega}}_i \tilde{\boldsymbol{\omega}}_i \boldsymbol{\rho}_i^k \in \Re^{3\times 1}$；$\dot{\boldsymbol{x}}_i$ 和 $\ddot{\boldsymbol{x}}_i$ 分别为 B_i 的模态速度阵和加速度阵；$\boldsymbol{\omega}_i$ 为 B_i 的浮动基 $\vec{\boldsymbol{e}}^i$ 相对于参考基的角速度坐标列阵，$\tilde{\boldsymbol{\omega}}_i$ 和 $\tilde{\boldsymbol{\rho}}_i^k$ 分别为 $\boldsymbol{\omega}_i$ 和 $\boldsymbol{\rho}_i^k$ 的坐标方阵，其中 $\tilde{\boldsymbol{\omega}}_i$ 的具体形式如下：

$$\tilde{\boldsymbol{\omega}}_i = -\tilde{\boldsymbol{\omega}}_i^{\mathrm{T}} = \begin{bmatrix} 0 & -\omega_{i3} & \omega_{i2} \\ \omega_{i3} & 0 & -\omega_{i1} \\ -\omega_{i2} & \omega_{i1} & 0 \end{bmatrix} \in \Re^{3\times 3}, \quad \omega_i = \begin{bmatrix} \omega_{i1} \\ \omega_{i2} \\ \omega_{i3} \end{bmatrix} \tag{3-13}$$

将式 (3-11) 和式 (3-12) 写成矩阵形式，有

$$\dot{\boldsymbol{r}}_i^k = \boldsymbol{B}_i^k \boldsymbol{v}_i \tag{3-14}$$

$$\ddot{\boldsymbol{r}}_i^k = \boldsymbol{B}_i^k \dot{\boldsymbol{v}}_i + \boldsymbol{\varpi}_i^k \tag{3-15}$$

式中，

$$\boldsymbol{B}_i^k = [\boldsymbol{I}_3, -\tilde{\boldsymbol{\rho}}_i^k, \boldsymbol{\Phi}_i^k] \in \Re^{3\times(6+s_i)} \tag{3-16}$$

$$\boldsymbol{v}_i = [\dot{\boldsymbol{r}}_i^{\mathrm{T}}, \boldsymbol{\omega}_i^{\mathrm{T}}, \dot{\boldsymbol{x}}_i^{\mathrm{T}}]^{\mathrm{T}} \in \Re^{(6+s_i)\times 1} \tag{3-17}$$

式 (3-17) 具有速度量纲，由 B_i 的浮动坐标系的绝对速度、绝对角速度以及模态速度组成；式 (3-14) 和式 (3-15) 给出了 B_i 节点 k 的平动绝对速度、加速度与它在浮动坐标系下的广义速度、加速度之间的关系。

以下将推导 B_i 节点 k 的转动绝对角速度、角加速度与它在浮动坐标系下的广义速度、加速度之间的关系。节点 k 的转动角速度矢量和角加速度矢量可以表述如下：

$$\vec{\omega}_i^k = \vec{\omega}_i + \vec{\omega}_{ir}^k \tag{3-18}$$

$$\dot{\vec{\omega}}_i^k = \dot{\vec{\omega}}_i + \vec{\alpha}_{ir}^k + \vec{\omega}_i \times \vec{\omega}_{ir}^k \tag{3-19}$$

式中，$\vec{\omega}_{ir}^k$ 和 $\vec{\alpha}_{ir}^k$ 分别为物体 B_i 节点 k 相对浮动基 $\vec{\boldsymbol{e}}^i$ 的角速度矢量和角加速度矢量，它们在绝对参考基下的坐标阵可以表述为

$$\boldsymbol{\omega}_{ir}^k = \boldsymbol{\Psi}_i^k \dot{\boldsymbol{x}}_i, \quad \boldsymbol{\alpha}_{ir}^k = \boldsymbol{\Psi}^k \ddot{\boldsymbol{x}}_i \tag{3-20}$$

根据式 (3-20)，式 (3-18) 和式 (3-19) 在绝对参考基下的坐标阵形式可以表示为

$$\boldsymbol{\omega}_i^k = \boldsymbol{\omega}_i + \boldsymbol{\Psi}_i^k \dot{\boldsymbol{x}}_i \tag{3-21}$$

$$\dot{\boldsymbol{\omega}}_i^k = \dot{\boldsymbol{\omega}}_i + \boldsymbol{\Psi}_i^k \ddot{\boldsymbol{x}}_i + \tilde{\boldsymbol{\omega}}_i \boldsymbol{\Psi}_i^k \dot{\boldsymbol{x}}_i \tag{3-22}$$

将式 (3-21) 和式 (3-22) 整理成矩阵的形式，则有

$$\boldsymbol{\omega}_i^k = \boldsymbol{D}_i^k \boldsymbol{v}_i \tag{3-23}$$

$$\dot{\boldsymbol{\omega}}_i^k = \boldsymbol{D}_i^k \dot{\boldsymbol{v}}_i + \boldsymbol{\tau}_i^k \tag{3-24}$$

式中，

$$\boldsymbol{D}_i^k = [\boldsymbol{0},\ \boldsymbol{I}_3,\ \boldsymbol{\Psi}_i^k] \in \Re^{3\times(6+s_i)} \tag{3-25}$$

$$\boldsymbol{\tau}_i^k = \tilde{\boldsymbol{\omega}}_i \boldsymbol{\Psi}_i^k \dot{\boldsymbol{x}}_i \in \Re^{3\times 1} \tag{3-26}$$

式 (3-23) 和式 (3-24) 给出了 B_i 节点 k 的转动绝对角速度、角加速度与它在浮动坐标系下的广义坐标的绝对角速度、角加速度之间的关系。根据式 (3-14)、式 (3-15)、式 (3-23) 和式 (3-24) 可以得到 B_i 的节点 k 和质心的广义坐标速度、加速度之间的关系如下：

$$\boldsymbol{v}_i^k = \boldsymbol{\Pi}_i^k \boldsymbol{v}_i \tag{3-27}$$

$$\dot{\boldsymbol{v}}_i^k = \boldsymbol{\Pi}_i^k \dot{\boldsymbol{v}}_i + \begin{bmatrix} \boldsymbol{\varpi}_i^k \\ \boldsymbol{\tau}_i^k \end{bmatrix} \tag{3-28}$$

式中，

$$\boldsymbol{v}_i^k = [\dot{\boldsymbol{r}}_i^{k\mathrm{T}}, \boldsymbol{\omega}_i^{k\mathrm{T}}]^{\mathrm{T}} \in \Re^{6\times 1} \tag{3-29}$$

$$\boldsymbol{\Pi}_i^k = \begin{bmatrix} \boldsymbol{B}_i^k \\ \boldsymbol{D}_i^k \end{bmatrix} \in \Re^{6\times(6+s_i)} \tag{3-30}$$

以上推导了单柔体的运动学关系，以下将推导其动力学关系。根据 Jourdain 速度变分原理，单柔体 B_i 的动力学方程给出如下：

$$\sum_{k=1}^{l_n} \left\{ \delta \boldsymbol{v}_i^{k\mathrm{T}} \cdot \left(-\begin{bmatrix} \boldsymbol{m}_i^k & \boldsymbol{0} \\ \boldsymbol{0} & \boldsymbol{J}_i^k \end{bmatrix} \dot{\boldsymbol{v}}_i^k + \begin{bmatrix} \boldsymbol{F}_i^k \\ \boldsymbol{T}_i^k \end{bmatrix} \right) - \delta \dot{\boldsymbol{\varepsilon}}_i^{k\mathrm{T}} \boldsymbol{\sigma}_i^k \right\} = 0 \tag{3-31}$$

式中，$\boldsymbol{F}_i^k$ 和 $\boldsymbol{T}_i^k$ 分别为作用在 B_i 节点 k 上的合外力和合外力矩 (包括体积力与面积力)；$\boldsymbol{\varepsilon}_i^k$ 与 $\boldsymbol{\sigma}_i^k$ 分别为节点 k 的应变与应力；$\delta\dot{\boldsymbol{\varepsilon}}_i^{k\mathrm{T}}\boldsymbol{\sigma}_i^k$ 为节点 k 的应力应变的虚功率。由结构动力学知，物体 B_i 各节点应力的总虚功率可表示为

$$\sum_{k=1}^{l}\delta\dot{\boldsymbol{\varepsilon}}_i^{k\mathrm{T}}\boldsymbol{\sigma}_i^k=\delta\dot{\boldsymbol{x}}_i^{\mathrm{T}}(\boldsymbol{C}_x^i\dot{\boldsymbol{x}}_i+\boldsymbol{K}_x^i\boldsymbol{x}_i) \tag{3-32}$$

式中，$\boldsymbol{C}_x^i$ 与 $\boldsymbol{K}_x^i$ 分别为物体 B_i 的模态阻尼阵与模态刚度阵，为 $s_i\times s_i$ 阶常值方阵。

将式 (3-32) 代入式 (3-31)，经整理可得

$$\delta\boldsymbol{v}_i^{\mathrm{T}}(-\bar{\boldsymbol{M}}_i\dot{\boldsymbol{v}}_i-\boldsymbol{f}_i^{\omega}+\boldsymbol{f}_i^{o}-\boldsymbol{f}_i^{u})=0 \tag{3-33}$$

式中，

$$\bar{\boldsymbol{M}}_i=\sum_{k=1}^{l_n}\boldsymbol{\Pi}_i^{k\mathrm{T}}\boldsymbol{M}_i^k\boldsymbol{\Pi}_i^k\in\Re^{(6+s_i)\times(6+s_i)} \tag{3-34}$$

$$\boldsymbol{f}_i^{\omega}=\sum_{k=1}^{l_n}\boldsymbol{\Pi}_i^{k\mathrm{T}}\boldsymbol{M}_i^k\begin{bmatrix}\boldsymbol{\varpi}_i^k\\ \boldsymbol{\tau}_i^k\end{bmatrix}\in\Re^{(6+s_i)\times 1} \tag{3-35}$$

$$\boldsymbol{f}_i^{o}=\sum_{k=1}^{l_n}\boldsymbol{\Pi}_i^{k\mathrm{T}}\begin{bmatrix}\boldsymbol{F}_i^k\\ \boldsymbol{T}_i^k\end{bmatrix}\in\Re^{(6+s_i)\times 1} \tag{3-36}$$

$$\boldsymbol{f}_i^{u}=[\boldsymbol{0}^{\mathrm{T}},\ \boldsymbol{0}^{\mathrm{T}},\ (\boldsymbol{C}_x^i\dot{\boldsymbol{x}}_i+\boldsymbol{K}_x^i\boldsymbol{x}_i)^{\mathrm{T}}]^{\mathrm{T}}\in\Re^{(6+s_i)\times 1} \tag{3-37}$$

式中，$\bar{\boldsymbol{M}}_i$、$\boldsymbol{f}_i^{\omega}$、$\boldsymbol{f}_i^{o}$ 和 $\boldsymbol{f}_i^{u}$ 分别为物体 B_i 的广义质量矩阵、广义惯性力列阵、广义外力列阵与广义变形力列阵。

3) 邻接物体动力学递推关系

以下将推导邻接物体的运动学关系。在柔性多体系统中，邻接柔性体之间通过铰进行连接，铰的相对运动可以通过固定在这两个物体上的坐标系的相对运动进行描述。图 3-1(c) 为系统中两个邻接物体 B_i 和 B_j 的连接示意图。$\vec{\boldsymbol{e}}$ 为惯性坐标系，物体 B_j 为 B_i 的内接物体，即 $j=L(i)$。两物体由铰 $\vec{h}_i$ 连接，Q_j 和 P_i 分别是铰 i 在物体 B_j 和 B_i 上的铰点。过物体 B_i 和 B_j 未变形前的某点 (常取质心 C_i 与 C_j) 建立浮动坐标系 $\vec{\boldsymbol{e}}^i$ 与 $\vec{\boldsymbol{e}}^j$。铰点 P_i 所在单元在未变形前处在 P_0，并过 P_0 建立铰点 P_i 单元的当地坐标系 $\vec{\boldsymbol{e}}_i^{P_0}$，令其与 $\vec{\boldsymbol{e}}^i$ 平行；此单元变形时既转动又移动，变形后单元的坐标系记为 $\vec{\boldsymbol{e}}_i^{P}$。同样，铰点 Q_j 所在的单元在未变形前处在 Q_0，过点 Q_0 建立铰点 Q_j 单元的当地坐标系 $\vec{\boldsymbol{e}}_j^{Q_0}$，并令该坐标系与 $\vec{\boldsymbol{e}}^j$ 平

行，变形后单元的坐标系记为 $\vec{e}_i^Q$。过点 Q_j 建立铰 $\vec{h}_i$ 的当地坐标系 $\vec{e}_i^{h_0}$，它固结在铰点 Q_j 单元上。

假设邻接物体之间是通过刚性铰进行连接的，即不考虑铰本身的变形。矢径 $\vec{h}_i$ 在当地坐标系 $\vec{e}_i^{h_0}$ 的坐标阵可以写为

$$\boldsymbol{h}_i' = \boldsymbol{H}_i'^{h\mathrm{T}} \boldsymbol{q}_i \tag{3-38}$$

式中，$\boldsymbol{q}_i$ 为铰坐标列阵；$\boldsymbol{H}_i'^{h}$ 为关于 $\boldsymbol{q}_i$ 的函数，由铰的类型决定，当铰的类型已知时 $\boldsymbol{H}_i'^{h}$ 有固定表达式 [17,18]。矢量 $\vec{h}_i$ 相对于当地坐标系 $\boldsymbol{e}_i^{h_0}$ 的速度和加速度分别为

$$\boldsymbol{v}_{ri}' = \boldsymbol{H}_i'^{h\mathrm{T}} \dot{\boldsymbol{q}}_i, \quad \boldsymbol{a}_{ri}' = \boldsymbol{H}_i'^{h\mathrm{T}} \ddot{\boldsymbol{q}}_i \tag{3-39}$$

矢量 $\vec{h}_i$ 相对于当地坐标系 $\boldsymbol{e}_i^{h_0}$ 的角速度和角加速度分别为

$$\boldsymbol{\omega}_{ri}' = \boldsymbol{H}_i'^{\Omega\mathrm{T}} \dot{\boldsymbol{q}}_i, \quad \alpha_{ri}' = \boldsymbol{H}_i'^{\Omega\mathrm{T}} \ddot{\boldsymbol{q}}_i + \boldsymbol{\eta}_i' \tag{3-40}$$

式中，$\boldsymbol{H}_i'^{\Omega}$ 为 $\boldsymbol{q}_i$ 的函数，由铰的类型决定 [17,18]；$\boldsymbol{\eta}_i' = \dot{\boldsymbol{H}}_i'^{\Omega\mathrm{T}} \dot{\boldsymbol{q}}_i$ 为 $\boldsymbol{q}_i$ 和 $\dot{\boldsymbol{q}}_i$ 的函数；$\boldsymbol{\omega}_{ri}'$ 和 $\boldsymbol{\alpha}_{ri}'$ 为坐标系 $\vec{e}_i^{h}$ 相对于 $\vec{e}_i^{h_0}$ 的相对角速度和角加速度。

式 (3-39) 和式 (3-40) 中的列阵 $\boldsymbol{v}_{ri}'$、$\boldsymbol{a}_{ri}'$、$\boldsymbol{\omega}_{ri}'$ 和 $\boldsymbol{\alpha}_{ri}'$ 在绝对参考坐标系下的坐标阵可以表示为

$$\boldsymbol{v}_{ri} = \boldsymbol{H}_i^{h\mathrm{T}} \dot{\boldsymbol{q}}_i, \quad \boldsymbol{a}_{ri} = \boldsymbol{H}_i^{h\mathrm{T}} \ddot{\boldsymbol{q}}_i \tag{3-41}$$

$$\boldsymbol{\omega}_{ri} = \boldsymbol{H}_i^{\Omega\mathrm{T}} \dot{\boldsymbol{q}}_i, \quad \boldsymbol{\alpha}_{ri} = \boldsymbol{H}_i^{\Omega\mathrm{T}} \ddot{\boldsymbol{q}}_i + \boldsymbol{\eta}_i \tag{3-42}$$

式中，$\boldsymbol{H}_i^{h\mathrm{T}} = \boldsymbol{A}_i^{h_0} \boldsymbol{H}_i'^{h\mathrm{T}}$，$\boldsymbol{H}_i^{\Omega\mathrm{T}} = \boldsymbol{A}_i^{h_0} \boldsymbol{H}_i'^{\Omega\mathrm{T}}$，$\boldsymbol{\eta}_i = \boldsymbol{A}_i^{h_0} \boldsymbol{\eta}_i'$，这里 $\boldsymbol{A}_i^{h_0}$ 为当地坐标系 $\vec{e}_i^{h_0}$ 相对于参考系的方向余弦阵。

根据图 3-1(c) 所示的几何关系可以得到 B_i 及其内接物体 B_j 矢径坐标的关系式如下：

$$\boldsymbol{r}_i = \boldsymbol{r}_j + \boldsymbol{\rho}_j^Q + \boldsymbol{h}_i - \boldsymbol{\rho}_i^P \tag{3-43}$$

对式 (3-43) 求一阶导数，并考虑到式 (3-10) 和式 (3-41)，经整理得到

$$\begin{aligned}\dot{\boldsymbol{r}}_i = \dot{\boldsymbol{r}}_j &+ (-\tilde{\boldsymbol{\rho}}_j^Q - \tilde{\boldsymbol{h}}_i + \tilde{\boldsymbol{\rho}}_i^P)\boldsymbol{\omega}_j + (\boldsymbol{\varPhi}_j^Q - \tilde{\boldsymbol{h}}_i \boldsymbol{\varPsi}_j^Q + \tilde{\boldsymbol{\rho}}_i^P \boldsymbol{\varPsi}_j^Q)\dot{\boldsymbol{x}}_j \\ &+ (\boldsymbol{H}_i^{h\mathrm{T}} + \tilde{\boldsymbol{\rho}}_i^P \boldsymbol{H}_i^{\Omega\mathrm{T}})\dot{\boldsymbol{q}}_i + (-\boldsymbol{\varPhi}_i^P - \tilde{\boldsymbol{\rho}}_i^P \boldsymbol{\varPsi}_i^P)\dot{\boldsymbol{x}}_i\end{aligned} \tag{3-44}$$

式中，$\boldsymbol{\varPhi}_j^Q$ 和 $\boldsymbol{\varPhi}_i^P$ 分别为铰点 Q_j 和 P_i 在绝对参考基下的平动模态阵；$\boldsymbol{\varPsi}_j^Q$ 和 $\boldsymbol{\varPsi}_i^P$ 分别为铰点 Q_j 和 P_i 在绝对参考基下的转动模态阵；$\dot{\boldsymbol{x}}_i$ 和 $\dot{\boldsymbol{x}}_j$ 分别为 B_i 和 B_j 的模态坐标的速度列阵。

根据角速度叠加原理，B_i 和 B_j 的角速度满足如下关系：

$$\boldsymbol{\omega}_i=\boldsymbol{\omega}_j+\boldsymbol{\omega}_{rj}^Q+\boldsymbol{\omega}_{ri}-\boldsymbol{\omega}_{ri}^P \tag{3-45}$$

式中，$\boldsymbol{\omega}_{rj}^Q$ 和 $\boldsymbol{\omega}_{ri}^P$ 分别为铰点 Q_j 和 P_i 由变形引起的角速度，表达式如下：

$$\boldsymbol{\omega}_{rj}^Q=\boldsymbol{\Psi}_j^Q\dot{\boldsymbol{x}}_j,\quad \boldsymbol{\omega}_{ri}^P=\boldsymbol{\Psi}_i^P\dot{\boldsymbol{x}}_i \tag{3-46}$$

考虑到式 (3-42) 和式 (3-46)，式 (3-45) 可以写为

$$\boldsymbol{\omega}_i=\boldsymbol{\omega}_j+\boldsymbol{\Psi}_j^Q\dot{\boldsymbol{x}}_j+\boldsymbol{H}_i^{\Omega\mathrm{T}}\dot{\boldsymbol{q}}_i-\boldsymbol{\Psi}_i^P\dot{\boldsymbol{x}}_i \tag{3-47}$$

在绝对参考坐标系下，定义两邻接物体的广义速度坐标列阵如下：

$$\boldsymbol{v}_k=[\dot{\boldsymbol{r}}_k^{\mathrm{T}},\ \boldsymbol{\omega}_k^{\mathrm{T}},\ \dot{\boldsymbol{x}}_k^{\mathrm{T}}]^{\mathrm{T}},\quad k=i,\ j \tag{3-48}$$

考虑到式 (3-1)、式 (3-44) 和式 (3-47)，两邻接物体 B_i 和 B_j 的相对运动学递推关系中的广义速度关系可以表述如下：

$$\boldsymbol{v}_i=\boldsymbol{T}_{ij}\boldsymbol{v}_j+\boldsymbol{U}_i\dot{\boldsymbol{y}}_i,\quad j=L(i),\quad i=1\sim N \tag{3-49}$$

式中，

$$\boldsymbol{T}_{ij}=\begin{bmatrix}\boldsymbol{I}_3 & -\tilde{\boldsymbol{\rho}}_j^Q-\tilde{\boldsymbol{h}}_i+\tilde{\boldsymbol{\rho}}_i^P & \boldsymbol{\Phi}_j^Q-\tilde{\boldsymbol{h}}_i\boldsymbol{\Psi}_j^Q+\tilde{\boldsymbol{\rho}}_i^P\boldsymbol{\Psi}_j^Q\\ \mathbf{0} & \boldsymbol{I}_3 & \boldsymbol{\Psi}_j^Q\\ \mathbf{0} & \mathbf{0} & \mathbf{0}\end{bmatrix}\in\Re^{(6+s_i)\times(6+s_j)}s \tag{3-50a}$$

$$\boldsymbol{U}_i=\begin{bmatrix}\boldsymbol{H}_i^{h\mathrm{T}}+\tilde{\boldsymbol{\rho}}_i^P\boldsymbol{H}_i^{\Omega\mathrm{T}} & -\boldsymbol{\Phi}_i^P-\tilde{\boldsymbol{\rho}}_i^P\boldsymbol{\Psi}_i^P\\ \boldsymbol{H}_i^{\Omega\mathrm{T}} & -\boldsymbol{\Psi}_i^P\\ \mathbf{0} & \boldsymbol{I}_{s_i}\end{bmatrix}\in\Re^{(6+s_i)\times(\delta_i+s_i)} \tag{3-50b}$$

对式 (3-47) 求一阶导，并考虑到式 (3-42)，整理可得

$$\dot{\boldsymbol{\omega}}_i=\dot{\boldsymbol{\omega}}_j+\boldsymbol{\Psi}_j^Q\ddot{\boldsymbol{x}}_j+\boldsymbol{H}_i^{\Omega\mathrm{T}}\ddot{\boldsymbol{q}}_i-\boldsymbol{\Psi}_i^P\ddot{\boldsymbol{x}}_i+\boldsymbol{\beta}_{i2} \tag{3-51}$$

式中，

$$\boldsymbol{\beta}_{i2}=\tilde{\omega}_j\boldsymbol{\omega}_{rj}^Q+\tilde{\boldsymbol{\omega}}_j^Q\boldsymbol{\omega}_{ri}-\tilde{\omega}_i\boldsymbol{\omega}_{ri}^P+\boldsymbol{\eta}_i \tag{3-52}$$

其中，$\boldsymbol{\eta}_i=\boldsymbol{A}_i^{h0}\boldsymbol{\eta}_i'$。

对式 (3-44) 求导，并考虑到式 (3-12)、式 (3-42) 和式 (3-51)，经过整理得到

$$\begin{aligned}\ddot{\boldsymbol{r}}_i=&\ddot{\boldsymbol{r}}_j+(-\tilde{\boldsymbol{\rho}}_j^Q-\tilde{\boldsymbol{h}}_i+\tilde{\boldsymbol{\rho}}_i^P)\dot{\boldsymbol{\omega}}_j+(\boldsymbol{\Phi}_j^Q-\tilde{\boldsymbol{h}}_i\boldsymbol{\Psi}_j^Q+\tilde{\boldsymbol{\rho}}_i^P\boldsymbol{\Psi}_j^Q)\ddot{\boldsymbol{x}}_j\\&+(\boldsymbol{H}_i^{h\mathrm{T}}+\tilde{\boldsymbol{\rho}}_i^P\boldsymbol{H}_i^{\Omega\mathrm{T}})\ddot{\boldsymbol{q}}_i+(-\boldsymbol{\Phi}_i^P-\tilde{\boldsymbol{\rho}}_i^P\boldsymbol{\Psi}_i^P)\ddot{\boldsymbol{x}}_i+\boldsymbol{\beta}_{i1}\end{aligned} \tag{3-53}$$

式中，

$$\boldsymbol{\beta}_{i1}=\tilde{\boldsymbol{\omega}}_j\tilde{\boldsymbol{\omega}}_j\boldsymbol{\rho}_j^Q+\tilde{\boldsymbol{\omega}}_j^Q\tilde{\boldsymbol{\omega}}_j^Q\boldsymbol{h}_i-\tilde{\boldsymbol{\omega}}_i\tilde{\boldsymbol{\omega}}_i\boldsymbol{\rho}_i^P+2(\tilde{\boldsymbol{\omega}}_j\boldsymbol{v}_{ri}^Q+\tilde{\boldsymbol{\omega}}_j^Q\boldsymbol{v}_{ri}-\tilde{\boldsymbol{\omega}}_i\boldsymbol{v}_{ri}^P)-\tilde{\boldsymbol{h}}_i\tilde{\boldsymbol{\omega}}_j\boldsymbol{\omega}_{rj}^Q+\tilde{\boldsymbol{\rho}}_i^P\boldsymbol{\beta}_{i2} \tag{3-54}$$

其中，

$$\boldsymbol{v}_{ri}^P=\boldsymbol{\Phi}_i^P\dot{\boldsymbol{x}}_i,\quad \boldsymbol{v}_{ri}^Q=\boldsymbol{\Phi}_j^Q\dot{\boldsymbol{x}}_j \tag{3-55}$$

根据式 (3-49)、式 (3-51) 和式 (3-53)，两邻接物体 B_i 和 B_j 的相对运动学递推关系中的广义加速度关系可以表述如下：

$$\dot{\boldsymbol{v}}_i=\boldsymbol{T}_{ij}\dot{\boldsymbol{v}}_j+\boldsymbol{U}_i\ddot{\boldsymbol{y}}_i+\boldsymbol{\beta}_i,\quad j=L(i),\quad i=1\sim N \tag{3-56}$$

式中，

$$\boldsymbol{\beta}_i=[\boldsymbol{\beta}_{i1}^{\mathrm{T}},\ \boldsymbol{\beta}_{i2}^{\mathrm{T}},\ \boldsymbol{0}^{\mathrm{T}}]^{\mathrm{T}}\in\Re^{(6+s_i)\times1} \tag{3-57}$$

以上推导了两个邻接物体的位形速度阵和加速度阵之间的关系式。类似地，若系统中包含 N 个物体，则系统中各物体位形速度阵和加速度阵之间的关系式可表述如下：

$$\begin{cases}\boldsymbol{v}_i=\boldsymbol{G}_{i0}\boldsymbol{v}_0+\displaystyle\sum_{k:B_k\leqslant B_i}\boldsymbol{G}_{ik}\dot{\boldsymbol{y}}_k\\ \dot{\boldsymbol{v}}_i=\boldsymbol{G}_{i0}\dot{\boldsymbol{v}}_0+\displaystyle\sum_{k:B_k\leqslant B_i}\boldsymbol{G}_{ik}\ddot{\boldsymbol{y}}_k+\boldsymbol{g}_{ik}\end{cases}\quad(i=1\sim N,\ k\neq0) \tag{3-58}$$

式中，

$$\boldsymbol{G}_{ik}=\begin{cases}\boldsymbol{T}_{ij}\boldsymbol{G}_{jk}, & 当\ B_k<B_i\\ \boldsymbol{U}_i, & 当\ B_k=B_i\\ \boldsymbol{0}, & 当\ B_k\neq< B_i\end{cases}\quad(i,\ k=1\sim N) \tag{3-59a}$$

$$\boldsymbol{g}_{ik}=\begin{cases}\boldsymbol{T}_{ij}\boldsymbol{g}_{jk}, & 当\ B_k<B_i\\ \boldsymbol{\beta}_i, & 当\ B_k=B_i\\ \boldsymbol{0}, & 当\ B_k\neq< B_i\end{cases}\quad(i,\ k=1\sim N) \tag{3-59b}$$

其中，“$B_k<B_i$”代表 B_k 在根物体到 B_i 的路径上；“$B_k=B_i$”代表 B_k 和 B_i 是同一个物体；“$B_k\neq<B_i$”代表 B_k 不在根物体到 B_i 的路径上。对式 (3-58) 所示的多体系统中 N 个物体的速度和加速度进行组集可以分别得到系统绝对坐标速度、加速度列阵和系统广义坐标速度、加速度列阵的递推关系式为

$$\begin{cases}\boldsymbol{v}=\boldsymbol{G}_0\boldsymbol{v}_0+\boldsymbol{G}\dot{\boldsymbol{y}}\\ \dot{\boldsymbol{v}}=\boldsymbol{G}_0\dot{\boldsymbol{v}}_0+\boldsymbol{G}\ddot{\boldsymbol{y}}+\boldsymbol{g}\hat{\boldsymbol{I}}_N\end{cases} \tag{3-60}$$

式中，$\boldsymbol{v} = [\boldsymbol{v}_1^{\mathrm{T}}, \cdots, \boldsymbol{v}_N^{\mathrm{T}}]^{\mathrm{T}}$；$\boldsymbol{v}_0$ 与 $\dot{\boldsymbol{v}}_0$ 分别为 B_0 的绝对速度与加速度列阵 (对于无根系统，两者均为零矢量阵)；$\hat{\boldsymbol{I}}_N \in \Re^{N\times 1}$ 为 N 维单位列阵；其他矩阵数学表达形式如下：

$$\boldsymbol{G}_0 = [\boldsymbol{G}_{10}^{\mathrm{T}}, \cdots, \boldsymbol{G}_{N0}^{\mathrm{T}}]^{\mathrm{T}}, \quad \boldsymbol{G} = \begin{bmatrix} \boldsymbol{G}_{11} & \cdots & \boldsymbol{G}_{1N} \\ \vdots & & \vdots \\ \boldsymbol{G}_{N1} & \cdots & \boldsymbol{G}_{NN} \end{bmatrix}, \quad \boldsymbol{g} = \begin{bmatrix} \boldsymbol{g}_{11} & \cdots & \boldsymbol{g}_{1N} \\ \vdots & & \vdots \\ \boldsymbol{g}_{N1} & \cdots & \boldsymbol{g}_{NN} \end{bmatrix} \tag{3-61}$$

4) 系统动力学方程建立

以下将建立系统的动力学方程。根据 Jourdain 速度变分原理，并考虑到式 (3-33)，系统的速度变分形式的动力学方程可以表示为

$$\sum_{i=1}^{N} \Delta \boldsymbol{v}_i^{\mathrm{T}} (-\bar{\boldsymbol{M}}_i \dot{\boldsymbol{v}}_i - \boldsymbol{f}_i^{\omega} + \boldsymbol{f}_i^{o} - \boldsymbol{f}_i^{u}) + \Delta P = 0 \tag{3-62}$$

式中，$\boldsymbol{v}_i$ 为 B_i 的绝对速度列阵；$\boldsymbol{f}_i^{\omega}$ 为广义惯性力列阵；$\boldsymbol{f}_i^{o}$ 为广义外力列阵；$\boldsymbol{f}_i^{u}$ 为广义变形力列阵；ΔP 为系统中的力元和非理想约束力的虚功率之和。令 $\boldsymbol{f}_i = -\boldsymbol{f}_i^{\omega} + \boldsymbol{f}_i^{o} - \boldsymbol{f}_i^{u}$，则式 (3-62) 可以改写为

$$\sum_{i=1}^{N} \Delta \boldsymbol{v}_i^{\mathrm{T}} (-\bar{\boldsymbol{M}}_i \dot{\boldsymbol{v}}_i + \boldsymbol{f}_i) + \Delta P = 0 \tag{3-63}$$

将式 (3-63) 写成矩阵形式，有

$$(\Delta \boldsymbol{v})^{\mathrm{T}} (-\boldsymbol{M} \dot{\boldsymbol{v}} + \boldsymbol{f}) + \Delta P = 0 \tag{3-64}$$

式中，$\boldsymbol{v} = (\boldsymbol{v}_1^{\mathrm{T}}, \cdots, \boldsymbol{v}_N^{\mathrm{T}})^{\mathrm{T}}$、$\boldsymbol{M} = \mathrm{diag}(\bar{\boldsymbol{M}}_1, \cdots, \bar{\boldsymbol{M}}_N)$ 和 $\boldsymbol{f} = (\boldsymbol{f}_1^{\mathrm{T}}, \cdots, \boldsymbol{f}_N^{\mathrm{T}})^{\mathrm{T}}$ 分别为系统的广义速度列阵、广义质量矩阵和广义力列阵。

使用运动学递推关系式 (3-60)，并且考虑到 $\Delta P = (\Delta \dot{\boldsymbol{y}})^{\mathrm{T}} (\boldsymbol{f}_e^{ey} + \boldsymbol{f}_{nc}^{ey})$，其中 $\boldsymbol{f}_e^{ey}$ 和 $\boldsymbol{f}_{nc}^{ey}$ 分别为系统中力元和非理想约束力对应关于坐标 $\boldsymbol{y}$ 的广义力，则可以得到以系统广义坐标形式所描述的系统动力学方程的速度变分形式为

$$(\Delta \dot{\boldsymbol{y}})^{\mathrm{T}} (-\boldsymbol{Z} \ddot{\boldsymbol{y}} + \boldsymbol{z} + \boldsymbol{f}^{ey}) = 0 \tag{3-65}$$

式中，$\boldsymbol{Z} = \boldsymbol{G}^{\mathrm{T}} \boldsymbol{M} \boldsymbol{G}, \boldsymbol{z} = \boldsymbol{G}^{\mathrm{T}} (\boldsymbol{f} - \boldsymbol{M} \boldsymbol{g} \hat{\boldsymbol{I}}_N - \boldsymbol{M} \boldsymbol{G}_0 \dot{\boldsymbol{v}}_0), \boldsymbol{f}^{ey} = \boldsymbol{f}_e^{ey} + \boldsymbol{f}_{nc}^{ey}$。

考虑到 $\boldsymbol{y}$ 为系统独立的广义坐标，因此最终可得系统的动力学方程为

$$-\boldsymbol{Z} \ddot{\boldsymbol{y}} + \boldsymbol{z} + \boldsymbol{f}^{ey} = \boldsymbol{0} \tag{3-66}$$

3.3.2 控制设计

与第 2 章相同，本章分别采用常规 PD 控制方法和模糊自适应 PD 控制方法设计控制律，以抑制帆板在展开过程中对航天器本体位姿的扰动。第 2 章中已经详细讨论了 PD 控制方法和模糊自适应 PD 控制方法，此处不再赘述，直接给出表达式。

施加控制项后，系统控制方程可以写为

$$\ddot{\boldsymbol{y}} = \boldsymbol{F}(\dot{\boldsymbol{y}}, \boldsymbol{y}) + \boldsymbol{D}\boldsymbol{\tau}(t) \tag{3-67}$$

式中，$\boldsymbol{F}(\dot{\boldsymbol{y}}, \boldsymbol{y}) = \boldsymbol{Z}^{-1}(\boldsymbol{z} + \boldsymbol{f}^{ey})$；$\boldsymbol{D}$ 为控制输入对应坐标与系统动力学广义坐标之间的转换矩阵；$\boldsymbol{\tau}(t) \in \Re^{6\times1}$ 为控制力列阵。本节利用航天器的本体运动信息进行反馈控制。

PD 控制律为

$$\boldsymbol{\tau}(t) = -\boldsymbol{k}_P \boldsymbol{y}_{\text{Hub}} - \boldsymbol{k}_D \dot{\boldsymbol{y}}_{\text{Hub}} \tag{3-68}$$

式中，$\boldsymbol{k}_P \in \Re^{6\times6}$ 和 $\boldsymbol{k}_D \in \Re^{6\times6}$ 为控制增益矩阵，都为正定对角阵；$\boldsymbol{y}_{\text{Hub}} \in \Re^{6\times1}$ 和 $\dot{\boldsymbol{y}}_{\text{Hub}} \in \Re^{6\times1}$ 分别为航天器本体的位姿列阵和速度列阵。

模糊自适应 PD 控制律为

$$\boldsymbol{\tau}(t) = -(\boldsymbol{k}_P + \Delta\boldsymbol{k}_P)\boldsymbol{e}_a(t) - (\boldsymbol{k}_D + \Delta\boldsymbol{k}_D)\dot{\boldsymbol{e}}_a(t) \tag{3-69}$$

式中，$\boldsymbol{e}_a(t)$ 和 $\dot{\boldsymbol{e}}_a(t)$ 分别为航天器本体的位姿漂移列阵和漂移速度列阵；$\boldsymbol{k}_P$ 和 $\boldsymbol{k}_D$ 为常规 PD 控制增益矩阵；$\Delta\boldsymbol{k}_P$ 和 $\Delta\boldsymbol{k}_D$ 为模糊自适应 PD 控制增益修正矩阵，均为与 $\boldsymbol{e}_a(t)$ 和 $\dot{\boldsymbol{e}}_a(t)$ 相关的对角阵。

3.4 数 值 仿 真

本节进行数值仿真。航天器结构如图 2-1 所示，航天器带有三块柔性帆板，系统物理参数见表 3-1。仿真中其余构件的物理参数取值与第 2 章中相同。

表 3-1 航天器帆板模型物理参数

结构	尺寸 (长/m×宽/m×高/m)	密度 ρ/(kg/m^3)	弹性模量 E/MPa	泊松比 μ	转动惯量 J_{xx}/(kg·m^2)	转动惯量 J_{yy}/(kg·m^2)	转动惯量 J_{zz}/(kg·m^2)
航天器本体	1×1×1	1800	71750.00	0.33	300	300	300
支架	0.765×2×0.025	118.12	71750.00	0.33	1.730	1.500	0.220
帆板 1	1.530×2×0.025	118.12	372.00	0.27	4.775	3.013	1.763
帆板 2	1.530×2×0.025	118.12	372.00	0.27	4.775	3.013	1.763
帆板 3	1.530×2×0.025	118.12	372.00	0.27	4.775	3.013	1.763

以下将从三个方面进行数值仿真。首先，采用 ADAMS 软件进行仿真，给出详细的 ADAMS 建模过程；然后，基于本章理论采用 MATLAB 编程仿真，并与 ADAMS 的结果进行对比，并在此基础上进一步分析帆板柔性对太阳阵展开动力学的影响；最后，采用模糊自适应 PD 控制器进行控制仿真，并与常规的 PD 控制器的效果进行对比。

3.4.1 ADAMS 仿真

采用 ADAMS 建立柔性体通常有三种方法：① 将柔性构件离散成多段刚性体，各分段刚性体用柔性力连接，这种方法常用来建立几何简单构件的柔性体；② 采用 ADAMS/AutoFlex 即柔性体直接建模的新模块，可在 ADAMS/VIEW 模块下直接创建柔性体，然后替换原有的刚性体模型，该方法方便后续柔性模型的修改，但也通常只用于几何外形比较规则的柔性体；③ 采用有限元软件将构件离散成网格单元，通过有限元模态分析，将柔性体模态信息保存到模态中性文件 (MNF)，直接采用 ADAMS 读入该 MNF 进行柔性体建模，该方法相对准确，且可建立复杂的柔性体，因而常被采用。本章采用第三种方法来建立柔性太阳阵的 ADAMS 刚柔耦合模型。建模中，将航天器本体、支架和展开机构 (包括铰链、锁定机构、同步机构等) 作为刚性体，将太阳阵各帆板作为柔性体。

1) ADAMS/VIEW 建模

结合本章给出的航天器帆板模型，在 ADAMS/VIEW 环境下建立相应的虚拟构件。在 ADAMS 仿真建模中，主要涉及四个模块的等效模型创建，即航天器本体和太阳阵的几何模型、扭簧驱动机构、CCL 同步机构和凸轮锁定机构。采用 ADAMS 建模时需要考虑的输入参数和条件较为复杂，既包括几何形参数、坐标系、各机构的质量等，又包括扭簧参数、铰链驱动等。驱动机构可以直接在铰链处加扭簧 (tosion spring) 力矩；CCL 同步装置可以用关联副 (COUPLER) 或者力/力矩法 (FORCE/TORQUE) 来描述，考虑到同步绳索的结构特性，本章采用力/力矩法建模；锁定机构采用锁定力矩的形式来模拟，主要结合阶梯函数 (STEP) 和双侧碰撞函数 (BISTOP) 来定义锁定力矩的表达式，这在第 2 章中已经阐述，此处不再赘述。

2) MNF 生成

MNF 通常包括了柔性体的所有模态和几何物理信息，采用模态中性文件的形式创建柔性体也是通用和精确的建模方法之一。本书采用 MNF 方法建立柔性太阳阵模型。在太阳阵展开模型主要构件中，支架的刚度远大于帆板的刚度，可将支架视为刚性体，三块帆板视为柔性体。考虑到 ANSYS 和 ADAMS 之间具有比较方便的数据接口，而且处理效率和精度均能得到保障，因此本书采用 ANSYS 直接获得太阳阵各等效帆板的 MNF。生成模态中性文件时需要注意以下几个事项。① 节点数：在采用有限元模型获得 MNF 时对节点数目通常是没有限制的，但会影响数据存储空间的大小以及显示的硬件性能要求。② 界面点：将柔性体导入 ADAMS 中后，通常需要建立该柔性体与其他元件的关系，比如约束或施加的力，此时可以把约束等边界条件施加在界面点上。③ 单位：在生成 MNF 时，必须为有限元分析制定单位。④ 约束：在有限元模型中不用施加约束。

正确导出 MNF 后，必须对柔性体的物理几何和模态等信息的准确性进行校验，通常采用以下三种方法进行校验：① 检验获得的等效柔性帆板的质量、质心位置和惯性矩等参量在两个软件环境下是否一致；② 检验“自由–自由”状态下采用有限元模型所得物理参数与采用 ADAMS/Linear 模块是否吻合；③ 采用 ADAMS/Durability 模块所得等效帆板某处最大静力变形量或者应力值等响应值，是否与同等工况下采用有限元模型所得的结果相同。本书采用前两种方法来验证 MNF 的正确性，结果如表 3-2 和表 3-3 中所示，可见结果基本一致。

表 3-2　柔性帆板质量、质心和惯性矩的验证

	ANSYS	ADAMS
质量/kg	9.03603	9.03618
质心/m	(0.765, 1.0, 0.0)	(0.765, 1.0, 0.0)
转动惯量/(kg·m^2)	IXX: 12.07701	IXX: 12.07898
	IYY: 7.068921	IYY: 7.068959
	IZZ: 19.14752	IZZ: 19.14789
	IXY: 6.912513	IXY: 6.912677
	IZX: 0.0	IZX: 0.0
	IYZ: 0.0	IYZ: 0.0

表 3-3　自由状态下柔性帆板有限元模型和 ADAMS 模型的前 6 阶频率比较

固有频率/Hz	ANSYS	ADAMS
第 1 阶	6.11010	6.11150
第 2 阶	12.26418	12.27418
第 3 阶	14.69546	14.68546
第 4 阶	18.03218	18.03385
第 5 阶	29.12076	29.13873
第 6 阶	32.00438	32.12579

3) 数值求解和仿真

以上获得正确的 MNF 后，便可以直接在 ADAMS/View 环境下将创建好的刚性体模型替换为柔性体模型。值得特别注意的是柔性体的界面点和铰链等连接方式的处理，具体方法可以参考文献 [7] 和 [19]，这里不再给出。航天器多柔体系统的 ADAMS 建模完成后，可以通过 ADAMS/View 模块下的 ADAMS/Solver 求解器进行动力学数值仿真，然后通过 ADAMS/Postprocessor 对计算结果进行后处理分析。采用 ADAMS 的仿真结果如图 3-2 中的点线所示。

3.4.2　本章理论仿真

采用 ANSYS 软件对支架和各帆板进行有限元分析以提取相关的模态信息[20]。支架采用“固支–自由”模型，取 121 个节点，其第 1 阶模态刚度为 1.257×10^6，前 3 阶固有频率分别为 178.447Hz、235.479Hz、385.378Hz。各帆板采用“简支–自由”模型，离散为 225 个节点并取前 3 阶模态 (删除刚体模态)，各帆板第 1 阶模态刚度为 389.874，前 3 阶特征频率分别为 3.142Hz、6.391Hz、15.622Hz。通过支架和帆板第 1 阶刚度的比较可以看出，支架要比帆板高出三个数量级，因此在仿真计算中将航天器本体和支架作刚体假设、帆板作柔性体假设。

根据本章理论采用 MATLAB 编程进行数值仿真，航天器支架和三块帆板的角位移时程如图 3-2 所示，太阳阵各展开构件在扭簧驱动及 CCL 的共同作用下实现了同步展开。太阳阵在忽略帆板柔性效应的情况下，其展开到位的时间为 17.53s，展开时程曲线如图 3-2 中的点划线所示；计入帆板柔性效应时，其展开到位的时间为 17.60s，时程曲线如图 3-2 中的实线所示，帆板柔性效应使得太阳阵展开到位时间延迟了 0.07s；另外，从图 3-2(b) 的局部放大图中可以看出，帆板柔性对太阳阵的展开过程有一定的影响。采用 ADAMS 仿真所得结果如图 3-2 中的点线所示，可以看出，本章理论能够取得与 ADAMS 相同的仿真结果。

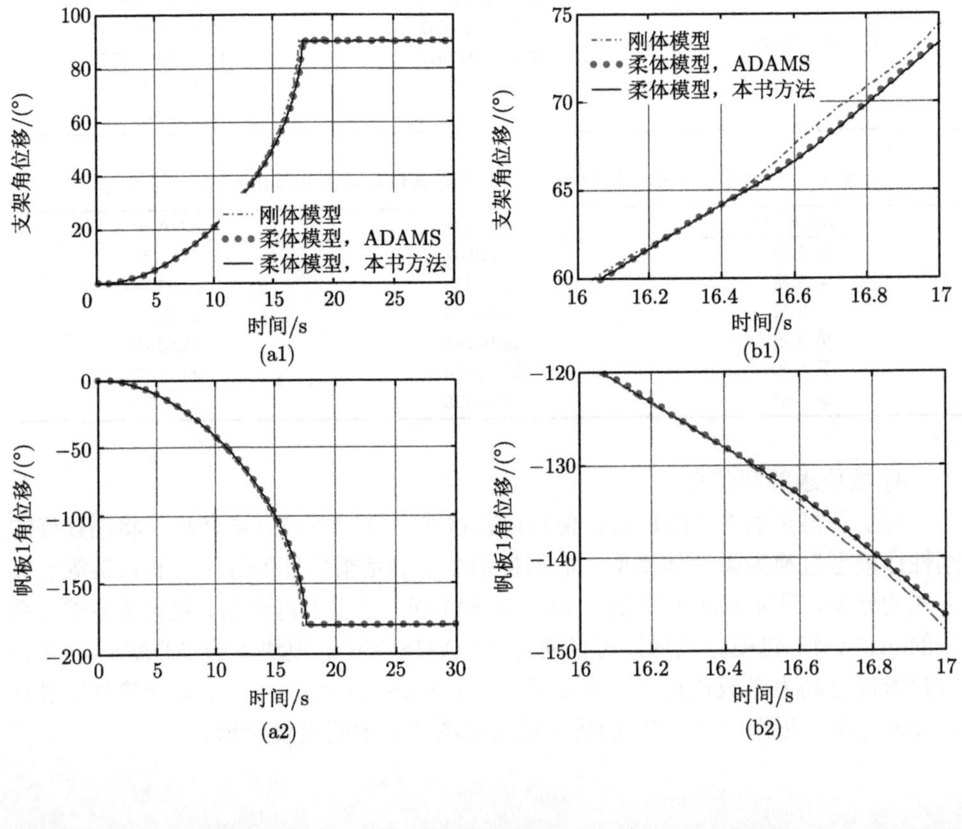

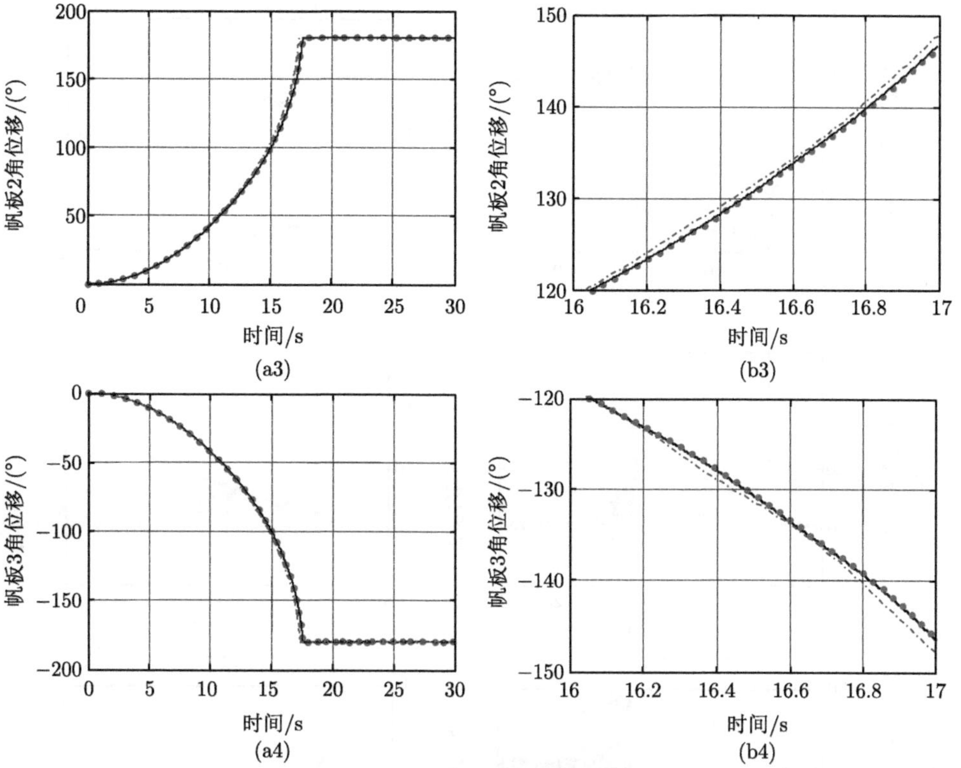

图 3-2 太阳阵角位移时间历程

(a) 总时间历程；(b) 局部放大图

图 3-3 给出了太阳阵各展开机构的展开角速度的时间历程，可以看出，本章理论模型的仿真结果与 ADAMS 结果吻合。另外，从图 3-3 中的局部放大图还可以看出：① 由于帆板的柔性效应，柔体模型的展开角速度的振荡现象相较于刚体模型明显减弱；② 无论是刚体模型还是柔体模型，在锁定瞬间展开角速度均由峰值下跌到零值附近，并出现了明显的振荡现象；③ 锁定动作完成后，刚体模型下的展开角速度基本保持在零值附近，而柔体模型在惯性以及锁定力的共同作用下各帆板的振动激增，其展开角速度在锁定后的前期发生明显的大幅振荡，随着帆板振动的减弱，该振荡也逐渐减弱并最终趋近刚体模型下的结果。

图 3-4 给出了太阳阵各帆板质心的振动时程，可以看出，展开过程中各柔性帆板的振动并不明显，数量级约为 10^{-7}；当帆板展开到位时，由于锁定机构、同步机构、扭簧驱动和惯性的共同作用，各帆板质心振动加剧，数量级达到 10^{-4}。随后随着时间的推移，振动的幅值逐渐减小。由上可知，太阳阵的展开与锁定会导致帆板的振动，锁定瞬间产生的碰撞力会加剧对帆板的振动。

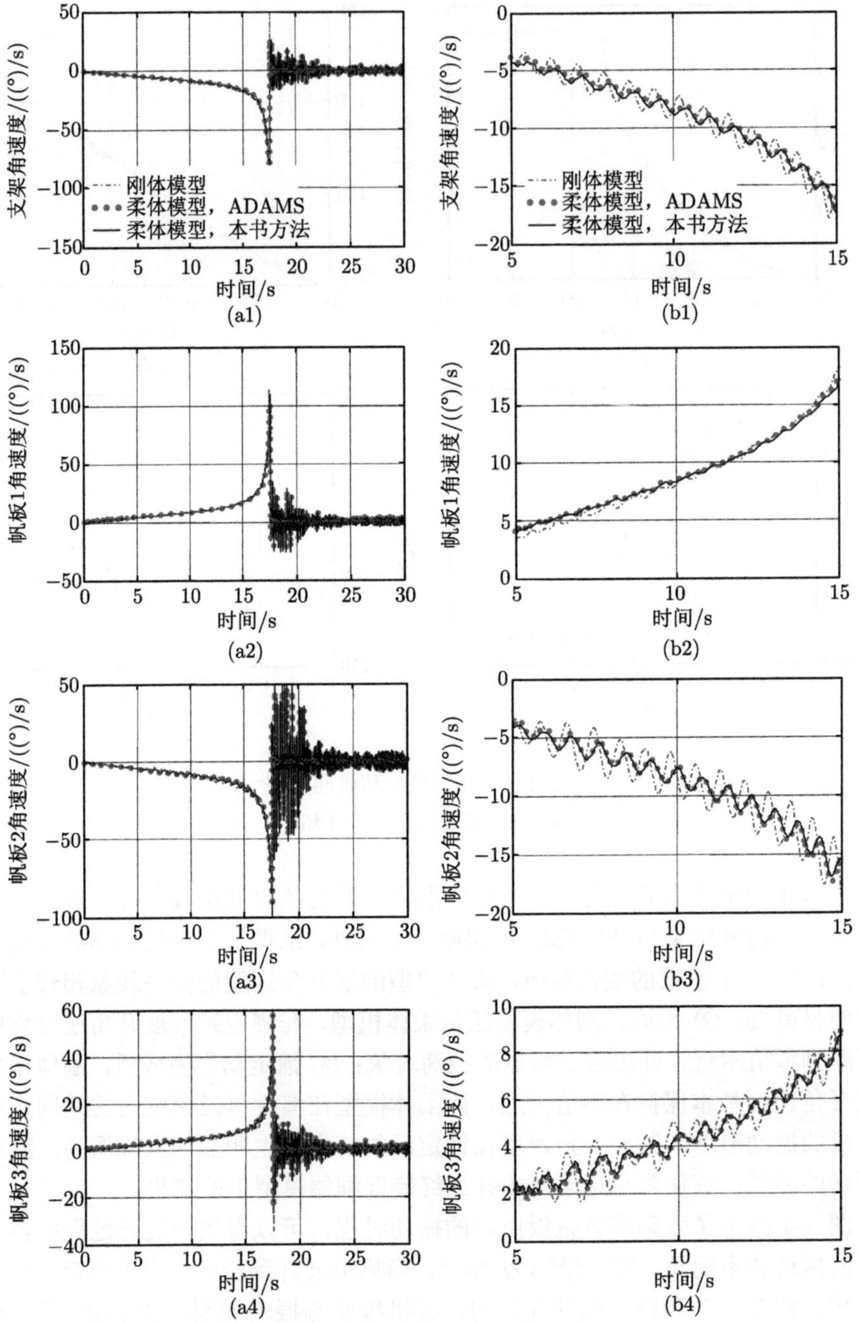

图 3-3　太阳阵角速度时间历程

(a) 总时间历程；(b) 局部放大图

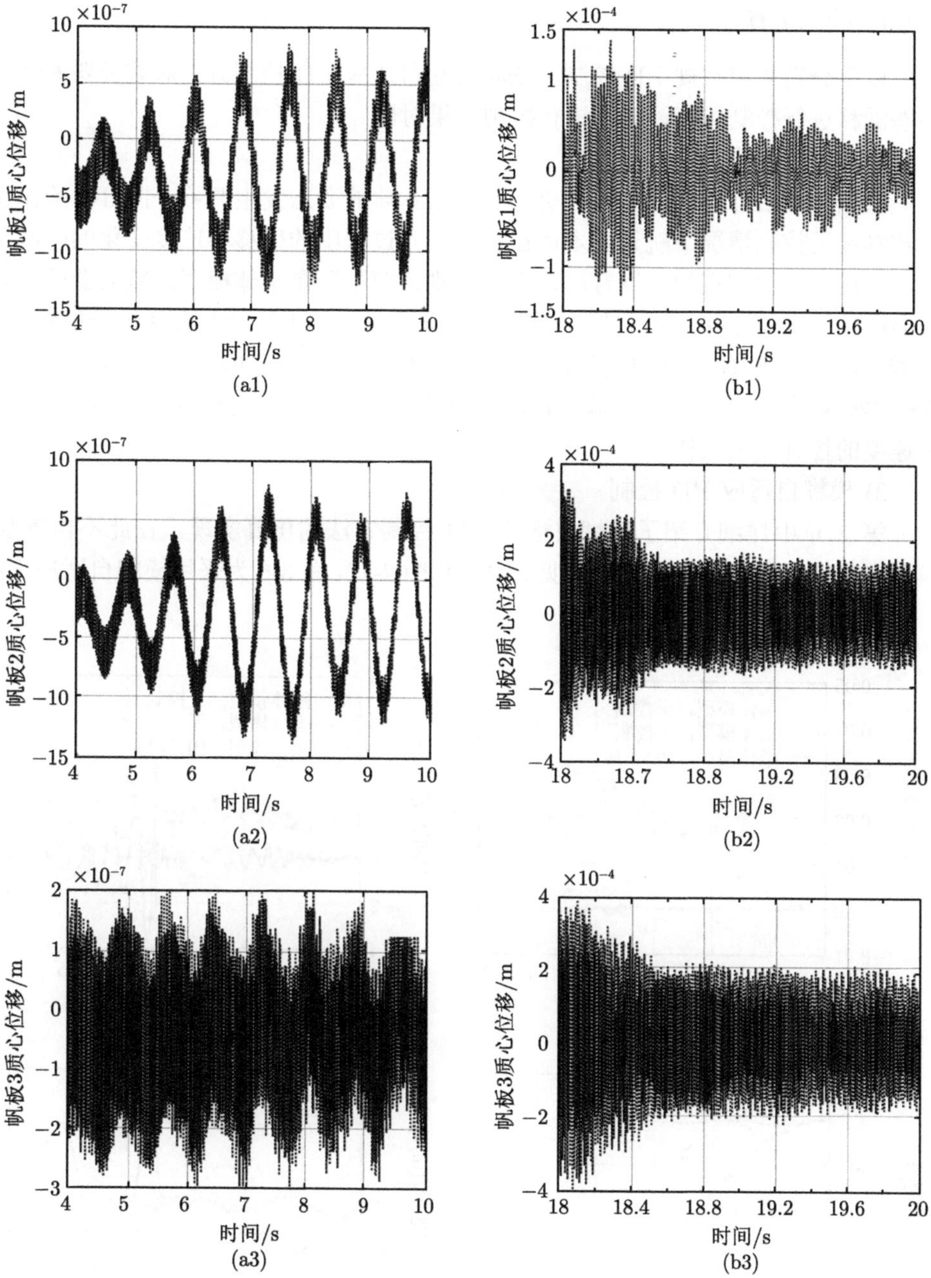

图 3-4　帆板质心振动时间历程

(a) 展开过程中；(b) 锁定之后

3.4.3　控制仿真

以下分别采用常规 PD 控制方法和模糊自适应 PD 控制方法对航天器本体的姿态漂移进行控制仿真，并且进行控制效果对比。

1) 常规 PD 控制

太阳阵的展开与锁定动作会引起航天器本体的姿态发生漂移。图 3-5 给出了有控制和无控制情况下航天器本体在帆板展开过程中的位移和速度变化的时间历程。从图中虚线和点线可以看出，无论是刚体模型还是柔体模型，航天器的位置都会产生一定的漂移。为了抑制位置漂移，采用常规的 PD 控制方法进行控制，控制增益取值为 $\boldsymbol{k}_P(i,i)=10^3, \boldsymbol{k}_D(i,i)=2\times10^2, i=1,\cdots,6$，控制仿真结果如图 3-8 中实线所示。可以看出，施加控制后位置漂移得到了一定程度的控制，但是漂移速度的控制效果欠佳。

2) 模糊自适应 PD 控制

第 2 章中详细介绍了模糊自适应 PD 控制方法的仿真实现，在此不再重复，模糊控制规则和隶属度函数分别见表 2-3 和图 2-12。图 3-6 为采用模糊自适应 PD

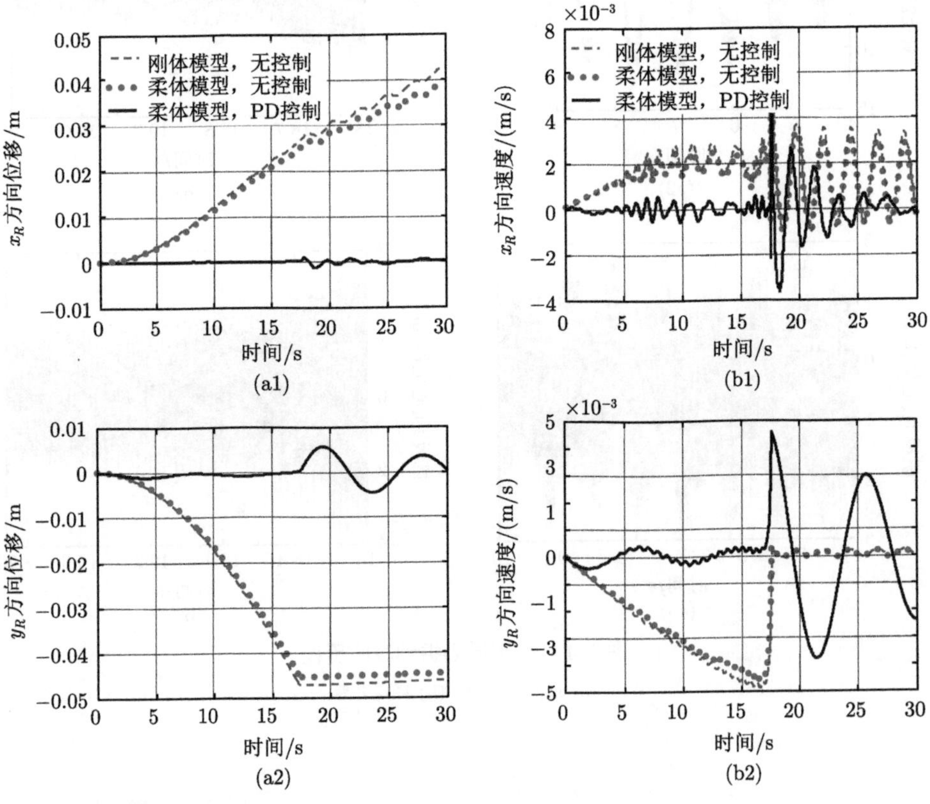

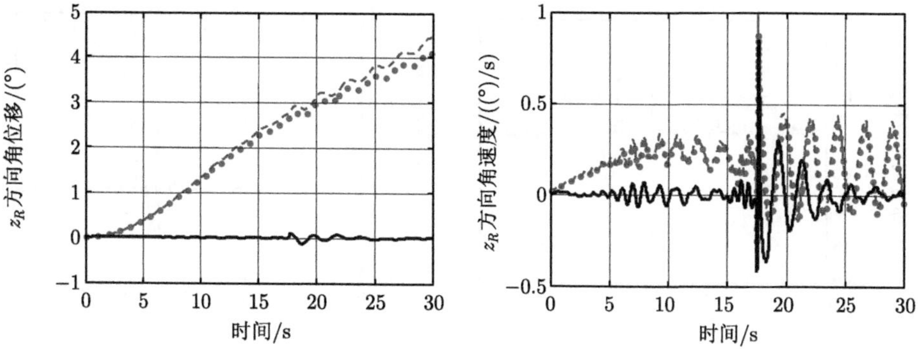

(a3) (b3)

图 3-5　航天器本体的位姿响应

(a) 位移与角位移；(b) 速度与角速度

控制方法的仿真结果，可以看出，模糊 PD 控制能够更好地抑制航天器本体的位置漂移，并且对漂移速度也有好的控制效果，这表明了模糊自适应 PD 控制方法相比于常规 PD 控制方法的优越性。

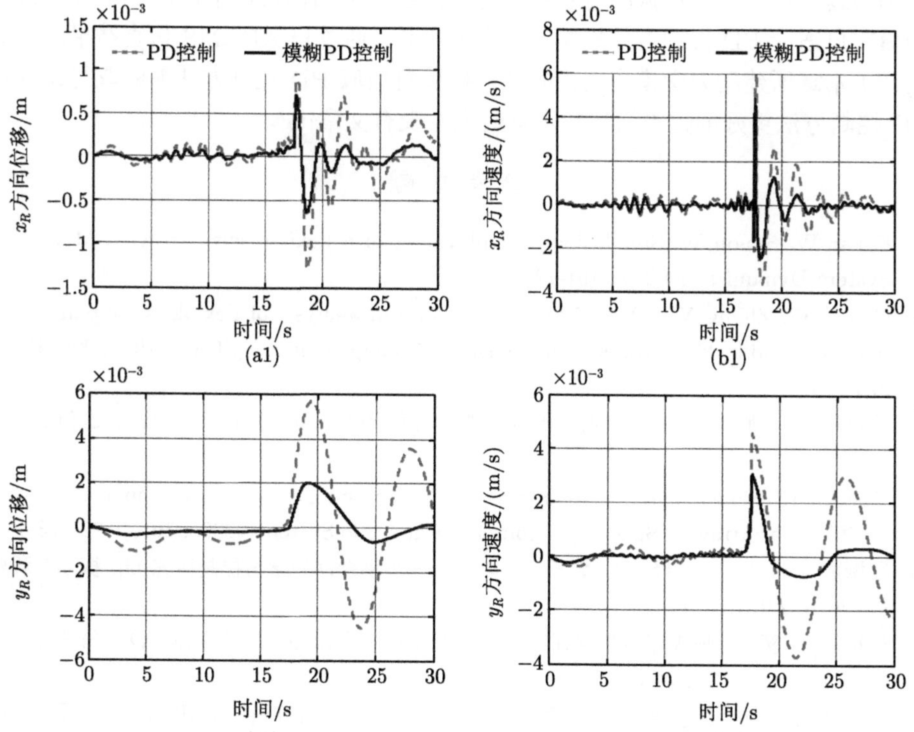

(a2) (b2)

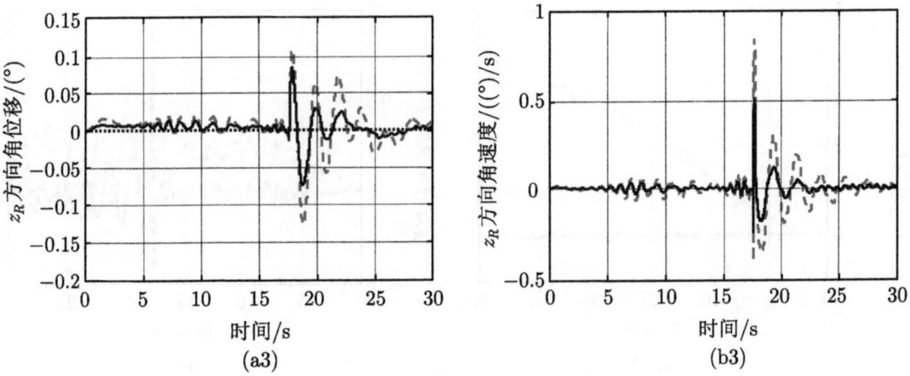

图 3-6　控制下的航天器本体位姿仿真结果

(a) 位移与角位移；(b) 速度与角速度

3.5 本章小结

本章以柔性太阳能帆板为对象，采用单向递推组集方法建立了帆板多柔体系统的展开动力学模型，研究了航天器本体在太阳阵展开与锁定过程中的姿态主动控制问题，探讨了帆板振动对系统展开动力学的影响，讨论了常规 PD 控制方法和模糊自适应 PD 控制方法控制效果上的差异。通过与 ADAMS 仿真结果的对比验证了本章所建动力学模型的正确性，模糊自适应 PD 控制方法能够取得比常规 PD 控制方法更好的控制效果。本章研究发表有文章 [5]。

参考文献

[1] Oskar W, Simon W. Simulation of deployment of a flexible solar array[J]. Multibody System Dynamics, 2002, 7: 101-125.

[2] Gao E W, Zhang X P, Yao Z Q. Simulation and analysis of flexible solar panels' deployment and locking processes[J]. Journal of Shanghai Jiaotong University, 2008, 13(3): 275-279.

[3] 蒋建平, 李东旭. 带太阳帆板航天器刚柔耦合动力学研究 [J]. 航空学报, 2006, 27(3): 418-422.

[4] Yasushi K, Shigemune T, Yoshiaki O. Dynamic simulation of stick-slip motion of a flexible solar array[J]. Special Section on Large Scale Systems, 2008, 16(6): 724-735.

[5] 段柳成, 李海泉, 刘晓峰, 等. 航天器太阳阵的刚柔耦合动力学与控制研究 [J]. 振动工程学报, 2015, 28(5): 770-777

[6] 何柏岩, 王树新. 航天器帆板展开过程动力学建模与仿真 [J]. 计算机辅助设计与图形学学报, 2006, 18(2): 319-323.

[7] 王远峰, 水小平. 基于 ADAMS 柔性体的分析及在太阳阵展开中的应用 [J]. 机械设计与制造, 2006, 9: 146-149.

[8] Gina M O, Thomas M, Grant T. Free deployment dynamics of a Z-folded solar array[C]//The 52nd AIAA/ASME/ASCE/AHS/ASC Structures, Structural Dynamics and Materials Conference, 2011.

[9] Li H Q, Duan L C, Liu X F, et al. Deployment and control of flexible solar array system considering joint friction[J]. Multibody System Dynamics, 2017, 39(3): 249-265.

[10] Li Y Y, Wang Z L, Wang C, et al. Effects of torque spring, CCL and latch mechanism on dynamic response of planar solar arrays with multiple clearance joints[J]. Acta Astronautica, 2017, 132: 243-255.

[11] Li Y Y, Wang Z L, Wang C, et al. Planar rigid-flexible coupling spacecraft modeling and control considering solar array deployment and joint clearance[J]. Acta Astronautica, 2018, 142: 138-151.

[12] Li Y Y, Wang C, Huang W H. Dynamics analysis of planar rigid-flexible coupling deployable solar array system with multiple revolute clearance joints[J]. Mechanical Systems and Signal Processing, 2019, 117: 188-209.

[13] Li Y Y, Wang C, Huang W H. Rigid-flexible-thermal analysis of planar composite solar array with clearance joint considering torsional spring, latch mechanism and attitude controller[J]. Nonlinear Dynnamics, 2019, 96: 2031-2053.

[14] 邱雪松, 商阔, 丁锡浩, 等. 极端温度下含隙铰柔性帆板展开位置精度分析 [J]. 宇航学报, 2021, 42(3): 314-323.

[15] 邱雪松, 任志博, 桂朋, 等. 含多间隙柔性可展帆板动力学建模及仿真 [J]. 2018, 39(7): 724-731.

[16] 李东旭. 挠性航天器结构动力学 [M]. 北京: 科学出版社, 2010: 189-216.

[17] Wittenburg J. Dynamics of Multibody Systems[M]. Berlin: Springer Verlag, 2008.

[18] 洪嘉振. 计算多体系统动力学 [M]. 北京: 高等教育出版社, 1999.

[19] 李军, 刑俊文, 覃文浩. ADAMS 实例教程 [M]. 北京: 北京理工大学出版社, 2002.

[20] 俞武勇. 弹性构件的模态选择对机构动力分析的影响 [J]. 清华大学学报 (自然科学版), 2002, 42(2): 175-178.

第 4 章　考虑铰摩擦的空间帆板展开动力学

4.1　引　　言

摩擦对机械多体系统的动力学行为有着重要影响，有时是至关重要的影响。摩擦虽然是微观层面上的物理量，但是会对系统宏观上的动力学行为造成影响。以往工程问题多采用经典的库仑摩擦来描述运动副，其在许多情况下可以满足一定的工程精度要求。但是对于航天工程，随着空间任务的复杂化与精细化，对机械系统精确的要求越来越高，恶劣的太空环境和剧烈的温差变化会加重构件运动副之间的摩擦效应，进而影响航天器的工作性能。随着激光、高速摄影等现代测量技术的快速发展，人们有能力从微观层面上对运动副之间的摩擦进行观测，并且提出了更为精准的摩擦模型，如 3D 鬃毛模型、LuGre 模型等，这些新的摩擦模型能够更好地描述运动副之间的非线性和非光滑特性，如滞回、stick-slip 等，而且其精确性在大量的实验和实际工程中得到了检验。因此有必要开展新型摩擦模型在航天器展开动力学方面的应用研究，并与经典的库仑摩擦模型进行对比，这样可以更为精准地描述航天器的动力学行为。

对于航天器太阳能帆板展开动力学中的摩擦问题，目前已有一些研究成果。例如，段柳成等 [1,2] 和李海泉等 [3,4] 分别对考虑铰摩擦的刚性和柔性太阳能帆板系统的展开动力学问题进行了仔细研究，推导了摩擦对系统展开动力学方程的贡献，通过数值仿真研究了摩擦对帆板展开动力学特性的影响，揭示了摩擦所导致的展开动力学中的 stick-slip 现象。李媛媛 [5] 对考虑铰链间隙和摩擦的太阳翼刚柔耦合多体动力学特性进行了深入研究，内容包括刚柔耦合展开动力学建模、参数分析、间隙与摩擦效应、在轨热耦合等。Wie 等 [6] 用常值力矩描述铰间摩擦现象，建立了太阳阵多刚体系统的展开动力学模型。郭峰等 [7] 采用 ADAMS 软件建立了刚性太阳阵的多体系统动力学模型，分析了展开动力学问题，并研究了铰间摩擦和间隙等非线性因素对太阳阵展开动力学的影响。白争锋等 [8] 采用库仑摩擦模型描述铰间摩擦，并基于 ADAMS 通用程序建立太阳阵展开动力学模型，探讨了摩擦对展开动力学的影响。Yasushi 等 [9,10] 讨论了桁架式太阳能帆板的展开动力学问题，并采用库仑摩擦描述了伸展机构间的摩擦问题。Li 等 [11] 采用 ADAMS 建立了考虑帆板柔性、摩擦等非线性因素的航天器太阳阵系统的动力学模型，指出摩擦对展开动力学的影响不可忽略。ADAMS 软件在对摩擦的处理上是直接采用了经典的库仑摩擦或其改进形式，其对于高精度复杂系统摩擦问题的描述存在一定的局限性。

本章对考虑铰摩擦的太阳能帆板系统的展开动力学问题进行研究，并给出详细的理论建模过程。首先，简要介绍目前常用摩擦模型及其摩擦特性；然后，基于虚功率原理分别采用两类不同的方法推导铰摩擦对系统动力学方程的贡献，同时分别引入 LuGre 模型和 3D 鬃毛模型，建立考虑铰摩擦的多体系统封闭形式的动力学方程；最后，进行数值仿真，对所建立的考虑摩擦的展开动力学方程的有效性进行验证，并通过数值仿真揭示摩擦对太阳能帆板展开动力学行为的影响。

4.2 摩擦模型

摩擦是自然界普遍存在的一种复杂的力学现象，它常产生于具有相对动力或者相对运动趋势的两接触物体的接触界面之间 (本书简称运动副)。摩擦力的产生将不可避免地会引起接触物体间的摩擦和磨损，对物体的正常运动和精确定位等产生负面影响。摩擦所引发的振动现象在日常生活和工程中随处可见，例如，在离合器系统、车辆轮胎、弦类乐器以及多类阻尼器中，摩擦通常是积极的和有利的因素；但摩擦所引起的异常振动、噪声和颤声等也会对机械系统的正常工作产生负面影响。

由于摩擦力的复杂特征，对于摩擦现象建立准确的数学模型，一直以来都是摩擦学、航天器动力学与控制、机械工程等领域研究的重要挑战。一个合适的摩擦模型不仅有助于正确地理解摩擦力的机理，而且便于有效地预测系统的动力学和运动学信息。摩擦模型从数学描述上可以大致分为两类：第一类是静态摩擦模型，通常可以将摩擦力描述为两接触面之间相对滑动速度的函数；第二类是动态摩擦模型，一般用两接触面之间的相对速度和相对位移的函数来描述。前者相对简单，参数容易识别，但是无法描述摩擦所导致的一些非线性特性。后者能够更好地描述摩擦，但是仿真计算比较复杂，并且通常对参数进行识别也比较困难。

近几十年来，学者们在复杂机械多体系统的摩擦动力学研究上取得了丰硕成果 [12−16]。本节从摩擦特点和建模方法上对机械工程中常用的摩擦模型进行简要综述，并重点介绍两种能够精确描述摩擦动态力学特性的 LuGre 模型和 3D 鬃毛模型。

4.2.1 静态摩擦模型

1) 经典库仑摩擦模型

库仑模型是经典的摩擦模型，最早是由著名学者库仑于 18 世纪提出的。如图 4-1 所示，库仑摩擦力的大小与法向载荷呈正比关系，力的方向与运动方向相

反，摩擦力与接触面积及速度幅值无关。库仑模型的经典形式为

$$F = F_c\mathrm{sgn}(\hat{v}) = -\mu F_N\mathrm{sgn}(\hat{v}) \tag{4-1}$$

式中，F_N 为正压力；μ 为摩擦系数；$\hat{v}$ 为相对速度；sgn( ) 为符号函数。摩擦力总是阻碍运动，与运动速度 $\hat{v}$ 相反，其大小为常值。该模型未考虑切向相对滑动速度大小对摩擦力的影响，适用于对简单的物理问题进行理论分析。另外，由于该模型简单易操作，所以也常用于摩擦补偿。

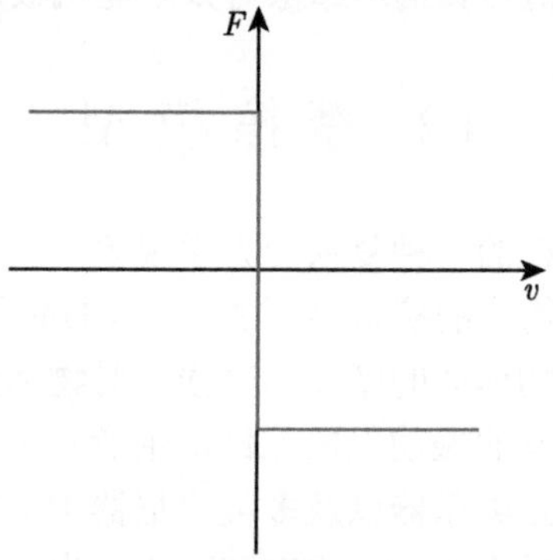

图 4-1　库仑模型

2) 修正库仑模型

随着人们对摩擦模型的探索，库仑摩擦有了改进形式。19 世纪，流体力学专家雷诺在流体力学方程中引入了黏性摩擦的概念，随之也在库仑摩擦模型中加入了黏性摩擦 [17]。修正库仑摩擦模型如图 4-2 所示。

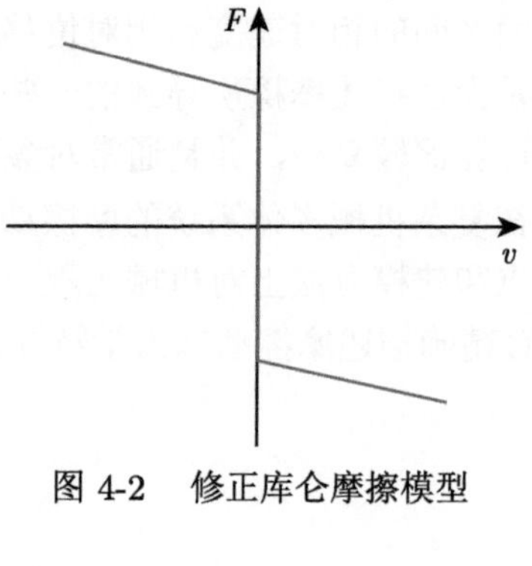

图 4-2　修正库仑摩擦模型

修正库仑摩擦模型的具体表达式如下：

$$F = F_c\mathrm{sgn}(\hat{v}) + C\hat{v}\mathrm{sgn}(\hat{v}) \tag{4-2}$$

式中，$\hat{v}$ 为相对滑动速度；C 为黏性摩擦系数；$F_c = -\mu F_N$ 为库仑摩擦力。可以看出，摩擦力的大小不再是与接触相对速度无关的量，而是与接触相对速度大小成正相关。

3) 静摩擦–库仑模型

为了可以更精确地描述静摩擦，研究者在修正库仑摩擦模型的基础上在式 (4-2) 中加入了静摩擦模型因子，模型如图 4-3 所示。

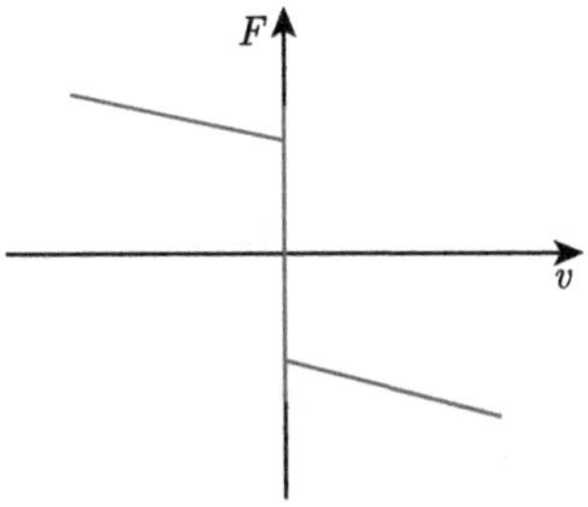

图 4-3 静摩擦–库仑模型

静摩擦–库仑摩擦模型的具体表达式如下：

$$F = \begin{cases} F_c \mathrm{sgn}(\hat{v}) + C\hat{v}\mathrm{sgn}(\hat{v}), & \hat{v} \neq 0 \\ F_\tau, & \hat{v} = 0, \quad |F_\tau| \leqslant F_s \\ F_s \mathrm{sgn}(F_\tau), & \hat{v} = 0, \quad |F_\tau| > F_s \end{cases} \tag{4-3}$$

式中，F_τ 为相对动力趋势方向的外力；F_s 为最大静摩擦力。由式 (4-3) 可以看出，当接触相对速度为零时，摩擦力并不为零，而是与相对切向力和最大静摩擦力相关。

4) Stribeck 模型

20 世纪初，学者斯特里贝克 (Stribeck) 在实验中发现了摩擦的负阻尼特性，即低速状态下摩擦力随着相对运动速度的增加反而变小。研究表明，在一定范围内随着速度的增加，摩擦中的润滑程度也增加，摩擦力反而降低；在高速阶段，黏性摩擦力成为摩擦力的主要贡献项，因此出现上升的趋势 [18]。如图 4-4 所示的 Stribeck 摩擦模型很好地描述了该力学现象。

Stribeck 摩擦模型的具体表达式如下：

$$F = \begin{cases} F_\tau, & \hat{v} = 0, \quad |F_\tau| \leqslant F_s \\ F_c + (F_s - F_c)\exp\left(-\left|\dfrac{\hat{v}}{\hat{v}_s}\right|^{\varepsilon}\right) + C\hat{v}, & \hat{v} \neq 0 \\ F_s \mathrm{sgn}(F_\tau), & \hat{v} = 0, \quad |F_\tau| > F_s \end{cases} \tag{4-4}$$

式中，ε 为 Stribeck 模型指数，由使用者的经验或者实验确定；$\hat{v}_s$ 为 Stribeck 速度。

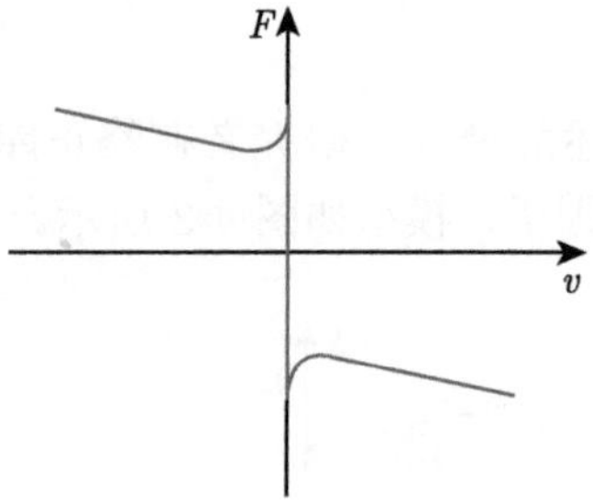

图 4-4　Stribeck 模型

4.2.2　动态摩擦模型

1) Dahl 模型

Dahl 模型可以描述 Dahl 效应，即相对静止的两个物体，当在它们相对运动方向上的外力小于最大静摩擦力时，会出现微小的滑移；而在这个滑移过程中，摩擦力仅与位移量有关，而与速度无关。Dahl 模型如图 4-5 所示。

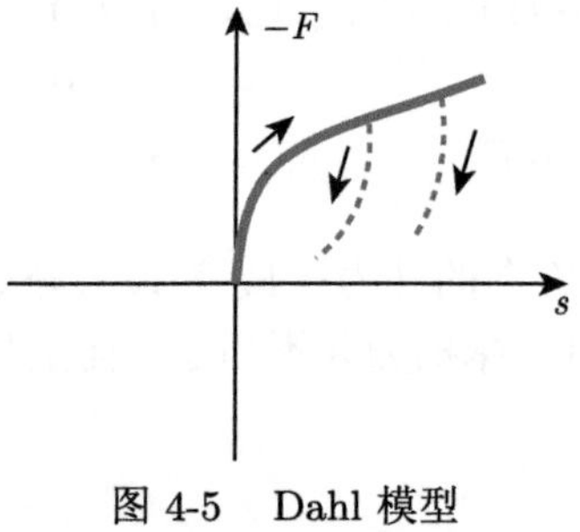

图 4-5　Dahl 模型

Dahl 摩擦模型的具体描述形式如下：

$$F=\begin{cases}\dfrac{\mathrm{d}s}{\mathrm{d}t}=\hat{v}-\dfrac{k_d\left|\hat{v}\right|}{F_c}s\\ F=k_d s\end{cases}\tag{4-5}$$

式中，s 为摩擦模型系统内部的状态量，表示在外力作用下引起的微小变形量；$\hat{v}$ 为相对速度；k_d 为接触材料的刚度系数；F_c 为库仑摩擦力项。

2) 3D 鬃毛模型

Liang 等 [20] 提出一种能够准确描述 stick-slip 等非线性摩擦现象的 3D 鬃毛摩擦模型，该模型是基于著名的一维 (1D) 鬃毛模型 [21] 的改进模型。3D 鬃毛摩擦模型是采用“弹簧”模型来描述接触鬃毛的平均变形，如图 4-6 所示，设在微小时间步长 Δt 内两接触物 B_1 和 B_2 接触点由点 P_1 移动到点 P_2 位置，如果经过 Δt 时间后 P_1 和 P_2 重合，这就表示系统处于静摩擦状态，反之则表示处于滑动摩擦状态。

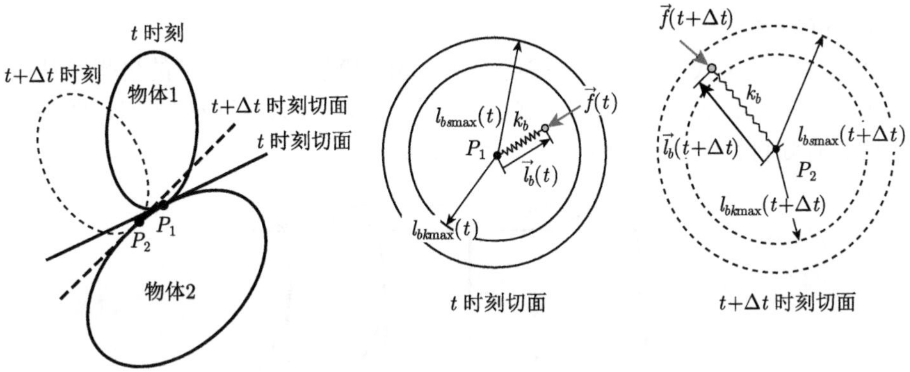

图 4-6 3D 鬃毛摩擦模型

对于每一个接触点，摩擦力可以表述为

$$\boldsymbol{f} = -\mu(t)\cdot \boldsymbol{F}_n(t) = -k_b \boldsymbol{l}_b \tag{4-6}$$

式中，$\mu(t)$ 和 $\boldsymbol{F}_n(t)$ 分别为 t 时刻接触面的等效摩擦系数和正压力；k_b 为鬃毛的刚度系数；$\boldsymbol{l}_b$ 为鬃毛的平均变形矢量，其表达式如下：

$$\boldsymbol{l}_b(t) = \begin{cases} \boldsymbol{l}_b(t_0) + \displaystyle\int_{t_0}^{t} \boldsymbol{v}_t(t)\mathrm{d}t, & 若\ |\boldsymbol{l}_b| < l_{b\max}(t) \\ l_{b\max}(t)\dfrac{\boldsymbol{v}_t(t)}{v_t(t)}, & 若\ |\boldsymbol{l}_b| \geqslant l_{b\max}(t) \end{cases} \tag{4-7}$$

式中，t_0 为接触发生的开始时间；t 是当前接触时刻；$\boldsymbol{v}_t(t)$ 为两接触物体在接触点的切向相对速度矢量，$v_t(t)$ 为 $\boldsymbol{v}_t(t)$ 的幅值；鬃毛最大变形量定义如下：

$$l_{b\max}(t) = \begin{cases} l_{bk\max}(t) = \dfrac{\mu_d f_n(t)}{k_b}, & 若\ v_t \geqslant v_d \\ l_{bs\max}(t) = \dfrac{\mu_s f_n(t)}{k_b}, & 若\ v_t < v_d \end{cases} \tag{4-8}$$

$$\boldsymbol{v}_t = \boldsymbol{v} - (\boldsymbol{v}\cdot\boldsymbol{n})\boldsymbol{n} \tag{4-9}$$

其中，μ_d 和 μ_s 分别为动、静摩擦系数；v_d 为系统由静摩擦状态向滑动摩擦状态转换的速度阈值；f_n 为接触点法向正压力的大小；$\boldsymbol{n}$ 为接触切面的法向单位矢量；$\boldsymbol{v}$ 为两接触物体在接触点的相对速度矢量。μ_d、μ_s、k_b 和 v_d 为鬃毛摩擦模型的系统参数，f_n、$\boldsymbol{n}$ 和 $\boldsymbol{v}$ 为接触动力学或者多体系统动力学中鬃毛摩擦模型的输入变量。

3) LuGre 模型

20 世纪 90 年代，Canudas 等综合了 Dahl 模型和鬃毛模型的思想，从微观层面上提出了 LuGre 模型 [22]。LuGre 模型在原理上与鬃毛模型类似，即将摩擦面看成具有随机行为的弹性鬃毛，如图 4-7 所示。

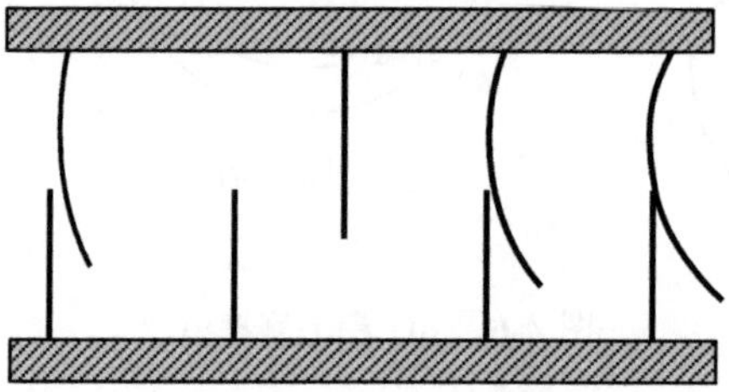

图 4-7 LuGre 模型

为更加精确地描述摩擦特性，LuGre 引入了平均鬃毛变形量 τ 来描述接触面的预滑动位移，LuGre 模型摩擦力可表示为

$$F = \sigma_0\tau + \sigma_1\frac{\mathrm{d}\tau}{\mathrm{d}t} + \sigma_2\hat{v} \tag{4-10a}$$

$$\frac{\mathrm{d}\tau}{\mathrm{d}t} = \hat{v} - \frac{|\hat{v}|}{g(\hat{v})}\tau \tag{4-10b}$$

式中，τ 为摩擦发生面鬃毛的平均变形量，$\hat{v}$ 为接触面的相对速度，σ_0 为鬃毛平均刚度系数，σ_1 为阻尼系数，σ_2 为黏性摩擦系数，$g(\hat{v})$ 为表征 Stribeck 效应的函数。$g(\hat{v})$ 可以表示为

$$g(\hat{v}) = \frac{1}{\sigma_0}(F_c + (F_s - F_c)e^{-(\hat{v}/\hat{v}_s)^\gamma}) \tag{4-11}$$

式中，F_c 为库仑摩擦力，F_s 为静摩擦力，$\hat{v}_s$ 为 Stribeck 速度，γ 按经验取值为 2。由式 (4-11) 可知，计算旋转铰的 LuGre 摩擦力需先计算铰间的库仑摩擦与静摩擦。LuGre 摩擦模型能够有效地描述诸多摩擦现象，如滑动、黏性、预滑动、Stribeck 效应、滞回等，已经广泛地应用于理论研究和工程实践。

4.3 考虑铰摩擦的多体系统动力学模型

4.3.1 旋转铰的物理模型

太阳阵系统各展开构件之间通过旋转铰连接。旋转铰的几何模型如图 4-8 所示，旋转铰只有一个转动自由度，其中 F_x、F_y 和 F_z 分别为相对于铰中心的约束反力，T_x 和 T_y 分别为约束反力矩，ω 为转动角速度，R_n 为摩擦圆半径，R_b 为弯曲作用半径，R_p 为转动副半径，T_f 为旋转铰受到的摩擦力矩 [23]。

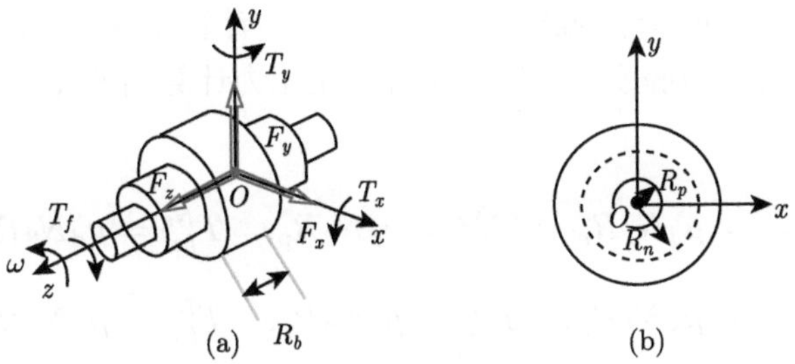

图 4-8 旋转铰模型示意图

在图 4-8 所示的铰坐标系下，旋转铰的理想约束力和铰摩擦力可以表述如下：

$$\boldsymbol{F}_r^c = \begin{bmatrix} F_x \\ F_y \\ F_z \\ T_x \\ T_y \\ 0 \end{bmatrix}, \quad \boldsymbol{F}_r^f = \begin{bmatrix} 0 \\ 0 \\ 0 \\ 0 \\ 0 \\ T_f \end{bmatrix} \tag{4-12}$$

邻接两物体的相对运动会引起摩擦力矩，而摩擦力矩与铰间接触的正压力相关。在本节中，旋转铰的正压力由约束反力和约束反力矩等效而成，其中由轴向约束反力等效出的正压力可以表示为

$$N_1 = |F_z| \tag{4-13a}$$

轴外方向约束反力等效出的正压力可以表示为

$$N_2 = \sqrt{F_x^2 + F_y^2} \tag{4-13b}$$

约束反力矩等效出的正压力为

$$N_3 = \frac{\sqrt{T_x^2 + T_y^2}}{R_b} \tag{4-13c}$$

式 (4-13) 确定了旋转铰间的等效正压力。

4.3.2 铰摩擦力计算

以上给出了旋转铰的等效物理模型，铰的旋转角速度、铰间等效正压力和铰的几何参数通常作为摩擦模型的系统输入变量和系统参数。以往大量的理论与实验研究结果显示出，LuGre 模型和 3D 鬃毛模型在描述实际工程中摩擦问题的复杂力学特性方面具有优势，下面给出基于这两类模型的旋转铰摩擦力的计算方法。

1. LuGre *摩擦力*

根据 4.2.2 节 LuGre 摩擦模型的理论可知，计算 LuGre 摩擦力矩需要先计算铰的库仑摩擦力矩与静摩擦力矩。由等效正压力计算出的库仑摩擦力矩和静摩擦力矩分别为

$$T_{fc}^{N_1} = \mu_d N_1 R_n, \quad T_{fc}^{N_2} = \mu_d N_2 R_p, \quad T_{fc}^{N_3} = \mu_d N_3 R_p \tag{4-14}$$

$$T_{fs}^{N_1} = \mu_s N_1 R_n, \quad T_{fs}^{N_2} = \mu_s N_2 R_p, \quad T_{fs}^{N_3} = \mu_s N_3 R_p \tag{4-15}$$

式中，μ_d 和 μ_s 分别为动、静摩擦系数。

将式 (4-14) 和式 (4-15) 代入式 (4-11)，得到

$$g(\hat{v}^{N_1}) = \frac{1}{\sigma_0}(T_{fc}^{N_1} + (T_{fs}^{N_1} - T_{fc}^{N_1})\mathrm{e}^{-(\hat{v}^{N_1}/\hat{v}_s^{N_1})^2}) \tag{4-16}$$

$$g(\hat{v}^{N_2}) = \frac{1}{\sigma_0}(T_{fc}^{N_2} + (T_{fs}^{N_2} - T_{fc}^{N_2})\mathrm{e}^{-(\hat{v}^{N_2}/\hat{v}_s^{N_2})^2}) \tag{4-17}$$

$$g(\hat{v}^{N_3}) = \frac{1}{\sigma_0}(T_{fc}^{N_3} + (T_{fs}^{N_3} - T_{fc}^{N_3})\mathrm{e}^{-(\hat{v}^{N_3}/\hat{v}_s^{N_3})^2}) \tag{4-18}$$

式中，$\hat{v}^{N_1} = \hat{\omega} R_n; \hat{v}^{N_2} = \hat{v}^{N_3} = \hat{\omega} R_p; \hat{\omega}$ 为铰的相对旋转角速度；$\hat{v}_s^{N_1}$、$\hat{v}_s^{N_2}$ 和 $\hat{v}_s^{N_3}$ 为 Stribeck 速度，仿真过程中可按经验取最大相对速度的 1%。将式 (4-16)~ 式 (4-18) 分别代入式 (4-10b)，可得

$$\frac{\mathrm{d}\tau^{N_1}}{\mathrm{d}t} = \hat{v}^{N_1} - \frac{\sigma_0 \left|\hat{v}^{N_1}\right|}{(T_{fc}^{N_1} + (T_{fs}^{N_1} - T_{fc}^{N_1})\mathrm{e}^{-(\hat{v}^{N_1}/\hat{v}_s^{N_1})^2})}\tau^{N_1} \tag{4-19}$$

$$\frac{\mathrm{d}\tau^{N_2}}{\mathrm{d}t} = \hat{v}^{N_2} - \frac{\sigma_0 \left|\hat{v}^{N_2}\right|}{(T_{fc}^{N_2} + (T_{fs}^{N_2} - T_{fc}^{N_2})\mathrm{e}^{-(\hat{v}^{N_2}/\hat{v}_s^{N_2})^2})}\tau^{N_2} \tag{4-20}$$

$$\frac{\mathrm{d}\tau^{N_3}}{\mathrm{d}t} = \hat{v}^{N_3} - \frac{\sigma_0 \left|\hat{v}^{N_3}\right|}{(T_{fc}^{N_3} + (T_{fs}^{N_3} - T_{fc}^{N_3})\mathrm{e}^{-(\hat{v}^{N_3}/\hat{v}_s^{N_3})^2})}\tau^{N_3} \tag{4-21}$$

将式 (4-16)~ 式 (4-18) 分别代入式 (4-10a)，可得 LuGre 摩擦力矩为

$$T_f^{N_1} = \sigma_0 \tau^{N_1} + \sigma_1 \frac{\mathrm{d}\tau^{N_1}}{\mathrm{d}t} + \sigma_2 \hat{v}^{N_1} \tag{4-22}$$

$$T_f^{N_2} = \sigma_0 \tau^{N_2} + \sigma_1 \frac{\mathrm{d}\tau^{N_2}}{\mathrm{d}t} + \sigma_2 \hat{v}^{N_2} \tag{4-23}$$

$$T_f^{N_3} = \sigma_0 \tau^{N_3} + \sigma_1 \frac{\mathrm{d}\tau^{N_3}}{\mathrm{d}t} + \sigma_2 \hat{v}^{N_3} \tag{4-24}$$

根据式 (4-22)~ 式 (4-24)，可得总摩擦力矩为

$$T_{\text{LuGre}}^f = T_f^{N_1} + T_f^{N_2} + T_f^{N_3} \tag{4-25}$$

式中，

$$T_f^{N_1} = \sigma_0 \tau^{N_1} + \sigma_1 \left(\hat{v}^{N_1} - \frac{\sigma_0 \left| \hat{v}^{N_1} \right|}{(T_{fc}^{N_1} + (T_{fs}^{N_1} - T_{fc}^{N_1}) \mathrm{e}^{-(\hat{v}^{N_1}/\hat{v}_s^{N_1})^2})} \tau^{N_1} \right) + \sigma_2 \hat{v}^{N_1} \tag{4-26}$$

$$T_f^{N_2} = \sigma_0 \tau^{N_2} + \sigma_1 \left(\hat{v}^{N_2} - \frac{\sigma_0 \left| \hat{v}^{N_2} \right|}{(T_{fc}^{N_2} + (T_{fs}^{N_2} - T_{fc}^{N_2}) \mathrm{e}^{-(\hat{v}^{N_2}/\hat{v}_s^{N_2})^2})} \tau^{N_2} \right) + \sigma_2 \hat{v}^{N_2} \tag{4-27}$$

$$T_f^{N_3} = \sigma_0 \tau^{N_3} + \sigma_1 \left(\hat{v}^{N_3} - \frac{\sigma_0 \left| \hat{v}^{N_3} \right|}{(T_{fc}^{N_3} + (T_{fs}^{N_3} - T_{fc}^{N_3}) \mathrm{e}^{-(\hat{v}^{N_3}/\hat{v}_s^{N_3})^2})} \tau^{N_3} \right) + \sigma_2 \hat{v}^{N_3} \tag{4-28}$$

由式 (4-25)~ 式 (4-28) 可以推断，描述 LuGre 模型的系统内部变量为模型输入变量的隐式表达函数，在多体系统中引入 LuGre 模型时需要额外定义鬃毛平均变形量作为系统变量。

将式 (4-25) 代入式 (4-12)，可以得到当地坐标下旋转铰的 LuGre 摩擦力列阵为

$$\boldsymbol{F}_{\text{LuGre}}^f = \begin{bmatrix} 0 \\ 0 \\ 0 \\ 0 \\ 0 \\ T_{\text{LuGre}}^f \end{bmatrix} \tag{4-29}$$

2. 3D 鬃毛摩擦力

考虑到旋转铰的物理模型和等效正压力的等效形式即式 (4-13)，旋转铰的鬃毛摩擦模型可以用三类接触表述如下：

$$
\begin{aligned}
T_f^1 &= \mu_1 N_1 R_n \\
T_f^2 &= \mu_2 N_2 R_p \\
T_f^3 &= \mu_3 N_3 R_p
\end{aligned}
\tag{4-30}
$$

对应的摩擦力可以表述为

$$
\begin{aligned}
f_f^1 &= T_f^1 / R_n = \mu_1 N_1 \\
f_f^2 &= T_f^2 / R_p = \mu_2 N_2 \\
f_f^3 &= T_f^3 / R_p = \mu_3 N_3
\end{aligned}
\tag{4-31}
$$

考虑到式 (4-6)~ 式 (4-9)，且令 $F_{n1} = N_1$、$F_{n2} = N_2$、$F_{n3} = N_3$ 和 $\bar{s}_i = s_i / F_{ni}$，可以得到

$$
\mu_i = k_b^i \bar{s}_i(t), \quad i = 1,\ 2,\ 3 \tag{4-32}
$$

式中，

$$
\bar{s}_i(t) = \begin{cases} \bar{s}_i(t_0) + \displaystyle\int_{t_0}^{t} v_t(t)\mathrm{d}t, & 若\ \bar{s}_i < \bar{s}_{\max}^i(t) \\ \bar{s}_{\max}^i(t), & 若\ \bar{s}_i \geqslant \bar{s}_{\max}^i(t) \end{cases} \tag{4-33}
$$

$$
\bar{s}_{\max}^i(t) = \begin{cases} \bar{s}_{k\max}^i(t) = \dfrac{\mu_k}{k_b}, & 若\ v_t > v_d \\ \bar{s}_{s\max}^i(t) = \dfrac{\mu_s}{k_b}, & 若\ v_t \leqslant v_d \end{cases} \tag{4-34}
$$

由式 (4-32) 可以确定每一个接触点的摩擦系数，故鬃毛摩擦力矩可以表述为

$$
T_{\text{Bristle}}^f = \mu_1 N_1 R_n + \mu_2 N_2 R_p + \mu_3 N_3 R_p \tag{4-35}
$$

由式 (4-30)~ 式 (4-35) 可以推断，描述鬃毛摩擦模型的系统内部变量 $\bar{s}_i$ 为摩擦模型输入量的显式表达，故在多体系统中引入 3D 鬃毛模型时不需要定义额外的系统变量。

最终，根据式 (4-12) 可以得到旋转铰的广义鬃毛摩擦力矩为

$$\boldsymbol{F}^f_{\text{Bristle}} = \begin{bmatrix} 0 \\ 0 \\ 0 \\ 0 \\ 0 \\ T^f_{\text{Bristle}} \end{bmatrix} \tag{4-36}$$

4.3.3 摩擦贡献与多体系统动力学方程

以上推导了两类摩擦模型在旋转铰局部坐标系下的表达式，下面推导铰摩擦力对多体系统动力学方程的贡献，以建立考虑铰摩擦的封闭形式的多体系统动力学方程。

1. 柔性太阳阵系统

在多体系统动力学方程中，摩擦力通常可以表述为约束载荷的函数，而计算约束载荷常常有两类方法：① 将约束载荷表述为拉格朗日乘子的函数，通过补充约束方程来消去拉格朗日乘子；② 根据单体的牛顿–欧拉方程和单向递推的方法(本书统称“牛顿–欧拉单向递推法”) 计算约束载荷。以下将就这两种建模方法展开详细阐述。

1) 拉格朗日乘子法

根据拉格朗日理论，铰理想约束力可以通过约束雅可比矩阵和拉格朗日乘子进行表示。设铰 H_i 限制物体 B_i 与 B_j 相对运动的约束方程的一般形式为

$$\boldsymbol{\Theta}^{H_i}(\boldsymbol{r}_i, \boldsymbol{A}_i, \boldsymbol{a}_i, \boldsymbol{r}_j, \boldsymbol{A}_j, \boldsymbol{a}_j, t) = \boldsymbol{0} \tag{4-37}$$

式中，$\boldsymbol{r}_i$、$\boldsymbol{A}_i$、$\boldsymbol{a}_i$ 和 $\boldsymbol{r}_j$、$\boldsymbol{A}_j$、$\boldsymbol{a}_j$ 分别为 B_i 与 B_j 的浮动坐标系基点的矢径坐标列阵、方向余弦阵和模态坐标列阵，它们都可以写成系统广义坐标 $\boldsymbol{y}$ 的函数，因此约束方程 (4-37) 也可以写为 $\boldsymbol{\Theta}^{H_i}(\boldsymbol{y}, t) = \boldsymbol{0}$。

假定该约束方程共有 n_{H_i} 个，即 $\boldsymbol{\Theta}^{H_i} = [\Theta_1^{H_i}, \cdots, \Theta_{n_{H_i}}^{H_i}]^{\mathrm{T}}$，其中 $n_{H_i} < 6$。对式 (4-37) 求导，可得速度约束方程：

$$\boldsymbol{Y}_i^{H_i}\boldsymbol{v}_i + \boldsymbol{Y}_j^{H_i}\boldsymbol{v}_j = \boldsymbol{Y}_v^{H_i} \tag{4-38}$$

式中，$\boldsymbol{Y}_v^{H_i} \in \Re^{n_{H_i}\times 1}$ 为速度约束方程右项；$\boldsymbol{Y}_i^{H_i}$ 和 $\boldsymbol{Y}_j^{H_i} \in \Re^{n_{H_i}\times(6+s_i)}$ 分别为约束方程相对于 B_i 和 B_j 速度的雅可比矩阵，s_i 为截取模态阶数。对于旋转铰，雅可比矩阵表达式如下：

$$\boldsymbol{Y}_i^{H_i} = \begin{bmatrix} \boldsymbol{I}_3 & -\tilde{\boldsymbol{\rho}}_i^P & \boldsymbol{\Phi}_i^P \\ \boldsymbol{0}^{\mathrm{T}} & \boldsymbol{d}_j^{2\mathrm{T}} & \boldsymbol{d}_j^{2\mathrm{T}}\boldsymbol{\Psi}_i^P \\ \boldsymbol{0}^{\mathrm{T}} & -\boldsymbol{d}_j^{1\mathrm{T}} & -\boldsymbol{d}_j^{2\mathrm{T}}\boldsymbol{\Psi}_i^P \end{bmatrix}, \quad \boldsymbol{Y}_j^{H_j} = \begin{bmatrix} -\boldsymbol{I}_3 & \tilde{\boldsymbol{\rho}}_j^Q & -\boldsymbol{\Phi}_j^Q \\ \boldsymbol{0}^{\mathrm{T}} & -\boldsymbol{d}_j^{2\mathrm{T}} & -\boldsymbol{d}_j^{2\mathrm{T}}\boldsymbol{\Psi}_j^Q \\ \boldsymbol{0}^{\mathrm{T}} & \boldsymbol{d}_j^{1\mathrm{T}} & \boldsymbol{d}_j^{2\mathrm{T}}\boldsymbol{\Psi}_j^Q \end{bmatrix} \tag{4-39}$$

式中，$\boldsymbol{d}_j^1$ 和 $\boldsymbol{d}_j^2$ 分别为固定在铰 H_i 当地坐标系下的正交矢量坐标阵。

定义拉格朗日乘子列阵为 $\boldsymbol{\lambda}^i=[\lambda_1^i,\cdots,\lambda_{n_{H_i}}^i]^{\mathrm{T}}$，则作用于 B_i 质心上的理想约束力可以表达为

$$\boldsymbol{F}_{ci}^{H_i}=(\boldsymbol{Y}_i^{H_i})^{\mathrm{T}}\boldsymbol{\lambda}^i \tag{4-40}$$

该理想约束力对 B_i 所做的虚功率为

$$\Delta P_i^{H_i}=(\Delta\boldsymbol{v}_i)^{\mathrm{T}}(\mathbf{Y}_i^{H_i})^{\mathrm{T}}\boldsymbol{\lambda}^i \tag{4-41}$$

为了能够计算铰点的摩擦力，需要得到铰点上的实际约束力的表达式，以下推导铰点实际约束力与拉格朗日乘子之间的关系。以铰 H_i 为研究对象，作用于铰点 P 上的实际约束力 $\widehat{\boldsymbol{F}}_{ci}^{H_iP}=[(\boldsymbol{F}_i^{H_iP})^{\mathrm{T}},(\boldsymbol{M}_i^{H_iP})^{\mathrm{T}}]^{\mathrm{T}}$ 所做的虚功率为

$$\Delta P_i^{H_iP}=(\Delta\dot{\boldsymbol{r}}_i^P)^{\mathrm{T}}\boldsymbol{F}_i^{H_iP}+(\Delta\boldsymbol{\omega}_i^P)^{\mathrm{T}}\boldsymbol{M}_i^{H_iP}=(\Delta\boldsymbol{v}_i^P)^{\mathrm{T}}\widehat{\boldsymbol{F}}_{ci}^{H_iP} \tag{4-42}$$

考虑到理想约束力和实际约束力对 B_i 所做的虚功率相等，由式 (4-41) 和式 (4-42) 可得

$$(\Delta\boldsymbol{v}_i)^{\mathrm{T}}(\mathbf{Y}_i^{H_i})^{\mathrm{T}}\boldsymbol{\lambda}^i=(\Delta\boldsymbol{v}_i^P)^{\mathrm{T}}\widehat{\boldsymbol{F}}_{ci}^{H_iP} \tag{4-43}$$

根据图 3-1(c) 中的几何关系，有

$$\boldsymbol{r}_i^P=\boldsymbol{r}_i+\boldsymbol{\rho}_i^P=\boldsymbol{r}_i+\boldsymbol{\rho}_{i0}^P+\boldsymbol{\varPhi}_i^P\boldsymbol{a}_i \tag{4-44}$$

对式 (4-44) 求导，整理得

$$\dot{\boldsymbol{r}}_i^P=\dot{\boldsymbol{r}}_i-\tilde{\boldsymbol{\rho}}_i^P\boldsymbol{\omega}_i+\boldsymbol{\varPhi}_i^P\dot{\boldsymbol{a}}_i \tag{4-45}$$

式中，$\tilde{\boldsymbol{\rho}}_i^P$ 为 $\boldsymbol{\rho}_i^P$ 的坐标方阵。考虑到方程 $\boldsymbol{\omega}_i^P=\boldsymbol{\omega}_i+\boldsymbol{\varPsi}_i^P\dot{\boldsymbol{a}}_i, B_i$ 的质心绝对速度列阵和 P 点的绝对速度列阵之间的关系可以表示为

$$\boldsymbol{v}_i^P=\boldsymbol{E}_i^{P\mathrm{T}}\boldsymbol{v}_i \tag{4-46}$$

式中，$\boldsymbol{E}_i^{P\mathrm{T}}=\begin{bmatrix}\boldsymbol{I}_3 & -\tilde{\boldsymbol{\rho}}_i^P & \boldsymbol{\varPhi}_i^P\\ \boldsymbol{0} & \boldsymbol{I}_3 & \boldsymbol{\varPsi}_i^P\end{bmatrix}$。

考虑到式 (4-46)，式 (4-43) 可以写为

$$\Delta\boldsymbol{v}_i^{P\mathrm{T}}\widehat{\boldsymbol{F}}_{ci}^{H_iP}=\Delta\boldsymbol{v}_i^{\mathrm{T}}\boldsymbol{E}_i^P\widehat{\boldsymbol{F}}_{ci}^{H_iP}=\Delta\boldsymbol{v}_i^{\mathrm{T}}\boldsymbol{Y}_i^{i\mathrm{T}}\boldsymbol{\lambda}^i \tag{4-47}$$

由式 (4-47) 可以得到铰点 P 上的实际约束力与拉格朗日乘子之间的关系为

$$\widehat{\boldsymbol{F}}_{ci}^{H_iP}=(\boldsymbol{E}_i^P)^+\boldsymbol{Y}_i^{i\mathrm{T}}\boldsymbol{\lambda}^i \tag{4-48}$$

式中，上标 “+” 表示求矩阵广义逆。

由摩擦理论知，作用于铰点 P 的摩擦力 $\widehat{\boldsymbol{F}}_{cfi}^{H_iP}$ 可以表示为实际约束力的函数，因此铰摩擦力也可以表示成拉格朗日乘子的函数，即

$$\widehat{\boldsymbol{F}}_{cfi}^{H_iP}=\widehat{\boldsymbol{F}}_{cfi}^{H_iP}(\boldsymbol{\lambda}^i)=\begin{bmatrix}\boldsymbol{F}_{cfi}^{H_iP}(\boldsymbol{\lambda}^i)\\ \boldsymbol{M}_{cfi}^{H_iP}(\boldsymbol{\lambda}^i)\end{bmatrix}\tag{4-49}$$

考虑到式 (4-48) 和式 (4-49)，摩擦力对铰点 P 所做的虚功率为

$$\Delta P_{fi}^{H_iP}=\Delta\boldsymbol{v}_i^{P\mathrm{T}}\widehat{\boldsymbol{F}}_{cfi}^{H_iP}(\boldsymbol{\lambda}^i)=\Delta\boldsymbol{v}_i^{\mathrm{T}}\boldsymbol{E}_i^P\widehat{\boldsymbol{F}}_{cfi}^{H_iP}(\boldsymbol{\lambda}^i)\tag{4-50}$$

同理，以铰 H_i 为研究对象，铰 H_i 对铰点 Q 的摩擦力可以表示为

$$\widehat{\boldsymbol{F}}_{cfj}^{H_iQ}=\widehat{\boldsymbol{F}}_{cfj}^{H_iQ}(\boldsymbol{\lambda}^i)=\begin{bmatrix}-\boldsymbol{F}_{cfi}^{H_iP}(\boldsymbol{\lambda}^i)\\ -\boldsymbol{M}_{cfi}^{H_iP}(\boldsymbol{\lambda}^i)-\tilde{\boldsymbol{h}}_i\boldsymbol{F}_{cfi}^{H_iP}(\boldsymbol{\lambda}^i)\end{bmatrix}\tag{4-51}$$

式中，$\tilde{\boldsymbol{h}}_i$ 为 $\boldsymbol{h}_i$ 的坐标方阵。本书所考虑的铰为旋转铰，因此有 $\boldsymbol{h}_i=\boldsymbol{0}$。

考虑到式 (4-50) 和式 (4-51)，类似地，可以求得铰间摩擦力对铰点 Q 所做的虚功率为

$$\Delta P_{fj}^{H_iQ}=(\Delta\boldsymbol{v}_j^Q)^{\mathrm{T}}\widehat{\boldsymbol{F}}_{cfj}^{H_iQ}(\boldsymbol{\lambda}^i)=\Delta\boldsymbol{v}_j^{\mathrm{T}}\boldsymbol{E}_j^Q\widehat{\boldsymbol{F}}_{cfj}^{H_iQ}(\boldsymbol{\lambda}^i)\tag{4-52}$$

式中，$\boldsymbol{E}_j^{Q\mathrm{T}}=\begin{bmatrix}\boldsymbol{I}_3 & -\tilde{\boldsymbol{\rho}}_j^Q & \boldsymbol{\Phi}_j^Q\\ \boldsymbol{0} & \boldsymbol{I}_3 & \boldsymbol{\Psi}_j^Q\end{bmatrix}$。

铰 H_i 的摩擦力对系统所做的虚功率可以表示为

$$\begin{aligned}\Delta P_f^{H_i}&=\Delta P_{fi}^{H_iP}+\Delta P_{fj}^{H_iQ}\\&=\Delta\boldsymbol{v}_i^{\mathrm{T}}\boldsymbol{E}_i^P\widehat{\boldsymbol{F}}_{cfi}^{H_iP}(\boldsymbol{\lambda}^i)+\Delta\boldsymbol{v}_j^{\mathrm{T}}\boldsymbol{E}_j^Q\widehat{\boldsymbol{F}}_{cfj}^{H_iQ}(\boldsymbol{\lambda}^i)\end{aligned}\tag{4-53}$$

考虑到式 (3-58)，式 (4-53) 可以表达为

$$\Delta P_f^{H_i}=\Delta P_{fi}^{H_iP}+\Delta P_{fj}^{H_iQ}=\Delta\dot{\boldsymbol{y}}^{\mathrm{T}}\boldsymbol{f}_{fi}^{ey}(\boldsymbol{\lambda}^i)\tag{4-54}$$

式中，

$$\begin{cases}\boldsymbol{f}_{fi}^{ey}(\boldsymbol{\lambda}^i)=\boldsymbol{G}_i^{\mathrm{T}}\boldsymbol{E}_i^P\widehat{\boldsymbol{F}}_{cfi}^{H_iP}(\boldsymbol{\lambda}^i)+\boldsymbol{G}_j^{\mathrm{T}}\boldsymbol{E}_j^Q\widehat{\boldsymbol{F}}_{cfj}^{H_iQ}(\boldsymbol{\lambda}^i)\\ \boldsymbol{G}_i=[\boldsymbol{G}_{i1},\cdots,\boldsymbol{G}_{iN}]\end{cases}\tag{4-55}$$

系统所有铰的摩擦力做的虚功率可以写为

$$\Delta P_f=\sum\Delta P_f^{H_i}=(\Delta\boldsymbol{y})^{\mathrm{T}}\boldsymbol{f}_f^{ey}(\boldsymbol{\lambda})\tag{4-56}$$

式中，$\boldsymbol{\lambda}=[(\boldsymbol{\lambda}^1)^{\mathrm{T}},\cdots,(\boldsymbol{\lambda}^N)^{\mathrm{T}}]^{\mathrm{T}}$。

摩擦力为非理想约束力，则有

$$\boldsymbol{f}_{nc}^{ey}=\boldsymbol{f}_f^{ey}(\boldsymbol{\lambda})=\sum\boldsymbol{f}_{fi}^{ey}(\boldsymbol{\lambda}^i) \tag{4-57}$$

式中，$\boldsymbol{f}_f^{ey}(\boldsymbol{\lambda})$ 即为系统所有铰摩擦力对系统动力学方程的贡献。在式 (3-66) 中加入摩擦力，便可以得到考虑铰摩擦的多柔体系统的动力学方程：

$$-\boldsymbol{Z}\ddot{\boldsymbol{y}}+\boldsymbol{z}+\boldsymbol{f}_e^{ey}+\boldsymbol{f}_f^{ey}(\boldsymbol{\lambda})=\boldsymbol{0} \tag{4-58}$$

由于式 (4-58) 中引入了拉格朗日乘子，方程个数少于待求变量的数量，所以需要补充方程才能进行求解。本书通过引入系统中受铰摩擦力作用的外接物体的动平衡方程来获得系统的动力学方程。系统中单个物体的动平衡方程为

$$-\boldsymbol{M}_i\dot{\boldsymbol{v}}_i+\boldsymbol{f}_i+\boldsymbol{F}_i^c+\boldsymbol{F}_i^f=\boldsymbol{0} \tag{4-59}$$

式中，$\boldsymbol{F}_i^c=\boldsymbol{E}_i^P(\widehat{\boldsymbol{F}}_{ci}^{H_iP})+\boldsymbol{E}_i^Q(\widehat{\boldsymbol{F}}_{ci}^{H_jP})\in\Re^{(6+s_i)\times 1}$ 为铰的实际约束力向 B_i 的质心简化的广义力列阵，$\boldsymbol{F}_i^f=\boldsymbol{E}_i^P\widehat{\boldsymbol{F}}_{cfi}^{H_iP}(\boldsymbol{\lambda}^i)+\boldsymbol{E}_i^Q\widehat{\boldsymbol{F}}_{cfi}^{H_jQ}(\boldsymbol{\lambda}^i)\in\Re^{(6+s_i)\times 1}$ 为铰摩擦力向 B_i 的质心简化的广义力列阵。

考虑到式 (3-58)，式 (4-59) 可表达为

$$-\boldsymbol{M}_i(\boldsymbol{G}_{i0}\dot{\boldsymbol{v}}_0+\boldsymbol{G}_i\ddot{\boldsymbol{y}}+\boldsymbol{g}_i\widehat{\boldsymbol{I}}_N)+\boldsymbol{f}_i+\boldsymbol{F}_i^c+\boldsymbol{F}_i^f=\boldsymbol{0} \tag{4-60}$$

综合式 (4-51) 和式 (4-52)，引入摩擦后封闭形式的系统动力学方程最终可以表达为

$$\begin{bmatrix} -\boldsymbol{Z}\ddot{\boldsymbol{y}}+\boldsymbol{z}+\boldsymbol{f}_e^{ey}+\boldsymbol{f}_f^{ey}(\boldsymbol{\lambda}) \\ -\boldsymbol{M}_1(\boldsymbol{G}_{10}\dot{\boldsymbol{v}}_0+\boldsymbol{G}_1\ddot{\boldsymbol{y}}+\boldsymbol{g}_1\widehat{\boldsymbol{I}}_N)+\boldsymbol{f}_1+\boldsymbol{F}_1^c+\boldsymbol{F}_1^f \\ -\boldsymbol{M}_2(\boldsymbol{G}_{20}\dot{\boldsymbol{v}}_0+\boldsymbol{G}_2\ddot{\boldsymbol{y}}+\boldsymbol{g}_2\widehat{\boldsymbol{I}}_N)+\boldsymbol{f}_2+\boldsymbol{F}_2^c+\boldsymbol{F}_2^f \\ \vdots \\ -\boldsymbol{M}_N(\boldsymbol{G}_{N0}\dot{\boldsymbol{v}}_0+\boldsymbol{G}_N\ddot{\boldsymbol{y}}+\boldsymbol{g}_N\widehat{\boldsymbol{I}}_N)+\boldsymbol{f}_N+\boldsymbol{F}_N^c+\boldsymbol{F}_N^f \end{bmatrix}=\begin{bmatrix}\boldsymbol{0}\\ \boldsymbol{0}\\ \boldsymbol{0}\\ \vdots\\ \boldsymbol{0}\end{bmatrix} \tag{4-61}$$

式 (4-61) 为非线性微分方程组，需要通过非线性迭代求得数值解，本书采用 MATLAB 的非线性迭代工具箱 fslove 函数来进行数值求解，具体算法可以参考文献 [23]。

2) 牛顿–欧拉单向递推法

根据以上推导，并考虑到拉格朗日和摩擦理论可知，铰理想约束力可以通过约束雅可比矩阵和拉格朗日乘子进行表示，而铰摩擦则可以表述为铰间理想约束

力的函数。因此，采用拉格朗日乘子描述铰摩擦的多体系统动力学模型可以采用下述方程表达：

$$\begin{bmatrix} \boldsymbol{M}_s & \boldsymbol{\Phi}_x^{\mathrm{T}} \\ \boldsymbol{\Phi}_x & \boldsymbol{0} \end{bmatrix} \begin{bmatrix} \ddot{\boldsymbol{x}} \\ \boldsymbol{\lambda} \end{bmatrix} = \begin{bmatrix} \boldsymbol{F} + \boldsymbol{F}_{fri}(\boldsymbol{\lambda}) \\ \gamma \end{bmatrix} \tag{4-62}$$

式中，$\boldsymbol{M}_s$ 为系统的广义质量阵；$\boldsymbol{\Phi}_x$ 为系统的约束雅可比矩阵；$\boldsymbol{x}$ 为系统的广义变量列阵；$\boldsymbol{\lambda}$ 为拉格朗日乘子列阵；γ 为系统加速度约束方程的右端项；$\boldsymbol{F}$ 为系统广义外力列阵；$\boldsymbol{F}_{fri}(\boldsymbol{\lambda})$ 为广义铰摩擦力列阵。

从式 (4-62) 可以看出，基于拉格朗日方法建立的系统动力学方程是典型的微分代数方程。当多体系统中存在铰摩擦力时，系统动力学方程是典型的隐式微分代数方程。因此，为求解形如式 (4-62) 的动力学方程，首先需要对动力学方程进行非线性迭代求得 $[\ddot{\boldsymbol{x}}^{\mathrm{T}}, \dot{\boldsymbol{\lambda}}^{\mathrm{T}}]^{\mathrm{T}}$，然后再采用经典的数值积分算法求解系统的动力学方程。采用拉格朗日乘子能够较为清楚地描述铰摩擦力，但拉格朗日乘子的存在使得方程广义变量数量多于系统自由度，且非线性迭代求解复杂性也明显加剧。以下将考虑不引入拉格朗日乘子而通过采用牛顿–欧拉单向递推方法来建立考虑铰摩擦的封闭形式的多体系统动力学方程。

根据式 (4-60) 和式 (4-61)，考虑铰摩擦的系统动力学方程可以表示为

$$-\boldsymbol{Z}\ddot{\boldsymbol{y}} + \boldsymbol{z} + \boldsymbol{f}_{nF}^{ey} + \boldsymbol{f}^F(\boldsymbol{y}, \dot{\boldsymbol{y}}, \ddot{\boldsymbol{y}}) = \boldsymbol{0} \tag{4-63}$$

式中，$\boldsymbol{f}^F(\boldsymbol{y}, \dot{\boldsymbol{y}}, \ddot{\boldsymbol{y}})$ 为铰摩擦对系统动力学方程的贡献。由于 $\boldsymbol{f}^F$ 是关于 $\ddot{\boldsymbol{y}}$ 的函数，所以当系统存在铰摩擦时，系统动力学方程将成为隐式微分代数方程，其求解策略与式 (4-62) 相同，但由于式 (4-63) 不再引入拉格朗日乘子表达关节摩擦力对系统的影响，这使得非线性迭代求解难度降低，求解精度和速度大为提高。以下将给出式 (4-63) 中计算 $\boldsymbol{f}^F(\boldsymbol{y}, \dot{\boldsymbol{y}}, \ddot{\boldsymbol{y}})$ 的推导过程。

系统末端邻接物体的拓扑结构如图 4-9 所示，铰 H_N 限制物体 B_N 与 B_{N-1} 的相对运动，物体 N 为柔性体。根据牛顿–欧拉原理得到物体 N 关于质心的动力学方程为

$$\boldsymbol{F}_N^c + \boldsymbol{F}_N^f = \boldsymbol{F}_N^a + \boldsymbol{F}_N^\omega - \boldsymbol{F}_N^o + \boldsymbol{F}_N^u - \boldsymbol{F}_N^{oj} \in \Re^{(6+s_N)\times 1} \tag{4-64}$$

式中，$\boldsymbol{F}_N^c$ 为内接铰 H_N 作用于 B_N 上的理想约束力；$\boldsymbol{F}_N^f$ 为内接铰 H_N 作用于 B_N 上的摩擦力；$\boldsymbol{F}_N^a$ 为与加速度相关的惯性力；$\boldsymbol{F}_N^\omega$ 为与速度相关的惯性力；$\boldsymbol{F}_N^o$ 为物体 B_N 所受系统外力；$\boldsymbol{F}_N^u$ 为等效于质心的弹性力；$\boldsymbol{F}_N^{oj}$ 为物体外接铰作用力合力。

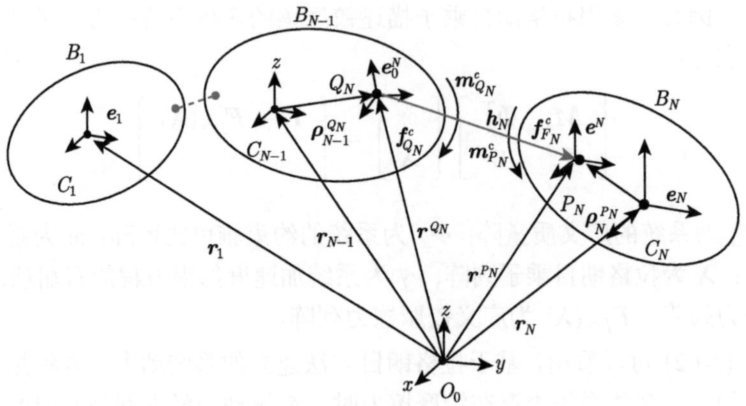

图 4-9　末端邻接物体拓扑关系图

式 (4-64) 在绝对坐标系下的投影为

$$\boldsymbol{F}_N^c+\boldsymbol{F}_N^f=\boldsymbol{F}_N^a+\boldsymbol{F}_N^\omega-\boldsymbol{F}_N^o+\boldsymbol{F}_N^u-\boldsymbol{F}_N^{oj} \tag{4-65}$$

令铰 H_N 在铰点 P_N 处的理想约束力为 $\boldsymbol{F}_{P_N}^c$，则其坐标阵的表达式为

$$\boldsymbol{F}_{P_N}^c=\begin{bmatrix}\boldsymbol{f}_{P_N}^c\\ \boldsymbol{m}_{P_N}^c\end{bmatrix}\in\Re^{6\times 1} \tag{4-66}$$

令铰 H_N 在铰点 P_N 处的铰摩擦力为 $\boldsymbol{F}_{P_N}^f$。根据速度变分原理，可以得到 $\boldsymbol{F}_{P_N}^c$、$\boldsymbol{F}_N^f$、$\boldsymbol{F}_N^c$ 和 $\boldsymbol{F}_{P_N}^f$ 之间的关系式为

$$\Delta P_N=\Delta\boldsymbol{v}_N^{\mathrm{T}}(\boldsymbol{F}_N^c+\boldsymbol{F}_N^f)=\Delta\boldsymbol{v}^{P_N\mathrm{T}}(\boldsymbol{F}_{P_N}^c+\boldsymbol{F}_{P_N}^f) \tag{4-67}$$

式中，ΔP_N 为铰 H_N 理想约束力与摩擦力对系统所做的虚功率；$\boldsymbol{v}_N$ 和 $\boldsymbol{v}^{P_N}$ 分别为物体 B_N 质心速度与点 P_N 点速度在绝对坐标系下的坐标阵；$\boldsymbol{F}_N^c$、$\boldsymbol{F}_N^f$ 和 $\boldsymbol{F}_{P_N}^f$ 分别为 $\boldsymbol{F}_N^c$、$\boldsymbol{F}_N^f$ 和 $\boldsymbol{F}_{P_N}^f$ 在绝对坐标系下的坐标阵。

根据图 4-9 的几何关系可以得到

$$\boldsymbol{r}^{P_N}=\boldsymbol{r}_N+\boldsymbol{\rho}_N^{P_N},\quad \boldsymbol{\omega}^{P_N}=\boldsymbol{\omega}_N+\boldsymbol{\omega}_{rN}^{P_N} \tag{4-68}$$

对式 (4-68) 求导，可得

$$\dot{\boldsymbol{r}}^{P_N}=\dot{\boldsymbol{r}}_N+\dot{\boldsymbol{\rho}}_N^{P_N},\quad \dot{\boldsymbol{\omega}}^{P_N}=\dot{\boldsymbol{\omega}}_N+\dot{\boldsymbol{\omega}}_{rN}^{P_N} \tag{4-69}$$

考虑到式 (4-45) 和 $\boldsymbol{\omega}_i^P=\boldsymbol{\omega}_i+\boldsymbol{\Psi}_i^P\dot{\boldsymbol{x}}_i$，式 (4-69) 的坐标形式表达如下：

$$\dot{\boldsymbol{r}}^{P_N}=\dot{\boldsymbol{r}}_N+\dot{\boldsymbol{\rho}}_N^{P_N}=\dot{\boldsymbol{r}}_N+\tilde{\boldsymbol{\rho}}_N^{P_N}\boldsymbol{\omega}_N+\boldsymbol{\Phi}^{P_N}\dot{\boldsymbol{x}}_N,\quad \boldsymbol{\omega}^{P_N}=\boldsymbol{\omega}_N+\boldsymbol{\omega}_{rN}^{P_N}=\boldsymbol{\omega}_N+\boldsymbol{\Psi}^{P_N}\dot{\boldsymbol{x}}_N \tag{4-70}$$

式 (4-70) 的矩阵形式如下：

$$\boldsymbol{v}^{P_N}=\boldsymbol{B}^{P_N\mathrm{T}}\boldsymbol{v}_N \tag{4-71}$$

式中，

$$\boldsymbol{v}^{P_N}=\begin{bmatrix}\boldsymbol{r}^{P_N}\\ \boldsymbol{\omega}^{P_N}\end{bmatrix}\in\Re^{6\times 1},\quad \boldsymbol{B}^{P_N\mathrm{T}}=\begin{bmatrix}\boldsymbol{I}_3 & -\tilde{\boldsymbol{\rho}}_N^{P_N} & \boldsymbol{\Phi}^{P_N}\\ \boldsymbol{0} & \boldsymbol{I}_3 & \boldsymbol{\Psi}^{P_N}\end{bmatrix}\in\Re^{6\times(6+\delta_N)} \tag{4-72}$$

考虑到式 (4-67) 和式 (4-71)，可以整理得到

$$\boldsymbol{F}_N^c+\boldsymbol{F}_N^f=\boldsymbol{B}^{P_N}(\boldsymbol{F}_{P_N}^c+\boldsymbol{F}_{P_N}^f)=\boldsymbol{B}^{P_N}\boldsymbol{A}^{P_N}(\boldsymbol{F}_{P_N}'^c+\boldsymbol{F}_{P_N}'^f) \tag{4-73}$$

式中，$\boldsymbol{F}_{P_N}'^c$ 和 $\boldsymbol{F}_{P_N}'^f$ 分别为 $\boldsymbol{F}_{P_N}^c$ 和 $\boldsymbol{F}_{P_N}^f$ 在局部坐标系 $\boldsymbol{e}^N$ 下的坐标阵；$\boldsymbol{A}^{P_N}$ 为局部坐标系 $\boldsymbol{e}^N$ 相对绝对坐标系 O-xyz 的方向余弦阵。

将式 (4-73) 代入式 (4-65)，可得

$$\boldsymbol{F}_{P_N}'^c+\boldsymbol{F}_{P_N}'^f=(\boldsymbol{B}^{P_N}\boldsymbol{A}^{P_N})^+(\boldsymbol{F}_N^a+\boldsymbol{F}_N^\omega-\boldsymbol{F}_N^o+\boldsymbol{F}_N^u-\boldsymbol{F}_N^{oj}) \tag{4-74}$$

式中，上标运算 “+” 表示矩阵取广义逆。式 (4-74) 为物体 B_N 在局部坐标系 $\boldsymbol{e}^N$ 下关于铰点 P_N 的动力学方程。本书采用旋转铰，故考虑到式 (4-12)，可得

$$\boldsymbol{F}_{P_N}'^c=\begin{bmatrix}F_x^{cP_N}\\ F_y^{cP_N}\\ F_z^{cP_N}\\ T_x^{cP_n}\\ T_y^{cP_N}\\ 0\end{bmatrix},\quad \boldsymbol{F}_{P_N}'^f=\begin{bmatrix}0\\ 0\\ 0\\ 0\\ 0\\ T_z^{fP_N}\end{bmatrix} \tag{4-75}$$

式中，$F_x^{cP_N}$、$F_y^{cP_N}$、$F_z^{cP_N}$、$T_x^{cP_N}$、$T_y^{cP_N}$ 和 $T_z^{fP_N}$ 分别为 $\boldsymbol{F}_{P_N}'^c$ 和 $\boldsymbol{F}_{P_N}'^f$ 在局部坐标系 $\boldsymbol{e}^N$ 各个方向上相应的分量。

考虑到式 (4-29) 和式 (4-36)，对于鬃毛摩擦模型有 $\boldsymbol{F}_{P_N}'^f=\boldsymbol{F}_{\mathrm{Bristle}}^f$，对于 LuGre 摩擦模型有 $\boldsymbol{F}_{P_N}'^f=\boldsymbol{F}_{\mathrm{LuGre}}^f$。由于 LuGre 模型和 3D 鬃毛模型采用不同形式的函数表达变形，为此以下分别给出这两种摩擦模型的多体系统动力学方程推导过程。

首先考虑 LuGre 摩擦模型。鬃毛平均变形矢量为接触面相对速度的隐函数，故需引入鬃毛平均变形矢量 $\boldsymbol{\tau}_N$ 来描述 LuGre 摩擦力。考虑到式 (4-29)、式 (4-74)、式 (4-75) 以及 $\boldsymbol{F}_{P_N}'^c$ 是 $\ddot{\boldsymbol{y}}$、$\dot{\boldsymbol{y}}$、$\boldsymbol{y}$ 和 $\boldsymbol{\tau}_N$ 的函数，则第 N 个铰的 LuGre 摩擦力矩 $T_z^{fP_N}$ 可以表述为以下形式

$$T_z^{fP_N} = \Theta_N(\boldsymbol{F}_{P_N}^{\prime c}) = \Theta_N(\ddot{\boldsymbol{y}}, \dot{\boldsymbol{y}}, \boldsymbol{y}, \boldsymbol{\tau}_N), \quad \boldsymbol{F}_{P_N}^{\prime f} = \begin{bmatrix} 0 \\ 0 \\ 0 \\ 0 \\ 0 \\ \Theta_N(\ddot{\boldsymbol{y}}, \dot{\boldsymbol{y}}, \boldsymbol{y}, \boldsymbol{\tau}_N) \end{bmatrix} \tag{4-76}$$

根据式 (4-74)，类似地可以得到物体 B_{N-1} 的单体动力学方程如下：

$$\boldsymbol{F}_{P_{N-1}}^{\prime c} + \boldsymbol{F}_{P_{N-1}}^{\prime f} = (\boldsymbol{B}^{P_{N-1}}\boldsymbol{A}^{P_{N-1}})^{+}(\boldsymbol{F}_{N-1}^{a} + \boldsymbol{F}_{N-1}^{\omega} - \boldsymbol{F}_{N-1}^{o} + \boldsymbol{F}_{N-1}^{u} - \boldsymbol{F}_{N-1}^{oj}) \tag{4-77}$$

根据图 4-9 所示的空间太阳阵拓扑结构，铰 H_N 为物体 B_{N-1} 唯一的外接铰，则有

$$\boldsymbol{F}_{N-1}^{oj} = -\boldsymbol{F}_N^{c} - \boldsymbol{F}_N^{f} \tag{4-78}$$

将式 (4-78) 代入式 (4-77)，可以得到

$$T_z^{fP_{N-1}} = \Theta_{N-1}(\boldsymbol{F}_{P_{N-1}}^{\prime c}) = \Theta_{N-1}(\ddot{\boldsymbol{y}}, \dot{\boldsymbol{y}}, \boldsymbol{y}, \boldsymbol{\tau}_{N-1})$$

$$\boldsymbol{F}_{P_{N-1}}^{\prime f} = \begin{bmatrix} 0 \\ 0 \\ 0 \\ 0 \\ 0 \\ \Theta_{N-1}(\ddot{\boldsymbol{y}}, \dot{\boldsymbol{y}}, \boldsymbol{y}, \boldsymbol{\tau}_{N-1}) \end{bmatrix} \tag{4-79}$$

根据以上推导，同样可以得到物体 B_{N-2} 到 B_1 的单体系统动力学方程如下：

$$\begin{aligned} &\boldsymbol{F}_{P_{N-2}}^{\prime c}(\ddot{\boldsymbol{y}}, \dot{\boldsymbol{y}}, \boldsymbol{y}) + \boldsymbol{F}_{P_{N-2}}^{\prime f}(\ddot{\boldsymbol{y}}, \dot{\boldsymbol{y}}, \boldsymbol{y}) \\ &= (\boldsymbol{B}^{P_{N-2}}\boldsymbol{A}^{P_{N-2}}) + (\boldsymbol{F}_{N-2}^{a} + \boldsymbol{F}_{N-2}^{\omega} - \boldsymbol{F}_{N-2}^{o} + \boldsymbol{F}_{N-2}^{u} - \boldsymbol{F}_{N-2}^{oj}) \\ &\qquad\vdots \\ &\boldsymbol{F}_{P_1}^{\prime c}(\ddot{\boldsymbol{y}}, \dot{\boldsymbol{y}}, \boldsymbol{y}) + \boldsymbol{F}_{P_1}^{\prime f}(\ddot{\boldsymbol{y}}, \dot{\boldsymbol{y}}, \boldsymbol{y}) \\ &= (\boldsymbol{B}^{P_1}\boldsymbol{A}^{P_1}) + (\boldsymbol{F}_1^{a} + \boldsymbol{F}_1^{\omega} - \boldsymbol{F}_1^{o} + \boldsymbol{F}_1^{u} - \boldsymbol{F}_1^{oj}) \end{aligned} \tag{4-80}$$

式中，

$$\boldsymbol{F}_{N-2}^{oj} = \boldsymbol{F}_{N-1}^{c} + \boldsymbol{F}_{N-1}^{f}, \quad \cdots, \quad \boldsymbol{F}_1^{oj} = \boldsymbol{F}_2^{c} + \boldsymbol{F}_2^{f} \tag{4-81}$$

$$T_z^{fP_{N-2}} = \Theta_{N-2}(\boldsymbol{F}_{P_{N-2}}^{\prime c}) = \Theta_{N-2}(\ddot{\boldsymbol{y}}, \dot{\boldsymbol{y}}, \boldsymbol{y}, \boldsymbol{\tau}_{N-2}), \quad \cdots, \quad T_z^{fP_1} = 0 \tag{4-82}$$

$$\boldsymbol{F}'^{f}_{P_{N-2}} = \begin{bmatrix} 0 \\ 0 \\ 0 \\ 0 \\ 0 \\ \Theta_{N-1}(\ddot{\boldsymbol{y}}, \dot{\boldsymbol{y}}, \boldsymbol{y}, \boldsymbol{\tau}_{N-1}) \end{bmatrix}, \cdots, \quad \boldsymbol{F}'^{f}_{P_1} = \begin{bmatrix} 0 \\ 0 \\ 0 \\ 0 \\ 0 \\ 0 \end{bmatrix} \tag{4-83}$$

式中，考虑到第一个铰为虚铰，故其摩擦力矩 $T_z^{fP_1}$ 为 0。

系统中铰摩擦力所做的虚功率可以表示为

$$\Delta P^f = \sum_{k=1}^{N} -\Delta \dot{q}_k T_z^{fP_k} \tag{4-84}$$

式中，$\dot{q}_k$ 为旋转铰 H_k 的铰坐标速度项。

将式 (4-84) 代入式 (3-66)，并且考虑到式 (4-19)~ 式 (4-21)，引入 LuGre 摩擦模型的封闭形式的多体系统的动力学方程可给出如下：

$$-\boldsymbol{Z}\ddot{\boldsymbol{y}} + \boldsymbol{z} + \boldsymbol{f}_{nF}^{ey} + \boldsymbol{f}^F(\ddot{\boldsymbol{y}}, \dot{\boldsymbol{y}}, \boldsymbol{y}, \boldsymbol{\tau}) = \boldsymbol{0} \tag{4-85}$$

$$\frac{\mathrm{d}\tau_N^{N_k}}{\mathrm{d}t} = \hat{v}_N^{N_k} - \frac{\sigma_0\left|\hat{v}_N^{N_k}\right|}{g(\hat{v}_N^{N_k})}\tau_N^{N_k}, \quad \cdots, \quad \frac{\mathrm{d}\tau_1^{N_k}}{\mathrm{d}t} = \hat{v}_1^{N_k} - \frac{\sigma_0\left|\hat{v}_1^{N_k}\right|}{g(\hat{v}_1^{N_k})}\tau_1^{N_k} \tag{4-86}$$

式中，$\boldsymbol{f}^F(\ddot{\boldsymbol{y}}, \dot{\boldsymbol{y}}, \boldsymbol{y}, \boldsymbol{\tau})$ 为铰摩擦贡献；$\boldsymbol{\tau} = [\boldsymbol{\tau}_1^{\mathrm{T}}, \cdots, \boldsymbol{\tau}_N^{\mathrm{T}}]^{\mathrm{T}}$ 为鬃毛平均变形列阵，其中 $\boldsymbol{\tau}_i = [\tau_i^{N_1}, \tau_i^{N_2}, \tau_i^{N_3}]^{\mathrm{T}}$；$\hat{v}_i^{N_1} = \hat{\omega}_i R_n, \hat{v}_i^{N_2} = \hat{v}_i^{N_3} = \hat{\omega}_i R_p, \hat{\omega}_i = \dot{q}_i$ 为铰的相对旋转角速度；$i = 1 \sim N$。考虑到式 (4-85) 为非线性方程组，故首先需要采用非线性迭代算法进行迭代计算求得 $\ddot{\boldsymbol{y}}$ 和 $\dot{\boldsymbol{\tau}}_i$，然后采用经典微分方程组的积分算法便可求解得到系统动力学方程组的数值解。

对于 3D 鬃毛摩擦模型，鬃毛变形量是相对接触速度的显式函数，不需引入摩擦模型的变形矢量 $\boldsymbol{\tau}$，但其动力学模型的推导过程与 LuGre 模型类似，只是不需要补充关于变形量的微分方程，故可以得到引入鬃毛摩擦模型的自行封闭的多体系统的动力学方程：

$$-\boldsymbol{Z}\ddot{\boldsymbol{y}} + \boldsymbol{z} + \boldsymbol{f}_{nF}^{ey} + \boldsymbol{f}^F(\ddot{\boldsymbol{y}}, \dot{\boldsymbol{y}}, \boldsymbol{y}) = \boldsymbol{0} \tag{4-87}$$

式 (4-86) 的求解方法与式 (4-85) 类似，首先需要采用非线性迭代算法进行迭代计算求得 $\ddot{\boldsymbol{y}}$，然后采用经典微分方程组的积分算法便可求解得到系统动力学方程组的数值解。

2. 刚性太阳阵系统

对刚性太阳阵多体系统，其铰摩擦贡献的推导以及系统封闭形式的动力学方程的构建方法与柔性太阳阵多体系统相似，区别在于需要删除表征柔性体变形的模态相关量，这里不再给出推导过程。

4.4 数值仿真

本节分别对刚性帆板系统和柔性帆板系统的展开动力学进行数值仿真，研究铰链摩擦对展开动力学的影响。考虑到 ADAMS 软件开发有库仑摩擦，为此首先基于本书理论采用库仑摩擦模型进行数值仿真，以与 ADAMS 的仿真结果进行对比来验证展开动力学建模的正确性；然后采用 3D 鬃毛模型来描述关节摩擦，进行帆板系统展开动力学仿真，研究铰摩擦对展开动力学的影响。

4.4.1 刚性帆板系统

航天器帆板系统结构模型见图 2-1，物理参数见表 2-1。旋转铰的参数为 $R_p = 0.02\text{m}, R_n = 0.04\text{m}, R_b = 0.06\text{m}$。CCL 的等效扭转刚度取值为 $K_{\text{CCL}} = 5\text{N}\cdot\text{m/rad}$。支架和三块帆板在展开过程中需要保持同步，因此任意时刻展开角之间在数值上应满足 $\theta_2 = \theta_3 = \theta_4 = 2\theta_1$。锁定机构的锁定力矩函数各参数的取值见表 2-2。在采用库仑模型描述铰摩擦时，摩擦系数取值为 $\mu = 0.35$。

基于本书理论采用 MATLAB 编程进行仿真，航天器的支架和三块帆板的角位移时程如图 4-10 所示，太阳阵各展开构件在扭簧驱动及 CCL 的共同作用下实现了同步展开。刚性太阳阵在忽略铰摩擦的情况下展开到位的时间为 17.50s，仿真曲线如图 4-10 中的点划线所示；计入铰摩擦时的展开到位时间为 17.63s，如图 4-10 中的实线所示。由于铰摩擦，太阳阵展开到位时间延迟了 0.13s。从图 4-10(b) 中可以看出，铰摩擦对展开动力学的影响不可忽略。采用 ADAMS 软件并考虑库仑摩擦的计算仿真结果如图 4-10 中的点线所示，可以看出，本书理论建模能够取得与 ADAMS 相同的结果。

考虑采用 3D 鬃毛模型来描述铰链摩擦时的展开动力学仿真。参考文献 [20]，3D 鬃毛摩擦模型的参数取值为 $k_b = 10000$、$v_d = 0.003$、$\mu_d = 0.35$、$\mu_s = 0.5$。图 4-11 给出了铰摩擦对航天器本体位姿动态行为的影响，可以看出铰摩擦在一定程度上减缓了航天器本体的位姿漂移，这种现象可以从能量学的角度即摩擦耗能上来解释。从图 4-11 中还可以看出，3D 鬃毛摩擦模型和库仑摩擦模型的计算结果是有区别的。

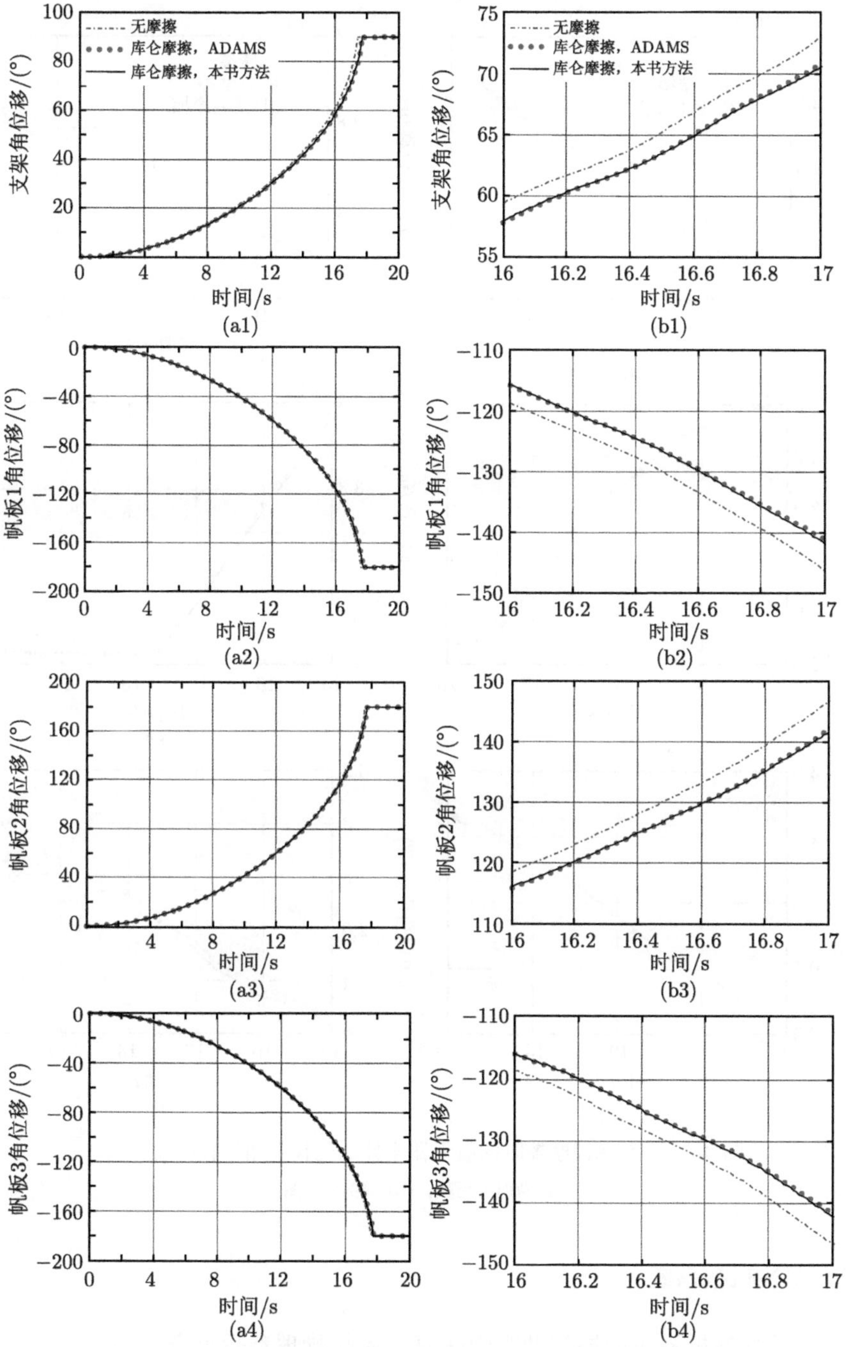

图 4-10 考虑铰摩擦时的太阳阵的角位移时间历程

(a) 总时间历程；(b) 局部放大图

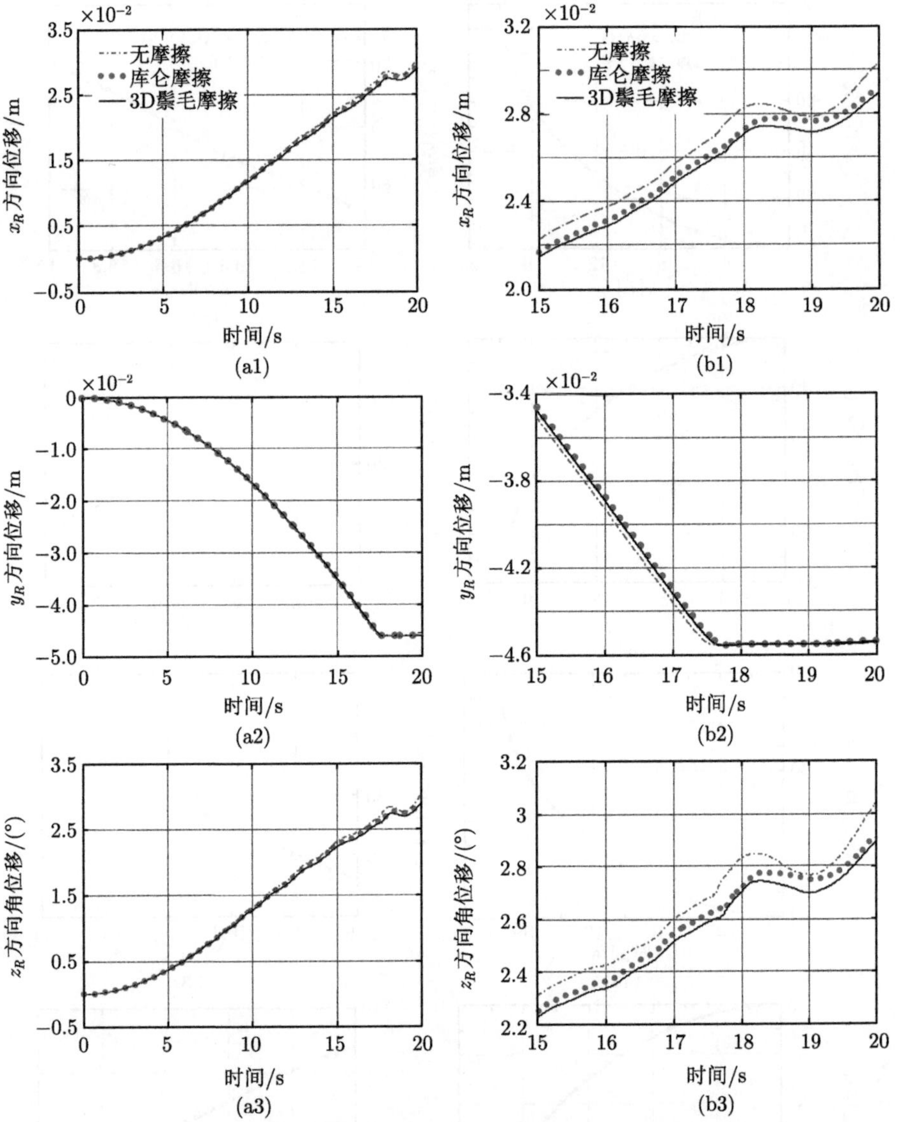

图 4-11　考虑铰摩擦时的航天器本体的位移和角位移时间历程

(a) 总时间历程；(b) 局部放大图

4.4.2　柔性帆板系统

考虑柔性帆板系统的展开动力学仿真。系统物理参数见表 3-1。旋转铰参数、CCL 的等效扭转刚度、锁定机构的锁定力矩函数各参数、库仑摩擦系数的取值都同以上刚性帆板系统的。在考虑铰链库仑摩擦的情况下，航天器的支架和三块柔性帆板的角位移时程如图 4-12 所示，可以看出，太阳阵各展开构件在扭簧驱动及 CCL 的共同作用下实现了同步展开；不考虑铰摩擦时太阳阵展开到位时间为 17.60s，仿真曲线如图 4-12 中点划线所示；计入铰摩擦时展开到位时间为 17.80s，仿真曲线如图 4-12 中实线所示，铰摩擦导致展开到位时间延迟了 0.2s。图 4-12(b) 可以清楚地看到铰摩擦对太阳阵展开动力学的影响。图 4-12 中同时给出了采用 ADAMS 软件进行仿真的结果，可以看出与本书理论建模仿真结果一致。

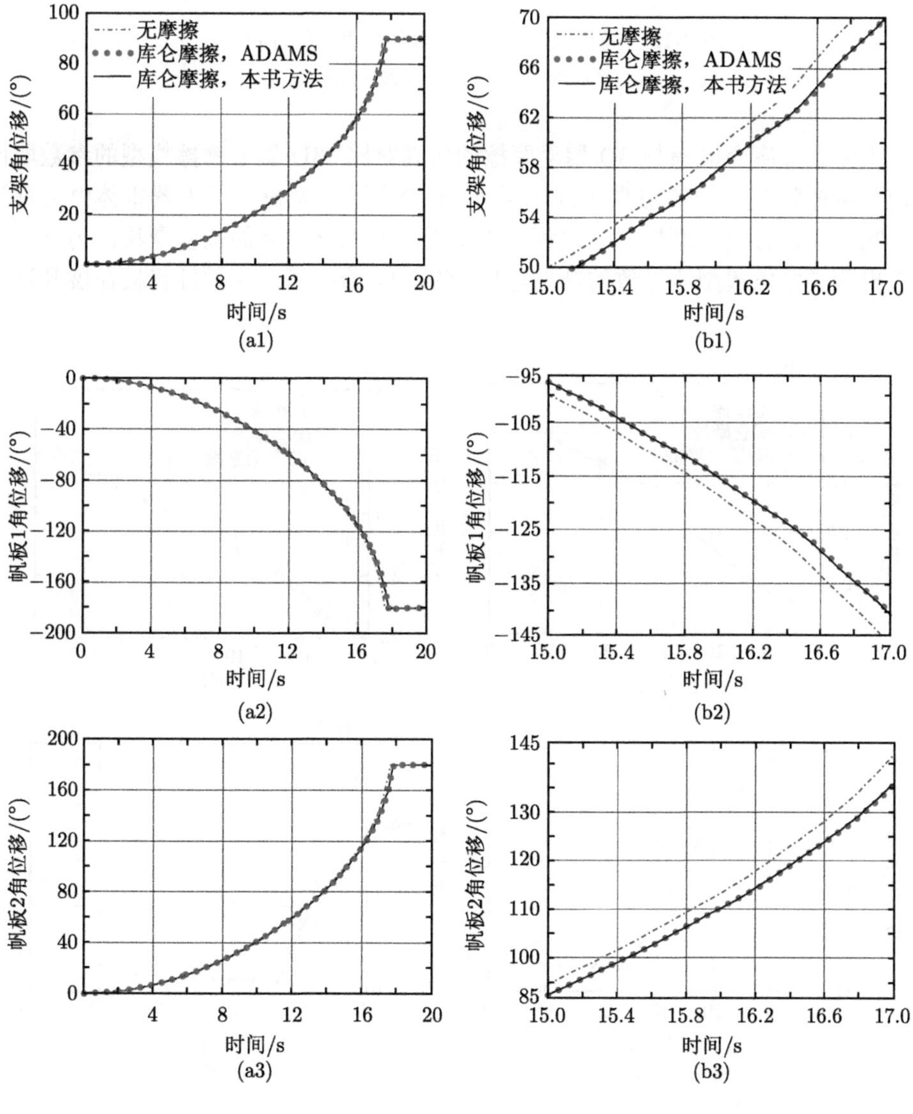

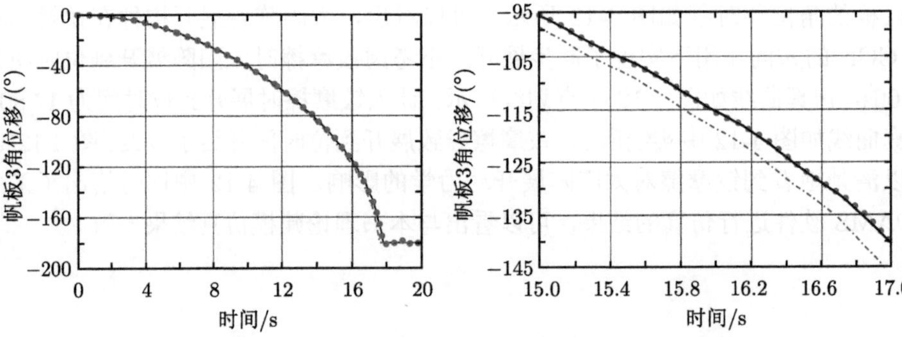

图 4-12　考虑铰摩擦时的太阳阵的角位移时间历程

(a) 总时间历程；(b) 局部放大图

下面进行库仑摩擦与 3D 鬃毛摩擦的仿真对比。3D 鬃毛摩擦模型的参数取值与前文刚性帆板系统的仿真一致。图 4-13 给出了铰摩擦对航天器本体位姿行为的影响，可以看出铰摩擦在一定程度上减缓了航天器本体的位姿漂移，另外，可以看出两类摩擦模型所导致的结果差异。图 4-14 给出了三块柔性帆板在展开过程

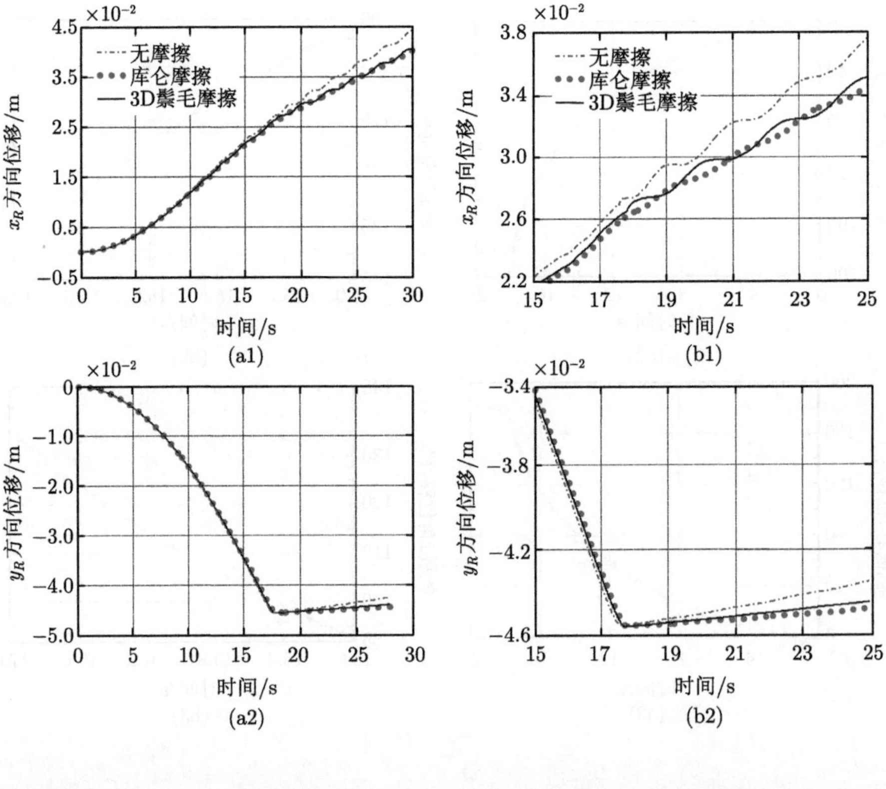

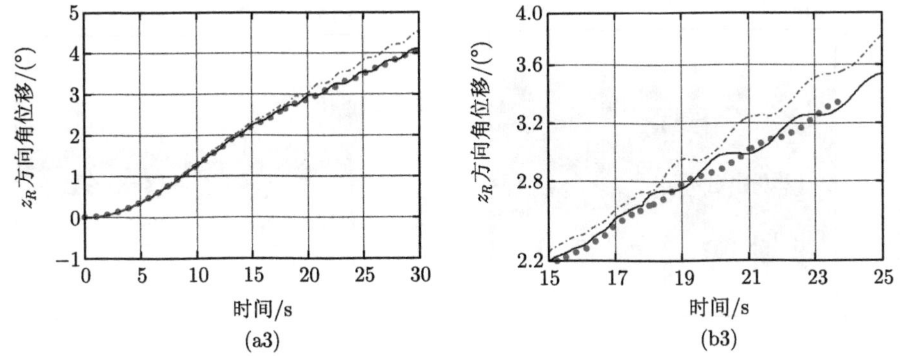

图 4-13 考虑铰摩擦时的航天器本体的位移和角位移时间历程

(a) 总时间历程；(b) 局部放大图

和锁定之后的质心位移响应，可以看出铰摩擦对抑制帆板的振动有一定作用。

关于柔性太阳阵的仿真，有两点问题值得说明：① 在采用 ADAMS 进行柔性

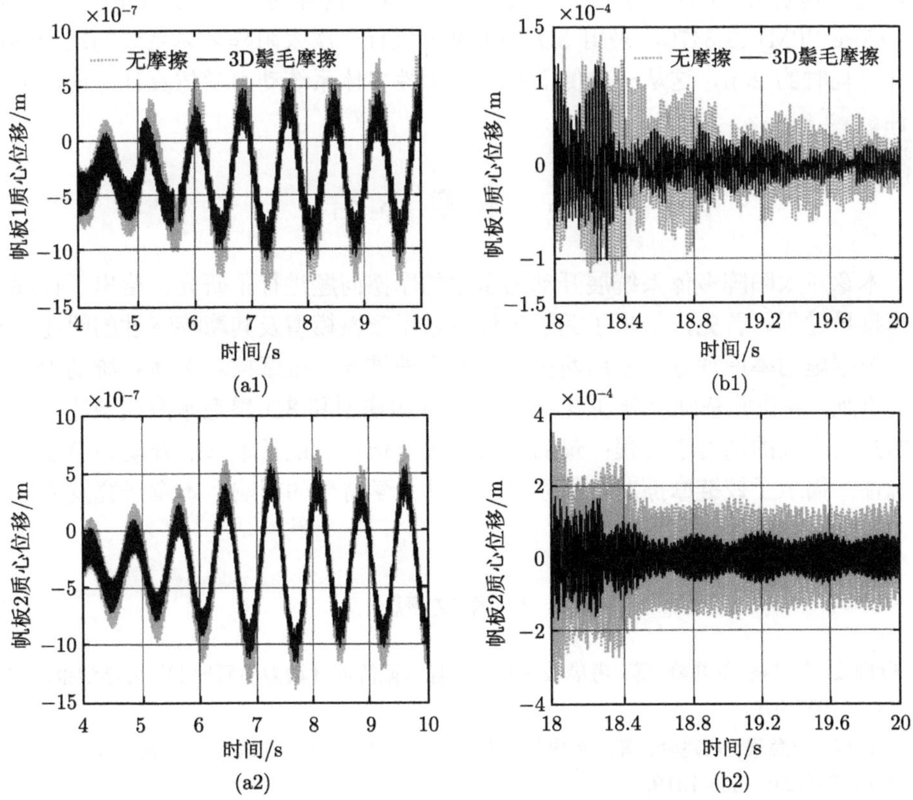

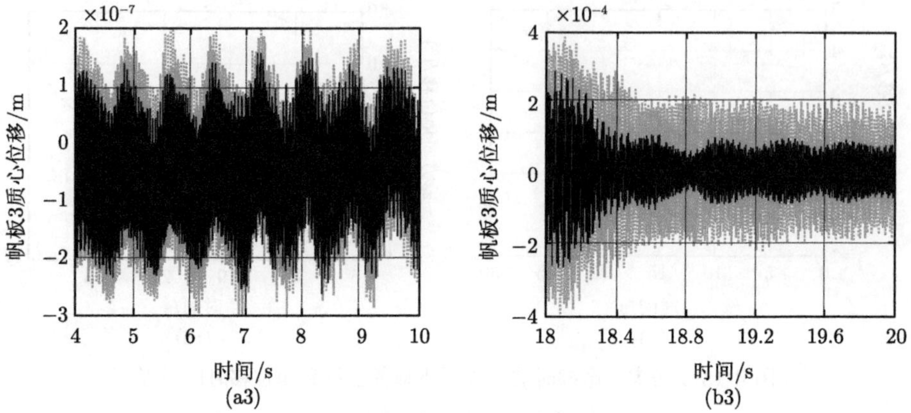

图 4-14 考虑铰摩擦时的帆板质心振动时间历程

(a) 展开过程中；(b) 锁定之后

多体系统的动力学仿真时，可以通过 ADAMS 的二次开发功能，采用 Fortran 或者 C++编写对应的算法嵌入 ADAMS 仿真模型中，详见文献 [20]；② 本小节的数值仿真采用 MATLAB 语言，计算机为 4G 内存的 PC 机，CPU 为 Inter (R) Core (TM) i5-3470，采用 3D 鬃毛摩擦进行一次太阳阵多体系统的动力学仿真计算耗时约 23h，这从一个侧面说明了柔性多体系统动力学仿真计算的高度复杂性。

4.5 本章小结

本章对太阳阵多体系统展开动力学中的摩擦问题进行了研究，给出了详细的建模推导过程。首先，给出了关于工程中常用摩擦模型及其摩擦特性的阐述；然后，根据虚功率原理分别采用两类不同的方法推导了铰摩擦对多体系统动力学方程的贡献，并在此基础上分别引入 LuGre 摩擦模型和 3D 鬃毛摩擦模型建立了系统的封闭形式的动力学方程；最后，进行数值仿真验证了本书展开动力学建模的正确性，揭示了铰链摩擦对帆板系统展开动力学特性的影响。本章研究发表有文章 [1], [2]。

参考文献

[1] 段柳成, 李海泉, 刘晓峰, 等. 考虑铰摩擦的柔性太阳阵展开动力学研究 [J]. 力学学报, 2014, 46(6): 957-970.

[2] 段柳成, 李海泉, 刘晓峰, 等. 考虑铰摩擦的太阳翼展开动力学研究 [J]. 应用数学和力学, 2014, 35(12): 1308-1319.

[3] Li H Q, Duan L C, Liu X F, et al. Deployment and control of flexible solar array system considering joint friction[J]. Multibody System Dynamics, 2017, 39(3): 249-265.

[4] Li H Q, Liu X F, Duan L C, et al. Deployment and control of spacecraft solar array considering joint stick-slip friction[J]. Aerospace Science and Technology, 2015, 42: 342-352.

[5] 李媛媛. 考虑铰链间隙的太阳翼刚柔耦合多体动力学特性研究 [D]. 哈尔滨工业大学博士学位论文, 2019.

[6] Wie B, Furumoto N, Banerjee A K, et al. Modeling and simulation of spacecraft solar array deployment[J]. Journal of Guidance, Control, and Dynamics, 1986, 9(5): 593-598.

[7] 郭峰, 黄振华, 邓扬明. 基于 ADAMS 航天器刚性太阳帆板动力学仿真分析 [J]. 机械设计与制造, 2004, 4: 71-72.

[8] 白争锋, 田浩, 赵阳. 基于 ADAMS 航天器太阳帆板展开与锁定动力学仿真 [J]. 机械设计与制造, 2006, 11: 124-126.

[9] Yasushi K, Shigemune T, Yoshiaki O. Dynamic simulation of stick-slip motion of a flexible solar array[J]. Special Section on Large Scale Systems, 2008, 16(6): 724-735.

[10] Kojimaa Y, Taniwakib S, Okami Y. Dynamic simulation of stick-slip motion of a flexible solar array[J]. Control Engineering Practice, 2008, 16(6): 724-735.

[11] Li J L, Yan S Z, Guo F, et al. Effects of damping, friction, gravity, and flexibility on the dynamic performance of a deployable mechanism with clearance[J]. Proceedings of the Institution of Mechanical Engineers, Part C, Journal of Mechanical Engineering Science, 2013, 227(8): 1791-1803.

[12] Petrov E P. Recent advances in numerical analysis of nonlinear vibrations of complex structures with friction contact interfaces[C]. Progress in Industrial Mathematics at ECMI 2006, 2008, 12(11): 220-224.

[13] 杨世文, 郑慕侨. 摩擦力非线性建模与仿真 [J]. 系统仿真学报, 2002, 14(10): 1365-1368.

[14] 白鸿柏, 黄协清. 干摩擦振动系统响应计算方法研究综述 [J]. 力学进展, 2001, 34(4): 527-534.

[15] Dankpowicz H. On the modeling of dynamic friction phenonena[J]. ZAMM Journal of Applied Mathematics and Mechanics, 1999, 79(6): 399-409.

[16] 刘丽兰, 刘宏昭, 吴子英, 等. 机械系统中摩擦模型的研究进展 [J]. 力学进展, 2008, 38(2): 201-213.

[17] Armstrong B. Control of Machines with Friction[M]. Boston: Kluwer Academic Publishers, 1991.

[18] Hess D P, Soom A. Friction at a lubricated line contact operating at oscillating sliding velocities[J]. Journal of Tribolog, 1990, 112(1): 247-252.

[19] Bohlin T. A case study of grey box identification[J]. Automatica, 1994, 30(2): 307-318.

[20] Liang J X, Fillmore S, Ma O. An extended bristle friction force model with experimental validation[J]. Mechanism and Machine Theory, 2012, 56: 123-137.

[21] Haessig D A, Friedland B. On the modeling and simulation of friction[J]. Journal of Dynamic Systems, Measurement, and Control, 1991, 113(3): 354-362.

[22] Olsson H, Astrom K J, Canudas C, et al. Friction models and friction compensation[J]. European Journal of Control, 1998, 4(3): 176-195.

[23] 罗晓明. 多体系统中铰内摩擦接触分析 [D]. 大连理工大学博士学位论文, 2011.

第二篇

大型空间桁架电池阵展开动力学与控制

第 5 章　绪论 2：大型空间桁架电池阵展开动力学与控制

5.1　研究目的和意义

航天器技术是对现代社会最有影响的科学技术之一，不仅在保障国家安全和促进新军事变革等方面有着决定性影响，并且对人类在科技、经济、政治等方面的进步都有着非常重大的促进作用 [1]。随着人类对太空的不断探索以及科学技术的高速发展，越来越多的航天器被设计研究，并逐渐应用到深空探测和太空实验等项目中。

经过半个多世纪的发展，随着新材料、新结构、新工艺等方面的不断更新和进步，航天器种类从最初功能极其简单的人造地球卫星逐渐发展出了空间站、航天飞机、深空探测器等 [1]，功能也从当初简单地发射无线电信号发展到天文观测、行星探测和取样、载人飞行、导航定位和科学实验等多方面，人类对空间认知的不断加深，推动着满足不同任务需求的航天器走向太空。未来，人类将在空间建造各种超大尺寸的航天系统，例如，直径上千米的大型太阳能电站、长达几千米的巨型天线阵，以及能长时间运行甚至可以永久居住的大型空间站等。

随着空间站和空间望远镜等大型航天器的设计应用，功能的复杂性必然带来了更大的能源需求，因此需要更大功率的太阳能帆板。受航天器发射条件的限制，质量相对较轻的大型柔性可展开帆板便成为当今的发展趋势。这种大型太阳能帆板已经不再是传统的“板”状结构，而是通过可展开机构支撑的柔性基板阵列或柔性毯状结构，如图 5-1 所示。这种柔性太阳能帆板具有极高的折展比和面积质量比，在发射阶段和在轨运行阶段无论是便携性还是经济性，其都有很大的优势。展开后的大尺寸使得系统的功率有了显著提升，能够充分保证航天器的正常工作及各种科学实验系统的运行。

国际空间站、哈勃空间望远镜以及“和平号”空间站等大型航天器都采用了这种大尺寸的柔性太阳能帆板系统，如图 5-2~ 图 5-4 所示。国际空间站部分舱段布置了八组相同的大型柔性太阳能帆板，共 16 列单边阵，并伴随有其他尺寸相对较小的柔性太阳能帆板；哈勃空间望远镜左右两侧分别布置了对称的大型柔性太阳能帆板；“和平号”空间站的各个舱段也对称布置了若干大型柔性太阳能帆板。

图 5-1　大型可展开太阳能帆板

图 5-2　国际空间站

图 5-3　哈勃空间望远镜

图 5-4 “和平号”空间站

我国近年来自主研制建设的“天宫”空间站如图 5-5 所示，其中部分舱段采用了质量轻、可折叠、收拢体积小的柔性太阳电池翼，实现了空间发电的跨越式发展[2,3]，如图 5-6 所示的空间站“天和”核心舱也采用了这种大型的柔性太阳电池翼。

图 5-5 我国设计建造的“天宫”空间站

近年来，随着大型太阳能帆板等可展开柔性附件的研究设计和投入使用，航天器的可展开机构也随之发展起来，如充气式边框、伸缩式套筒、盘绕式桁架和铰接式桁架等，这些装置既可以在展开过程中辅助帆板系统运动而实现展开，又可以在展开完成后作为结构部件提升系统的刚度和强度。在发射过程中，它们折

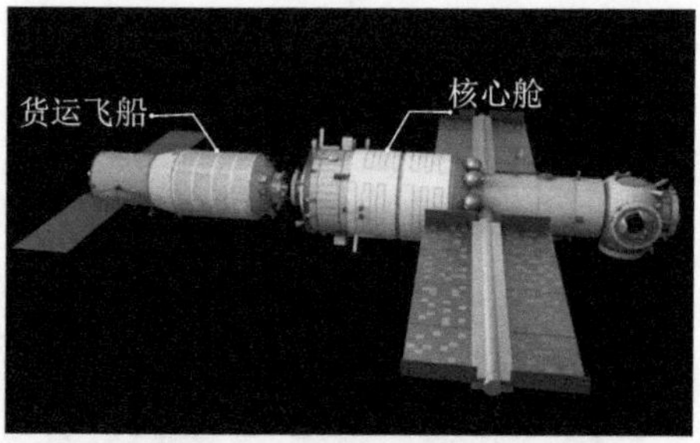

图 5-6 空间站“天和”核心舱

叠成体积较小的形状，入轨后再展开。对比其他可收展机构，可展开桁架具有更高的可靠性和收展比，并且操作相对简便，受环境影响相对较小，应用最为广泛，在空间机械臂、大型太阳能帆板系统以及大尺寸空间天线等工程中都得到了应用和发展。可展开桁架按照不同的收拢方式可以分为图 5-7 所示的两种 [4]。第一种是盘绕式支撑桁架 [5]，这类桁架利用柔性纵梁的弹性变形来进行收拢，展开时通过变形梁的弹性势能为主要驱动来源。另一种是铰接式可展开桁架 [6]，利用各部件之间的活动关节来进行收拢，展开时以驱动电机为主要驱动来源。一般来讲，前者部件少、设计简单，但是对材料特性等要求比较高，并且强度刚度相对较低，适用于载荷相对较小的空间任务，它的展开可靠性略差，可能会出现展开不平缓等问题。后者刚度和强度更高，能够胜任高负载的空间任务，可靠性和精度比较高，其缺点是系统中含有大量的关节，零部件的制造和装配比较复杂，因此对动力学分析等问题的精度要求更高。

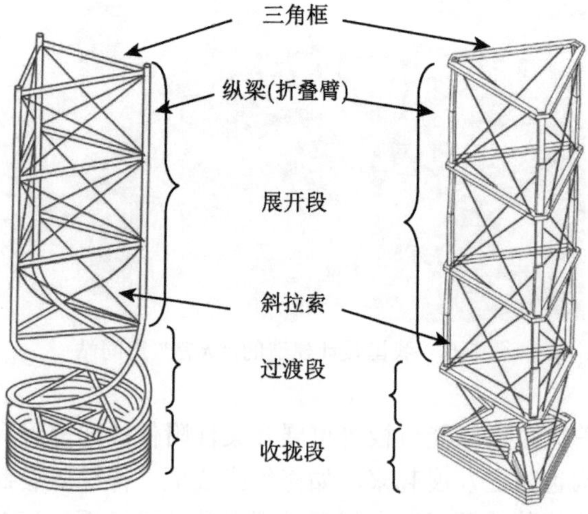

图 5-7 盘绕式和铰接式可展开桁架

5.2 太阳能电池阵研究进展

由于大型太阳能帆板系统尺寸较大、部件繁多等，对其进行动力学建模和分析都存在着很大的挑战，近几十年来，国内外学者在机构设计、展开动力学分析、结构振动分析以及控制问题等方面进行了大量的研究。

在机构设计方面，早在 1975 年，Elms 和 Young[7] 就提出了 25kW 的柔性太阳能帆板的设计方案，并讨论了 65W/kg 的功率–质量比需求，介绍了桁架支撑的太阳能电池翼的构型，并对帆板和可展开桁架进行了地面仿真与试验。Behrens[8] 设计了一种用于控制大型帆板展开和回收的机构，在展开过程中，只允许有一对太阳能基板展开出收藏箱，并且仅当前面一对展开后，后续基板对才会由前面一对基板的张力作用而继续展开。Bowden 和 Benton[9] 分析了用于空间站上大型帆板展开的三种可展开桁架，介绍了盘绕式可展开桁架 (coilable longeron mast)、绳系展开的折叠铰接式方形桁架 (lanyard-deployed folding articulated square truss mast) 以及螺母展开的折叠铰接式方形桁架 (nut-deployed folding articulated square truss mast)，对这三种桁架的结构设计和运行原理进行了分析，并比较了三种桁架的优缺点。Kitamura 等 [6] 设计了高刚度的三棱柱式可展开桁架 (HIMAT)，对比了多种展开方式的优缺点，对桁架的展开过程进行了实验，并分析了该结构的应用领域和未来发展。陈务军等 [10−12] 设计了多种可展开桁架设计方案，并对展开过程和展开完成后的结构动力学问题进行了分析。刘澜涛 [13] 设计了一种利用电磁力产生驱动力矩的关节展开机构，其在展开精度和控制等方面对比传统的弹簧驱动有一定的优势。郭宏伟等 [14,15] 设计了一种铰接三棱柱式可展开桁架，并进行了运动学分析和强度分析。

在展开动力学方面，杨俊 [16] 研究了柔性盘绕式可展开桁架的展开动力学建模与仿真问题，并将柔性帆板简化成刚性部件，给出了一系列的仿真结果和展开机构改进建议。杨巧龙等 [17] 进行了套筒驱动的大型可展收柔性太阳翼地面零重力卸载的研究，提出了可靠的零重力卸载方案，并结合试验结果对方案进行了验证。李海泉等 [18,19] 研究了大型太阳能帆板系统的展开过程多体动力学建模问题，分析了展开过程中的关节间隙等问题对系统动力学的影响以及展开过程中航天器本体的姿态控制问题。Guo 等 [20] 分析了桁架–帆板系统的地面展开动力学仿真问题，分析了在弹簧悬吊重力补偿系统作用下帆板系统的展开过程。史加贝等 [21] 分析了太阳电池阵展开过程中的大变形问题，分析了不同的展开驱动速度对柔性基板接触碰撞的影响。

在结构振动方面，Kojima 等 [22] 对先进地球观测卫星 (advanced earth observing satellite, ADEOS) 航天器进行了仿真分析，分析了摩擦的黏滞–滑动 (stick-slip) 现象对航天器柔性帆板的结构动力学响应的影响，并将数值仿真与地面测试数据进行了对比。Loh[23] 建立了存在预应力的太阳能帆板的结构动力学有限元模型，分析了几何刚度对结构固有频率的影响。Iwata 等 [24] 给出了考虑多种实际约束的太阳能电池阵列展开的优化设计，并给出了地面验证结果。Laible 等 [25] 对国际空间站的 2A 电池阵列帆板进行了非线性分析，结果表明，电池阵列的附件结构是非线性的，该非线性是柔性桁架结构模态预测误差的主要原因。Smith 和 Mei[26] 建立了两种模型用来分析太阳能帆板的平面振动响应，并与纵向激励的响应进行了对比。Granda 等 [27] 对国际空间站进行了简化建模，提出了一种新的简化模型，仅保留了重要的动力学信息，并通过商业软件 Solidworks 等对国际空间站进行了建模分析，分析了帆板和航天器上各个主要构件的固有频率等动力学特征。臧旭等 [28,29] 采用虚质量法和有限元方法对太阳能电池阵进行了模态分析，基于非线性静力分析获取的柔性阵面张紧状态刚度矩阵，开展柔性电池翼模态分析，给出张紧力及伸展机构屈曲载荷与整翼基频的关系，并分析了地面试验中空气对电池阵的影响。

在控制方面，那帅等 [30] 提供了一种控制方法来降低轨道机动所引起的航天器太阳能帆板的振动，并用实验进行了对比验证。Xiao 等 [31] 对带有大型柔性附件的刚柔耦合航天器系统进行了姿态机动控制，给出了平面问题下的控制设计。许雲淞 [32] 研究了带有柔性部件的卫星大角度机动的姿态控制问题以及稳定算法设计，并且针对卫星机动过程中柔性附件的变形振动抑制问题设计了相应的控制方案。赵多光 [33] 建立了一种新型的太阳能电池帆板的展开方式来研究卫星柔性太阳能电池帆板变形振动的抑制问题，并基于这种展开方式对带有柔性帆板的卫星的动力学建模、姿态控制设计、振动抑制和仿真等问题展开了一些分析。赵真等 [34] 建立了大柔性太阳电池翼驱动动力学的模型，提出了一种带运动规划和振动抑制的非线性快速终端滑模伺服控制方案，可以实现大惯量、超低频太阳电池翼较高的驱动速度和稳定性以及较高的跟踪精度。

5.3 问题和挑战

可展开桁架–帆板系统不仅结构复杂、部件繁多，而且需要刚性部件和柔性部件共同协作完成任务，并且，为了保证强度可靠性等条件，通常采用约束冗余的闭环并联机构，因此对可展开桁架–帆板系统进行动力学建模和数值仿真面临着许多挑战。

传统的小型帆板由于部件少、刚度大、拓扑结构简单等特点，使用商业软件对其进行建模仿真都相对容易，然而对于可展开桁架–帆板系统，商业软件建模工作量非常大，并且变拓扑等问题的存在，使得商业软件对系统求解也变得非常吃力，甚至会出现求解发散等情况。此外，可展开桁架–帆板系统整个展开过程的运行时间是传统小型帆板的几倍甚至几十倍，因此仿真的计算量无论从空间尺度还是时间尺度都有了很大的提升。

传统的小型帆板只有几个关节，数值仿真和分析相对简单，而铰接式桁架的关节有几百个，关节中必然会存在间隙，大量间隙的存在使得系统的非线性大大增加，非连续的接触和碰撞使得系统的动力学行为更加复杂。关节间隙不仅会影响相邻部件的运动状态，也会对其他部件的动力学行为产生影响，合理地处理间隙的接触检测和接触力的计算同样面临着一定的挑战。各运动副间隙之间还存在着切向摩擦力，摩擦不仅会影响航天器的产品寿命，并且航天器中很多零部件的损坏大部分是由于经历摩擦所引起的磨损超过零件所能承受的限度。为了进一步提高数值仿真的准确性，非常有必要探讨摩擦的机理和特性对展开动力学的影响。

可展开桁架–帆板系统的展开会影响航天器本体的姿态和位置，若不对航天器施加合理的控制，可能会导致航天器偏离预期轨道，最终导致航天器功能受损甚至直接失效，因此对航天器姿态和位置的控制研究也具有非常重大的工程意义。

此外，多体动力学软件的设计和开发一直以来也是众多学者研究的热点，既要保证核心算法的准确性和高效性，又要尽量保证程序对不同问题具有通用性、代码的可重复利用性以及各个模块和功能的扩展性等，因此软件从设计到开发以及应用都是非常复杂的。

5.4 本篇研究内容

本篇以可展开桁架–帆板系统为研究对象，以航天器刚柔耦合多体系统动力学与控制方法为理论基础，分别研究系统的展开动力学建模、关节间隙问题对展开过程的影响、摩擦问题对展开过程的影响、航天器本体姿态控制以及动力学仿真程序的编写等方面的问题。全篇结构如下。

第 5 章为绪论，介绍大型柔性太阳能帆板和空间可展开桁架机构的具体结构与特征，分析柔性可展开太阳能帆板领域的国内外研究现状以及可展开桁架–帆板系统动力学仿真过程中存在的难点和挑战。

第 6 章对可展开桁架–帆板系统的展开动力学建模问题进行研究。首先，简单介绍多体系统动力学的发展背景和现状；然后，选取浮动基原点位置的笛卡儿坐标和欧拉四元数以及物体变形的模态坐标来描述航天器多体系统中的大范围运动和变形，给出运动学描述、约束方程的组集和最终形式动力学方程的组集过程；随后，给出自动变步长变阶数的线性多步法数值求解格式的算法和程序逻辑；进而在此基础上，针对可展开桁架多闭环、多变拓扑的机构特性，引入变拓扑问题的快速算法；最后，通过数值积分对前面理论进行验证，并对可展开桁架–帆板系统中的张力控制机构、导向绳索以及铰间阻尼的参数取值在展开过程中以及展开完成后一段时间内对系统动力学行为的影响进行研究。

第 7 章对航天器多体系统动力学中的间隙问题和摩擦问题进行探讨。首先，介绍间隙接触问题的研究进展和研究意义；其次，针对可展开桁架中的旋转关节分析间隙问题的详细算法，通过引入辅助平面，分别对关节转轴与轴套之间的径向接触与轴向接触进行接触检测分析和接触力的计算，并在法向接触力的基础上推导切向摩擦力的计算；最后，结合第 6 章中的理论基础，对可展开桁架–柔性太阳能帆板系统进行数值仿真，通过数值仿真结果的对比分析间隙问题和摩擦问题的研究价值，以及关节间隙与摩擦对系统动力学行为的影响。

第 8 章对航天器本体的位置及姿态控制进行研究。首先，介绍展开过程中柔性附件对航天器本体的影响，将无法测量的影响看作外界扰动，然后，设计考虑扰动估计项的控制器，详细推导空间三维情况下控制器的表达形式，通过李雅普诺夫稳定性理论证明控制器的稳定性；最后，进行数值仿真，分别将无控制情况与传统 PD 控制器和新设计的控制器的控制效果进行对比。

第 9 章介绍 C++面向对象技术在航天器多体系统动力学数值仿真计算中的应用。首先，介绍 C++面向对象技术中的继承和多态，并与传统面向过程编程方法进行对比，分析其优势；然后，给出本书中多体系统动力学仿真程序的结构框架和运行流程；最后，通过几个算例验证程序的准确性和通用性。

参 考 文 献

[1] 陈求发. 世界航天器大全. 北京: 中国宇航出版社 [M], 2012.

[2] 刘志全, 杨淑利, 濮海玲. 空间太阳电池阵的发展现状及趋势 [J]. 航天器工程, 2012, 21(6): 112-118.

[3] 马季军, 何小斌, 涂涔. 我国载人航天电源系统的技术发展成就及趋势 [J]. 上海航天 (中英文), 2021, 38(3): 207-218.

[4] Natori M, Kitamura T, Kawamura T. Design of articulated extensible mast systems and their mechanical characteristics[C]//The 37th Structures, Structural Dynamics and Materials Conference, Salt Lake City, USA, 1996.

[5] Weeks G E. Dynamic analysis of a deployable space structure[J]. Journal of Spacecraft and Rockets, 1986, 23(1): 102-107.

[6] Kitamura T, Natori M, Yamashiro K, et al. Development of a high stiffness extendible and retractable mast 'Himat' for space applications[C]//The 31st Structures, Structural Dynamics and Materials Conference, Long Beach, USA, 1990.

[7] Elms, J R, Young L. SEPS solar array design and technology evaluation[C]//The 11th Electric Propulsion Conference, New Orleans, USA, 1975.

[8] Behrens G. Concept for controlled fold by fold deployment and retraction of flexible, foldable solar generators[C]//Photovoltaic Generators in Space. European Symposium,

Cannes, France, 1984.

[9] Bowden M, Benton M. Design of deployable-truss masts for space station[C]//Aerospace Design Conference, Irvine, USA, 1993.

[10] 陈务军, 关富玲, 陈向阳, 等. 大型构架式可展开折叠天线结构设计方案研究 (一)[J]. 空间结构, 1998, 4(3): 37-42.

[11] 陈务军, 关富玲, 董石麟, 等. 空间可展开桁架结构展开过程分析的理论与方法 [J]. 浙江大学学报 (工学版), 2000, 34(4): 34-39.

[12] 陈务军, 关富玲, 董石麟. 空间展开折叠桁架结构动力学分析研究 [J]. 计算力学学报, 2000, 17(4): 410-416.

[13] 刘澜涛. 太阳能帆板关节展开机构的设计与实现 [D]. 上海交通大学硕士学位论文, 2013.

[14] 郭宏伟, 邓宗全, 刘荣强. 空间索杆铰接式伸展臂参数设计与精度测量 [J]. 光学精密工程, 2010, 18(5): 1105-1111.

[15] 杨慧, 郭宏伟, 王岩, 等. 三棱柱伸展臂超弹性铰链的力学建模与分析 [J]. 宇航学报, 2016, (3): 275-281.

[16] 杨俊. 大型太阳翼盘绕式展开机构多体动力学研究 [D]. 清华大学硕士学位论文, 2013.

[17] 杨巧龙, 闫泽红, 梁世杰, 等. 套筒驱动的大型可展收柔性太阳翼地面零重力卸载研究 [C]//空间柔性结构与机构学术研讨会, 2016.

[18] 李海泉. 桁架–帆板系统的展开动力学与控制 [D]. 上海交通大学博士学位论文, 2017.

[19] Li H Q, Yu Z W, Guo S J, et al. Investigation of joint clearances in a large-scale flexible solar array system[J]. Multibody System Dynamics, 2018, 44(3): 277-292.

[20] Guo S J, Li H Q, Cai G P. Deployment dynamics of a large-scale flexible solar array system on the ground[J]. The Journal of the Astronautical Sciences, 2019, 66(3): 225-246.

[21] 史加贝, 刘铸永, 洪嘉振. 大变形太阳电池阵展开的多体动力学分析 [J]. 宇航学报, 2017, 38(8): 789-796.

[22] Kojima Y, Taniwaki S, Ohkami Y. Attitude vibration caused by a stick-slip motion for flexible solar array of advanced earth observation satellite[J]. Journal of Vibration and Control, 2004, 10(10): 1459-1472.

[23] Loh L. Modeling of prestressed solar arrays in structural dynamics[C]//Dynamics Specialists Conference, Salt Lake City, USA, 1996.

[24] Iwata T, Fujii K, Matsumoto K. Deployment dynamics of a large solar array paddle[C]//AAS/AIAA Astrodynamics Specialist Conference, Girdwood, USA, 2012.

[25] Laible M, Fitzpatrick K, Grygier M. International Space Station 2A array modal analysis[C]//The 31st IMAC, A Conference on Structural Dynamics, Topics in Nonlinear Dynamics, Garden Grove, USA, 2013.

[26] Smith S, Mei K. Analytical models for nonlinear responses of a laboratory solar array[C]//The 38th Structures, Structural Dynamics, and Materials Conference, Kissimmee, USA, 1997.

[27] Granda J, Nguyen L, Raval M. Simplified dynamic model generation and vibration

analysis of the international space station mission 12A[C]//Conference and Exhibi of AIAA Infotech at Aerospace. Rohnert Park, USA, 2007.

[28] 臧旭, 曹文斌, 董寻虎. 基于虚质量法的太阳电池阵模态分析 [J]. 计算机辅助工程, 2013, 22(S1): 243-246.

[29] 臧旭, 吴松, 郭其威, 等. 空间站柔性太阳电池翼模态分析及基频优化 [J]. 振动与冲击, 2019, 38(7): 246-250.

[30] Na S, Tang G A, Chen L F. Vibration reduction of flexible solar array during orbital maneuver[J]. Aircraft Engineering and Aerospace Technology, 2014, 86(2): 155-164.

[31] Xiao Y, Ye D, Yang Z X, et al. Research on attitude adjustment control for large angle maneuver of rigid-flexible coupling spacecraft[C]//The 8th International Conference of Intelligent Robotics and Applications, Portsmouth, UK, 2015.

[32] 许雲淞. 挠性卫星姿态机动及太阳帆板振动抑制研究 [D]. 哈尔滨工业大学硕士学位论文, 2014.

[33] 赵多光. 卫星挠性帆板振动的主动控制 [D]. 哈尔滨工业大学硕士学位论文, 2009.

[34] 赵真, 王碧, 陈国平. 空间站大柔性太阳电池翼驱动装置的滑模伺服控制 [J]. 振动与冲击, 2020, 39(3): 211-288.

第 6 章　大型空间桁架电池阵展开动力学

6.1 引　　言

随着航天任务对能量需求的不断增长，航天器附件的体积和能量需求等因素之间的矛盾越来越尖锐，因此质量相对较轻的可展开桁架–帆板系统便成为当前的航天器太阳能帆板系统的发展趋势 [1,2]。可展开桁架是太空任务中经常用到的结构部件 [3−6]。按收拢方式可以将可展开桁架分为两类 [3]：第一种是盘绕式支撑桁架，这类桁架利用柔性纵梁的弹性变形来进行收拢；另一种是铰接式可展开桁架，利用各部件之间的活动关节来进行收拢。一般来讲，前者部件少，设计简单，但是对材料特性等要求比较高，并且强度和刚度相对较低，适用于载荷相对较小的空间任务。后者刚度和强度相对较高，能够胜任高负载的空间任务，可靠性比较高，其缺点是系统中含有大量的关节，其零部件的制造和装配比较复杂，对动力学分析等问题的精度要求更高 [3]。

近年来，太阳能帆板和可展开桁架逐渐受到人们的大量关注，国内外众多学者针对太阳能帆板和可展开桁架进行了深入的理论研究和大量的工程实验。Loh[7] 建立了有预应力的太阳能帆板的结构动力学有限元模型，分析了几何刚度对固有频率的影响。Smith 和 Mei[8] 建立了两种动力学模型，用来分析太阳能帆板的平面振动响应。Kojima 等 [9] 对日本的 ADEOS 进行了仿真，分析了摩擦的 stick-slip 现象对航天器柔性帆板的动力学响应的影响，并将数值仿真结果与地面测试数据进行了对比。Granda 等 [10] 通过商业软件 Solidworks 对国际空间站建立了一种新的简化模型，分析了帆板和航天器上各主要构件的固有频率等动力学特征。Laible 等 [11] 对国际空间站的 2A 电池阵列帆板进行了细致的非线性分析，结果表明，电池阵列附件结构的非线性是柔性桁架结构模态预测误差的主要原因。杨俊 [5] 建立了大变形盘绕式可展开桁架的展开动力学模型，研究了整个桁架–帆板系统展开和收拢过程中的可靠性和参数敏感性等问题。单明贺 [6] 针对铰接式可展开桁架进行了运动学分析和展开状态的结构动力学分析，并制作了原理样机进行分析。那帅等 [12] 提供了一种方法来降低轨道机动所引起的航天器太阳能帆板的振动，并用实验进行了对比验证。然而上述的这些研究中，大多数只是关注了系统展开后的动力学特性，而对于展开动力学的研究相对较少。即使在现有的少量展开动力学的研究中，也很少考虑到帆板的柔性和变形 [5]。帆板的展开是一个复杂的过程，需要可展开桁架、导向绳索和张力控制机构等部件的协同作用。因此有必要建立一个准确和高效的动力学模型，以便于分析系统展开过程中的动力学行为和进行后续的控制设计。

本章对可展开桁架–帆板系统的展开动力学建模进行研究。首先，介绍可展开桁架–帆板系统的整体结构，可展开桁架中驱动机构、锁定机构和弹簧限位片的工作原理，给出太阳能基板的张力控制机构和导向绳索的工作原理；其次，利用速度变分原理建立可展开桁架–帆板系统的展开动力学方程；然后，引入变步长变阶数的常微分方程数值求解算法，推导数值求解的基本公式并给出了程序实现中的算法逻辑，进一步引入系统变拓扑问题的快速算法，将其拓展到本书所研究的可展开桁架–帆板系统的空间刚柔耦合问题中；最后，对系统模型进行数值仿真，对不同变拓扑算法进行仿真对比，研究系统中各机构参数对系统展开过程的影响。

6.2　桁架–帆板系统介绍

本节主要介绍可展开桁架–帆板系统的结构，如图 6-1 所示，系统由航天器本体，可展开桁架，柔性基板，上、下收藏箱，张力控制机构和导向绳组成。

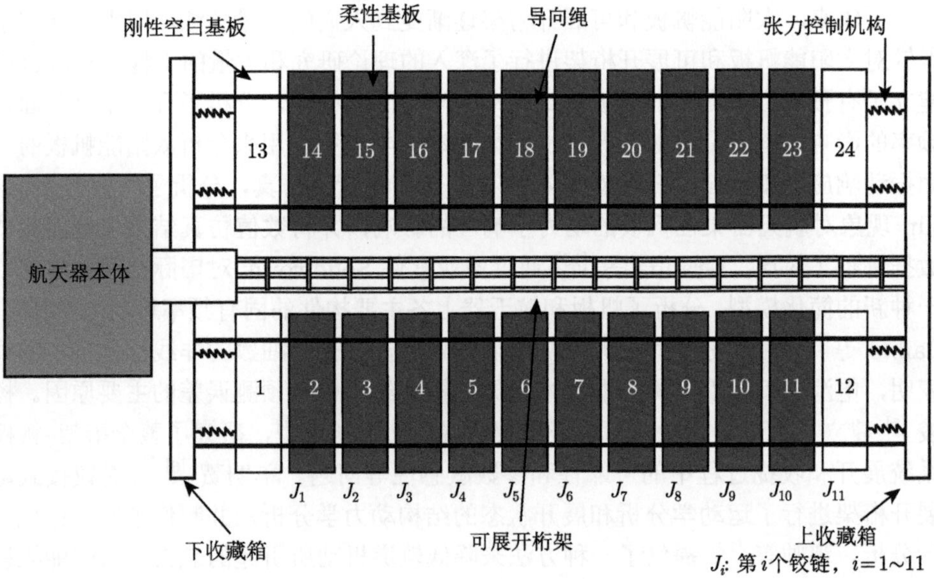

图 6-1　可展开桁架–帆板系统

6.2.1 可展开桁架

可展开桁架被广泛应用于空间探索任务中，主要用于柔性太阳能帆板的展开，以及可展开天线和太空望远镜的支撑 [3]。本书采用了如图 6-2 所示的铰接式三棱柱可展开桁架 [6]。

如图 6-2 所示，桁架三条纵梁的外侧分别布置有三根丝杠，桁架单元顶部三角框的三个顶点分别安装有滚轴，丝杠转动可以带动滚轴向上运动，进而实现桁架单元的展开。滚轴可以相对于三角框顶点自由转动，进而减少滚轴与丝杠之间的摩擦。如图 6-3 所示，三角框的顶点处设有一组限位弹簧片，弹簧片的作用是在前面一节单元展开过程中防止后面一节单元的滚轴进入丝杠，避免展开失效。其工作原理如图 6-3 所示。

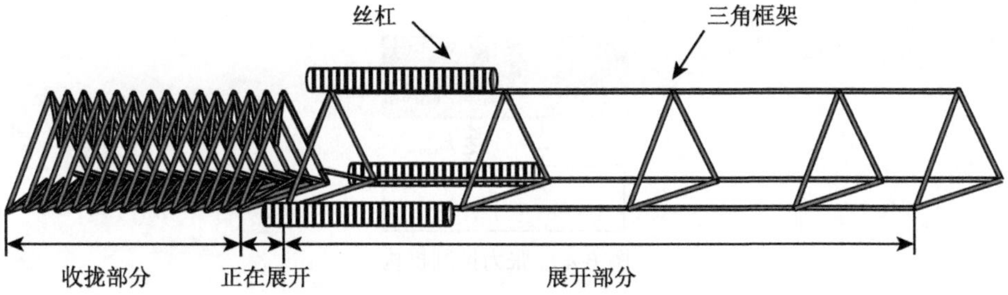

图 6-2 可展开桁架

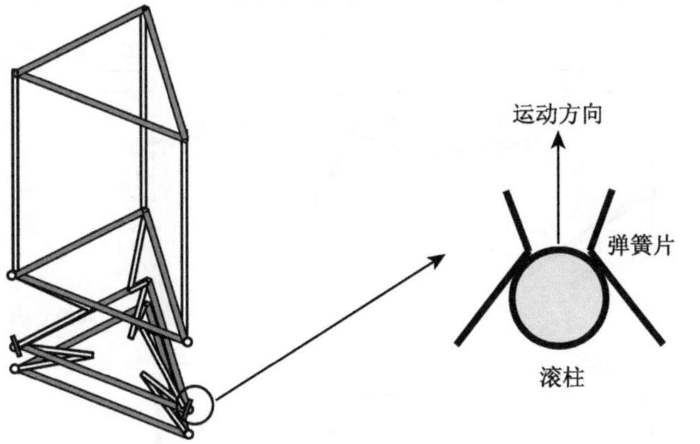

图 6-3 限位弹簧片

6.2.2 柔性帆板

如图 6-1 所示，系统总共含有 24 块基板，其中，1、13、12、24 为刚性的合金空白板，用于隔离柔性基板和收藏箱，其余为柔性太阳能电池基板，表面贴有砷化镓电池，24 块基板通过琴铰连接，下收藏箱固定在航天器本体上。展开时可展开桁架推动上收藏箱运动，进而带动太阳能电池基板展开。

系统中的张力控制机构 (tension control mechanism,TCM) 被用于提升阵面的刚度。本书中，当张力控制机构的绳索被拉紧时，张紧力被简化成一个弹簧阻尼器 (图 6-4)；当绳索松弛时，张紧力为 0。张紧力的表达式为

$$F_{\mathrm{tcm}}=\begin{cases}-k_{\mathrm{tcm}}\times\delta l_{\mathrm{tcm}}-c_{\mathrm{tcm}}\times\delta v_{\mathrm{tcm}}, & \delta l_{\mathrm{tcm}}>0\\ 0, & \delta l_{\mathrm{tcm}}\leqslant 0\end{cases}\tag{6-1}$$

其中，k_{tcm} 为绳索的等效刚度；c_{tcm} 为等效阻尼；δv_{tcm} 为收藏箱与合金空白板之间的相对速度；δl_{tcm} 为绳索的伸长量。

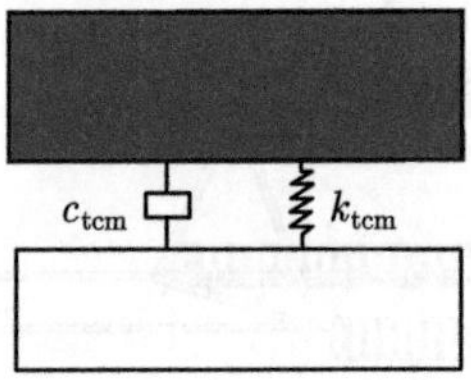

图 6-4　张力控制机构

如图 6-1 所示，系统中有四根导向绳索，导向绳索穿过基板间琴铰上的孔。导向绳索的工作原理如图 6-5 所示，当太阳能基板在展开过程中出现反折或者较大

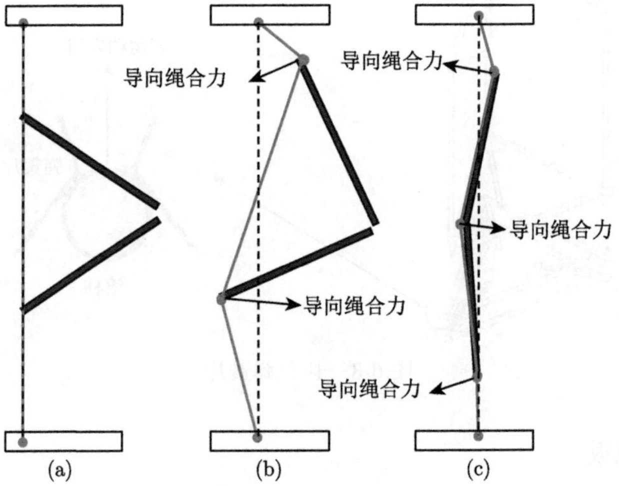

图 6-5　导向绳简图

(a) 正常状态；(b) 偏移；(c) 反折

的偏移时，导向绳索上的张力对琴铰上的孔产生作用力，进而对基板产生作用，导向绳索拉力的合力如图 6-5 所示。当太阳能基板正常展开时，导向绳索在孔中自由穿过，不对琴铰和基板产生作用 [5]。

太阳能基板由琴铰连接，琴铰处布置有阻尼稳速机构，以保证展开速度平缓，并且能够防止展开过度而产生振荡 [13]。关节阻尼可以表示为

$$T_{\text{joint}} = -c_{\text{joint}} \times \omega_{\text{joint}} \tag{6-2}$$

其中，c_{joint} 为等效转动阻尼系数；ω_{joint} 为琴铰关节转动的角速度。

6.3 动力学方程

本节主要给出基于绝对坐标的刚柔混合多体系统动力学方程的组集过程。首先结合本书研究对象的拓扑结构特点给出系统广义坐标的选择，进而对各个物体之间的约束方程进行推导，最后组集系统的动力学方程。

6.3.1 广义坐标选择

多体系统中对于物体坐标的描述主要有两种：相对坐标和绝对坐标 [14]。相对坐标通常采用关节转角等物体间的相对变量来描述系统的运动学信息，其优点是系统动力学方程中坐标数少、便于在关节处施加控制力矩等。其缺点是各物体之间互相依赖，末端物体的状态要通过从根部物体逐级递推所得，不便于程式化建模；系统中局部的拓扑结构变化会导致动力学方程的大部分都需要重构，对于多闭环问题，其处理起来尤为复杂；并且最终形式的动力学方程稀疏性差，不便于数值求解加速 [15]。因此相对坐标主要应用于开环的树状多体系统，如空间机器人 [16] 和本书第一篇中的传统太阳能帆板系统等。绝对坐标通常采用物体连体基原点绝对位置的笛卡儿坐标和连体基转动的姿态坐标来描述系统的运动学信息，其优点是便于进行程式化建模；各部件相互独立，删减物体或者约束时只需要修改动力学方程的局部；对于多闭环系统，其处理起来并没有区别；并且动力学方程稀疏性强，便于数值求解加速。其缺点是动力学方程的维度远大于系统自由度数，并且关节转角需要计算而得，不便于直接施加关节控制力矩。由于本书研究的可展开桁架–帆板系统中含有可展开桁架，是多闭环的变拓扑系统，所以采用绝对坐标进行建模仿真更有优势。

对于连体基姿态的描述，一般有欧拉角 (Eulerian angle)、卡尔丹角 (Cardan angle) 和欧拉四元数 (Euler quaternion) 等方式。其中，欧拉四元数已经广泛应用于飞行器姿态控制、定位和稳定等问题的研究中 [17]，显示出了其优越性。与欧拉角和卡尔丹角相比，四元数在描述有限转动时不会出现奇异位置，并且由欧拉

四元数表示的刚体运动学方程只涉及代数运算，在数值求解中避免了超越方程的迭代，因此更加利于计算机数值仿真求解。已有研究表明 [17,18]，与欧拉角速度方程相比，四元数的计算量不及欧拉角方程的一半。

综上考虑，本书选取系统中物体的广义坐标如下：对于刚体 B_i，选取其质心位置的笛卡儿坐标 $\boldsymbol{r}_{ci}$ 和描述刚体转动的欧拉四元数 $\boldsymbol{\Lambda}_i$ 作为其广义坐标 $\boldsymbol{q}_i$；对于柔体 B_j，选取其浮动坐标系原点位置 $\boldsymbol{r}_{cj}$、描述浮动基转动的欧拉四元数 $\boldsymbol{\Lambda}_j$ 和柔体的模态坐标 $\boldsymbol{a}_j$ 作为其广义坐标 $\boldsymbol{q}_j$。假定系统共有 N 个物体，系统的广义坐标为

$$\boldsymbol{q} = (\boldsymbol{q}_1^{\mathrm{T}} \quad \cdots \quad \boldsymbol{q}_N^{\mathrm{T}})^{\mathrm{T}} \tag{6-3}$$

其中，

$$\boldsymbol{q}_i = \begin{cases} (\boldsymbol{r}_{ci}^{\mathrm{T}} \ \ \boldsymbol{\Lambda}_i^{\mathrm{T}} \ \ \boldsymbol{a}_i^{\mathrm{T}})^{\mathrm{T}}, & B_i \text{ 为柔体} \\ (\boldsymbol{r}_{ci}^{\mathrm{T}} \ \ \boldsymbol{\Lambda}_i^{\mathrm{T}})^{\mathrm{T}}, & B_i \text{ 为刚体} \end{cases} \quad (i = 1, \cdots, N) \tag{6-4}$$

这里，上标 T 表示矩阵或向量的转置 [19]。

对于欧拉四元数 $\boldsymbol{\Lambda} = (\Lambda_0 \ \ \Lambda_1 \ \ \Lambda_2 \ \ \Lambda_3)^{\mathrm{T}}$，为了便于后续运算，引入如下一对矩阵：

$$\boldsymbol{R} = \begin{pmatrix} -\Lambda_1 & \Lambda_0 & -\Lambda_3 & \Lambda_2 \\ -\Lambda_2 & \Lambda_3 & \Lambda_0 & -\Lambda_1 \\ -\Lambda_3 & -\Lambda_2 & \Lambda_1 & \Lambda_0 \end{pmatrix}, \quad \boldsymbol{L} = \begin{pmatrix} -\Lambda_1 & \Lambda_0 & \Lambda_3 & -\Lambda_2 \\ -\Lambda_2 & -\Lambda_3 & \Lambda_0 & \Lambda_1 \\ -\Lambda_3 & \Lambda_2 & -\Lambda_1 & \Lambda_0 \end{pmatrix} \tag{6-5}$$

欧拉四元数满足：

$$\boldsymbol{\Lambda}^{\mathrm{T}}\boldsymbol{\Lambda} = \Lambda_0^2 + \Lambda_1^2 + \Lambda_2^2 + \Lambda_3^2 = 1 \tag{6-6}$$

于是，矩阵 $\boldsymbol{R}$ 和 $\boldsymbol{L}$ 满足以下关系：

$$\boldsymbol{R}\boldsymbol{\Lambda} = \boldsymbol{L}\boldsymbol{\Lambda} = \boldsymbol{0} \tag{6-7}$$

$$\boldsymbol{R}\boldsymbol{R}^{\mathrm{T}} = \boldsymbol{L}\boldsymbol{L}^{\mathrm{T}} = \boldsymbol{I}_3 \tag{6-8}$$

$$\boldsymbol{R}^{\mathrm{T}}\boldsymbol{R} = \boldsymbol{L}^{\mathrm{T}}\boldsymbol{L} = \boldsymbol{I}_4 - \boldsymbol{\Lambda}\boldsymbol{\Lambda}^{\mathrm{T}} \tag{6-9}$$

如图 6-6 所示，广义坐标形式表示的柔性体 B_i 上任意节点 P 变形后的位置矢量可以表示为

$$\vec{r}_i^{P} = \vec{r}_{ci} + \vec{\rho}_i^{P} = \vec{r}_{ci} + \vec{\rho}_i^{P_0} + \vec{u}_i^{P} \tag{6-10}$$

其中，$\vec{\rho}_i^P$ 为节点 P 变形后相对于浮动基原点 C_i 的矢量；$\vec{\rho}_i^{P_0}$ 为节点 P 变形前点 C_i 的矢量；$\vec{u}_i^P$ 为节点 P 的变形矢量。

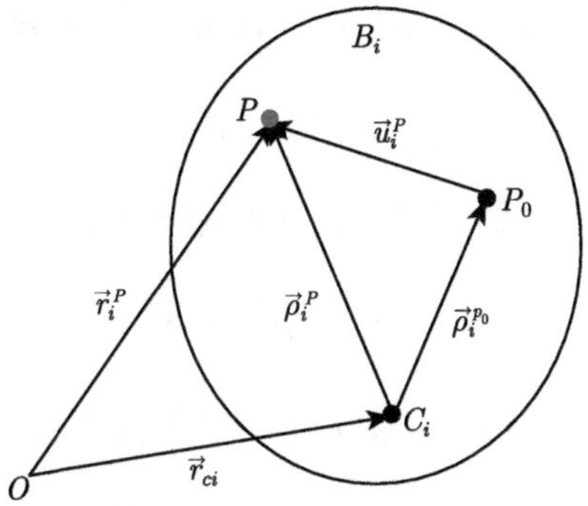

图 6-6 单柔体上一点

对于柔体 B_i 上的节点 P，该节点的变形采用模态坐标 $\boldsymbol{a}_i$ 来描述，有

$$\vec{u}_i^P = \vec{\boldsymbol{\Phi}}_i^P \boldsymbol{a}_i \tag{6-11}$$

其中，$\vec{\boldsymbol{\Phi}}_i^P$ 为柔体 B_i 上的节点 P 的平移模态矢量阵；$\boldsymbol{a}_i$ 为 B_i 的模态坐标阵。假设截断前 s 阶模态，则有

$$\vec{\boldsymbol{\Phi}}_i^P = (\vec{\phi}_1^P \quad \cdots \quad \vec{\phi}_s^P)_i \tag{6-12}$$

$$\boldsymbol{a}_i = (a_1 \quad \cdots \quad a_s)^{\mathrm{T}} \tag{6-13}$$

将平移模态矢量阵对参考基 $\vec{\boldsymbol{e}}$ 和柔体浮动基 $\vec{\boldsymbol{e}}_i$ 分别投影，得到对应的坐标阵分别为

$$\boldsymbol{\Phi}_i^P = (\boldsymbol{\phi}_1^P \quad \cdots \quad \boldsymbol{\phi}_s^P)_i \tag{6-14}$$

$$\boldsymbol{\Phi}_i'^P = (\boldsymbol{\phi}_1'^P \quad \cdots \quad \boldsymbol{\phi}_s'^P)_i \tag{6-15}$$

其中，上标 “′” 表示相对于浮动坐标系的坐标阵；常值阵 $\boldsymbol{\phi}_j'^P$ $(j=1,\cdots,s)$ 为节点 P 的移动模态矢量坐标阵。

结合欧拉四元数与运动学基础，有

$$(\boldsymbol{\phi}_j^P)_i = \boldsymbol{A}_i(\boldsymbol{\phi}_j'^P)_i, \quad (j=1,\cdots,s;\ i=1,\cdots,N) \tag{6-16}$$

其中，$\boldsymbol{A}_i = \boldsymbol{R}_i\boldsymbol{L}_i^{\mathrm{T}}$ 为柔性体的浮动坐标系相对于系统的惯性参考坐标系的方向余弦阵。

由式 (6-12)、式 (6-14) 和式 (6-16) 可得 $\vec{\rho}_i^P$ 在参考基和浮动基上的坐标阵分别为

$$\boldsymbol{\rho}_i^P = \boldsymbol{\rho}_i^{P_0} + \boldsymbol{u}_i^P = \boldsymbol{\rho}_i^{P_0} + \boldsymbol{\Phi}_i^P \boldsymbol{a}_i = \boldsymbol{R}_i \boldsymbol{L}_i^{\mathrm{T}} \boldsymbol{\rho}_i'^{P_0} + \boldsymbol{R}_i \boldsymbol{L}_i^{\mathrm{T}} \boldsymbol{\Phi}_i'^P \boldsymbol{a}_i \tag{6-17}$$

$$\boldsymbol{\rho}_i'^P = \boldsymbol{\rho}_i'^{P_0} + \boldsymbol{u}_i'^P = \boldsymbol{\rho}_i'^{P_0} + \boldsymbol{\Phi}_i'^P \boldsymbol{a}_i \tag{6-18}$$

可得柔体 B_i 上任一节点 P 的绝对矢径在参考基下的坐标阵为

$$\boldsymbol{r}_i^P = \boldsymbol{r}_{ci} + \boldsymbol{\rho}_i^{P_0} + \boldsymbol{\Phi}_i^P \boldsymbol{a}_i \tag{6-19}$$

对时间求导，可得节点速度与加速度矢量在参考基下的坐标阵分别为

$$\dot{\boldsymbol{r}}_i^P = \dot{\boldsymbol{r}}_{ci} - \tilde{\boldsymbol{\rho}}_i^P \boldsymbol{\omega}_i + \boldsymbol{\Phi}_i^P \dot{\boldsymbol{a}}_i \tag{6-20}$$

$$\ddot{\boldsymbol{r}}_i^P = \ddot{\boldsymbol{r}}_{ci} - \tilde{\boldsymbol{\rho}}_i^P \dot{\boldsymbol{\omega}}_i + \boldsymbol{\Phi}_i^P \ddot{\boldsymbol{a}}_i + 2\tilde{\boldsymbol{\omega}}_i \boldsymbol{\Phi}_i^P \dot{\boldsymbol{a}}_i + \tilde{\boldsymbol{\omega}}_i \tilde{\boldsymbol{\omega}}_i \boldsymbol{\rho}_i^P \tag{6-21}$$

其中，$\boldsymbol{\omega}_i$ 为浮动基 $\vec{\boldsymbol{e}}_i$ 转动的角速度；符号 “∼” 表示求矢量阵的反对称坐标方阵，对任意矢量阵 $\boldsymbol{a} = (a_1 \quad a_2 \quad a_3)^{\mathrm{T}}$，其反对称坐标方阵有如下表达式：

$$\tilde{\boldsymbol{a}} = \begin{pmatrix} 0 & -a_3 & a_2 \\ a_3 & 0 & -a_1 \\ -a_2 & a_1 & 0 \end{pmatrix} \tag{6-22}$$

浮动坐标系转动的角速度 $\boldsymbol{\omega}_i$ 与物体的欧拉四元数 $\boldsymbol{\Lambda}_i$ 之间的关系为

$$\boldsymbol{\omega}_i = 2\boldsymbol{R}_i \dot{\boldsymbol{\Lambda}}_i, \quad \dot{\boldsymbol{\omega}}_i = 2\boldsymbol{R}_i \ddot{\boldsymbol{\Lambda}}_i \tag{6-23}$$

如图 6-7 所示，对任一固结在柔体 B_i 上的单位向量 $\vec{d}_i^P$，有其在参考基上的坐标阵为

$$\boldsymbol{d}_i^P = \boldsymbol{A}_i \boldsymbol{A}_{ri}^P \boldsymbol{d}_i'^P \tag{6-24}$$

其中，$\boldsymbol{A}_{ri}^P$ 是节点坐标系 $\vec{\boldsymbol{e}}_i^P$ 相对于浮动基 $\vec{\boldsymbol{e}}_i$ 的方向余弦阵，有

$$\boldsymbol{A}_{ri}^P = \boldsymbol{I}_3 + \tilde{\boldsymbol{\varepsilon}}_i'^P \tag{6-25}$$

式中，$\boldsymbol{\varepsilon}_i'^P$ 为节点的转动变形量，有

$$\boldsymbol{\varepsilon}_i'^P = \boldsymbol{\Psi}_i'^P \boldsymbol{a}_i \tag{6-26}$$

这里，$\boldsymbol{\Psi}_i'^P$ 为柔体 B_i 上的节点 P 的转动模态矢量阵在浮动基上的投影。

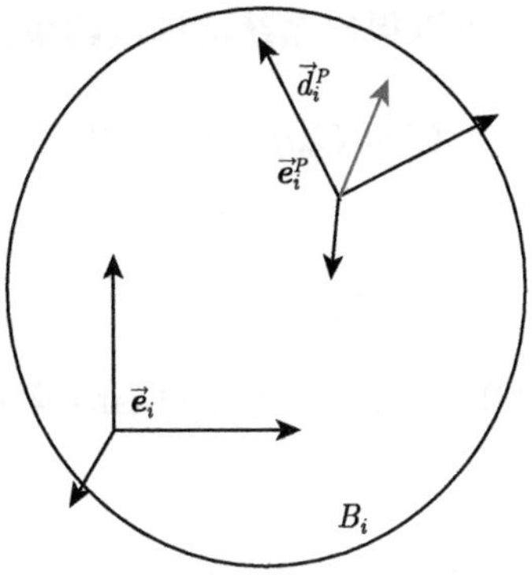

图 6-7 单柔体上单位矢量

由矢量运算的基本知识可得

$$\dot{\vec{d}} = \vec{\omega}_i^P \times \vec{d} \tag{6-27}$$

$$\ddot{\vec{d}} = -\vec{d} \times \dot{\vec{\omega}}_i^P + \vec{\omega}_i^P \times \vec{\omega}_i^P \times \vec{d} \tag{6-28}$$

其中，$\vec{\omega}_i^P$ 为节点坐标系的角速度矢量。

式 (6-27) 和式 (6-28) 在参考基下的坐标阵可以表示为

$$\dot{\boldsymbol{d}}_i = -\tilde{\boldsymbol{d}}_i \boldsymbol{\omega}_i^P = -\tilde{\boldsymbol{d}}_i(\boldsymbol{\omega}_i + \boldsymbol{\omega}_{ri}^P) \tag{6-29}$$

$$\ddot{\boldsymbol{d}}_i = -\tilde{\boldsymbol{d}}_i \dot{\boldsymbol{\omega}}_i^P + \tilde{\boldsymbol{\omega}}_i^P \tilde{\boldsymbol{\omega}}_i^P \boldsymbol{d}_i \tag{6-30}$$

其中，$\boldsymbol{\omega}_i^P$ 为节点坐标系 $\vec{\boldsymbol{e}}_i^P$ 的角速度在参考基上的坐标阵；$\boldsymbol{\omega}_{ri}^P$ 为节点变形引起的节点坐标系与浮动基之间的相对角速度，有

$$\boldsymbol{\omega}_{ri}^P = \boldsymbol{\Psi}_i^P \dot{\boldsymbol{a}}_i = \boldsymbol{R}_i \boldsymbol{L}_i^{\mathrm{T}} \boldsymbol{\Psi}_i'^P \dot{\boldsymbol{a}}_i \tag{6-31}$$

式中，

$$\dot{\boldsymbol{\omega}}_i^P = 2\boldsymbol{R}_i \ddot{\boldsymbol{\Lambda}}_i + \boldsymbol{R}_i \boldsymbol{L}_i^{\mathrm{T}} \boldsymbol{\Psi}_i'^P \ddot{\boldsymbol{a}}_i + \tilde{\boldsymbol{\omega}}_i \boldsymbol{R}_i \boldsymbol{L}_i^{\mathrm{T}} \boldsymbol{\Psi}_i'^P \dot{\boldsymbol{a}}_i \tag{6-32}$$

对于刚体，舍去模态坐标和模态矢量阵等相关项，则上述方程可退化成刚体的相关坐标阵，在此不再重复推导。

6.3.2 约束方程

描述系统的约束方程组一般可表达为

$$\boldsymbol{C} = \boldsymbol{C}(\boldsymbol{q}, \dot{\boldsymbol{q}}, t) = \boldsymbol{0} \tag{6-33}$$

将式 (6-33) 对时间求导数，可以得出系统的速度约束方程为

$$\dot{\boldsymbol{C}} = \boldsymbol{C}_q \dot{\boldsymbol{q}} + \boldsymbol{C}_t = \boldsymbol{0} \tag{6-34}$$

或者写成

$$\boldsymbol{C}_q \dot{\boldsymbol{q}} = -\boldsymbol{C}_t \tag{6-35}$$

其中，$\boldsymbol{C}_q$ 为约束方程 (6-33) 的雅可比 (Jacobian) 阵；$\boldsymbol{C}_t$ 为速度约束方程的右项。$\boldsymbol{C}_t$ 和 $\boldsymbol{C}_q$ 的表达式分别为

$$\boldsymbol{C}_t = \begin{pmatrix} \dfrac{\partial C_1}{\partial t} & \cdots & \dfrac{\partial C_{nc}}{\partial t} \end{pmatrix}^{\mathrm{T}} \in \Re^{nc\times 1} \tag{6-36}$$

$$\boldsymbol{C}_q = \begin{pmatrix} \dfrac{\partial C_1}{\partial q_1} & \cdots & \dfrac{\partial C_1}{\partial q_n} \\ \vdots & & \vdots \\ \dfrac{\partial C_{nc}}{\partial q_1} & \cdots & \dfrac{\partial C_{nc}}{\partial q_n} \end{pmatrix} \in \Re^{nc\times n} \tag{6-37}$$

式中，nc 为系统的约束方程个数；n 为系统的广义坐标数。

将式 (6-34) 对时间求导数，可以得到系统的加速度约束方程为

$$\ddot{\boldsymbol{C}} = \boldsymbol{C}_q \ddot{\boldsymbol{q}} - \boldsymbol{\gamma} = \boldsymbol{0} \tag{6-38}$$

或者写成

$$\boldsymbol{C}_q \ddot{\boldsymbol{q}} = \boldsymbol{\gamma} \tag{6-39}$$

其中，$\boldsymbol{\gamma}$ 称为加速度约束方程的右项。

上文给出了约束方程的普遍形式，下面推导几种系统中常见的约束方程的具体表达形式。可展开桁架–帆板系统中，最常见的约束形式为旋转铰、球铰和固定铰。可展开桁架各部件之间的关节大多是由旋转铰连接，柔性太阳能基板之间的琴铰也可以由旋转铰描述。由于桁架为冗余约束机构，所以在建模时为了消除冗余自由度，可以直接将某些旋转关节以球铰替代。对于锁定后的折叠杆之间、上收藏箱和桁架顶端，以及桁架底端和航天器本体之间，则都采用固定铰连接。

图 6-8 为旋转铰示意图。旋转铰既限制了两个铰点之间三个方向的相对移动，又限制了铰点处两个方向的相对转动，其约束方程为

$$\boldsymbol{C}^{(r)} = \begin{pmatrix} \boldsymbol{C}^{(d3)}(\boldsymbol{h}) \\ \boldsymbol{C}^{(r2)}(\boldsymbol{d}_\alpha, \boldsymbol{d}_\beta^1, \boldsymbol{d}_\beta^2) \end{pmatrix} = \boldsymbol{0} \tag{6-40}$$

其中，$\boldsymbol{h}$ 为两铰点连接矢量的坐标阵；$\boldsymbol{d}_\alpha$、$\boldsymbol{d}_\beta$、$\boldsymbol{d}_\beta^1$ 和 $\boldsymbol{d}_\beta^2$ 分别为图 6-8 中各单位矢量在参考基中的坐标阵。

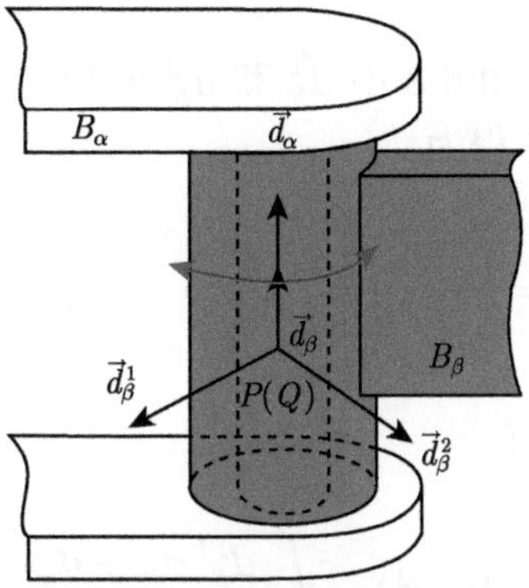

图 6-8　旋转铰

参考式 (6-19)，可得

$$\boldsymbol{h} = \boldsymbol{r}_\alpha^P - \boldsymbol{r}_\beta^Q = \boldsymbol{r}_{c\alpha} + \boldsymbol{\rho}_\alpha^{P_0} + \boldsymbol{\Phi}_\alpha^P \boldsymbol{a}_\alpha - \boldsymbol{r}_{c\beta} - \boldsymbol{\rho}_\beta^{Q_0} - \boldsymbol{\Phi}_\beta^Q \boldsymbol{a}_\beta \tag{6-41}$$

因此，三个方向移动约束方程为

$$\boldsymbol{C}^{(d3)}(\boldsymbol{h}) = \boldsymbol{r}_{c\alpha} + \boldsymbol{\rho}_\alpha^{P_0} + \boldsymbol{\Phi}_\alpha^P \boldsymbol{a}_\alpha - \boldsymbol{r}_{c\beta} - \boldsymbol{\rho}_\beta^{Q_0} - \boldsymbol{\Phi}_\beta^Q \boldsymbol{a}_\beta = \boldsymbol{0} \tag{6-42}$$

考虑式 (6-20)，可得方程 (6-42) 对时间求导的结果

$$\dot{\boldsymbol{C}}^{(d3)}(\boldsymbol{h}) = \dot{\boldsymbol{r}}_{c\alpha} - \tilde{\boldsymbol{\rho}}_\alpha^P \boldsymbol{\omega}_\alpha + \boldsymbol{\Phi}_\alpha^P \dot{\boldsymbol{a}}_\alpha - \dot{\boldsymbol{r}}_{c\beta} + \tilde{\boldsymbol{\rho}}_\beta^Q \boldsymbol{\omega}_\beta - \boldsymbol{\Phi}_\beta^Q \dot{\boldsymbol{a}}_\beta = \boldsymbol{0} \tag{6-43}$$

考虑式 (6-23)，上式可以整理为

$$\dot{\boldsymbol{C}}^{(d3)}(\boldsymbol{h}) = \dot{\boldsymbol{r}}_{c\alpha} - 2\tilde{\boldsymbol{\rho}}_\alpha^P \boldsymbol{R}_\alpha \dot{\boldsymbol{\Lambda}}_\alpha + \boldsymbol{\Phi}_\alpha^P \dot{\boldsymbol{a}}_\alpha - \dot{\boldsymbol{r}}_{c\beta} + 2\tilde{\boldsymbol{\rho}}_\beta^Q \boldsymbol{R}_\beta \dot{\boldsymbol{\Lambda}}_\beta - \boldsymbol{\Phi}_\beta^Q \dot{\boldsymbol{a}}_\beta = \boldsymbol{0} \tag{6-44}$$

写为式 (6-34) 的形式，有

$$\dot{\boldsymbol{C}}^{(d3)}(\boldsymbol{h}) = \boldsymbol{C}_{q\alpha}^{(d3)} \dot{\boldsymbol{q}}_\alpha + \boldsymbol{C}_{q\beta}^{(d3)} \dot{\boldsymbol{q}}_\beta = \boldsymbol{0} \tag{6-45}$$

将式 (6-44) 再对时间求导，可得

$$\ddot{\boldsymbol{C}}^{(d3)}(\boldsymbol{h}) = \boldsymbol{C}_{q\alpha}^{(d3)} \ddot{\boldsymbol{q}}_\alpha + \boldsymbol{C}_{q\beta}^{(d3)} \ddot{\boldsymbol{q}}_\beta - \boldsymbol{\gamma}^{(d3)} = \boldsymbol{0} \tag{6-46}$$

其中，

$$C_{q\alpha}^{(d3)} = \begin{pmatrix} \boldsymbol{I}_3 & -2\tilde{\boldsymbol{\rho}}_\alpha^P \boldsymbol{R}_\alpha & \boldsymbol{\Phi}_\alpha^P \end{pmatrix} \tag{6-47}$$

$$C_{q\beta}^{(d3)} = \begin{pmatrix} -\boldsymbol{I}_3 & 2\tilde{\boldsymbol{\rho}}_\beta^Q \boldsymbol{R}_\beta & -\boldsymbol{\Phi}_\beta^Q \end{pmatrix} \tag{6-48}$$

$$\boldsymbol{\gamma}^{(d3)} = -2\tilde{\boldsymbol{\omega}}_\alpha \boldsymbol{\Phi}_\alpha^P \dot{\boldsymbol{a}}_\alpha - \tilde{\boldsymbol{\omega}}_\alpha \tilde{\boldsymbol{\omega}}_\alpha \boldsymbol{\rho}_\alpha^P + 2\tilde{\boldsymbol{\omega}}_\beta \boldsymbol{\Phi}_\beta^Q \dot{\boldsymbol{a}}_\beta + \tilde{\boldsymbol{\omega}}_\beta \tilde{\boldsymbol{\omega}}_\beta \boldsymbol{\rho}_\beta^Q \tag{6-49}$$

此外，旋转铰还限制了图 6-8 中 $\vec{d}_\beta^1$ 和 $\vec{d}_\beta^2$ 两个方向的转动，即 $\vec{d}_\alpha$ 和 $\vec{d}_\beta^1$、$\vec{d}_\beta^2$ 始终垂直，因此可得约束方程为

$$\boldsymbol{C}^{(r2)}(\boldsymbol{d}_\alpha, \boldsymbol{d}_\beta^1, \boldsymbol{d}_\beta^2) = \begin{pmatrix} C^{(r1)}(\boldsymbol{d}_\alpha, \boldsymbol{d}_\beta^1) \\ C^{(r1)}(\boldsymbol{d}_\alpha, \boldsymbol{d}_\beta^2) \end{pmatrix} = \begin{pmatrix} \boldsymbol{d}_\beta^{1\mathrm{T}} \boldsymbol{d}_\alpha \\ \boldsymbol{d}_\beta^{2\mathrm{T}} \boldsymbol{d}_\alpha \end{pmatrix} = \boldsymbol{0} \tag{6-50}$$

将式 (6-50) 对时间求导，有

$$\dot{\boldsymbol{C}}^{(r2)}(\boldsymbol{d}_\alpha, \boldsymbol{d}_\beta^1, \boldsymbol{d}_\beta^2) = \begin{pmatrix} \boldsymbol{d}_\beta^{1\mathrm{T}} \dot{\boldsymbol{d}}_\alpha + \boldsymbol{d}_\alpha^{\mathrm{T}} \dot{\boldsymbol{d}}_\beta^1 \\ \boldsymbol{d}_\beta^{2\mathrm{T}} \dot{\boldsymbol{d}}_\alpha + \boldsymbol{d}_\alpha^{\mathrm{T}} \dot{\boldsymbol{d}}_\beta^2 \end{pmatrix} = \boldsymbol{0} \tag{6-51}$$

将式 (6-28) 代入式 (6-50) 中，可得

$$\dot{\boldsymbol{C}}^{(r2)}(\boldsymbol{d}_\alpha, \boldsymbol{d}_\beta^1, \boldsymbol{d}_\beta^2) = \begin{pmatrix} \boldsymbol{d}_\beta^{1\mathrm{T}}(-\tilde{\boldsymbol{d}}_\alpha \boldsymbol{\omega}_\alpha^P) + \boldsymbol{d}_\alpha^{\mathrm{T}}(-\tilde{\boldsymbol{d}}_\beta^1 \boldsymbol{\omega}_\beta^Q) \\ \boldsymbol{d}_\beta^{2\mathrm{T}}(-\tilde{\boldsymbol{d}}_\alpha \boldsymbol{\omega}_\alpha^P) + \boldsymbol{d}_\alpha^{\mathrm{T}}(-\tilde{\boldsymbol{d}}_\beta^2 \boldsymbol{\omega}_\beta^Q) \end{pmatrix} = \boldsymbol{0} \tag{6-52}$$

由于 $\boldsymbol{d}_\alpha$、$\boldsymbol{d}_\beta^1$ 和 $\boldsymbol{d}_\beta^2$ 两两正交，则可以整理为

$$\dot{\boldsymbol{C}}^{(r2)}(\boldsymbol{d}_\alpha, \boldsymbol{d}_\beta^1, \boldsymbol{d}_\beta^2) = \begin{pmatrix} \boldsymbol{d}_\beta^{2\mathrm{T}}(\boldsymbol{\omega}_\alpha^P - \boldsymbol{\omega}_\beta^Q) \\ -\boldsymbol{d}_\beta^{1\mathrm{T}}(\boldsymbol{\omega}_\alpha^P - \boldsymbol{\omega}_\beta^Q) \end{pmatrix} = \boldsymbol{0} \tag{6-53}$$

再次对时间求导可得

$$\ddot{\boldsymbol{C}}^{(r2)}(\boldsymbol{d}_\alpha, \boldsymbol{d}_\beta^1, \boldsymbol{d}_\beta^2) = \begin{pmatrix} \boldsymbol{d}_\beta^{2\mathrm{T}}(\dot{\boldsymbol{\omega}}_\alpha^P - \dot{\boldsymbol{\omega}}_\beta^Q) + \dot{\boldsymbol{d}}_\beta^{2\mathrm{T}}(\boldsymbol{\omega}_\alpha^P - \boldsymbol{\omega}_\beta^Q) \\ -\boldsymbol{d}_\beta^{1\mathrm{T}}(\dot{\boldsymbol{\omega}}_\alpha^P - \dot{\boldsymbol{\omega}}_\beta^Q) - \dot{\boldsymbol{d}}_\beta^{1\mathrm{T}}(\boldsymbol{\omega}_\alpha^P - \boldsymbol{\omega}_\beta^Q) \end{pmatrix} = \boldsymbol{0} \tag{6-54}$$

将式 (6-29)~ 式 (6-32) 代入式 (6-54) 并整理，可得

$$\begin{pmatrix} \boldsymbol{C}_{q\alpha}^{(r1)}(\boldsymbol{d}_\alpha, \boldsymbol{d}_\beta^1)\ddot{\boldsymbol{q}}_\alpha + \boldsymbol{C}_{q\beta}^{(r1)}(\boldsymbol{d}_\alpha, \boldsymbol{d}_\beta^1)\ddot{\boldsymbol{q}}_\beta - \boldsymbol{\gamma}^{(r1)}(\boldsymbol{d}_\alpha, \boldsymbol{d}_\beta^1) \\ \boldsymbol{C}_{q\alpha}^{(r1)}(\boldsymbol{d}_\alpha, \boldsymbol{d}_\beta^2)\ddot{\boldsymbol{q}}_\alpha + \boldsymbol{C}_{q\beta}^{(r1)}(\boldsymbol{d}_\alpha, \boldsymbol{d}_\beta^2)\ddot{\boldsymbol{q}}_\beta - \boldsymbol{\gamma}^{(r1)}(\boldsymbol{d}_\alpha, \boldsymbol{d}_\beta^2) \end{pmatrix} = \boldsymbol{0} \tag{6-55}$$

其中，

$$\boldsymbol{C}_{q\alpha}^{(r1)}(\boldsymbol{d}_\alpha, \boldsymbol{d}_\beta^1) = (\boldsymbol{0}_{1\times3} \;\; 2\boldsymbol{d}_\beta^{2\mathrm{T}} \boldsymbol{R}_\alpha \;\; \boldsymbol{d}_\beta^{2\mathrm{T}} \boldsymbol{R}_\alpha \boldsymbol{L}_\alpha \boldsymbol{\Psi}_\alpha'^P) \tag{6-56}$$

$$\boldsymbol{C}_{q\beta}^{(r1)}(\boldsymbol{d}_\alpha, \boldsymbol{d}_\beta^1) = (\boldsymbol{0}_{1\times3} \;\; -2\boldsymbol{d}_\beta^{2\mathrm{T}} \boldsymbol{R}_\beta \;\; -\boldsymbol{d}_\beta^{2\mathrm{T}} \boldsymbol{R}_\beta \boldsymbol{L}_\beta \boldsymbol{\Psi}_\beta'^P) \tag{6-57}$$

$$\boldsymbol{C}_{q\alpha}^{(r1)}(\boldsymbol{d}_\alpha, \boldsymbol{d}_\beta^2) = (\boldsymbol{0}_{1\times 3} \quad -2\boldsymbol{d}_\beta^{1\mathrm{T}}\boldsymbol{R}_\alpha \quad -\boldsymbol{d}_\beta^{1\mathrm{T}}\boldsymbol{R}_\alpha\boldsymbol{L}_\alpha\boldsymbol{\Psi}_\alpha'^P) \tag{6-58}$$

$$\boldsymbol{C}_{q\beta}^{(r1)}(\boldsymbol{d}_\alpha, \boldsymbol{d}_\beta^2) = (\boldsymbol{0}_{1\times 3} \quad 2\boldsymbol{d}_\beta^{1\mathrm{T}}\boldsymbol{R}_\beta \quad \boldsymbol{d}_\beta^{1\mathrm{T}}\boldsymbol{R}_\beta\boldsymbol{L}_\beta\boldsymbol{\Psi}_\beta'^P) \tag{6-59}$$

$$\boldsymbol{\gamma}^{(r1)}(\boldsymbol{d}_\alpha, \boldsymbol{d}_\beta^1) = \boldsymbol{\omega}_\beta^{Q\mathrm{T}}\tilde{\boldsymbol{d}}_\beta^2\boldsymbol{\omega}_\alpha^P + \boldsymbol{\omega}_\alpha^{\mathrm{T}}\tilde{\boldsymbol{d}}_\beta^2\boldsymbol{\omega}_{r\alpha}^P - \boldsymbol{\omega}_\beta^{\mathrm{T}}\tilde{\boldsymbol{d}}_\beta^2\boldsymbol{\omega}_{r\beta}^Q \tag{6-60}$$

$$\boldsymbol{\gamma}^{(r1)}(\boldsymbol{d}_\alpha, \boldsymbol{d}_\beta^2) = -\boldsymbol{\omega}_\beta^{Q\mathrm{T}}\tilde{\boldsymbol{d}}_\beta^1\boldsymbol{\omega}_\alpha^P - \boldsymbol{\omega}_\alpha^{\mathrm{T}}\tilde{\boldsymbol{d}}_\beta^1\boldsymbol{\omega}_{r\alpha}^P + \boldsymbol{\omega}_\beta^{\mathrm{T}}\tilde{\boldsymbol{d}}_\beta^1\boldsymbol{\omega}_{r\beta}^Q \tag{6-61}$$

如图 6-9 所示，球铰限制了两个铰点之间的三方向移动，其约束方程部分与旋转铰的前三行一致，因此不做重复推导。

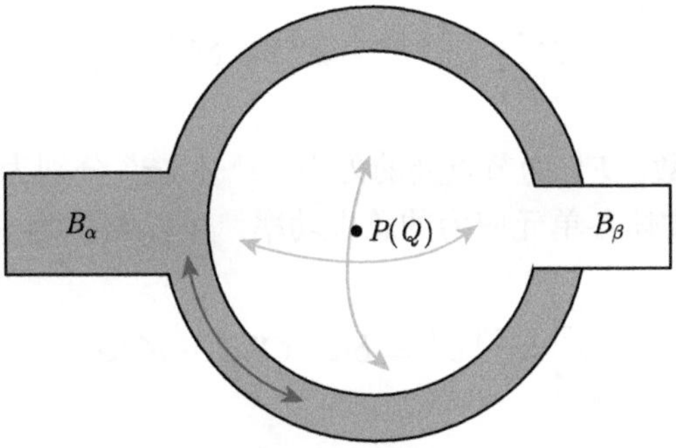

图 6-9 球铰

对于固定铰，既有三方向移动约束，又有三方向转动约束。为避免重复，以下只推导三方向转动约束的相关形式。由三方向转动约束的物理意义可知，其角速度约束方程和角加速度约束方程可以直接给出为

$$\dot{\boldsymbol{C}}^{(r3)} = \boldsymbol{\omega}_\alpha + \boldsymbol{\omega}_{r\alpha}^P - \boldsymbol{\omega}_\beta - \boldsymbol{\omega}_\beta^Q = \boldsymbol{0} \tag{6-62}$$

$$\ddot{\boldsymbol{C}}^{(r3)} = \dot{\boldsymbol{\omega}}_\alpha^P - \dot{\boldsymbol{\omega}}_\beta^Q = \boldsymbol{0} \tag{6-63}$$

将式 (6-31) 和式 (6-32) 分别代入式 (6-62) 和式 (6-63)，可得

$$\dot{\boldsymbol{C}}^{(r3)} = \boldsymbol{\omega}_\alpha + \boldsymbol{\Psi}_\alpha^P\dot{\boldsymbol{a}}_\alpha - \boldsymbol{\omega}_\beta - \boldsymbol{\Psi}_\beta^Q\dot{\boldsymbol{a}}_\beta = \boldsymbol{0} \tag{6-64}$$

$$\ddot{\boldsymbol{C}}^{(r3)} = 2\boldsymbol{R}_\alpha\ddot{\boldsymbol{\Lambda}}_\alpha + \boldsymbol{\Psi}_\alpha^P\ddot{\boldsymbol{a}}_\alpha + \tilde{\boldsymbol{\omega}}_\alpha\boldsymbol{\Psi}_\alpha^P\dot{\boldsymbol{a}}_\alpha - 2\boldsymbol{R}_\beta\ddot{\boldsymbol{\Lambda}}_\beta - \boldsymbol{\Psi}_\beta^Q\ddot{\boldsymbol{a}} - \tilde{\boldsymbol{\omega}}_\beta\boldsymbol{\Psi}_\beta^Q\dot{\boldsymbol{a}}_\beta = \boldsymbol{0} \tag{6-65}$$

整理得

$$\boldsymbol{C}_{q\alpha}^{(r3)}(\boldsymbol{0}_{1\times 3} \quad 2\boldsymbol{R}_\alpha \quad \boldsymbol{\Psi}_\alpha^P) \tag{6-66}$$

$$\boldsymbol{C}_{q\alpha}^{(r3)}(\boldsymbol{0}_{1\times 3} \quad -2\boldsymbol{R}_\alpha \quad -\boldsymbol{\Psi}_\beta^Q) \tag{6-67}$$

$$\boldsymbol{\gamma}^{(r3)} = -\tilde{\boldsymbol{\omega}}_\alpha\boldsymbol{\Psi}_\alpha^P\dot{\boldsymbol{a}}_\alpha + \tilde{\boldsymbol{\omega}}_\beta\boldsymbol{\Psi}_\beta^Q\dot{\boldsymbol{a}}_\beta \tag{6-68}$$

多体系统中还有其他约束，如滑移铰、螺旋副和圆柱铰等。由于本书研究对象中未涉及，在此不再叙述。

对于刚体情况，可以直接将变形相关项略去，上述各约束方程雅可比和加速度约束方程右项即可自动退化为刚体情形，因此不做重复推导。

6.3.3 系统动力学方程

为简化表达，在以下式 (6-69)~ 式 (6-77) 的表达中，下标 “i” 统一省略。考虑系统中某一柔性物体 B_i，根据速度变分原理，该物体的速度变分形式的动力学方程可以写为

$$\sum_{k=1}^{n^n}[\delta\dot{\boldsymbol{r}}^{k\mathrm{T}}(-m^k\ddot{\boldsymbol{r}}^k+\boldsymbol{F}^k)-\delta\dot{\boldsymbol{\varepsilon}}^{k\mathrm{T}}\boldsymbol{\sigma}^k]=0 \tag{6-69}$$

其中，n^n 为节点个数；$\boldsymbol{F}^k$ 为节点处的外力；$\boldsymbol{\varepsilon}^k$ 和 $\boldsymbol{\sigma}^k$ 分别为节点的应变和应力。上式中，后一项为物体各单元应力的总虚功率，可以表示为

$$\sum_{k=1}^{n^n}\delta\dot{\boldsymbol{\varepsilon}}^{k\mathrm{T}}\boldsymbol{\sigma}^k=\delta\dot{\boldsymbol{a}}^{\mathrm{T}}(\boldsymbol{C}^a\dot{\boldsymbol{a}}+\boldsymbol{K}^a\boldsymbol{a}) \tag{6-70}$$

其中，$\boldsymbol{C}^a$ 和 $\boldsymbol{K}^a$ 分别为柔性体的模态阻尼阵和模态刚度阵。

将式 (6-20) 和式 (6-21) 代入式 (6-69) 并考虑式 (6-70)，可得

$$\delta\dot{\boldsymbol{q}}^{\mathrm{T}}(-\boldsymbol{M}\ddot{\boldsymbol{q}}-\boldsymbol{f}^w+\boldsymbol{f}^o-\boldsymbol{f}^u)=0 \tag{6-71}$$

其中，$\boldsymbol{M}$ 为柔性体的广义质量阵；$\boldsymbol{f}^w$、$\boldsymbol{f}^o$、$\boldsymbol{f}^u$ 分别为柔性体的广义惯性力阵、广义外力阵、广义变形力阵。各项的具体表达形式如下：

$$\boldsymbol{M}=\sum_{k=1}^{n^n}m^k\boldsymbol{G}^{k\mathrm{T}}\boldsymbol{G}^k \tag{6-72}$$

$$\boldsymbol{f}^w=\sum_{k=1}^{n^n}m^k\boldsymbol{G}^{k\mathrm{T}}(2\tilde{\boldsymbol{\omega}}\boldsymbol{\Phi}^k\dot{\boldsymbol{a}}+\tilde{\boldsymbol{\omega}}\tilde{\boldsymbol{\omega}}\boldsymbol{\rho}^k) \tag{6-73}$$

$$\boldsymbol{f}^o=\sum_{k=1}^{n^n}\boldsymbol{G}^{k\mathrm{T}}\boldsymbol{F}^k \tag{6-74}$$

$$\boldsymbol{f}^u=\begin{pmatrix}\boldsymbol{0}\\ \boldsymbol{0}\\ \boldsymbol{C}^a\dot{\boldsymbol{a}}+\boldsymbol{K}^a\boldsymbol{a}\end{pmatrix} \tag{6-75}$$

其中，

$$\boldsymbol{G}^k = (\boldsymbol{I}_3 \quad -2\tilde{\boldsymbol{\rho}}^k\boldsymbol{R} \quad \boldsymbol{\Phi}^k) \tag{6-76}$$

式 (6-72) 可以写成分块形式，即

$$\boldsymbol{M} = \begin{pmatrix} \boldsymbol{M}_{11} & \boldsymbol{M}_{12} & \boldsymbol{M}_{13} \\ & \boldsymbol{M}_{22} & \boldsymbol{M}_{23} \\ \text{对称} & & \boldsymbol{M}_{33} \end{pmatrix} \tag{6-77}$$

以上为单个柔性体的动力学方程，各项中略去变形相关项，可以得到单个刚体的动力学方程。

在受约束的多体系统中，式 (6-71) 中的 $\dot{\boldsymbol{q}}$ 并不独立，为此引入 nc 个未知拉格朗日乘子和 1 个对应四元数约束的拉格朗日乘子，即

$$\delta\dot{\boldsymbol{q}}^{\mathrm{T}}(-\boldsymbol{M}\ddot{\boldsymbol{q}} - \boldsymbol{f}^w + \boldsymbol{C}_\Lambda^{\mathrm{T}}\boldsymbol{\lambda}^\Lambda + \boldsymbol{C}_q^{\mathrm{T}}\boldsymbol{\lambda} + \boldsymbol{f}^o - \boldsymbol{f}^u) = 0 \tag{6-78}$$

上式成立的充分必要条件是各坐标变分前的系数等于 0[14]，于是连同式 (6-39) 和四元数自身的约束方程，系统的动力学方程可以表达为

$$\begin{pmatrix} \boldsymbol{M}_s & \boldsymbol{C}_\Lambda^{\mathrm{T}} & \boldsymbol{C}_q^{\mathrm{T}} \\ \boldsymbol{C}_\Lambda & \boldsymbol{0} & \boldsymbol{0} \\ \boldsymbol{C}_q & \boldsymbol{0} & \boldsymbol{0} \end{pmatrix} \begin{pmatrix} \ddot{\boldsymbol{q}} \\ \boldsymbol{\lambda}^\Lambda \\ \boldsymbol{\lambda} \end{pmatrix} = \begin{pmatrix} \boldsymbol{f} \\ \gamma^\Lambda \\ \gamma \end{pmatrix} \tag{6-79}$$

其中，$\ddot{\boldsymbol{q}}$ 为系统的广义加速度阵；$\boldsymbol{\lambda}^\Lambda$ 为对应四元数约束的拉格朗日乘子；列阵 $\boldsymbol{\lambda}$ 为对应关节约束方程的拉格朗日乘子列阵；$\boldsymbol{M}_s$ 是系统的广义质量矩阵；$\boldsymbol{C}_\Lambda$ 是系统各物体的欧拉四元数约束方程雅可比阵；$\boldsymbol{C}_q$ 为 6.3.2 小节中推导所得的约束方程雅可比阵；$\boldsymbol{f}$ 是系统的广义力矩阵，包括系统受到的广义外力以及物体自身的惯性力和变形力；$\boldsymbol{\gamma}^\Lambda$ 和 $\boldsymbol{\gamma}$ 分别为四元数和关节加速度约束方程的右项。上式中各元素的表达形式如下：

$$\boldsymbol{M}_s = \begin{pmatrix} \boldsymbol{M}_1 & \cdots & \boldsymbol{0} \\ \vdots & & \vdots \\ \boldsymbol{0} & \cdots & \boldsymbol{M}_N \end{pmatrix} \tag{6-80}$$

$$\boldsymbol{C}_\Lambda = \begin{pmatrix} (\boldsymbol{0} \quad \boldsymbol{\Lambda}_1^{\mathrm{T}}) & & \\ & \ddots & \\ & & (\boldsymbol{0} \quad \boldsymbol{\Lambda}_N^{\mathrm{T}}) \end{pmatrix} \tag{6-81}$$

$$\boldsymbol{f} = (\boldsymbol{f}_1^{\mathrm{T}} \quad \cdots \quad \boldsymbol{f}_N^{\mathrm{T}})^{\mathrm{T}} \tag{6-82}$$

$$\boldsymbol{\lambda}^{\Lambda} = (\lambda_1^{\Lambda} \quad \cdots \quad \lambda_N^{\Lambda})^{\mathrm{T}} \tag{6-83}$$

$$\boldsymbol{\gamma}^{\Lambda} = (-\dot{\boldsymbol{\Lambda}}_1^{\mathrm{T}} \dot{\boldsymbol{\Lambda}}_1 \quad \cdots \quad -\dot{\boldsymbol{\Lambda}}_N^{\mathrm{T}} \dot{\boldsymbol{\Lambda}}_N)^{\mathrm{T}} \tag{6-84}$$

对系统动力学方程 (6-79) 进行数值求解，即可求得系统在任意时刻的运动状态和其他动力学信息。

6.4　常微分方程数值求解算法

动力学方程 (6-79) 是典型的二阶常微分方程，定义：

$$\begin{cases} \dot{\boldsymbol{x}}_1 = \boldsymbol{x}_2 = \dot{\boldsymbol{q}} \\ \dot{\boldsymbol{x}}_2 = \ddot{\boldsymbol{q}} = \boldsymbol{f}'(\boldsymbol{x}, t) \end{cases} \tag{6-85}$$

式 (6-85) 可以写为如下形式：

$$\dot{\boldsymbol{x}} = \boldsymbol{f}(\boldsymbol{x}, t) \tag{6-86}$$

其中，$\dot{\boldsymbol{x}} = (\dot{\boldsymbol{x}}_1^{\mathrm{T}}\ \dot{\boldsymbol{x}}_2^{\mathrm{T}})^{\mathrm{T}}, \boldsymbol{f}(\boldsymbol{x}, t) = (\boldsymbol{x}_2^{\mathrm{T}}\ f'^{\mathrm{T}}(\boldsymbol{x}, t))^{\mathrm{T}}$。初始条件由系统的初始运动状态确定，即 $\boldsymbol{x}(t_0) = \boldsymbol{x}_0$，结合上式可以写为

$$\begin{cases} \dot{\boldsymbol{x}}(t) = \boldsymbol{f}(\boldsymbol{x}, t) \\ \boldsymbol{x}(t_0) = \boldsymbol{x}_0 \end{cases} \tag{6-87}$$

求解式 (6-87) 在 $t_0 \leqslant t \leqslant t_{\mathrm{end}}$ 的解 $\boldsymbol{x}(t)$ 的问题，称为常微分方程组的初值问题，常用的解法有单步法和多步法 [20]。龙格–库塔 (Runge-Kutta) 法是一种比较常用的单步法，比较经典的四阶定步长龙格–库塔法的计算公式如下：

$$\begin{cases} \boldsymbol{x}_{n+1} = \boldsymbol{x}_n + \dfrac{h}{6}(\boldsymbol{K}_1 + 2\boldsymbol{K}_2 + 2\boldsymbol{K}_3 + \boldsymbol{K}_4) \\ \boldsymbol{K}_1 = \boldsymbol{f}(t_n, \boldsymbol{x}_n) \\ \boldsymbol{K}_2 = \boldsymbol{f}\left(t_n + \dfrac{h}{2}, \boldsymbol{x}_n + \dfrac{h}{2}\boldsymbol{K}_1\right) \\ \boldsymbol{K}_3 = \boldsymbol{f}\left(t_n + \dfrac{h}{2}, \boldsymbol{x}_n + \dfrac{h}{2}\boldsymbol{K}_2\right) \\ \boldsymbol{K}_4 = \boldsymbol{f}\left(t_n + h, \boldsymbol{x}_n + h\boldsymbol{K}_3\right) \end{cases} \tag{6-88}$$

其中，h 为求解步长。

龙格–库塔法的优点是构造和起步等操作简单，只需知道 $\boldsymbol{x}_n$ 的值，就可以得到 $\boldsymbol{x}_{n+1}$；而其缺点是每求解一步都要计算多次右侧函数 $\boldsymbol{f}$ 的值，而下一步计算中，前面计算的值又不能合理利用。对于多体系统的动力学方程，转化为常微分方程 (6-85) 的形式后，其右侧函数形式比较复杂，因此每求解一步计算量比较大。

对于单步法的缺陷，如果能够合理利用先前求得的较多步中的信息，即在计算 $\boldsymbol{x}_{n+1}$ 时，可以利用 $\boldsymbol{x}_n, \boldsymbol{x}_{n-1}, \boldsymbol{x}_{n-2}, \cdots$ 和 $\boldsymbol{f}_n, \boldsymbol{f}_{n-1}, \boldsymbol{f}_{n-2}, \cdots$ 共同计算，则得到的 $\boldsymbol{x}_{n+1}$ 的精度将会大大提高。基于这种想法，人们构造出了多步法 [20,21]。以经典的向后差分形式的 Adams-Bashforth 公式为例，以插值多项式 $\boldsymbol{P}_{k,n}(\boldsymbol{x})$ 来代替式 (6-86) 中的右侧函数，有

$$\boldsymbol{P}_{k,n}(\boldsymbol{x}) = \boldsymbol{f}_n + \frac{t-t_n}{h}\nabla \boldsymbol{f}_n + \cdots + \frac{(t-t_n)\cdots(t-t_{n+2-k})}{h^{k-1}(k-1)!}\nabla^{k-1}\boldsymbol{f}_n \tag{6-89}$$

于是有

$$\boldsymbol{x}_{n+1} = \boldsymbol{x}_n + h\sum_{i=1}^{k}\gamma_{i-1}\nabla^{i-1}\boldsymbol{f}_n \tag{6-90}$$

其中，$\gamma_0 = 1, \gamma_i = \dfrac{1}{i!h}\displaystyle\int_{t_n}^{t_{n+1}}\frac{(t-t_n)(t-t_{n-1})\cdots(t-t_{n+1-i})}{h^{i-1}}\mathrm{d}t$。

式 (6-90) 中，∇^i 为 i 阶向后差分算子，其定义为

$$\begin{aligned}
&\nabla^0\boldsymbol{f}_k = \boldsymbol{f}_k \\
&\nabla^1\boldsymbol{f}_k = \nabla^0\boldsymbol{f}_k - \nabla^0\boldsymbol{f}_{k-1} \\
&\quad\vdots \\
&\nabla^i\boldsymbol{f}_k = \nabla(\nabla^{i-1}\boldsymbol{f}_k) = \nabla^{i-1}\boldsymbol{f}_k - \nabla^{i-1}\boldsymbol{f}_{k-1}
\end{aligned} \tag{6-91}$$

本书中，使用了变步长变阶数的 Adams-Bashforth-Moulton 线性多步方法的 PECE (predict evaluate correct evaluate) 预估校正格式 [21]。该格式的具体实现形式如下所述。

(1) 预测 (predict)，利用式 (6-90)，预测下一时刻 $\boldsymbol{x}$ 值，记为 $\boldsymbol{p}_{n+1}$：

$$\boldsymbol{p}_{n+1} = \boldsymbol{x}_n + h\sum_{i=1}^{k}\gamma_{i-1}\nabla^{i-1}\boldsymbol{f}_n \tag{6-92}$$

(2) 利用上一步所求得的预测值计算 $\boldsymbol{f}$ 的值 (evaluate)：

$$\boldsymbol{f}_{n+1}^{p} = \boldsymbol{f}(t_{n+1}, \boldsymbol{p}_{n+1}) \tag{6-93}$$

(3) 校正 (correct)，利用 Adams-Moulton 格式：

$$\boldsymbol{x}_{n+1} = \boldsymbol{p}_{n+1} + h\gamma_{k-1}\nabla^k \boldsymbol{f}_{n+1}^p \tag{6-94}$$

(4) 计算最终 $\boldsymbol{f}$ 的值 (evaluate)：

$$\boldsymbol{f}_{n+1} = \boldsymbol{f}(t_{n+1}, \boldsymbol{x}_{n+1}) \tag{6-95}$$

进而，完成从 t_n 时刻到 t_{n+1} 时刻的数值求解。

利用式 (6-92)~ 式 (6-95) 可以编写对应的变步长变阶数数值求解程序，其数值精度可以根据需求设置，积分步长可以根据前一步求解结果自动调节。函数中每一步运算的阶数可在 1~13 根据求解需求自动调节 [21]。由于步长和阶数都是根据具体数值结果自动调节，所以在保证所需数值精度的同时，避免了求解步长过小所带来的不必要的求解步，很好地保证了数值积分的效率。实际程序中，数值积分函数的运行流程如下：

(1) 初始化，载入初始值 $\boldsymbol{x}_0$，初始步长 h_0，计算过程中所需参数值；

(2) 定义布尔 (Boolean) 变量 done = false，用以标记是否完成数值求解，进入主循环；

(3) 判断是满足 $1.1 \times h \geqslant t_{\text{end}} - t$，若满足，则 $h = t_{\text{end}} - t$，且 done = true；

(4) 计算预测值 $\boldsymbol{p}_{n+1}$，计算 $\boldsymbol{f}_{n+1}^p$；

(5) 估计误差，并根据误差判断下一步是否需要降阶；

(6) 根据误差判断本步求解是否可取，若误差过大，则减小步长，并放弃当前值，令 done = false 并返回主循环开始阶段，若误差满足要求，则进入下一步；

(7) 校正阶段，求 $\boldsymbol{x}_{n+1}$ 的值，并计算 $\boldsymbol{f}_{n+1}$ 的值；

(8) 根据式 (6-91) 为下一步计算新的差分值；

(9) 根据步骤 (5) 中计算的误差，选择新的阶数和步长；

(10) 若此时出现 done = true，则表示数值求解已经完成，跳出主循环，否则进入步骤 (3)，进入下一步数值求解。

以上给出了数值求解的主要逻辑步骤。在后续章节的数值仿真中，均采用该数值求解方法进行计算。

6.5　多体系统变拓扑问题

在多体系统中，经常会出现变拓扑问题。变拓扑问题是指动力学过程中，由锁定、解锁、抓取、释放以及交会对接等行为所引起的系统拓扑构型的改变。通常拓扑构型的改变会引起系统自由度的变化，例如，在本书研究的可展开桁架单元中，一个下端固定的三棱柱式可展开桁架单元的自由度为 1，锁定完成后，桁架单元的自由度为 0。这种自由度的改变是在瞬间完成的，一般会引起系统中某些物体的速度突变，而物体的位移在变拓扑的前后保持连续。

传统的数值仿真中，对于该类问题都是引入附加接触力或者等效的非线性弹簧阻尼系统来描述，即当变拓扑条件满足时，引入一组外力或力矩来限制住原本部件间的相对运动 [22,23]。这种传统方法的优点是，在选取合理的刚度阻尼系数的前提下，只要求解步长足够小，就能够得到比较精确的动力学响应，并且能够精确地计算出接触瞬间的接触力等未知量，适用于重点分析锁定或者接触等问题的短时间动力学响应。传统方法的缺点也是显而易见的：由于引入的弹簧阻尼系统刚度一般都比较高 [22,23]，所以需要对应极小的求解步长才能保证数值精度。更严重的问题是，对于某些长时间操作的大范围运动多体系统，拓扑变换后的仿真时间内，引入的弹簧阻尼力会一直存在，因此，即使已经完成了变拓扑过程，其仍然会一直以极小的求解步长计算下去。因此，为了接触瞬间的计算而带来了后续所有仿真时间计算量的显著提升，这种做法在某些问题中是不明智的。比如，对于本书所研究的可展开桁架系统，每一节桁架单元展开完成都会有三组折叠臂发生锁定，按照传统方法，每次锁定都需要引入三组弹簧阻尼力矩，因此，随着展开的进行，系统中的弹簧阻尼力矩不断增加。在越来越多的弹簧阻尼力矩影响下，仿真计算过程会越来越慢，严重影响计算效率。因此，非常有必要引入新型的变拓扑算法。

针对可展开桁架–帆板系统的关节多、锁定力多以及仿真时间长等特征，本书引入一种新型的变拓扑算法，该算法由王天舒和郭闻昊最初提出，并应用于平面多刚体的变拓扑多杆系统 [24]，本书将其拓展到由欧拉四元数与浮动基笛卡儿坐标描述的空间刚柔混合多体系统中，取得了比较好的仿真效果。

对于系统的动力学方程 (6-79) 的前 n_q 行，有

$$\boldsymbol{M}_s(\boldsymbol{q})\ddot{\boldsymbol{q}}+\boldsymbol{C}_\Lambda^{\mathrm{T}}(\boldsymbol{q})\boldsymbol{\lambda}^\Lambda+\boldsymbol{C}_q^{\mathrm{T}}(\boldsymbol{q})\boldsymbol{\lambda}=\boldsymbol{f}(\boldsymbol{q},\dot{\boldsymbol{q}},t) \tag{6-96}$$

假设变拓扑前后时刻分别为 t^- 和 t^+，对应的坐标值和速度值分别为 $\boldsymbol{q}^-$ 和 $\boldsymbol{q}^+$、$\dot{\boldsymbol{q}}^-$ 和 $\dot{\boldsymbol{q}}^+$。由于变拓扑前后瞬时，系统中各物体的姿态和位移不会发生改变，仅速度发生突变，因此有

$$\boldsymbol{q}^-=\boldsymbol{q}^+=\bar{\boldsymbol{q}} \tag{6-97}$$

在时间段 $t\in[t^-,t^+]$ 里对式 (6-96) 积分，有

$$\int_{t^-}^{t^+}\boldsymbol{M}_s(\boldsymbol{q})\ddot{\boldsymbol{q}}\mathrm{d}t=\int_{t^-}^{t^+}[-\boldsymbol{C}_\Lambda^{\mathrm{T}}(\boldsymbol{q})\boldsymbol{\lambda}^\Lambda-\boldsymbol{C}_q^{\mathrm{T}}(\boldsymbol{q})\boldsymbol{\lambda}+\boldsymbol{f}(\boldsymbol{q},\dot{\boldsymbol{q}},t)]\mathrm{d}t \tag{6-98}$$

考虑式 (6-97)，式 (6-98) 可以整理成如下形式：

$$\boldsymbol{M}_s(\bar{\boldsymbol{q}})\int_{t^-}^{t^+}\ddot{\boldsymbol{q}}\mathrm{d}t=-\boldsymbol{C}_{\Lambda}^{\mathrm{T}}(\bar{\boldsymbol{q}})\int_{t^-}^{t^+}\boldsymbol{\lambda}^{\Lambda}\mathrm{d}t-\boldsymbol{C}_{q}^{\mathrm{T}}(\bar{\boldsymbol{q}})\int_{t^-}^{t^+}\boldsymbol{\lambda}\mathrm{d}t+\int_{t^-}^{t^+}\boldsymbol{f}(\bar{\boldsymbol{q}},\dot{\boldsymbol{q}},t)\mathrm{d}t \tag{6-99}$$

式 (6-99) 左侧为系统在 $t\in[t^-,t^+]$ 时间段内系统动量的突变，即 $\boldsymbol{M}^s(\bar{\boldsymbol{q}})\Delta\dot{\boldsymbol{q}}$，其中，$\Delta\dot{\boldsymbol{q}}=\int_{t^-}^{t^+}\ddot{\boldsymbol{q}}\mathrm{d}t$ 为变拓扑前后的速度差。由拉格朗日乘子的意义可知，$\int_{t^-}^{t^+}\boldsymbol{\lambda}\mathrm{d}t$ 为变拓扑瞬时约束力所产生的冲量，可以写成 $\int_{t^-}^{t^+}\boldsymbol{\lambda}\mathrm{d}t=\boldsymbol{\mu}$，同理有 $\int_{t^-}^{t^+}\boldsymbol{\lambda}^{\Lambda}\mathrm{d}t=\boldsymbol{\mu}^{\Lambda}$，代入原式得

$$\boldsymbol{M}_s(\bar{\boldsymbol{q}})\Delta\dot{\boldsymbol{q}}=-\boldsymbol{C}_{\Lambda}^{\mathrm{T}}(\bar{\boldsymbol{q}})\boldsymbol{\mu}^{\Lambda}-\boldsymbol{C}_{q}^{\mathrm{T}}(\bar{\boldsymbol{q}})\boldsymbol{\mu}+\int_{t^-}^{t^+}\boldsymbol{f}(\bar{\boldsymbol{q}},\dot{\boldsymbol{q}},t)\mathrm{d}t \tag{6-100}$$

由积分中值定理可知，在 $t\in[t^-,t^+]$ 中存在一点 t_ξ，使得

$$\int_{t^-}^{t^+}\boldsymbol{f}(\bar{\boldsymbol{q}},\dot{\boldsymbol{q}},t)\mathrm{d}t=\boldsymbol{f}(\bar{\boldsymbol{q}},\dot{\boldsymbol{q}}(t_\xi),t_\xi)(t^+-t^-)=\boldsymbol{f}(\bar{\boldsymbol{q}},\dot{\boldsymbol{q}}(t_\xi),t_\xi)\Delta t \tag{6-101}$$

由于 $\boldsymbol{f}(\boldsymbol{q},\dot{\boldsymbol{q}},t)$ 不会随 Δt 取值的变小而变大，所以考虑变拓扑的瞬时，当 $\Delta t\to 0$ 时，$\boldsymbol{f}(\bar{\boldsymbol{q}},\dot{\boldsymbol{q}}(t_\xi),t_\xi)\Delta t$ 可以忽略不计。因此，式 (6-100) 整理为

$$\boldsymbol{M}_s(\bar{\boldsymbol{q}})\Delta\dot{\boldsymbol{q}}=-\boldsymbol{C}_{\Lambda}^{\mathrm{T}}(\bar{\boldsymbol{q}})\boldsymbol{\mu}^{\Lambda}-\boldsymbol{C}_{q}^{\mathrm{T}}(\bar{\boldsymbol{q}})\boldsymbol{\mu} \tag{6-102}$$

变拓扑过程会导致自由度的改变，体现在动力学方程 (6-79) 中即为约束方程雅可比阵的改变。定义变拓扑前后的约束方程雅可比分别为 $\boldsymbol{C}_q^-$、$\boldsymbol{C}_\Lambda^-$、$\boldsymbol{C}_q^+$ 和 $\boldsymbol{C}_\Lambda^+$。由式 (6-34) 可得

$$\boldsymbol{C}_q^-\dot{\boldsymbol{q}}^-+\boldsymbol{C}_\Lambda^-\dot{\boldsymbol{q}}^-=\boldsymbol{0} \tag{6-103}$$

$$\boldsymbol{C}_q^+\dot{\boldsymbol{q}}^++\boldsymbol{C}_\Lambda^+\dot{\boldsymbol{q}}^+=\boldsymbol{0} \tag{6-104}$$

又已知 $\dot{\boldsymbol{q}}^+=\dot{\boldsymbol{q}}^-+\Delta\dot{\boldsymbol{q}}$，所以上面两式可以写成

$$\boldsymbol{C}_q^+\dot{\boldsymbol{q}}^-+\boldsymbol{C}_\Lambda^+\dot{\boldsymbol{q}}^-+\boldsymbol{C}_q^+\Delta\dot{\boldsymbol{q}}+\boldsymbol{C}_\Lambda^+\Delta\dot{\boldsymbol{q}}=\boldsymbol{0} \tag{6-105}$$

结合式 (6-102) 有

$$\begin{pmatrix}\boldsymbol{M}_s(\bar{\boldsymbol{q}}) & \boldsymbol{C}_q^{\mathrm{T}} & \boldsymbol{C}_\Lambda^{\mathrm{T}}\\ \boldsymbol{C}_q^+ & \boldsymbol{0} & \boldsymbol{0}\\ \boldsymbol{C}_\Lambda^+ & \boldsymbol{0} & \boldsymbol{0}\end{pmatrix}\begin{pmatrix}\Delta\dot{\boldsymbol{q}}\\ \boldsymbol{\mu}\\ \boldsymbol{\mu}^{\Lambda}\end{pmatrix}=\begin{pmatrix}\boldsymbol{0}\\ -\boldsymbol{C}_q^+\dot{\boldsymbol{q}}^-\\ -\boldsymbol{C}_\Lambda^+\dot{\boldsymbol{q}}^-\end{pmatrix} \tag{6-106}$$

求解式 (6-106) 可以求得变拓扑过程前后时刻的速度突变量和冲量，进而实现数值仿真过程中速度突变过程的计算。

6.6 数值仿真

本节对可桁架–帆板系统进行展开动力学仿真，首先以图 6-10 中的简单模型为对象，通过与商业软件 ADAMS 的仿真结果对比，验证本章中多体系统动力学建模和数值计算理论的正确性；其次对采用不同变拓扑算法的仿真结果进行对比，验证变拓扑快速算法的有效性；最后以图 6-1 所示的全尺寸桁架–帆板系统为研究对象，分析导向绳索、张力控制机构和铰间阻尼机构对展开过程中可展开桁架–帆板系统动力学行为的影响。系统模型中各部件的物理参数如表 6-1 所示。仿真中，柔性基板的模态信息等数值由有限元软件 Patran 和 Nastran 计算导出并加载到程序中。

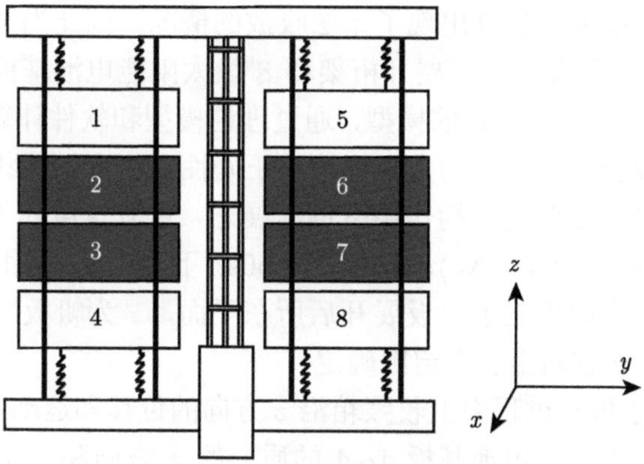

图 6-10　太阳能帆板简单模型

表 6-1　系统物理参数

部件		物理量/单位	值
基板		宽度/m	2.4
		厚度/m	7×10^{-4}
		长度/m	0.44
		质量/kg	0.931
		转动惯量 $J_{xx}/(\text{kg}\cdot\text{m}^2)$	0.456
		转动惯量 $J_{yy}/(\text{kg}\cdot\text{m}^2)$	0.017
		转动惯量 $J_{zz}/(\text{kg}\cdot\text{m}^2)$	0.473
		弹性模量/GPa	6
张力控制机构		刚度/N	200
		阻尼/(N·s/m)	2
导向绳索		导向力/N	10
可展开桁架	三角框	边长/m	0.3
		质量/kg	0.19

续表

部件		物理量/单位	值
可展开桁架	三角框	转动惯量 $J_{xx}/(\text{kg}\cdot\text{m}^2)$	1.29×10^{-3}
		转动惯量 $J_{yy}/(\text{kg}\cdot\text{m}^2)$	1.29×10^{-3}
		转动惯量 $J_{zz}/(\text{kg}\cdot\text{m}^2)$	2.57×10^{-3}
	折叠臂	长度/m	0.162
		质量/kg	9.84×10^{-2}
		转动惯量 $J_{xx}/(\text{kg}\cdot\text{m}^2)$	2×10^{-4}
		转动惯量 $J_{yy}/(\text{kg}\cdot\text{m}^2)$	4.89×10^{-6}
		转动惯量 $J_{zz}/(\text{kg}\cdot\text{m}^2)$	2×10^{-4}

6.6.1 模型验证

在使用 ADAMS 软件对全尺寸的桁架–帆板系统进行数值仿真时，由于大量锁定力和接触力的引入，仿真出现了无法收敛的情况。因此为了便于对比，本书首先建立图 6-10 所示的 6 节可展开桁架和 8 块太阳能电池基板的简单模型，在软件 ADAMS 中建立同样参数的模型，通过理论模型和软件计算结果的对比，来验证本章中刚柔混合多体系统动力学理论的正确性。仿真初始状态为桁架和柔性板均处于折叠状态，在驱动机构作用下逐渐展开，展开速度约为 0.04m/s，因此驱动力设置为 $2000\times(0.04-\Delta v)$，仿真时间 50s。下文中 x、y 和 z 方向如图 6-10 中坐标系所示，x 方向垂直于帆板展开后所在平面，z 为帆板展开时上收藏箱和桁架的运动方向，y 方向由右手定则确定。

图 6-11 给出了展开过程中上收藏箱沿 z 方向的位移和运动速度曲线，图 6-12 给出了展开过程中太阳能电池基板 1~4 的质心的 z 方向和 x 方向位移曲线。由图中结果可以看出，本书理论模型能够取得和 ADAMS 一致的结果，这验证了本书建模理论的正确性。

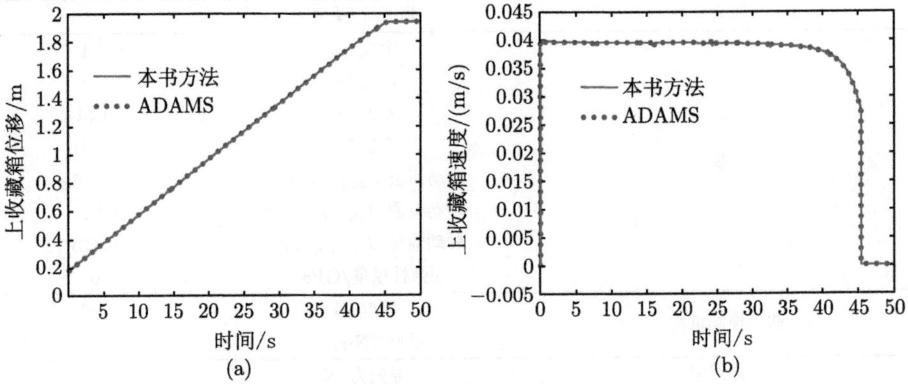

图 6-11　收藏箱沿 z 方向的位移和速度曲线

(a) 位移；(b) 速度

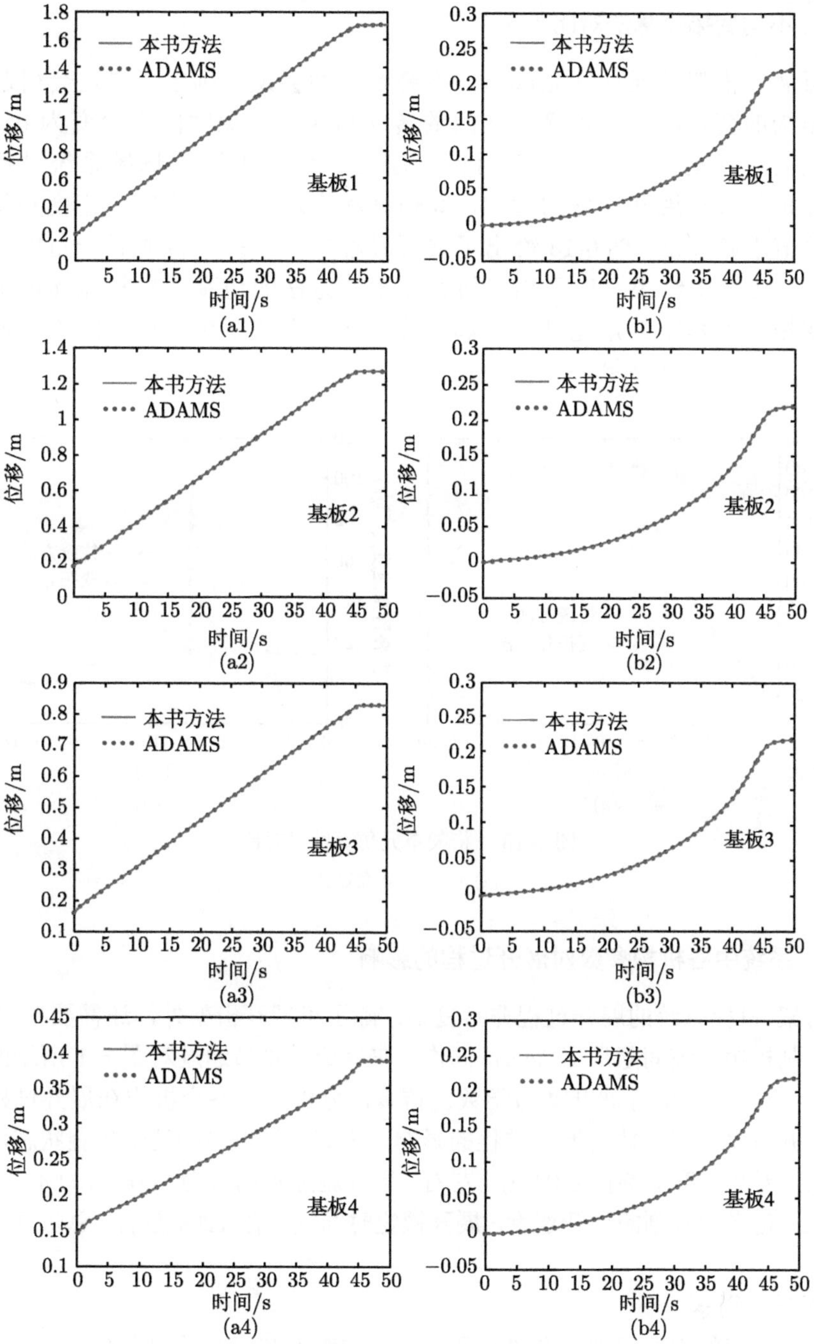

图 6-12 基板位移曲线

(a1)~(a4) 沿 z 方向；(b1)~(b4) 沿 x 方向

6.6.2　不同变拓扑算法对比

可展开桁架单元展开完成后，折叠臂之间会发生锁定，锁定会引起系统拓扑结构的变化，使得折叠臂之间的转动角速度在短时间内突变为 0，而折叠臂之间的转动角度在锁定前后保持连续。本节对桁架–帆板系统进行了不同的变拓扑方法展开过程的对比，其仿真程序均由同样的理论建模并使用同样的数值求解算法。图 6-13 给出了展开过程中一组折叠臂的展开角度和角速度曲线，由图中结果可以看出，两种变拓扑方法的仿真结果都能体现出关节锁定变拓扑过程中的角速度突变和角度连续，而新变拓扑算法能够取得与传统方法一致的仿真结果。

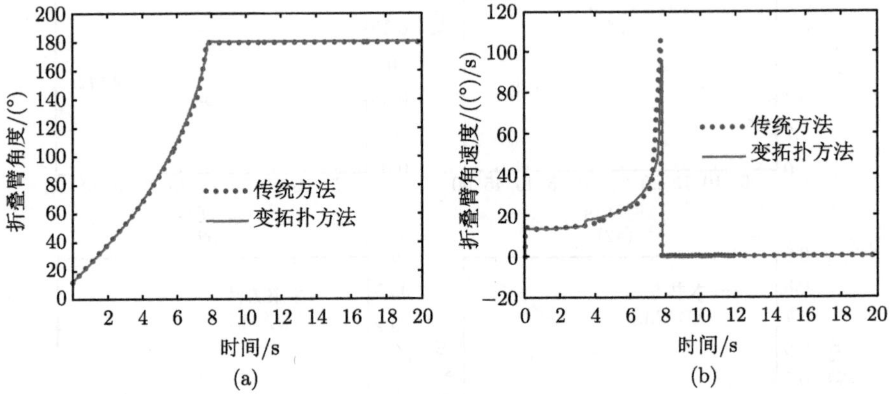

图 6-13　桁架单元仿真结果对比

(a) 角度；(b) 角速度

6.6.3　系统中各机构参数对展开过程的影响

桁架–帆板系统的展开过程非常复杂，除了可展开桁架外，还需要导向绳索、张力控制机构和铰间阻尼器等的协同作用来完成。本节通过对图 6-1 所示的全尺寸桁架–帆板系统进行展开动力学数值仿真，分析上述各个机构在展开过程中的作用，并对比不同参数对展开过程的影响。桁架和帆板最初处于折叠状态，展开开始后，展开速度保持在 0.04m/s 左右，因此施加驱动力为 $2000\times(0.04-\Delta v)$N，其中 Δv 是当前时刻的展开速度。展开锁定时间发生在 120s 左右，总仿真时间取 150s。

1) 导向绳索

导向绳索的工作原理如图 6-5 所示，导向绳索在展开过程中对基板有导向的作用，防止展开过程中基板发生反折或者偏移。由于可展开桁架–帆板系统中的两侧基板在相同参数条件下具有对称性，所以，为了对比和突出导向绳索的作用，本仿真中仅对系统中的左侧基板施加导向绳作用力，右侧基板则无导向绳索作用力。仿真中，张力控制机构的等效刚度取值为 100N/m，等效阻尼取值为 0.1N·s/m，基板的铰间转动阻尼取值为 1.75×10^{-5}N·s/(°) (0.01N·s/rad)。仿真结果如图 6-14 和图 6-15 所示。

图 6-14 给出了展开过程中 $t = 101.3$s 时刻系统的状态，由图可以看出，左侧基板展开比较有序，右侧基板展开过程中出现了大范围偏移。

图 6-15 给出了展开过程中部分基板浮动基原点相对于航天器本体坐标系沿 x 方向的位移，点线是没有导向绳索的一列单边阵的仿真结果，12 个图分别对应基板 1 (13)~12(24) 的状态，实线是有导向绳索的一列单边阵仿真结果。可以看出，无导向绳索的情况下基板会远离预期的展开位置，并且展开完成后基板偏离平衡位置振动的振幅会明显较大。

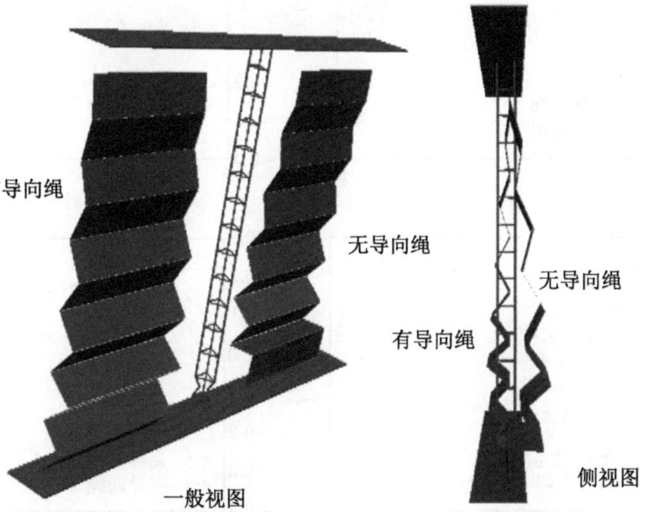

图 6-14 有无导向绳情况下 = 101.3s 时刻系统状态图

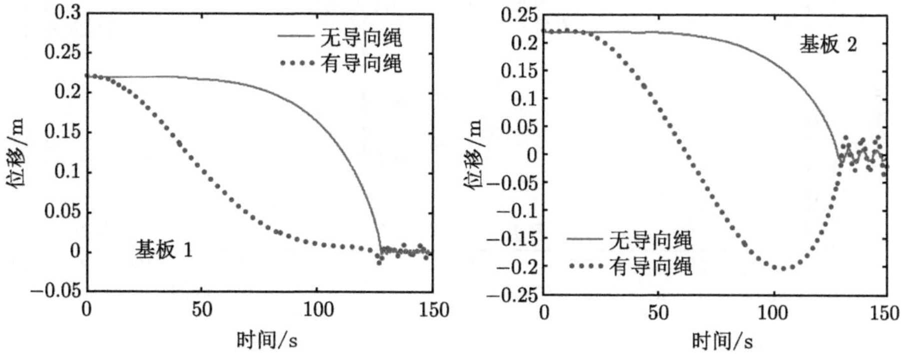

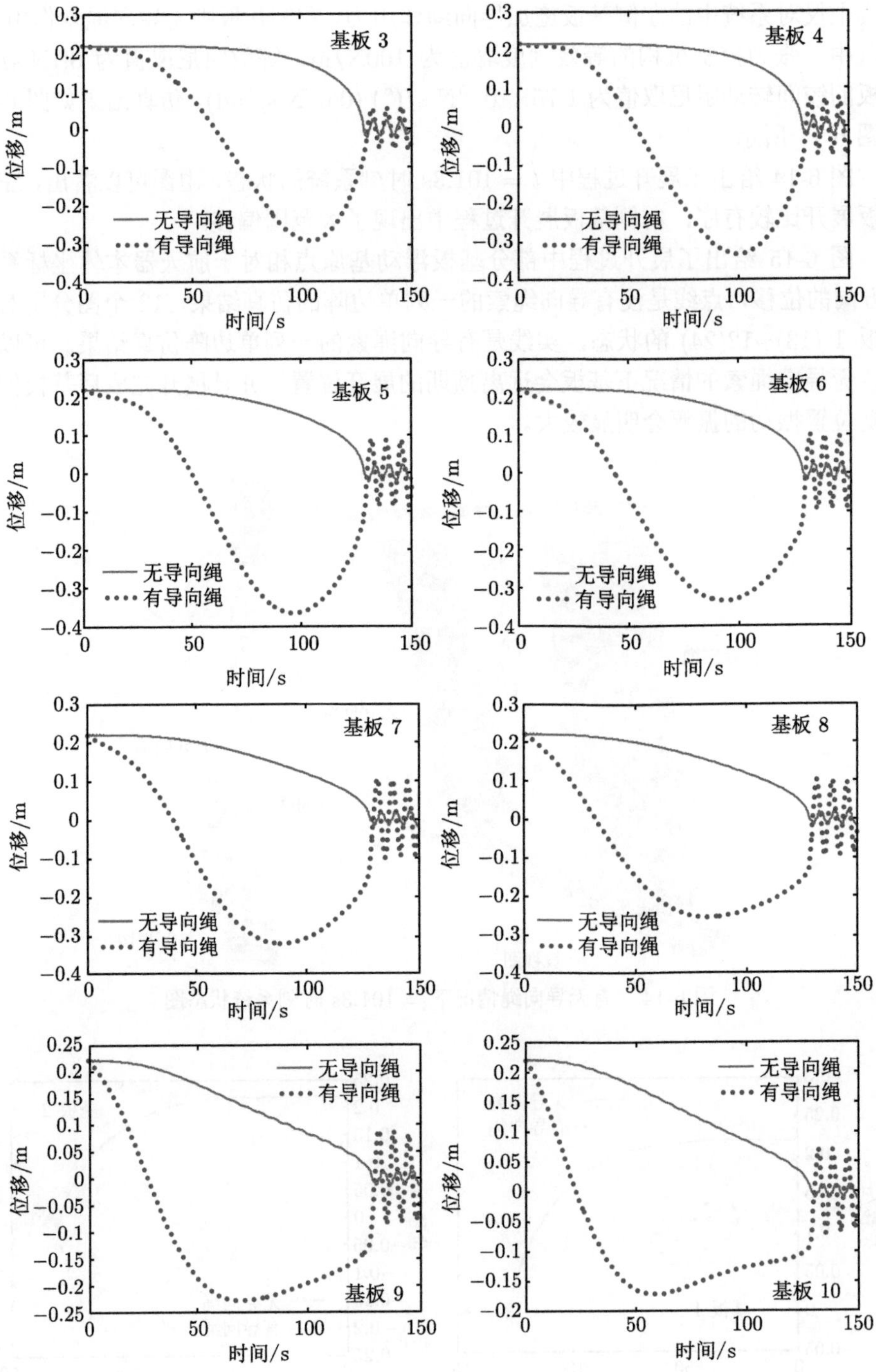
基板 3
基板 4
基板 5
基板 6
基板 7
基板 8
基板 9
基板 10
无导向绳
有导向绳
位移/m
时间/s

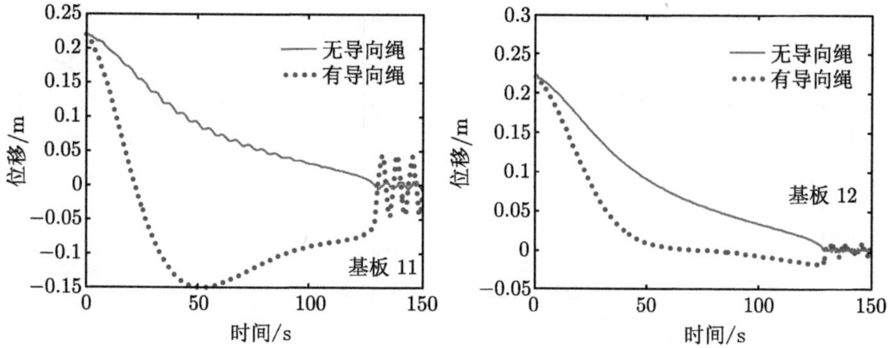

图 6-15 基板 1~12 沿 x 方向位移

2) 张力控制机构刚度

为了对比分析不同的张力控制机构刚度对展开过程的影响，等效刚度分别取值为 400N/m、100N/m 和 20N/m。等效阻尼取值为 0.1N·s/m，铰间转动阻尼为 1.75×10^{-5}N·s/(°) (0.01N·s/rad)。系统两侧的单边阵均布置有导向绳索。仿真结果如图 6-16 和图 6-17 所示，由于可展开桁架–帆板系统结构具有对称性，所以在此只给出了基板 1~12 的仿真结果。

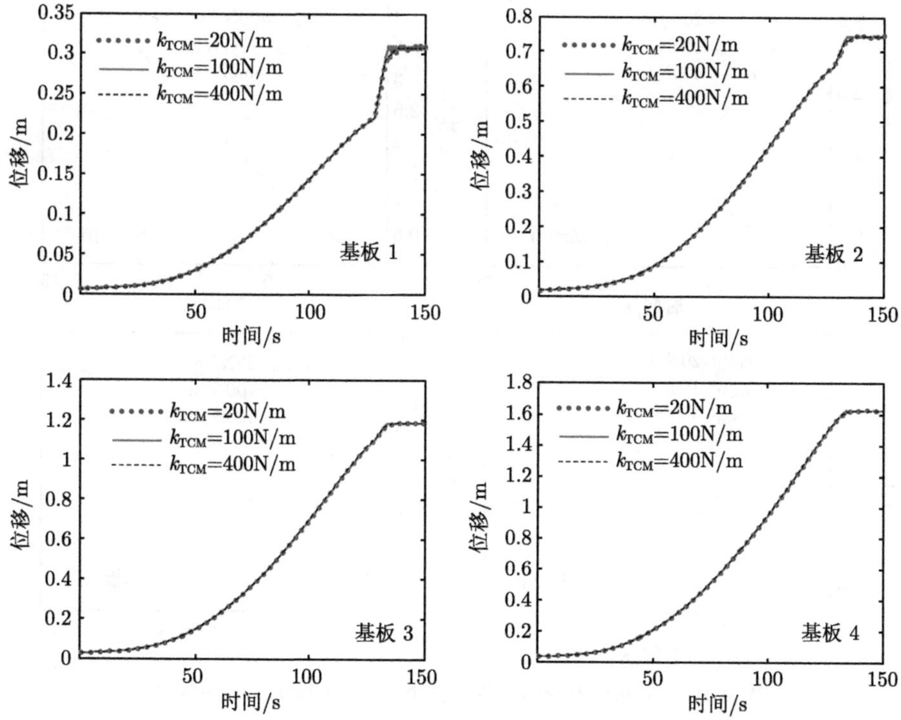

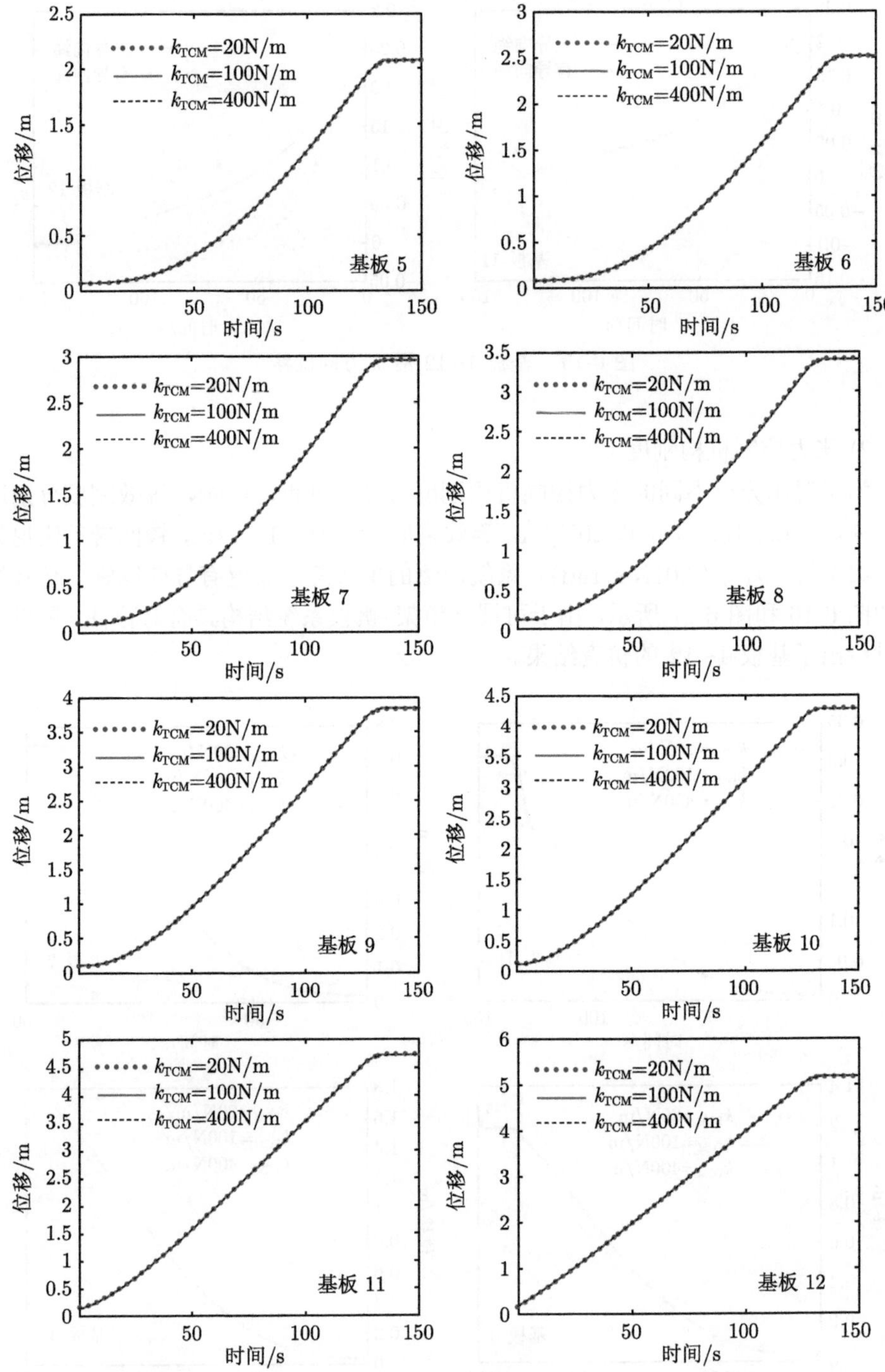

图 6-16　不同张力控制机构刚度下基板 1~12 沿 z 方向位移

图 6-16 给出了不同张力控制机构等效刚度情况下的展开过程中各个基板 z 方向的位移曲线，可以看出，在整个展开过程中，三条曲线重合度很高，不同的张力控制机构等效刚度对系统的展开过程影响不大。

图 6-17 是展开完成后一段时间的仿真曲线，可以看出，展开完成后，基板沿 z 方向的运动状态与张力控制机构的等效刚度密切相关，当张力控制机构的等效刚度较大时，基板沿 z 方向的振幅相对较小，而振动频率会相对较高；等效刚度较小时，基板沿 z 方向的振幅相对较大，而且振动频率相对较低。

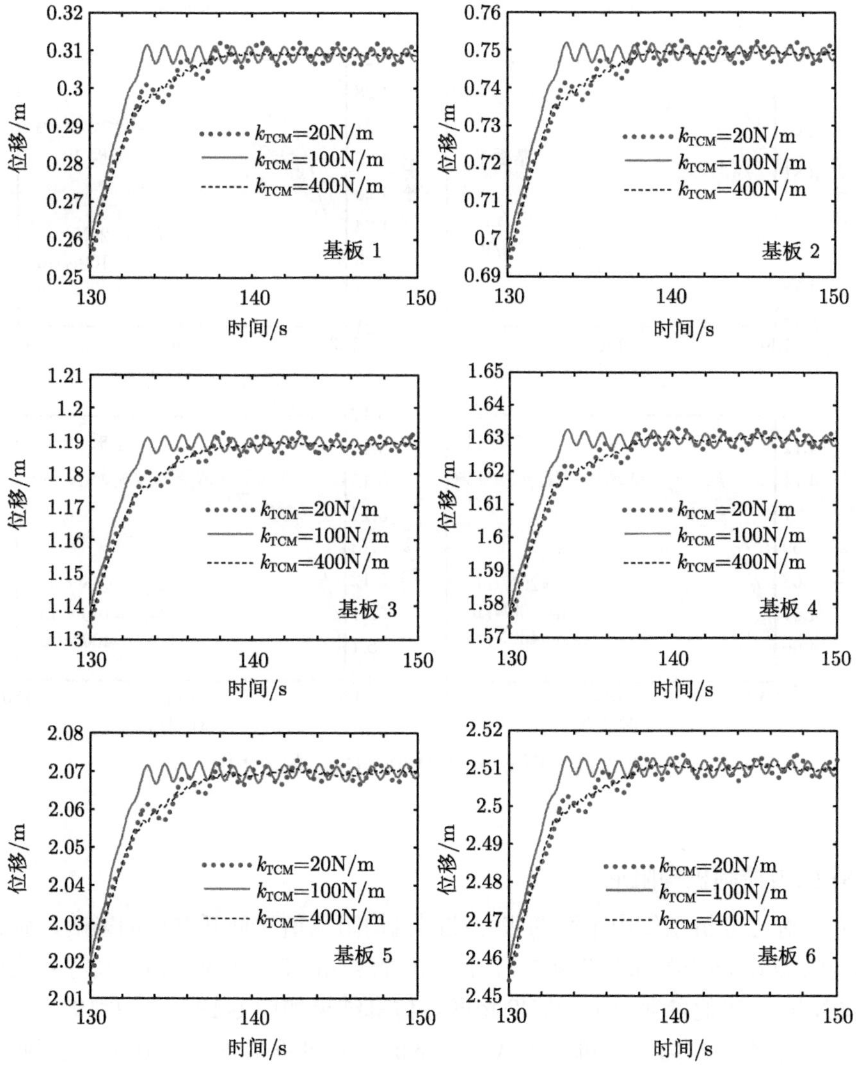

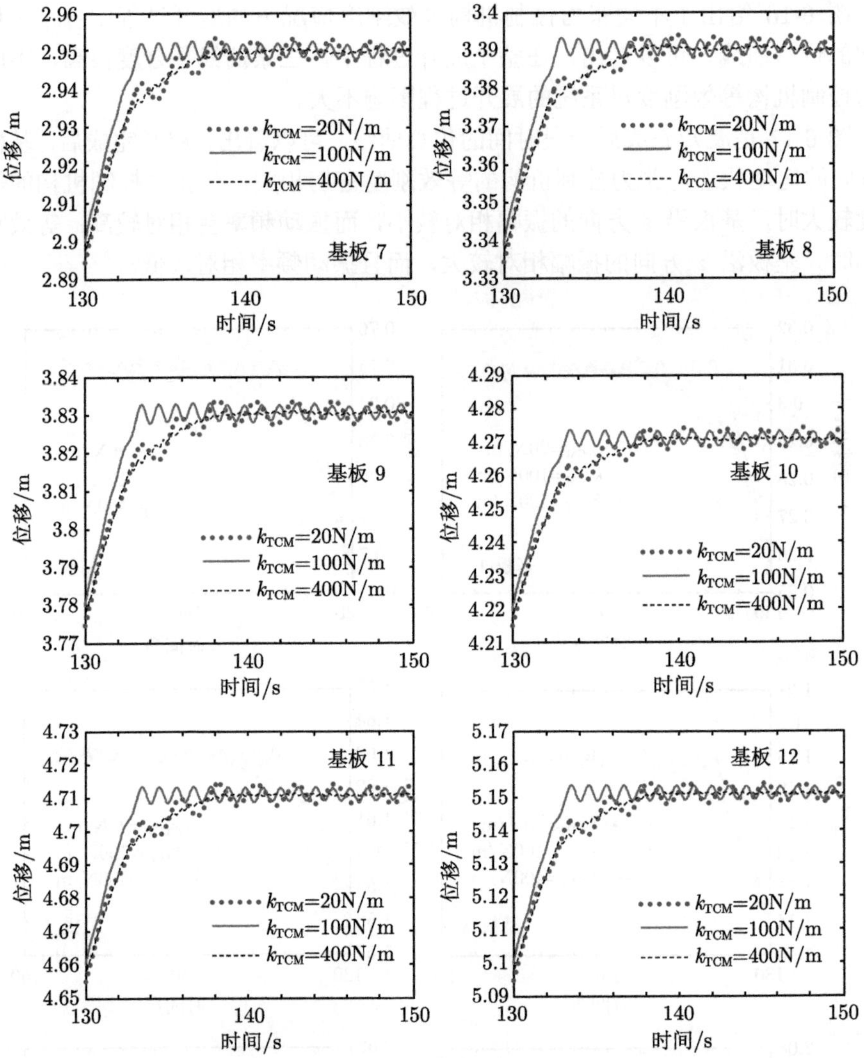

图 6-17　图 6.16 在 [130s, 150s] 的放大图

3) 张力控制机构阻尼

为了对比分析系统中不同的张力控制机构阻尼值对展开过程的影响，张力控制机构的等效阻尼分别取值为 1N·s/m、0.1N·s/m 和 0.01N·s/m，其等效刚度取为 100N/m，其他参数与上一算例相同。仿真结果如图 6-18 和图 6-19 所示。图 6-18 给出了不同张力控制机构等效阻尼下的展开过程中各个基板 x 方向和 z 方向的位移曲线，同上一算例的结果类似，可以看出，不同的等效阻尼对展开过程影

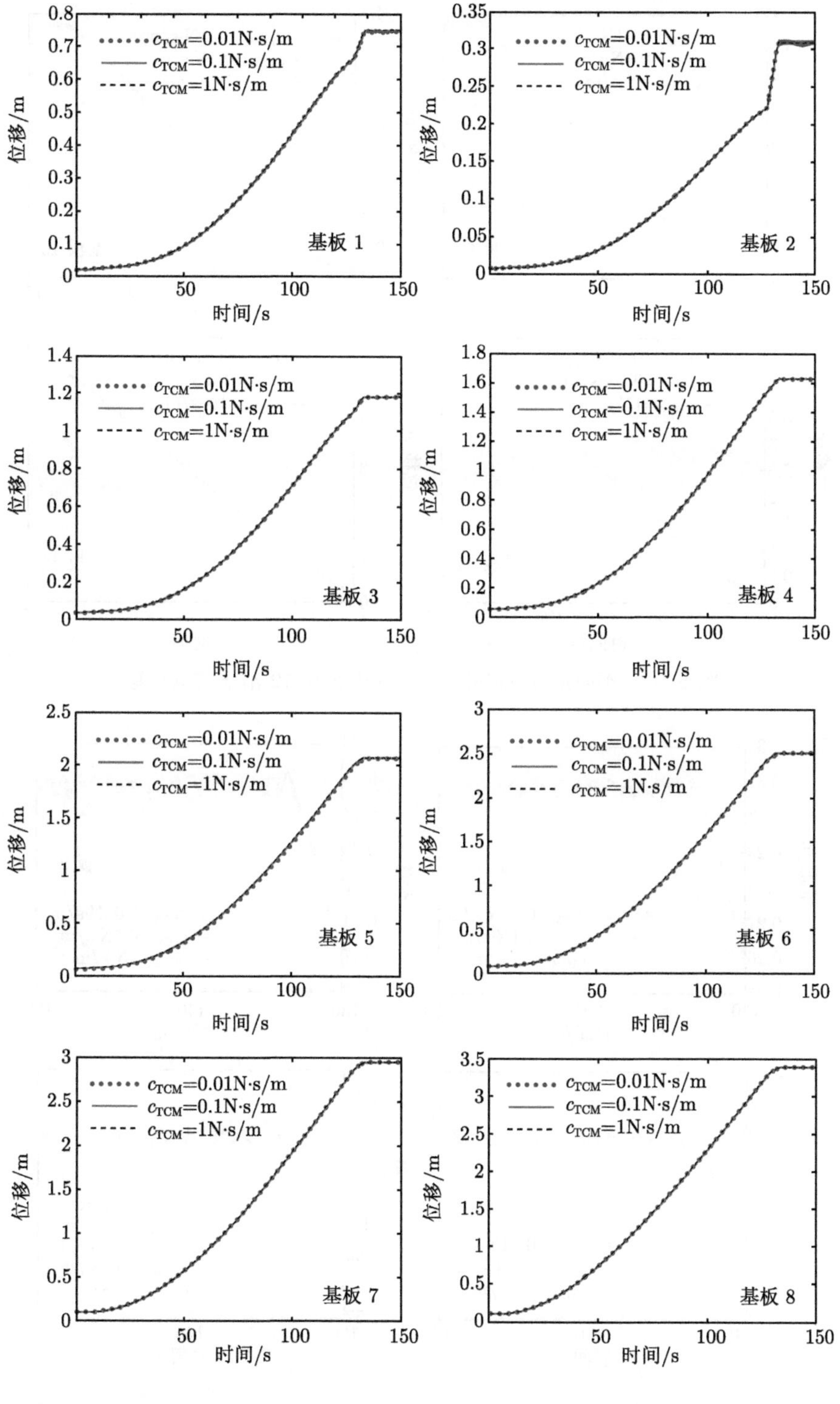

cTCM=0.01N·s/m
cTCM=0.1N·s/m
cTCM=1N·s/m
位移/m
时间/s
基板 1
基板 2
基板 3
基板 4
基板 5
基板 6
基板 7
基板 8

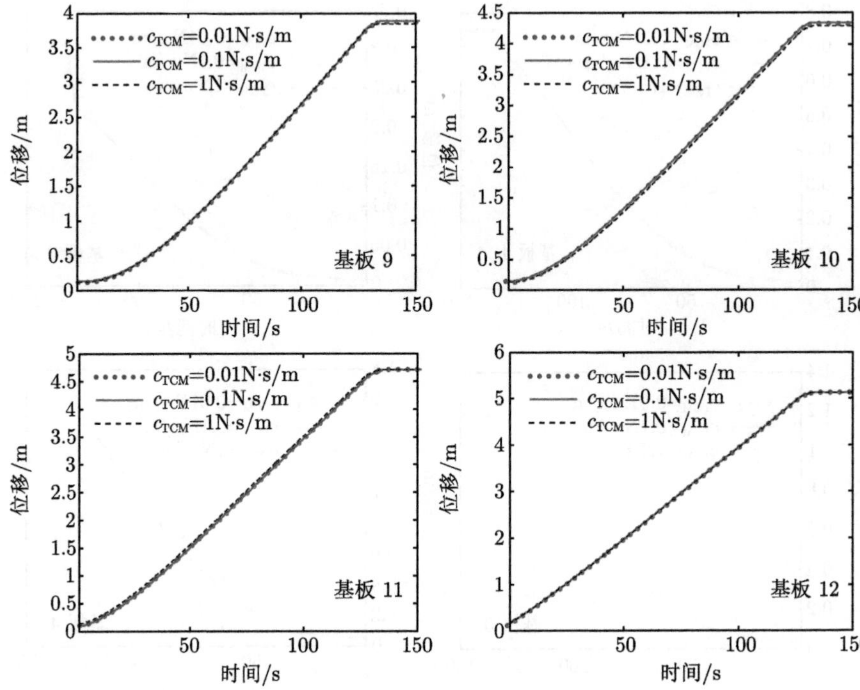

图 6-18　不同张力控制机构阻尼下基板 1~12 沿 z 方向位移

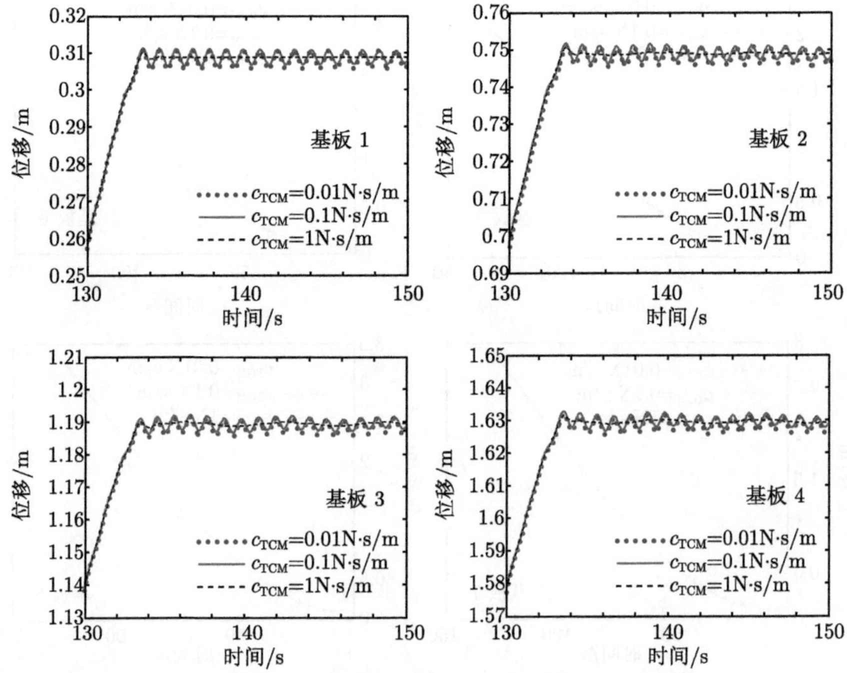

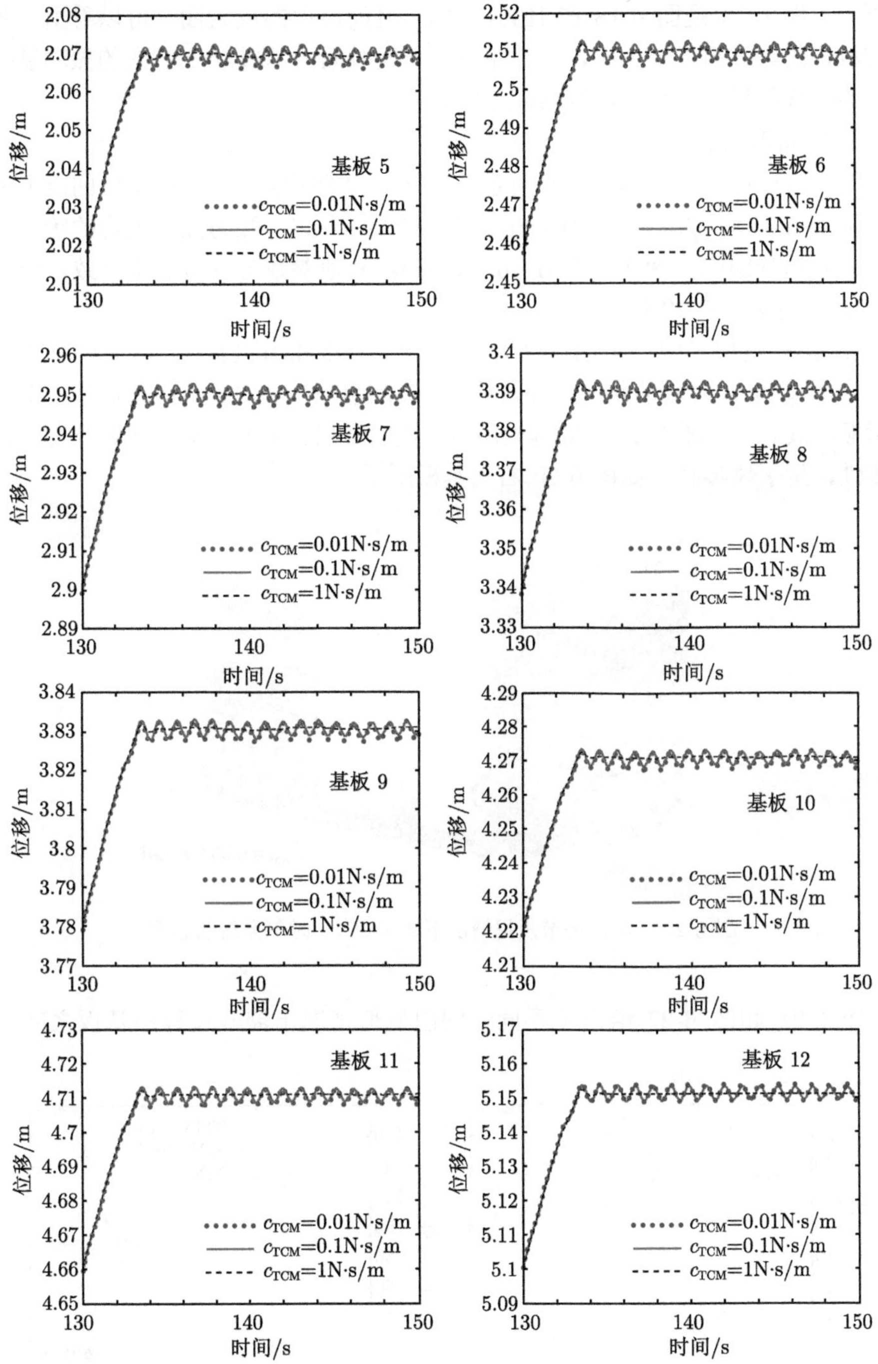

图 6-19 图 6-18 在 [130s, 150s] 的放大图

响不大。图 6-19 是图 6-18 在 [130s, 150s] 时间段内的放大图，可以看出，张力控制机构的等效阻尼较大时，展开完成后一段时间内基板沿 z 方向的振动衰减较快，当等效阻尼取值较小时则衰减较慢。

4) 铰间阻尼器

为了对比铰间阻尼器的大小对系统展开过程的影响，本算例中铰间阻尼值分别取值为 0.003N·s/rad、0.01N·s/rad 和 0.03N·s/rad，张力控制机构的等效刚度和等效阻尼分别取值为 100N/m、0.1N·s/m，其他参数与表 6-1 中一致，仿真结果如图 6-20～ 图 6-22 所示。

图 6-20 给出了铰间阻尼分别取 0.003N·s/rad 和 0.03N·s/rad 时的基板展开过程中 $t = 65.5\text{s}$ 时刻的状态，可以看出，铰间阻尼较小时，柔性基板基本上按照先后顺序展开，如图 6-20 左侧基板所示；铰间阻尼较大时，基板间展开有一定的同步性，呈手风琴状，如图 6-20 右侧基板所示。

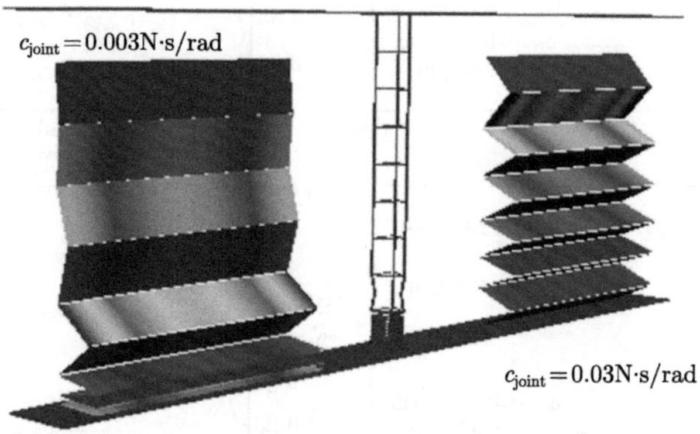

图 6-20　不同关节阻尼情况下 $t = 65.5\text{s}$ 时刻系统状态图

图 6-21 和图 6-22 给出了不同铰间阻尼值情况下展开过程中基板之间关节

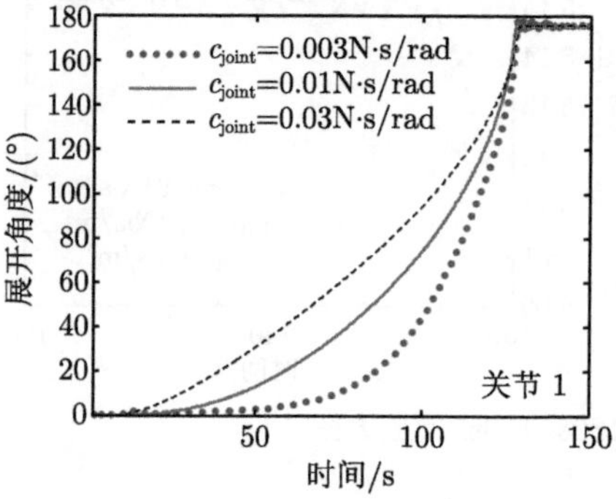

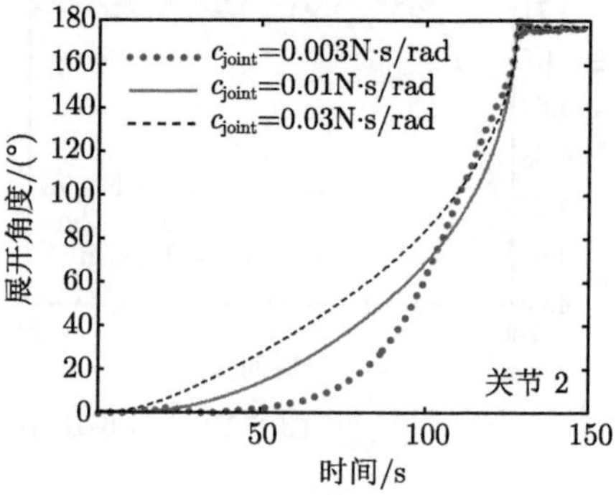

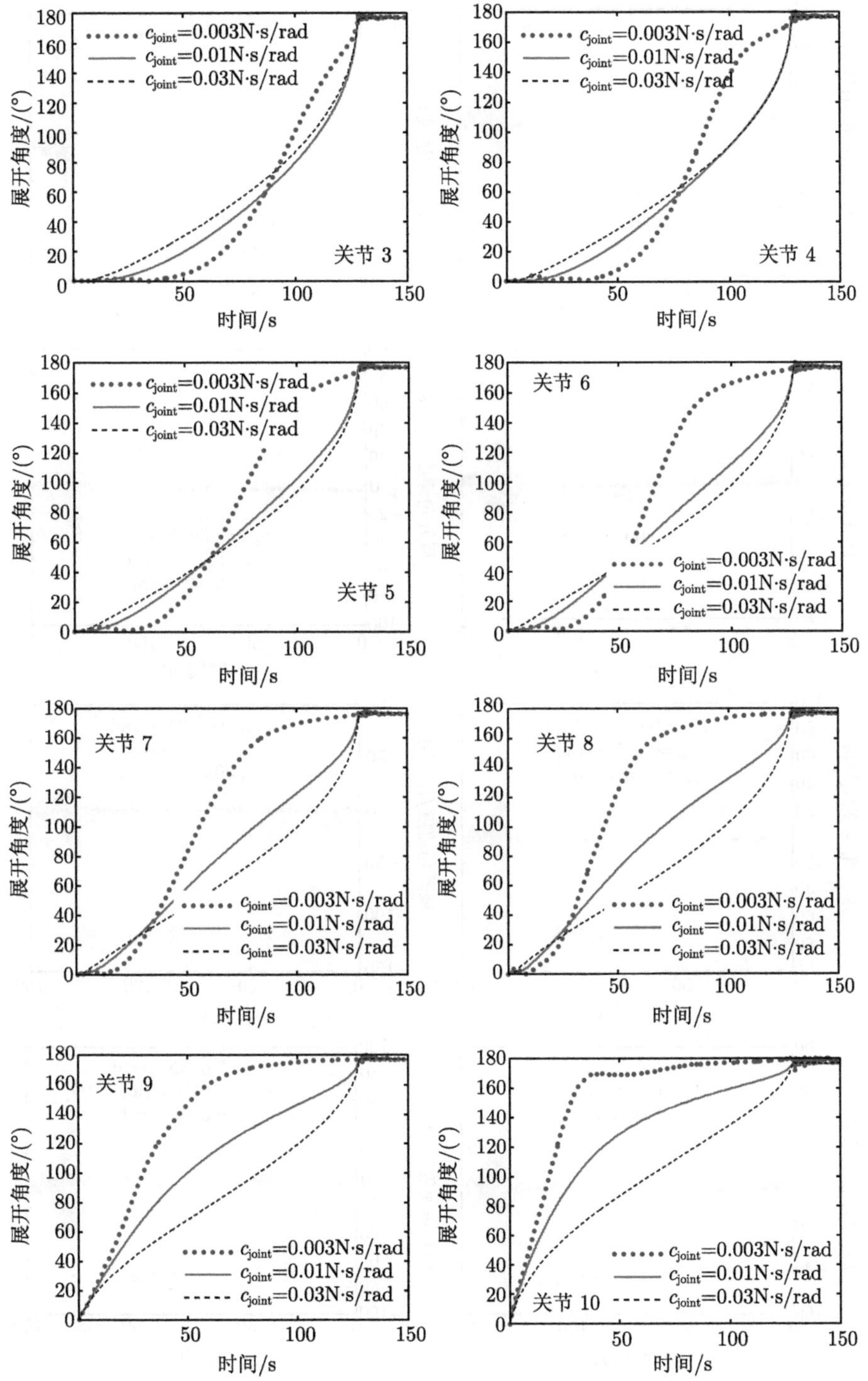

图 6-21 不同铰间阻尼下基板关节转角

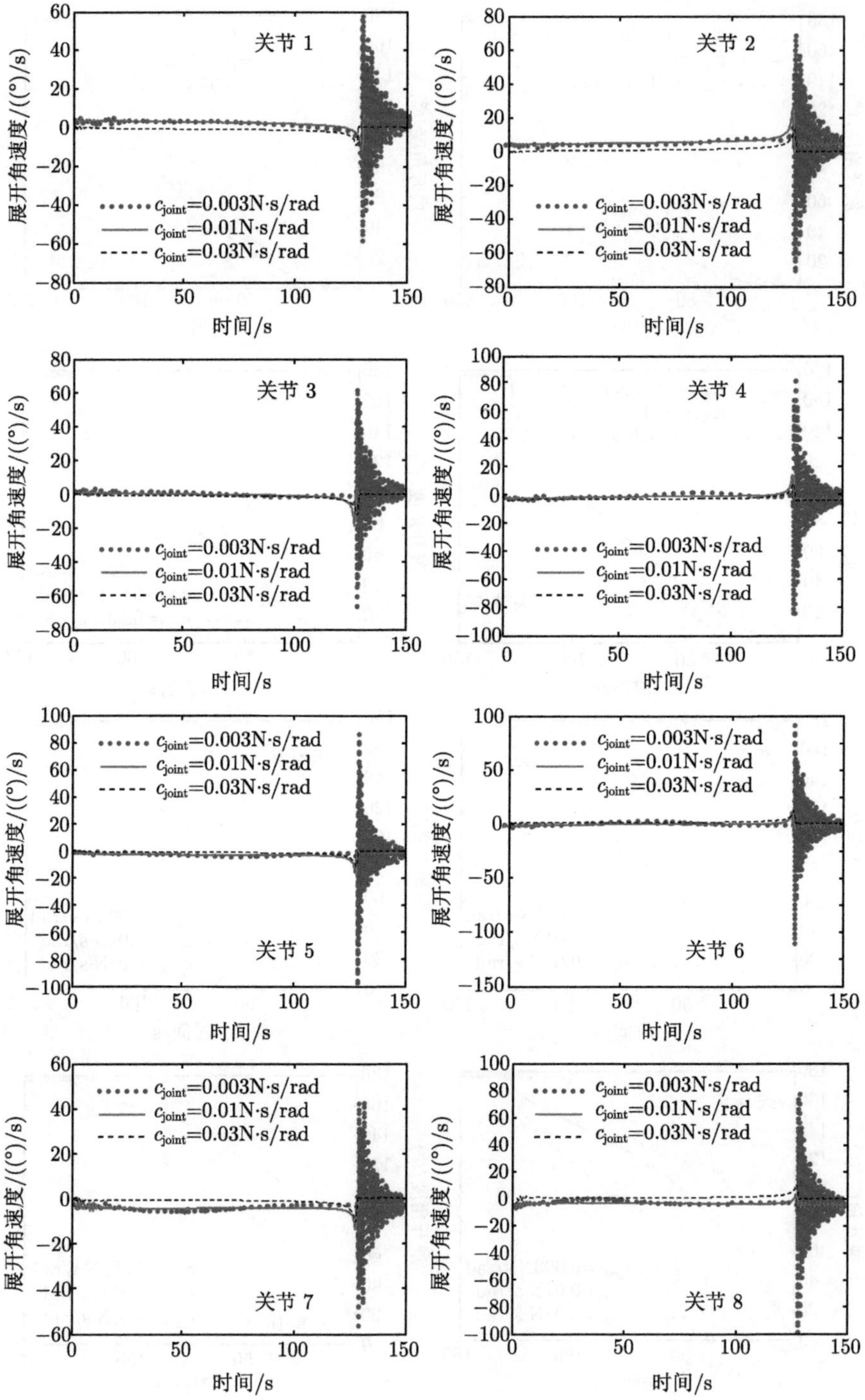
关节 1
关节 2
关节 3
关节 4
关节 5
关节 6
关节 7
关节 8
展开角速度/((°)/s)
时间/s
c_{joint}=0.003N·s/rad
c_{joint}=0.01N·s/rad
c_{joint}=0.03N·s/rad

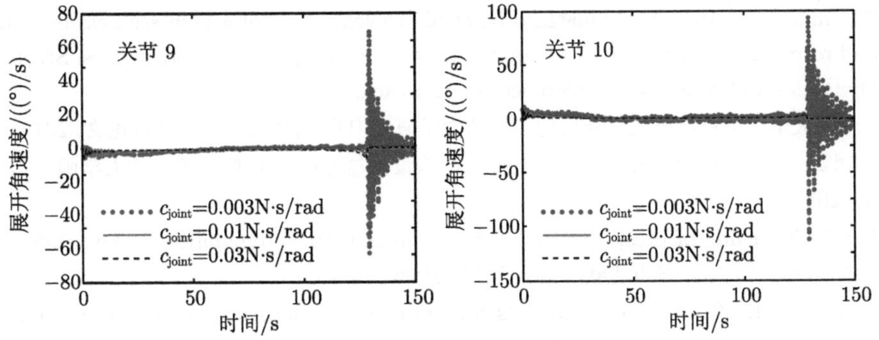

图 6-22 不同铰间阻尼下基板关节角速度

1~10 的转角和角速度的曲线，从图中可以看出，铰间阻尼较大时，展开过程的角度曲线更加平缓，更趋近于匀速；并且由图中展开完成后的部分曲线可以看出，铰间阻尼较大时，展开完成后关节振荡较小。

6.7 本 章 小 结

本章对可展开桁架–帆板系统的展开动力学进行了研究。首先介绍了系统的主要结构；随后选取笛卡儿坐标、欧拉四元数以及柔性体的模态坐标作为系统的广义坐标，根据变分原理推导了系统的动力学方程；然后给出了自动变步长变阶数的数值求解算法，以及积分步骤的详细过程和程序实现逻辑步骤；进而引入了准确高效的变拓扑算法来处理系统中的变拓扑问题；最后通过数值仿真证明了本章理论的正确性，并且通过数值仿真分析了不同的变拓扑算法的结果和讨论了系统各部件的参数值对展开过程的影响。数值仿真结果表明，本书所采用的建模方法能够很好地运用于可展开桁架–帆板系统的动力学仿真，本书中引入并拓展的变拓扑快速算法比传统的方法有着很大的优势；导向绳索能够保证柔性基板的有序展开，张力控制机构会影响展开完成后基板的振动，铰间阻尼能使得展开角速度更加平稳并且能够减少展开关节振荡。本章研究内容发表有文章 [25]。

参 考 文 献

[1] Markelov G N, Kashkovsky A V, Ivanov M S. Space station mir aerodynamics along the descent trajectory[J]. Journal of Spacecraft and Rockets, 2001, 38(1): 43-50.

[2] Riel F, Morata L. Space station freedom pre-integrated truss configuration[C]//Space Programs and Technologies Conference, Huntsville, USA, 1992.

[3] Natori M, Kitamura T, Kawamura T. Design of articulated extensible mast systems and their mechanical characteristics[C]//The 37th Structures, Structural Dynamics and Materials Conference, Salt Lake City, USA, 1996.

[4] Kitamura T, Natori M, Yamashiro K, et al. Development of a high stiffness extendible and retractable mast 'Himat' for space applications[C]//The 31st Structures, Structural Dynamics and Materials Conference, Long Beach, USA, 1990.

[5] 杨俊. 大型太阳翼盘绕式展开机构多体动力学研究 [D]. 清华大学硕士学位论文, 2013.

[6] 单明贺. 三棱柱单元构架式可展开支撑臂结构设计与分析 [D]. 哈尔滨工业大学硕士学位论文, 2013.

[7] Loh L. Modeling of prestressed solar arrays in structural dynamics[C]//Dynamics Specialists Conference, Salt Lake City, USA, 1996.

[8] Smith S, Mei K. Analytical models for nonlinear responses of a laboratory solar array[C]//The 38th Structures, Structural Dynamics, and Materials Conference, Kissimmee, USA, 1997.

[9] Kojima Y, Taniwaki S, Ohkami Y. Attitude vibration caused by a stick-slip motion for flexible solar array of advanced earth observation satellite[J]. Journal of Vibration and Control, 2004, 10(10): 1459-1472.

[10] Granda J, Nguyen L, Raval M. Simplified dynamic model generation and vibration analysis of the international space station mission 12A[C]//Conference and Exhibi of AIAA Infotech at Aerospace. Rohnert Park, USA, 2007.

[11] Laible M, Fitzpatrick K, Grygier M. International space station 2A array modal analysis[C]//The 31st IMAC, A Conference on Structural Dynamics, Topics in Nonlinear Dynamics, Garden Grove, USA, 2013.

[12] Na S, Tang G A, Chen L F. Vibration reduction of flexible solar array during orbital maneuver[J]. Aircraft Engineering and Aerospace Technology, 2014, 86(2): 155-164.

[13] Hinkley D, Simburger E. A multifunctional flexure hinge for deploying omnidirectional solar arrays[C]//The 19th AIAA Applied Aerodynamics Conference, Seattle, USA, 2001.

[14] 刘延柱, 潘振宽, 戈新生. 多体系统动力学 [M]. 2 版. 北京: 高等教育出版社, 2014.

[15] de Jalón J G, Bayo E. Kinematic and Dynamic Simulation of Multibody Systems: The Real-Time Challenge[M]. New York: Springer, 1994.

[16] 蔡国平, 刘晓峰, 刘元卿. 空间机器人捕获动力学与控制 [M]. 北京: 科学出版社, 2022.

[17] 徐小明, 钟万勰. 基于四元数表示的多体动力学系统及其保辛积分算法 [J]. 应用数学和力学, 2014, 35(10): 1071-1080.

[18] 吴锋, 高强, 钟万勰. 基于祖冲之类方法的多体动力学方程保能量保约束积分 [J]. 计算机辅助工程, 2014, 23(01): 64-68.

[19] 洪嘉振. 计算多体系统动力学 [M]. 北京: 高等教育出版社, 1999.

[20] 周国标, 宋宝瑞, 谢建利. 数值计算 [M]. 北京: 高等教育出版社, 2008.

[21] Shampine L F, Gordon M K. Computer Solution of Ordinary Differential Equations[M]. San Francisco: W. H. Freeman and Company, 1975.

[22] Gonthier Y, McPhee J, Lange C, et al. A regularized contact model with asymmetric damping and dwell-time dependent friction[J]. Multibody System Dynamics, 2004, 11(3): 209-233.

[23] Qi F, Wang T, Li J. The elastic contact influences on passive walking gaits[J]. Robotica, 2011, 29(05): 787-796.

[24] Guo W H, Wang T S. A methodology for simulations of multi-rigid body systems with topology changes[J]. Multibody System Dynamics, 2015, 35(1): 25-38.

[25] Li H Q, Liu X F, Guo S J, et al. Deployment dynamics of large-scale flexible solar arrays[J]. Proceedings of the Institution of Mechanical Engineers, Part K: Journal of Multi-body Dynamics, 2016, 230(20): 147-158.

第 7 章　桁架–帆板系统中的间隙与摩擦问题

7.1　引　　言

关节是连接多体系统中各物体的关键部件 [1]，在多体系统动力学研究中，通常将各类关节作为理想的约束来处理。然而实际上，由于工艺上的限制，关节之间的间隙是不可能避免的。间隙的存在会引起关节各部件之间的碰撞，从而产生非连续的非线性法向接触力和切向摩擦力，使得关节内力显著增加 [2]，加快部件磨损，并且会影响系统的位置姿态预测。对于可展开桁架展开过程的研究，以往人们大多是仅把可展开关节当作理想约束来处理，甚至对于展开过程只研究其理想约束下的运动学问题 [3]。实际上可展开桁架系统中含有大量的间隙，间隙带来的法向接触力和切向摩擦力会使得系统的非线性大大增加，从而系统的动力学行为更加复杂。

间隙问题很早就引起了学者们的广泛关注，通过与接触问题的结合，发展出了很多研究成果。例如，Flores 等 [4-7] 对平面和空间间隙问题做了一系列的研究，在接触检测和接触力计算以及润滑方面都进行了探讨，并研究了平面多间隙问题对多连杆系统动力学行为的影响。田强等 [7,8] 对空间机械臂系统的间隙问题进行了建模仿真，通过使用自然坐标法和绝对节点坐标法建立了空间机器人系统的刚柔耦合动力学模型，引入了空间三维的含间隙旋转铰，对空间机器人的抓取问题和控制问题进行了仿真分析。Muvengei 等 [9] 对含两个间隙关节的平面机构进行了动力学分析，通过 Matlab 程序仿真分析揭示了间隙对系统动力学行为的影响，并指出，为了精确计算系统状态，有必要考虑关节间隙。Erkaya 和 Uzmay[10,11] 分析了考虑关节间隙的平面四连杆机构和平面曲柄滑块机构的动力学行为，并针对带有关节间隙的动力学模型进行了优化设计。Brutti 等 [12] 建立了三维的含间隙旋转铰模型，通过有限元方法分析了关节部件的受力和变形情况，并将模型成功应用于空间的曲柄滑块机构。阎绍泽等 [13] 对单跨可展开结构建立了动力学模型，分析了间隙对可展开结构动力学性能的影响。王天舒等 [2] 建立了含铰间隙的传统柔性小型帆板的展开动力学模型，采用分段线性模型和等效弹簧模型分析了帆板的展开过程，通过数值仿真讨论了关节间隙对系统动力学行为的影响。尉立肖和刘才山 [1] 建立了考虑间隙的圆柱铰关节模型，建立了间隙接触检测的运动学关系，基于赫兹 (Hertz) 接触理论并考虑了接触阻尼项的影响建立了法向的接触模型，利用库仑摩擦模型来计算关节处的摩擦力矩，针对一个曲柄机构进行了数值仿真计算，研究了空间间隙等因素对系统动力学特性的影响。白争锋等[14,15]针对平面多体系统的间隙和磨损问题做了若干研究，将平面间隙问题引入四杆机构和传统帆板系统等平面多体问题中，分析了间隙对平面四杆机构和传统的小型帆板系统的动力学特性的影响。由以上可以看出，众多学者对于间隙问题开展了大量研究，取得了许多研究成果。然而现有研究中仍存在一些值得深入探讨的问题，例如，大部分以往的研究只关注了简单的平面间隙问题[4,5,14-17]，如曲柄滑块机构和平面四连杆机构，少部分对于空间问题的研究也主要是针对物体数量和非理想关节数量均较少的空间机器人系统[7,8]；对于可展开桁架中间隙问题的研究，目前多数研究都只进行了展开完成后的结构动力学分析[18]，少有考虑其展开过程中间隙问题的研究报道。可展开桁架–帆板系统中含有大量的关节，关节间隙会对系统的展开动力学过程造成影响，如何有效地处理系统中的间隙问题，这是一个具有挑战性的研究命题。

本章对可展开桁架–帆板系统中的间隙问题进行研究。在充分考虑可展开桁架多关节多间隙特点的情况下，首先给出间隙问题接触检测和接触力计算的理论推导过程，然后建立考虑桁架关节间隙的系统动力学模型，最终通过数值仿真，分析间隙对展开过程中桁架各部件以及柔性帆板的动力学行为的影响。

7.2 接触检测

间隙会导致关节中相邻部件出现失去接触的现象[13]，因此，处理间隙问题首先要考虑的就是接触状态的检测。如图 7-1 所示，可展开桁架系统中的关节是一个既存在径向间隙又存在轴向间隙的旋转铰，因此可能出现的接触情况有转轴和轴套之间的径向接触，以及轴套端部和转轴两侧挡板之间的轴向接触。

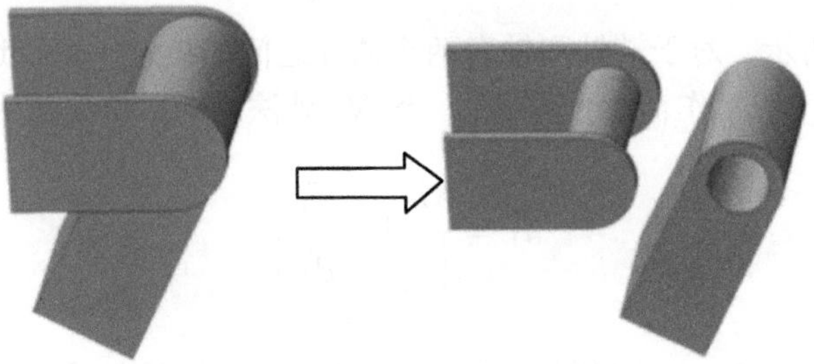

图 7-1 可展开桁架的含间隙关节

7.2.1 径向接触

如图 7-2 所示，含间隙关节的转轴和轴套分别固结在物体 B_α 和 B_β 上，假设转轴宽度和轴套宽度分别为 L_{jn} 和 L_{br}，转轴半径为 R_{jn}，轴套的内、外半径分别为 R_{br}^1 和 R_{br}^2，转轴和轴套中心点位置为 C_{jn} 和 C_{br}。

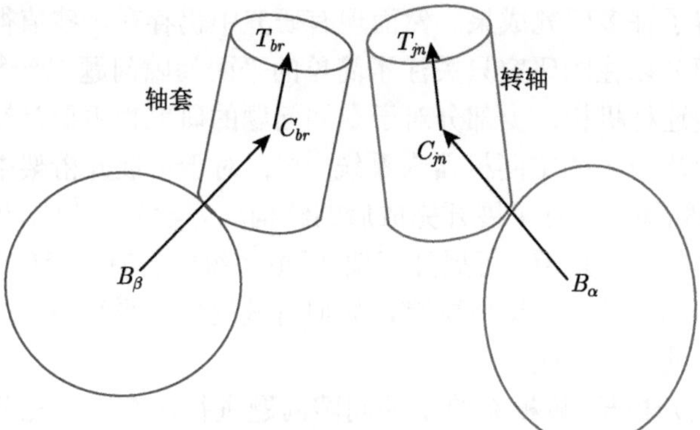

图 7-2 含间隙关节的两物体简图

由于径向接触在转轴和轴套顶端底端各有一个潜在接触点，并且其接触机制相同，所以只分析顶端潜在接触点的接触检测方法。定义转轴和轴套顶端的中心点分别为 T_{jn} 和 T_{br}，由式 (6-10) 可得转轴和轴套中心点的位置矢量 $\vec{r}_{C_{jn}}$ 和 $\vec{r}_{C_{br}}$。假设沿转轴和轴套中心线方向的单位矢量分别为 $\vec{e}_{jn}$ 和 $\vec{e}_{br}$，则顶端中心点的位置矢量为

$$\vec{r}_{T_{jn}} = \vec{r}_{C_{jn}} + \frac{L_{jn}}{2}\vec{e}_{jn} \tag{7-1}$$

$$\vec{r}_{T_{br}} = \vec{r}_{C_{br}} + \frac{L_{br}}{2}\vec{e}_{br} \tag{7-2}$$

如图 7-3 所示，对于转轴和轴套两个曲面之间的接触，可以过转轴中心线和潜在接触点 $P_{jn}(P_{br})$ 作辅助平面 N_1，令 N_1 外法线的单位矢量为 $\vec{n}_1$，可得

$$\vec{n}_1 = \frac{\vec{e}_{jn} \times \vec{d}_T}{\left\| \vec{e}_{jn} \times \vec{d}_T \right\|} \tag{7-3}$$

其中，$\vec{d}_T = \vec{r}_{T_{jn}} - \vec{r}_{T_{br}}$，为转轴和轴套顶端中心点的连线矢量；$\vec{r}_{T_{jn}}$ 和 $\vec{r}_{T_{br}}$ 分别是转轴和轴套顶端的中心点 T_{jn} 和 T_{br} 的位置矢量。由平面 N_1 的定义可知，接触点外法线的单位矢量为

$$\vec{n}_P = \vec{n}_1 \times \vec{e}_{jn} \tag{7-4}$$

轴套上的潜在接触点 P_{br} 的位置矢量为

$$\vec{r}_{P_{br}} = \vec{r}_{T_{br}} + R^1_{br}\vec{n}_{P_{br}} \tag{7-5}$$

其中，$\vec{n}_{P_{br}} = \vec{n}_1 \times \vec{e}_{br}$，是轴套顶部圆心到轴套上潜在接触点 P_{br} 方向的单位向量。

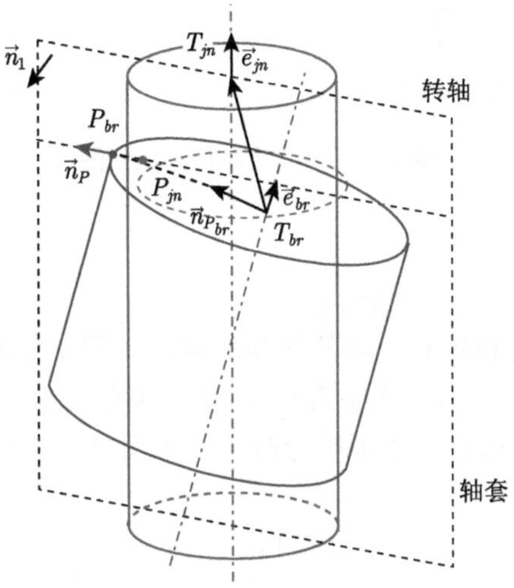

图 7-3　径向接触检测简图

由于实际情况下关节间隙尺寸很小，所以转轴和轴套之间的夹角远小于图 7-3 中所示的情况，因此，轴套顶面与转轴相交所产生的椭圆面可以近似为一个圆形，如图 7-4 所示。则接触嵌入量为

$$\delta_P = R_{jn} - l_{PT} \tag{7-6}$$

其中，l_{PT} 是点 T_{jn} 到点 P_{br} 的矢量在 $\vec{n}_P$ 上投影的长度。式 (7-6) 可写为

$$\delta_P = R_{jn} - (\vec{r}_{P_{br}} - \vec{r}_{T_{jn}}) \cdot \vec{n}_P \tag{7-7}$$

进而，转轴上的接触点 P_{jn} 的位置矢量为

$$\vec{r}_{P_{jn}} = \vec{r}_{P_{br}} + \delta_P \vec{n}_P \tag{7-8}$$

两接触点的速度在惯性系下的坐标阵可以由式 (6-20) 计算，进而可以计算出两接触点间的相对速度。

同理可以计算出底部径向潜在接触点的接触状态，不再重复分析。

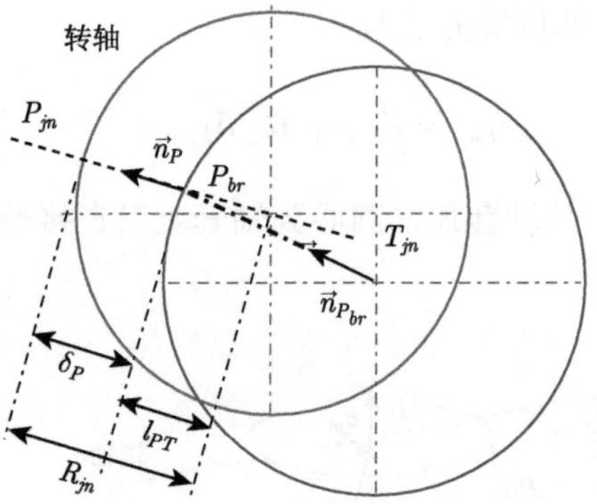

图 7-4　径向接触检测顶视图

7.2.2　轴向接触

对于转轴端部挡板和轴套端部的接触检测，如图 7-5 所示，可以过轴套顶部中心点 T_{br} 和底部中心点 B_{br} 作竖直平面 N_2，因此 $\vec{e}_{jn}$ 与平面 N_2 平行，$\vec{e}_{br}$ 在平面 N_2 内，当上述两单位矢量不平行时，有平面 N_2 法线单位矢量为

$$\vec{n}_2 = \vec{e}_{jn} \times \vec{e}_{br} \tag{7-9}$$

接触点的连线方向单位矢量为

$$\vec{n}_Q = \vec{e}_{jn} \tag{7-10}$$

接触点 Q_{br} 在轴套的顶面上，其位置矢量为

$$\vec{r}_{Q_{br}} = \vec{r}_{T_{br}} + R_{br}^2 \vec{n}_{Q_{br}} \tag{7-11}$$

其中，$\vec{n}_{Q_{br}} = \vec{e}_{br} \times \vec{n}_2$，是平面 N_2 与轴套顶面相交线的方向单位矢量。嵌入深度为

$$\delta_N = (\vec{r}_{Q_{br}} - \vec{r}_{T_{jn}}) \cdot \vec{n}_Q \tag{7-12}$$

从而可以得到转轴上接触点 Q_{jn} 的位置矢量为

$$\vec{r}_{Q_{jn}} = \vec{r}_{br} - \delta_N \vec{n}_Q \tag{7-13}$$

两接触点的速度在惯性系下的坐标阵可以由式 (6-20) 计算。进而可以计算出两接触点间的相对速度。

同理可以计算出底部轴向潜在接触点的接触状态，不再重复分析。

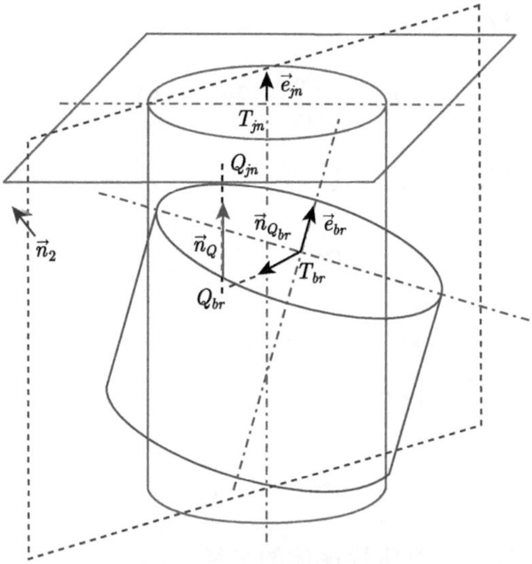

图 7-5　轴向接触检测简图

7.3　法向接触力计算

间隙问题中的接触力可以由非线性弹簧阻尼模型计算：

$$F^{cl} = F^k + F^c \tag{7-14}$$

其中，F^k 为刚度项；F^c 为阻尼项。

7.3.1　刚度项

接触力的刚度项可由 Hertz 接触 [19] 计算。首先考虑一个简单的情况，如图 7-6 所示，一个刚性球体和一个弹性半空间之间的接触。压力分布可以假设为

$$p = p_0(1 - r^2/a^2)^{1/2} \tag{7-15}$$

其中，p_0 是最大应力；r 是接触点到接触面中心 z 轴的距离；a 是接触面的半径。

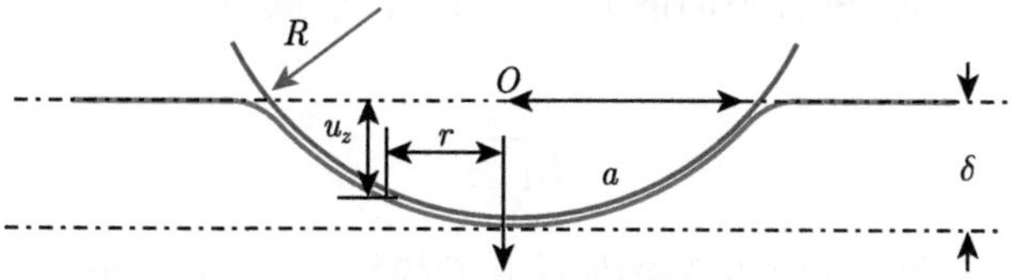

图 7-6　一个刚性球与弹性半空间间的接触

接触产生的垂直位移为

$$u_z = \frac{p_0\pi}{4E^*a}(2a^2 - r^2) \tag{7-16}$$

其中，E^* 为等效弹性模量，其表达式为

$$E^* = \frac{E}{1-\nu^2} \tag{7-17}$$

式中，E 为弹性体的弹性模量；ν 为泊松比。

弹性表面上点的变形位移为

$$u_z = \delta - \frac{r^2}{2R} \tag{7-18}$$

其中，δ 是最大变形量；R 是刚性球体的半径。

由式 (7-16) 和式 (7-18) 可得

$$\frac{p_0\pi}{4E^*a}(2a^2 - r^2) = \delta - \frac{r^2}{2R} \tag{7-19}$$

因此可得

$$a = \frac{p_0\pi R}{2E^*} \tag{7-20}$$

$$p_0 = \frac{2E^*}{\pi}\left(\frac{\delta}{R}\right)^{1/2} \tag{7-21}$$

总的压力为

$$F^k = \int_0^a p(r)2\pi r\mathrm{d}r = \frac{2}{3}p_0\pi a^2 = \frac{4}{3}E^*R^{1/2}\delta^{3/2} \tag{7-22}$$

又可写作

$$F^k = K\delta^{3/2} \tag{7-23}$$

其中，K 为等效刚度。

对于两个物体都是弹性体的情形，等效弹性模量则需要修正为 [19]

$$\frac{1}{E^*} = \frac{1-\nu_1^2}{E_1} + \frac{1-\nu_2^2}{E_2} \tag{7-24}$$

其中，E_1 和 E_2 分别为两个接触物体的弹性模量；ν_1 和 ν_2 分别为两个接触物体对应的泊松比。

对于旋转关节中转轴和轴套之间的接触，可以等效为两个半径分别为 R_{jn} 和 R_{br}^1 的球体接触，如图 7-7 所示。等效接触半径 R 与转轴和轴套尺寸满足：

$$\frac{1}{R}=\frac{1}{R_{jn}}-\frac{1}{R_{br}^1} \tag{7-25}$$

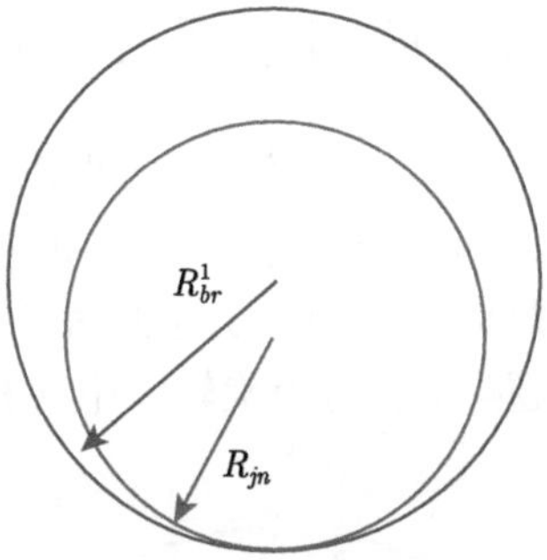

图 7-7 两个曲面物体的接触

对于轴套端部和转轴两端挡板的接触，可以等效为一个弹性球体与弹性半空间之间的接触。如图 7-8 所示，等效接触半径即为轴套的外半径 R_{br}^2。

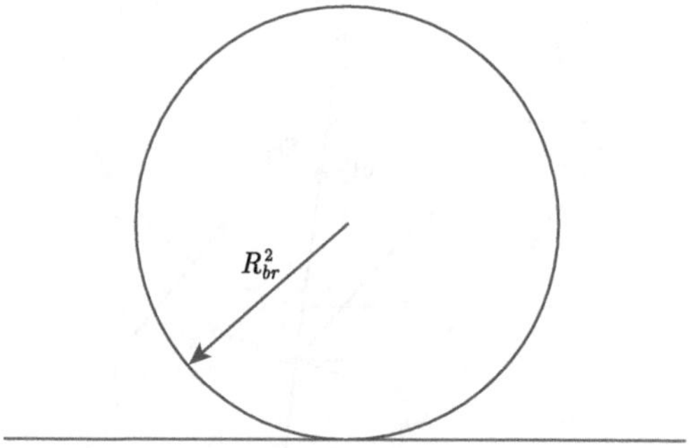

图 7-8 一个曲面物体与弹性半空间的接触

7.3.2 阻尼项

对于接触力中的阻尼项，有 [20]

$$F^c=C\frac{\delta+|\delta|}{2\delta}\mathrm{e}^{[(\delta-\varepsilon)-|\delta-\varepsilon|]\frac{Q}{\varepsilon}}\dot{\delta} \tag{7-26}$$

其中，C 是阻尼系数；Q 是与曲面形状相关的系数。参数 ε 的值可以任意选取，但是需要满足如下条件：

$$0\leqslant\varepsilon\leqslant\delta_{\max} \tag{7-27}$$

$$CF^c\dot{\delta} + F^k \geqslant 0 \tag{7-28}$$

以上给出了接触状态的检测以及接触力刚度项和阻尼项的计算过程，将接触力以外力形式添加到系统的动力学方程，并解除原本的理想约束，即可求解含有关节间隙的系统的动力学问题。

7.4　切向摩擦力计算

对于本章所研究的旋转铰模型，摩擦力分为两项：第一项是由转轴和轴套之间的径向正压力所引起的曲面间的摩擦力，如图 7-9 所示；第二项是由转轴两端挡板和轴套端部圆环面之间的轴向正压力所引起的两平面间的摩擦力，如图 7-10 所示。与前文中间隙的接触问题类似，每个旋转铰中共有四个可能存在摩擦力的点。

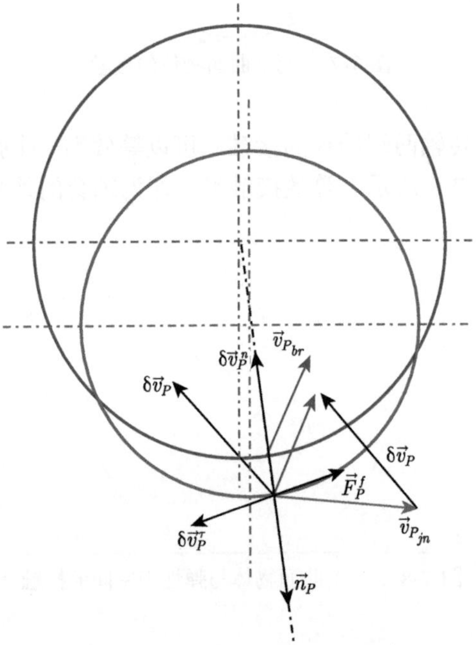

图 7-9　径向接触摩擦力

由于关节的对称性，只对 P 和 Q 两个点进行分析。如图 7-9 所示，接触点的相对速度为

$$\delta\vec{v}_K = \vec{v}_{K_{br}} - \vec{v}_{K_{jn}} \quad (K = P, Q) \tag{7-29}$$

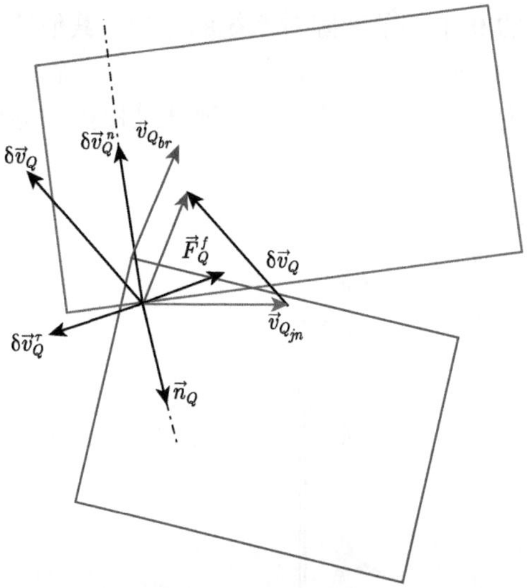

图 7-10 轴向接触摩擦力

由 7.2 节接触检测的理论可以计算出图中接触点的法向量 $\vec{n}_K$，于是有两个接触点之间的相对速度沿法向的分量为

$$\delta\vec{v}_K^n = (\delta\vec{v}_K \cdot \vec{n}_K)\vec{n}_K \tag{7-30}$$

该项用于计算法相接触力中的阻尼相关项。

两个接触点之间相对速度的切向分量为

$$\delta\vec{v}_K^\tau = \delta\vec{v}_K - (\delta\vec{v}_K \cdot \vec{n}_K)\vec{n}_K \tag{7-31}$$

于是，利用 7.3 节中计算出的法向接触力与式 (6-20) 中计算出的切向相对速度，可以得出两接触点之间的摩擦力大小为

$$F_f^K = F_n^K \mu_f(\delta\vec{v}_K^\tau,\ \mu_C,\ \mu_S) \tag{7-32}$$

其中，μ_f 是对应所采用的摩擦模型的摩擦系数。一般情况下，摩擦系数 μ_f 是切向相对速度 $\delta\vec{v}_K^\tau$、库仑摩擦系数 μ_C 和最大静摩擦系数 μ_S 的函数。对于不同摩擦模型，摩擦系数的表达形式可参考本书第 4 章内容。

最后，摩擦力的方向可以由切向相对速度和所选取的摩擦模型的性质来确定。

7.5 数值仿真

本节对全尺寸的可展开桁架–太阳能帆板系统进行数值仿真，系统结构如图 6-1 所示。在展开过程中，由于可展开桁架单元是依次展开的，所以只考虑展开过程中活动单元的 9 个关节间隙对系统的影响，其他单元由于锁定机构的存在，关节视为理想铰，如图 7-11 所示，当活动单元锁定后，程序在变拓扑处理时，自动将活动单元设定为后一节可展开单元，展开过程依次进行，直至仿真结束。

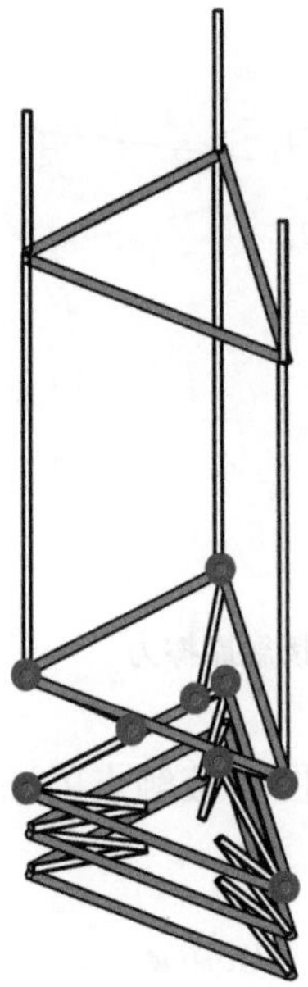

图 7-11　带间隙的可展开桁架

系统中各物体的参数与前面章节保持一致，如表 6-1 所示。对于关节参数，本节数值仿真分别针对理想约束和两种间隙关节进行仿真。关节 A 的间隙为 0，但是仍考虑了关节的转轴和轴套之间的非线性弹簧阻尼接触；关节 B 为轴向接触和径向接触间隙分别为 0.1mm 和 0.1mm 的间隙关节；两关节的其他几何尺寸如表 7-1 所示。为了提高计算的稳定性等因素，对接触等效刚度进行了一定调整，取 $K = 5 \times 10^7 \text{N·m}^{-1.5}$[17]。接触等效阻尼系数取 20.0N·s/m，参数 Q 和 ε 分别取 3.0 和 5×10^{-6}[20]。

表 7-1　间隙关节参数

	L_{br}/mm	L_{jn}/mm	R_{br}^1/mm	R_{br}^2/mm	R_{jn}/mm
关节 A	30	30	10	15	10
关节 B	29.9	30	10	15	9.9

展开过程的仿真结果如图 7-12 ∼ 图 7-17 所示。以下分别详细分析间隙对可展开桁架单元、桁架顶端收藏箱以及太阳能电池基板的影响。

对于切向摩擦力，每个关节中有 4 个摩擦接触点，每个可展开单元中便有 36

个摩擦接触点，并且每个点的接触状态不连续，因此若使用动态摩擦模型，则无论从建模还是计算方面考虑都不是很实际，本章分别采用库仑 (Coloumb) 摩擦模型和斯特里贝克 (Stribeck) 摩擦模型对系统的展开过程进行仿真。考虑摩擦的关节参数与关节 B 类型一致，滑动摩擦系数取 0.05，最大静摩擦系数取 0.1，Stribeck 速度取 0.001m/s，仿真时间 150s。展开过程的仿真结果如图 7-18 ~ 图 7-23 所示，以下分别详细分析展开过程中间隙的法向接触力和切向摩擦力对可展开桁架单元、桁架顶端收藏箱以及太阳能电池基板的影响。

7.5.1 间隙法向力对桁架单元展开的影响

为了便于分析，给单元 9 中三组折叠臂编号，如图 7-12 所示，三组折叠臂的编号分别为 (1)、(2) 和 (3)。

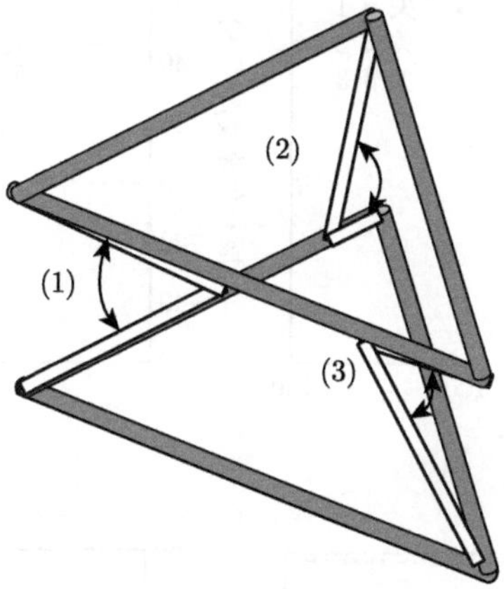

图 7-12 折叠臂关节编号

图 7-13 给出了展开过程中，三组折叠臂的展开曲线。图 (a1) 和 (b1) 分别为理想关节时的展开角度和角速度曲线；图 (a2) 和 (b2) 为考虑关节类型为 A，即考虑关节转轴和轴套之间的接触碰撞作用，但是间隙量为 0 时的关节展开角度和角速度曲线；图 (a3) 和图 (b3) 为考虑关节类型为 B，即关节间隙量为 0.1mm 情况下展开桁架单元的三组折叠臂对应的展开角度和角速度曲线。

从图 7-13 中的对比可以看出，理想关节情况下，同一节可展开单元的三组折叠臂关节，其展开角度曲线几乎完全重合，展开角速度曲线也几乎完全重合，表明理想关节情况下，同一节可展开单元的三组折叠臂，其展开过程是几乎完全同步的；考虑间隙问题后，同一节可展开单元中的三组折叠臂，其并不能像理想状态一样展开角度完全同步；此外，间隙量为 0.1mm 时，考虑关节转轴和轴套之间接触时产生的展开角度及展开角速度偏差，远大于间隙量为 0.00mm 时。

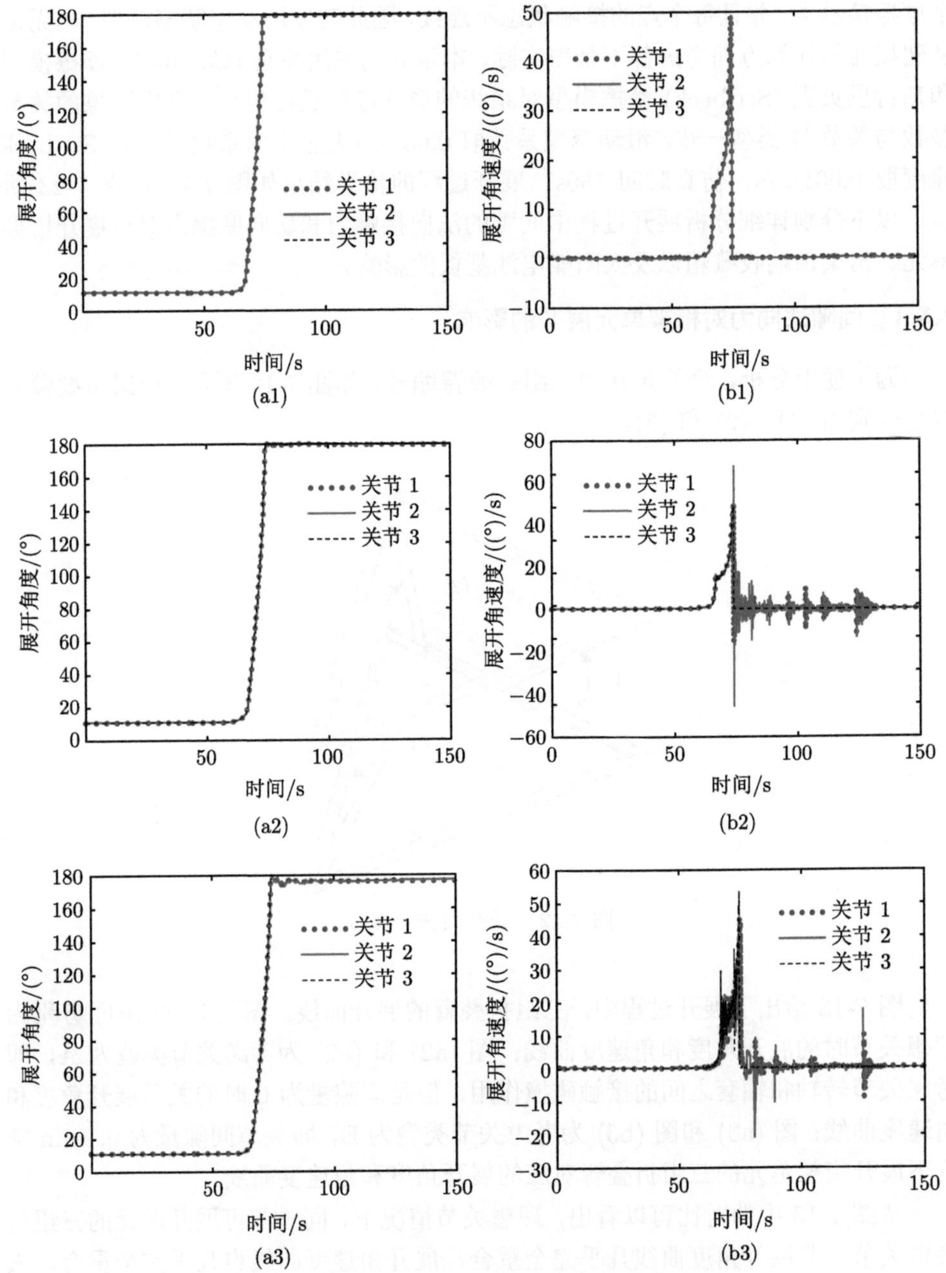

图 7-13　桁架单元 9 的展开角度和角速度

(a1)~(a3) 角度；(b1)~(b3) 角速度

图 7-14 给出了桁架单元 3、6、9、12、15 和 18 的同一组折叠臂 (1) 的展开角度曲线。

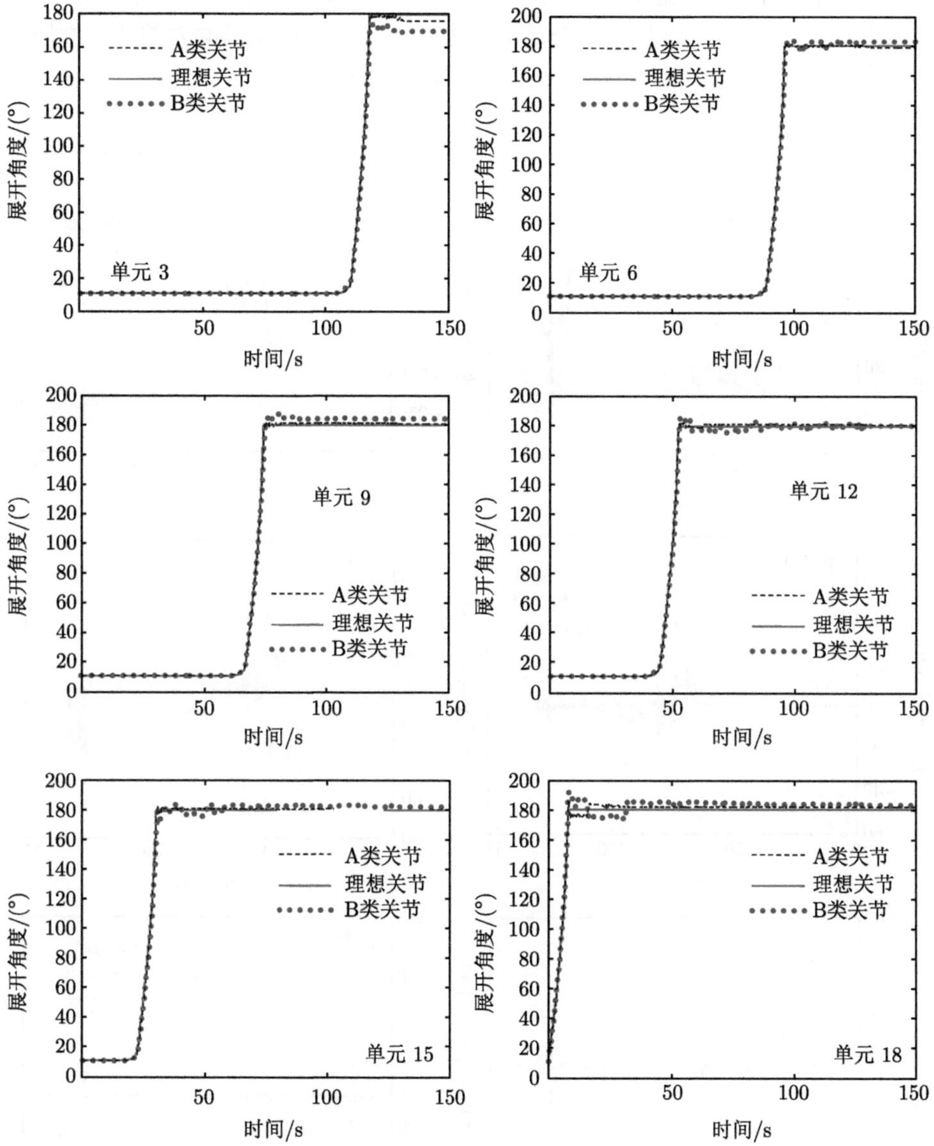

图 7-14 桁架单元 3、6、9、12、15、18 的展开角度

通过图 7-14 中对比可以看出，展开完成阶段非理想关节会引起最终展开角度与 180° 的理想角度有一定偏差，并且间隙较大时偏差会比较大。

图 7-15 给出了展开过程中桁架单元 3、6、9、12、15、18 中上下折叠臂之

间的角速度曲线，可以看出，按照传统的理论将关节处理成理想约束的形式，折叠臂展开过程中的关节角速度相对比较光滑。而如果将关节考虑成转轴与轴套之间的接触力作用，即考虑非理想关节的存在，则可展开单元中折叠臂的展开角速度曲线变得很不光滑，这种不光滑是由接触的不连续性以及接触力的非线性所致。并且间隙尺寸较大时，多数关节的角速度振荡更加明显。

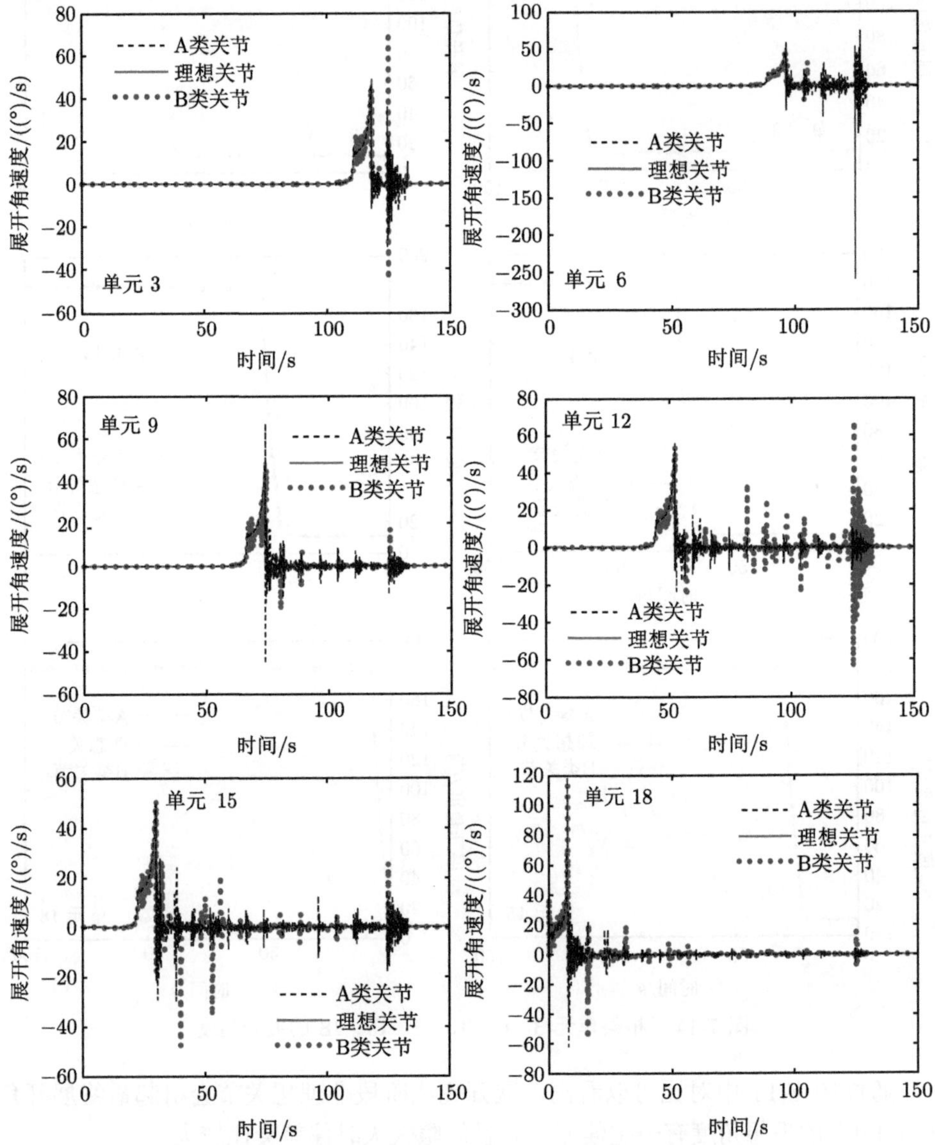

图 7-15　桁架单元 3、6、9、12、15、18 的展开角速度

7.5.2 间隙法向力对收藏箱的影响

图 7-16 给出了展开过程中，可展开桁架端部收藏箱垂直于展开方向 z 的 x 和 y 两方向位移曲线，可以看出，理想关节下，展开过程中桁架端部收藏箱中心点始终没有横向位移；而在考虑关节处刚度的情况下，端部收藏箱的中心并不像理想约束情况下那样一直处在轴心位置，并且间隙的存在会加大端部的偏移量。

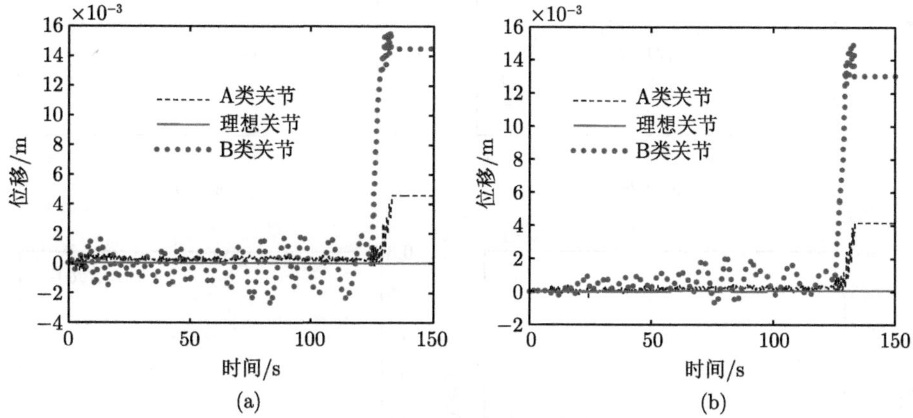

图 7-16 上收藏箱端部横向位移

(a) 沿 x 方向；(b) 沿 y 方向

7.5.3 间隙法向力对柔性基板的影响

图 7-17 给出了各基板沿 x 方向的位移，可以看出，间隙和关节刚度都会影响基板的展开过程，并且关节不理想的情况下越靠近上收藏箱的柔性板，与理想情况偏差越大；并且，上收藏箱存在横向位移，导致最终板的平衡位置偏离了 $x=0$ 处。

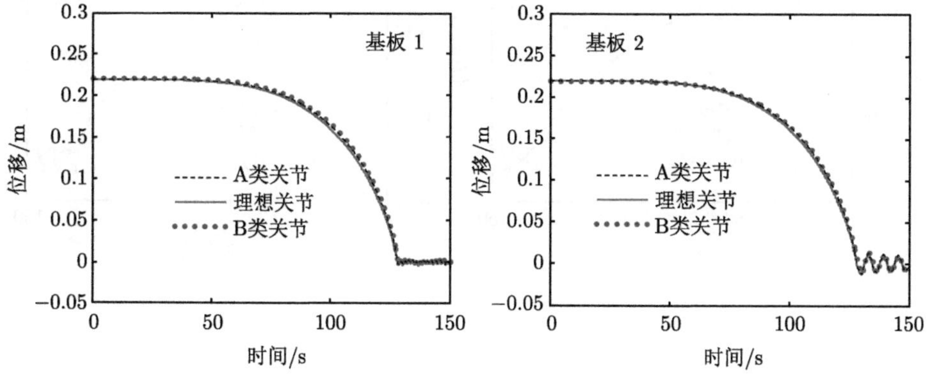

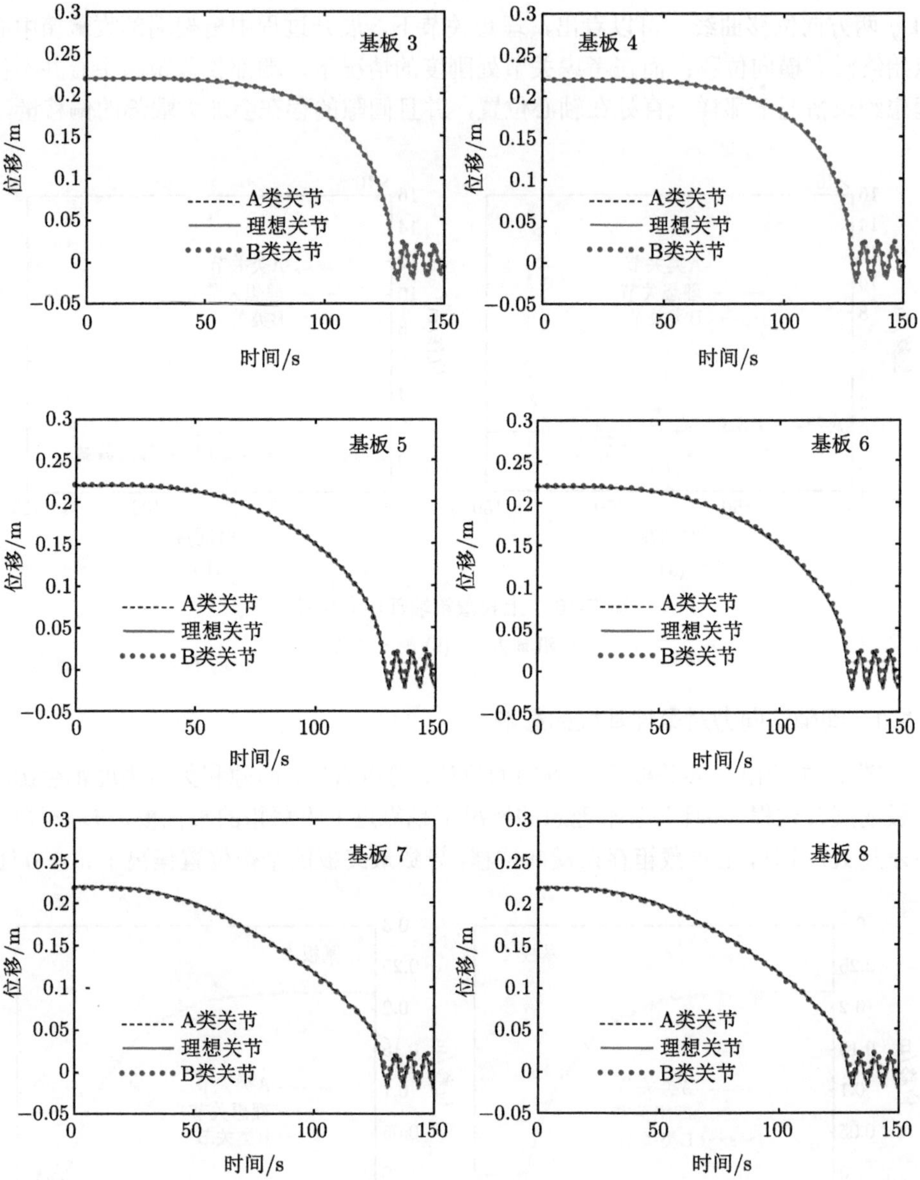
基板 3
基板 4
基板 5
基板 6
基板 7
基板 8
A类关节
理想关节
B类关节
位移/m
时间/s
0.3
0.25
0.2
0.15
0.1
0.05
0
−0.05
0
50
100
150

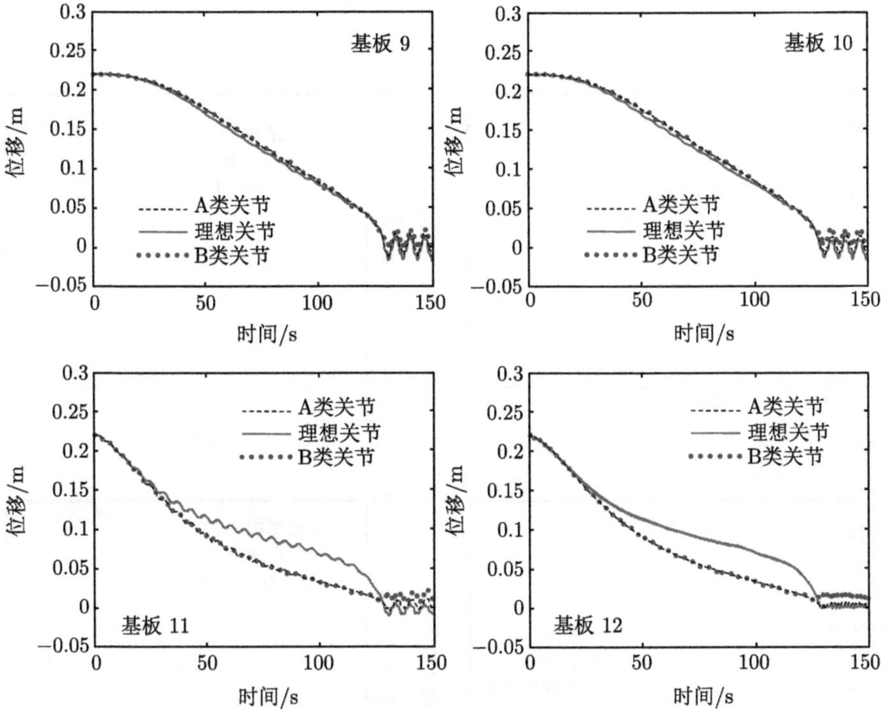

图 7-17 基板沿 x 方向位移

7.5.4 间隙摩擦对桁架单元展开的影响

图 7-18 中给出了展开过程中可展开桁架单元 3、6、9、12、15 和 18 的展开角度曲线和其局部放大图。从图中可以看出，库仑摩擦和 Stribeck 摩擦都对展开过程有一定影响，考虑摩擦的情况下，除单元 18 以外，其他每节单元展开初始阶段均有一定的超前现象；而随着展开的进行，存在摩擦的情况下展开角度会逐渐减缓，最终比不考虑摩擦时滞后锁定，并且大部分关节的最终展开角度都出现了一定的滞后。

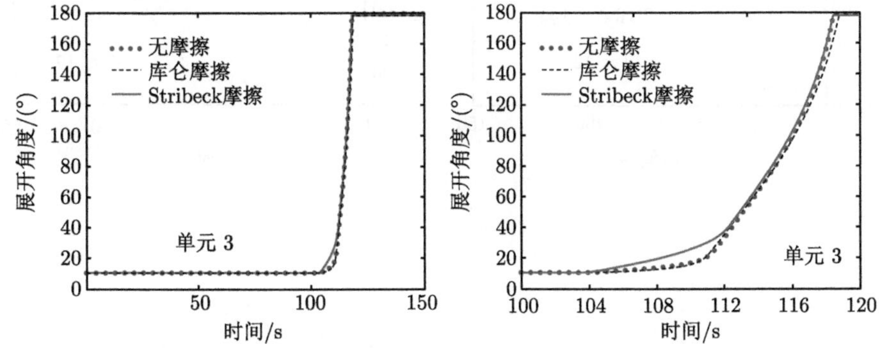

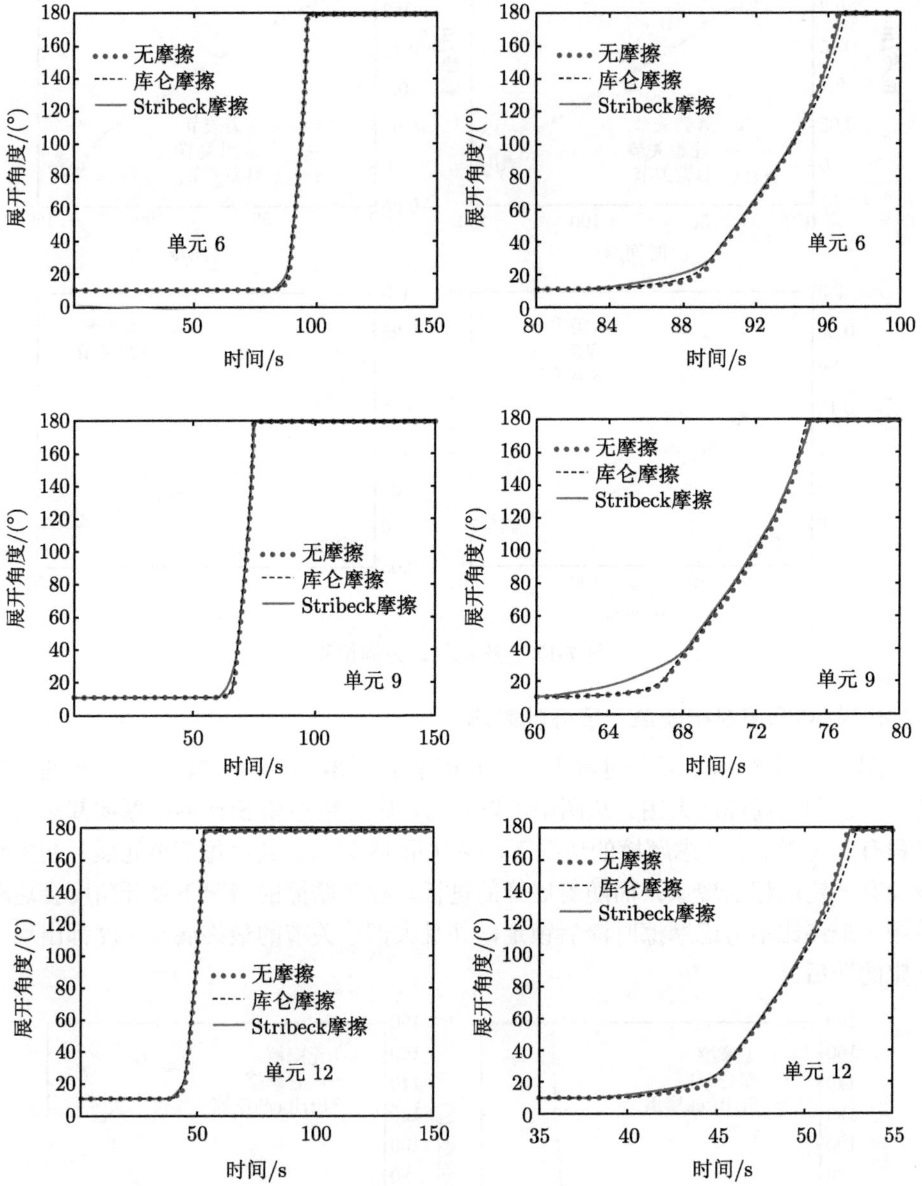
无摩擦
库仑摩擦
Stribeck摩擦
单元 6
单元 9
单元 12
展开角度/(°)
时间/s
0
20
40
60
80
100
120
140
160
180
50
100
150
80
84
88
92
96
60
64
68
72
76
35
40
45
50
55

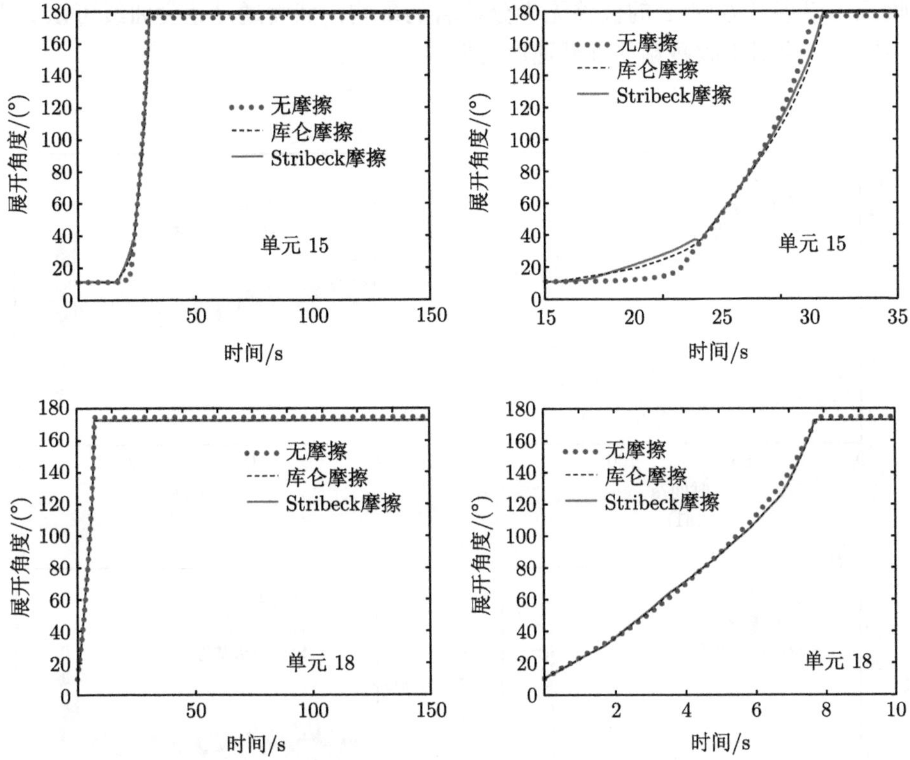

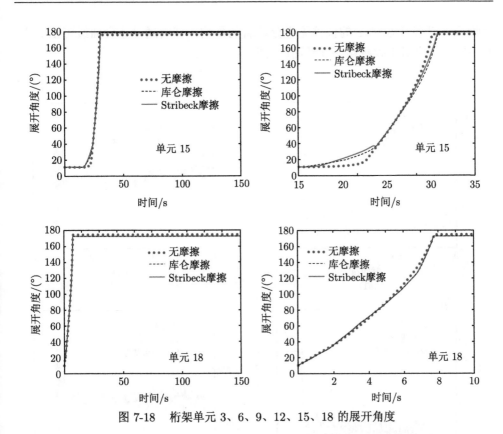

图 7-18 桁架单元 3、6、9、12、15、18 的展开角度

图 7-19 给出了各节可展开单元的最终状态锁定角度对比，可以看出，除了少数的单元 (5、12、15) 外，多数单元的锁定角度会因摩擦的存在而减小。

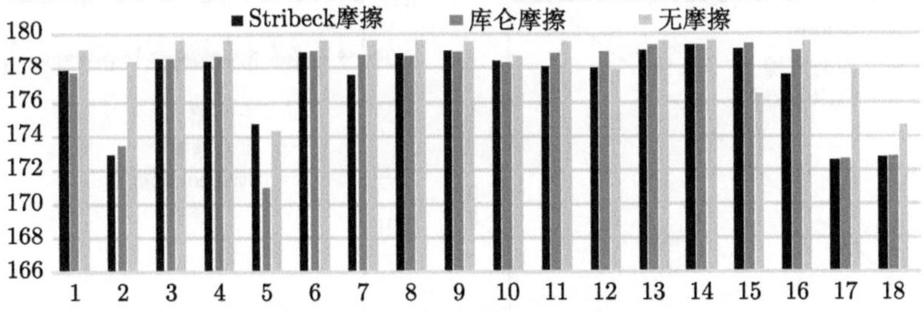

图 7-19 桁架单元的最终角位移

7.5.5 间隙摩擦对上收藏箱展开的影响

图 7-20 给出了展开过程中上收藏箱三个方向的位移和速度曲线。可以看出，摩擦的存在能够在一定程度上降低上收藏箱在 x、y 两方向的偏移。尽管摩擦对

上收藏箱沿展开方向 z 的位移无十分显著的影响，然而通过速度曲线可以看出，摩擦的存在会对上收藏箱的展开速度有明显的影响。

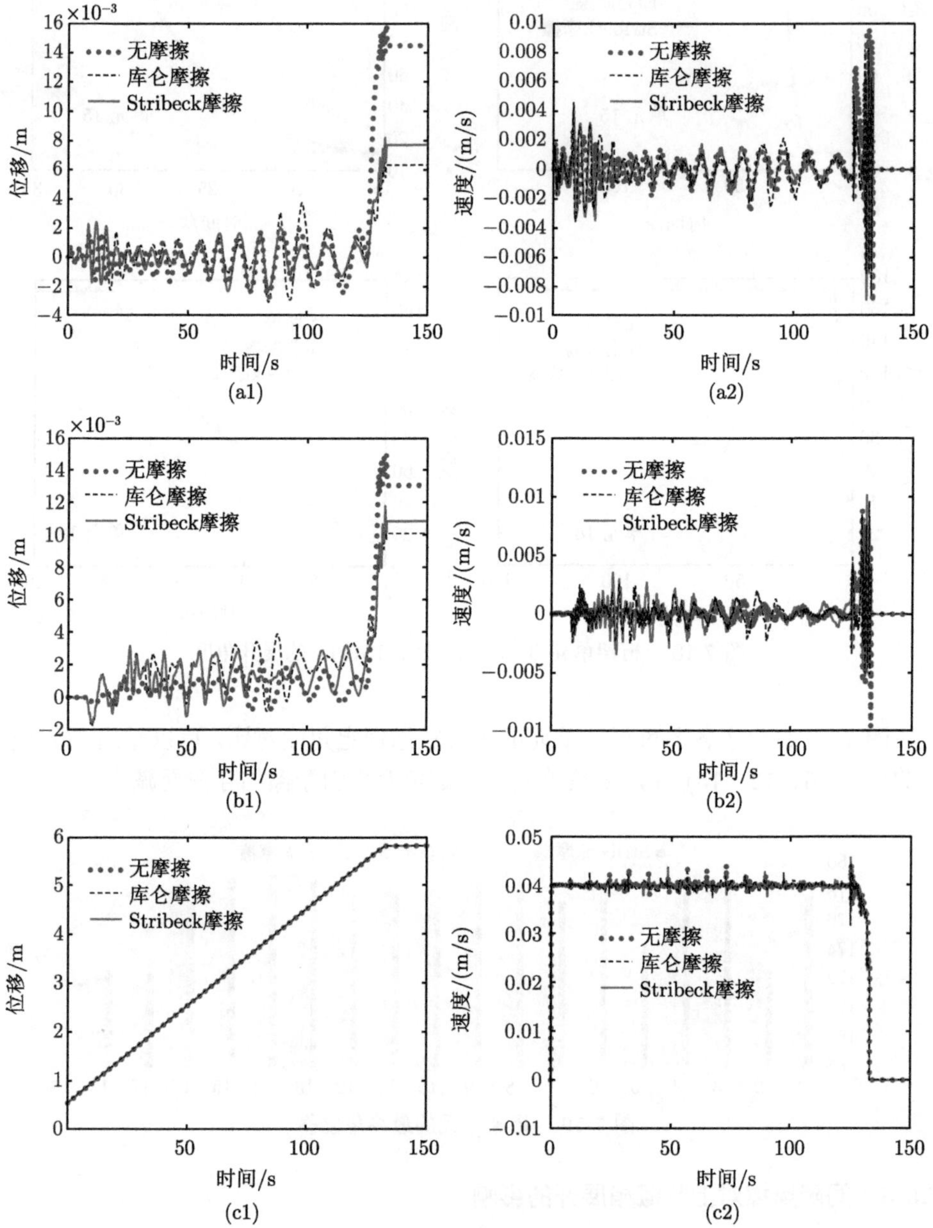

图 7-20　上收藏箱位移与速度

(a1), (a2) 沿 x 方向；(b1), (b2) 沿 y 方向；(c1), (c2) 沿 z 方向

7.5.6 间隙摩擦对柔性基板展开的影响

图 7-21 ~ 图 7-23 分别给出了不同摩擦情况下展开过程中基板之间关节 1~10 的转角、基板沿 x 方向的位移和沿 z 方向的位移曲线。从图 7-21 中可以看出，无摩擦时，展开过程的角度曲线更趋近于匀速，桁架单元中摩擦的存在使得柔性板展开过程更加不平缓。

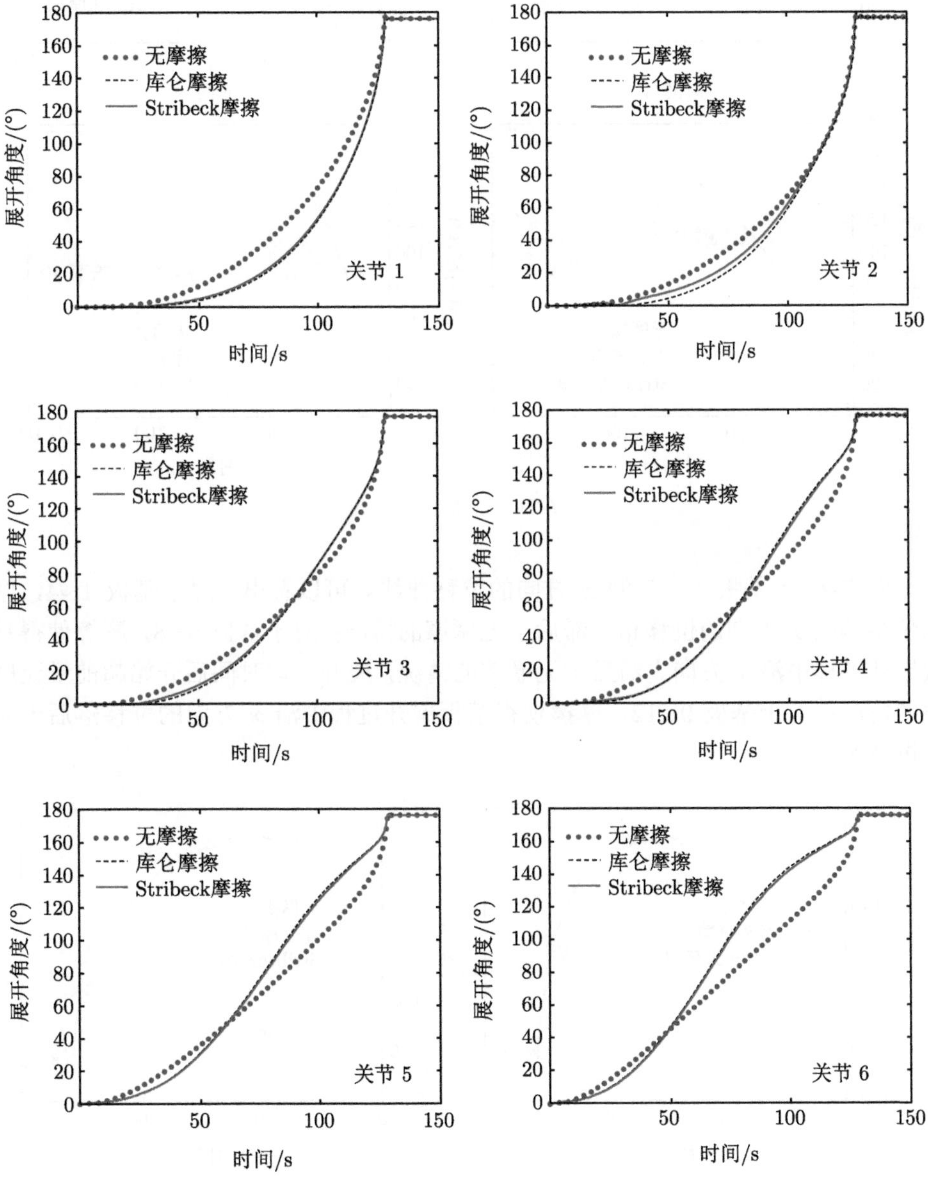

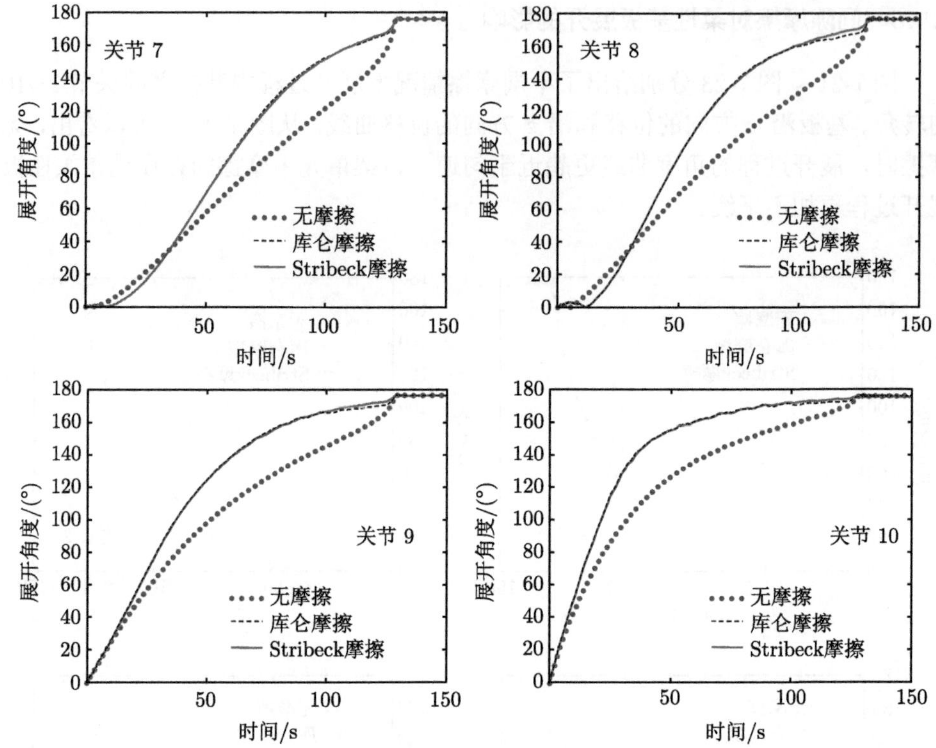

图 7-21　基板关节转角

图 7-22 为基板 1~12 的 x 方向的位移曲线。可以看出，对于基板 1~4，摩擦使得基板 x 方向的位移相对滞后于无摩擦的情况；对于基板 5~8，摩擦使得基板展开过程中沿 x 方向先滞后于无摩擦的情况，展开一段时间后开始超前于无摩擦的情况；对于基板 9~12，摩擦使得基板展开过程中沿 x 方向的位移落后于无摩擦情况。

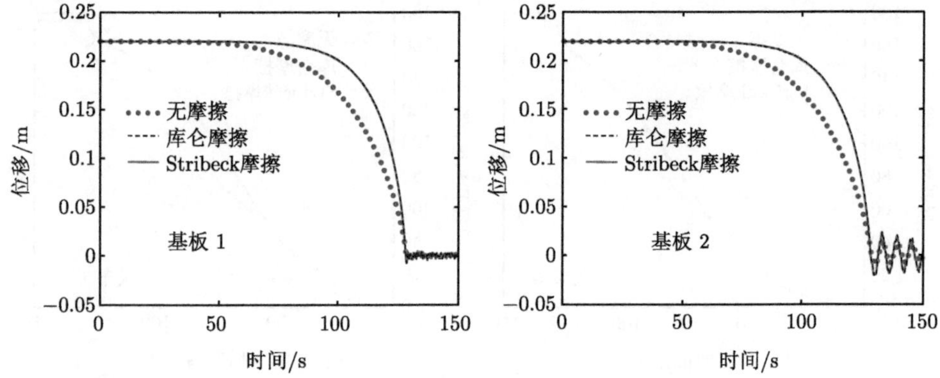

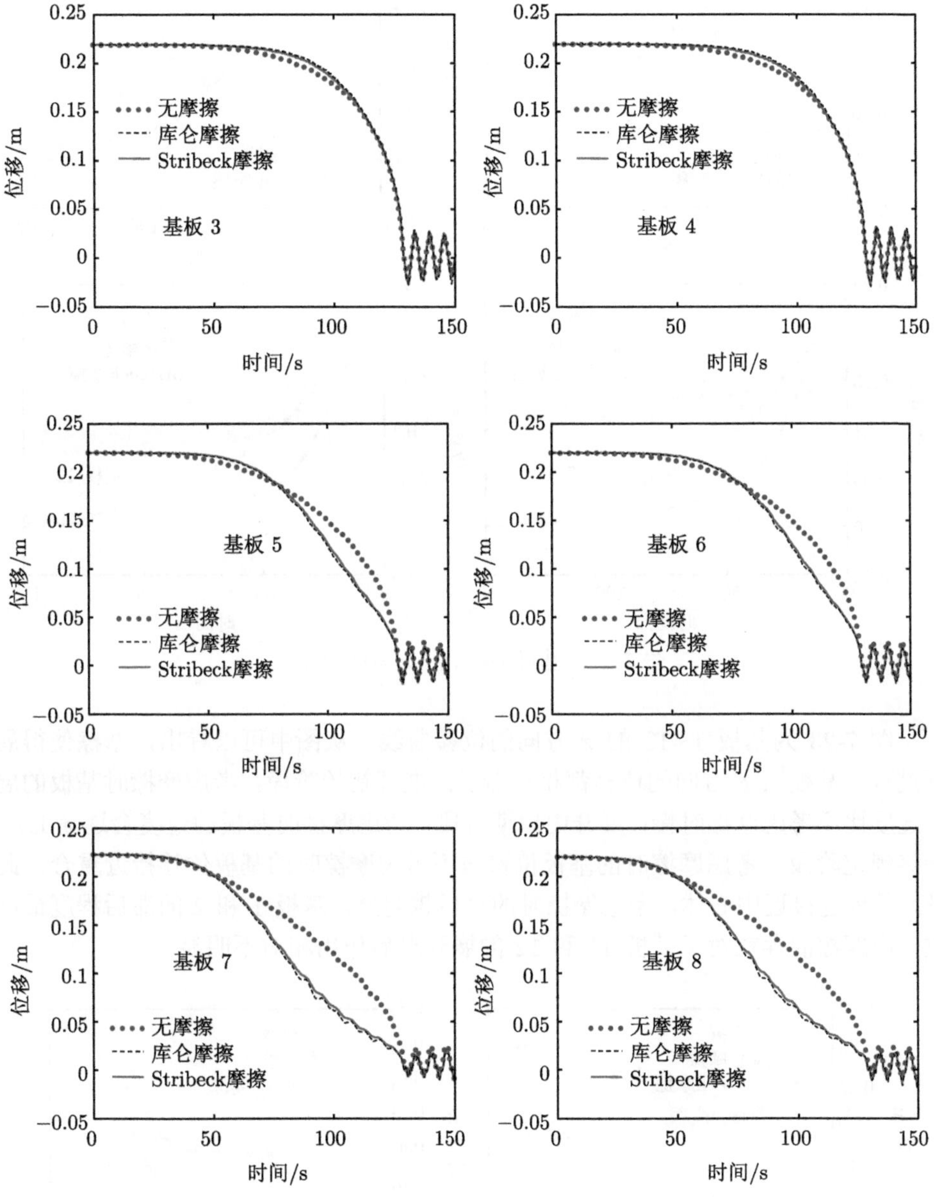

位移/m
时间/s
无摩擦
库仑摩擦
Stribeck摩擦
基板 3
基板 4
基板 5
基板 6
基板 7
基板 8

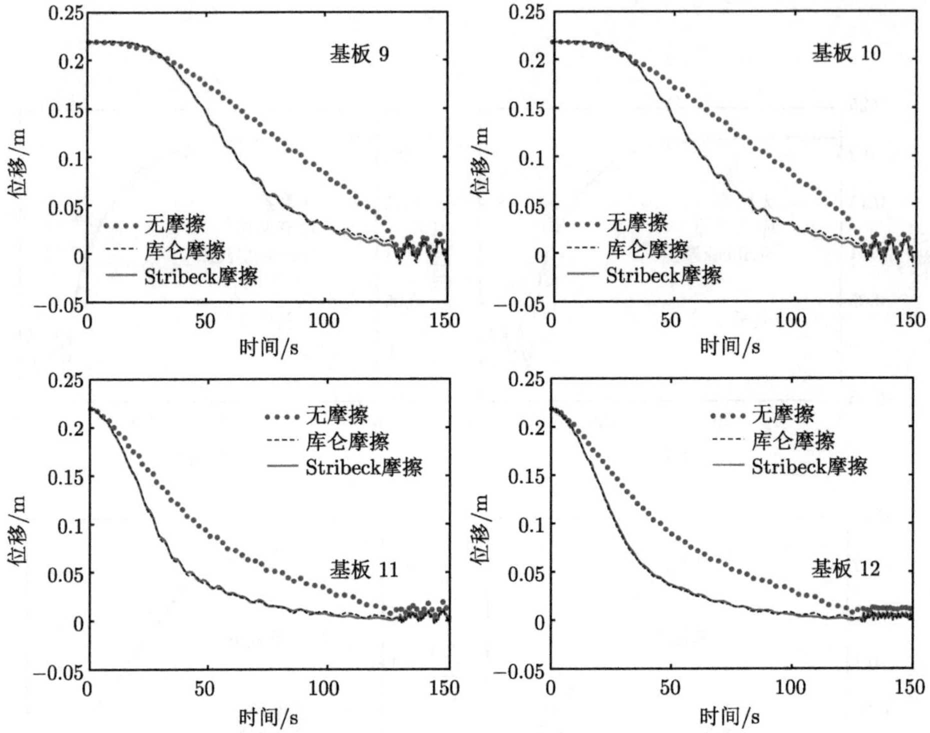

图 7-22　基板 1~12 沿 x 方向的位移

图 7-23 为基板 1~12 的 z 方向的位移曲线。从图中可以看出，摩擦使得展开过程中基板沿 z 方向的位移都相对滞后：展开初始阶段，考虑摩擦时基板的展开速度比不考虑摩擦时慢；展开中后期阶段，考虑摩擦时基板的速度会逐渐上升；最终锁定阶段，考虑摩擦时的基板位移与不考虑摩擦时的基板位移接近重合。此外，基板越接近中心体，考虑摩擦时的滞后越明显，基板 1 和 2 的滞后程度最严重，而摩擦的存在对于基板 11 和 12 的展开滞后作用相对不明显。

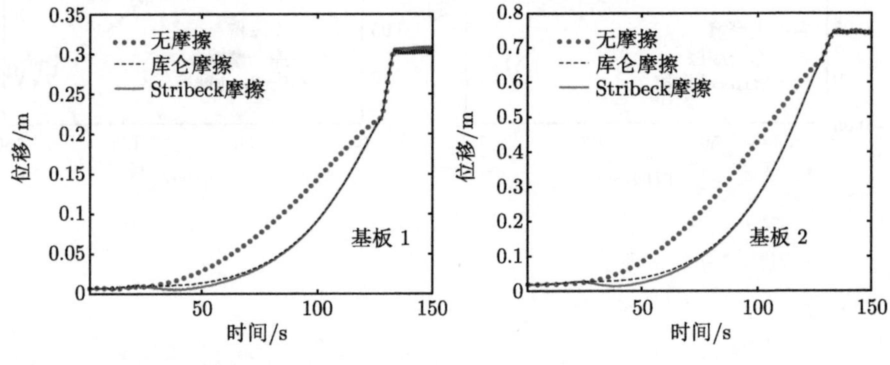

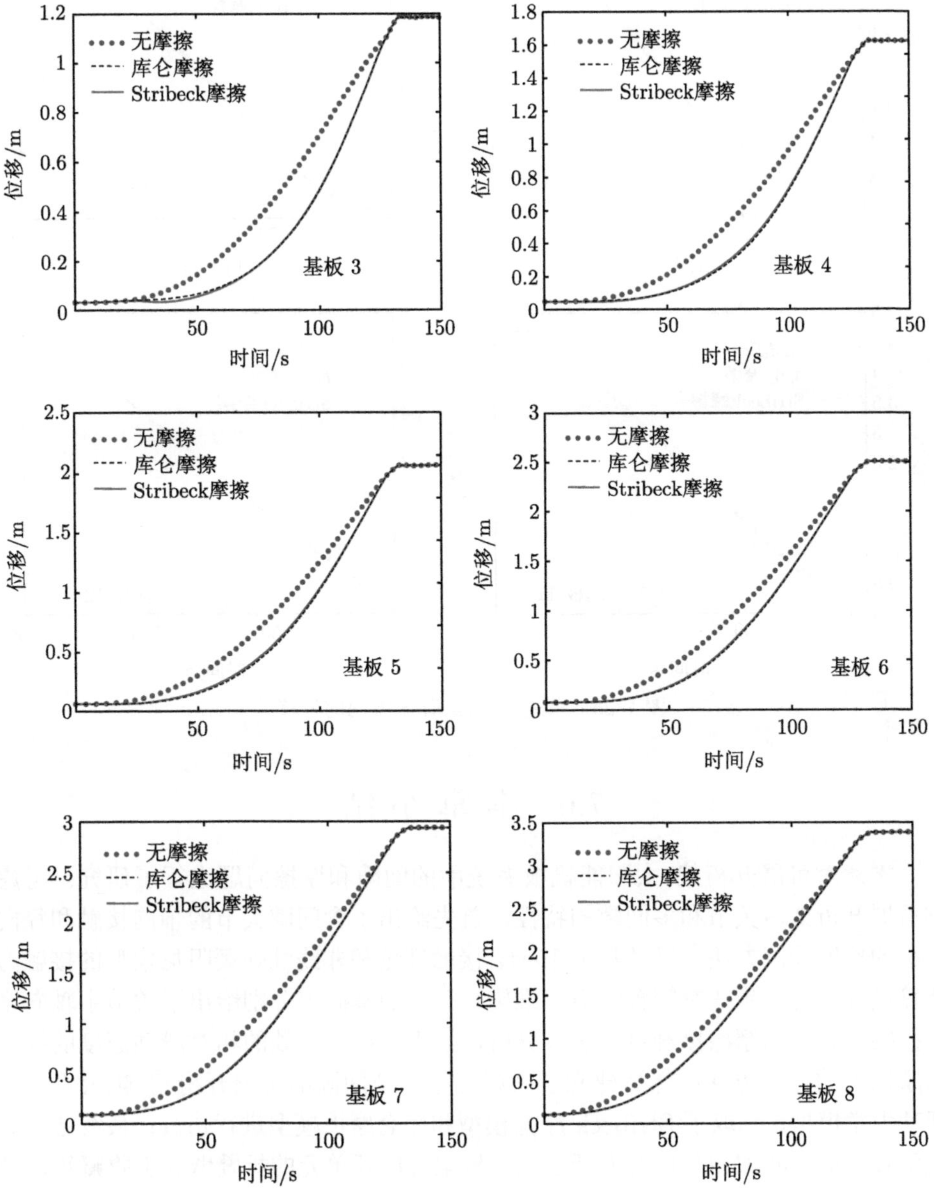
无摩擦
库仑摩擦
Stribeck摩擦
位移/m
时间/s
基板 3
基板 4
基板 5
基板 6
基板 7
基板 8

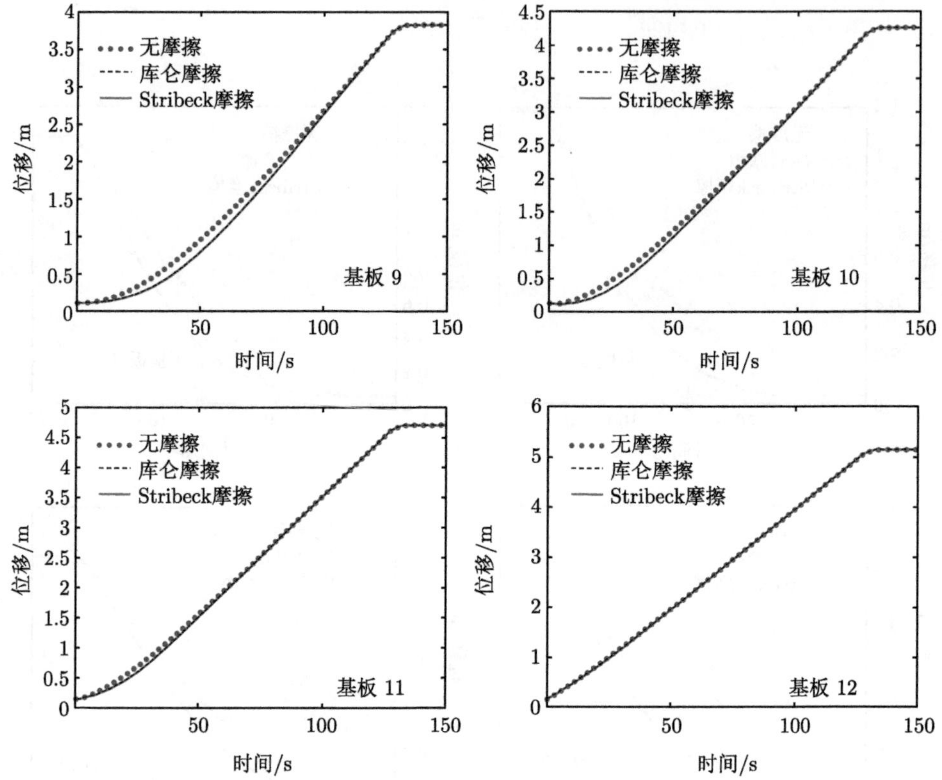

图 7-23　基板 1～12 沿 z 方向的位移

7.6 本章小结

本章对可展开桁架–太阳能帆板系统中的间隙和摩擦问题进行了研究。考虑到可展开桁架多关节和多间隙的特性，首先给出了含间隙关节的轴向接触和径向接触的接触检测方法，以及基于 Hertz 接触理论和非线性弹簧阻尼模型的接触力计算过程，进一步在空间含间隙三维旋转关节的基础上分别给出了关节中轴向摩擦接触点和径向摩擦接触点的速度分析，给出了接触点处的相对滑动速度的描述和摩擦力的计算方法；然后建立了考虑桁架关节间隙的可展开桁架–帆板系统展开动力学模型，选取了 Stribeck 摩擦模型和库仑摩擦模型进行仿真；最终通过数值仿真分析了间隙和摩擦对展开过程中桁架可展开单元的折叠臂、上收藏箱以及柔性帆板的动力学行为的影响。结果表明，间隙会影响桁架中可展开单元展开的同步性，并且展开到位后的展开角度会有一定偏差；同时间隙也会影响收藏箱在展开过程中的对称性，产生横向位移，进而会影响到太阳能电池基板的展开过程及最终状态，使得基板的最终平衡状态会与预期位置有一定的偏移。展开过程中间隙内部的切向摩擦会对大部分可展开单元的展开锁定造成滞后，并且考虑摩擦会导致最终锁定角度与理想情况有一定偏差；对上收藏箱沿 z 方向的展开速度和沿 x、y 方向的位移有明显的影响；摩擦会影响到柔性基板的展开过程，使得柔性基板的展开关节转角相比于无摩擦的情况下更加不平缓，并且对柔性基板 x 和 z 两方向位移都有一定的影响。本章研究内容发表有文章 [21]。

参 考 文 献

[1] 尉立肖, 刘才山. 圆柱铰间隙运动学分析及动力学仿真 [J]. 北京大学学报 (自然科学版), 2005, 41(5): 679-687.

[2] 王天舒, 孔宪仁, 王本利, 等. 含铰间间隙的航天器附件展开过程分析 [J]. 哈尔滨工业大学学报, 2001, 33(3): 283-286.

[3] Shan M H, Guo H W, Liu R Q, et al. Design and analysis of a triangular prism modular deployable mast[C]//2013 IEEE International Conference on Mechatronics and Automation, Takamastu, Japan, 2013.

[4] Flores P, Ambrósio J. Revolute joints with clearance in multibody systems[J]. Computers & Structures, 2004, 82(17-19): 1359-1369.

[5] Flores P, Ambrósio J, Claro J C P, et al. A study on dynamics of mechanical systems including joints with clearance and lubrication[J]. Mechanism and Machine Theory, 2006, 41(3): 247-261.

[6] Flores P, Lankarani H M. Dynamic response of multibody systems with multiple clearance joints[J]. Journal of Computational and Nonlinear Dynamics, 2012, 7(3): 031003.

[7] Tian Q, Sun Y L, Liu C, et al. ElastoHydroDynamic lubricated cylindrical joints for rigid-flexible multibody dynamics[J]. Computers & Structures, 2013, 114-115: 106-120.

[8] Liu C, Tian Q, Hu H Y. Dynamics and control of a spatial rigid-flexible multibody system with multiple cylindrical clearance joints[J]. Mechanism and Machine Theory, 2012, 52: 106-129.

[9] Muvengei O, Kihiu J, Ikua B. Dynamic analysis of planar rigid-body mechanical systems with two-clearance revolute joints[J]. Nonlinear Dynamics, 2013, 73(1-2): 259-273.

[10] Erkaya S, Uzmay İ. Investigation on effect of joint clearance on dynamics of four-bar mechanism[J]. Nonlinear Dynamics, 2009, 58(1): 179-198.

[11] Erkaya S, Uzmay İ. Optimization of transmission angle for slider-crank mechanism with joint clearances[J]. Structural and Multidisciplinary Optimization, 2009, 37(5): 493-508.

[12] Brutti C, Coglitore G, Valentini P P. Modeling 3D revolute joint with clearance and contact stiffness[J]. Nonlinear Dynamics, 2011, 66(4): 531-548.

[13] 阎绍泽, 叶青, 申永胜, 等. 间隙对空间可展结构动力学性能的影响 [J]. 导弹与航天运载技术, 2002, 6: 42-46.

[14] Bai Z F, Zhao Y, Chen J. Dynamics analysis of planar mechanical system considering revolute clearance joint wear[J]. Tribology International, 2013, 64: 85-95.

[15] Bai Z, Zhao Y, Wang X. Wear analysis of revolute joints with clearance in multibody systems[J]. Science China Physics, Mechanics and Astronomy, 2013, 56(8): 1581-1590.

[16] Li T, Guo J, Cao Y. Dynamic characteristics analysis of deployable space structures considering joint clearance[J]. Acta Astronautica, 2011, 68(7-8): 974-983.

[17] 黄铁球, 吴德隆, 阎绍泽, 等. 带间隙伸展机构力学仿真研究 [J]. 中国空间科学技术, 1999, 3: 18-24.

[18] Guo H W, Zhang J, Liu R Q, et al. Effects of joint on dynamics of space deployable structure[J]. Chinese Journal of Mechanical Engineering, 2013, 26(5): 861-872.

[19] Popov V. Contact Mechanics and Friction: Physical Principles and Applications[M]. New York: Springer Science & Business Media, 2010.

[20] Yigit A S, Ulsoy A G, Scott R A. Spring-dashpot models for the dynamics of a radially rotating beam with impact[J]. Journal of Sound & Vibration, 1990, 142(3): 515-525.

[21] Li H Q, Yu Z W, Guo S J, et al. Investigation of joint clearances in a large-scale flexible solar array system[J]. Multibody System Dynamics, 2018, 44(3): 277-292.

第 8 章　带有桁架–帆板系统航天器的位姿控制

8.1　引　　言

航天器的位置姿态控制具有非常重要的意义，若对航天器施加的控制不合理，可能会导致航天器偏离预期轨道，最终导致航天器功能受损甚至报废。2016 年 3 月 27 日，日本的 JAXA (Japan Aerospace Exploration Agency) 证实：3 月 26 日起该机构便与其 10 天前所发射的 Astro-H 卫星失去了联系 [1]，由于卫星的姿态控制系统程序编写失误，最终导致卫星呈翻滚状态，太阳能电池帆板无法提供电力，价值 310 亿日元的卫星在仅仅提供了 3 天的观测数据后便消失在茫茫夜空。因此，对航天器的姿态和位置控制的研究具有重要意义。

随着航天器技术的发展，对飞行器姿态指向精度和定位精度的要求日益严格，因此姿态和位置控制问题引起了人们的广泛关注，国内外众多学者进行了大量的研究工作。戈新生和刘延柱 [2] 利用多体动力学与最优控制理论，提出了传统的太阳能帆板展开过程的最优控制算法，并通过数值仿真表明了该算法对帆板展开过程中航天器姿态控制的有效性。赵多光 [3] 通过建立新型的太阳能帆板驱动方式对帆板的振动和航天器本体的姿态控制进行了研究，并通过仿真结果说明了其控制方法能够明显改善控制效果。斯祝华和刘一武 [4] 考虑了帆板动作对卫星本体姿态的干扰，设计了一种卫星姿态稳定保持和太阳能电池帆板对日定向控制的复合控制方法，对姿态保持和对日定向精度都有一定的提升。崔亮亮 [5] 研究了柔性太阳能电池帆板在弹性振动时的能量理论，建立了系统的有限元模型，对太阳能电池帆板在受到冲击作用后的振动状态进行了分析，设计了在太阳能帆板多节点上的主动控制方法，对帆板由初始速度作用引起的振动进行了抑制。秦浩 [6] 针对带柔性太阳能帆板的航天器进行了姿态控制研究，对多种控制方法的控制精度和响应速度进行了对比分析。Zeng 等 [7] 基于变结构模型参考自适应控制理论，针对带柔性附件的航天器设计了一种新型的控制器，数值仿真结果表明，其控制系统具有良好的瞬态行为和鲁棒性。Singh 和 Zhang[8] 针对航天器的姿态控制和柔性附件振动抑制设计了一种新的自适应控制器，考虑了航天器非结构化建模的不确定性，并取得了良好的控制效果。Maganti 和 Singh[9] 针对带柔性附件的航天器的姿态控制和附件振动抑制提出了一种新的简单的自适应控制器，其在参数具有较大不确定性并存在扰动输入的情况下能够有效完成控制。Elgohary 等 [10] 针对对称的柔性旋转航天器建立了简化的数学模型，针对模型的柔性信息给出了解析形式的传递函数，并在此基础上对柔性梁模型进行动力学分析和控制设计。在此值得指出的是，上述研究所考虑的对象都是传统的带有小型太阳能帆板系统的航天器，未涉及本篇研究的带有可展开桁架–帆板系统的航天器。可展开桁架–帆板系统主要应用在空间站的各个舱段上，各舱段中心体的质量都在 10t 左右量级，因此可展开附件的展开行为对本体的影响不会太大。然而，可展开结构设计之初就是为了能够使得附件更加轻便，随着新型材料的研制和制作工艺的不断改进，航天器逐渐朝着轻质量和大跨度的方向发展，因此在小型航天器上使用这种可展开桁架–帆板系统也并非不可行。当中心体的质量和惯量都相对较小时，就需要考虑展开过程对中心体的影响，并且有必要对其施加主动控制。

本章针对可展开桁架–帆板系统的结构特性，建立自由漂浮状态的航天器–桁架–帆板系统的动力学模型；在传统 PD 控制器的基础上设计考虑扰动估计的控制方法，并证明其稳定性；最后对系统进行数值仿真，分析展开过程对航天器本体姿态和位置的影响，并验证所提出的控制方法的有效性。

8.2　控制器设计

如图 8-1 所示，可展开桁架–帆板系统的跨度比较大、单位面积质量轻，从而柔性基板和桁架上的位置、速度等信息不便于测量，因此本章将桁架与帆板对航天器本体的作用看作未知扰动力 $\boldsymbol{f}_d$ 和未知扰动力矩 $\boldsymbol{T}_d$，有

$$\boldsymbol{f}_d = (f_{d1},\ f_{d2},\ f_{d3})^{\mathrm{T}} \tag{8-1}$$

$$\boldsymbol{T}_d = (T_{d1},\ T_{d2},\ T_{d3})^{\mathrm{T}} \tag{8-2}$$

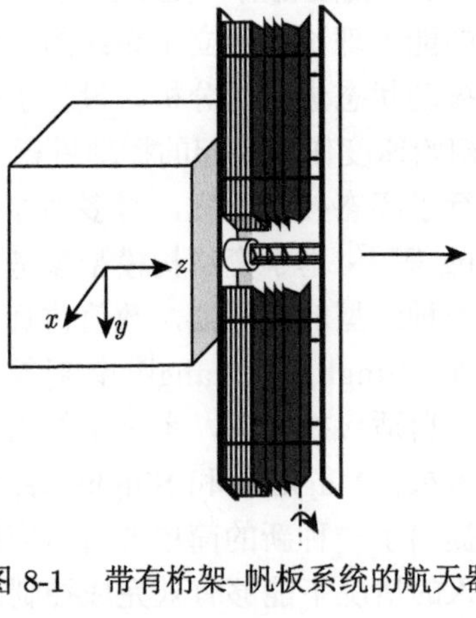

图 8-1　带有桁架–帆板系统的航天器

于是可以在传统的 PD 控制 [11] 基础上设计考虑扰动估计的控制器 [12]：

$$\boldsymbol{f}_\tau = -\boldsymbol{P}_f\boldsymbol{r}_e - \boldsymbol{D}_f\dot{\boldsymbol{r}}_e - \boldsymbol{K}_f\dot{\boldsymbol{r}}_e^{\mathrm{sgn}} \tag{8-3}$$

$$\boldsymbol{T}_\tau = -\boldsymbol{P}_T\boldsymbol{\theta}_e - \boldsymbol{D}_T\boldsymbol{\omega}_e - \boldsymbol{K}_T\boldsymbol{\omega}_e^{\mathrm{sgn}} \tag{8-4}$$

其中，$\boldsymbol{f}_\tau$ 和 $\boldsymbol{T}_\tau$ 分别是控制航天器本体位置和姿态的控制力和控制力矩；$\boldsymbol{r}_e$ 是位置偏差项；$\dot{\boldsymbol{r}}_e$ 是速度偏差项；$\boldsymbol{\theta}_e$ 和 $\boldsymbol{\omega}_e$ 分别是角度偏差项和角速度偏差项；$\boldsymbol{P}_f$、$\boldsymbol{P}_T$、$\boldsymbol{D}_f$ 和 $\boldsymbol{D}_T$ 分别为传统的 PD 控制器中的比例增益和微分增益；$\boldsymbol{K}_f$ 和 $\boldsymbol{K}_T$ 为最大扰动值的估计项。有

$$\boldsymbol{P}_f = \begin{pmatrix} P_{f1} & & \\ & P_{f2} & \\ & & P_{f3} \end{pmatrix}, \quad \boldsymbol{D}_f = \begin{pmatrix} D_{f1} & & \\ & D_{f2} & \\ & & D_{f3} \end{pmatrix}, \quad \boldsymbol{K}_f = \begin{pmatrix} K_{f1} & & \\ & K_{f2} & \\ & & K_{f3} \end{pmatrix} \tag{8-5}$$

$$\begin{aligned} &\boldsymbol{P}_T = \begin{pmatrix} P_{T1} & & \\ & P_{T2} & \\ & & P_{T3} \end{pmatrix}, \quad \boldsymbol{D}_T = \begin{pmatrix} D_{T1} & & \\ & D_{T2} & \\ & & D_{T3} \end{pmatrix} \\ &\boldsymbol{K}_T = \begin{pmatrix} K_{T1} & & \\ & K_{T2} & \\ & & K_{T3} \end{pmatrix} \end{aligned} \tag{8-6}$$

此外，对于任意向量 $\boldsymbol{a} = [a_1,\ a_2,\ a_3]^{\mathrm{T}}$，上标 “sgn” 定义为

$$\boldsymbol{a}^{\mathrm{sgn}} = \begin{pmatrix} \mathrm{sign}(a_1) \\ \mathrm{sign}(a_2) \\ \mathrm{sign}(a_3) \end{pmatrix} \tag{8-7}$$

其中，“sign” 是符号函数，即对任意实数 a 有

$$\mathrm{sign}(a) = \begin{cases} 1, & a > 0 \\ 0, & a = 0 \\ -1, & a < 0 \end{cases} \tag{8-8}$$

$\boldsymbol{K}_f$ 和 $\boldsymbol{K}_T$ 对时间的导数定义为

$$\dot{\boldsymbol{K}}_f = \begin{pmatrix} \alpha_1\left|\dot{r}_{e1}\right| & & \\ & \alpha_2\left|\dot{r}_{e2}\right| & \\ & & \alpha_3\left|\dot{r}_{e3}\right| \end{pmatrix}, \quad \dot{\boldsymbol{K}}_T = \begin{pmatrix} \alpha_4\left|\omega_{e1}\right| & & \\ & \alpha_5\left|\omega_{e2}\right| & \\ & & \alpha_6\left|\omega_{e3}\right| \end{pmatrix} \tag{8-9}$$

其中，$\alpha_i(i=1,\cdots,6)$ 是一个正常数；ω_{ej} 和 $\dot{r}_{ej}(j=1,2,3)$ 分别是 $\boldsymbol{\omega}_e$ 和 $\dot{\boldsymbol{r}}_e$ 的第 j 个元素。

假设扰动力和扰动力矩都有界，即

$$\begin{cases}|f_{d1}|<f_1^{\max}\\|f_{d2}|<f_2^{\max}\\|f_{d3}|<f_3^{\max}\end{cases}\tag{8-10}$$

$$\begin{cases}|T_{d1}|<T_1^{\max}\\|T_{d2}|<T_2^{\max}\\|T_{d3}|<T_3^{\max}\end{cases}\tag{8-11}$$

并且有

$$\dot{\boldsymbol{r}}_e\to\mathbf{0}\Rightarrow\boldsymbol{f}_d\to\mathbf{0}\tag{8-12}$$

$$\boldsymbol{\omega}_e\to\mathbf{0}\Rightarrow\boldsymbol{T}_d\to\mathbf{0}\tag{8-13}$$

则估计偏差定义为 $\boldsymbol{\tau}_f=(\tau_{f1},\ \tau_{f2},\ \tau_{f3})^{\mathrm{T}}$ 和 $\boldsymbol{\tau}_T=(\tau_{T1},\ \tau_{T2},\ \tau_{T3})^{\mathrm{T}}$，其中，

$$\tau_{fi}=f_i^{\max}-K_{fi}\quad(i=1,2,3)\tag{8-14}$$

$$\tau_{Ti}=T_i^{\max}-K_{Ti}\quad(i=1,2,3)\tag{8-15}$$

求导有

$$\dot{\tau}_{fi}=-\dot{K}_{fi}\quad(i=1,2,3)\tag{8-16}$$

$$\dot{\tau}_{Ti}=-\dot{K}_{Ti}\quad(i=1,2,3)\tag{8-17}$$

8.3 稳定性分析

为了分析控制器的稳定性，定义李雅普诺夫 (Lyapunov) 函数如下：

$$\begin{aligned}V=&\frac{1}{2}\dot{\boldsymbol{r}}^{\mathrm{T}}\boldsymbol{P}_f^{-1}m\dot{\boldsymbol{r}}+\frac{1}{2}\boldsymbol{r}^T\boldsymbol{r}+\frac{1}{2}\boldsymbol{\omega}^{\mathrm{T}}\boldsymbol{P}_T^{-1}\boldsymbol{J}\boldsymbol{\omega}+\Lambda_1^2+\Lambda_2^2+\Lambda_3^2+(\Lambda_0-1)^2\\&+\frac{1}{2}\boldsymbol{\tau}_f^{\mathrm{T}}\hat{\boldsymbol{\alpha}}_f\boldsymbol{P}_f^{-1}\boldsymbol{\tau}_f+\frac{1}{2}\boldsymbol{\tau}_f^{\mathrm{T}}\hat{\boldsymbol{\alpha}}_T\boldsymbol{P}_T^{-1}\boldsymbol{\tau}_f\geqslant 0\end{aligned}\tag{8-18}$$

其中，m 和 $\boldsymbol{J}$ 分别是航天器本体的质量和转动惯量；$\boldsymbol{r}$ 是航天器质心位置坐标；$\boldsymbol{\omega}$ 是航天器相对于参考基转动的角速度矢量；Λ_i $(i=0,1,2,3)$ 是航天器本体姿态的欧拉四元数；$\hat{\boldsymbol{\alpha}}_f$ 和 $\hat{\boldsymbol{\alpha}}_T$ 的定义如下：

$$\hat{\boldsymbol{\alpha}}_f = \begin{pmatrix} 1/\alpha_1 & & \\ & 1/\alpha_2 & \\ & & 1/\alpha_3 \end{pmatrix}, \quad \hat{\boldsymbol{\alpha}}_T = \begin{pmatrix} 1/\alpha_4 & & \\ & 1/\alpha_5 & \\ & & 1/\alpha_6 \end{pmatrix} \tag{8-19}$$

对方程 (8-18) 求导，有

$$\dot{V} = \dot{\boldsymbol{r}}^{\mathrm{T}}\boldsymbol{P}_f^{-1}m\ddot{\boldsymbol{r}} + \boldsymbol{r}^T\dot{\boldsymbol{r}} + \boldsymbol{\omega}^{\mathrm{T}}\boldsymbol{P}_T^{-1}\boldsymbol{J}\dot{\boldsymbol{\omega}} - 2\dot{\Lambda}_0 + \boldsymbol{\tau}_f^{\mathrm{T}}\hat{\boldsymbol{\alpha}}_f\boldsymbol{P}_f^{-1}\dot{\boldsymbol{\tau}}_f + \boldsymbol{\tau}_T^{\mathrm{T}}\hat{\boldsymbol{\alpha}}_T\boldsymbol{P}_T^{-1}\dot{\boldsymbol{\tau}}_T \tag{8-20}$$

本书中，控制目标为 $\boldsymbol{r} = \boldsymbol{0}$ 并且 $\boldsymbol{\theta} = \boldsymbol{0}$，因此控制器可以写作

$$\boldsymbol{f}_\tau = -\boldsymbol{P}_f\boldsymbol{r} - \boldsymbol{D}_f\dot{\boldsymbol{r}} - \boldsymbol{K}_f\dot{\boldsymbol{r}}^{\mathrm{sgn}} \tag{8-21}$$

$$\boldsymbol{T}_\tau = -\boldsymbol{P}_T\boldsymbol{\theta} - \boldsymbol{D}_T\boldsymbol{\omega} - \boldsymbol{K}_T\boldsymbol{\omega}^{\mathrm{sgn}} \tag{8-22}$$

航天器本体的动力学方程为

$$m\ddot{\boldsymbol{r}} = \boldsymbol{f}_d + \boldsymbol{f}_\tau \tag{8-23}$$

$$\boldsymbol{J}\dot{\boldsymbol{\omega}} = -\tilde{\boldsymbol{\omega}}\boldsymbol{J}\boldsymbol{\omega} + \boldsymbol{T}_d + \boldsymbol{T}_\tau \tag{8-24}$$

将式 (8-21) ~ 式 (8-24) 代入式 (8-20)，可得

$$\begin{aligned}
\dot{V} &= \dot{\boldsymbol{r}}^{\mathrm{T}}\boldsymbol{P}_f^{-1}(\boldsymbol{f}_d - \boldsymbol{P}_f\boldsymbol{r} - \boldsymbol{D}_f\dot{\boldsymbol{r}} - \boldsymbol{K}_f\dot{\boldsymbol{r}}^{\mathrm{sgn}}) + \boldsymbol{r}^{\mathrm{T}}\dot{\boldsymbol{r}} + \cdots \\
&\quad + \boldsymbol{\omega}^{\mathrm{T}}\boldsymbol{P}_T^{-1}(-\tilde{\boldsymbol{\omega}}\boldsymbol{J}\boldsymbol{\omega} + \boldsymbol{T}_d - \boldsymbol{P}_T\boldsymbol{\theta} - \boldsymbol{D}_T\boldsymbol{\omega} - \boldsymbol{K}_T\boldsymbol{\omega}^{\mathrm{sgn}}) - 2\dot{\Lambda}_0 + \cdots \\
&\quad + \boldsymbol{\tau}_f^{\mathrm{T}}\hat{\boldsymbol{\alpha}}_f\boldsymbol{P}_f^{-1}\dot{\boldsymbol{\tau}}_f + \boldsymbol{\tau}_T^{\mathrm{T}}\hat{\boldsymbol{\alpha}}_T\boldsymbol{P}_T^{-1}\dot{\boldsymbol{\tau}}_T \\
&= \dot{\boldsymbol{r}}^{\mathrm{T}}\boldsymbol{P}_f^{-1}(-\boldsymbol{P}_f\boldsymbol{r} - \boldsymbol{D}_f\dot{\boldsymbol{r}}) + \boldsymbol{r}^{\mathrm{T}}\dot{\boldsymbol{r}} + \boldsymbol{\omega}^{\mathrm{T}}\boldsymbol{P}_T^{-1}(-\tilde{\boldsymbol{\omega}}\boldsymbol{J}\boldsymbol{\omega} - \boldsymbol{P}_T\boldsymbol{\theta} - \boldsymbol{D}_T\boldsymbol{\omega}) - 2\dot{\Lambda}_0 + \cdots \\
&\quad + \dot{\boldsymbol{r}}^{\mathrm{T}}\boldsymbol{P}_f^{-1}(\boldsymbol{f}_d - \boldsymbol{K}_f\dot{\boldsymbol{r}}^{\mathrm{sgn}}) + \boldsymbol{\omega}^{\mathrm{T}}\boldsymbol{P}_T^{-1}(\boldsymbol{T}_d - \boldsymbol{K}_T\boldsymbol{\omega}^{\mathrm{sgn}}) + \boldsymbol{\tau}_f^{\mathrm{T}}\hat{\boldsymbol{\alpha}}_f\boldsymbol{P}_f^{-1}\dot{\boldsymbol{\tau}}_f \\
&\quad + \boldsymbol{\tau}_T^{\mathrm{T}}\hat{\boldsymbol{\alpha}}_T\boldsymbol{P}_T^{-1}\dot{\boldsymbol{\tau}}_T
\end{aligned} \tag{8-25}$$

首先考虑一个空间漂浮单刚体的传统 PD 控制问题 [11,13]，即式 (8-21) ~ 式 (8-25) 中不存在扰动项和扰动估计项时，有李雅普诺夫函数为

$$V' = \frac{1}{2}\dot{\boldsymbol{r}}^{\mathrm{T}}\boldsymbol{P}_f^{-1}m\dot{\boldsymbol{r}} + \frac{1}{2}\boldsymbol{r}^{\mathrm{T}}\boldsymbol{r} + \frac{1}{2}\boldsymbol{\omega}^{\mathrm{T}}\boldsymbol{P}_T^{-1}\boldsymbol{J}\boldsymbol{\omega} + \Lambda_1^2 + \Lambda_2^2 + \Lambda_3^2 + (\Lambda_0 - 1)^2 \geqslant 0 \tag{8-26}$$

传统的 PD 控制器为

$$\boldsymbol{f}'_\tau = -\boldsymbol{P}_f\boldsymbol{r} - \boldsymbol{D}_f\dot{\boldsymbol{r}} \tag{8-27}$$

$$\boldsymbol{T}'_\tau = -\boldsymbol{P}_T\boldsymbol{\theta} - \boldsymbol{D}_T\boldsymbol{\omega} \tag{8-28}$$

此时的动力学方程为

$$m\ddot{\boldsymbol{r}} = \boldsymbol{f}'_\tau \tag{8-29}$$

$$J\dot{\boldsymbol{\omega}} = -\tilde{\boldsymbol{\omega}}\boldsymbol{J}\boldsymbol{\omega} + \boldsymbol{T}'_\tau \tag{8-30}$$

对 V' 求导，有

$$\begin{aligned}\dot{V}' &= \dot{\boldsymbol{r}}^{\mathrm{T}}\boldsymbol{P}_f^{-1}(-\boldsymbol{P}_f\boldsymbol{r} - \boldsymbol{D}_f\dot{\boldsymbol{r}}) + \boldsymbol{r}^{\mathrm{T}}\dot{\boldsymbol{r}} + \boldsymbol{\omega}^{\mathrm{T}}\boldsymbol{P}_T^{-1}(-\tilde{\boldsymbol{\omega}}\boldsymbol{J}\boldsymbol{\omega} - \boldsymbol{P}_T\boldsymbol{\theta} - \boldsymbol{D}_T\boldsymbol{\omega}) - 2\dot{\Lambda}_0\\ &= -\dot{\boldsymbol{r}}^{\mathrm{T}}\boldsymbol{r} - \dot{\boldsymbol{r}}^{\mathrm{T}}\boldsymbol{P}_f^{-1}\boldsymbol{D}_f\dot{\boldsymbol{r}} + \boldsymbol{r}^{\mathrm{T}}\dot{\boldsymbol{r}} - \boldsymbol{\omega}^{\mathrm{T}}\boldsymbol{P}_T^{-1}\tilde{\boldsymbol{\omega}}\boldsymbol{J}\boldsymbol{\omega} - \boldsymbol{\omega}^{\mathrm{T}}\boldsymbol{\theta} - \boldsymbol{\omega}^{\mathrm{T}}\boldsymbol{P}_T^{-1}\boldsymbol{D}_T\boldsymbol{\omega} - 2\dot{\Lambda}_0\\ &= -\dot{\boldsymbol{r}}^{\mathrm{T}}\boldsymbol{P}_f^{-1}\boldsymbol{D}_f\dot{\boldsymbol{r}} - \boldsymbol{\omega}^{\mathrm{T}}\boldsymbol{P}_T^{-1}\tilde{\boldsymbol{\omega}}\boldsymbol{J}\boldsymbol{\omega} - \boldsymbol{\omega}^{\mathrm{T}}\boldsymbol{P}_T^{-1}\boldsymbol{P}_T\boldsymbol{\theta} - \boldsymbol{\omega}^{\mathrm{T}}\boldsymbol{P}_T^{-1}\boldsymbol{D}_T\boldsymbol{\omega} - 2\dot{\Lambda}_0\end{aligned} \tag{8-31}$$

其中，$\boldsymbol{P}_T^{-1}$ 可以写成如下形式 [13]：

$$\boldsymbol{P}_T^{-1} = p_1\boldsymbol{J} + p_2\boldsymbol{I} \tag{8-32}$$

式中，p_1 和 p_2 为两个实数；$\boldsymbol{I}$ 为单位阵。

将式 (8-32) 代入式 (8-31)，有

$$\dot{V}' = -\dot{\boldsymbol{r}}^{\mathrm{T}}\boldsymbol{P}_f^{-1}\boldsymbol{D}_f\dot{\boldsymbol{r}} - p_1\boldsymbol{\omega}^{\mathrm{T}}\boldsymbol{J}\tilde{\boldsymbol{\omega}}\boldsymbol{J}\boldsymbol{\omega} - p_2\boldsymbol{\omega}^{\mathrm{T}}\tilde{\boldsymbol{\omega}}\boldsymbol{J}\boldsymbol{\omega} - \boldsymbol{\omega}^{\mathrm{T}}\boldsymbol{\theta} - \boldsymbol{\omega}^{\mathrm{T}}\boldsymbol{P}_T^{-1}\boldsymbol{D}_T\boldsymbol{\omega} - 2\dot{\Lambda}_0 \tag{8-33}$$

上式中，$\boldsymbol{\omega}^{\mathrm{T}}\tilde{\boldsymbol{\omega}} = 0$，$\boldsymbol{\omega}^{\mathrm{T}}\boldsymbol{\theta} = -2\dot{\Lambda}_0$ [13]，又由于 $\boldsymbol{J}$ 为对称阵，即 $\boldsymbol{J} = \boldsymbol{J}^{\mathrm{T}}$，于是上式可以化简为

$$\dot{V}' = -\dot{\boldsymbol{r}}^{\mathrm{T}}\boldsymbol{P}_f^{-1}\boldsymbol{D}_f\dot{\boldsymbol{r}} - p_1(\boldsymbol{J}\boldsymbol{\omega})^{\mathrm{T}}\tilde{\boldsymbol{\omega}}(\boldsymbol{J}\boldsymbol{\omega}) - \boldsymbol{\omega}^{\mathrm{T}}\boldsymbol{P}_T^{-1}\boldsymbol{D}_T\boldsymbol{\omega} \tag{8-34}$$

可以很容易证明，当 $\boldsymbol{P}_f^{-1}\boldsymbol{D}_f > 0$ 并且 $\boldsymbol{P}_T^{-1}\boldsymbol{D}_T > 0$ 时，有

$$\dot{V}' \leqslant 0 \tag{8-35}$$

因此，将式 (8-34) 与式 (8-25) 对比可知，为了证明 $\dot{V} \leqslant 0$，只需证明：

$$\dot{\boldsymbol{r}}^{\mathrm{T}}\boldsymbol{P}_f^{-1}(\boldsymbol{f}_d - \boldsymbol{K}_f\dot{\boldsymbol{r}}^{\mathrm{sgn}}) + \boldsymbol{\omega}^{\mathrm{T}}\boldsymbol{P}_T^{-1}(\boldsymbol{T}_d - \boldsymbol{K}_T\boldsymbol{\omega}^{\mathrm{sgn}}) + \boldsymbol{\tau}_f^{\mathrm{T}}\hat{\boldsymbol{\alpha}}_f\boldsymbol{P}_f^{-1}\dot{\boldsymbol{\tau}}_f + \boldsymbol{\tau}_T^{\mathrm{T}}\hat{\boldsymbol{\alpha}}_T\boldsymbol{P}_T^{-1}\dot{\boldsymbol{\tau}}_T \leqslant 0 \tag{8-36}$$

考虑到式 (8-9)、式 (8-16) 和式 (8-17)，式 (8-36) 中各项可以整理为

$$\dot{\boldsymbol{r}}^{\mathrm{T}}\boldsymbol{P}_f^{-1}(\boldsymbol{f}_d - \boldsymbol{K}_f\dot{\boldsymbol{r}}^{\mathrm{sgn}}) = \sum_{i=1}^{3}\frac{\dot{r}_i f_{di} - |\dot{r}_i|\,K_{fi}}{P_{fi}} \tag{8-37}$$

$$\boldsymbol{\omega}^{\mathrm{T}}\boldsymbol{P}_T^{-1}(\boldsymbol{T}_d - \boldsymbol{K}_T\boldsymbol{\omega}^{\mathrm{sgn}}) = \sum_{i=1}^{3}\frac{\omega_i T_{di} - K_{Ti}\,|\omega_i|}{P_{Ti}} \tag{8-38}$$

$$\boldsymbol{\tau}_f^{\mathrm{T}}\hat{\boldsymbol{\alpha}}_f\boldsymbol{P}_f^{-1}\dot{\boldsymbol{\tau}}_f=\sum_{i=1}^{3}\frac{\tau_{fi}\dot{\tau}_{fi}}{\alpha_i P_{fi}}=\sum_{i=1}^{3}\frac{-\tau_{fi}\dot{K}_{fi}}{\alpha_i P_{fi}}=-\sum_{i=1}^{3}\frac{\tau_{fi}\left|\dot{r}_i\right|}{P_{fi}} \tag{8-39}$$

$$\boldsymbol{\tau}_T^{\mathrm{T}}\hat{\boldsymbol{\alpha}}_T\boldsymbol{P}_T^{-1}\dot{\boldsymbol{\tau}}_T=\sum_{i=1}^{3}\frac{\tau_{Ti}\dot{\tau}_{Ti}}{\alpha_i P_{Ti}}=\sum_{i=1}^{3}\frac{-\tau_{Ti}\dot{K}_{Ti}}{\alpha_i P_{Ti}}=-\sum_{i=1}^{3}\frac{\tau_{Ti}\left|\omega_i\right|}{P_{Ti}} \tag{8-40}$$

整合式 (8-37) ~ 式 (8-40) 可将式 (8-34) 整理为

$$\sum_{i=1}^{3}\left(\frac{\dot{r}_i f_{di}-\left|\dot{r}_i\right|K_{fi}-\tau_{fi}\left|\dot{r}_i\right|}{P_{fi}}+\frac{\omega_i T_{di}-K_{Ti}\left|\omega_i\right|-\tau_{Ti}\left|\omega_i\right|}{P_{Ti}}\right) \tag{8-41}$$

将式 (8-14) 和式 (8-15) 代入式 (8-41)，可得

$$\sum_{i=1}^{3}\left(\frac{\dot{r}_i f_{di}-f_i^{\max}\left|\dot{r}_i\right|}{P_{fi}}+\frac{\omega_i T_{di}-T_i^{\max}\left|\omega_i\right|}{P_{Ti}}\right) \tag{8-42}$$

由式 (8-10) 和式 (8-11) 可知，上式恒为负值，式 (8-36) 得证，因此式 (8-23) 负定，稳定性证明完毕。

8.4 数值仿真

本节针对如图 8-1 所示的漂浮的带有桁架–帆板系统的航天器的动力学与控制问题进行数值仿真研究，对比分析上文提出的控制器与传统的 PD 控制器的控制效果，并分析控制力和力矩的可行性。为了探讨中心体质量和转动惯量较小的情况下展开过程对航天器本体的位置姿态影响，本章所选取的质量和转动惯量数值都远小于实际空间站的参数值，航天器本体质量取 600kg，转动惯量为对称阵，取为

$$\boldsymbol{J}=\begin{pmatrix}360 & 10 & 25\\ 10 & 260 & 20\\ 25 & 20 & 360\end{pmatrix}(\mathrm{kg}\cdot\mathrm{m}^2) \tag{8-43}$$

系统中其他部件的物理参数如表 6-1 所示。展开过程中，由驱动机构驱动桁架和上收藏箱沿 z 方向运动，并伴随桁架折叠臂的转动与太阳能电池基板绕 y 轴的转动。由于中心体处于漂浮状态，所以根据动量 (矩) 定理可以判断出，展开过程中可展开桁架–帆板系统会对航天器本体造成反方向的位置和姿态扰动。

关于控制器的增益参数，取式 (8-21) 和式 (8-22) 中参数值为 $\boldsymbol{P}_f=30.72\boldsymbol{I}_3$、$\boldsymbol{D}_f=192\boldsymbol{I}_3$、$\boldsymbol{P}_T=18.432\boldsymbol{I}_3$、$\boldsymbol{D}_T=115.2\boldsymbol{I}_3$、$\boldsymbol{K}_f=\boldsymbol{K}_T=\boldsymbol{I}_3$，$\alpha_i=40(i=$

$1, \cdots, 6)$。中心体三个方向的期望位移均为 0cm，绕三轴的期望转角均为 0°。在实际仿真过程中，由于取符号函数具有不连续性，所以为了提高计算的稳定性，可以将函数 $\text{sign}(a_i)(i = 1, 2, 3)$ 近似地写成如下形式 [12]：

$$\text{sign}(a_i) \approx \frac{\mathrm{e}^{\frac{a_i}{\varepsilon}} - \mathrm{e}^{-\frac{a_i}{\varepsilon}}}{\mathrm{e}^{\frac{a_i}{\varepsilon}} + \mathrm{e}^{-\frac{a_i}{\varepsilon}}} \tag{8-44}$$

图 8-2 给出了无控制、传统的 PD 控制和本章提出的考虑扰动估计的新控制器作用下，航天器中心体三个方向的位移曲线和绕三轴转动的角度曲线。从图中可以看出，桁架–帆板系统的展开会显著影响航天器的位移，并且位移方面沿 z 方向扰动最为显著，角度方面绕 y 轴扰动最为显著，这是由于，可展开桁架–帆板系统的展开过程中，整个可展开桁架–帆板系统向 z 方向运动，各基板绕 y 轴旋转，如图 8-2 所示。传统的 PD 控制器会使得系统稳定较慢，尤其在 120s 左右会有相对较大幅度的振荡；而考虑扰动估计的控制器则能够取得更好的控制效果，能够使系统较快地达到稳定状态。

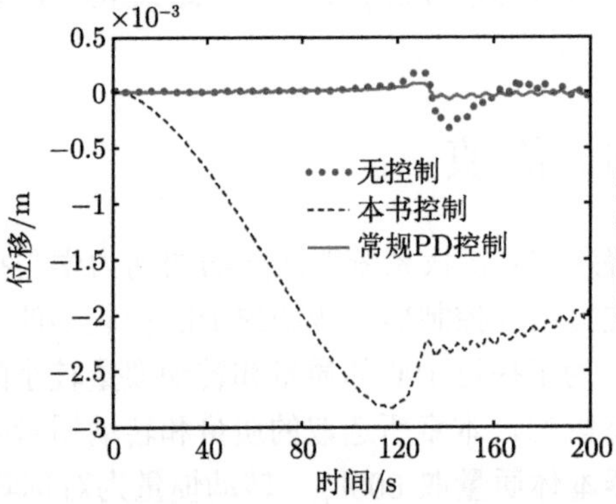

(a1)

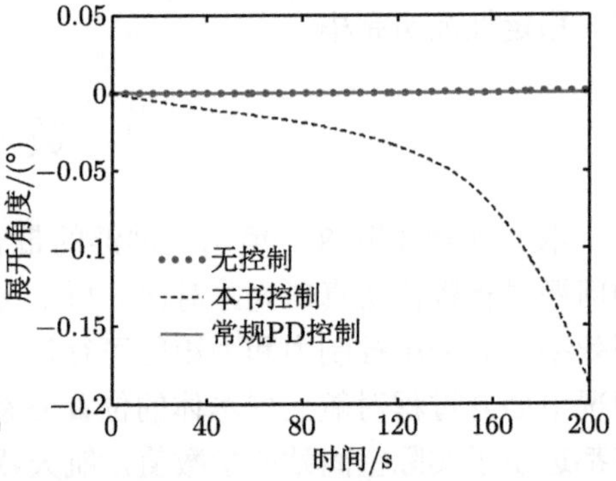

(a2)

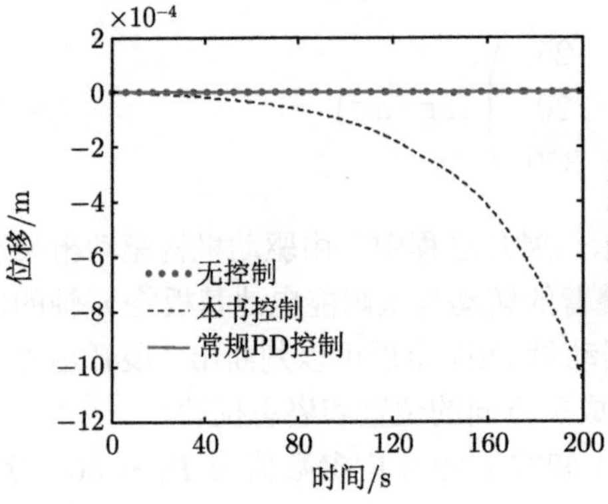

(b1)

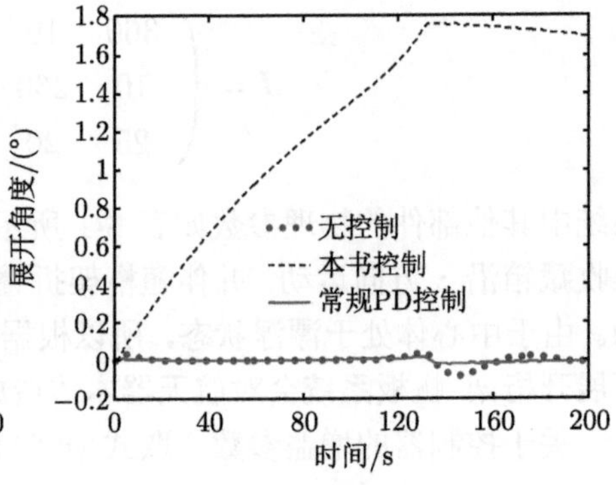

(b2)

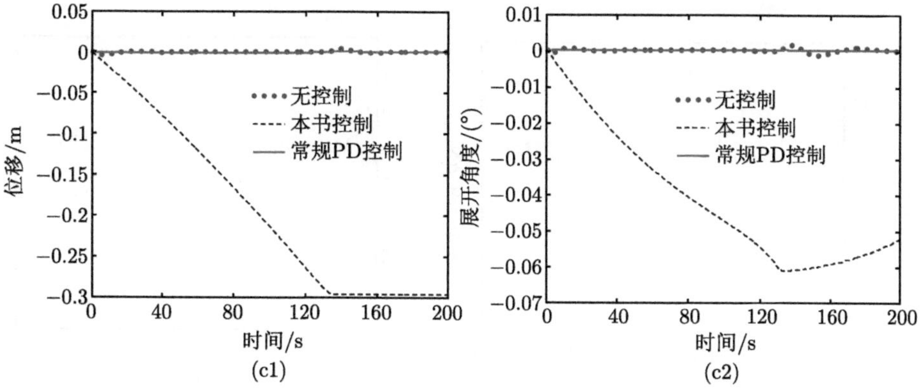

图 8-2 航天器本体位移和角度

(a1), (a2) x 方向；(b1), (b2) y 方向；(c1), (c2) z 方向

图 8-3 给出了考虑扰动估计的控制器三个方向的控制力和控制力矩时程曲线，可以看出，控制力的最大值小于 0.1N，控制力矩的最大值小于 1.5Nm，这在实际工程中容易实现。

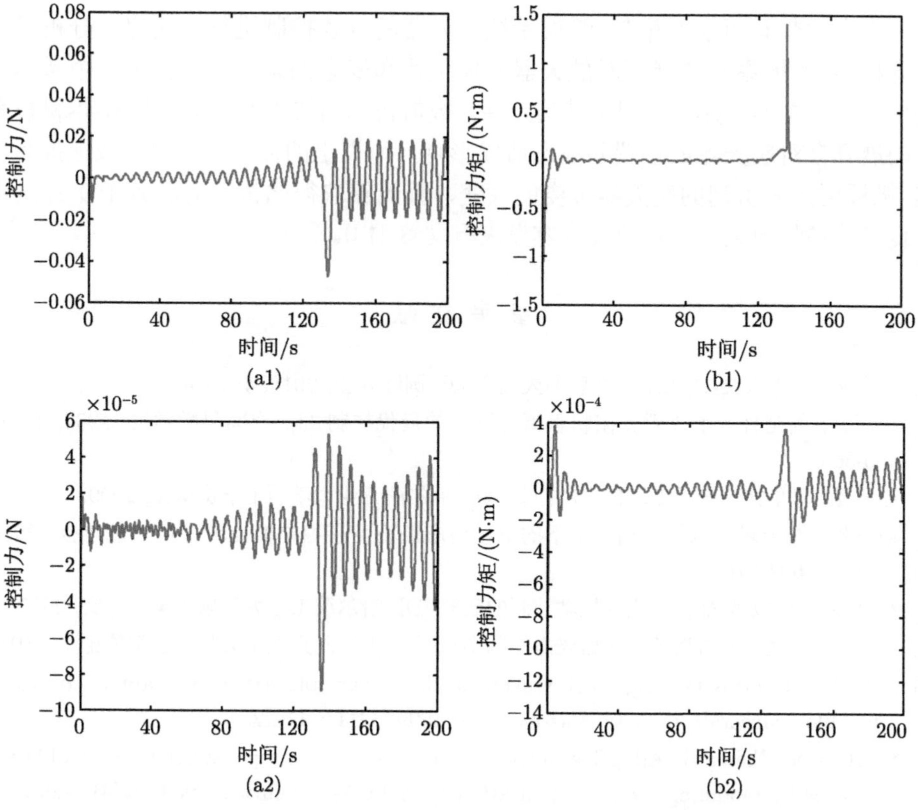

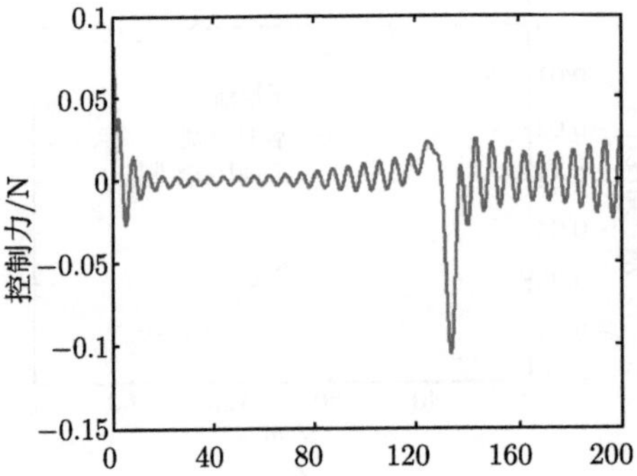

(a3)

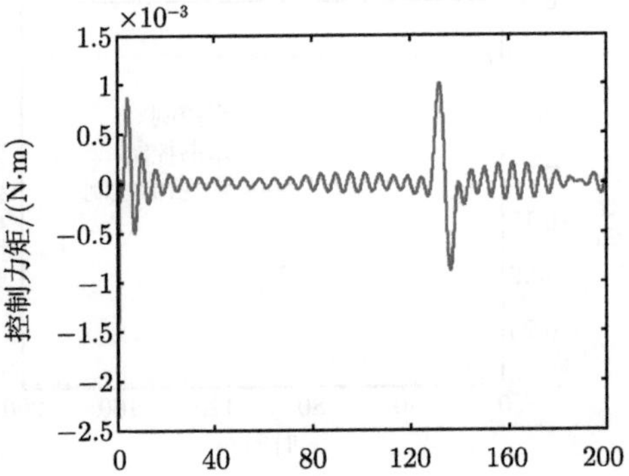

(b3)

图 8-3　控制力与控制力矩

(a1)~(a3) x、y 和 z 方向的控制力；(b1)~(b3) x、y 和 z 方向的控制力矩

8.5　本章小结

本章对带有可展开桁架–帆板系统航天器的位姿控制进行了研究。分析了可展开桁架–帆板系统的展开对航天器本体位置和姿态的影响；设计了一个考虑扰动估计的控制器，并且证明了其稳定性。数值仿真结果表明，可展开桁架-帆板系统的展开会对航天器的位置和姿态造成影响，所提出的控制器能够有效地抑制桁架–帆板展开所引起的航天器位姿的改变，且能够取得比传统的经典 PD 控制器更良好的控制效果。本章研究内容发表有文章 [14]。

参考文献

[1] 王存恩. 日本天文-H 卫星升空后不久失联 [J]. 国际太空, 2016, 4: 37-41.

[2] 戈新生, 刘延柱. 航天器太阳帆板展开过程的最优控制 [J]. 空间科学学报, 1997, 17(4): 360-366.

[3] 赵多光. 卫星挠性帆板振动的主动控制 [D]. 哈尔滨工业大学硕士学位论文, 2009.

[4] 斯祝华, 刘一武. 帆板驱动影响下的卫星姿态高精度高稳定度控制 [J]. 宇航学报, 2010, 31(12): 2697-2703.

[5] 崔亮亮. 挠性太阳能帆板主动振动控制的研究 [D]. 哈尔滨工业大学硕士学位论文, 2015.

[6] 秦浩. 带柔性太阳帆板的航天器姿态控制实验研究 [D]. 北京理工大学硕士学位论文, 2015.

[7] Zeng Y, Araujo A D, Singh S N, Output feedback variable structure adaptive control of a flexible spacecraft[J]. Acta Astronautica, 1999, 44(1): 11-22.

[8] Singh S N, Zhang R. Adaptive output feedback control of spacecraft with flexible appendages by modeling error compensation[J]. Acta Astronautica, 2004, 54(4): 229-243.

[9] Maganti G B, Singh S N. Simplified adaptive control of an orbiting flexible spacecraft[J]. Acta Astronautica, 2007, 61(7-8): 575-589.

[10] Elgohary T A, Turner J D, Junkins J L. Analytic transfer functions for the dynamics & control of flexible rotating spacecraft performing large angle maneuvers[J]. The Journal of the Astronautical Sciences, 2015, 62(2): 168-195.

[11] Wen J T Y, Kreutz-Delgado K. The attitude control problem[J]. IEEE Transactions on Automatic Control, 1991, 36(10): 1148-1162.

[12] Xiao Y, Ye D, Yang Z X, et al. Research on attitude adjustment control for large angle maneuver of rigid-flexible coupling spacecraft[C]. The 8th International Conference of Intelligent Robotics and Applications, Portsmouth, UK, 2015.

[13] Wie B,Weiss H, Arapostathis A. Quarternion feedback regulator for spacecraft eigenaxis rotations[J]. Journal of Guidance, Control, and Dynamics, 1989, 12(3): 375-380.

[14] Li H Q, Liu X F, Guo S J, et al. Deployment dynamics and control of large-scale flexible solar array system with deployable mast[J]. Advances in Space Research, 2016, 58(7): 1288-1302.

第 9 章　基于 C++面向对象的多体系统动力学程序设计

9.1　引　　言

多体系统动力学仿真软件在航空航天、机器人、机械、汽车等工程领域有着非常广泛的应用 [1]。国际上最著名的商用多体动力学软件包括 ADAMS、DADS、RecurDyn 和 Simpack 等，这些商用软件都由实力较强的公司维护，各有特色。

随着制造业的迅猛发展，各种新型的机械系统被研发，如先进的机器人、大型柔性太阳能帆板、可展开桁架、空间机械臂等。这些机械系统的运行通常伴随着大变形、变拓扑、接触碰撞、摩擦和间隙等问题的存在。在这种情况下，现有的商业软件无论在售价和计算效率，还是在仿真精度方面都有一定的制约。因此，许多从事多体动力学研究的科研机构都自行开发了多体系统动力学软件或程序。Schwerin[2] 系统地介绍了 MBSSIM (MultiBody System SIMulation) 软件的数值方法、计算机算法以及相关的软件设计。Masarati 等 [3] 开发了开源的多体动力学软件 MBDyn，非常适用于直升机旋翼、涡桨发动机和风力发电设备等的分析。Shabana[4,5] 在解决大变形问题时提出了绝对节点坐标法，并且开发了相应的多体动力学软件。田强等 [6-8] 为解决柔性绳索的大变形问题开发了基于绝对节点坐标法的多体系统动力学仿真软件，并在此基础上对间隙问题、绳索打结问题以及机器人抓捕问题等进行了仿真分析。洪嘉振等 [9-11] 开发了基于单项递推组集方法的刚柔混合多体动力学辅助分析仿真程序 CADAMB (Computer Aided Dynamic Analysis of MultiBody)，解决了动力刚化问题，使得大范围运动多柔体系统的求解更加精确。芮筱亭等 [12-14] 基于传递矩阵法开发了多体动力学计算程序 MSTMM (Transfer Matrix Method of Multibody System)，在树状开环多体系统的计算问题中有着很大优势。任革学等 [15-17] 分别对多刚体系统和柔性体系统的数值求解进行了深入探讨，并开发了 THUsolver 求解器，在盘绕式桁架、履带车、传送带等系统的仿真过程中取得了很好的效果。

本章针对带有桁架–帆板系统的航天器，基于 C++语言的面向对象技术，开发具有通用性和扩展性的刚柔混合多体系统动力学仿真程序。首先结合具体例子介绍 C++面向对象技术的基本特征，然后给出程序仿真的详细流程，最后通过几个简单算例对比验证程序的通用性和正确性。

9.2 C++面向对象基本概念

9.2.1 类和对象

类 (class) 的基本思想是数据抽象和封装 [18]，使用面向对象技术将类的基本功能和数据成员封装，仅留出简单的操作接口。本章中程序使用最多的类有多体系统中的物体 (BODY)、铰 (JOINT) 和外力 (FORCE) 等。在实际操作中，只要将类的成员函数做好封装，再次使用时便不需要关心成员函数的具体内容，只需要直接调用相关命令即可。

BODY 类常用的成员变量和成员函数如表 9-1 所示。

表 9-1 BODY 类常用的成员变量和成员函数

	名称	数据类型	描述
成员变量	Mass	实数	物体的质量
	JC	3×3 矩阵	物体未变形时绕三轴的转动惯量
	rc, drc	3 维向量	连体基 (浮动基) 在参考基中的位置和速度
	lam, dlam	4 维向量	连体基 (浮动基) 相对参考基转动的欧拉四元数及其导数
	R, dR, L, dL	3×4 矩阵	与四元数相关的矩阵及其导数
	omega	3 维向量	连体基 (浮动基) 相对参考基转动的角速度
	A0	3×3 矩阵	连体基 (浮动基) 相对参考基转动的方向余弦阵
	nq	整数	物体的坐标个数
	locq	整数	物体坐标在广义坐标中的起始位置
成员函数	Assign()	void	根据输入坐标值及其导数计算当前时刻的运动学信息
	genMass()	nq×nq 矩阵	计算并返回物体的广义质量阵
	genFw()	nq 维向量	计算并返回物体的广义惯性力列阵
	gravity()	nq 维向量	计算并返回物体所受重力列阵
	Angle2BD()	实数	计算该物体与另一物体的夹角值

在仿真流程中，可以使用 BODY 类创造任意多个物体对象。例如代码段:

```
BODY body1;
BODY *body2 = new BODY();
cout<<body1.rc<<endl;
cout<<body2->rc<<endl;
cout<<body1.Angle2BD(body2);
```

即分别创建一个 BODY 类对象和一个 BODY 类对象的指针 [19]，名为 body1 和 body2，并分别输出对象 body1 和 body2 的连体基原点在参考基中的位置，最后输出两物体之间的夹角。可见，在实际运算中，只要定义好了对象的成员函数，则使用时可以直接调用而不用关心函数内部的具体操作。封装好的类可以在不同程序中反复使用，大大提高了代码的重用性和可读性。JOINT 类和 FORCE 类常用的成员变量和成员函数见表 9-2 和表 9-3。

表 9-2　JOINT 类中的成员变量和成员函数

	名称	数据类型	描述	
成员变量	bda	BODY 类指针	指向铰接物体 A	
	bdb	BODY 类指针	指向铰接物体 B	
	nC	整数	铰对应的约束方程行数	
	locC	整数	铰在系统约束方程中的起始位置	
	dBeta1, dBeta2, dAlpha	3 维向量	关节常用的单位矢量	
	PointA, PointB	3 维向量	铰点在对应物体连体基 (浮动基) 上的位置	
	NodeP, NodeQ	整数	柔性体铰点的节点编号	
成员函数	C(), dC()	nC 维向量	计算并返回铰的约束方程和速度约束方程	
	CqA(), CqB()	nC×nq 矩阵	计算并返回铰的约束雅可比阵	
	Gamma()	nC 维向量	计算并返回铰的加速度约束方程右项	
	Cqad3(), Cqbd3()	3×nq 矩阵	三方向移动约束雅可比阵	基础约束，供 CqA()、CqB() 和 Gamma() 调用
	Gammad3()	3 维向量	三方向移动加速度约束方程右项	
	Cqar3(), Cqbr3()	3×nq 矩阵	三方向转动约束雅可比阵	
	Gammar3()	3 维向量	三方向转动加速度约束方程右项	
	Cqad2(), Cqbd2()	2×nq 矩阵	两方向移动约束雅可比阵	
	Gammad2()	2 维向量	两方向移动加速度约束方程右项	
	Cqar2(), Cqbr2()	2×nq 矩阵	两方向转动约束雅可比阵	
	Gammar2()	2 维向量	两方向转动加速度约束方程右项	

表 9-3　FORCE 类中的成员变量和成员函数

	名称	数据类型	描述
成员变量	bda	BODY 类指针	指向力的作用物体 A
	bdb	BODY 类指针	指向力的作用物体 B
	PointA	3 维向量	力在物体 A 上的作用点
	PointB	3 维向量	力在物体 B 上的作用点
成员函数	forceA()	nq 维向量	将力转化为对应物体 A 坐标的广义力阵并返回
	forceB()	nq 维向量	将力转化为对应物体 B 坐标的广义力阵并返回

9.2.2　继承与多态

除了封装以外，面向对象编程的另外两个主要特征分别是继承 (inheritance) 和多态 (polymorphism)[18]。继承是指新类能够使用原有类的所有功能性函数和数据属性，并且在不必重新编写原有类的情况下对这些功能和数据进行扩展。通过继承联系在一起的类构成一种层次关系，继承关系根部的类称为基类 (base class)

或者父类，从基类继承而来的类称为派生类 (derived class) 或者子类。

图 9-1 给出了类 BODY 及其一些派生类的层次关系。从图中可以看出，刚体类 rigidBODY 和柔体类 flexibleBODY 都是从基类 BODY 中派生出来的，它们继承了物体类中的成员变量 (属性信息) 和成员函数 (基本功能)，并且在此基础上可以扩展新的功能或者属性。例如，柔体类 flexibleBODY 在 BODY 类的基础上加入了成员变量 nMode 和 nNode 来描述物体的模态阶数和节点个数，并加入了成员函数 Fd() 来计算并返回变形力列阵等；而对于原本的基本属性信息和基本功能，则直接从 BODY 类中继承而得到。

因此，定义 flexibleBODY 的时候，只需要定义新增加的成员变量和成员函数：

```
int nMode, nNode;
VectorXd aMode, daMode;
vector<MatrixXd>ModalPhi, ModalPsi;
MatrixXd Ca, Ka,MatrixXd Modalalpha;
```

然后将基类 BODY 中原本已经存在的某些函数进行重载，便可以实现新的功能。

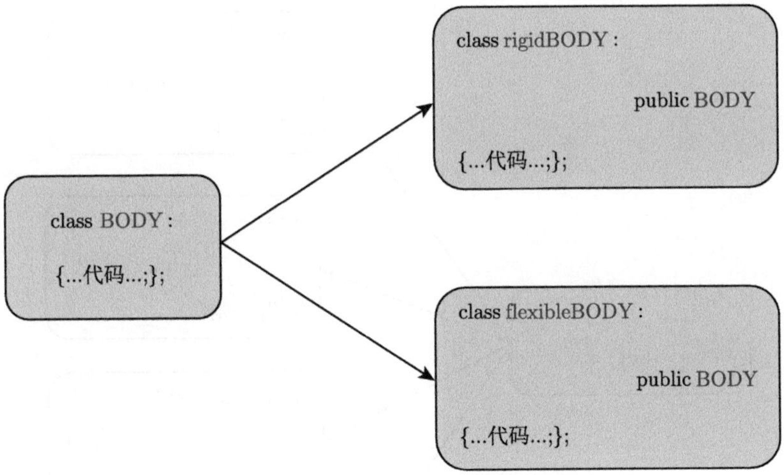

图 9-1 BODY 类及其派生类

同理，如图 9-2 和图 9-3 所示，铰类 (JOINT) 可以派生出旋转铰类 (revoluteJOINT)、球铰类 (sphericalJOINT) 和固定铰类 (fixedJOINT) 等派生类；力类 (FORCE) 可以派生出驱动力类、导向力、接触力和弹簧等派生类。

派生类最大的特点是可以实现不同对象在执行同一命令时体现出不同的动作，这便是面向对象程序设计的另一个重要特征——多态。

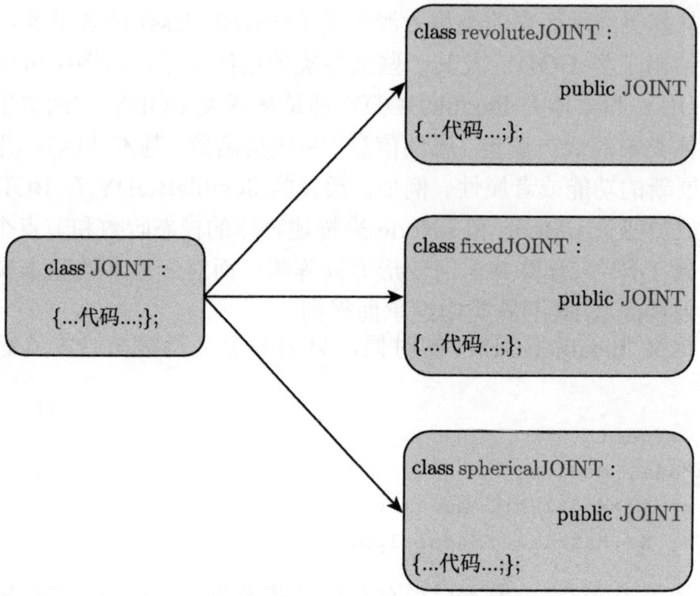

图 9-2　JOINT 类及其派生类

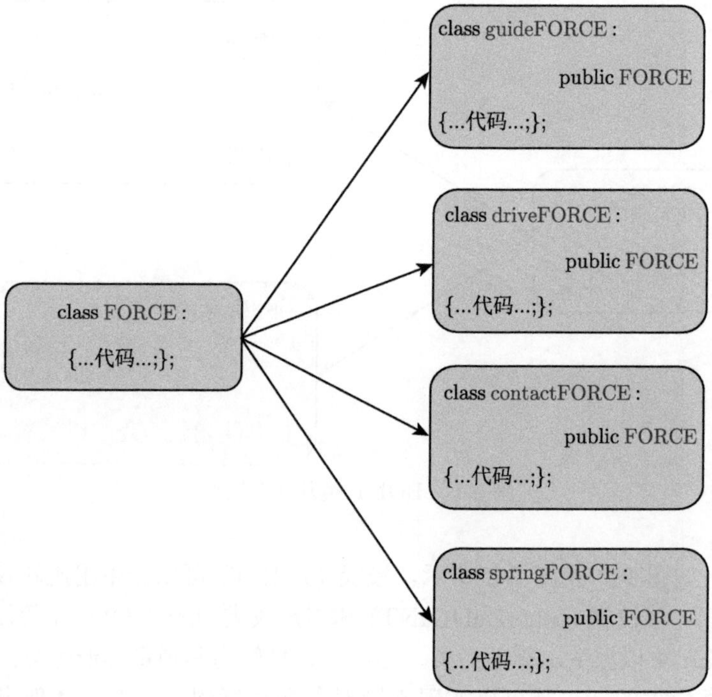

图 9-3　FORCE 类及其派生类

例如，对于铰类计算关于某一邻接物体的约束雅可比阵的操作，其流程如图 9-4 所示。

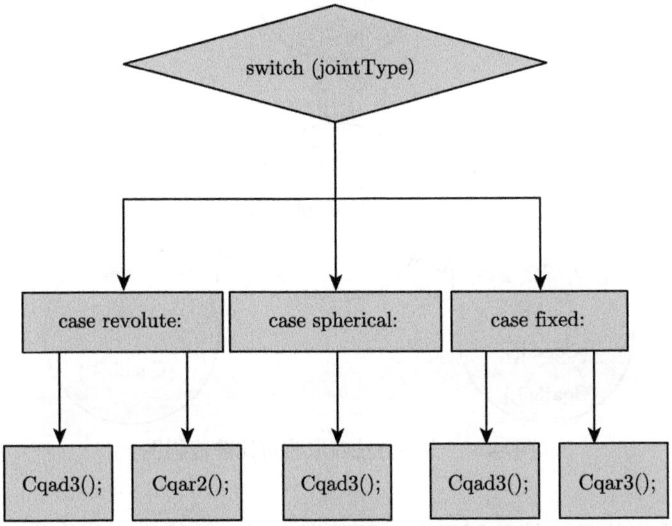

图 9-4 传统方法获取雅可比阵流程图

首先需要给每个铰定义一个类型值或者类型编号，早期程序通常使用整数数组，例如，用 1、2 和 3 分别代表旋转铰、固定铰和球铰，这种方法会随着类别的增加而对代码可读性造成很大影响；更高级一些的方法是直接利用 C++中的关键字 enum 来声明枚举常量 [19]，然后利用枚举常量定义变量：

```
enum jointType {revolute, fixed, spherical};
jointType jType;
```

两种方法原理近似，只不过枚举常量定义的变量 jType 取值只能是枚举常量 jointType 中的取值，代码可读性和安全性更高。定义完类型变量后，在计算过程中要先对铰的类型变量进行判断，判断完成后再选择特定的算法来计算并返回结果，如图 9-4 所示。这种传统方法的缺点在于：每添加一个新的铰类型，都需要在主程序中添加一个 case 和相关操作的程序代码，从而破坏程序的完整性和可读性。

多态的思想如图 9-5 所示，对于同样的操作，主程序中只给出一句指令：

```
joint->CqA();
```

则程序会根据 joint 对象的类型自动选择对应的操作去执行，后续如果需要引入新的铰类型，可以直接派生新的子类并重载相应的 CqA() 函数，而无需对主程序做任何修改，便可以实现不同的操作。

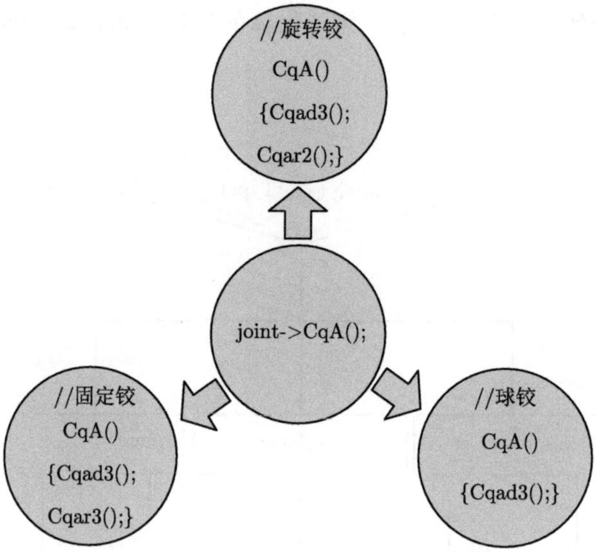

图 9-5　多态方法获取雅可比阵流程图

在铰的约束信息计算的例子中，函数可以对一般铰类进行操作，而不关心它们是旋转铰、球铰还是固定铰。所有的铰类都能求解相应的雅可比阵和约束方程等信息，所以这些函数能简单地发送消息给一个铰对象，而不考虑这个对象如何处理这个消息。这样的操作使得主程序中的逻辑更清晰，代码可读性也有改善。当系统中引入了新的铰类型、物体类型或者力类型以后，只需要按照基类的格式对相应的成员函数进行重载，而无需对原有程序进行修改。因此通过合理利用面向对象编程的多态性质，程序代码可以不受增添新的铰、物体或是外力类型的影响，而且增添新的派生类型是扩展面向对象程序来处理新情况时最常用的方法。并且，增添新类型时，也可以更集中地处理新增内容而无须过多地关心主程序中的逻辑或算法。通过派生新的类型，可以很容易扩展现有的程序。

9.3　程序仿真流程

多体系统动力学仿真程序的设计目标是实现形如式 (6-87) 形式的常微分方程的数值求解，程序分为数据输入、数据前处理、数值求解和后处理等基本模块。

9.3.1　数据输入

数据输入模块是程序的起点，其主要功能如图 9-6 所示：首先创建存放对象的容器；随后创建物体、铰和外力等对象并对其参数赋值；然后输入仿真信息，如仿真时间、数值求解方法、计算精度、输出步长以及变拓扑信息等相关内容；最后将上述信息整合，发送给前处理模块，为下一步的仿真计算做准备。

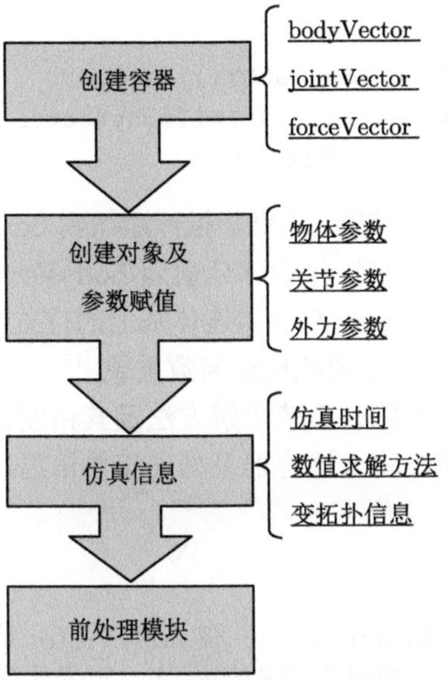

图 9-6 数据输入模块流程图

在对多体系统进行仿真时，如果事先不知道到底需要多少个物体、铰或者力对象，或这些物体、铰和力对象将要维持多长时间，也就不能预先知道怎样存储这些对象。而且在程序实际运行前并不知道要创建多大存储空间。于是用到了 C++的标准模板库 STL(standard template library) 中的 vector 容器 [18]。每当容器内部对象数量发生变化的时候，容器都会自行扩展。所以不必预先知道容器中将要放入多少个对象；仅需要创建一个容器对象，然后由容器来处理全部细节。

定义一个 vector 的语法为

```
vector<T*> v1;
```

其中，T 是容器 v1 中元素的数据类型。例如，定义一个 vector 容器，名为 bodyVector 用于存放物体类指针的程序为

```
vector<BODY*> bodyVector;
```

同理可以定义铰类指针和力类指针容器：

```
vector<JOINT*> jointVector;
vector<FORCE*> forceVector;
```

容器创建完成后，开始创建具体的对象并对其赋值。容器 vector 可以使用 push_back 操作在 vector 尾部插入新元素。可以直接使用 [i] 来调用第 i 个元素。例如，

```
bodyVector.push_back(new RigidBODY());
jointVector.push_back(new FixedJOINT(bodyVector[0], bodyVector[1],
    {0, −0.081, 0}, {0, −0.081, 0}));
```

表示分别创建一个新的刚体对象，并将其指针添加到 bodyVector 容器的末尾；创建一个新的固定铰对象，并且铰接物体分别为 bodyVector 容器中第 0 个和第 1 个指针指向的物体对象，铰点在两物体连体基上的位置均为 {0, −0.081, 0}。这里的 FixedJOINT(· · ·) 用到了类的构造函数重载 [18]。

然后，对具体的仿真时间、数值求解方法及其精度以及变拓扑操作相关的信息变量等进行输入。最后，将上述容器及其他相关信息传递给前处理模块，进行数据前处理。

9.3.2 数据前处理

数据前处理首先会根据 jointVector 和 bodyVector 内指针的信息来计算系统一些相关的拓扑参数，对于物体信息的初始化，定义了函数：

```
void SIMULATION::bodyInit()
{
        nb = bodyVector.size();
        for (int i = 1; i < nb; i++)                    //0号物体是参考坐标
            系
        {
                nq = nq + bodyVector[i]->nq;
                bodyVector[i]->locq = bodyVector[i - 1]->locq +
                    bodyVector[i - 1]->nq;
        }
}
```

通过该函数，仿真之初会自动计算系统中的物体总个数、坐标总个数以及物体坐标在广义坐标中的位置。

同理，为了计算系统中铰的个数、约束总个数以及铰的约束方程在系统约束方程中的位置，定义了如下函数：

```
void SIMULATION::consInit()
{
        nj = jointVector.size();
        jointVector[0]->locC = 0;
        nc = jointVector[0]->nC;
```

```
        for (int i = 1; i < nj; i++)
        {
                nc = nc + jointVector[i]->nC;
                jointVector[i]->locC = jointVector[i - 1]->locC +
                    jointVector[i - 1]->nC;
        }
}
```

值得注意的是，由于程序涉及变拓扑问题，所以每次变拓扑处理完成后，会重新调用 consInit()，以重新生成与铰相关的拓扑信息。

然后，前处理部分会根据每个物体的初始信息组集广义坐标及广义坐标导数的初值。此外，在数值求解过程中，组集系统质量阵等信息时会用到一些常值阵，在数值求解前将这些常值阵提取出来并存储，以备数值求解时每步都可以直接调用。

9.3.3 数值求解

数值求解模块是程序的核心部分，其基本流程如图 9-7 所示。主要函数有：odeInt()(数值求解主函数)、dfdt()(求解常微分方程右值函数) 和 solAcc()(求解系统加速度函数)。其中，odeInt() 函数的内容即为 6.4 节所描述的数值求解算法。dfdt() 的定义如下：

```
VectorXd SIMULATION::dfdt(VectorXd &_f)
{
    int nf = _f.size();
    VectorXd tempVector = VectorXd::Zero(nf);   //为临时矢量分配空间
    VectorXd tempDisp = _f.segment(0, nf / 2);              //分配系统广
        义坐标
    VectorXd tempVel = _f.segment(nf / 2, nf / 2);          //分配系统广
        义速度
    tempVector.segment(0, nf / 2) = tempVel;                //式(2.85)中
        dx1/dt=x2
    tempVector.segment(nf / 2, nf / 2) = solAcc(tempDisp, tempVel);
            //计算加速度
    return tempVector;                            //返回dx/dt
}
```

solAcc() 是组集动力学方程并求解加速度的函数，有

```
VectorXd SIMULATION::solAcc(VectorXd _disp, VectorXd &_vel)
{
    VectorXd acc = VectorXd::Zero(nq);  //为加速度分配空间
    MatrixXd sysMass = MatrixXd::Zero(ne(), ne());
```

```
    VectorXd sysForce = VectorXd::Zero(ne());
    for (int ib = 1; ib < nb+1; ib++)
    { ...; } //组集质量阵、惯性力阵和变形力阵
    for (int ij = 0; ij < nj; ij++)
    { ...; } //组集约束方程雅克比阵和加速度约束方程右项
    for (int i = 0; i < nf; i++)
    { ...;} //外力处理
    ...; //求解加速度
    return acc;
}
```

其中，上面两段程序中的数据类型 VectorXd 和 MatrixXd 分别是任意维度的实数向量和实数矩阵，来自于 C++开源矩阵运算库 Eigen。

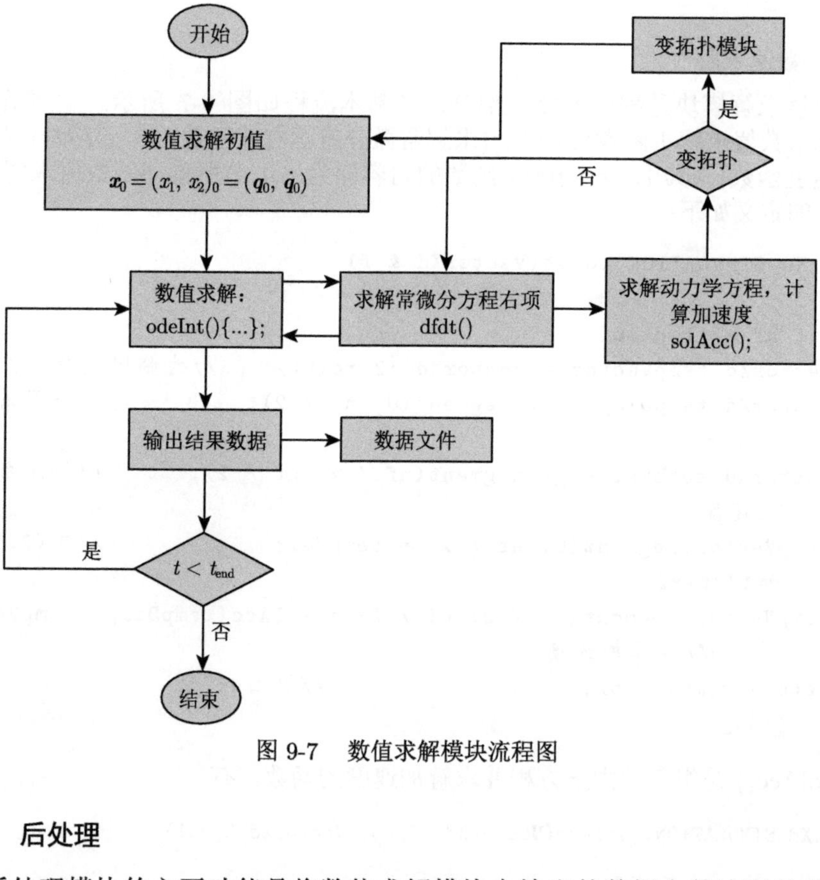

图 9-7　数值求解模块流程图

9.3.4　后处理

后处理模块的主要功能是将数值求解模块中输出的数据文件读取并重新处理，进行系统各部件的运动状态和动力学行为分析。并且可以生成可视化的动画

文件，可视化文件可以利用程序将数据结果文件写成.vtk 格式的文件 [21]。vtk(visualization toolkit)[22] 是一个免费开源的软件系统，vtk 是在面向对象原理的基础上设计和实现的，可以自由地通过 Java、Tcl/Tk 和 Python 各种语言使用 vtk。后缀名为.vtk 格式的数据文件可以通过可视化程序 ParaView[23] 来读取。

基于仿真程序的 BODY 类，在后处理模块派生出了对应柔性板、折叠杆、三角框以及收藏箱等关键部件的派生类。每个部件的关键性节点未变形前在连体基中的位置和节点编号等信息为常值，可以直接作为派生类的成员数据提前写好，实际操作时，只需要利用 BODY 类的位置、姿态和模态坐标等相关信息与派生出的节点信息，便可以自动计算出任意时刻节点在参考系的位置信息。然后通过读取数值求解模块中输出的任意时刻的结果文件，便可以生成任意时刻的系统中各部件的位置、姿态和变形等信息的可视化文件。

9.4 通用算例

为了验证程序的通用性，本节在只修改输入文件的情况下对简单的刚体和柔体算例进行数值仿真，并与商业软件 ADAMS 进行对比。另外，为了便于参数化批量建模的设计，对 18 节桁架 –24 块柔性基板、36 节桁架 –48 块柔性基板以及 54 节桁架–72 块柔性基板的可展开桁架–帆板系统分别进行了仿真计算。

9.4.1 铰接刚性杆在外力牵引与摩擦力作用下的转动

算例采用的模型如图 9-8 所示，一刚性杆通过旋转铰与地面相连，铰点中心处为参考基原点，杆长 0.4m，初始质心位置为 $x = 0.2\text{m}$、$y = 0\text{m}$、$z = 0\text{m}$，初始速度、角速度均为 0，杆的质量为 2.6kg，绕三轴转动惯量分别为 $4.4\times10^{-4}\text{kg}\cdot\text{m}^2$、$4.2\times10^{-2}\text{kg}\cdot\text{m}^2$ 和 $4.2\times10^{-2}\text{kg}\cdot\text{m}^2$。在刚性杆端部施加一作用力，沿三方向取值分别为 0N、0.01N 和 0.01N。分别考虑无摩擦情况下与库仑摩擦模型情况下的运动情况，摩擦系数取 0.3，仿真时间为 10s。仿真结果如图 9-9 所示。可以看出，考虑摩擦和不考虑摩擦的情况下，程序与 ADAMS 软件都能很好地吻合。

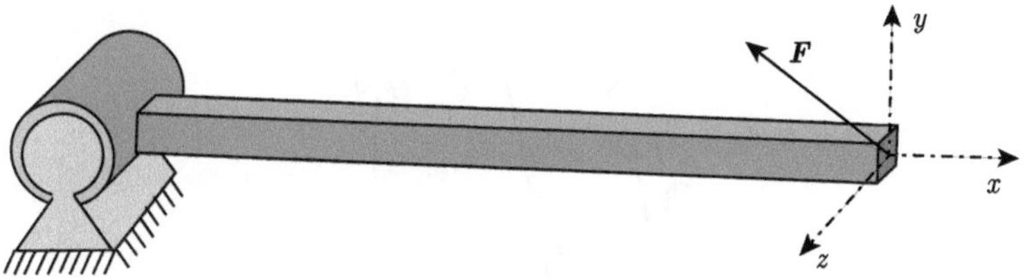

图 9-8 考虑关节摩擦的单刚体杆模型

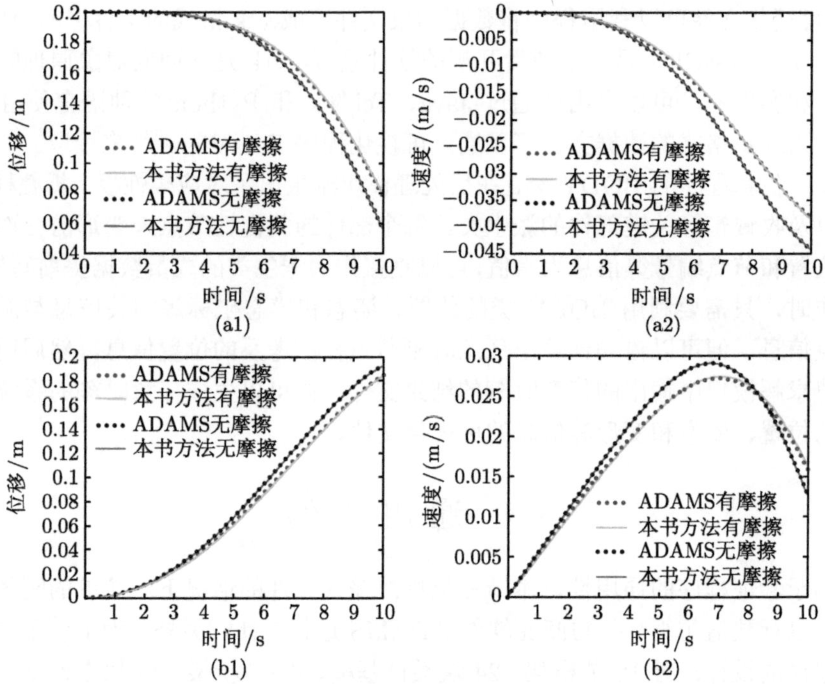

图 9-9　刚体质心位移和速度

(a1), (a2) x 方向；(b1), (b2) y 方向

9.4.2　柔性板在重力与外力作用下的转动

本算例如图 9-10 所示，一柔性板通过旋转铰固定于地面，在其右边缘中间节点上施加一外力，沿三方向取值分别为 0N、0N 和 0.1N。柔性板物理参数与第 6 章中柔性基板一致，尺寸为 2.4m×0.44m×0.7mm，弹性模量为 6GPa。仿真中取前四阶模态，初始质心位置为 $x = 0.22\text{m}$、$y = 1.2\text{m}$、$z = 0.1\text{m}$。仿真时间为 10s，仿真结果如图 9-11 所示。从图中可以看出，程序能与商业软件 ADAMS 取得一致的结果。

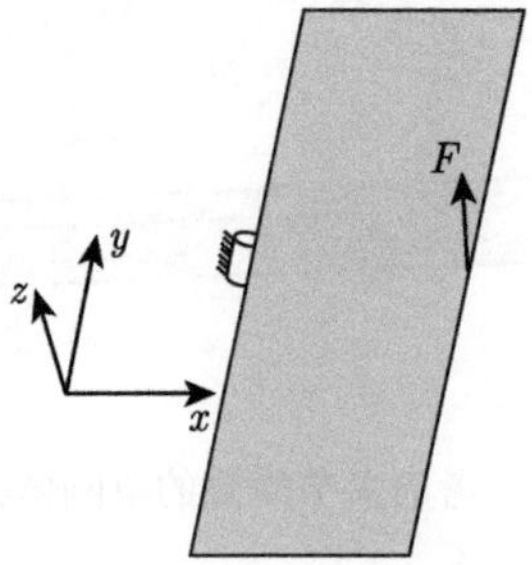

图 9-10　柔性板模型

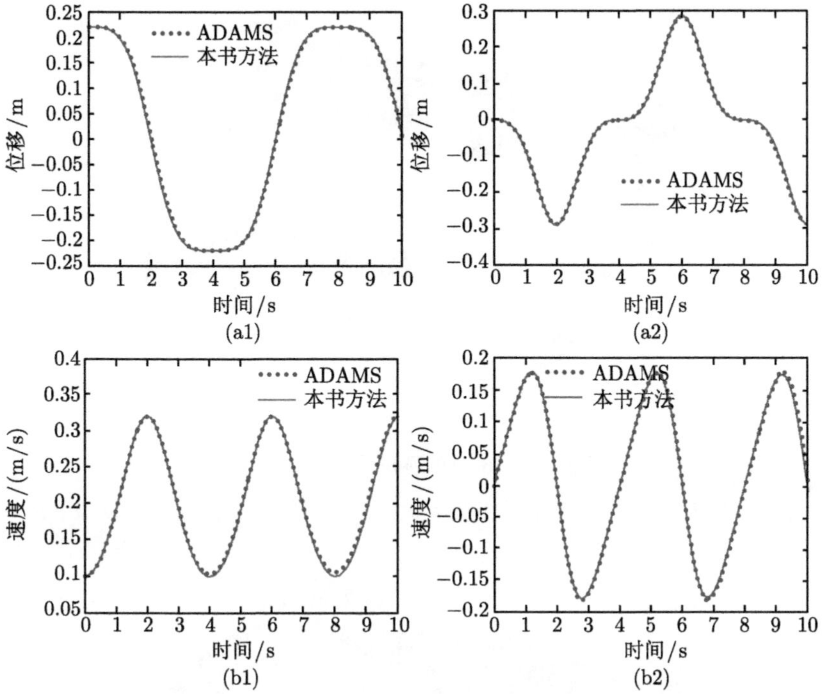

图 9-11　柔性板质心位移和速度

(a1), (a2) x 方向；(b1), (b2) y 方向

9.4.3 不同单元数的可展开桁架–帆板系统的展开

为了便于建模，这里书写了参数化建模的输入文件。图 9-12 ~ 图 9-14 分别给出了 18 节可开展单元–24 块基板、36 节桁架–48 块柔性基板以及 54 节桁架–72 块柔性基板的可展开桁架–帆板系统的模型图。

图 9-12　18 节可展开单元–24 块基板

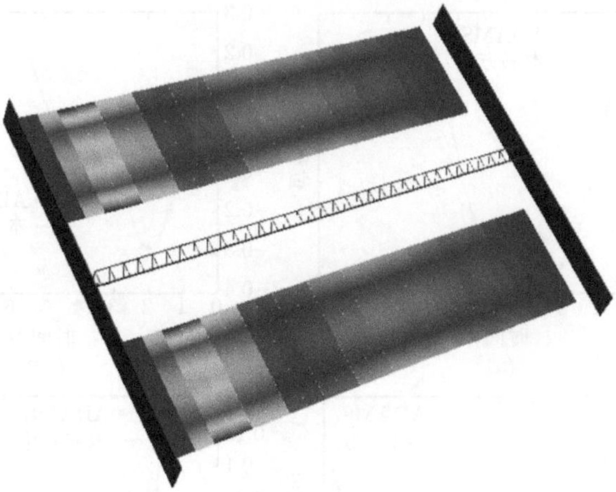

图 9-13　36 节可展开单元–48 块基板

图 9-14　54 节可展开单元–72 块基板

对于航天器的不同舱段，由于载重、主要任务以及电力需求等的不同，对应搭载的可展开桁架–帆板系统的桁架单元数以及柔性基板数会有不同。仿真建模时，只需输入可展开单元数和柔性基板数以及少量系统关键信息便可自动生成对应的模型，程序能够很方便地实现不同规模的可展开桁架–帆板系统的动力学建模及仿真计算。

9.5 本章小结

本章针对可展开桁架–帆板系统，基于 C++语言面向对象技术开发了具有通用性和扩展性的刚柔混合多体系统动力学仿真程序。首先结合具体的程序代码介绍了 C++面向对象技术的继承和多态等基本特征，然后给出了程序仿真计算的详细流程图以及各个步骤中的具体操作，最后通过几个算例对比验证了程序的通用性和正确性。仿真结果表明，本章所开发的程序具有比较好的通用性和扩展性。

参 考 文 献

[1] de Jalón J G, Bayo E. Kinematic and Dynamic Simulation of Multibody Systems: The Real-Time Challenge[M]. New York: Springer, 1994.

[2] Schwerin R. Multibody System Simulation Numerical Methods Algorithms,and Software[M]. New York: Springer-Verlag Berlin Heidelberg, 1990.

[3] Masarati P, Morandini M, Quaranta G, et al. Computational aspects and recent improvements in the open-source multibody analysis software "MBDyn"[C]// ECCOMAS Thematic Conference of Multibody Dynamics, Madrid, Spain, 2005.

[4] Shabana A A. Dynamics of Multibody Systems[M]. 3rd ed. New York: Cambridge University Press, 2005.

[5] Shabana A A. Flexible multibody dynamics: review of past and recent developments[J]. Multibody System Dynamics, 1997, 1(2): 189-222.

[6] 田强, 刘铖, 刘丽坤, 等. 变拓扑卫星环形桁架天线展开动力学研究 [J]. 系统仿真学报, 2013, 25(6): 1351-1358.

[7] 田强. 大型复杂多柔体系统动力学研究进展与挑战 [C]//第九届全国多体系统动力学暨第四届全国航天动力学与控制学术会议, 2015.

[8] 胡韡, 田强, 胡海岩. 基于 ANCF 与 SPH 方法的多体系统动力学研究 [C]//可展开空间结构学术会议, 2014.

[9] 洪嘉振, 潘振宽. 柔性多体航天器单向递推组集建模方法 [J]. 宇航学报, 1994, 15(4): 85-90.

[10] 洪嘉振, 刘铸永. 刚柔耦合动力学的建模方法 [J]. 上海交通大学学报, 2008, 42(11): 1922-1926.

[11] 洪嘉振. 自由多刚体系统主体动力学方程及通用程序 [J]. 上海交通大学学报, 1989, 23(2): 27-35.

[12] 芮筱亭, 党双喜, 张金奎, 等. 多体系统传递矩阵法在火炮动力学中的应用 [J]. 力学与实践, 1995, 17(4): 42-44.

[13] 芮筱亭, 戎保. 多体系统传递矩阵法研究进展 [J]. 力学进展, 2012, 42(1): 4-17.

[14] 芮筱亭, 何斌, 陆毓琪, 等. 刚柔多体系统动力学离散时间传递矩阵法 [J]. 南京理工大学学报 (自然科学版), 2006, 30(4): 389-394.

[15] 虞磊, 任革学. 基于绝对坐标的实体单元在多体系统动力学中的应用 [J]. 系统仿真学报, 2012, 24(3): 733-739.

[16] 路英杰, 任革学. 大射电望远镜 FAST 整体变形索网反射面仿真研究 [J]. 工程力学, 2007, 24(10): 165-169.

[17] 路英杰, 任革学. 刚体动力学方程的一个辛积分方法 [J]. 应用数学和力学, 2006, 27(1): 47-52.

[18] Eckel B. Thinking in C++, Volume 1: Introduction to Standard C++, 2nd Edition[M]. Englewood Cliffs, NJ: Prentice-Hall, 2000.

[19] Eckel B, Allison C. Thinking in C++, Volume 2: Practical Programming[M]. Upper Saddle River, NJ: Pearson, 2003.

[20] Guennebaud G, Jacob B. Eigen C++ Template Library for Linear Algebra. http:/eigen.tuxfamily.org, 2014.

[21] 张雄, 王天舒, 刘岩. 计算动力学 [M]. 2 版. 北京: 清华大学出版社, 2015.

[22] Schroeder W J, Avila L S, Hoffman W. Visualizing with VTK: a tutorial[J]. IEEE Computer Graphics & Applications, 2000, 20(5): 20-27.

[23] Squillacote A H, Ahrens J. The Paraview Guide[M]. Clifton Park, NY: Kitware, 2007.

第三篇
大型空间薄膜天线动力学与控制

第 10 章 绪论 3：大型空间薄膜天线动力学与控制

10.1 研究目的和意义

随着航天技术的不断发展，大型化、轻质化已成为各类航天器的一大发展趋势[1-3]。根据不同航天任务的需要，各种大型空间结构 (如空间太阳能电池阵[4,5]、太阳帆[6]、空间可展开天线[7,8]等) 被不断提出。为了解决航天器大型化的发展需求与发射载体有效容积和有限承载质量之间的矛盾，人们进行了诸多探索。薄膜材料具有质量轻、成本低、易折叠、适应性强等优点，因此近年来薄膜可展开空间结构受到了越来越多的关注[9,10]。在发射阶段，空间薄膜结构以折叠的状态发射入轨；在轨工作阶段，薄膜结构通过一定的展开机构进行展开、锁定[11]。利用薄膜材料超轻、超薄的特点，空间薄膜结构具有很低的面密度，这可以很好地节约发射成本。因此，目前空间薄膜可展开结构已成为一大研究热点。

在深空探测、天基预警和移动通信等诸多领域，星载天线的重要性不言而喻[12]。为了满足大增益、高分辨率的任务需求，星载天线正朝着大口径化的方向不断发展。目前，一些口径达数十米甚至上百米的天线方案已经被提出。例如，美国喷气推进实验室 (JPL) 提出的口径为 35m 的 NEXRAD in space (NIS) 气象雷达，该天线被设计用来对地进行精确的气象监测[13]；为了实现空间太阳能电站 (SPSS) 的能量传输，日本宇宙科学研究所 (JAXA) 提出了百米级口径的超大型天线的概念[14]。由于薄膜结构超高的折叠率和超低的面密度，空间薄膜天线的概念为下一代超大型星载天线的实现提供了一条较为理想的技术路径。目前，美国国家航空航天局 (NASA)[15]、加拿大太空署 (CSA)[16]、欧洲空间局 (ESA)[17] 和中国上海航天技术研究院[18]等航天机构已针对空间薄膜天线结构展开了研究。

对于在轨工作的空间结构，空间环境的干扰以及航天器自身的扰动，结构的振动难以避免[19]。由于太空的真空环境，加之空间结构自身的结构阻尼又通常很小，这使得结构振动一旦被激发就很难自行衰减。振动会对航天器的工作性能带来影响，有时甚至可能造成结构性的破坏。例如，NASA 的哈勃太空望远镜由于薄膜太阳翼的热激振动导致成像系统受到严重干扰[20]，“探险者 1 号”卫星由于鞭状天线的振动使得卫星发生整体的翻转导致任务失败[21]。对于空间薄膜天线，由于其工作任务的特殊性，所以往往对结构的形面精度有着很高的要求。例如，对于工作在 Ka 波段的星载天线，其设计形面误差一般要求低于波长的 1/50，这使得结构的形面精度需要保持在 0.1mm 的量级 [22]。由于空间薄膜结构具有显著的尺度大、刚度低、质量轻的特点，所以其振动问题更是十分突出。振动的存在将直接对天线的形面精度产生破坏；同时，天线的振动还会影响航天器整体的姿态，这也会对天线的正常工作带来不利影响。因此，建立合理的空间薄膜天线动力学模型并对其进行有效的控制是促进空间薄膜天线技术发展、保障薄膜天线有效在轨运行的重要课题，这一课题的深入研究对于大型空间薄膜结构的工程化应用有着重要的意义和价值。

10.2 空间薄膜结构的发展概况

空间薄膜可展开结构的概念起源于 20 世纪的美国 [23]，由于这一结构理念很好地契合了空间结构大型化、轻质化的发展需求，所以一经提出便受到了很多的关注。目前，全球各航天大国都已对空间薄膜结构进行了研究，并取得了一定的研究成果。根据航天器工作性质的不同，可将空间薄膜结构大致分为三类，即空间薄膜太阳能电池阵、薄膜太阳帆和空间薄膜天线，下面分别对这三类结构进行简介。

10.2.1 薄膜太阳能电池阵

由于航天任务的需要，航天器尺寸日益大型化的同时其功能也日益复杂化。这就要求航天器需要有更多的电能供应，而传统的基于刚性基板的太阳能电池阵已经难以满足功质比的设计需求。在这一背景下，人们提出了薄膜太阳能电池阵的概念。薄膜太阳能电池阵通过在薄膜结构上嵌入太阳能电池片，可以满足低面密度、大展开面积、高功质比等设计需求 [24]。目前，以美国为代表的国家在该领域的研究已初具规模，典型的薄膜太阳能电池阵结构如下所述。

(1) 图 10-1 为 NASA 开发的卷绕式薄膜太阳能电池阵 (roll out solar array, ROSA)，该结构长 4.67m、宽 1.67m，可通过两侧的卷绕式端杆进行展开 [25]。初始阶段端杆以卷曲状态收冗在一起。利用端杆中储藏的弹性势能，该结构可以不使用电机而实现自行展开。2017 年 6 月 3 日，ROSA 被发射升空并在国际空间站上进行了在轨展开实验。

(2) UltraFlex-175 是 NASA 为 Space Technology 8(ST8) 项目开发的最新一代太阳能电池阵 [26]。该结构是由火星车 Mar01 上搭载的 UltraFlex 小型太阳能电池阵发展而来的，使用了多种最新技术。UltraFlex-175 采用扇面式折叠形式，由 10 块三角形的薄膜太阳能电池阵面组成，如图 10-2 所示。该结构整体口径为 5.5m，具有较小的收冗体积和较高的功质比 (175W/kg)。

(3) 美国 Dover 公司与 Boeing 公司联合开发了 Teledesic 薄膜太阳能电池

阵[27]。如图 10-3 所示，该结构由矩形太阳能电池阵面和可充气展开的支撑框架组成。天线的整体尺寸为 10m × 3m，设计功率为 6kW。

图 10-1 ROSA 卷绕式薄膜太阳能电池阵

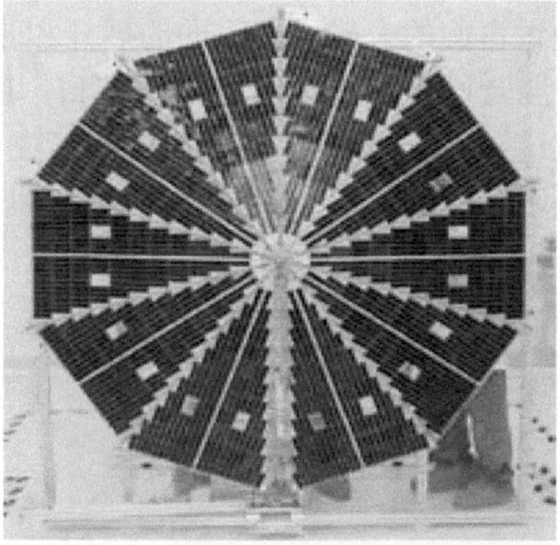

图 10-2 UltraFlex-175 薄膜太阳能电池阵[26]

图 10-3 Teledesic 充气式薄膜太阳能电池阵[27]

随着人类航天任务的不断深化，薄膜太阳能电池阵在大型空间实验平台、空间站、深空探测器上将会得到越来越多的应用 [28]。同时，随着薄膜太阳能电池阵技术的不断进步，更大尺度的空间薄膜太阳能结构，如千米量级的空间太阳能电站 [29]，已经进入人们的视野。

10.2.2 薄膜太阳帆

太阳帆是一种通过采集太阳光压来产生推进力的特殊航天器。由于太阳帆无需自身的动力供应，其在深空探测、星际航行等领域有着广阔的应用前景 [30]。为了获得较大的太阳光压和推重比，太阳帆必须具有足够大的表面积，同时其自身质量必须足够小。薄膜材料是构造太阳帆航天器的不二之选。目前，美国、日本、德国等多个国家都已经对薄膜太阳帆进行了研制，其中比较有代表性的薄膜太阳帆结构如下所述。

(1) 如图 10-4 所示的由 JAXA 研制的 IKAROS 薄膜太阳帆航天器 [31,32]。该太阳帆展开尺寸为 14m × 14m，帆面采用厚度为 7.5μm 的聚酰亚胺薄膜，质量为 16kg。太阳帆结构通过自旋的方式进行帆面的展开和张紧。图 10-4 展示的是 IKAROS 薄膜太阳帆的展开过程。2010 年 5 月 21 日，IKAROS 由 H-2A 运载火箭发射至地球-金星轨道，并于 6 月 9 日成功实现了在轨展开，同时进行了多项关键技术验证。该结构的实验成功也为后续相关太阳帆结构的设计和研发提供了参考。

图 10-4　IKAROS 太阳帆展开过程示意图 [31]

(2) 由 NASA 开发的小型薄膜太阳帆 Nanosail-D，该太阳帆结构被设计用于为小卫星提供动力 [33]。如图 10-5 所示，该太阳帆展开面积为 $9.29m^2$，厚度为 2μm，质量仅为 4kg。Nanosail-D 于 2011 年 1 月 20 日在近地轨道实现了在轨展开，并进行了脱轨实验。Nanosail-D 的成功，有望为小卫星的在轨运行与回收提供一条新的技术路径。

图 10-5 Nanosail-D 小型太阳帆 [33]

(3) 德国宇航中心 (DLR) 与欧洲空间局合作，对薄膜太阳帆的一些关键性技术 (如展开机构的设计、薄膜阵面的制备等) 进行了研究。图 10-6 为 DLR 研制的尺寸为 20m × 20m 的薄膜太阳帆原型样机 [34,35]。地面实验证明，该结构可以实现成功的展开。

图 10-6 DLR 研制的 20m×20m 薄膜太阳帆原型样机 [34]

随着研究的不断深入，薄膜太阳帆航天器将进一步朝着大尺度 (百米量级)、高集成化的方向发展 [36]。

10.2.3 空间薄膜天线

空间薄膜天线通过将电子元器件和电路印刷在薄膜结构上，可以实现很大的折叠率和极小的面密度，是目前星载天线领域的研究热点。早在 20 世纪 50 年代，美国的 Goodyear 公司就对空间薄膜天线和薄膜反射透镜等结构进行了研究和开发 [37]，但是当时由于材料和制造工艺的限制，空间薄膜天线结构的发展十分缓慢。近年来，由于航天任务的需求和材料技术的突飞猛进，空间薄膜天线得到了长足的发展。根据薄膜天线结构的形式，可将其分为薄膜反射面天线和平面阵列薄膜天线两大类。

1. 薄膜反射面天线

最为典型的薄膜反射面天线当数由 JPL 和 L'Garde 公司联合开发的 14m 口径充气式薄膜天线结构 [38,39]，如图 10-7 所示。该天线于 1996 年 5 月由“奋进号”航天飞机载入太空，进行了在轨展开实验并取得巨大的成功。为了保障天线的形面精度，必须利用气泵来不断维持薄膜反射面中的气压，这使得充气式薄膜反射面天线存在持续耗能和可靠性较低的问题。为了解决上述问题，人们提出了充气硬化式薄膜天线。图 10-8 为欧洲空间局研制的 12m 口径充气硬化薄膜反射面天线 [40]，该天线首先通过充气的方式膨胀展开至预定的形状，然后在外部激励 (太阳光照) 的作用下膜材发生硬化并逐步定型 [12]。实验表明，该薄膜天线的形面精度可达到 0.98mm，面密度大约为 0.41kg/m^2。

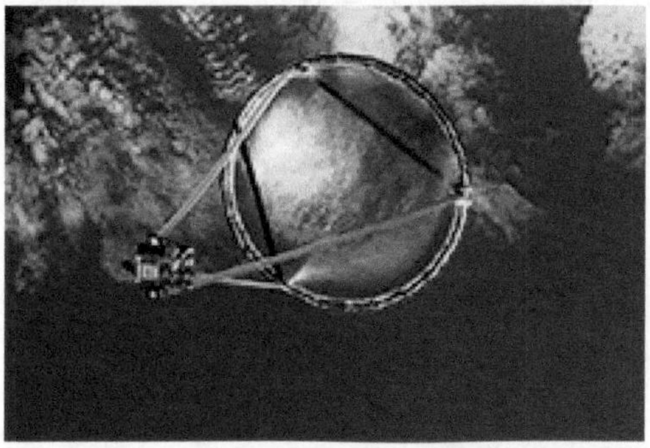

图 10-7　NASA 开发的充气式薄膜反射面天线

图 10-8　欧洲空间局研制的充气硬化薄膜反射面天线

受网状反射面天线的启发，人们提出了肋条支撑式薄膜天线的设计。一般来说，这类结构主要包括 3 个主要部件：中心体、弹性肋条和薄膜反射面。初始状态下，弹性肋条收冗在中心体处。利用弹性肋条自身的弹性势能或者一定的主动展开机构，肋条带动薄膜反射阵面而实现展开和预张紧 [41]。图 10-9 为 2002 年剑桥大学的 Pellegrino 教授 [42,43] 研制的肋条支撑式可展开薄膜反射面天线样机，该样机口径为 1.5m，有 12 根支撑肋条，形面精度约为 2mm。DLR 同样对肋条支撑式可展开薄膜反射面天线进行了研究。图 10-10 为 Datashvili 等研制的伞状薄膜反射面天线 FLAME[44]，该天线口径约为 3m，形面精度可达到 0.33mm。对于肋条支撑式薄膜天线，由于背部支撑肋结构的存在，天线的面密度难以做到很低，所以其一般用于小口径星载天线。

图 10-9 肋条支撑式可展开薄膜反射面天线样机 [42]

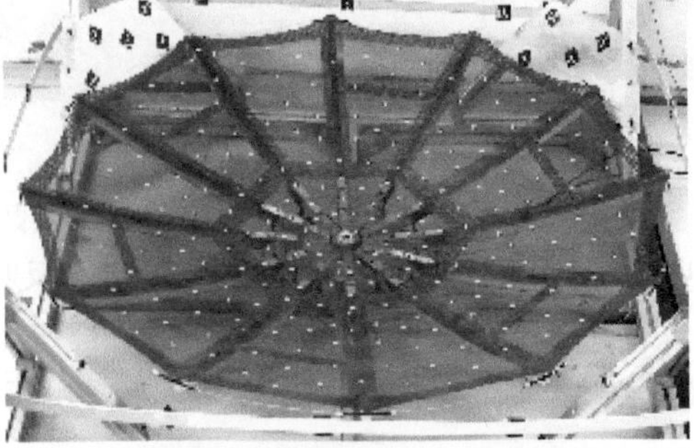

图 10-10 伞状可展开薄膜反射面天线样机 [44]

静电成形薄膜反射面天线是在周边桁架式反射面天线的基础上发展而来的一种新型天线，一般采用周边桁架支撑的结构形式。通过桁架结构的折叠和伸展可以实现天线整体结构的收冗和展开。利用天线薄膜反射面与电极间的静电场力，薄膜反射面可以被拉伸至预定的设计面形。通过对电极上电压的调整，该天线的形面精度可以得到很好的控制 [45]。由于这一特点，静电成形薄膜反射面天线在国内外得到了较大的关注。图 10-11 展示的是美国 SRS 公司与 Northrop Grumman 公司于 2004 年联合开发的首个静电成形薄膜反射面天线样机 [46]。该天线结构总共包含 216 个电极，配备了 13 个电压输入通道，整体面密度约为 $1\mathrm{kg/m^2}$，形面精度测定为 1.1mm，具有优良的电性能。在我国，西安电子科技大学段宝岩院士团队对静电成形薄膜反射面天线的成形机理、成形技术、天线形面优化方法等进行了研究 [47]，并设计制造了一个 2m 口径的原理样机，如图 10-12 所示。目前，静电成形薄膜反射面天线正在不断发展，一些更大口径的天线结构已经开始进入人们的视野。

图 10-11　SRS 和 Northrop Grumman 公司开发的静电成形薄膜反射面天线样机 [46]

图 10-12　西安电子科技大学研制的 2m 口径静电成形薄膜反射面天线样机 [47]

2. 平面阵列薄膜天线

尽管薄膜反射面天线具有增益高、质量轻、收藏体积小等优点，但是其在波束扫描、可靠性方面存在一定的缺陷 [48]。为此，人们提出了平面阵列薄膜天线的设计。该种天线具有波束电控扫描速度快、功率空间合成效率高的优点 [12]，同时其在可靠性和成本方面具有独特的优势，是天基雷达的首选方案。目前，各航天大国都在倾力开展平面薄膜阵列天线相关技术的研究与探索，且已经取得了一定的研究成果。

美国的 JPL 从 20 世纪 90 年代开始便对薄膜平面阵列天线进行了研究，并取得了一系列的成果，其中具有代表性的天线结构如下所述。

(1) 1997 年研制的 L 波段合成孔径雷达 (SAR) 天线，如图 10-13(a) 所示 [49]。该天线长 3.3m，宽 1m，周边框架采用充气硬化材料制成，具有较低的面密度。经测试，该天线的形面精度约为 0.7mm。JPL 对该型天线进行了折叠展开实验并取得了成功，验证了充气展开方式的可行性。

(2) 1998 年 JPL 与 ILC Dover 公司联合开发了 1m 口径 X 波段天线 [50]，如图 10-13(b) 所示。该天线薄膜阵面采用镀有 5μm 铜质的聚酰亚胺薄膜材料制成，天线整体的质量仅为 1.2kg。2000 年，两单位又联合研制了 3m 口径的 Ka 波段马蹄形薄膜天线 [51]，如图 10-13(c) 所示。该天线同样采用充气式支撑框架，天线的平面精度可达到 0.2mm。

(3) 2008 年，JPL 又进一步设计制造了 10m 口径的 X/Ka 波段双频薄膜天线结构 [52]，如图 10-13(d) 所示。该天线采用折叠展开式支撑框架结构，总质量为 22.59kg，面密度仅为 0.674kg/m^2。研究表明，通过合理地设计天线的周边张拉索网结构，该天线可以达到很好的形面精度。

(a)

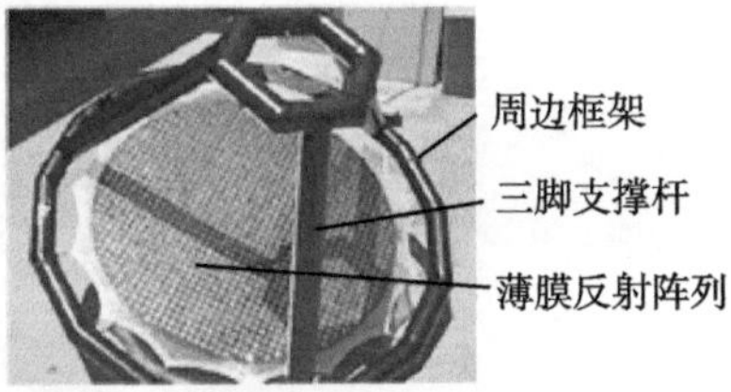

(b)

(c)

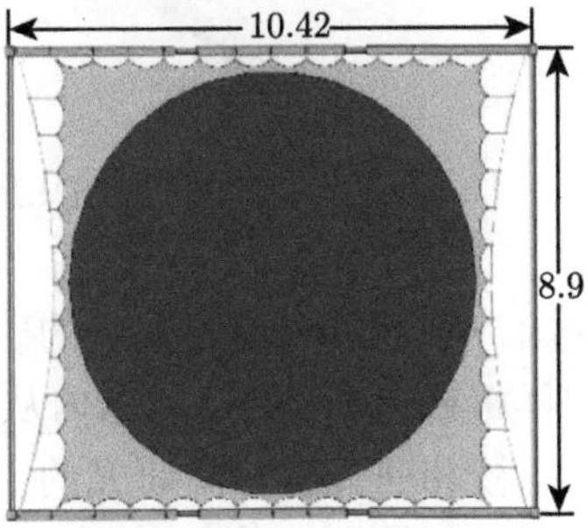

(d)

图 10-13 JPL 开发的典型平面阵列薄膜天线

(a) L 波段 SAR 天线 [49]；(b) 1m 口径 X 波段天线 [50]；(c) 3m 口径的 Ka 波段马蹄形薄膜天线 [51]；(d) 10m 口径 X/Ka 波段双频薄膜天线 [52]

此外，CSA 和 DLR 也分别对薄膜平面阵列天线进行了研究并设计制造了相应的原理样机。例如，CSA 研制了一个 2m × 3m 的 SAR 天线，如图 10-14 所示 [53]，通过连杆式伸展机构，该天线可成功实现二维平面展开；DLR 研制了一个 12m × 3m 的平面薄膜天线 [54]，如图 10-15 所示，该天线结构可通过上下端的豆荚杆实现收冗和展开。

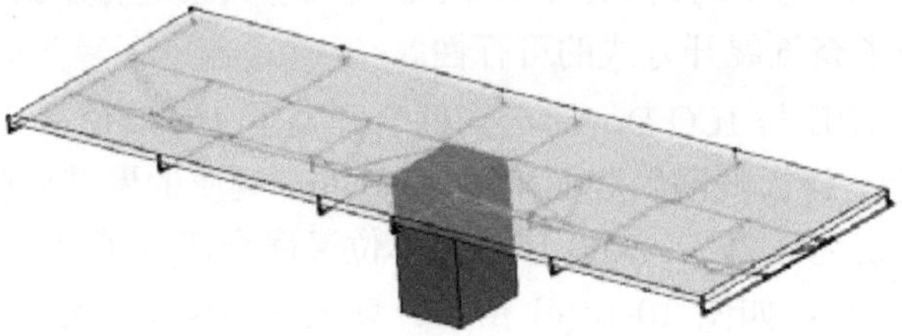

图 10-14 CSA 开发的平面薄膜 SAR 天线 [53]

图 10-15 DLR 开发的平面薄膜天线 [54]

在我国，平面阵列薄膜天线的研究起步较晚，目前大多数的研究还停留在模拟实验和样机研制阶段 [12]。国内从事平面薄膜阵列天线的研究人员主要集中在少数几所高校和研究院，所研究的主要问题包括材料制备技术、折叠展开机构的设计、形面控制技术等 [55]。其中比较有代表性的成果如下所述。

(1) 上海航天技术研究院牵头开发了 3m × 1m 的平面薄膜天线样机 [56,57]，如图 10-16 所示。地面实验证明，通过一种豆荚形碳纤维支撑杆展开机构，该天线结构可以成功地实现展开和收冗。

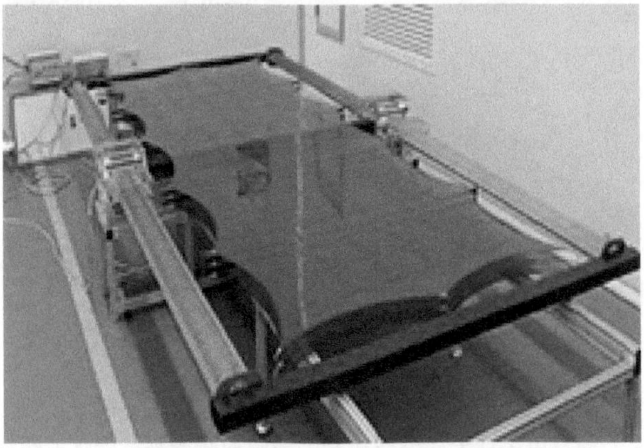

图 10-16 上海航天技术研究院研制的平面薄膜天线样机 [57]

(2) 浙江大学关富玲教授团队 [58] 设计开发了一种新型的折叠卷收式反射阵薄膜天线，并搭建了一个反射面为 2m×2m 的原理样机，如图 10-17 所示。实验表明，该天线结构具有很好的折叠收冗率和较低的面密度，其形面精度为 0.32mm，能够满足平面阵列天线的设计性能指标。

图 10-17 浙江大学研制的平面薄膜天线样机 [58]

(3) 南京电子技术研究所设计制造了薄膜双频微带反射阵天线样机 [59]，如图10-18 所示。该天线样机长 6m，宽 2m，各项电性能指标均符合设计需求，具有较好的应用前景。

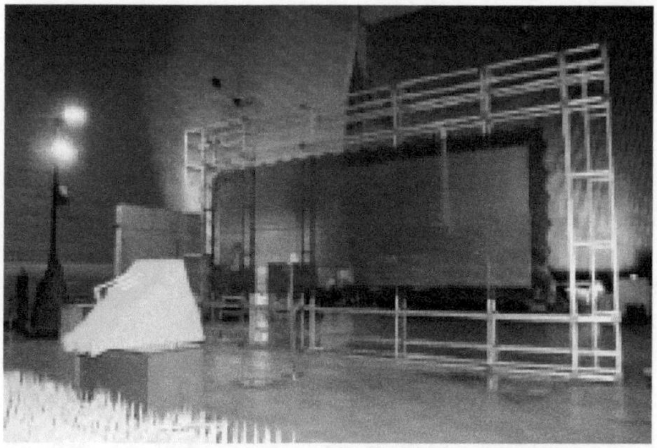

图 10-18　南京电子技术研究所研制的薄膜双频微带反射阵天线样机 [59]

10.3　空间薄膜结构动力学建模与振动主动控制研究现状

对于空间薄膜结构而言，尤其是薄膜天线，掌握结构的动力学特性并对结构的振动进行有效的控制，是保证航天器正常工作的前提。同时，对结构进行动力学分析也是为结构的设计和优化提供反馈的一个必要途径。因此，国内外诸多学者在空间薄膜结构的动力学和振动控制领域开展了大量的工作。根据目前的研究现状和本书的研究重点，本书在此对空间薄膜结构的动力学分析、薄膜结构的非线性振动特性研究，以及薄膜结构的振动主动控制的研究概况进行简要评述。

10.3.1　空间薄膜结构动力学分析

结构的固有频率和模态是反映结构动力学特性的关键信息。在结构的振动过程中，一般是其低阶振动模态占据主要成分。因此，对空间结构低阶模态的分析一直是人们研究的重点。

对于一类张拉式的平面薄膜阵列天线结构，CSA 的 Shen 等 [16,53,60] 对其展开动力学以及展开锁定后的振动特性进行了研究。在文中，作者对不同载荷条件下的结构固有频率和模态进行了分析，同时还研究了结构中的张紧力和阻尼比对其随机振动响应的影响。结果表明，通过调整膜面中的张紧力或者提升结构的阻尼比，结构的随机振动可以得到抑制。DLR 的 Leipold 等 [61] 对其所设计的由豆荚杆支撑的 SAR 薄膜天线进行了模态分析。该天线结构长 12m、宽 3m，第一阶固有频率仅为 0.29Hz，一阶振型的主要变形集中在薄膜阵面的边沿，如图 10-19 所示。NASA 的 Langley 实验室的 Taleghani 等 [62] 利用 ANSYS 和 NASTRAN 软件对一 10m 边长的三角形薄膜太阳帆结构进行了模态分析，通过与实验测试结果的对比证明了所建立模型的准确性。针对同样的三角形薄膜太阳帆，Gasper 等 [63] 对其在真空环境下的激振技术进行了研究，研究表明，采用压电薄膜材料

MFC(macro fiber composites) 可以克服传统激振手段的缺陷并取得较好的测试结果。Ruggiero 和 Inman[64] 分别利用单输入单输出 (SISO) 模态分析技术和多输入多输出 (MIMO) 模态分析技术，对一由充气圆环支撑的平面薄膜反射镜进行了固有频率、模态、阻尼比的研究。结果表明，与 SISO 分析技术相比，MIMO 分析技术更加适用于大型空间结构的模态测试。考虑褶皱的存在，JPL 的 Fang 等 [65] 对平面张拉式的薄膜天线样机进行了动力学分析。首先，采用二变参数法 (2-vp method) 确定了褶皱薄膜阵面中预应力分布情况，然后，利用分布传递函数法 (MTFM) 对天线整体结构的固有模态进行了分析，如图 10-20 所示。

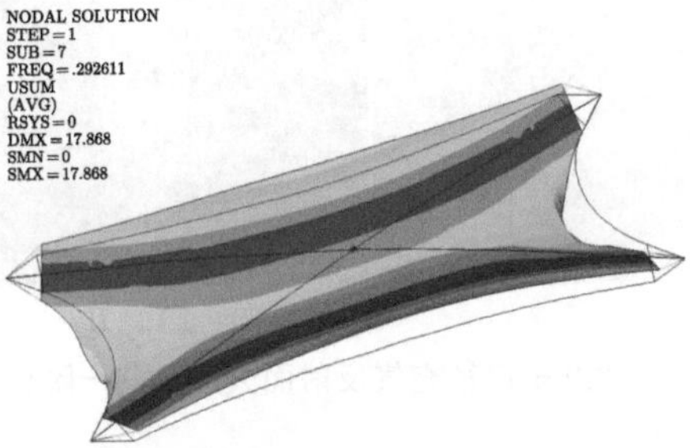

图 10-19 12m×3m 薄膜 SAR 天线的一阶固有模态 [61]

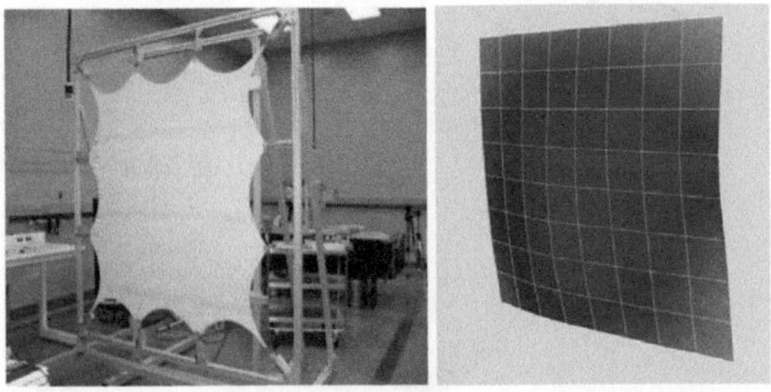

图 10-20 平面薄膜天线样机及其一阶振动模态 [65]

在国内，浙江大学的 Xu 和 Guan[66] 设计制造了 3.2m 口径的薄膜反射面天线，并对其进行了动力学分析，如图 10-21 所示；利用所建立的有限元模型，计算得到结构的一阶固有频率为 1.098Hz，该结果与实验测试结果具有良好的吻合度。上海交通大学的胡宇 [11] 对张拉式平面阵列薄膜天线的动力学特性进行了研究，讨论了不同的薄膜面密度和预应力对结构固有频率和模态的影响；另外，还对薄膜天线的薄膜阵面进行了褶皱分析，研究了不同的设计参数对薄膜阵面褶皱的影响。北京空间飞行器总体设计部的刘志全等 [67] 对平面薄膜天线结构的双重索网张拉系统的构型进行了优化设计，并研究了不同的结构设计参数下天线固有频率的变化规律，如图 10-22 所示；通过与天线结构等效解析模型进行比对，对所建立数值模型的正确性进行了验证。上海航天技术研究院的张华等 [68] 采用温度-结构预应力导入方法建立了大型可展开空间薄膜天线结构的动力学模型，并研究了材料属性、薄膜厚度和张紧力等三个主要设计参数对天线结构固有频率的影响。上海交通大学的刘翔等 [69] 对大型空间平面薄膜天线进行了动力学建模和模态分析。

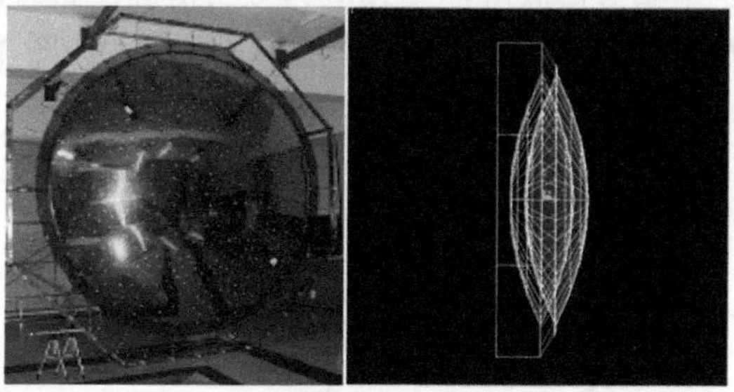

1.134 Hz

图 10-21　3.2m 口径充气反射面天线及其一阶模态 [66]

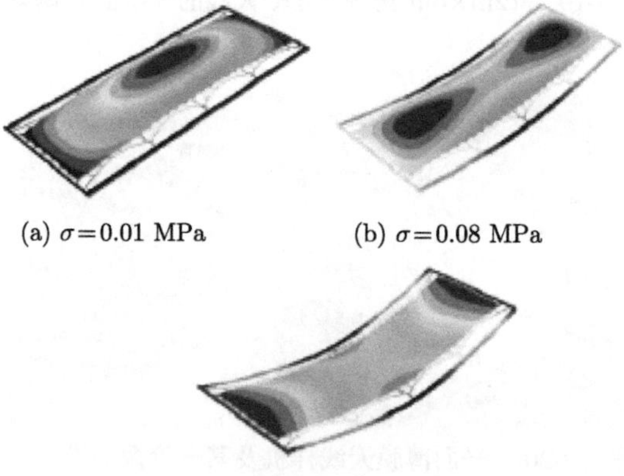

(a) $\sigma=0.01$ MPa　(b) $\sigma=0.08$ MPa

(c) $\sigma=0.25$ MPa

图 10-22　不同预应力下平面薄膜天线的一阶模态 [67]

10.3.2　薄膜结构非线性振动特性

由于薄膜结构具有尺寸大、刚度低的特点，其很容易产生大幅的非线性振动。众多研究表明，非线性可能会极大地改变结构的动力学特性，并产生一些线性模型无法解释的现象 (如分叉、混沌等)[70]。因此，对薄膜结构的非线性振动特性进行研究十分必要。近年来，国内外许多学者都在这一领域内展开了工作。Soares 和 Gonçalves[71] 针对大变形超弹性圆形薄膜结构的非线性振动问题进行了研究，结果表明，改变薄膜的张拉比和几何形制可能会对结构的非线性振动特性产生质的影响。Soares 和 Gonçalves[72] 还对一矩形超弹性薄膜结构的非线性振动进行了分析，通过对结构的幅频关系、共振曲线以及吸引盆等的研究，阐述了结构振动的非线性特性。Valdés 等 [73] 采用有限元法，对各向异性薄膜结构的非线性振动问题进行了分析，并提出了一种新的三角形薄膜单元。Gajbhiye 等 [74] 研究了带有压电感应/作动器的矩形薄膜结构的非线性振动特性，并就压电感应/作动器的大小和布置位置对结构整体动力学特性的影响进行了分析。Park 等 [75] 提出了一种用于研究任意边界条件下薄膜非线性振动的薄膜单元模型，通过与解析解和有限元模型的比对说明了所提出方法的有效性。Sunny 等 [76] 研究了预张紧薄膜结构的大幅非线性振动，利用 Galerkin 法推导了薄膜结构非线性振动的动力学模型，并采用 Adomian 分解法对该非线性模型进行了求解。Kukathasan 和 Pellegerino[77] 利用高保真有限元模型对一带有褶皱的对角张拉矩形薄膜结构进行了动力学特性的分析，结果表明，由于非线性的存在，结构的阻尼会随着激励幅值的增大而增大。

目前，我国也有一些学者对薄膜结构的非线性振动进行了研究探索。重庆大学的郑周练等 [78] 基于大变形理论对各向异性四边固定矩形薄膜结构的非线性振动进行了研究；利用级数展开和逼近理论，推导了大幅振动下薄膜结构固有频率的解析表达式。刘长江等 [79] 同样对各向异性四边固定矩形薄膜结构的非线性振动特性进行了分析；通过 L-P 摄动法，对基于 Galerkin 法推导得到的薄膜结构非线性动力学模型进行了求解，并推得了结构固有频率的解析表达式。刘长江等 [80,81] 还研究了有黏性阻尼作用的四边固定矩形薄膜结构的非线性振动特性，采用 Krylov Bogolivbov Mitropol (KBM) 摄动法分析了薄膜结构的固有频率和模态。上海交通大学的张祎贝等 [82,83] 在考虑大转角效应的基础上对平面张力矩形膜结构的大幅非线性振动进行了研究；在考虑大变形的前提下，提出了矩形膜和网格膜的等效动力学模型并取得了较好的结果。同济大学的潘钧俊和顾明 [84] 采用离散的弹簧-质量模型对方形张力膜结构的非线性振动展开了研究，并分析了不同的预应力、材料参数以及初始振幅下结构的非线性振动特性。哈尔滨工业大学的郑志刚 [24] 研究了自由振动矩形薄膜结构的非线性振动效应，并依据结构的基频建立了线性化适用准则。上海交通大学的刘翔等 [85] 采用假设模态法和非线性有限元法对薄膜结构的非线性动力学特性进行了分析，并比较了两种方法的异同。

10.3.3 薄膜结构振动主动控制

对于薄膜结构，尤其是工作在复杂太空环境中的空间薄膜结构，振动问题无法避免。振动的存在不仅会影响结构的正常工作性能，减少结构的工作寿命，有时甚至会带来灾难性的事故。因此，对柔性结构进行振动控制一直是人们研究的重点。根据是否需要外界能量的输入，一般可将振动控制方法分为两类，即被动控制和主动控制 [86]。被动控制方法固然具有易实现、可靠性高、成本低的优点，但同时其也有着可控性低、适应性差等难以克服的缺陷。因此柔性结构的主动控制越来越受到人们的关注 [87,88]。对于薄膜结构的振动主动控制问题，国内外学者目前已经开展了一些工作并取得了一定的成果。其中，国外学者具有代表性的工作如下所述。

(1) Inman 等 [89-91] 研究了基于压电作动器的一维条状薄膜的振动主动控制问题。在文献 [89] 中，考虑压电作动器的附加质量和刚度，Inman 基于有限元法建立了控制系统的动力学模型，并采用线性二次最优 (LQR) 控制器实现了对结构振动的有效控制。在文献 [90], [91] 中，Inman 等还研究了一维条状薄膜的滑模振动主动控制。在一维膜结构控制的基础上，Ruggiero 和 Inman[92] 对二维圆形薄膜反射镜进行了主动的振动控制，结果表明，利用文中所给出的方法，薄膜结构的振动可以在 15ms 内得到有效的抑制，同时压电作动器的最大输入电压不超过 12V。

(2) Ferhat 和 Sultan[93-95] 研究了四边固定方形薄膜结构的振动主动控制问题。利用有限元法，Ferhat 和 Sultan[93,94] 建立了薄膜结构的动力学模型，并基于动力学方程的二阶形式设计了 LQR 控制器，用以结构的振动控制。考虑模型中可能存在的误差，Ferhat 和 Sultan[95] 还研究设计了一种线性二次高斯 (LQG) 主动控制器，研究表明，所设计 LQG 控制器针对薄膜材料参数和预应力的扰动具有一定的鲁棒性。

(3) Sakamoto 等 [96-99] 研究了带有周边索网系统的空间薄膜结构的主动隔振问题；通过对周边索网系统进行优化设计并在索网的一定位置处布置压电作动/感应器，可以很好地实现中心薄膜结构与外部支撑结构间的振动隔离；同时，研究结果表明，所设计的主动隔振系统具有构造简单、质量轻、鲁棒性强等优点。

在国内，国防科技大学的许睿 [100] 在其博士论文中对一类航天薄膜结构进行了智能振动控制问题的研究，并提出了三种智能模糊振动控制方法。通过实验手段，许睿对其所提出方法的有效性进行了验证。哈尔滨工业大学的陆一凡等 [101,102] 对带有聚偏二氟乙烯膜 (PVDF) 压电作动器的薄膜反射镜进行了主动振动控制研究。在文献 [101] 中，采用模态截断法，陆一凡设计了 LQR 主动控制器，并分析了不同的结构和控制参数下控制器的控制性能。在文献 [102] 中，陆一凡还对薄膜反射镜的非线性振动控制问题进行了研究，并分析了不同的作动器配置对控制效果的影响。西安理工大学的刘定强 [103] 对轴向运动矩形薄膜的振动控制问题进行了研究，文中采用多种控制方法实现了结构振动的主动控制。上海交通大学的刘翔等 [104,105] 对四边简支矩形薄膜结构的线性振动控制和非线性振动控制问题进行了研究，并讨论了作动器的优化配置问题。针对大型空间薄膜天线结构，刘翔

等 [69,106] 研究了基于压电作动器和张拉索作动器的两种线性振动主动控制方法。在此基础上，刘翔等 [107] 还研究了薄膜天线结构的非线性振动主动控制问题。考虑到大型空间薄膜结构的动力学行为具有明显的波动特征，刘翔等研究了基于波动理论的薄膜结构的振动主动控制问题 [108,109]。刘翔等 [110-112] 还对带有薄膜天线航天器的刚–柔耦合动力学建模、模态参数在轨辨识以及姿态–振动的协同控制问题进行了研究。

10.4 本篇研究内容

由以上论述可以看到，目前平面阵列薄膜天线已成为航天领域研究的重点，其在未来人类航天事业中有着广阔的应用前景。为了保障薄膜天线在轨的有效运行，动力学与控制问题十分关键。尽管在过去几十年中国内外学者对于空间薄膜结构的动力学与控制问题开展了大量的研究工作，但是由文献综述可以看到，目前的研究还主要集中在线性的低阶模态分析，而对于薄膜结构的非线性振动特性以及振动主动控制的研究，则多限于形状简单的一维或二维张力膜结构 (如一维条状薄膜、四边固定矩形薄膜或者圆形薄膜反射面)。对于大尺寸且具有复杂几何形状的空间薄膜结构，特别是本篇所研究的平面薄膜天线结构，其动力学建模与主动控制问题的研究和探索还十分鲜有。

本篇对大型空间薄膜天线的动力学与控制问题进行研究，详细内容可参考文献 [69], [85], [104]~[112]。本篇共分为 5 章，各章内容简介如下。

第 10 章，绪论。首先，对研究的背景进行介绍，阐明研究工作的理论意义与实用价值；接着，对目前空间薄膜结构的发展概况进行叙述，并对空间薄膜结构的发展前景进行简要讨论；然后，阐述国内外对空间薄膜结构动力学分析以及振动主动控制问题的研究现状；最后，说明本篇章的主要研究内容和整体框架。

第 11 章，空间薄膜结构褶皱分析。首先，分别对研究薄膜褶皱的张力场理论和稳定性理论进行介绍；然后，对空间薄膜结构在不同载荷条件下的褶皱情况进行分析，并研究褶皱对结构动力学特性的影响。

第 12 章，薄膜天线结构非线性动力学建模与振动控制。首先，在考虑大幅振动几何非线性的基础上，利用非线性有限元方法对薄膜天线各个关键部件进行动力学建模，进而整合得到结构整体的非线性动力学模型；然后，研究薄膜天线结构非线性动力学模型的降阶问题；最后，在非线性降阶模型的基础上，利用薄膜天线固有的张拉索作为作动器设计非线性振动控制器。

第 13 章，薄膜天线航天器的非线性刚–柔耦合动力学建模与协同控制。首先，建立薄膜天线航天器的非线性刚–柔耦合动力学模型；然后，采用分力合成控制方法结合张拉索作动的非线性振动控制策略，对薄膜天线航天器的姿态–振动协同控制问题进行研究；最后，通过数值仿真对本章的理论研究内容进行验证。

第 14 章，薄膜天线航天器的挠性参数在轨辨识。首先，对挠性航天器模态参数的在轨辨识方法进行介绍；然后，针对所研究的空间薄膜天线，分别采用特征系统实现算法 (ERA) 和基于协方差的随机子空间方法 (SSI-COV) 对其模态参数进行在轨辨识。

参 考 文 献

[1] Ruggiero E J, Inman D J. Gossamer spacecraft: recent trends in design, analysis, experimentation, and control[J]. Journal of Spacecraft and Rockets, 2006, 43(1): 10-24.

[2] Puig L, Barton A, Rando N. A review on large deployable structures for astrophysics missions[J]. Acta Astronautica, 2010, 67(1-2): 12-26.

[3] 刘福寿. 大型空间结构动力学等效建模与振动控制研究 [D]. 南京航空航天大学博士学位论文, 2015.

[4] Jeon S K, Footdale J N. Scaling and optimization of a modular rigami solar array[C]//Proceedings of 2018 AIAA Spacecraft Structures Conference, Kissimmee, Florida, 2018.

[5] 刘志全, 杨淑利, 濮海玲. 空间太阳电池阵的发展现状及趋势 [J]. 航天器工程, 2012, 21(06): 112-118.

[6] Sickinger C, Breitbach E. Ultra-lightweight deployable space structures[C]//Proceedings of 4th International Conference on Thin-walled Structures, Loughborough, England, 2004.

[7] 刘明治, 高桂芳. 空间可展开天线结构研究进展 [J]. 宇航学报, 2003, 24(1): 82-87.

[8] 刘荣强, 田大可, 邓宗全. 空间可展开天线结构的研究现状与展望 [J]. 机械设计, 2010, 27(9): 1-9.

[9] 李明. 新型天线技术研究进展 [J]. 航天电子对抗, 2013, 29(1): 39-44.

[10] Salama M, Jenkins C. Intelligent gossamer structures-A review of recent developments and future trends[C]//Proceedings of 19th AIAA Applied Aerodynamics Conference, Seattle, Washington, 2001.

[11] 胡宇. 空间薄膜阵面预应力及结构特性分析 [D]. 上海交通大学硕士学位论文, 2012.

[12] 段宝岩. 大型空间可展开天线的研究现状与发展趋势 [J]. 电子机械工程, 2017, 33(1): 1-17.

[13] Im E, Thomson M, Fang H, et al. Prospects of large deployable reflector antennas for a new generation of geostationary Doppler weather radar satellites[C]//Proceedings of AIAA SPACE 2007 Conference & Exposition, Long Beach, California, 2007.

[14] Takano T. Large deployable antenna concepts and realization[C]//Proceedings of IEEE Antennas and Propagation Society International Symposium, Orlando，Florida, 1999.

[15] Freeland R E. Survey of Deployable Antenna Concepts[M]. Hampton，Virginia，USA: NASA Langley Research Center, 1983.

[16] Shen Y, Montminy S, Zheng W. Design and dynamical analysis of a SAR membrane antenna deployable structure[C]//Proceedings of ASME International Mechanical Engineering Congress and Exposition, Chicago, Illinois, 2006.

[17] Barer H, Datashvili L, Gogava Z, et al. Building blocks of large deployable precision membrance reflectors[C]//Proceedings of the 42nd AIAA/ASME/ASCE/AHS/ASC Structures, Structural Dynamics and Materials Conference and Exhibit, Seattle, Washington, 2001.

[18] 吕娟霞, 蔡国平, 彭福军, 等. 薄膜天线结构模态参数的在轨辨识 [J]. 振动与冲击, 2018, 37(6): 82-85.

[19] 许睿. 一类薄膜结构的智能控制研究 [D]. 国防科技大学博士学位论文, 2016.

[20] Foster C L, Tinker M L, Nurre G S, et al. Solar-array-induced disturbance of the Hubble Space Telescope pointing system[J]. Journal of Spacecraft and Rockets, 1995, 32(4): 634-644.

[21] Harland D M, Lorenz R D. Space Systems Failures: Disasters and Rescues of Satellites, Rockets and Space Probes[M]. Chichester: Springer-Praxis, 2005.

[22] Santiago-Prowald J, Baier H. Advances in deployable structures and surfaces for large apertures in space[J]. CEAS Space Journal, 2013, 5(3-4): 89-115.

[23] Sakamoto H. Dynamic wrinkle reduction strategies for membrane structures[D]. Ph.D. Dissertation, Denver: University of Colorado, 2004.

[24] 郑志刚. 空间薄膜结构自由振动非线性效应研究 [D]. 哈尔滨工业大学硕士学位论文, 2019.

[25] Chamberlain M K, Kiefer S H, Banik J. Structural analysis methods for the roll-out solar array flight experiment[C]//Proceedings of AIAA Scitech 2019 Forum, San Diego, California, 2019.

[26] Spence B, White S, Jones A, et al. Ultraflex-175 solar array technology maturation achievements for nasa's new millennium program (NMP) space technology 8 (ST8)[C]// Proceedings of 2006 IEEE 4th World Conference on Photovoltaic Energy Conference, 2006.

[27] Cadogan D, Lin J. Inflatable solar array technology[C]//Proceedings of 37th Aerospace Sciences Meeting and Exhibit, Reno, Nevada, 1999.

[28] 谢宗武, 宫钇成, 史士财, 等. 空间太阳能电池阵列技术综述 [J]. 宇航学报, 2014, 35(5): 491-498.

[29] 侯欣宾, 王立. 空间太阳能电站技术发展现状及展望 [J]. 航天系统与技术, 2015, 2: 12-15.

[30] 胡海岩. 太阳帆航天器的关键技术 [J]. 深空探测学报, 2016, 3(4): 334-343.

[31] Tsuda Y, Mori O, Funase R, et al. Flight status of IKAROS deep space solar sail demonstrator[J]. Acta Astronautica, 2011, 69(9-10): 833-840.

[32] Tsuda Y, Mori O, Funase R, et al. Achievement of IKAROS-Japanese deep space solar sail demonstration mission[J]. Acta Astronautica, 2013, 82(2): 183-188.

[33] Johnson L, Whorton M, Heaton A, et al. NanoSail-D: A solar sail demonstration mission[J]. Acta Astronautica, 2011, 68(5-6): 571-575.

[34] Leipold M, Pfeiffer E, Groepper P, et al. Solar sail technology for advanced space science missions[J]. Space Technology, 2003, 23(2): 175-184.

[35] Leipold M, Eiden M, Garner C E, et al. Solar sail technology development and demon-

stration[J]. Acta Astronautica, 2003, 52(2-6): 317-326.

[36] 左华平, 冯煜东, 王虎, 等. 太阳帆航天器研究进展及其关键技术分析 [J]. 真空科学与技术学报, 2016, 36(1): 117-124.

[37] Christopher H M J. Gossamer Spacecraft: Membrane and Inflatable Structures Technology for Space Applications[M]. Virginia: AIAA Inc., 2001.

[38] Freeland R E, Bilyeu G D, Veal G R, et al. Large inflatable deployable antenna flight experiment results[J]. Acta Astronautica, 1997, 41(4-10): 267-277.

[39] Freeland R E, Bilyeu G D, Veal G R. Development of flight hardware for a large, inflatable-deployable antenna experiment[J]. Acta Astronautica, 1996, 38(4-8): 251-260.

[40] Cassapakis C, Thomas M. Inflatable structures technology development overview[C]//Proceedings of Space programs and technologies conference, Tustin, California, 1995.

[41] 罗鹰, 段宝岩. 星载可展开天线结构现状与发展 [J]. 电子机械工程, 2005, 21(5): 30-34.

[42] Pellegrino S. Deployable membrane reflectors[C]//Proceedings of the 2nd World Engineering Congress, Sarawak, Malaysia, 2002.

[43] Lai C Y, You Z, Pellegrino S. Shape of deployable membrane reflectors[J]. Journal of Aerospace Engineering, 1998, 11(3): 73-80.

[44] Datashvili L, Baier H, Wehrle E, et al. Large shell-membrane space reflectors[C]//Proceedings of the 51st AIAA/ASME/ASCE/AHS/ASC Structures, Structural Dynamics, and Materials Conference 18th AIAA/ASME/AHS Adaptive Structures Conference, Orlando, Florida, 2010.

[45] 童浙夫. 静电成形薄膜反射面可展开天线研究 [D]. 西安电子科技大学硕士学位论文, 2012.

[46] Chodimella S, Moore J, Otto J, et al. Design evaluation of a large aperture deployable antenna[C]//Proceedings of 47th AIAA/ASME/ASCE/AHS/ASC Structures, Structural Dynamics, and Materials Conference 14th AIAA/ASME/AHS Adaptive Structures Conference, Newport, Rhode Island, 2006.

[47] 高峰. 静电成形薄膜反射面天线形面综合优化设计及实验研究 [D]. 西安电子科技大学硕士学位论文, 2014.

[48] 陈升友. 天基雷达大型可展开相控阵天线及其关键技术 [J]. 现代雷达, 2008, 30(1): 5-8.

[49] Huang J. The development of inflatable array antennas[J]. IEEE Antennas and Propagation Magazine, 2001, 43(4): 44-50.

[50] Hang J, Feria A. A One-meter X-band inflatable reflectarray antenna[J]. Microwave and Optical Technology Letters, 1999, 20(2): 97-99.

[51] Cadogan D P, Lin J K, Grahne M S. The development of inflatable space radar reflectarrays[C]//Proceedings of the 40th AIAA/ASME/ASCE/AHS/ASC Structures, Structural Dynamics, and Materials Conference and Exhibit, Saint Louis, Missouri, 1999.

[52] Fang H, Knarr K, Quijano U, et al. In-space deployable reflectarray antenna: Current and future[C]//Proceedings of 49th AIAA/ASME/ASCE/AHS/ASC Structures, Structural Dynamics, and Materials Conference, 16th AIAA/ASME/AHS Adaptive Structures Conference, 10th AIAA Non-Deterministic Approaches Conference, 9th AIAA

Gossamer Spacecraft Forum, 4th AIAA Multidisciplinary Design Optimization Specialists Conference, Schaumburg, IL, 2008.

[53] Shen Y, Montminy S, Zheng W, et al. Large SAR membrane antenna deployable structure design and dynamic simulation[C]//Proceedings of 48th AIAA/ASME/ASCE/AHS /ASC Structures, Structural Dynamics, and Materials Conference, Honolulu, Hawaii, 2007.

[54] Straubel M, Block J, Sinapius M, et al. Deployable composite booms for various gossamer space structures[C]//Proceedings of 52nd AIAA/ASME/ASCE/AHS/ASC Structures, Structural Dynamics and Materials Conference 19th AIAA/ASME/AHS Adaptive Structures Conference, Denver, Colorado, 2011.

[55] 刘充. 空间平面薄膜结构褶皱与动力学分析 [D]. 西安电子科技大学硕士学位论文, 2014.

[56] 咸奎成, 彭福军. 大尺寸空间薄膜结构形状控制研究 [J]. 噪声与振动冲击, 2009, 29(6): 97-104.

[57] 姬鸣. 薄膜天线支撑杆展开机构的研制 [D]. 哈尔滨工业大学硕士学位论文, 2011.

[58] 关富玲, 汪有伟, 杨超辉. 新型折叠卷收式反射阵天线的设计与制作 [J]. 工程设计学报, 2008, 15(6): 467-471.

[59] 李小秋, 郑雪飞, 杨成. 双频宽带大型微带反射阵天线设计 [J]. 微波学报, 2012, 28(1): 8-11.

[60] Shen Y, Zheng W, Wang X. Dynamic and vibration analysis of a SAR membrane antenna[C]//Proceedings of ASME International Mechanical Engineering Congress and Exposition, Seattle, Washington, 2007.

[61] Leipold M, Runge H, Sickinger C. Large SAR membrane antennas with lightweight deployable booms[C]//Proceedings of 28th ESA Antenna Workshop on Space Antenna Systems and Technologies, Noordwijk, Netherland, 2005.

[62] Taleghani B, Lively P, Gaspar J, et al. Dynamic and static shape test/analysis correlation of a 10 meter quadrant solar sail[C]//Proceedings of 46th AIAA/ASME/ASCE/ AHS/ASC Structures, Structural Dynamics and Materials Conference, 2005.

[63] Gaspar J, Mann T, Behun V, et al. Development of modal test techniques for validation of a solar sail design[C]//Proceedings of 45th AIAA/ASME/ASCE/AHS/ASC Structures, Structural Dynamics & Materials Conference, Palm Springs, California, 2004.

[64] Ruggiero E J, Inman D J. A comparison between SISO and MIMO modal analysis techniques on a membrane mirror satellite[J]. Journal of Intelligent Material Systems and Structures, 2005, 16(3): 273-282.

[65] Fang H, Yang B, Ding H, et al. Dynamic analysis of large in-space deployable membrane antennas[C]//Proceedings of 13th International Congress on Sound and Vibration, Vienna, Austria, 2006.

[66] Xu Y, Guan F L. Structure design and mechanical measurement of inflatable antenna[J]. Acta Astronautica, 2012, 76: 13-25.

[67] 刘志全, 邱慧, 李潇, 等. 平面薄膜天线张拉系统优化设计及天线结构模态分析 [J]. 宇航学报, 2017, 38(4): 344-351.

[68] 张华, 刘汉武, 李东颖, 等. 大型空间可展薄膜结构动力学仿真分析 [J]. 空间科学学报, 2018, 38(1): 101-108.

[69] Liu X, Cai G P, Peng F J, et al. Dynamic model and active vibration control of a membrane antenna structure[J]. Journal of Vibration and Control, 2018, 24(18): 4282-4296.

[70] 陈予恕. 非线性振动 [M]. 北京: 高等教育出版社, 2001.

[71] Soares R M, Gonçalves P B. Nonlinear vibrations and instabilities of a stretched hyperelastic annular membrane[J]. International Journal of Solids and Structures, 2012, 49(3-4): 514-526.

[72] Soares R M, Gonçalves P B. Large-amplitude nonlinear vibrations of a Mooney–Rivlin rectangular membrane[J]. Journal of Sound and Vibration, 2014, 333(13): 2920-2935.

[73] Valdés J G, Miquel J, Oñate E. Nonlinear finite element analysis of orthotropic and prestressed membrane structures[J]. Finite Elements in Analysis and Design, 2009, 45(6): 395-405.

[74] Gajbhiye S C, Upadhyay S H, Harsha S P. Nonlinear vibration analysis of piezo-actuated flat thin membrane[J]. Journal of Vibration and Control, 2015, 21(6): 1162-1170.

[75] Park J, Park I, Lee U. Transverse vibration and waves in a membrane: frequency domain spectral element modeling and analysis[J]. Mathematical Problems in Engineering, 2014, 2014: 1-14.

[76] Sunny M, Kapania R, Sultan C. Solution of the nonlinear transverse vibration problem of a prestressed membrane using the Adomian decomposition method[C]//Proceedings of 52nd AIAA/ASME/ASCE/AHS/ASC Structures, Structural Dynamics and Materials Conference 19th AIAA/ASME/AHS Adaptive Structures Conference, Denver, Colorado, 2011.

[77] Kukathasan S, Pellegrino S. Nonlinear vibration of wrinkled membranes[C]//Proceedings of 44th AIAA/ASME/ASCE/AHS/ASC Structures, Structural Dynamics, and Materials Conference, Norfolk, Virginia, 2003.

[78] Zheng Z L, Liu C J, He X T, et al. Free vibration analysis of rectangular orthotropic membranes in large deflection[J]. Mathematical Problems in Engineering, 2009, DOI: 10.1155/2009/634362.

[79] Liu C J, Zheng Z L, He X T, et al. LP perturbation solution of nonlinear free vibration of prestressed orthotropic membrane in large amplitude[J]. Mathematical Problems in Engineering, 2010, DOI: 10.1155/2010/561364.

[80] Liu C J, Zheng Z L, Jun L, et al. Dynamic analysis for nonlinear vibration of prestressed orthotropic membranes with viscous damping[J]. International Journal of Structural Stability and Dynamics, 2013, 13(02): 1350018.

[81] 刘长江. 建筑膜结构非线性振动及其预张力测量理论和试验研究 [D]. 重庆大学博士学位论文, 2012.

[82] Zhang Y B, Chen W J, Xie C, et al. Modal equivalent method of full-area membrane

and grid membrane[J]. Aerospace Systems, 2018, 1(2): 129-137.

[83] Zhang Y B, Zhao B, Hu J H, et al. Dynamic equivalent methodology of a rectangular membrane and a grid membrane: Formulation, simulation and experiment[J]. Thin-Walled Structures, 2020, 148: 106567.

[84] 潘钧俊, 顾明. 方形张拉膜自由振动的几何非线性影响 [J]. 同济大学学报 (自然科学版), 2007, 35(11): 1450-1454.

[85] Liu X, Cai G P, Peng F J, et al. Nonlinear vibration analysis of a membrane based on large deflection theory[J]. Journal of Vibration and Control, 2018, 24(12): 2418-2429.

[86] 李东旭. 大型挠性结构分散化振动控制——理论与方法 [M]. 3 版. 北京: 科学出版社, 2013.

[87] Balas M J. Trends in large space structure control theory: fondest hopes, wildest dreams[J]. IEEE Transactions on Automatic Control, 1982, 27(3): 522-535.

[88] Hyland D C, Junkins J L, Longman R W. Active control technology for large space structures[J]. Journal of Guidance, Control, and Dynamics, 1993, 16(5): 801-821.

[89] Ruggiero E J, Inman D J. Modeling and control of a 1-D membrane strip with an integrated PZT bimorph[C]//Proceedsings of ASME International Mechanical Engineering Congress and Exposition, Orlando, Florida, 2005.

[90] Renno J M, Inman D J, Chevva K R. Nonlinear control of a membrane mirror strip actuated axially and in bending[J]. AIAA Journal, 2009, 47(3): 484-493.

[91] Renno J M, Reddy C K, Inman D J, et al. Sliding mode control for a membrane mirror strip actuated using multiple smart actuators[C]//Proceedings of ASME International Mechanical Engineering Congress and Exposition, Seattle, Washington, 2007.

[92] Ruggiero E J, Inman D J. Modeling and vibration control of an active membrane mirror[J]. Smart Materials and Structures, 2009, 18(9): 095027.

[93] Ferhat I, Sultan C. LQR using second order voctor gorm for a membrane with bimorph actuators[C]//Proceedings of 23rd AIAA/AHS adaptive structures conference, Kissimmee, Florida, 2015.

[94] Ferhat I, Sultan C. System analysis and control design for a membrane with bimorph actuators[J]. AIAA Journal, 2015, 53(8): 2110-2120.

[95] Ferhat I, Sultan C. LQG control and robustness study for a prestressed membrane with bimorph actuators[C]//Proceedings of International Design Engineering Technical Conferences and Computers and Information in Engineering Conference, Buffalo, New York, 2014.

[96] Sakamoto H, Park K C, Miyazaki Y. Dynamic wrinkle reduction strategies for cable-suspended membrane structures[J]. Journal of Spacecraft and Rockets, 2005, 42(5): 850-858.

[97] Sakamoto H, Park K C, Miyazaki Y. Distributed localized vibration control of membrane structures using piezoelectric actuators[C]//Proceedings of 46th AIAA/ASME/ASCE/AHS/ASC Structures, Structural Dynamics and Materials Conference, Austin, Texas, 2005.

[98] Sakamoto H, Park K C. Theory and application of localized vibration control strategy in cable-suspended membrane space structures[C]//Proceedings of ASME International Mechanical Engineering Congress and Exposition, Orlando, Florida, 2005.

[99] Sakamoto H, Park K C, Miyazaki Y. Distributed and localized active vibration isolation in membrane structures[J]. Journal of Spacecraft and Rockets, 2006, 43(5): 1107-1116.

[100] Xu R, Li D, Jiang J, Zou J. Decentralized adaptive fuzzy vibration control of smart gossamer space structure[J]. Journal of Intelligent Material Systems and Structures, 2017, 28(12): 1670-1681.

[101] Lu Y, Amabili M, Wang J, et al. Active vibration control of a polyvinylidene fluoride laminated membrane plate mirror[J]. Journal of Vibration and Control, 2019, 25(19-20): 2611-2626.

[102] Lu Y, Shao Q, Amabili M, et al. Nonlinear vibration control effects of membrane structures with in-plane PVDF actuators: A parametric study[J]. International Journal of Non-Linear Mechanics, 2020, 122: 103466.

[103] 刘定强. 轴向运动矩形薄膜的横向振动控制 [D]. 西安理工大学硕士学位论文, 2006.

[104] Liu X, Cai G P, Peng F J, et al. Piezoelectric actuator placement optimization and active vibration control of a membrane structure[J]. Acta Mechanica Solida Sinica, 2018, 31(1): 66-79.

[105] Liu X, Cai G P, Peng F J, et al. Active control of large-amplitude vibration of a membrane structure[J]. Nonlinear Dynamics, 2018, 93(2): 629-642.

[106] Liu X, Zhang H, Lv L L, et al. Vibration control of a membrane antenna structure using cable actuators[J]. Journal of the Franklin Institute, 2018, 355(5): 2424-2435.

[107] Liu X, Zhang H, Lv L L, et al. Nonlinear vibration control of a membrane antenna structure[J]. Proceedings of the Institution of Mechanical Engineers, Part G: Journal of Aerospace Engineering, 2019, 233(9): 3273-3285.

[108] Liu X, Zhang H, Lv L L, et al. Wave based active vibration control of a membrane antenna structure[J]. Meccanica, 2018, 53: 2793-2805.

[109] Liu X, Lv L L, Peng F J, et al. Wave-based active vibration control of a membrane structure[J]. Journal of Vibration and Control, 2021, DOI: 10.1177/10775463211042964.

[110] Liu X, Lv L L, Cai G P. Hybrid control of a satellite with membrane antenna considering nonlinear vibration[J]. Aerospace Science and Technology, 2021, 117: 106962.

[111] Fan L, Liu X, Cai G P. Dynamic modeling and modal parameters identification of satellite with large-scale membrane antenna[J]. Advances in Space Research, 2019, 63(12): 4046-4057.

[112] Fan L, Liu X, Cai G P. Attitude tracking and vibration control of membrane antenna satellite[J]. Journal of the Franklin Institute, 2020, 357: 10584-10599.

第 11 章　空间薄膜结构褶皱分析

11.1　引　　言

褶皱作为一种局部屈曲的现象，其极易发生在低刚度结构中，尤其是薄膜结构中。目前，对于薄膜结构进行褶皱分析的理论主要有两种，即张力场理论和稳定性理论。对于褶皱的研究最早可追溯至 1929 年 Wagner 的金属薄片剪切实验 [1]，Wagner 假定金属薄片弯曲刚度可忽略，进而提出了张力场理论来对褶皱现象进行解释。张力场理论认为，结构一旦承受压应力便会产生褶皱，褶皱区域的最小主应力为 0，最大主应力的方向即为褶皱的伸展方向 [2]。基于这一思想，人们提出了多种分析方法用于修正褶皱结构中的应力状态，如迭代薄膜性能法 (IMP)[3]、修正材料罚参数法 (PPMM)[4] 和二变参数法 (2-VP)[5]。基于张力场理论的方法虽然成熟，但是这些方法无法对褶皱面外变形的细节信息 (如幅值、波长等) 进行求解。为了解决这一问题，人们提出了稳定性理论。该理论认为结构具有一定的弯曲刚度，褶皱是结构在压应力作用下的一种局部屈曲现象 [6]。近年来基于稳定性理论的褶皱分析方法得到了较多的关注，其中具有代表性的工作是 Wong 和 Pellegrino 关于对角拉伸薄膜结构中褶皱的研究 [7-9]。在文中，Wong 和 Pellegrino 分别利用理论、数值和实验手段对薄膜结构的褶皱进行了分析，并给出了计算薄膜褶皱面外变形的一般化的解析方法。对于薄膜天线结构，褶皱的出现不但会直接影响薄膜阵面的形面精度，同时褶皱的存在还会影响薄膜阵面中应力场的分布，进而影响结构的动力学特性。有研究指出 [10]，在一定的褶皱情况下结构的振动特性甚至会产生质的改变。因此，为了准确地建立空间薄膜结构的动力学模型，有必要首先对结构的褶皱进行分析。

本章首先介绍薄膜褶皱分析的基本理论方法，然后对薄膜结构在不同载荷条件下的褶皱情况进行分析，并在此基础上研究褶皱对结构动力学特性的影响。

11.2　薄膜天线结构描述

为了促进空间薄膜结构的不断发展，为其工程化实施提供理论基础，本篇章以图 11-1 所示的张拉式大型空间平面薄膜天线作为研究对象，对其动力学与控制问题开展研究。该天线结构主要包含 5 个部件，即薄膜阵面、可展开式支撑框架、张拉机构、张力撑杆和搭接机构。天线结构的中部通过 4 个连接点与卫星星体固定连接。薄膜阵面是空间平面薄膜天线结构最为关键的部件。为了保障天线的工作性能，薄膜阵面的形面误差必须保持在一定的范围内。支撑框架由端杆和横向的可展开豆荚杆组成。在未展开阶段，薄膜阵面和支撑框架保持特定的折叠状态。当发射在轨之后，薄膜天线通过展开机构实现在轨展开和锁定。本书主要研究薄膜天线展开锁定后的结构动力学问题。张拉机构是为薄膜阵面提供预张力的关键部件，通过调节张拉索中的张拉力，薄膜阵面中的预应力可以得到调整。张力撑杆的主要作用是为张紧结构提供张力。利用搭接机构，薄膜阵面、张拉机构和支撑框架连接成为一个整体。天线结构各个部件的参数如表 11-1 所示。

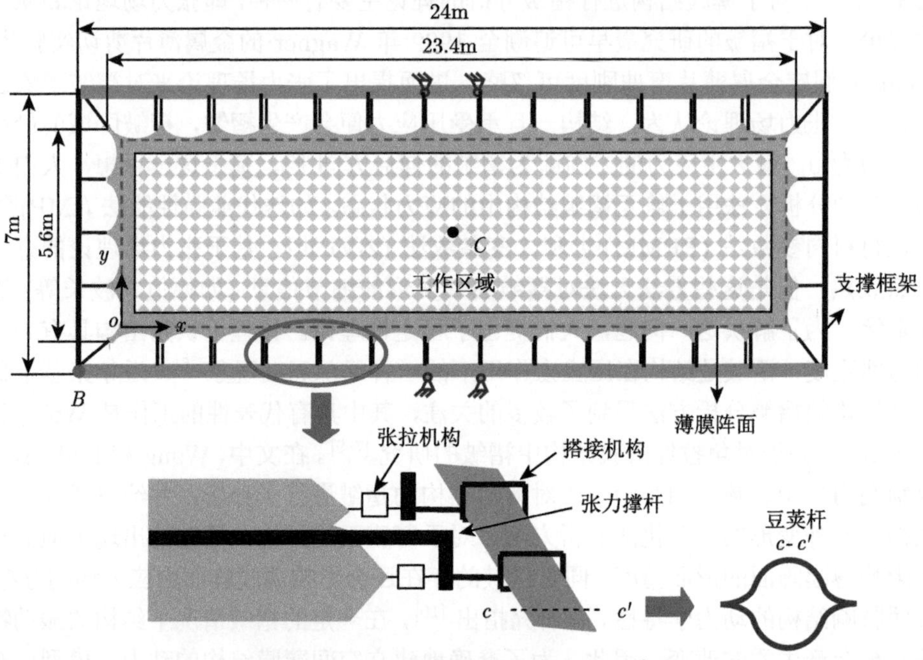

图 11-1 空间平面薄膜天线结构简图 [11]

为了研究需要，本书在建模时对薄膜天线结构做了一定的简化处理。考虑到各层薄膜阵面的张拉状态相同，建模时将薄膜阵面合为一层；张拉机构和搭接机构简化为带有预张力的张拉索，用于连接薄膜阵面和支持框架，张拉索与薄膜阵面和支持框架间均假设为固定连接；可展开的豆荚杆简化为具有等效弯曲刚度的直梁。在上述简化前提下，本篇章对该天线的动力学建模与主动控制问题进行研究。

表 11-1 薄膜天线结构各部件材料参数

部件	材料属性	数值
薄膜阵面	杨氏模量/GPa	3.5
	泊松比	0.34
	密度/(kg/m^3)	1530
	长度/m	23.4
	宽度/m	5.6
	厚度/m	0.00025
支撑框架	杨氏模量/GPa	40
	泊松比	0.3
	密度/(kg/m^3)	1800
	长度/m	24
	宽度/m	7
	横截面积/m^2	0.000318
	z 轴惯性矩/m^4	0.00000126
	y 轴惯性矩/m^4	0.00000037
张拉索	杨氏模量/GPa	133
	泊松比	0.36
	密度/(kg/m^3)	1440
	横截面积/m^2	0.000000049
	x 轴方向张拉力/N	50
	y 轴方向张拉力/N	50
张力撑杆	杨氏模量/GPa	210
	泊松比	0.3
	密度/(kg/m^3)	1800
	长度/m	7
	横截面积/m^2	0.000178
	z 轴惯性矩/m^4	0.0000000125
	y 轴惯性矩/m^4	0.0000000125

11.3 基于张力场理论的薄膜褶皱分析方法

本章首先对用于薄膜结构褶皱分析的 IMP 法进行介绍。作为张力场理论方法的一种，IMP 法最早由 Miller 于 1985 年提出 [12]。IMP 法认为薄膜不具备抵抗压应力的能力，一旦薄膜某些区域中出现压应力即通过产生褶皱的方式来抵消，褶皱的产生将改变所在区域材料的本构关系。褶皱的方向与薄膜中最大主应力的方向相同，同时垂直于褶皱方向的主应力为 0。如图 11-2 所示，IMP 法的基本流程如下。

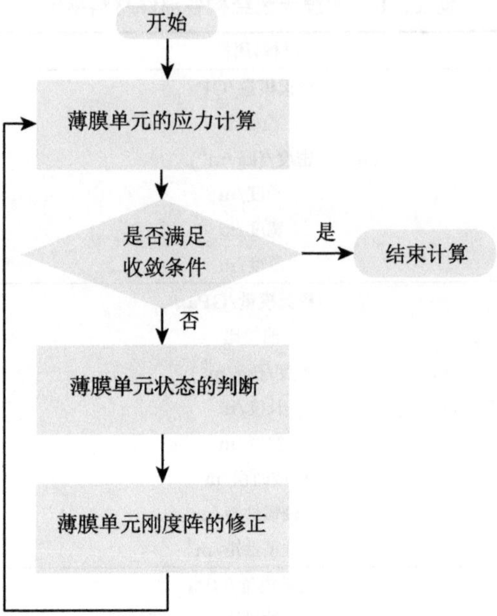

图 11-2　IMP 法流程图

首先，依据当前计算步上各个薄膜单元的应力、应变值，通过“应力–应变准则”对单元所处的状态进行判定，具体如下：

(1) 若 $\sigma_2 > 0$，则判定单元处于张紧状态；

(2) 若 $\sigma_2 \leqslant 0$ 且 $\varepsilon_1 > 0$，则判定单元处于褶皱状态；

(3) $\varepsilon_1 \leqslant 0$，则判定单元处于松弛状态。

其中，σ_1、σ_2 分别表示薄膜单元的最大主应力和最小主应力；ε_1、ε_2 分别表示薄膜单元的最大主应变和最小主应变。

然后，根据各个单元所处的状态对薄膜单元的本构矩阵进行修正，具体如下：

(1) 对于张紧单元，设定本构矩阵 $\boldsymbol{D}_T = \dfrac{E_{\mathrm{m}}}{1-\mu_{\mathrm{m}}^2}\begin{bmatrix} 1 & \mu_{\mathrm{m}} & 0 \\ \mu_{\mathrm{m}} & 1 & 0 \\ 0 & 0 & \dfrac{1-\mu_{\mathrm{m}}}{2} \end{bmatrix}$

其中，E_{m} 为薄膜的弹性模量；μ_{m} 为泊松比。

(2) 对于褶皱单元，设定本构矩阵 $\boldsymbol{D}_w = \dfrac{E_{\mathrm{m}}}{4}\begin{bmatrix} 2(1+P) & 0 & Q \\ 0 & 2(1-P) & Q \\ Q & Q & 1 \end{bmatrix}$

其中，$P = \dfrac{\varepsilon_x - \varepsilon_y}{\varepsilon_1 - \varepsilon_2}$，这里 ε_x 和 ε_y 分别表示单元沿 x 和 y 方向的正应变；$Q =$

$\dfrac{\gamma_{xy}}{\varepsilon_1-\varepsilon_2}$，这里 γ_{xy} 为单元的切应变。

(3) 对于松弛单元，设定本构矩阵 $\boldsymbol{D}_s=\begin{bmatrix}\zeta & 0 & 0\\ 0 & \zeta & 0\\ 0 & 0 & \zeta\end{bmatrix}$

其中，ζ 为防止计算出现奇异而选取的小量。

重复上述步骤直至满足收敛条件 (薄膜中不再存在压应力单元) 即停止计算。

11.4 基于稳定性理论的薄膜褶皱分析方法

基于稳定性理论，对于褶皱薄膜，其平衡方程可表示为

$$D\nabla^2\nabla^2 w - t\sigma_\xi\frac{\partial^2 w}{\partial\xi^2}+t\sigma_\eta\frac{\partial^2 w}{\partial\eta^2}=0 \tag{11-1}$$

其中，w 表示薄膜的面外变形；t 表示薄膜的厚度；ξ 表示褶皱的伸展方向；η 表示垂直于褶皱的方向；σ_ξ 表示沿褶皱方向的拉应力；σ_η 表示垂直于褶皱方向的压应力；∇^2 表示拉普拉斯算子；$D=\dfrac{E_{\mathrm{m}}t^3}{12(1-\nu^2)}$ 表示薄膜结构的弯曲刚度，这里 E_{m} 表示薄膜材料的杨氏模量，ν 表示泊松比。

褶皱的构型可表示为

$$w(\xi,\eta)=A\sin\left(\frac{\pi\xi}{h}\right)\sin\left(\frac{\pi\eta}{\lambda}\right) \tag{11-2}$$

其中，A 表示褶皱面外变形的幅值；h 表示褶皱的长度；λ 表示褶皱的波长。

将式 (11-2) 代入式 (11-1)，可推得

$$\sigma_\eta(\lambda)=\frac{D\pi^2}{t\lambda^2}+\left[\frac{D\pi^2+th^2\sigma_\xi}{th^4}\right]\lambda^2+\frac{2D\pi^2}{th^2} \tag{11-3}$$

对于稳定的褶皱构型，压应力 $\sigma_\eta(\lambda)$ 应取极小值。依据方程

$$\begin{cases}\dfrac{\mathrm{d}\sigma_\eta(\lambda)}{d\lambda}=0\\[2mm] \dfrac{\mathrm{d}^2\sigma_\eta(\lambda)}{d\lambda^2}>0\end{cases} \tag{11-4}$$

可推得褶皱波长 λ 的表达式为

$$\lambda=\left[\frac{D\pi^2h^4}{D\pi^2+th^2\sigma_\xi}\right]^{\frac{1}{4}} \tag{11-5}$$

可以看到，褶皱的波长与拉应力 σ_ξ 以及褶皱的长度 h 相关。

垂直于褶皱方向的应变可表示为

$$\varepsilon_\eta = \varepsilon_\eta^M + \varepsilon_\eta^G \tag{11-6}$$

其中，ε_η^M 表示由拉应力 σ_ξ 引起的应变项，其表达式为

$$\varepsilon_\eta^M = -\frac{\nu}{E_\mathrm{m}}\sigma_\xi \tag{11-7}$$

ε_η^G 表示由于褶皱变形引起的应变项，其表达式为

$$\varepsilon_\eta^G = -\frac{\pi^2 A^2}{4\lambda^2} \tag{11-8}$$

依据式 (11-6)，可推得褶皱面外变形幅值 A 的表达式为

$$A = \frac{2\lambda}{\pi}\sqrt{-\left(\varepsilon_\eta + \frac{\nu}{E_\mathrm{m}}\sigma_\xi\right)} \tag{11-9}$$

可以看到，利用以上解析方法来确定褶皱的面外构型时需要已知褶皱薄膜的应力分布等信息，这在实际应用时往往是难以做到的。因此，一般采用数值计算的方法来求得褶皱的面外变形信息。其具体做法是：利用壳单元来对薄膜结构进行模拟，然后采用后屈曲的分析方法计算薄膜的失稳构型。图 11-3 是利用 ABAQUS 基于稳定性理论计算薄膜结构褶皱的流程图，其中虚线方框中的部分表示对薄膜褶皱构型的分析。具体步骤如下所述。

步骤 1 给薄膜结构施加初始的预应力场 (*INITIAL CONDITIONS, STRESS)，并执行静态几何非线性分析步 (*STATIC) 以生成由预应力引起的切线刚度阵。

步骤 2 利用屈曲特征值分析步 (*BUCKLE, LANCZOS) 计算薄膜结构的屈曲模态。将结构的屈曲模态作为初始缺陷施加在结构的初始构型上 (*IMPERFECTION)。初始缺陷的表达式为

$$\Delta \boldsymbol{z} = \sum_i a_i \boldsymbol{\psi}_i \tag{11-10}$$

其中，$\Delta \boldsymbol{z}$ 表示结构的初始缺陷；$\boldsymbol{\psi}_i$ 表示选定的结构屈曲模态；a_i 表示对应的屈曲模态的幅值。

步骤 3 考虑结构的几何非线性进行后屈曲分析。由于褶皱薄膜的平衡路径包括许多不稳定的分支，每个分支对应由于形成额外褶皱而产生的局部跳变，所

以一般情况下褶皱的构型需要用弧长解法 (*RIKS) 来求解。这里，本书采用了一种利用动态过程来模拟静态解的方法对薄膜褶皱的稳定构型进行计算 (*STABILIZE)。

步骤 4 求得褶皱的稳定构型后，考虑褶皱的面外变形以及褶皱对结构应力场分布的影响，对褶皱薄膜结构进行模态分析 (*FREQUENCY, LANCZOS)。

步骤 5 采用动态分析步 (*DYNAMIC)，计算褶皱薄膜结构在不同的动态激励下的响应，分析褶皱对结构动力学特性的影响。

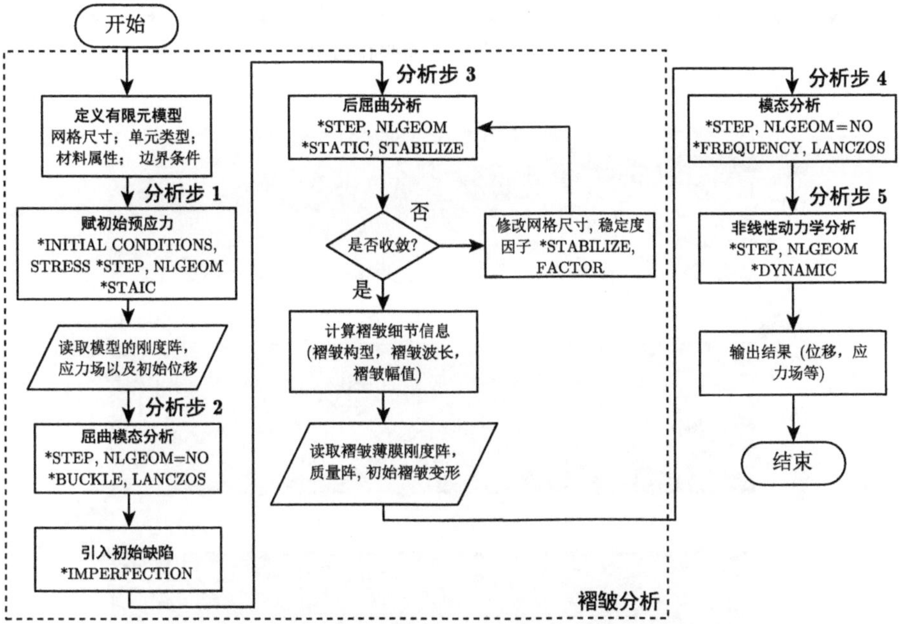

图 11-3 基于稳定性理论的薄膜结构褶皱数值计算流程图

11.5 数值仿真

11.5.1 薄膜天线褶皱分析

首先，采用 IMP 法，我们对薄膜天线结构的褶皱情况进行了分析。如图 11-4 所示，假定薄膜阵面横向的各个张拉点的张拉力都为 F_x，同时纵向的各个张拉点的张拉力都为 F_y。这里研究不同的横纵载荷比下薄膜阵面的褶皱情况。设定薄膜阵面所受的张拉力分别为 $F_x = 50\text{N}$，$F_y = 50\text{N}$(横纵载荷比 1∶1)；$F_x = 100\text{N}$，$F_y = 50\text{N}$(横纵载荷比 2∶1)；$F_x = 50\text{N}$，$F_y = 100\text{N}$(横纵载荷比 1∶2)。基于 IMP 法计算得到薄膜的褶皱情况如图 11-5 所示，其中红色区域代表褶皱。

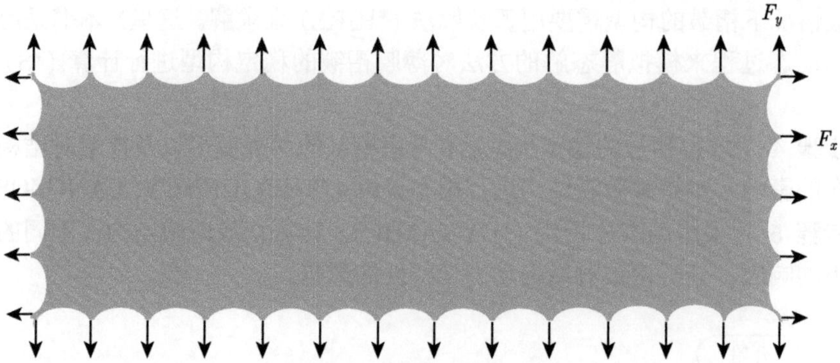

图 11-4　薄膜阵面张拉情况

图 11-5　不同横纵载荷比下薄膜阵面的褶皱情况

(a) 载荷比 1∶1；(b) 载荷比 2∶1；(c) 载荷比 1∶2

由图 11-5 可以看到，不同的横纵载荷比下薄膜阵面中的褶皱分布情况不同。当载荷比为 2∶1 和 1∶2 时，薄膜阵面上都会出现较大的褶皱区域，而在载荷比为 1∶1 的情况下，薄膜阵面上只会在张拉点附近出现少量的呈放射状的褶皱区。

在薄膜阵面褶皱分析的基础上，研究褶皱对结构动力学特性的影响。假定薄膜阵面处于自由状态，在 3 种载荷比下考虑和不考虑褶皱影响时薄膜阵面的固有频率如表 11-2 所示。由表 11-2 可以看出，当载荷比为 1∶1 时，由于此时褶皱区域很少，故褶皱对薄膜固有频率的影响很小；而当载荷比为 2∶1 和 1∶2 时，由于此时存在较大的褶皱区，故此时褶皱会对薄膜的固有频率产生一定的影响。此外还可以看到，在考虑褶皱时薄膜阵面的固有频率会高于不考虑褶皱的结果。其原因在于，在利用 IMP 法时褶皱状态薄膜单元中的压应力由于本构关系的调整被消除，所以薄膜整体的面外变形刚度会有所上升。在下文中，为了减少褶皱的影响，一律采用横纵载荷比为 1∶1 的载荷条件。

表 11-2 考虑和不考虑褶皱影响时薄膜阵面的固有频率 (单位：Hz)

	$F_x = 50\text{N}, F_y = 50\text{N}$		$F_x = 100\text{N}, F_y = 50\text{N}$		$F_x = 50\text{N}, F_y = 100\text{N}$	
	不考虑褶皱	考虑褶皱	不考虑褶皱	考虑褶皱	不考虑褶皱	考虑褶皱
一阶	0.241	0.241	0.339	0.352	0.241	0.252
二阶	0.481	0.481	0.685	0.701	0.481	0.496
三阶	0.720	0.721	0.837	0.863	0.722	0.744
四阶	0.826	0.827	0.936	0.962	0.962	0.989
五阶	0.889	0.891	1.020	1.053	1.151	1.186

11.5.2 对角张拉薄膜结构褶皱分析

对角张拉矩形薄膜是一种常见的薄膜结构形式，这里基于稳定性理论对图 11-6 所示的对角张拉矩形薄膜结构进行褶皱分析。薄膜结构的材料属性如表 11-3 所示。

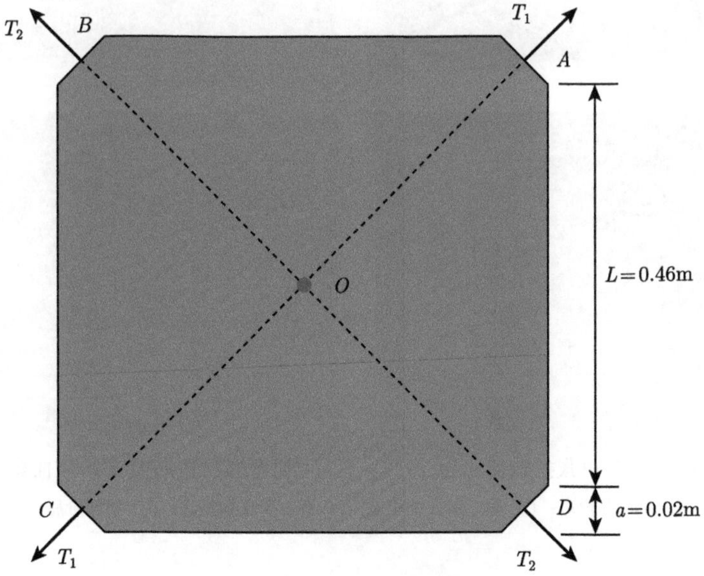

图 11-6 对角张拉矩形薄膜结构

表 11-3 对角张拉矩形薄膜结构的材料属性

材料属性	数值
厚度, t/mm	1
杨氏模量, E/GPa	6
泊松比, ν	0.3
密度, $\rho/(\mathrm{kg/m^3})$	1800

利用 11.4 节中的分析方法,分别在对角张拉载荷比为 $T_1/T_2 = 1/1$ 和 $T_1/T_2 = 3/1$ 时对薄膜结构进行褶皱分析。图 11-7 和图 11-8 展示的是对角张拉载荷比为 $T_1/T_2 = 1/1$ 和 $T_1/T_2 = 3/1$ 时薄膜结构的屈曲模态。可以看到，当对角张拉载荷比为 $T_1/T_2 = 1/1$ 时，张拉点附近会产生放射状的褶皱；当对角张拉载荷比为 $T_1/T_2 = 3/1$ 时，在两个具有较大张拉力的张拉点之间会产生明显的褶皱。

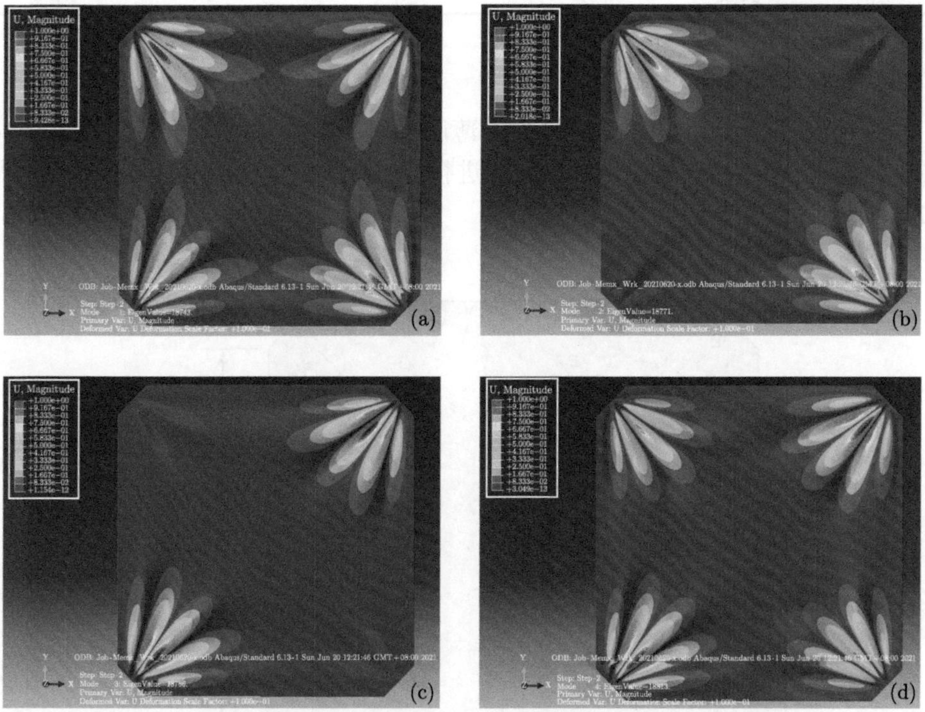

图 11-7 对角张拉载荷比为 $T_1/T_2 = 1/1$ 时薄膜结构的前 4 阶屈曲模态

(a) 第一阶屈曲模态；(b) 第二阶屈曲模态；(c) 第三阶屈曲模态；(d) 第四阶屈曲模态

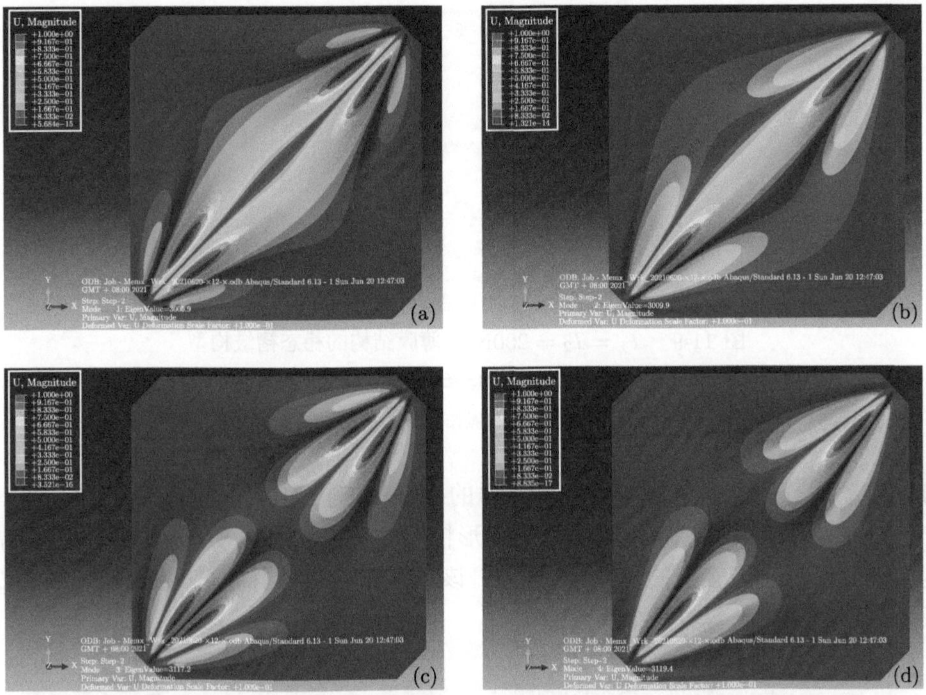

图 11-8 对角张拉载荷比为 $T_1/T_2 = 3/1$ 时薄膜结构的前 4 阶屈曲模态

(a) 第一阶屈曲模态；(b) 第二阶屈曲模态；(c) 第三阶屈曲模态；(d) 第四阶屈曲模态

将薄膜结构的前 4 阶屈曲模态作为初始缺陷引入结构的初始构型中，经过后屈曲分析计算可得到结构的稳态褶皱构型。图 11-9 为 $T_1 = T_2 = 200\text{N}$ 时薄膜结构的褶皱变形情况。图 11-9(a) 和 (b) 分别为设定初始缺陷的幅值为 0.1mm 和 0.5mm 时采用动态分析方法计算得到的褶皱结果。可以看到，初始缺陷幅值的大小不会影响褶皱的稳态构型。图 11-9(c) 为设定初始缺陷的幅值为 0.5mm 时利用弧长分析方法计算得到的褶皱结果。对比图 11-9(b) 和 (c) 可以看到，采用弧长分析

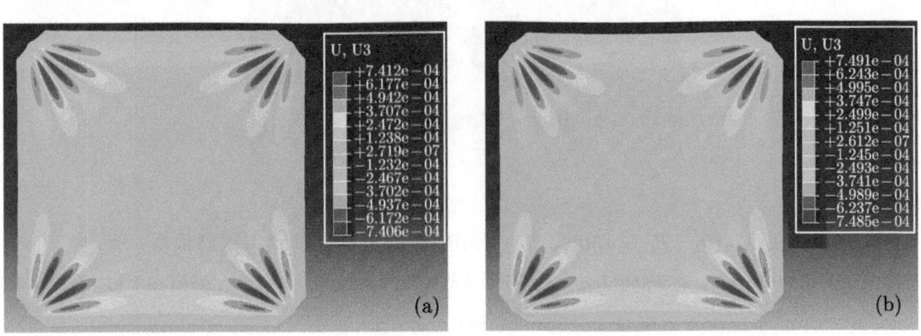

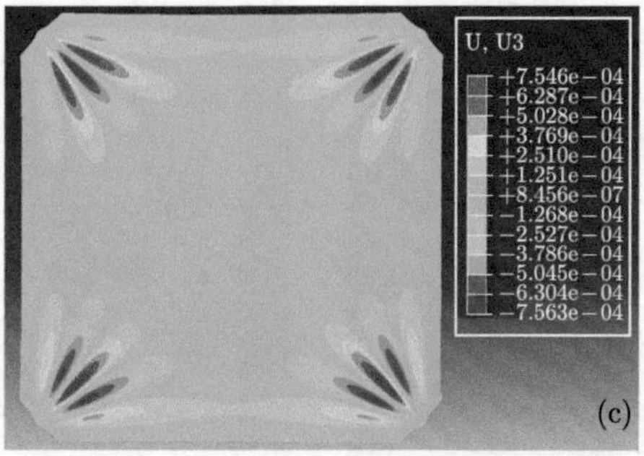

图 11-9　$T_1 = T_2 = 200$N 时薄膜结构的稳态褶皱构型

(a) 初始缺陷幅值为 0.1mm，动态分析方法；(b) 初始缺陷幅值为 0.5mm，动态分析方法；(c) 初始缺陷幅值为 0.5mm，弧长分析方法

方法和动态分析方法可以得到几乎一样的褶皱稳态构型。图 11-10 展示的 $T_1 = 150$N、$T_2 = 50$N 时薄膜结构的褶皱变形情况。可以看到，在这一载荷条件下结构会产生面外变形较大的“对角”褶皱，该“对角”褶皱同样对初始缺陷的幅值以及所采用的数值计算方法“不敏感”。

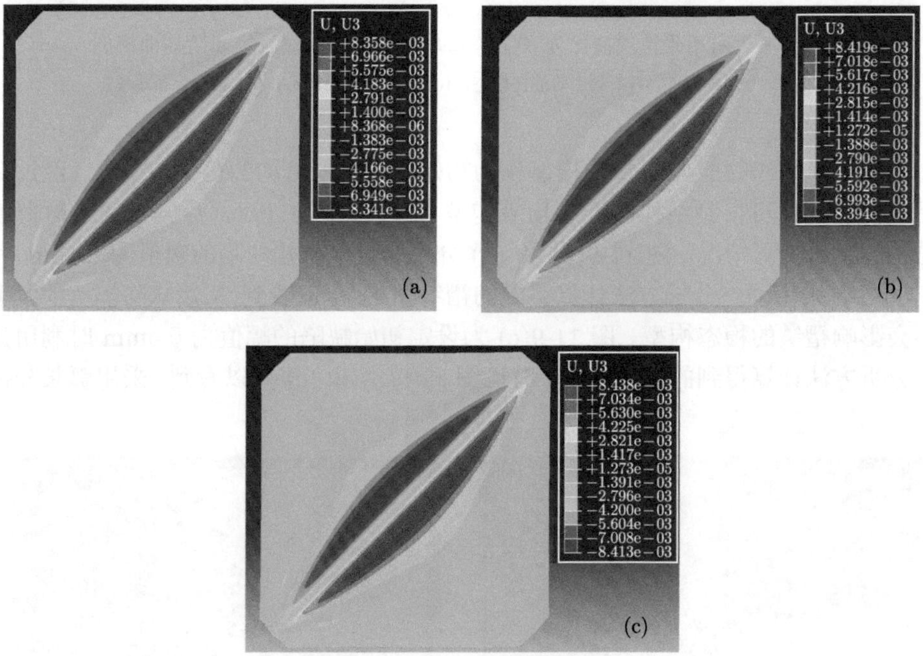

图 11-10　$T_1 = 150$N、$T_2 = 50$N 时薄膜结构的稳态褶皱构型

(a) 初始缺陷幅值为 0.1mm，动态分析方法；(b) 初始缺陷幅值为 0.5mm，动态分析方法；(c) 初始缺陷幅值为 0.5mm，弧长分析方法

在薄膜结构稳态褶皱构型的基础上，对褶皱薄膜结构的振动模态进行分析。图 11-11 是 $T_1 = T_2 = 200\text{N}$ 时褶皱薄膜结构的前 6 阶振动模态。为了比对，还计算了不考虑褶皱时的薄膜结构振动模态，如图 11-12 所示。此时，由于压应力的存在，结构会在局部产生“负刚度”，所以结构的低阶 (1~8 阶) 模态为噪声模态，如图 11-12(a) 所示。对比图 11-11 和图 11-12 可以看到，考虑褶皱的薄膜结构前 5 阶模态与不考虑褶皱的薄膜结构的 9~13 阶模态完全吻合。这说明，在该载荷条件下褶皱对结构动力学特性的影响很小。

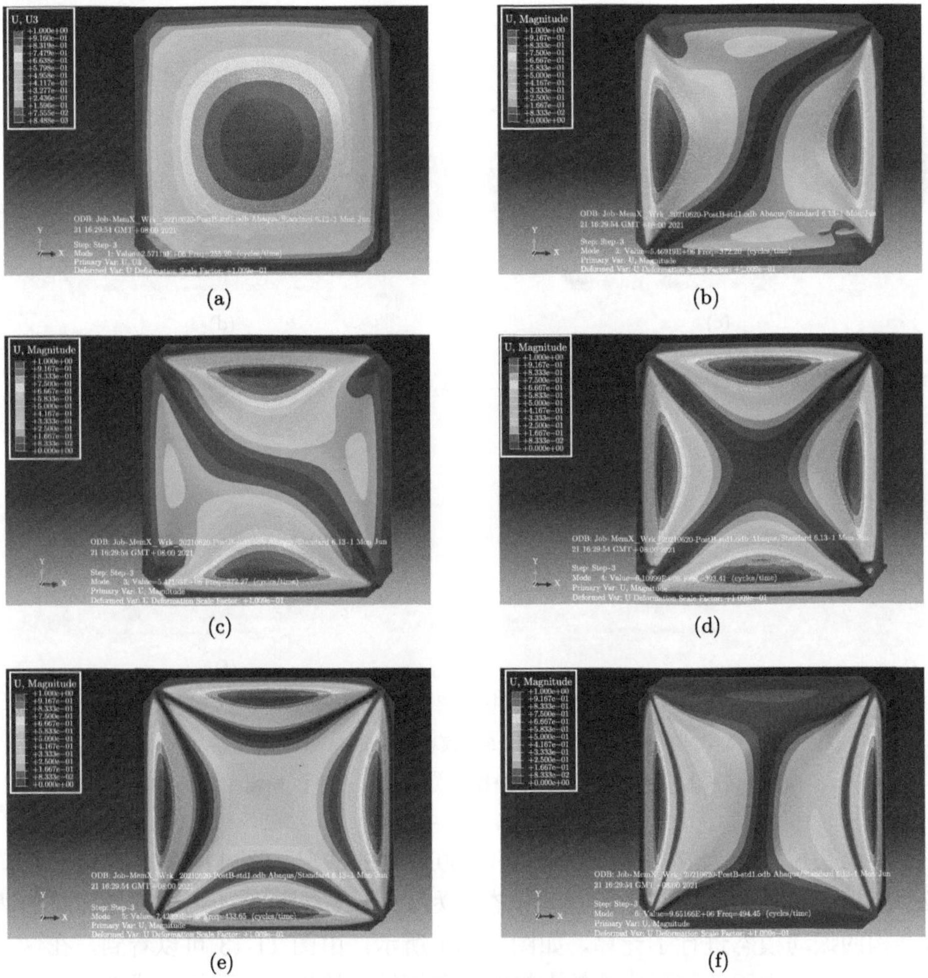

(a) (b) (c) (d) (e) (f)

图 11-11　$T_1 = T_2 = 200\text{N}$ 时褶皱薄膜结构的前 6 阶振动模态

(a) 1 阶模态，25.52Hz；(b) 2 阶模态，37.22Hz；(c) 3 阶模态，37.23Hz；(d) 4 阶模态，39.34Hz；(e) 5 阶模态，43.37Hz；(f) 6 阶模态，49.45Hz

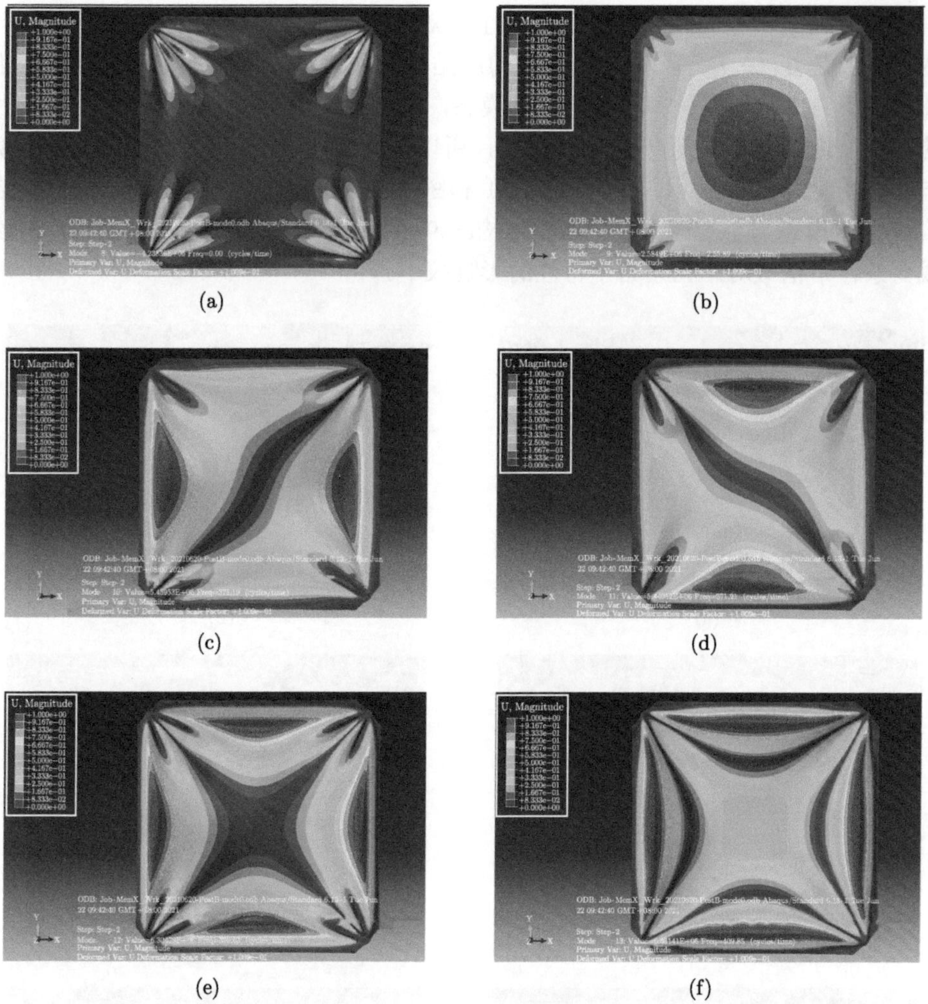

图 11-12　$T_1 = T_2 = 200\text{N}$ 时不考虑褶皱的薄膜结构的前 13 阶振动模态

(a) 1~8 阶模态 (噪声模态)，0Hz；(b) 9 阶模态，25.59Hz；(c) 10 阶模态，37.12Hz；(d) 11 阶模态，37.12Hz；(e) 12 阶模态，39.96Hz；(f) 13 阶模态，40.99Hz

考虑张拉载荷为 $T_1 = 150\text{N}$、$T_2 = 50\text{N}$ 时的情况，图 11-13 是在这一载荷条件下褶皱薄膜结构的前 6 阶振动模态。为了对比，同样对不考虑褶皱影响的薄膜结构的振动模态进行了计算，如图 11-14 所示。由图 11-13 可以看到，在这一载荷条件下，由于薄膜形成了较大幅的对角褶皱，结构的一阶振动模态由褶皱的构型主导。对比图 11-13 和图 11-14 可以看到，在这一载荷条件下，不考虑褶皱影响的模型得到的计算结果与考虑褶皱模型的计算结果相差甚远，这说明“对角”大幅褶皱对薄膜结构的动力学特性有着显著的影响。

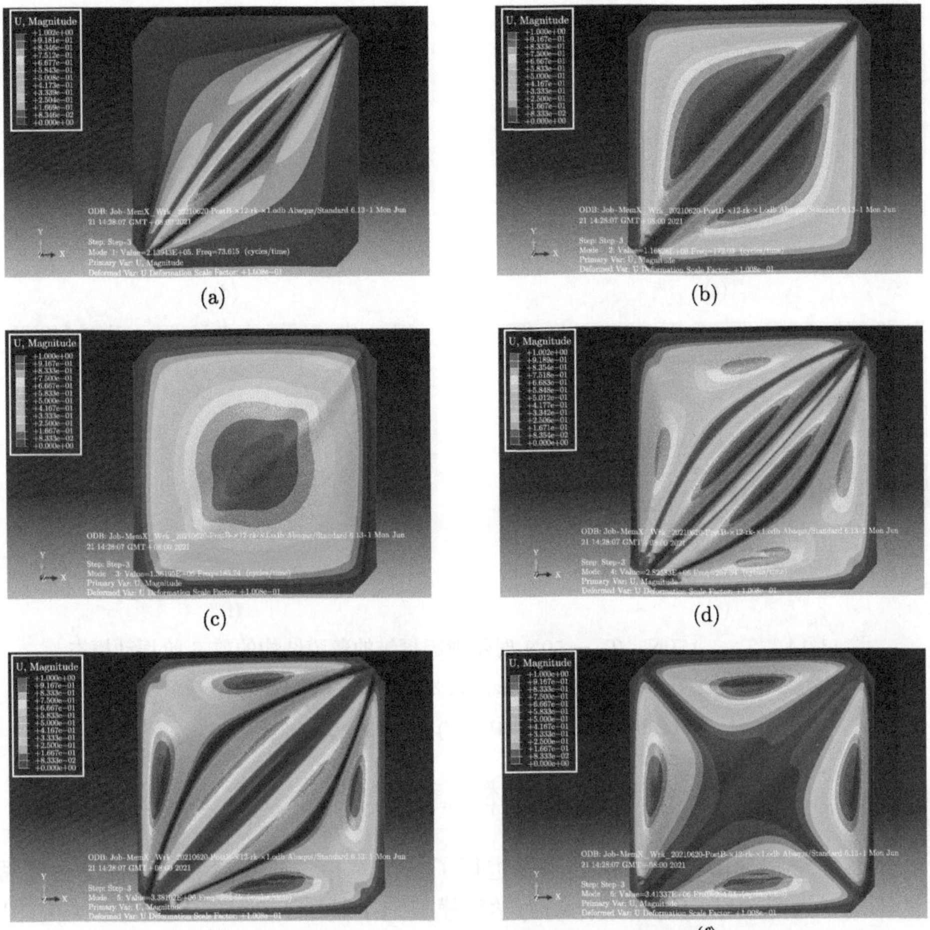

图 11-13 $T_1 = 150\text{N}$、$T_2 = 50\text{N}$ 时褶皱薄膜结构的前 6 阶振动模态

(a) 1 阶模态，7.36Hz；(b) 2 阶模态，17.2Hz；(c) 3 阶模态，18.57Hz；(d) 4 阶模态，26.75Hz；(e) 5 阶模态，29.27Hz；(f) 6 阶模态，29.4Hz

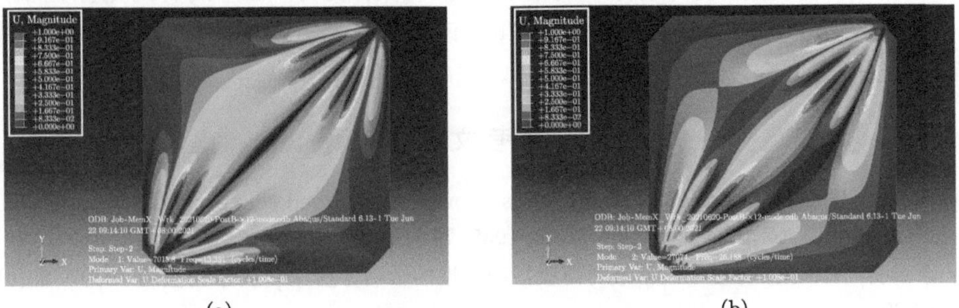

(a) (b)

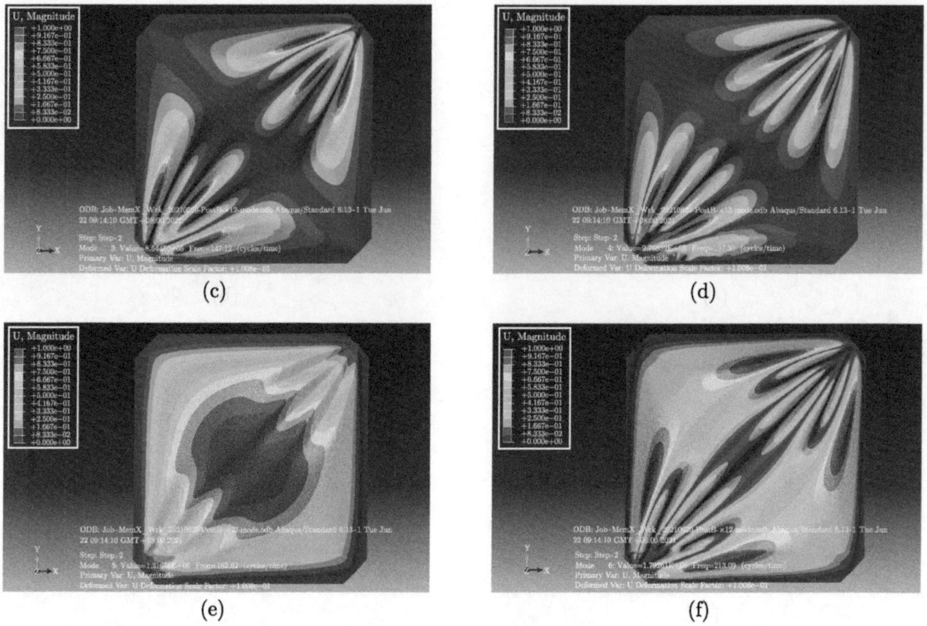

图 11-14　$T_1 = 150\text{N}$、$T_2 = 50\text{N}$ 时不考虑褶皱的薄膜结构的前 6 阶振动模态

(a) 1 阶模态，1.33Hz；(b) 2 阶模态，2.62Hz；(c) 3 阶模态，14.71Hz；(d) 4 阶模态，15.73Hz；(e) 5 阶模态，18.26Hz；(f) 6 阶模态，21.31Hz

11.6　本章小结

本章对空间薄膜结构的褶皱问题进行了分析，并研究了褶皱对结构动力学特性的影响，为薄膜结构的精细化动力学建模奠定了基础。对于空间薄膜天线结构，采用基于张力场理论的 IMP 法进行了褶皱分析，计算得到了不同载荷条件下薄膜阵面中褶皱的分布情况。结果表明，在横纵向载荷比为 1∶1 时薄膜阵面所产生的褶皱区域最少，褶皱对薄膜阵面模态的影响也最小，褶皱会使得结构的固有频率有所上升。对于对角张拉矩形薄膜结构，基于稳定性理论对其进行了褶皱分析，研究了不同对角张拉载荷条件下的褶皱形态。结果表明，在非对称对角张拉载荷下，薄膜结构会形成大幅的“对角”褶皱，该褶皱会显著改变结构的振动模态。本章的主要研究内容发表有文章 [13, 14]。

参 考 文 献

[1] Wagner H, Ballerstedt W. Tension fields in originally curved thin sheets during shearing stresses[J]. NACA Tech. Memoranda, 1935, 774: 1-12.

[2] 李云良, 王长国, 谭惠丰. 褶皱对薄膜振动特性的影响分析 [J]. 力学与实践, 2007, 29(6): 17-22.

[3] Adler A L. Finite Element Approaches for Static and Dynamic Analysis of Partially Wrinkled Membrane Structures[D]. Ph.D. Dissertation. Boulder: University of Colorado at Boulder, 2000.

[4] Hossain A, Jenkins C, Woo K, et al. Wrinkling and gravity effects on transverse vibration of membranes[C]//Proceedings of 46th AIAA/ASME/ASCE/AHS/ASC Structures, Structural Dynamics and Materials Conference, Austin, Texas, 2005.

[5] Ding H, Yang B, Lou M, et al. A two-viable parameter membrane model for wrinkling analysis of membrane structures[C]//Proceedings of 43rd AIAA/ASME/ASCE/AHS/ASC Structures, Structural Dynamics, and Materials Conference, Denver, Colorado, 2002.

[6] 杜星文, 王长国, 万志敏. 空间薄膜结构的褶皱研究进展 [J]. 力学进展, 2006, 36(2): 187-199.

[7] Wong W, Pellegrino S. Wrinkled membranes I: experiments[J]. Journal of Mechanics of Materials and Structures, 2006, 1(1): 3-25.

[8] Wong W, Pellegrino S. Wrinkled membranes II: analytical models[J]. Journal of Mechanics of Materials and Structures, 2006, 1(1): 27-61.

[9] Wong W, Pellegrino S. Wrinkled membranes III: numerical simulations[J]. Journal of Mechanics of Materials and Structures, 2006, 1(1): 63-95.

[10] 李云良. 空间薄膜褶皱及其动态特性研究 [D]. 哈尔滨工业大学博士学位论文, 2008.

[11] 姬鸣. 薄膜天线支撑杆展开机构的研制 [D]. 哈尔滨工业大学硕士学位论文, 2011.

[12] Miller R K, Hedgepeth J M, Weingarten V I, et al. Finite element analysis of partly wrinkled membranes[J]. Computers and Structures, 1985, 20(1-3): 631-639.

[13] 刘翔. 空间薄膜天线结构的动力学建模与振动主动控制研究 [D]. 上海交通大学博士学位论文, 2021.

[14] Liu X, Cai G P. Nonlinear dynamic analysis of wrinkled membrane structure[J]. Engineering Computation, 2022.

第 12 章　薄膜天线结构非线性动力学建模与振动控制

12.1　引　　言

空间薄膜天线结构具有大、轻、柔的显著特征，这使得结构的振动问题十分突出。对薄膜天线结构进行动力学建模与振动控制，是保证天线正常在轨运行的前提。目前，空间薄膜天线结构的动力学分析已得到了国内外学者的普遍关注，例如，Shen 等 [1] 研究了不同载荷条件下平面薄膜 SAR 天线的振动模态；Leipold 等 [2] 对一个由豆荚杆支撑的 SAR 薄膜天线进行了模态分析；Fang 等 [3] 对一个 10m 孔径的平面张拉式薄膜天线样机进行了动力学分析。然而，已有的研究工作都只研究了薄膜天线的线性振动问题，关于薄膜天线结构非线性动力学建模与振动控制的研究还鲜有报道。对于本书所研究的空间薄膜天线结构，由于其超大的尺寸，且其中薄膜部分柔性较高，结构很容易产生大幅度的振动，所以有必要考虑结构的非线性振动问题。此外，天线结构工作在无空气阻力的空间环境中，如不加以控制，则结构的大幅振动会持续较长的时间。这会对薄膜天线的工作性能产生严重的影响，甚至有可能对天线产生结构性的破坏。因此，考虑大幅振动建立薄膜天线结构的非线性动力学模型，并对其非线性振动进行有效的抑制，具有重要的理论意义与工程实用价值。

本章首先利用非线性有限元方法建立薄膜天线结构的非线性动力学模型，然后研究薄膜天线结构的非线性模型降阶问题，最后提出一种基于张拉索作动的非线性振动控制方法，并基于数值仿真对所研究的理论内容进行验证。

12.2　考虑大幅振动的结构动力学建模

12.2.1　薄膜阵面动力学模型

对于薄膜阵面，本书采用三角形薄膜单元对其进行离散处理。本书所构建的三角形薄膜单元如图 12-1 所示，每个节点具有三个自由度，即 x 方向位移 u_{m}、y 方向位移 v_{m} 和 z 方向位移 w_{m}。

根据冯卡门 (von Karman) 几何非线性假设 [4]，薄膜的面内应变可写为

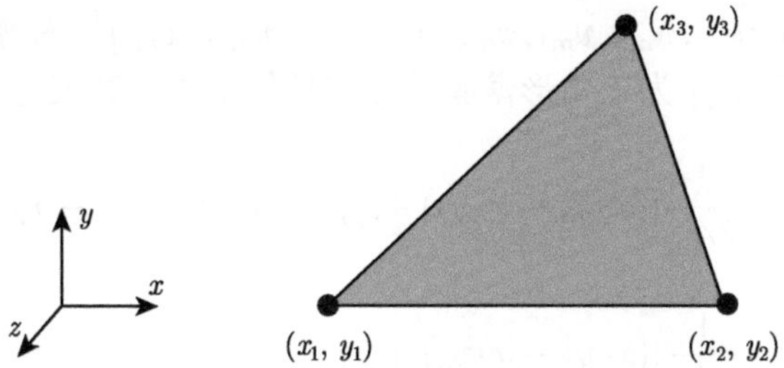

图 12-1 三角形薄膜单元

$$
\begin{cases}
\varepsilon_{\mathrm{m}}^{x} = \dfrac{\partial u_{\mathrm{m}}}{\partial x} + \dfrac{1}{2}\left(\dfrac{\partial w_{\mathrm{m}}}{\partial x}\right)^2 \\
\varepsilon_{\mathrm{m}}^{y} = \dfrac{\partial v_{\mathrm{m}}}{\partial y} + \dfrac{1}{2}\left(\dfrac{\partial w_{\mathrm{m}}}{\partial y}\right)^2 \\
\gamma_{\mathrm{m}}^{xy} = \dfrac{\partial u_{\mathrm{m}}}{\partial y} + \dfrac{\partial v_{\mathrm{m}}}{\partial x} + \dfrac{\partial w_{\mathrm{m}}}{\partial x}\dfrac{\partial w_{\mathrm{m}}}{\partial y}
\end{cases}
\tag{12-1}
$$

其中，$\varepsilon_{\mathrm{m}}^{x}$ 和 $\varepsilon_{\mathrm{m}}^{y}$ 分别表示薄膜中沿 x 和 y 方向的正应变；γ_{m}^{xy} 为薄膜中的切应变。

不考虑材料非线性的因素，对于均匀且各向同性的薄膜材料，其本构关系可写为

$$
\begin{cases}
\sigma_{\mathrm{m}}^{x} = \dfrac{E_{\mathrm{m}}}{1-\mu_{\mathrm{m}}^2}(\varepsilon_{\mathrm{m}}^{x} + \mu_{\mathrm{m}}\varepsilon_{\mathrm{m}}^{y}) \\
\sigma_{\mathrm{m}}^{y} = \dfrac{E_{\mathrm{m}}}{1-\mu_{\mathrm{m}}^2}(\varepsilon_{\mathrm{m}}^{y} + \mu_{\mathrm{m}}\varepsilon_{\mathrm{m}}^{x}) \\
\tau_{\mathrm{m}}^{xy} = \dfrac{E_{\mathrm{m}}}{2(1+\mu_{\mathrm{m}})}\gamma_{\mathrm{m}}^{xy}
\end{cases}
\tag{12-2}
$$

其中，σ_{m}^{x} 和 σ_{m}^{y} 为薄膜中沿 x 和 y 方向的正应力；τ_{m}^{xy} 为薄膜中的切应力；E_{m} 和 μ_{m} 为薄膜材料的杨氏模量和泊松比。

采用插值方法，薄膜中任一点的位移可表示为

$$
\begin{bmatrix} u_{\mathrm{m}} \\ v_{\mathrm{m}} \\ w_{\mathrm{m}} \end{bmatrix} = \begin{bmatrix} N_{\mathrm{m1}} & N_{\mathrm{m2}} & N_{\mathrm{m3}} & 0 & 0 & 0 & 0 & 0 & 0 \\ 0 & 0 & 0 & N_{\mathrm{m1}} & N_{\mathrm{m2}} & N_{\mathrm{m3}} & 0 & 0 & 0 \\ 0 & 0 & 0 & 0 & 0 & 0 & N_{\mathrm{m1}} & N_{\mathrm{m2}} & N_{\mathrm{m3}} \end{bmatrix} \boldsymbol{X}_{\mathrm{m}}^{e}
\tag{12-3}
$$

其中，$\boldsymbol{X}_{\mathrm{m}}^{e}=[u_{\mathrm{m}1},u_{\mathrm{m}2},u_{\mathrm{m}3},v_{\mathrm{m}1},v_{\mathrm{m}2},v_{\mathrm{m}3},w_{\mathrm{m}1},w_{\mathrm{m}2},w_{\mathrm{m}3}]^{\mathrm{T}}$ 为薄膜单元节点的位移；$N_{\mathrm{m}1}$、$N_{\mathrm{m}2}$ 和 $N_{\mathrm{m}3}$ 为三角形薄膜单元的插值函数，其表达式为

$$N_{\mathrm{m}1}(x,y)=\frac{1}{2A_{\mathrm{m}}^{e}}[(x_2y_3-x_3y_2)+(y_2-y_3)x+(x_3-x_2)y] \tag{12-4a}$$

$$N_{\mathrm{m}2}(x,y)=\frac{1}{2A_{\mathrm{m}}^{e}}[(x_3y_1-x_1y_3)+(y_3-y_1)x+(x_1-x_3)y] \tag{12-4b}$$

$$N_{\mathrm{m}3}(x,y)=\frac{1}{2A_{\mathrm{m}}^{e}}[(x_1y_2-x_2y_1)+(y_1-y_2)x+(x_2-x_1)y] \tag{12-4c}$$

这里，A_{m}^{e} 表示薄膜单元的面积。

设定 $\boldsymbol{N}_{\mathrm{m}}=[N_{\mathrm{m}1},N_{\mathrm{m}2},N_{\mathrm{m}3}]$，$\boldsymbol{B}_{\mathrm{m}}=\dfrac{\partial \boldsymbol{N}_{\mathrm{m}}}{\partial x}$，$\boldsymbol{C}_{\mathrm{m}}=\dfrac{\partial \boldsymbol{N}_{\mathrm{m}}}{\partial y}$，$\boldsymbol{u}_{\mathrm{m}}^{e}=\begin{bmatrix}u_{\mathrm{m}1}\\u_{\mathrm{m}2}\\u_{\mathrm{m}3}\end{bmatrix}$，$\boldsymbol{v}_{\mathrm{m}}^{e}=\begin{bmatrix}v_{\mathrm{m}1}\\v_{\mathrm{m}2}\\v_{\mathrm{m}3}\end{bmatrix}$ 和 $\boldsymbol{w}_{\mathrm{m}}^{e}=\begin{bmatrix}w_{\mathrm{m}1}\\w_{\mathrm{m}2}\\w_{\mathrm{m}3}\end{bmatrix}$，可得

$$\begin{aligned}\frac{\partial u_{\mathrm{m}}}{\partial x}&=\frac{\partial \boldsymbol{N}_{\mathrm{m}}}{\partial x}\boldsymbol{u}_{\mathrm{m}}^{e}=\boldsymbol{B}_{\mathrm{m}}\boldsymbol{u}_{\mathrm{m}}^{e}\\\frac{\partial u_{\mathrm{m}}}{\partial y}&=\frac{\partial \boldsymbol{N}_{\mathrm{m}}}{\partial y}\boldsymbol{u}_{\mathrm{m}}^{e}=\boldsymbol{C}_{\mathrm{m}}\boldsymbol{u}_{\mathrm{m}}^{e}\\\frac{\partial u_{\mathrm{m}}}{\partial t}&=\boldsymbol{N}_{\mathrm{m}}\dot{\boldsymbol{u}}_{\mathrm{m}}^{e}\end{aligned} \tag{12-5}$$

$$\begin{aligned}\frac{\partial v_{\mathrm{m}}}{\partial x}&=\frac{\partial \boldsymbol{N}_{\mathrm{m}}}{\partial x}\boldsymbol{v}_{\mathrm{m}}^{e}=\boldsymbol{B}_{\mathrm{m}}\boldsymbol{v}_{\mathrm{m}}^{e}\\\frac{\partial v_{\mathrm{m}}}{\partial y}&=\frac{\partial \boldsymbol{N}_{\mathrm{m}}}{\partial y}\boldsymbol{v}_{\mathrm{m}}^{e}=\boldsymbol{C}_{\mathrm{m}}\boldsymbol{v}_{\mathrm{m}}^{e}\\\frac{\partial v_{\mathrm{m}}}{\partial t}&=\boldsymbol{N}_{\mathrm{m}}\dot{\boldsymbol{v}}_{\mathrm{m}}^{e}\end{aligned} \tag{12-6}$$

$$\begin{aligned}\frac{\partial w_{\mathrm{m}}}{\partial x}&=\frac{\partial \boldsymbol{N}_{\mathrm{m}}}{\partial x}\boldsymbol{w}_{\mathrm{m}}^{e}=\boldsymbol{B}_{\mathrm{m}}\boldsymbol{w}_{\mathrm{m}}^{e}\\\frac{\partial w_{\mathrm{m}}}{\partial y}&=\frac{\partial \boldsymbol{N}_{\mathrm{m}}}{\partial y}\boldsymbol{w}_{\mathrm{m}}^{e}=\boldsymbol{C}_{\mathrm{m}}\boldsymbol{w}_{\mathrm{m}}^{e}\\\frac{\partial w_{\mathrm{m}}}{\partial t}&=\boldsymbol{N}_{\mathrm{m}}\dot{\boldsymbol{w}}_{\mathrm{m}}^{e}\end{aligned} \tag{12-7}$$

对于薄膜单元，其弹性势能可表示为

$$U_{\mathrm{m}}^{e}=\int\limits_{V_{\mathrm{m}}^{e}}(\sigma_{\mathrm{m}}^{x0}\varepsilon_{\mathrm{m}}^{x}+\sigma_{\mathrm{m}}^{y0}\varepsilon_{\mathrm{m}}^{y}+\tau_{\mathrm{m}}^{xy0}\gamma_{\mathrm{m}}^{xy})\mathrm{d}V+\int\limits_{V_{\mathrm{m}}^{e}}\frac{1}{2}(\sigma_{\mathrm{m}}^{x}\varepsilon_{\mathrm{m}}^{x}+\sigma_{\mathrm{m}}^{y}\varepsilon_{\mathrm{m}}^{y}+\tau_{\mathrm{m}}^{xy}\gamma_{\mathrm{m}}^{xy})\mathrm{d}V \tag{12-8}$$

其中，σ_{m}^{x0}、σ_{m}^{y0} 和 τ_{m}^{xy0} 表示薄膜单元中的预应力；V_{m}^{e} 为薄膜单元的体积。

将式 (12-1) 和式 (12-2) 代入式 (12-8)，可得

$$\begin{aligned}U_{\mathrm{m}}^{e}=&\int\limits_{V_{\mathrm{m}}^{e}}\left\{\sigma_{\mathrm{m}}^{x0}\left[\frac{\partial u_{\mathrm{m}}}{\partial x}+\frac{1}{2}\left(\frac{\partial w_{\mathrm{m}}}{\partial x}\right)^{2}\right]+\sigma_{\mathrm{m}}^{y0}\left[\frac{\partial v_{\mathrm{m}}}{\partial y}+\frac{1}{2}\left(\frac{\partial w_{\mathrm{m}}}{\partial y}\right)^{2}\right]\right.\\&\left.+\tau_{\mathrm{m}}^{xy0}\left[\frac{\partial u_{\mathrm{m}}}{\partial y}+\frac{\partial v_{\mathrm{m}}}{\partial x}+\frac{\partial w_{\mathrm{m}}}{\partial x}\frac{\partial w_{\mathrm{m}}}{\partial y}\right]\right\}\mathrm{d}V\\&+\frac{1}{2}\int\limits_{V_{\mathrm{m}}^{e}}\frac{E_{\mathrm{m}}}{1-\mu_{\mathrm{m}}^{2}}\left\{\left[\left(\frac{\partial u_{\mathrm{m}}}{\partial x}\right)^{2}+\frac{\partial u_{\mathrm{m}}}{\partial x}\left(\frac{\partial w_{\mathrm{m}}}{\partial x}\right)^{2}+\frac{1}{4}\left(\frac{\partial w_{\mathrm{m}}}{\partial x}\right)^{4}\right]\right.\\&\left.+\left[\left(\frac{\partial v_{\mathrm{m}}}{\partial y}\right)^{2}+\frac{\partial v_{\mathrm{m}}}{\partial y}\left(\frac{\partial w_{\mathrm{m}}}{\partial y}\right)^{2}+\frac{1}{4}\left(\frac{\partial w_{\mathrm{m}}}{\partial y}\right)^{4}\right]\right\}\mathrm{d}V\\&+\frac{1}{2}\int\limits_{V_{\mathrm{m}}^{e}}\frac{2E_{\mathrm{m}}\mu_{\mathrm{m}}}{1-\mu_{\mathrm{m}}^{2}}\left[\frac{\partial u_{\mathrm{m}}}{\partial x}\frac{\partial v_{\mathrm{m}}}{\partial y}+\frac{1}{2}\frac{\partial u_{\mathrm{m}}}{\partial x}\left(\frac{\partial w_{\mathrm{m}}}{\partial y}\right)^{2}+\frac{1}{2}\frac{\partial v_{\mathrm{m}}}{\partial y}\left(\frac{\partial w_{\mathrm{m}}}{\partial x}\right)^{2}\right.\\&\left.+\frac{1}{4}\left(\frac{\partial w_{\mathrm{m}}}{\partial x}\right)^{2}\left(\frac{\partial w_{\mathrm{m}}}{\partial y}\right)^{2}\right]\mathrm{d}V\\&+\frac{1}{2}\int\limits_{V_{\mathrm{m}}^{e}}\frac{E_{\mathrm{m}}}{2(1+\mu_{\mathrm{m}})}\left[\left(\frac{\partial u_{\mathrm{m}}}{\partial y}\right)^{2}+\left(\frac{\partial v_{\mathrm{m}}}{\partial x}\right)^{2}+\left(\frac{\partial w_{\mathrm{m}}}{\partial x}\right)^{2}\left(\frac{\partial w_{\mathrm{m}}}{\partial y}\right)^{2}\right.\\&\left.+2\frac{\partial u_{\mathrm{m}}}{\partial y}\frac{\partial v_{\mathrm{m}}}{\partial x}+2\frac{\partial u_{\mathrm{m}}}{\partial y}\frac{\partial w_{\mathrm{m}}}{\partial x}\frac{\partial w_{\mathrm{m}}}{\partial y}+2\frac{\partial v_{\mathrm{m}}}{\partial x}\frac{\partial w_{\mathrm{m}}}{\partial x}\frac{\partial w_{\mathrm{m}}}{\partial y}\right]\mathrm{d}V\end{aligned} \tag{12-9}$$

将式 (12-5) ~ 式 (12-7) 代入式 (12-9)，可得

$$U_{\mathrm{m}}^{e}=\int\limits_{V_{\mathrm{m}}^{e}}\left[\sigma_{\mathrm{m}}^{x0}\left(\boldsymbol{B}_{\mathrm{m}}\boldsymbol{u}_{\mathrm{m}}^{e}+\frac{1}{2}\boldsymbol{w}_{\mathrm{m}}^{e\mathrm{T}}\boldsymbol{B}_{\mathrm{m}}^{\mathrm{T}}\boldsymbol{B}_{\mathrm{m}}\boldsymbol{w}_{\mathrm{m}}^{e}\right)+\sigma_{\mathrm{m}}^{y0}\left(\boldsymbol{C}_{\mathrm{m}}\boldsymbol{v}_{\mathrm{m}}^{e}+\frac{1}{2}\boldsymbol{w}_{\mathrm{m}}^{e\mathrm{T}}\boldsymbol{C}_{\mathrm{m}}^{\mathrm{T}}\boldsymbol{C}_{\mathrm{m}}\boldsymbol{w}_{\mathrm{m}}^{e}\right)\right.$$

$$+\tau_{\mathrm{m}}^{xy0}(\boldsymbol{C}_{\mathrm{m}}\boldsymbol{u}_{\mathrm{m}}^{e}+\boldsymbol{B}_{\mathrm{m}}\boldsymbol{v}_{\mathrm{m}}^{e}+\boldsymbol{w}_{\mathrm{m}}^{e\mathrm{T}}\boldsymbol{B}_{\mathrm{m}}^{\mathrm{T}}\boldsymbol{C}_{\mathrm{m}}\boldsymbol{w}_{\mathrm{m}}^{e})\Bigg]\mathrm{d}V$$

$$+\int_{V_{\mathrm{m}}^{e}}\frac{E_{\mathrm{m}}}{2(1-\mu_{\mathrm{m}}^{2})}\Bigg[\boldsymbol{u}_{\mathrm{m}}^{e\mathrm{T}}\boldsymbol{B}_{\mathrm{m}}^{\mathrm{T}}\boldsymbol{B}_{\mathrm{m}}\boldsymbol{u}_{\mathrm{m}}^{e}+\boldsymbol{B}_{\mathrm{m}}\boldsymbol{u}_{\mathrm{m}}^{e}\boldsymbol{w}_{\mathrm{m}}^{e\mathrm{T}}\boldsymbol{B}_{\mathrm{m}}^{\mathrm{T}}\boldsymbol{B}_{\mathrm{m}}\boldsymbol{w}_{\mathrm{m}}^{e}$$

$$+\frac{1}{4}\boldsymbol{w}_{\mathrm{m}}^{e\mathrm{T}}\boldsymbol{B}_{\mathrm{m}}^{\mathrm{T}}\boldsymbol{B}_{\mathrm{m}}\boldsymbol{w}_{\mathrm{m}}^{e}\boldsymbol{w}_{\mathrm{m}}^{e\mathrm{T}}\boldsymbol{B}_{\mathrm{m}}^{\mathrm{T}}\boldsymbol{B}_{\mathrm{m}}\boldsymbol{w}_{\mathrm{m}}^{e}\Bigg]\mathrm{d}V$$

$$+\int_{V_{\mathrm{m}}^{e}}\frac{E_{\mathrm{m}}}{2(1-\mu_{\mathrm{m}}^{2})}\Bigg[\boldsymbol{v}_{\mathrm{m}}^{e\mathrm{T}}\boldsymbol{C}_{\mathrm{m}}^{\mathrm{T}}\boldsymbol{C}_{\mathrm{m}}\boldsymbol{v}_{\mathrm{m}}^{e}+\boldsymbol{C}_{\mathrm{m}}\boldsymbol{v}_{\mathrm{m}}^{e}\boldsymbol{w}_{\mathrm{m}}^{e\mathrm{T}}\boldsymbol{C}_{\mathrm{m}}^{\mathrm{T}}\boldsymbol{C}_{\mathrm{m}}\boldsymbol{w}_{\mathrm{m}}^{e}$$

$$+\frac{1}{4}\boldsymbol{w}_{\mathrm{m}}^{e\mathrm{T}}\boldsymbol{C}_{\mathrm{m}}^{\mathrm{T}}\boldsymbol{C}_{\mathrm{m}}\boldsymbol{w}_{\mathrm{m}}^{e}\boldsymbol{w}_{\mathrm{m}}^{e\mathrm{T}}\boldsymbol{C}_{\mathrm{m}}^{\mathrm{T}}\boldsymbol{C}_{\mathrm{m}}\boldsymbol{w}_{\mathrm{m}}^{e}\Bigg]\mathrm{d}V$$

$$+\int_{V_{\mathrm{m}}^{e}}\frac{E_{\mathrm{m}}\mu_{\mathrm{m}}}{(1-\mu_{\mathrm{m}}^{2})}\Bigg[\boldsymbol{u}_{\mathrm{m}}^{e\mathrm{T}}\boldsymbol{B}_{\mathrm{m}}^{\mathrm{T}}\boldsymbol{C}_{\mathrm{m}}\boldsymbol{v}_{\mathrm{m}}^{e}+\frac{1}{2}\boldsymbol{B}_{\mathrm{m}}\boldsymbol{u}_{\mathrm{m}}^{e}\boldsymbol{w}_{\mathrm{m}}^{e\mathrm{T}}\boldsymbol{C}_{\mathrm{m}}^{\mathrm{T}}\boldsymbol{C}_{\mathrm{m}}\boldsymbol{w}_{\mathrm{m}}^{e}+$$

$$\frac{1}{2}\boldsymbol{C}_{\mathrm{m}}\boldsymbol{v}_{\mathrm{m}}^{e}\boldsymbol{w}_{\mathrm{m}}^{e\mathrm{T}}\boldsymbol{B}_{\mathrm{m}}^{\mathrm{T}}\boldsymbol{B}_{\mathrm{m}}\boldsymbol{w}_{\mathrm{m}}^{e}+\frac{1}{4}\boldsymbol{w}_{\mathrm{m}}^{e\mathrm{T}}\boldsymbol{B}_{\mathrm{m}}^{\mathrm{T}}\boldsymbol{B}_{\mathrm{m}}\boldsymbol{w}_{\mathrm{m}}^{e}\boldsymbol{w}_{\mathrm{m}}^{e\mathrm{T}}\boldsymbol{C}_{\mathrm{m}}^{\mathrm{T}}\boldsymbol{C}_{\mathrm{m}}\boldsymbol{w}_{\mathrm{m}}^{e}\Bigg]\mathrm{d}V$$

$$+\int_{V_{\mathrm{m}}^{e}}\frac{E_{\mathrm{m}}}{4(1+\mu_{\mathrm{m}})}[\boldsymbol{u}_{\mathrm{m}}^{e\mathrm{T}}\boldsymbol{C}_{\mathrm{m}}^{\mathrm{T}}\boldsymbol{C}_{\mathrm{m}}\boldsymbol{u}_{\mathrm{m}}^{e}+\boldsymbol{v}_{\mathrm{m}}^{e\mathrm{T}}\boldsymbol{B}_{\mathrm{m}}^{\mathrm{T}}\boldsymbol{B}_{\mathrm{m}}\boldsymbol{v}_{\mathrm{m}}^{e}$$

$$+\boldsymbol{w}_{\mathrm{m}}^{e\mathrm{T}}\boldsymbol{B}_{\mathrm{m}}^{\mathrm{T}}\boldsymbol{B}_{\mathrm{m}}\boldsymbol{w}_{\mathrm{m}}^{e}\boldsymbol{w}_{\mathrm{m}}^{e\mathrm{T}}\boldsymbol{C}_{\mathrm{m}}^{\mathrm{T}}\boldsymbol{C}_{\mathrm{m}}\boldsymbol{w}_{\mathrm{m}}^{e}+2\boldsymbol{u}_{\mathrm{m}}^{e\mathrm{T}}\boldsymbol{C}_{\mathrm{m}}^{\mathrm{T}}\boldsymbol{B}_{\mathrm{m}}\boldsymbol{v}_{\mathrm{m}}^{e}$$

$$+2\boldsymbol{C}_{\mathrm{m}}\boldsymbol{u}_{\mathrm{m}}^{e}\boldsymbol{w}_{\mathrm{m}}^{e\mathrm{T}}\boldsymbol{B}_{\mathrm{m}}^{\mathrm{T}}\boldsymbol{C}_{\mathrm{m}}\boldsymbol{w}_{\mathrm{m}}^{e}+2\boldsymbol{B}_{\mathrm{m}}\boldsymbol{v}_{\mathrm{m}}^{e}\boldsymbol{w}_{\mathrm{m}}^{e\mathrm{T}}\boldsymbol{B}_{\mathrm{m}}^{\mathrm{T}}\boldsymbol{C}_{\mathrm{m}}\boldsymbol{w}_{\mathrm{m}}^{e}]\mathrm{d}V \tag{12-10}$$

薄膜单元的动能为

$$T_{\mathrm{m}}^{e}=\int_{V_{\mathrm{m}}^{e}}\frac{\rho_{\mathrm{m}}}{2}\left[\left(\frac{\partial u_{\mathrm{m}}}{\partial t}\right)^{2}+\left(\frac{\partial v_{\mathrm{m}}}{\partial t}\right)^{2}+\left(\frac{\partial w_{\mathrm{m}}}{\partial t}\right)^{2}\right]\mathrm{d}V \tag{12-11}$$

将式 (12-5) ~ 式 (12-7) 代入式 (12-11)，可得

$$T_{\mathrm{m}}^{e}=\int_{V_{\mathrm{m}}^{e}}\frac{\rho_{\mathrm{m}}}{2}[\dot{\boldsymbol{u}}_{\mathrm{m}}^{e\mathrm{T}}\boldsymbol{N}_{\mathrm{m}}^{\mathrm{T}}\boldsymbol{N}_{\mathrm{m}}\dot{\boldsymbol{u}}_{\mathrm{m}}^{e}+\dot{\boldsymbol{v}}_{\mathrm{m}}^{e\mathrm{T}}\boldsymbol{N}_{\mathrm{m}}^{\mathrm{T}}\boldsymbol{N}_{\mathrm{m}}\dot{\boldsymbol{v}}_{\mathrm{m}}^{e}+\dot{\boldsymbol{w}}_{\mathrm{m}}^{e\mathrm{T}}\boldsymbol{N}_{\mathrm{m}}^{\mathrm{T}}\boldsymbol{N}_{\mathrm{m}}\dot{\boldsymbol{w}}_{\mathrm{m}}^{e}]\mathrm{d}V \tag{12-12}$$

根据式 (12-10) 和式 (12-12)，利用第二类拉格朗日方程可得到薄膜单元的非线性动力学模型如下：

$$\boldsymbol{M}_{\mathrm{m}}^{e}\ddot{\boldsymbol{X}}_{\mathrm{m}}^{e}+\boldsymbol{K}_{\mathrm{mL}}^{e}\boldsymbol{X}_{\mathrm{m}}^{e}+\boldsymbol{K}_{\mathrm{mNL}}^{e}(\boldsymbol{X}_{\mathrm{m}}^{e})=\boldsymbol{F}_{\mathrm{m}}^{e} \tag{12-13}$$

其中，$\boldsymbol{M}_{\mathrm{m}}^{e}$ 为单元质量阵，表达式为

$$\boldsymbol{M}_{\mathrm{m}}^{e}=\begin{bmatrix}\boldsymbol{M}_{\mathrm{m\_}x}^{e} & \mathbf{0} & \mathbf{0}\\ \mathbf{0} & \boldsymbol{M}_{\mathrm{m\_}y}^{e} & \mathbf{0}\\ \mathbf{0} & \mathbf{0} & \boldsymbol{M}_{\mathrm{m\_}z}^{e}\end{bmatrix} \tag{12-14}$$

$$\boldsymbol{M}_{\mathrm{m\_}x}^{e}=\boldsymbol{M}_{\mathrm{m\_}y}^{e}=\boldsymbol{M}_{\mathrm{m\_}z}^{e}=\int\limits_{V_{\mathrm{m}}^{e}}\rho_{\mathrm{m}}\boldsymbol{N}_{\mathrm{m}}^{\mathrm{T}}\boldsymbol{N}_{\mathrm{m}}\mathrm{d}V$$

$\boldsymbol{K}_{\mathrm{mL}}^{e}$ 为线性刚度阵，表达式为

$$\boldsymbol{K}_{\mathrm{mL}}^{e}=$$
$$\begin{bmatrix}
\int\limits_{V_{\mathrm{m}}^{e}}\left[\frac{E_{\mathrm{m}}h_{\mathrm{m}}}{(1-\mu_{\mathrm{m}}^{2})}\boldsymbol{B}_{\mathrm{m}}^{\mathrm{T}}\boldsymbol{B}_{\mathrm{m}}+\frac{E_{\mathrm{m}}h_{\mathrm{m}}}{2(1+\mu_{\mathrm{m}})}\boldsymbol{C}_{\mathrm{m}}^{\mathrm{T}}\boldsymbol{C}_{\mathrm{m}}\right]\mathrm{d}V & \int\limits_{V_{\mathrm{m}}^{e}}\left[\frac{E_{\mathrm{m}}h_{\mathrm{m}}}{(1-\mu_{\mathrm{m}}^{2})}\boldsymbol{B}_{\mathrm{m}}^{\mathrm{T}}\boldsymbol{C}_{\mathrm{m}}+\frac{E_{\mathrm{m}}h_{\mathrm{m}}}{2(1+\mu_{\mathrm{m}})}\boldsymbol{C}_{\mathrm{m}}^{\mathrm{T}}\boldsymbol{B}_{\mathrm{m}}\right]\mathrm{d}V & \mathbf{0}\\
\int\limits_{V_{\mathrm{m}}^{e}}\left[\frac{E_{\mathrm{m}}h_{\mathrm{m}}}{(1-\mu_{\mathrm{m}}^{2})}\boldsymbol{C}_{\mathrm{m}}^{\mathrm{T}}\boldsymbol{B}_{\mathrm{m}}+\frac{E_{\mathrm{m}}h_{\mathrm{m}}}{2(1+\mu_{\mathrm{m}})}\boldsymbol{B}_{\mathrm{m}}^{\mathrm{T}}\boldsymbol{C}_{\mathrm{m}}\right]\mathrm{d}V & \int\limits_{V_{\mathrm{m}}^{e}}\left[\frac{E_{\mathrm{m}}h_{\mathrm{m}}}{(1-\mu_{\mathrm{m}}^{2})}\boldsymbol{C}_{\mathrm{m}}^{\mathrm{T}}\boldsymbol{C}_{\mathrm{m}}+\frac{E_{\mathrm{m}}h_{\mathrm{m}}}{2(1+\mu_{\mathrm{m}})}\boldsymbol{B}_{\mathrm{m}}^{\mathrm{T}}\boldsymbol{B}_{\mathrm{m}}\right]\mathrm{d}V & \mathbf{0}\\
\mathbf{0} & \mathbf{0} & \int\limits_{V_{\mathrm{m}}^{e}}[\sigma_{\mathrm{m}}^{x0}\boldsymbol{B}_{\mathrm{m}}^{\mathrm{T}}\boldsymbol{B}_{\mathrm{m}}+\sigma_{\mathrm{m}}^{y0}\boldsymbol{C}_{\mathrm{m}}^{\mathrm{T}}\boldsymbol{C}_{\mathrm{m}}+\tau_{\mathrm{m}}^{xy0}\boldsymbol{B}_{\mathrm{m}}^{\mathrm{T}}\boldsymbol{C}_{\mathrm{m}}+\tau_{\mathrm{m}}^{xy0}\boldsymbol{C}_{\mathrm{m}}^{\mathrm{T}}\boldsymbol{B}_{\mathrm{m}}]\mathrm{d}V_{\mathrm{m}}
\end{bmatrix} \tag{12-15}$$

$\boldsymbol{K}_{\mathrm{mNL}}^{e}(\boldsymbol{X}_{\mathrm{m}}^{e})$ 为非线性弹性恢复力，表达式为

$$
\boldsymbol{K}_{\mathrm{mNL}}^{e}=\left[\begin{array}{l}
\displaystyle\int_{V_{\mathrm{m}}^{e}}\left[\frac{E_{\mathrm{m}}}{2(1-\mu_{\mathrm{m}}^{2})}\boldsymbol{w}_{\mathrm{m}}^{e\mathrm{T}}\boldsymbol{B}_{\mathrm{m}}^{\mathrm{T}}\boldsymbol{B}_{\mathrm{m}}\boldsymbol{w}_{\mathrm{m}}^{e}\boldsymbol{B}_{\mathrm{m}}+\frac{E_{\mathrm{m}}\mu_{\mathrm{m}}}{2(1-\mu_{\mathrm{m}}^{2})}\boldsymbol{w}_{\mathrm{m}}^{e\mathrm{T}}\boldsymbol{C}_{\mathrm{m}}^{\mathrm{T}}\boldsymbol{C}_{\mathrm{m}}\boldsymbol{w}_{\mathrm{m}}^{e}\boldsymbol{B}_{\mathrm{m}}\right.\\
\displaystyle\left.+\frac{E_{\mathrm{m}}}{2(1+\mu_{\mathrm{m}})}\boldsymbol{w}_{\mathrm{m}}^{e\mathrm{T}}\boldsymbol{B}_{\mathrm{m}}^{\mathrm{T}}\boldsymbol{C}_{\mathrm{m}}\boldsymbol{w}_{\mathrm{m}}^{e}\boldsymbol{C}_{\mathrm{m}}\right]\mathrm{d}V\\
\displaystyle\int_{V_{\mathrm{m}}^{e}}\left[\frac{E_{\mathrm{m}}}{2(1-\mu_{\mathrm{m}}^{2})}\boldsymbol{w}_{\mathrm{m}}^{e\mathrm{T}}\boldsymbol{C}_{\mathrm{m}}^{\mathrm{T}}\boldsymbol{C}_{\mathrm{m}}\boldsymbol{w}_{\mathrm{m}}^{e}\boldsymbol{C}_{\mathrm{m}}+\frac{E_{\mathrm{m}}\mu_{\mathrm{m}}}{2(1-\mu_{\mathrm{m}}^{2})}\boldsymbol{w}_{\mathrm{m}}^{e\mathrm{T}}\boldsymbol{B}_{\mathrm{m}}^{\mathrm{T}}\boldsymbol{B}_{\mathrm{m}}\boldsymbol{w}_{\mathrm{m}}^{e}\boldsymbol{C}_{\mathrm{m}}\right.\\
\displaystyle\left.+\frac{E_{\mathrm{m}}}{2(1+\mu_{\mathrm{m}})}\boldsymbol{w}_{\mathrm{m}}^{e\mathrm{T}}\boldsymbol{B}_{\mathrm{m}}^{\mathrm{T}}\boldsymbol{C}_{\mathrm{m}}\boldsymbol{w}_{\mathrm{m}}^{e}\boldsymbol{B}_{\mathrm{m}}\right]\mathrm{d}V\\
\displaystyle\int_{V_{\mathrm{m}}^{e}}\left\{\frac{E_{\mathrm{m}}}{2(1-\mu_{\mathrm{m}}^{2})}(\boldsymbol{B}_{\mathrm{m}}\boldsymbol{w}_{\mathrm{m}}^{e}\boldsymbol{w}_{\mathrm{m}}^{e\mathrm{T}}\boldsymbol{B}_{\mathrm{m}}^{\mathrm{T}}\boldsymbol{B}_{\mathrm{m}}\boldsymbol{w}_{\mathrm{m}}^{e}\boldsymbol{B}_{\mathrm{m}}+\boldsymbol{C}_{\mathrm{m}}\boldsymbol{w}_{\mathrm{m}}^{e}\boldsymbol{w}_{\mathrm{m}}^{e\mathrm{T}}\boldsymbol{C}_{\mathrm{m}}^{\mathrm{T}}\boldsymbol{C}_{\mathrm{m}}\boldsymbol{w}_{\mathrm{m}}^{e}\boldsymbol{C}_{\mathrm{m}})\right.\\
\displaystyle+\frac{E_{\mathrm{m}}\mu_{\mathrm{m}}}{(1-\mu_{\mathrm{m}}^{2})}\left(\boldsymbol{B}_{\mathrm{m}}\boldsymbol{u}_{\mathrm{m}}^{e}\boldsymbol{w}_{\mathrm{m}}^{e\mathrm{T}}\boldsymbol{C}_{\mathrm{m}}^{\mathrm{T}}\boldsymbol{C}_{\mathrm{m}}+\boldsymbol{C}_{\mathrm{m}}\boldsymbol{v}_{\mathrm{m}}^{e}\boldsymbol{w}_{\mathrm{m}}^{e\mathrm{T}}\boldsymbol{B}_{\mathrm{m}}^{\mathrm{T}}\boldsymbol{B}_{\mathrm{m}}\right.\\
\displaystyle\left.+\frac{1}{2}\boldsymbol{w}_{\mathrm{m}}^{e\mathrm{T}}\boldsymbol{B}_{\mathrm{m}}^{\mathrm{T}}\boldsymbol{B}_{\mathrm{m}}\boldsymbol{w}_{\mathrm{m}}^{e}\boldsymbol{w}_{\mathrm{m}}^{e\mathrm{T}}\boldsymbol{C}_{\mathrm{m}}^{\mathrm{T}}\boldsymbol{C}_{\mathrm{m}}+\frac{1}{2}\boldsymbol{w}_{\mathrm{m}}^{e\mathrm{T}}\boldsymbol{C}_{\mathrm{m}}^{\mathrm{T}}\boldsymbol{C}_{\mathrm{m}}\boldsymbol{w}_{\mathrm{m}}^{e}\boldsymbol{w}_{\mathrm{m}}^{e\mathrm{T}}\boldsymbol{B}_{\mathrm{m}}^{\mathrm{T}}\boldsymbol{B}_{\mathrm{m}}\right)\\
\displaystyle\frac{E_{\mathrm{m}}}{4(1+\mu_{\mathrm{m}})}[2\boldsymbol{C}_{\mathrm{m}}\boldsymbol{u}_{\mathrm{m}}^{e}(\boldsymbol{w}_{\mathrm{m}}^{e\mathrm{T}}\boldsymbol{B}_{\mathrm{m}}^{\mathrm{T}}\boldsymbol{C}_{\mathrm{m}}+\boldsymbol{w}_{\mathrm{m}}^{e\mathrm{T}}\boldsymbol{C}_{\mathrm{m}}^{\mathrm{T}}\boldsymbol{B}_{\mathrm{m}})+2\boldsymbol{B}_{\mathrm{m}}\boldsymbol{v}_{\mathrm{m}}^{e}(\boldsymbol{w}_{\mathrm{m}}^{e\mathrm{T}}\boldsymbol{B}_{\mathrm{m}}^{\mathrm{T}}\boldsymbol{C}_{\mathrm{m}}\\
+\boldsymbol{w}_{\mathrm{m}}^{e\mathrm{T}}\boldsymbol{C}_{\mathrm{m}}^{\mathrm{T}}\boldsymbol{B}_{\mathrm{m}})+2\boldsymbol{w}_{\mathrm{m}}^{e\mathrm{T}}\boldsymbol{B}_{\mathrm{m}}^{\mathrm{T}}\boldsymbol{B}_{\mathrm{m}}\boldsymbol{w}_{\mathrm{m}}^{e}\boldsymbol{w}_{\mathrm{m}}^{e\mathrm{T}}\boldsymbol{C}_{\mathrm{m}}^{\mathrm{T}}\boldsymbol{C}_{\mathrm{m}}\\
\left.+2\boldsymbol{w}_{\mathrm{m}}^{e\mathrm{T}}\boldsymbol{C}_{\mathrm{m}}^{\mathrm{T}}\boldsymbol{C}_{\mathrm{m}}\boldsymbol{w}_{\mathrm{m}}^{e}\boldsymbol{w}_{\mathrm{m}}^{e\mathrm{T}}\boldsymbol{B}_{\mathrm{m}}^{\mathrm{T}}\boldsymbol{B}_{\mathrm{m}}]\right\}\mathrm{d}V
\end{array}\right] \tag{12-16}
$$

$\boldsymbol{F}_{\mathrm{m}}^{e}$ 表示薄膜单元上所受到的外力。

12.2.2 支撑框架/张力撑杆动力学模型

采用如图 12-2 所示的 2 节点空间欧拉梁单元来对支撑框架和张力撑杆进行模拟。考虑大变形引起的几何非线性，梁单元中的正应变可写为

$$
\varepsilon_{\mathrm{b}}^{x}=\frac{\partial u_{\mathrm{b}}}{\partial x}+y\frac{\partial^{2}v_{\mathrm{b}}}{\partial x^{2}}+\frac{1}{2}\left(\frac{\partial v_{\mathrm{b}}}{\partial x}\right)^{2}+z\frac{\partial^{2}w_{\mathrm{b}}}{\partial x^{2}}+\frac{1}{2}\left(\frac{\partial w_{\mathrm{b}}}{\partial x}\right)^{2} \tag{12-17}
$$

其中，u_{b}、v_{b} 和 w_{b} 分别表示在局部坐标下沿 x、y 和 z 方向的位移。

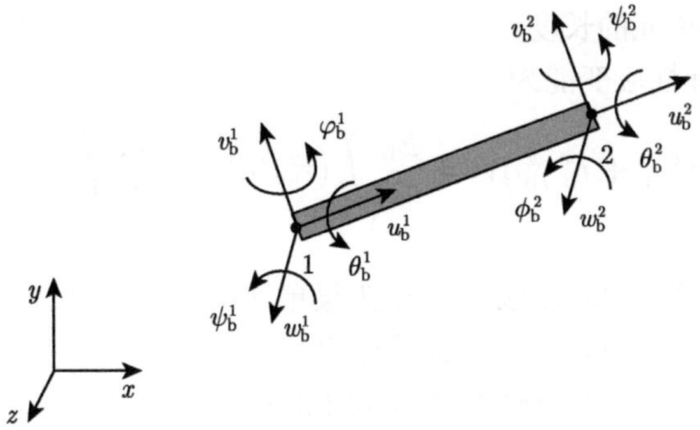

图 12-2 2 节点空间欧拉梁单元

梁单元中的切应变可写为

$$\gamma_{\mathrm{b}}^{x}=\rho\frac{\mathrm{d}\theta_{\mathrm{b}}}{\mathrm{d}x} \tag{12-18}$$

其中，θ_{b} 表示梁的扭转角；ρ 表示当前位置与梁截面中心的距离。

基于有限元法，梁单元中的任意位置的位移可通过节点的位移进行表示，具体如下：

$$\begin{bmatrix} u_{\mathrm{b}} \\ v_{\mathrm{b}} \\ w_{\mathrm{b}} \\ \theta_{\mathrm{b}} \end{bmatrix}=\begin{bmatrix} N_{\mathrm{b}}^1 & N_{\mathrm{b}}^3 & 0 & 0 & 0 & 0 & 0 & 0 & 0 & 0 & 0 & 0 \\ 0 & 0 & N_{\mathrm{b}}^1 & N_{\mathrm{b}}^2 & N_{\mathrm{b}}^3 & N_{\mathrm{b}}^4 & 0 & 0 & 0 & 0 & 0 & 0 \\ 0 & 0 & 0 & 0 & 0 & 0 & N_{\mathrm{b}}^1 & N_{\mathrm{b}}^2 & N_{\mathrm{b}}^3 & N_{\mathrm{b}}^4 & 0 & 0 \\ 0 & 0 & 0 & 0 & 0 & 0 & 0 & 0 & 0 & 0 & N_{\mathrm{b}}^1 & N_{\mathrm{b}}^3 \end{bmatrix}\boldsymbol{X}_{\mathrm{b}}^{e} \tag{12-19}$$

其中，$\boldsymbol{X}_{\mathrm{b}}^{e}=[u_{\mathrm{b}}^1,u_{\mathrm{b}}^2,v_{\mathrm{b}}^1,\phi_{\mathrm{b}}^1,v_{\mathrm{b}}^2,\phi_{\mathrm{b}}^2,w_{\mathrm{b}}^1,\psi_{\mathrm{b}}^1,w_{\mathrm{b}}^2,\psi_{\mathrm{b}}^2,\theta_{\mathrm{b}}^1,\theta_{\mathrm{b}}^2]^{\mathrm{T}}$ 表示梁单元节点的广义坐标；N_{b}^{i} 为选定的插值函数，i=1,2,3,4，表达式为

$$N_{\mathrm{b}}^{1}(x)=1-\frac{3x^2}{L_{\mathrm{b}}^{e2}}+\frac{2x^3}{L_{\mathrm{b}}^{e3}} \tag{12-20a}$$

$$N_{\mathrm{b}}^{2}(x)=x-\frac{2x^2}{L_{\mathrm{b}}^{e}}+\frac{x^3}{L_{\mathrm{b}}^{e2}} \tag{12-20b}$$

$$N_{\mathrm{b}}^{3}(x)=\frac{3x^2}{L_{\mathrm{b}}^{e2}}-\frac{2x^3}{L_{\mathrm{b}}^{e3}} \tag{12-20c}$$

$$N_{\mathrm{b}}^{4}=\frac{x^3}{L_{\mathrm{b}}^{e2}}-\frac{x^2}{L_{\mathrm{b}}^{e}} \tag{12-20d}$$

这里，L_{b}^{e} 表示梁单元的长度。

梁单元中的弹性应变能为

$$U_{\mathrm{b}}^{e}=\frac{1}{2}\int_{V_{\mathrm{b}}^{e}}\sigma_{\mathrm{b}}^{x}\varepsilon_{\mathrm{b}}^{x}+\tau_{\mathrm{b}}^{x}\gamma_{\mathrm{b}}^{x}\mathrm{d}V=\frac{E_{\mathrm{b}}}{2}\int_{V_{\mathrm{b}}^{e}}(\varepsilon_{\mathrm{b}}^{x})^{2}\mathrm{d}V+\frac{G_{\mathrm{b}}}{2}\int_{V_{\mathrm{b}}^{e}}(\gamma_{\mathrm{b}}^{x})^{2}\mathrm{d}V \tag{12-21}$$

其中，σ_{b}^{x} 表示梁单元中的正应力；τ_{b}^{x} 为梁单元中的切应力；E_{b} 和 G_{b} 分别表示杨氏模量和剪切模量；V_{b}^{e} 表示单元的体积。

将式 (12-17) 和式 (12-18) 代入式 (12-21)，可得

$$\begin{aligned}U_{\mathrm{b}}^{e}=&\frac{E_{\mathrm{b}}A_{\mathrm{b}}}{2}\int_{0}^{L_{\mathrm{b}}^{e}}\left(\frac{\partial u_{\mathrm{b}}}{\partial x}\right)^{2}\mathrm{d}x+\frac{E_{\mathrm{b}}I_{\mathrm{b}}^{y}}{2}\int_{0}^{L_{\mathrm{b}}^{e}}\left(\frac{\partial^{2}v_{\mathrm{b}}}{\partial x^{2}}\right)^{2}\mathrm{d}x+\frac{E_{\mathrm{b}}A_{\mathrm{b}}}{8}\int_{0}^{L_{\mathrm{b}}^{e}}(\frac{\partial v_{\mathrm{b}}}{\partial x})^{4}\mathrm{d}x\\&+\frac{E_{\mathrm{b}}I_{\mathrm{b}}^{z}}{2}\int_{0}^{L_{\mathrm{b}}^{e}}\left(\frac{\partial^{2}w_{\mathrm{b}}}{\partial x^{2}}\right)^{2}\mathrm{d}x+\frac{E_{\mathrm{b}}A_{\mathrm{b}}}{8}\int_{0}^{L_{\mathrm{b}}^{e}}\left(\frac{\partial w_{\mathrm{b}}}{\partial x}\right)^{4}\mathrm{d}x\\&+\frac{E_{\mathrm{b}}A_{\mathrm{b}}}{2}\int_{0}^{L_{\mathrm{b}}^{e}}\frac{\partial u_{\mathrm{b}}}{\partial x}\left(\frac{\partial v_{\mathrm{b}}}{\partial x}\right)^{2}\mathrm{d}x\\&+\frac{E_{\mathrm{b}}A_{\mathrm{b}}}{2}\int_{0}^{L_{\mathrm{b}}^{e}}\frac{\partial u_{\mathrm{b}}}{\partial x}\left(\frac{\partial w_{\mathrm{b}}}{\partial x}\right)^{2}\mathrm{d}x+\frac{E_{\mathrm{b}}A_{\mathrm{b}}}{4}\int_{0}^{L_{\mathrm{b}}^{e}}\left(\frac{\partial v_{\mathrm{b}}}{\partial x}\right)^{2}\left(\frac{\partial w_{\mathrm{b}}}{\partial x}\right)^{2}\mathrm{d}x\\&+\frac{G_{\mathrm{b}}I_{\mathrm{b}}^{p}}{2}\int_{0}^{L_{\mathrm{b}}^{e}}\left(\frac{\mathrm{d}\theta_{\mathrm{b}}}{\mathrm{d}x}\right)^{2}\mathrm{d}x\end{aligned} \tag{12-22}$$

其中，A_{b} 表示梁单元的横截面积；I_{b}^{y} 和 I_{b}^{z} 表示 y 和 z 方向的惯性矩；I_{b}^{p} 为极惯性矩。

将式 (12-19) 代入式 (12-22)，利用最小势能原理，可以推得梁单元的非线性刚度项，具体如下：

$$\boldsymbol{K}_{\mathrm{bNL}}^{e}(\boldsymbol{X}_{\mathrm{b}}^{e})=[\boldsymbol{K}_{\mathrm{bNL}}^{eu\mathrm{T}},\boldsymbol{K}_{\mathrm{bNL}}^{ev\mathrm{T}},\boldsymbol{K}_{\mathrm{bNL}}^{ew\mathrm{T}},\boldsymbol{K}_{\mathrm{bNL}}^{e\theta\mathrm{T}}]^{\mathrm{T}} \tag{12-23}$$

其中，

$$\begin{aligned}\boldsymbol{K}_{\mathrm{bNL}}^{eu}=\frac{E_{\mathrm{b}}A_{\mathrm{b}}}{2}\Bigg[&\int_{0}^{L_{\mathrm{b}}^{e}}\left[\left(\frac{\mathrm{d}v_{\mathrm{b}}}{\mathrm{d}x}\right)^{2}+\left(\frac{\mathrm{d}w_{\mathrm{b}}}{\mathrm{d}x}\right)^{2}\right]\frac{\mathrm{d}N_{\mathrm{b}}^{1}}{\mathrm{d}x}\mathrm{d}x,\\&\int_{0}^{L_{\mathrm{b}}^{e}}\left[\left(\frac{\mathrm{d}v_{\mathrm{b}}}{\mathrm{d}x}\right)^{2}+\left(\frac{\mathrm{d}w_{\mathrm{b}}}{\mathrm{d}x}\right)^{2}\right]\frac{\mathrm{d}N_{\mathrm{b}}^{3}}{\mathrm{d}x}\mathrm{d}x\Bigg]^{\mathrm{T}}\end{aligned} \tag{12-24}$$

$$\boldsymbol{K}_{\mathrm{bNL}}^{ev}=\frac{E_{\mathrm{b}}A_{\mathrm{b}}}{2}\Bigg[\int_{0}^{L_{\mathrm{b}}^{e}}\left[\left(\frac{\mathrm{d}v_{\mathrm{b}}}{\mathrm{d}x}\right)^{3}+2\frac{\mathrm{d}u_{\mathrm{b}}}{\mathrm{d}x}\frac{\mathrm{d}v_{\mathrm{b}}}{\mathrm{d}x}+\left(\frac{\mathrm{d}w_{\mathrm{b}}}{\mathrm{d}x}\right)^{2}\frac{\mathrm{d}v_{\mathrm{b}}}{\mathrm{d}x}\right]\frac{\mathrm{d}N_{\mathrm{b}}^{1}}{\mathrm{d}x}\mathrm{d}x,$$

$$\int_0^{L_\mathrm{b}^e}\left[\left(\frac{\mathrm{d}v_\mathrm{b}}{\mathrm{d}x}\right)^3+2\frac{\mathrm{d}u_\mathrm{b}}{\mathrm{d}x}\frac{\mathrm{d}v_\mathrm{b}}{\mathrm{d}x}+\left(\frac{\mathrm{d}w_\mathrm{b}}{\mathrm{d}x}\right)^2\frac{\mathrm{d}v_\mathrm{b}}{\mathrm{d}x}\right]\frac{\mathrm{d}N_\mathrm{b}^2}{\mathrm{d}x}\mathrm{d}x,$$
$$\int_0^{L_\mathrm{b}^e}\left[\left(\frac{\mathrm{d}v_\mathrm{b}}{\mathrm{d}x}\right)^3+2\frac{\mathrm{d}u_\mathrm{b}}{\mathrm{d}x}\frac{\mathrm{d}v_\mathrm{b}}{\mathrm{d}x}+\left(\frac{\mathrm{d}w_\mathrm{b}}{\mathrm{d}x}\right)^2\frac{\mathrm{d}v_\mathrm{b}}{\mathrm{d}x}\right]\frac{\mathrm{d}N_\mathrm{b}^3}{\mathrm{d}x}\mathrm{d}x,$$
$$\left.\int_0^{L_\mathrm{b}^e}\left[\left(\frac{\mathrm{d}v_\mathrm{b}}{\mathrm{d}x}\right)^3+2\frac{\mathrm{d}u_\mathrm{b}}{\mathrm{d}x}\frac{\mathrm{d}v_\mathrm{b}}{\mathrm{d}x}+\left(\frac{\mathrm{d}w_\mathrm{b}}{\mathrm{d}x}\right)^2\frac{\mathrm{d}v_\mathrm{b}}{\mathrm{d}x}\right]\frac{\mathrm{d}N_\mathrm{b}^4}{\mathrm{d}x}\mathrm{d}x\right]^\mathrm{T} \tag{12-25}$$

$$\begin{aligned}\boldsymbol{K}_{\mathrm{bNL}}^{ew}=\frac{E_\mathrm{b}A_\mathrm{b}}{2}\Bigg[&\int_0^{L_\mathrm{b}^e}\left[\left(\frac{\mathrm{d}w_\mathrm{b}}{\mathrm{d}x}\right)^3+2\frac{\mathrm{d}u_\mathrm{b}}{\mathrm{d}x}\frac{\mathrm{d}w_\mathrm{b}}{\mathrm{d}x}+\left(\frac{\mathrm{d}v_\mathrm{b}}{\mathrm{d}x}\right)^2\frac{\mathrm{d}w_\mathrm{b}}{\mathrm{d}x}\right]\frac{\mathrm{d}N_\mathrm{b}^1}{\mathrm{d}x}\mathrm{d}x,\\
&\int_0^{L_\mathrm{b}^e}\left[\left(\frac{\mathrm{d}w_\mathrm{b}}{\mathrm{d}x}\right)^3+2\frac{\mathrm{d}u_\mathrm{b}}{\mathrm{d}x}\frac{\mathrm{d}w_\mathrm{b}}{\mathrm{d}x}+\left(\frac{\mathrm{d}v_\mathrm{b}}{\mathrm{d}x}\right)^2\frac{\mathrm{d}w_\mathrm{b}}{\mathrm{d}x}\right]\frac{\mathrm{d}N_\mathrm{b}^2}{\mathrm{d}x}\mathrm{d}x,\\
&\int_0^{L_\mathrm{b}^e}\left[\left(\frac{\mathrm{d}w_\mathrm{b}}{\mathrm{d}x}\right)^3+2\frac{\mathrm{d}u_\mathrm{b}}{\mathrm{d}x}\frac{\mathrm{d}w_\mathrm{b}}{\mathrm{d}x}+\left(\frac{\mathrm{d}v_\mathrm{b}}{\mathrm{d}x}\right)^2\frac{\mathrm{d}w_\mathrm{b}}{\mathrm{d}x}\right]\frac{\mathrm{d}N_\mathrm{b}^3}{\mathrm{d}x}\mathrm{d}x,\\
&\int_0^{L_\mathrm{b}^e}\left[\left(\frac{\mathrm{d}w_\mathrm{b}}{\mathrm{d}x}\right)^3+2\frac{\mathrm{d}u_\mathrm{b}}{\mathrm{d}x}\frac{\mathrm{d}w_\mathrm{b}}{\mathrm{d}x}+\left(\frac{\mathrm{d}v_\mathrm{b}}{\mathrm{d}x}\right)^2\frac{\mathrm{d}w_\mathrm{b}}{\mathrm{d}x}\right]\frac{\mathrm{d}N_\mathrm{b}^4}{\mathrm{d}x}\mathrm{d}x\Bigg]^\mathrm{T}\end{aligned} \tag{12-26}$$

$$\boldsymbol{K}_{\mathrm{bNL}}^{e\theta}=[0,0]^\mathrm{T} \tag{12-27}$$

于是，可以得到梁单元的非线性动力学模型为

$$\boldsymbol{M}_\mathrm{b}^e\ddot{\boldsymbol{X}}_\mathrm{b}^e+\boldsymbol{K}_{\mathrm{bL}}^e\boldsymbol{X}_\mathrm{b}^e+\boldsymbol{K}_{\mathrm{bNL}}^e\left(\boldsymbol{X}_\mathrm{b}^e\right)=\boldsymbol{F}_\mathrm{b}^e \tag{12-28}$$

其中，$\boldsymbol{F}_\mathrm{b}^e$ 表示梁单元上所受到的外力；$\boldsymbol{M}_\mathrm{b}^e$ 表示梁单元的质量阵，表达式为

$$\boldsymbol{M}_\mathrm{b}^e=\begin{bmatrix}\boldsymbol{M}_{\mathrm{b\_axial}}^e & \boldsymbol{0} & \boldsymbol{0} & \boldsymbol{0}\\ \boldsymbol{0} & \boldsymbol{M}_{\mathrm{b\_bendingxy}}^e & \boldsymbol{0} & \boldsymbol{0}\\ \boldsymbol{0} & \boldsymbol{0} & \boldsymbol{M}_{\mathrm{b\_bendingxz}}^e & \boldsymbol{0}\\ \boldsymbol{0} & \boldsymbol{0} & \boldsymbol{0} & \boldsymbol{M}_{\mathrm{b\_torsion}}^e\end{bmatrix} \tag{12-29}$$

$$\boldsymbol{M}_{\mathrm{b\_axial}}^e=\frac{\rho_\mathrm{b}A_\mathrm{b}L_\mathrm{b}^e}{6}\begin{bmatrix}2 & 1\\ 1 & 2\end{bmatrix} \tag{12-30}$$

$$\boldsymbol{M}_{\mathrm{b\_torsion}}^e=\frac{\rho_\mathrm{b}I_{\mathrm{b\_}p}L_\mathrm{b}^e}{6}\begin{bmatrix}2 & 1\\ 1 & 2\end{bmatrix} \tag{12-31}$$

$$\boldsymbol{M}_{\mathrm{b\_bendingxy}}^{e}=\boldsymbol{M}_{\mathrm{b\_bendingxz}}^{e}=\frac{\rho_{\mathrm{b}}A_{\mathrm{b}}L_{\mathrm{b}}^{e}}{420}\begin{bmatrix}156 & -22L_{\mathrm{b}}^{e} & 54 & 13L_{\mathrm{b}}^{e}\\ -22L_{\mathrm{b}}^{e} & 4L_{\mathrm{b}}^{e2} & -13L_{\mathrm{b}}^{e} & -3L_{\mathrm{b}}^{e2}\\ 54 & -13L_{\mathrm{b}}^{e} & 156 & 22L_{\mathrm{b}}^{e}\\ 13L_{\mathrm{b}}^{e} & -3L_{\mathrm{b}}^{e2} & 22L_{\mathrm{b}}^{e} & 4L_{\mathrm{b}}^{e2}\end{bmatrix} \tag{12-32}$$

这里，ρ_{b} 表示梁单元的密度。

式 (12-28) 中 $\boldsymbol{K}_{\mathrm{bL}}^{e}$ 为梁单元的线性刚度阵，表达式为

$$\boldsymbol{K}_{\mathrm{bL}}^{e}=\begin{bmatrix}\boldsymbol{K}_{\mathrm{b\_axial}}^{e} & \mathbf{0} & \mathbf{0} & \mathbf{0}\\ \mathbf{0} & \boldsymbol{K}_{\mathrm{b\_bendingxy}}^{e} & \mathbf{0} & \mathbf{0}\\ \mathbf{0} & \mathbf{0} & \boldsymbol{K}_{\mathrm{b\_bendingxz}}^{e} & \mathbf{0}\\ \mathbf{0} & \mathbf{0} & \mathbf{0} & \boldsymbol{K}_{\mathrm{b\_torsion}}^{e}\end{bmatrix} \tag{12-33}$$

$$\boldsymbol{K}_{\mathrm{b\_axial}}^{e}=\frac{E_{\mathrm{b}}A_{\mathrm{b}}}{L_{\mathrm{b}}^{e}}\begin{bmatrix}1 & -1\\ -1 & 1\end{bmatrix} \tag{12-34}$$

$$\boldsymbol{K}_{\mathrm{b\_torsion}}^{e}=\frac{I_{\mathrm{b\_p}}G_{\mathrm{b}}}{L_{\mathrm{b}}^{e}}\begin{bmatrix}1 & -1\\ -1 & 1\end{bmatrix} \tag{12-35}$$

$$\begin{aligned}\boldsymbol{K}_{\mathrm{b\_bendingxy}}^{e}=&\frac{E_{\mathrm{b}}I_{\mathrm{b\_}z}}{L_{\mathrm{b}}^{e3}}\begin{bmatrix}12 & -6L_{\mathrm{b}}^{e} & -12 & -6L_{\mathrm{b}}^{e}\\ -6L_{\mathrm{b}}^{e} & 4L_{\mathrm{b}}^{e2} & 6L_{\mathrm{b}}^{e} & 2L_{\mathrm{b}}^{e2}\\ -12 & 6L_{\mathrm{b}}^{e} & 12 & 6L_{\mathrm{b}}^{e}\\ -6L_{\mathrm{b}}^{e} & 2L_{\mathrm{b}}^{e2} & 6L_{\mathrm{b}}^{e} & 4L_{\mathrm{b}}^{e2}\end{bmatrix}\\ &+T_{\mathrm{b}}\int_{0}^{L_{\mathrm{b}}^{e}}\left(\frac{\mathrm{d}\boldsymbol{N}_{\mathrm{b}}}{\mathrm{d}x}\right)^{\mathrm{T}}\frac{\mathrm{d}\boldsymbol{N}_{\mathrm{b}}}{\mathrm{d}x}\mathrm{d}x\end{aligned} \tag{12-36}$$

$$\begin{aligned}\boldsymbol{K}_{\mathrm{b\_bendingxz}}^{e}=&\frac{E_{\mathrm{b}}I_{\mathrm{b\_}z}}{L_{\mathrm{b}}^{e3}}\begin{bmatrix}12 & -6L_{\mathrm{b}}^{e} & -12 & -6L_{\mathrm{b}}^{e}\\ -6L_{\mathrm{b}}^{e} & 4L_{\mathrm{b}}^{e2} & 6L_{\mathrm{b}}^{e} & 2L_{\mathrm{b}}^{e2}\\ -12 & 6L_{\mathrm{b}}^{e} & 12 & 6L_{\mathrm{b}}^{e}\\ -6L_{\mathrm{b}}^{e} & 2L_{\mathrm{b}}^{e2} & 6L_{\mathrm{b}}^{e} & 4L_{\mathrm{b}}^{e2}\end{bmatrix}\\ &+T_{\mathrm{b}}\int_{0}^{L_{\mathrm{b}}^{e}}\left(\frac{\mathrm{d}\boldsymbol{N}_{\mathrm{b}}}{\mathrm{d}x}\right)^{\mathrm{T}}\frac{\mathrm{d}\boldsymbol{N}_{\mathrm{b}}}{\mathrm{d}x}\mathrm{d}x\end{aligned} \tag{12-37}$$

$$\boldsymbol{N}_{\mathrm{b}}=[N_{\mathrm{b}}^{1},N_{\mathrm{b}}^{2},N_{\mathrm{b}}^{3},N_{\mathrm{b}}^{4}] \tag{12-38}$$

这里，T_{b} 表示梁单元中的预张力。

12.2.3 张拉索动力学模型

假定张拉索始终处于张紧状态，可以用如图 12-3 所示的带有预张力的直杆对其进行模拟。忽略张拉索的扭转运动，张拉索单元弹性势能 U_{c}^{e} 的表达式为

$$U_{\mathrm{c}}^{e}=T_{\mathrm{c}}\Delta l_{\mathrm{c}}^{e}+\frac{E_{\mathrm{c}}A_{\mathrm{c}}}{2l_{\mathrm{c}}^{e}}\Delta l_{\mathrm{c}}^{e2} \tag{12-39}$$

其中，T_{c} 是张拉索的预张力；E_{c} 为杨氏模量；A_{c} 是索的横截面积；l_{c}^{e} 是索的原长；$\Delta l_{\mathrm{c}}^{e}$ 是索的变形长度，可表示为

$$\Delta l_{\mathrm{c}}^{e}=\sqrt{(l_{\mathrm{c}}^{e}+\Delta u_{\mathrm{c}})^{2}+\Delta v_{\mathrm{c}}^{2}+\Delta w_{\mathrm{c}}^{2}}-l_{\mathrm{c}}^{e} \tag{12-40}$$

式中，$\Delta u_{\mathrm{c}}=u_{\mathrm{c}}^{2}-u_{\mathrm{c}}^{1}$ 是张拉索沿轴向的变形分量；$\Delta v_{\mathrm{c}}=v_{\mathrm{c}}^{2}-v_{\mathrm{c}}^{1}$ 和 $\Delta w_{\mathrm{c}}=w_{\mathrm{c}}^{2}-w_{\mathrm{c}}^{1}$ 是张拉索横向的变形分量。

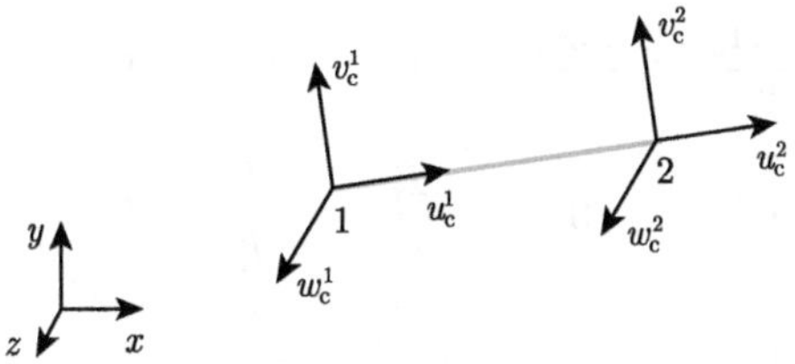

图 12-3 张拉索单元

对式 (12-40) 进行麦克劳林 (Maclaurin) 级数展开，保留至二阶小量，可得

$$\Delta l_{\mathrm{c}}^{e}\approx(u_{\mathrm{c}}^{2}-u_{\mathrm{c}}^{1})+\frac{(v_{\mathrm{c}}^{2}-v_{\mathrm{c}}^{1})^{2}}{2l_{\mathrm{c}}^{e}}+\frac{(w_{\mathrm{c}}^{2}-w_{\mathrm{c}}^{1})^{2}}{2l_{\mathrm{c}}^{e}} \tag{12-41}$$

将式 (12-41) 代入式 (12-39)，可得

$$\begin{aligned}U_{\mathrm{c}}^{e}=&T_{\mathrm{c}}\left[(u_{\mathrm{c}}^{2}-u_{\mathrm{c}}^{1})+\frac{(v_{\mathrm{c}}^{2}-v_{\mathrm{c}}^{1})^{2}}{2l_{\mathrm{c}}^{e}}+\frac{(w_{\mathrm{c}}^{2}-w_{\mathrm{c}}^{1})^{2}}{2l_{\mathrm{c}}^{e}}\right]\\&+\frac{E_{\mathrm{c}}A_{\mathrm{c}}}{2l_{\mathrm{c}}^{e}}\left[(u_{\mathrm{c}}^{2}-u_{\mathrm{c}}^{1})+\frac{(v_{\mathrm{c}}^{2}-v_{\mathrm{c}}^{1})^{2}}{2l_{\mathrm{c}}^{e}}+\frac{(w_{\mathrm{c}}^{2}-w_{\mathrm{c}}^{1})^{2}}{2l_{\mathrm{c}}^{e}}\right]^{2}\end{aligned} \tag{12-42}$$

根据式 (12-42) 并利用最小势能原理，可以推得张拉索单元的单元刚度阵。于是，可以得到索单元的非线性动力学模型为

$$\boldsymbol{M}_{\mathrm{c}}^{e}\ddot{\boldsymbol{X}}_{\mathrm{c}}^{e}+\boldsymbol{K}_{\mathrm{cL}}^{e}\boldsymbol{X}_{\mathrm{c}}^{e}+\boldsymbol{K}_{\mathrm{cNL}}^{e}(\boldsymbol{X}_{\mathrm{c}}^{e})=\boldsymbol{F}_{\mathrm{c}}^{e} \tag{12-43}$$

其中，$\boldsymbol{X}_{\mathrm{c}}^{e}=[u_{\mathrm{c}1},u_{\mathrm{c}2},v_{\mathrm{c}1},v_{\mathrm{c}2},w_{\mathrm{c}1},w_{\mathrm{c}2}]^{\mathrm{T}}$ 为张拉索单元的广义坐标；$\boldsymbol{F}_{\mathrm{c}}^{e}$ 表示索单元上所受到的外力；$\boldsymbol{M}_{\mathrm{c}}^{e}$ 表示索单元的质量阵，表达式为

$$\boldsymbol{M}_{\mathrm{c}}^{e}=\frac{\rho_{\mathrm{c}}A_{\mathrm{c}}l_{\mathrm{c}}^{e}}{6}\begin{bmatrix}2&1&0&0&0&0\\1&2&0&0&0&0\\0&0&2&1&0&0\\0&0&1&2&0&0\\0&0&0&0&2&1\\0&0&0&0&1&2\end{bmatrix}\tag{12-44}$$

这里，ρ_{c} 表示索单元的密度。

式 (12-43) 中 $\boldsymbol{K}_{\mathrm{cL}}^{e}$ 表达式为

$$\boldsymbol{K}_{\mathrm{cL}}^{e}=\begin{bmatrix}\dfrac{E_{\mathrm{c}}A_{\mathrm{c}}}{l_{\mathrm{c}}^{e}}&-\dfrac{E_{\mathrm{c}}A_{\mathrm{c}}}{l_{\mathrm{c}}^{e}}&0&0&0&0\\-\dfrac{E_{\mathrm{c}}A_{\mathrm{c}}}{l_{\mathrm{c}}^{e}}&\dfrac{E_{\mathrm{c}}A_{\mathrm{c}}}{l_{\mathrm{c}}^{e}}&0&0&0&0\\0&0&\dfrac{T_{\mathrm{c}}}{l_{\mathrm{c}}^{e}}&-\dfrac{T_{\mathrm{c}}}{l_{\mathrm{c}}^{e}}&0&0\\0&0&-\dfrac{T_{\mathrm{c}}}{l_{\mathrm{c}}^{e}}&\dfrac{T_{\mathrm{c}}}{l_{\mathrm{c}}^{e}}&0&0\\0&0&0&0&\dfrac{T_{\mathrm{c}}}{l_{\mathrm{c}}^{e}}&-\dfrac{T_{\mathrm{c}}}{l_{\mathrm{c}}^{e}}\\0&0&0&0&-\dfrac{T_{\mathrm{c}}}{l_{\mathrm{c}}^{e}}&\dfrac{T_{\mathrm{c}}}{l_{\mathrm{c}}^{e}}\end{bmatrix}\tag{12-45}$$

式 (12-43) 中 $\boldsymbol{K}_{\mathrm{cNL}}^{e}$ 表示索单元的非线性刚度项，表达式为

$$\boldsymbol{K}_{\mathrm{cNL}}^{e}=[\boldsymbol{K}_{\mathrm{cNL}}^{eu\mathrm{T}},\boldsymbol{K}_{\mathrm{cNL}}^{ev\mathrm{T}},\boldsymbol{K}_{\mathrm{cNL}}^{ew\mathrm{T}}]^{\mathrm{T}}\tag{12-46}$$

其中，

$$\boldsymbol{K}_{\mathrm{cNL}}^{eu}=\frac{E_{\mathrm{c}}A_{\mathrm{c}}}{2l_{\mathrm{c}}^{e2}}[(v_{\mathrm{c}}^{1}-v_{\mathrm{c}}^{2})^{2}+(w_{\mathrm{c}}^{1}-w_{\mathrm{c}}^{2})^{2},-(v_{\mathrm{c}}^{1}-v_{\mathrm{c}}^{2})^{2}-(w_{\mathrm{c}}^{1}-w_{\mathrm{c}}^{2})^{2}]^{\mathrm{T}}\tag{12-47}$$

$$\begin{aligned}\boldsymbol{K}_{\mathrm{cNL}}^{ev}=\frac{E_{\mathrm{c}}A_{\mathrm{c}}}{l_{\mathrm{c}}^{e2}}\Bigg[&\left((u_{\mathrm{c}}^{1}-u_{\mathrm{c}}^{2})+\frac{(v_{\mathrm{c}}^{1}-v_{\mathrm{c}}^{2})^{2}}{2l_{\mathrm{c}}^{e}}+\frac{(w_{\mathrm{c}}^{1}-w_{\mathrm{c}}^{2})^{2}}{2l_{\mathrm{c}}^{e}}\right)(v_{\mathrm{c}}^{1}-v_{\mathrm{c}}^{2}),\\&\left((u_{\mathrm{c}}^{1}-u_{\mathrm{c}}^{2})+\frac{(v_{\mathrm{c}}^{1}-v_{\mathrm{c}}^{2})^{2}}{2l_{\mathrm{c}}^{e}}+\frac{(w_{\mathrm{c}}^{1}-w_{\mathrm{c}}^{2})^{2}}{2l_{\mathrm{c}}^{e}}\right)(v_{\mathrm{c}}^{2}-v_{\mathrm{c}}^{1})\Bigg]^{\mathrm{T}}\end{aligned}\tag{12-48}$$

$$
\begin{aligned}
\boldsymbol{K}_{\mathrm{cNL}}^{ew} = \frac{E_{\mathrm{c}}A_{\mathrm{c}}}{l_{\mathrm{c}}^{e2}}\Bigg[&\left((u_{\mathrm{c}}^1 - u_{\mathrm{c}}^2) + \frac{(v_{\mathrm{c}}^1 - v_{\mathrm{c}}^2)^2}{2l_{\mathrm{c}}^e} + \frac{(w_{\mathrm{c}}^1 - w_{\mathrm{c}}^2)^2}{2l_{\mathrm{c}}^e}\right)(w_{\mathrm{c}}^1 - w_{\mathrm{c}}^2), \\
&\left((u_{\mathrm{c}}^1 - u_{\mathrm{c}}^2) + \frac{(v_{\mathrm{c}}^1 - v_{\mathrm{c}}^2)^2}{2l_{\mathrm{c}}^e} + \frac{(w_{\mathrm{c}}^1 - w_{\mathrm{c}}^2)^2}{2l_{\mathrm{c}}^e}\right)(w_{\mathrm{c}}^2 - w_{\mathrm{c}}^1)\Bigg]^{\mathrm{T}}
\end{aligned} \tag{12-49}
$$

12.2.4 薄膜天线结构整体动力学模型

依据上文所建立的薄膜天线结构各部件的非线性动力学模型，可以整合得到天线结构整体的非线性有限元模型为

$$
\boldsymbol{M}\ddot{\boldsymbol{X}} + \boldsymbol{C}\dot{\boldsymbol{X}} + \boldsymbol{K}_{\mathrm{L}}\boldsymbol{X} + \boldsymbol{K}_{\mathrm{NL}}(\boldsymbol{X}) = \boldsymbol{F} \tag{12-50}
$$

其中，$\boldsymbol{X}$ 表示系统的全局节点位移向量；$\boldsymbol{M}$ 为全局质量阵；$\boldsymbol{C}$ 为全局阻尼矩阵；$\boldsymbol{K}_{\mathrm{L}}$ 为全局线性刚度阵；$\boldsymbol{K}_{\mathrm{NL}}(\boldsymbol{X})$ 为全局非线性刚度项；$\boldsymbol{F}$ 表示系统所受到的外力。

对于式 (12-50) 所示的非线性动力学方程，本书采用纽马克 (Newmark) 法结合牛顿–拉弗森 (Newton-Raphson) 法对其进行数值求解，具体如下。

对式 (12-50) 在时间节点 $t+\Delta t$ 的第 k 个迭代步上进行一阶泰勒 (Taylor) 展开，可得

$$
\boldsymbol{M}\ddot{\boldsymbol{X}}_{t+\Delta t}^k + \boldsymbol{C}\dot{\boldsymbol{X}}_{t+\Delta t}^k + \boldsymbol{K}_{\mathrm{L}}\boldsymbol{X}_{t+\Delta t}^k + \boldsymbol{K}_{\mathrm{NL}}(\boldsymbol{X}_{t+\Delta t}^{k-1}) + \overline{\boldsymbol{K}}_{\mathrm{NL}}\Delta\boldsymbol{X}_{t+\Delta t}^k = \boldsymbol{F}_{t+\Delta t} \tag{12-51}
$$

其中，$\boldsymbol{X}_{t+\Delta t}^k$ 表示系统在时间节点 $t+\Delta t$ 的第 k 个迭代步上的位移；$\boldsymbol{F}_{t+\Delta t}$ 为系统在时间节点 $t+\Delta t$ 时所受的外力；$\overline{\boldsymbol{K}}_{\mathrm{NL}} = \dfrac{\partial \boldsymbol{K}_{\mathrm{NL}}(\boldsymbol{X})}{\partial \boldsymbol{X}}$ 表示系统的切线刚度阵；$\Delta\boldsymbol{X}_{t+\Delta t}^k$ 表示系统在时间节点 $t+\Delta t$ 的第 k 个迭代步上位移的增量。

依据纽马克法，有

$$
\left\{
\begin{aligned}
\boldsymbol{X}_{t+\Delta t} &= \boldsymbol{X}_t + \frac{\Delta t}{2}(\dot{\boldsymbol{X}}_t + \dot{\boldsymbol{X}}_{t+\Delta t}) \\
\dot{\boldsymbol{X}}_{t+\Delta t} &= \dot{\boldsymbol{X}}_t + \frac{\Delta t}{2}(\ddot{\boldsymbol{X}}_t + \ddot{\boldsymbol{X}}_{t+\Delta t})
\end{aligned}
\right. \tag{12-52}
$$

其中，Δt 为时间步长。

根据式 (12-52)，可得

$$
\dot{\boldsymbol{X}}_{t+\Delta t} = \frac{2}{\Delta t}(\boldsymbol{X}_{t+\Delta t} - \boldsymbol{X}_t) - \dot{\boldsymbol{X}}_t \tag{12-53a}
$$

$$
\ddot{\boldsymbol{X}}_{t+\Delta t} = \frac{4}{\Delta t^2}(\boldsymbol{X}_{t+\Delta t} - \boldsymbol{X}_t) - \frac{4}{\Delta t}\dot{\boldsymbol{X}}_t - \ddot{\boldsymbol{X}}_t \tag{12-53b}
$$

式 (12-53a) 和式 (12-53b) 可改写为

$$\dot{\boldsymbol{X}}_{t+\Delta t}^{k}=\frac{2}{\Delta t}(\boldsymbol{X}_{t+\Delta t}^{k-1}+\Delta\boldsymbol{X}_{t+\Delta t}^{k}-\boldsymbol{X}_{t})-\dot{\boldsymbol{X}}_{t} \tag{12-54a}$$

$$\ddot{\boldsymbol{X}}_{t+\Delta t}^{k}=\frac{4}{\Delta t^{2}}(\boldsymbol{X}_{t+\Delta t}^{k-1}+\Delta\boldsymbol{X}_{t+\Delta t}^{k}-\boldsymbol{X}_{t})-\frac{4}{\Delta t}\dot{\boldsymbol{X}}_{t}-\ddot{\boldsymbol{X}}_{t} \tag{12-54b}$$

将式 (12-54a) 和式 (12-54b) 代入式 (12-51)，可得

$$\begin{aligned}&\left(\overline{\boldsymbol{K}}_{\mathrm{NL}}+\frac{4}{\Delta t^{2}}\boldsymbol{M}+\frac{2}{\Delta t}\boldsymbol{C}+\boldsymbol{K}_{\mathrm{L}}\right)\Delta\boldsymbol{X}_{t+\Delta t}^{k}\\&=\boldsymbol{F}_{t+\Delta t}-\boldsymbol{K}_{\mathrm{L}}\boldsymbol{X}_{t+\Delta t}^{k-1}-\boldsymbol{K}_{\mathrm{NL}}(\boldsymbol{X}_{t+\Delta t}^{k-1})-\boldsymbol{C}\left[\frac{2}{\Delta t}(\boldsymbol{X}_{t+\Delta t}^{k-1}-\boldsymbol{X}_{t})-\dot{\boldsymbol{X}}_{t}\right]\\&\quad-\boldsymbol{M}\left[\frac{4}{\Delta t^{2}}(\boldsymbol{X}_{t+\Delta t}^{k-1}-\boldsymbol{X}_{t})-\frac{4}{\Delta t}\dot{\boldsymbol{X}}_{t}-\ddot{\boldsymbol{X}}_{t}\right]\end{aligned} \tag{12-55}$$

根据式 (12-55) 可以解得 $\Delta\boldsymbol{X}_{t+\Delta t}^{k}$，进而可得

$$\boldsymbol{X}_{t+\Delta t}^{k}=\boldsymbol{X}_{t+\Delta t}^{k-1}+\Delta\boldsymbol{X}_{t+\Delta t}^{k} \tag{12-56}$$

利用式 (12-55) 和式 (12-56) 就可以迭代计算得到时间点 $t+\Delta t$ 上结构的非线性动力学响应。本书设定收敛准则为

$$\mathrm{conv}=\frac{\left\|\Delta\boldsymbol{X}_{t+\Delta t}^{k}\right\|}{\left\|\boldsymbol{X}_{t+\Delta t}^{k-1}-\boldsymbol{X}_{t}\right\|}\leqslant\vartheta \tag{12-57}$$

其中，ϑ 为收敛系数，其值在本书中设定为 10^{-3}。

重复上述步骤，在纽马克法的基础上，就可以逐步计算得到结构在各个时间点上的非线性振动响应。

12.3 结构非线性动力学模型降阶

由于空间薄膜天线结构的构型复杂且尺寸巨大，结构动力学模型的自由度数很高，这会给结构的动力学响应的计算以及控制器的设计带来不便，因此对结构进行非线性动力学模型降阶的研究十分必要。模型降阶的主旨是在保证模型精度的基础上尽可能地降低模型的维度。利用模型降阶方法可以实现计算效率的极大提升。对于一般的线性模型的降阶，其技术已较为成熟，比较典型的方法有：Krylov 子空间投影法 [5]，本征正交分解法 (POD)[6] 以及平衡实现截断法 (BRT)[7]。对于非线性模型的降阶问题，近年来人们也进行了很多的探索。例如：Rewieński

和 White[8,9] 提出了一种基于轨迹分段线性近似的非线性动力学模型降阶方法；Lall 等 [10] 提出了一种经验平衡实现法用于非线性控制系统的模型降阶；Krysl 等 [11] 提出了一种一般化的结构动力学有限元模型的降阶方法；Chaturantabut 和 Sorensen[12] 提出了一种基于离散差值方法的非线性模型 POD 降阶方法；Dong 和 Roychowdhury[13] 提出了一种新的分段多项式拟合的非线性模型降阶方法。针对所研究的空间平面薄膜天线结构的非线性动力学模型，本书提出了一种基于模态坐标多项式拟合的模型降阶方法。

对于式 (12-50)，首先利用基于结构线性化模型计算得出的模态矩阵对其进行坐标转换处理。需要说明的是，对于非线性模型，这里说的模态矩阵已经不具备线性模型模态的正交特性。本书只是利用线性模型的模态矩阵作为一个转换的基底，将薄膜天线结构的非线性模型转换到低维空间。转换得到的低阶动力学模型如下：

$$\boldsymbol{\Phi}^{\mathrm{T}}\boldsymbol{M}\boldsymbol{\Phi}\ddot{\boldsymbol{\eta}}+\boldsymbol{\Phi}^{\mathrm{T}}\boldsymbol{C}\boldsymbol{\Phi}\dot{\boldsymbol{\eta}}+\boldsymbol{\Phi}^{\mathrm{T}}\boldsymbol{K}_{\mathrm{L}}\boldsymbol{\Phi}\boldsymbol{\eta}+\boldsymbol{F}_{\mathrm{NL}}(\boldsymbol{\eta})=\boldsymbol{\Phi}^{\mathrm{T}}\boldsymbol{F} \tag{12-58}$$

其中，$\boldsymbol{\Phi}$ 表示系统线性化模型的模态矩阵，这里采用结构的前 4 阶模态对系统进行降阶计算，$\boldsymbol{\Phi}=[\boldsymbol{\varphi}_1,\boldsymbol{\varphi}_2,\boldsymbol{\varphi}_3,\boldsymbol{\varphi}_4]$；$\boldsymbol{\eta}=[\eta_1,\eta_2,\eta_3,\eta_4]^{\mathrm{T}}$ 表示系统的模态坐标，$\boldsymbol{X}=\boldsymbol{\Phi}\boldsymbol{\eta}$；$\boldsymbol{f}_{\mathrm{NL}}=\boldsymbol{\Phi}^{\mathrm{T}}\boldsymbol{K}_{\mathrm{NL}}(\boldsymbol{\eta})$ 表示降阶模型的非线性力项。

对于式 (12-58)，由于非线性项 $\boldsymbol{f}_{\mathrm{NL}}=\boldsymbol{\Phi}^{\mathrm{T}}\boldsymbol{K}_{\mathrm{NL}}(\boldsymbol{\eta})$ 的存在，所以它并不是一个显示的表达式，利用其进行计算依然是十分费时的。这是因为，系统的非线性刚度项 $\boldsymbol{K}_{\mathrm{NL}}$ 是与系统状态相关的，在不同的计算步上 $\boldsymbol{K}_{\mathrm{NL}}$ 的值都是不同的，从而仍然需要在每个时刻上烦琐地计算降阶模型的非线性力项 $\boldsymbol{f}_{\mathrm{NL}}$。为了解决这一问题，本书采用多项式拟合的方式来模拟非线性力项 $\boldsymbol{f}_{\mathrm{NL}}$，进而得到 $\boldsymbol{f}_{\mathrm{NL}}$ 的近似显式表达式。基于上文中对薄膜天线结构非线性模型的建立过程可以知道，对于天线结构的各部件其非线性项的阶数都不会超过 3 阶。因此，这里采用关于结构模态坐标的三次多项式来对降阶非线性模型的非线性项进行拟合，其表达式为

$$\boldsymbol{f}_{\mathrm{NL}}\approx\mathbf{fit}(\boldsymbol{\eta})=\begin{bmatrix}\mathrm{fit}_1(\boldsymbol{\eta})\\\mathrm{fit}_2(\boldsymbol{\eta})\\\mathrm{fit}_3(\boldsymbol{\eta})\\\mathrm{fit}_4(\boldsymbol{\eta})\end{bmatrix} \tag{12-59}$$

$$\begin{aligned}\mathrm{fit}_i(\boldsymbol{\eta})=&\,a_i^1\eta_1^3+a_i^2\eta_2^3+a_i^3\eta_3^3+a_i^4\eta_4^3+a_i^5\eta_1^2\eta_2+a_i^6\eta_1^2\eta_3+a_i^7\eta_1^2\eta_4\\&+a_i^8\eta_2^2\eta_1+a_i^9\eta_2^2\eta_3+a_i^{10}\eta_2^2\eta_4+a_i^{11}\eta_3^2\eta_1+a_i^{12}\eta_3^2\eta_2+a_i^{13}\eta_3^2\eta_4\\&+a_i^{14}\eta_4^2\eta_1+a_i^{15}\eta_4^2\eta_2+a_i^{16}\eta_4^2\eta_3+a_i^{17}\eta_1\eta_2\eta_3+a_i^{18}\eta_1\eta_2\eta_4\\&+a_i^{19}\eta_1\eta_3\eta_4+a_i^{20}\eta_2\eta_3\eta_4\end{aligned} \tag{12-60}$$

其中，a_i^j 表示对应于第 i 个模态坐标的三次多项式的第 j 个待定系数，这里 i=1,2,3,4, $j=1,2,\cdots,20$。

利用结构的全阶非线性模型式 (12-50)，计算得到结构在不同载荷条件下的多组非线性动力学响应。利用这些动力学响应作为训练数据，采用多元拟合的方法可以计算得到待定的拟合多项式的各个系数。其具体过程如下。

利用模态转换矩阵 $\boldsymbol{\Phi}$，训练数据可以表示为

$$[\boldsymbol{X}_T(t_1),\boldsymbol{X}_T(t_2),\cdots,\boldsymbol{X}_T(t_p)]=\boldsymbol{\Phi}[\boldsymbol{\eta}_T^1,\boldsymbol{\eta}_T^2,\boldsymbol{\eta}_T^3,\boldsymbol{\eta}_T^4]^{\mathrm{T}} \tag{12-61}$$

其中，$\boldsymbol{X}_T(t_j)$ 表示 t_j 时刻系统位移的广义坐标 (各个网格节点的位移)，$j=1,2,\cdots,p$，这里 p 表示总时间步数；$\boldsymbol{\eta}_T^i=[\eta_T^i(t_1),\eta_T^i(t_2),\cdots,\eta_T^i(t_p)]^{\mathrm{T}}$ 表示系统的第 i 阶模态坐标，i=1,2,3,4。

根据式 (12-59) 和式 (12-60)，利用训练数据，可以得到系统的非线性力项 $\boldsymbol{f}_{\mathrm{NL}}$，其表达式为

$$\begin{bmatrix}\eta_T^1(t_1)^3 & \eta_T^2(t_1)^3 & \cdots & \eta_T^2(t_1)\eta_T^3(t_1)\eta_T^4(t_1)\\ \eta_T^1(t_2)^3 & \eta_T^2(t_2)^3 & \cdots & \eta_T^2(t_2)\eta_T^3(t_2)\eta_T^4(t_2)\\ \vdots & \vdots & & \vdots\\ \eta_T^1(t_p)^3 & \eta_T^2(t_p)^3 & \cdots & \eta_T^2(t_p)\eta_T^3(t_p)\eta_T^4(t_p)\end{bmatrix}\begin{bmatrix}a_i^1\\ a_i^2\\ \vdots\\ a_i^{20}\end{bmatrix}=\begin{bmatrix}f_{\mathrm{NL}}^i(t_1)\\ f_{\mathrm{NL}}^i(t_2)\\ \vdots\\ f_{\mathrm{NL}}^i(t_p)\end{bmatrix} \tag{12-62}$$

其中，$f_{\mathrm{NL}}^i(t_j)$ 表示由训练数据计算得到的在 t_j 时刻的对应于第 i 阶模态的非线性力项，这里 $j=1,2,\cdots,p$，i=1,2,3,4。

设定

$$\boldsymbol{A}_{\mathrm{LS}}=\begin{bmatrix}\eta_T^1(t_1)^3 & \eta_T^2(t_1)^3 & \cdots & \eta_T^2(t_1)\eta_T^3(t_1)\eta_T^4(t_1)\\ \eta_T^1(t_2)^3 & \eta_T^2(t_2)^3 & \cdots & \eta_T^2(t_2)\eta_T^3(t_2)\eta_T^4(t_2)\\ \vdots & \vdots & & \vdots\\ \eta_T^1(t_p)^3 & \eta_T^2(t_p)^3 & \cdots & \eta_T^2(t_p)\eta_T^3(t_p)\eta_T^4(t_p)\end{bmatrix} \tag{12-63}$$

$$\boldsymbol{a}_i=\begin{bmatrix}a_i^1\\ a_i^2\\ \vdots\\ a_i^{20}\end{bmatrix} \tag{12-64}$$

$$
\boldsymbol{f}_{\mathrm{NL}}^{i}=\begin{bmatrix} f_{\mathrm{NL}}^{i}(t_1) \\ f_{\mathrm{NL}}^{i}(t_2) \\ \vdots \\ f_{\mathrm{NL}}^{i}(t_p) \end{bmatrix} \tag{12-65}
$$

式 (12-62) 可改写为

$$
\boldsymbol{A}_{\mathrm{LS}}\boldsymbol{a}_i=\boldsymbol{f}_{\mathrm{NL}}^{i} \tag{12-66}
$$

基于式 (12-66)，利用最小二乘 (LS) 法可以计算得到非线性项的 3 次拟合多项式的各项系数，其表达式为

$$
\boldsymbol{a}_i=(\boldsymbol{A}_{\mathrm{LS}}^{\mathrm{T}}\boldsymbol{A}_{\mathrm{LS}})^{-1}\boldsymbol{A}_{\mathrm{LS}}^{\mathrm{T}}\boldsymbol{f}_{\mathrm{NL}}^{i} \tag{12-67}
$$

这样，利用多组训练数据我们就最终可以得到式 (12-60) 中各个待定的系数，进而就可以得到一个显式表达的关于系统模态坐标的非线性降阶模型：

$$
\overline{\boldsymbol{M}}\ddot{\boldsymbol{\eta}}+\overline{\boldsymbol{C}}\dot{\boldsymbol{\eta}}+\overline{\boldsymbol{K}}_{\mathrm{L}}\boldsymbol{\eta}+\mathbf{fit}(\boldsymbol{\eta})=\overline{\boldsymbol{F}} \tag{12-68}
$$

其中，$\overline{\boldsymbol{M}}=\boldsymbol{\Phi}^{\mathrm{T}}\boldsymbol{M}\boldsymbol{\Phi}$、$\overline{\boldsymbol{C}}=\boldsymbol{\Phi}^{\mathrm{T}}\boldsymbol{C}\boldsymbol{\Phi}$、$\overline{\boldsymbol{K}}_{\mathrm{L}}=\boldsymbol{\Phi}^{\mathrm{T}}\boldsymbol{K}_{\mathrm{L}}\boldsymbol{\Phi}$ 分别表示模态质量阵、模态阻尼阵以及线性模态刚度阵；$\overline{\boldsymbol{F}}=\boldsymbol{\Phi}^{\mathrm{T}}\boldsymbol{F}$。

12.4 结构振动控制

张拉索具有质量轻、易收冗等特点，被广泛地应用于空间张拉结构中，特别是空间可展开结构中 [14]。对于本书所研究的空间薄膜天线结构，张拉索作为薄膜天线张拉机构的一个重要部件，它对薄膜阵面预应力的施加起着关键作用。薄膜阵面中的预应力可通过调整张拉索中张紧力的方式得到有效的控制。本书对基于张拉索作动的薄膜天线结构的非线性振动控制问题进行研究，通过对张拉索中张紧力的调节实现薄膜天线结构整体振动的有效抑制。其基本思想是：通过合理地对薄膜阵面应力场进行实时的控制，使得结构的弹性恢复力不断消耗系统的动能，进而获得振动抑制的效果。由于张拉机构本身就具有改变张拉索中张紧力的能力，所以该控制策略具有很好的工程实用性。

12.4.1 基于张拉索作动的控制系统方程

考虑到张拉索与天线整体处于同一平面，假设张拉索张力的改变将只会对结构的刚度产生影响，同时假设各个张拉索作动器中的控制张拉力都相同，则薄膜

天线结构的控制方程可表示为

$$\boldsymbol{M}\ddot{\boldsymbol{X}}+\boldsymbol{C}\dot{\boldsymbol{X}}+(\boldsymbol{K}_{\mathrm{L}}+u\boldsymbol{K}_{\mathrm{c}})\boldsymbol{X}+\boldsymbol{K}_{\mathrm{NL}}(\boldsymbol{X})=\boldsymbol{F} \tag{12-69}$$

这里，u 表示张拉索中控制力的大小；$\boldsymbol{K}_{\mathrm{c}}$ 表示在单位控制力下天线结构整体刚度阵的改变。$\boldsymbol{K}_{\mathrm{c}}$ 可以采用有限元方法计算得到，具体过程如下：

(1) 计算单位张拉索张拉力下薄膜阵面和张力撑杆中的预应力；

(2) 根据第 (1) 步所得到的结果，利用有限元法计算各部件由这一附加预应力所产生的刚度阵；

(3) 对各部件的刚度阵进行整合，进而就可以得到 $\boldsymbol{K}_{\mathrm{c}}$。

对式 (12-69) 进行模型降阶，可得

$$\overline{\boldsymbol{M}}\ddot{\boldsymbol{\eta}}+\overline{\boldsymbol{C}}\dot{\boldsymbol{\eta}}+\overline{\boldsymbol{K}}_{\mathrm{L}}\boldsymbol{\eta}+u\overline{\boldsymbol{K}}_{\mathrm{c}}\boldsymbol{\eta}+\mathbf{fit}(\boldsymbol{\eta})=\overline{\boldsymbol{F}} \tag{12-70}$$

其中，$\overline{\boldsymbol{K}}_{\mathrm{c}}=\boldsymbol{\Phi}^{\mathrm{T}}\boldsymbol{K}_{\mathrm{c}}\boldsymbol{\Phi}$。

考虑结构的自由振动情况，由式 (12-70) 可得到系统的状态方程为

$$\begin{cases}\dot{\boldsymbol{Z}}_1=\boldsymbol{Z}_2\\ \dot{\boldsymbol{Z}}_2=-(\overline{\boldsymbol{M}}^{-1}\overline{\boldsymbol{C}})\boldsymbol{Z}_2-(\overline{\boldsymbol{M}}^{-1}\overline{\boldsymbol{K}}_{\mathrm{L}})\boldsymbol{Z}_1-u(\overline{\boldsymbol{M}}^{-1}\overline{\boldsymbol{K}}_{\mathrm{c}})\boldsymbol{Z}_1-\overline{\boldsymbol{M}}^{-1}\mathbf{fit}(\boldsymbol{Z}_1)\end{cases} \tag{12-71}$$

其中，$\boldsymbol{Z}_1=\boldsymbol{\eta}$ 表示模态位移；$\boldsymbol{Z}_2=\dot{\boldsymbol{\eta}}$ 表示模态速度。

12.4.2 基于张拉索作动的控制器设计

基于系统的状态方程 (12-71)，本节设计一种状态反馈控制器。通过实时地控制张拉索中的张紧力，可以对结构的刚度进行调整，进而实现对结构振动的有效抑制。该控制器的表达式为

$$u=k_p\boldsymbol{Z}_2^{\mathrm{T}}(\overline{\boldsymbol{M}}^{-1}\overline{\boldsymbol{K}}_{\mathrm{c}})\boldsymbol{Z}_1-[\boldsymbol{Z}_2^{\mathrm{T}}(\overline{\boldsymbol{M}}^{-1}\overline{\boldsymbol{K}}_{\mathrm{c}})\boldsymbol{Z}_1]^{-1}[\boldsymbol{Z}_2^{\mathrm{T}}\overline{\boldsymbol{M}}^{-1}\mathbf{fit}(\boldsymbol{Z}_1)] \tag{12-72}$$

这里，$k_p>0$ 是控制器的增益系数，由用户根据实际问题进行适当的调节。

为了验证以上所设计控制器的稳定性，在此利用李雅普诺夫稳定性理论对该控制器的稳定性进行证明，具体如下。

首先，选定李雅普诺夫函数为

$$V=\frac{1}{2}[\boldsymbol{Z}_1^{\mathrm{T}}(\overline{\boldsymbol{M}}^{-1}\overline{\boldsymbol{K}})\boldsymbol{Z}_1+\boldsymbol{Z}_2^{\mathrm{T}}\boldsymbol{Z}_2] \tag{12-73}$$

显然，V 是正定的。根据式 (12-73)，可以推得

$$\dot{V}=\boldsymbol{Z}_1^{\mathrm{T}}(\overline{\boldsymbol{M}}^{-1}\overline{\boldsymbol{K}})\dot{\boldsymbol{Z}}_1+\boldsymbol{Z}_2^{\mathrm{T}}\dot{\boldsymbol{Z}}_2 \tag{12-74}$$

将式 (12-72) 代入式 (12-74) 中，可得

$$
\begin{aligned}
\dot{V} &= \boldsymbol{Z}_1^{\mathrm{T}}(\overline{\boldsymbol{M}}^{-1}\overline{\boldsymbol{K}}_{\mathrm{L}})\boldsymbol{Z}_2 + \boldsymbol{Z}_2^{\mathrm{T}}[-(\overline{\boldsymbol{M}}^{-1}\overline{\boldsymbol{K}}_{\mathrm{L}})\boldsymbol{Z}_1 - (\overline{\boldsymbol{M}}^{-1}\overline{\boldsymbol{C}})\boldsymbol{Z}_2 \\
&\quad - u(\overline{\boldsymbol{M}}^{-1}\overline{\boldsymbol{K}}_{\mathrm{c}})\boldsymbol{Z}_1 - \overline{\boldsymbol{M}}^{-1}\mathbf{fit}(\boldsymbol{Z}_1)] \\
&= -\boldsymbol{Z}_2^{\mathrm{T}}(\overline{\boldsymbol{M}}^{-1}\overline{\boldsymbol{C}})\boldsymbol{Z}_2 - u\boldsymbol{Z}_2^{\mathrm{T}}(\overline{\boldsymbol{M}}^{-1}\overline{\boldsymbol{K}}_{\mathrm{c}})\boldsymbol{Z}_1 - \boldsymbol{Z}_2^{\mathrm{T}}\overline{\boldsymbol{M}}^{-1}\mathbf{fit}(\boldsymbol{Z}_1)
\end{aligned}
\tag{12-75}
$$

将式 (12-72) 代入式 (12-75) 中，可以得到

$$
\dot{V} = -\boldsymbol{Z}_2^{\mathrm{T}}(\overline{\boldsymbol{M}}^{-1}\overline{\boldsymbol{C}})\boldsymbol{Z}_2 - k_p[\boldsymbol{Z}_2^{\mathrm{T}}(\overline{\boldsymbol{M}}^{-1}\overline{\boldsymbol{K}}_{\mathrm{c}})\boldsymbol{Z}_1]^2 \tag{12-76}
$$

由式 (12-76) 可以看到，$\dot{V}$ 总是负定的。因此，依据李雅普诺夫稳定性理论，证明了所设计控制器的稳定性。

12.5 数值仿真

12.5.1 结构动力学特性仿真

本小节首先对所建立的薄膜天线各部件的非线性动力学模型进行验证，然后对薄膜天线结构整体的非线性振动特性进行仿真分析。

1. 薄膜阵面非线性动力学模型验证

为了对所建立的薄膜非线性动力学模型进行验证，本书对如图 12-4(a) 所示的四边简支矩形薄膜结构进行动力学分析，并与 ABAQUS 的计算结果进行比对。在 ABAQUS 中，分别采用了 M3D3 和 M3D4 薄膜单元来对结构进行离散化处理。薄膜中的预应力通过降温法进行施加。设定该薄膜结构的参数如表 12-1 所示。假定在该薄膜结构的中点作用有简谐激振力 $F(t) = \sin(2\pi \times 5 \times t)\mathrm{N}$，分别利用本书所建立的薄膜模型和 ABAQUS，计算得到的薄膜结构中点的动力学响应如图 12-4(b) 所示。可以看到，利用本书所推导的薄膜非线性动力学模型得到的动力学响应与 ABAQUS 的计算结果具有良好的一致性，这说明了本书所推导模型的正确性。

表 12-1 四边简支矩形薄膜结构参数

材料参数	数值
长度/m	2
宽度/m	1
厚度/m	0.00025
杨氏模量/GPa	2.5
泊松比	0.34
密度/(kg/m^3)	1530

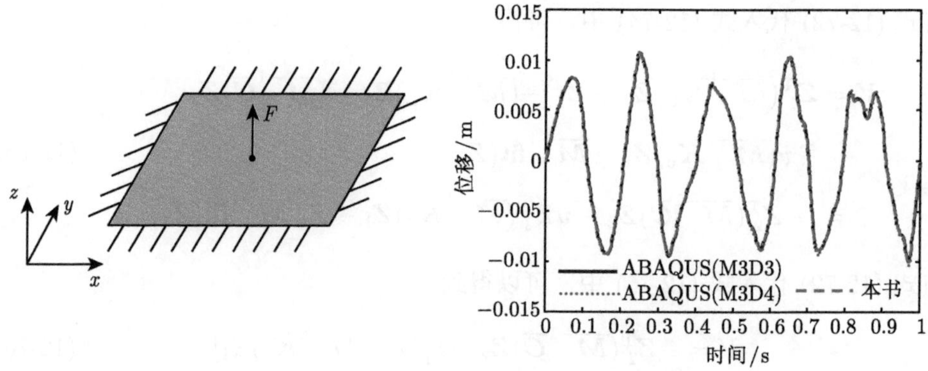

(a) (b)

图 12-4 四边简支矩形薄膜结构及其动力学响应

(a) 四边简支矩形模型结构示意图；(b) 薄膜结构中点的动力学响应

2. 支撑框架/张力撑杆非线性动力学模型验证

考虑如图 12-5(a) 所示的简支梁结构，假定结构的中点受到简谐激振力 $F(t) = 0.25\sin(2\pi\times 10\times t)\mathrm{N}$ 的作用。梁结构的参数如表 12-2 所示。分别利用 12.2.2 小节所给出的非线性梁模型和 ABAQUS，计算得到的梁结构中点的振动如图 12-5(b) 所示。由图 12-5(b) 可以看到，利用本书所推导的非线性梁模型得到的结果与 ABAQUS 的计算结果吻合良好，这说明了本书所推导模型的正确性。

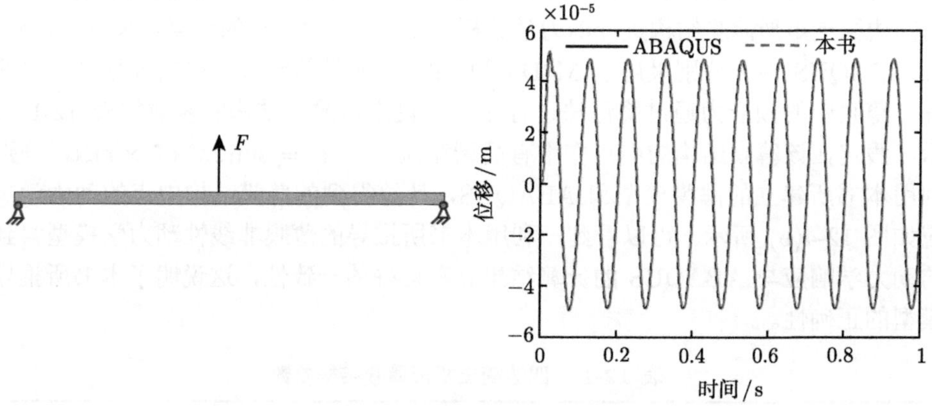

(a) (b)

图 12-5 简支梁结构及其动力学响应

(a) 受简谐激励的简支梁结构示意图；(b) 梁结构中点的动力学响应

表 12-2 简支梁结构的参数

材料参数	数值
长度/m	1
截面积/m^2	7.854×10^{-5}
惯性矩/m^4	4.91×10^{-10}
杨氏模量/GPa	210
泊松比	0.3
密度/(kg/m^3)	1800

3. 张拉索非线性动力学模型验证

为了验证所给出的张拉索非线性动力学模型的正确性，本书对如图 12-6(a) 所示的张拉索结构进行了非线性动态响应的计算，张拉索结构的参数如表 12-3 所示。作为对比，本书还在 ABAQUS 中建立了张拉索结构的动力学模型，利用 T3D2 单元对结构进行了离散化，并通过降温法进行了预应力的导入。张拉索的中点作用有简谐激振力 $F(t) = 0.25\sin(2\pi \times 10 \times t)$N，计算得到张拉索中点的振动如图 12-6(b) 所示。可以看到，利用本书所推导的动力学模型计算得到的结果与 ABAQUS 的计算结果具有良好的一致性，这说明了本书所推导模型的正确性。

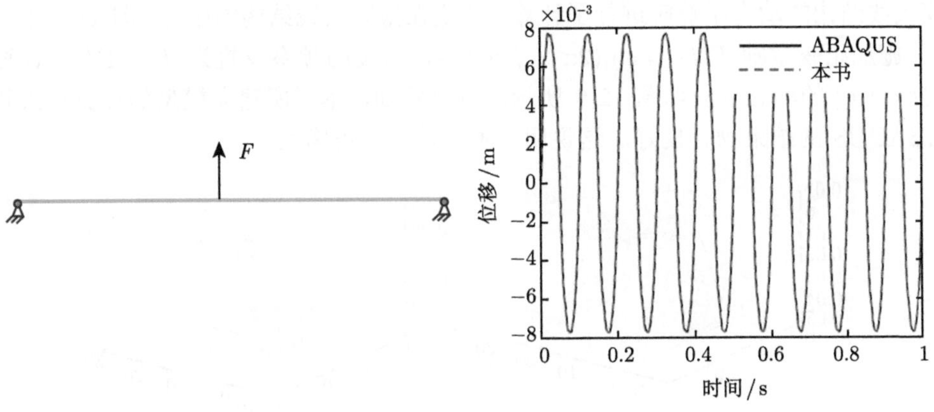

(a) (b)

图 12-6 张拉索结构及其动力学响应

(a) 受简谐激励的张拉索结构示意图；(b) 张拉索结构中点的动力学响应

表 12-3 张拉索结构的参数

材料参数	数值
长度/m	1
截面积/m^2	1.964×10^{-7}
预张力/N	5
杨氏模量/GPa	133
泊松比	0.36
密度/(kg/m^3)	1440

4. 薄膜天线结构的非线性动力学特性

首先在不考虑结构非线性刚度项的前提下，采用线性化模型对薄膜天线结构进行模态分析。结构的低阶模态是表征结构动力学行为的关键信息，也是人们在进行结构动力学研究时需要关注的重点。同时，结构的低阶模态被广泛地应用于结构的振动控制中。对于本书所研究的薄膜天线结构，采用所建立的模型计算得到结构的前 4 阶固有频率和振动模态，如图 12-7 和表 12-4 所示。为了验证本书所建立薄膜天线结构动力学模型的正确性，本书还在商业软件 ABAQUS 中建立了结构的动力学模型并进行了模态分析。在 ABAQUS 中，结构的模态计算由两个分析步来完成。第一个分析步为静力学分析步，用于导入薄膜阵面、支撑框架、张拉索的预应力并生成由预应力产生的刚度阵；第二个分析步为模态分析步，根据得到的结构总体质量阵和刚度阵计算结构的模态。由 ABAQUS 计算得到的薄膜天线结构的模态如图 12-8 所示。由表 12-4 和图 12-7、图 12-8 可以看到，本书动力学模型的计算结果与 ABAQUS 的计算结果具有良好的一致性。另外还可以看到，薄膜天线结构的前 4 阶模态均为面外振动的模态，薄膜阵面的面外变形较其他部件的变形更加突出。为了进一步验证所建立模型的正确性，本书还对薄膜天线结构的动力学响应进行了计算。假定在薄膜天线结构的中点 (图 11-1 中点 C) 施加正弦激励 $F(t) = \sin(2\pi \times f \times t)$N，激励的频率设置为 $f = 1$Hz。计算得到点 C 的动态响应如图 12-9 所示。可以看到，本书所建立模型的计算结果和 ABAQUS 的结果吻合良好，这说明了本书模型的正确性。

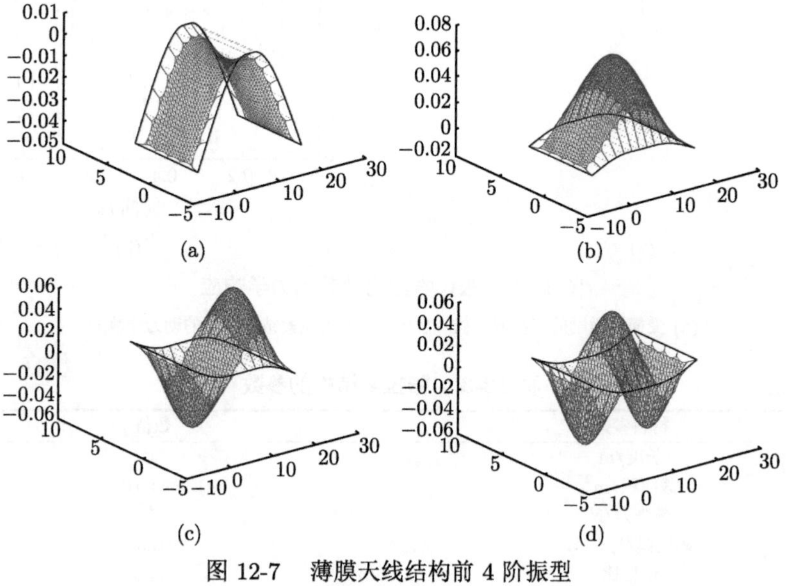

图 12-7　薄膜天线结构前 4 阶振型

(a) 一阶振型；(b) 二阶振型；(c) 三阶振型；(d) 四阶振型

表 12-4 薄膜天线结构前四阶固有频率 (Hz)

固有频率	一阶	二阶	三阶	四阶
考虑褶皱	0.314	0.677	0.791	0.931
不考虑褶皱	0.305	0.674	0.790	0.929
ABAQUS	0.304	0.675	0.793	0.938

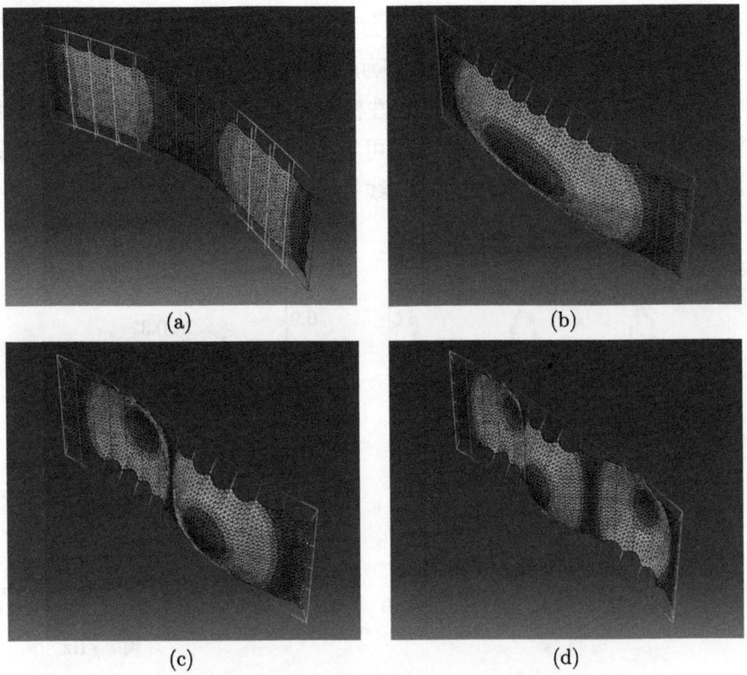

图 12-8 由 ABAQUS 计算得到的薄膜天线结构前 4 阶振型

(a) 一阶振型；(b) 二阶振型；(c) 三阶振型；(d) 四阶振型

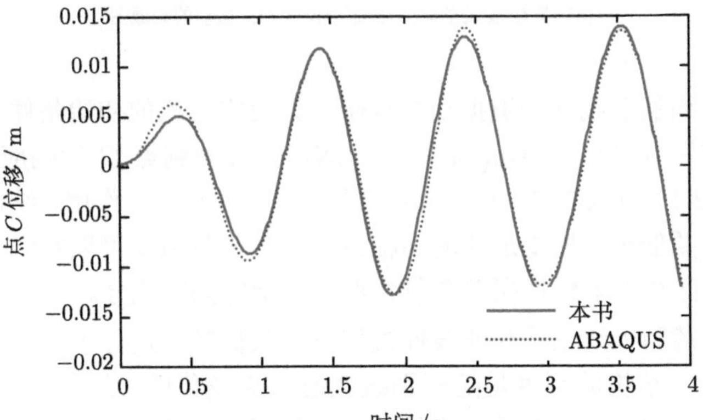

图 12-9 正弦激励下薄膜天线结构点 C 的动力学响应

这里考虑结构的非线性振动响应。设定系统的阻尼为 0，初始条件为 $\boldsymbol{X}(0)=0.1\boldsymbol{\varphi}_1\mathrm{m}$，$\dot{\boldsymbol{X}}(0)=\boldsymbol{0}\mathrm{m/s}$，这里 $\boldsymbol{\varphi}_1$ 表示线性化系统的一阶模态 (图 12-7)。利用所建立的薄膜天线结构非线性动力学模型计算得到薄膜天线中点 C 的位移响应，如图 12-10(a) 所示。为了对比，图中同时给出了结构的线性响应。从图 12-10(a) 可以看到，结构的非线性响应已不再是和线性响应一样呈谐波振动，并且随着时间的推移，线性响应和非线性响应的差异会越来越大。图 12-10(b) 为点 C 振动的频域图，可以看到，结构的非线性振动响应不只有一次谐波成分，同时还包含高次谐波成分，这是由薄膜天线结构非线性模型中所包含的 2 次和 3 次非线性项所引起的。通过与线性振动结果的对比还可看到，在非线性模型下结构的基频要高于线性模型下的结果，这说明结构的非线性成分主要起“刚化”作用。

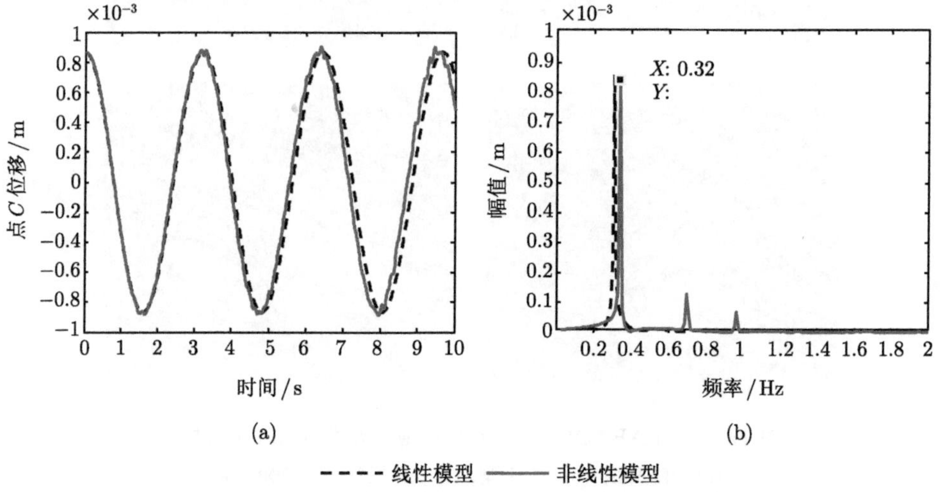

图 12-10　薄膜天线结构自由振动的线性结果和非线性结果对比

(a) 点 C 振动的时间曲线；(b) 点 C 振动的频域图

下面对结构的非线性受迫振动进行研究。设定结构的初始条件为 0，在点 C 施加一个正弦激励 $F(t)=\sin(2\pi\times 5\times t)\mathrm{N}$，计算得到点 C 的响应，如图 12-11 所示。从图 12-11 可以看到，由于非线性刚度项的“刚化”作用，结构的非线性受迫振动的幅值要低于线性受迫振动的幅值。同时从频域图可以看到，由于非线性刚度的作用，结构的非线性振动会包含许多复杂的频率成分。

本书还对薄膜天线结构在非线性模型下的共振频率进行了计算。由于非线性刚度项的存在，结构的刚度是随着系统状态不断变化的。因此在非线性模型下，结构的共振频率应该也是随着结构状态的变化而变化的，其结果可通过在各个时间步上对系统的质量阵和刚度阵进行特征值分析而求得。设定系统的初始条件为

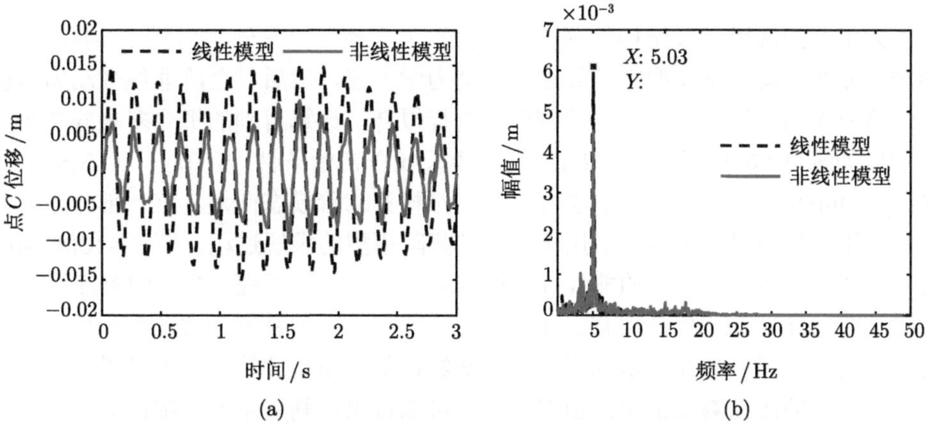

图 12-11 薄膜天线结构受迫振动的线性结果和非线性结果对比

(a) 点 C 振动的时间曲线；(b) 点 C 振动的频域图

$\boldsymbol{X}(0) = 0.01\boldsymbol{\varphi}_1\text{m}$ 和 $\dot{\boldsymbol{X}}(0) = \boldsymbol{0}\text{m/s}$、$\boldsymbol{X}(0) = 0.1\boldsymbol{\varphi}_1\text{m}$ 和 $\dot{\boldsymbol{X}}(0) = \boldsymbol{0}\text{m/s}$、$\boldsymbol{X}(0) = 0.2\boldsymbol{\varphi}_1\text{m}$ 和 $\dot{\boldsymbol{X}}(0) = \boldsymbol{0}\text{m/s}$，计算得到系统的一阶共振频率，如图 12-12 所示。从图中可以看到，在非线性模型下结构的共振频率随着时间不断变化，初始的振动幅度越大则对应结构的共振频率也就越高。

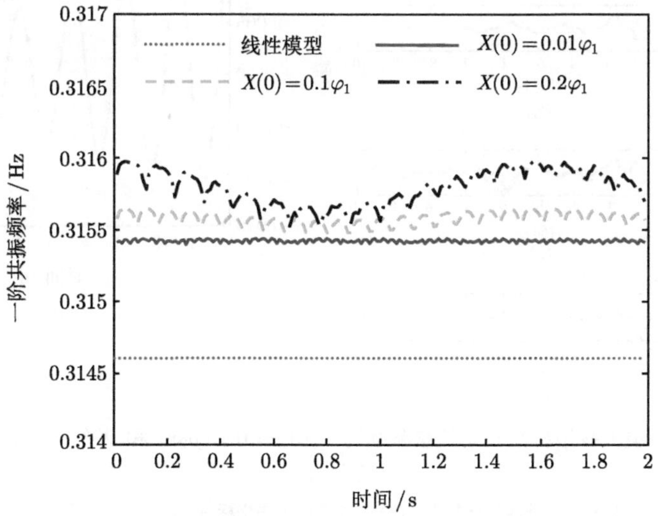

图 12-12 非线性模型下薄膜天线结构的一阶共振频率

12.5.2 结构降阶模型与全阶模型的对比

为了得到薄膜天线结构的降阶非线性动力学模型，首先利用式 (12-50) 所示的全阶非线性动力学模型来计算结构的动力学响应，然后以全阶非线性动力学模型的响应作为训练数据对非线性刚度项进行拟合，计算得到的拟合多项式各个系数的值如表 12-5 所示。图 12-13 为薄膜天线在初始条件 $\boldsymbol{X}(0) = 0.15\boldsymbol{\varphi}_2\text{m}$ 和 $\dot{\boldsymbol{X}}(0) = \mathbf{0}\text{m/s}$ 下的动态响应，其中 $\boldsymbol{\varphi}_2$ 为结构第二阶模态向量。这一部分动力学响应结果作为一组训练数据被用于非线性降阶模型的求解过程。图 12-13(a)~(d) 表示与各阶模态坐标对应的非线性弹性恢复力项的时间历程，图 12-13(e) 为结构中点 (图 11-1 中点 C) 的位移。图中红色实线表示利用系统非线性全阶模型计算得到的结果，黑色虚线表示利用求得的非线性降阶模型计算得到的结果，蓝色点线表示系统的线性响应结果。由图中结果可以看出，利用本书所提出的三次多项式拟合的方法，可以对系统的非线性弹性恢复力项以及结构的非线性动力学响应进行很好的近似。

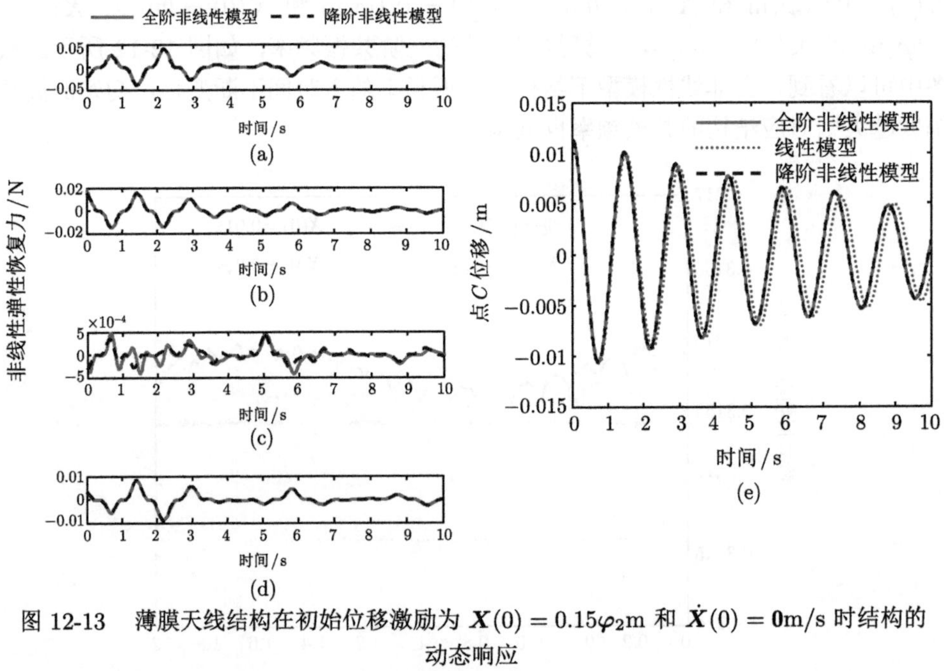

图 12-13 薄膜天线结构在初始位移激励为 $\boldsymbol{X}(0) = 0.15\boldsymbol{\varphi}_2\text{m}$ 和 $\dot{\boldsymbol{X}}(0) = \mathbf{0}\text{m/s}$ 时结构的动态响应

(a) 与第一阶模态坐标对应的非线性恢复力；(b) 与第二阶模态坐标对应的非线性恢复力；(c) 与第三阶模态坐标对应的非线性恢复力；(d) 与第四阶模态坐标对应的非线性恢复力；(e) 中点 C 的位移

表 12-5 拟合多项式的各个系数 (m)

a_1^1	a_1^2	a_1^3	a_1^4	a_1^5	a_1^6	a_1^7	a_1^8	a_1^9	a_1^{10}
344.64	−6.30	−4.22	−11.45	−544.41	−382.75	−372.76	75.37	−299.29	−33.24
a_1^{11}	a_1^{12}	a_1^{13}	a_1^{14}	a_1^{15}	a_1^{16}	a_1^{17}	a_1^{18}	a_1^{19}	a_1^{20}
1033.51	−1237.72	653.42	183.73	−23.42	−23.48	−642.11	123.71	−7860.51	2814.52
a_2^1	a_2^2	a_2^3	a_2^4	a_2^5	a_2^6	a_2^7	a_2^8	a_2^9	a_2^{10}
−74.22	4.72	0.95	4.18	118.93	109.11	80.69	−15.27	14.70	5.07
a_2^{11}	a_2^{12}	a_2^{13}	a_2^{14}	a_2^{15}	a_2^{16}	a_2^{17}	a_2^{18}	a_2^{19}	a_2^{20}
−227.17	287.85	−154.57	−22.81	19.05	−9.47	126.58	−69.39	3372.14	1218.83
a_3^1	a_3^2	a_3^3	a_3^4	a_3^5	a_3^6	a_3^7	a_3^8	a_3^9	a_3^{10}
−9.01	−0.09	19.33	−0.27	41.59	511.65	151.51	1.86	−93.58	−14.21
a_3^{11}	a_3^{12}	a_3^{13}	a_3^{14}	a_3^{15}	a_3^{16}	a_3^{17}	a_3^{18}	a_3^{19}	a_3^{20}
−623.03	684.12	−1149.73	11.88	0.50	28.91	228.39	43.59	−6251.22	3947.11
a_4^1	a_4^2	a_4^3	a_4^4	a_4^5	a_4^6	a_4^7	a_4^8	a_4^9	a_4^{10}
−98.71	0.99	1.24	25.75	136.17	165.66	161.16	−21.73	144.24	20.92
a_4^{11}	a_4^{12}	a_4^{13}	a_4^{14}	a_4^{15}	a_4^{16}	a_4^{17}	a_4^{18}	a_4^{19}	a_4^{20}
−294.15	361.89	−183.70	61.48	38.71	−76.47	126.69	−25.31	1729.55	−827.97

下面验证本书所求得的系统降阶非线性动力学模型的有效性。首先考虑结构自由振动的情况。设定初始条件为 $\boldsymbol{X}(0) = 0.1\boldsymbol{\varphi}_2\text{m}$ 和 $\dot{\boldsymbol{X}}(0) = \boldsymbol{0}\text{m/s}$,其中 $\boldsymbol{\varphi}_2$ 为结构第二阶模态向量。假定结构不受任何外力作用,利用全阶模型和降阶模型计算得到结构的非线性振动响应,如图 12-14 所示。可以看到,利用降阶非线性模型可以很好地对结构的全阶模型进行模拟。设定结构的初始条件为 $\boldsymbol{X}(0) = \boldsymbol{0}\text{m}$ 和 $\dot{\boldsymbol{X}}(0) = \boldsymbol{0}\text{m/s}$,假定在图 11-1 所示的 B 点作用有一个正弦激振力 $F = 5\sin(2\pi\times0.65\times t)\text{N}$,利用全阶模型和降阶模型计算得到结构的受迫振动响应结果,如图 12-15 所示,可以看出,降阶模型同样可以对系统的受迫振动进行很好的近似,这说明了所得到的降阶非线性动力学模型的有效性。如表 12-6 所示,本书还对降阶模型与全阶模型的计算效率进行了一个简单对比。所有计算都是在 Matlab R2014b 计算环境下运行,计算机处理器为 i7-5500U(2.40GHz),内存为 4GB。由表 12-6 中结果可以看到,在保证结构非线性响应计算精度的前提下,利用降阶模型可以极大地提高计算效率。

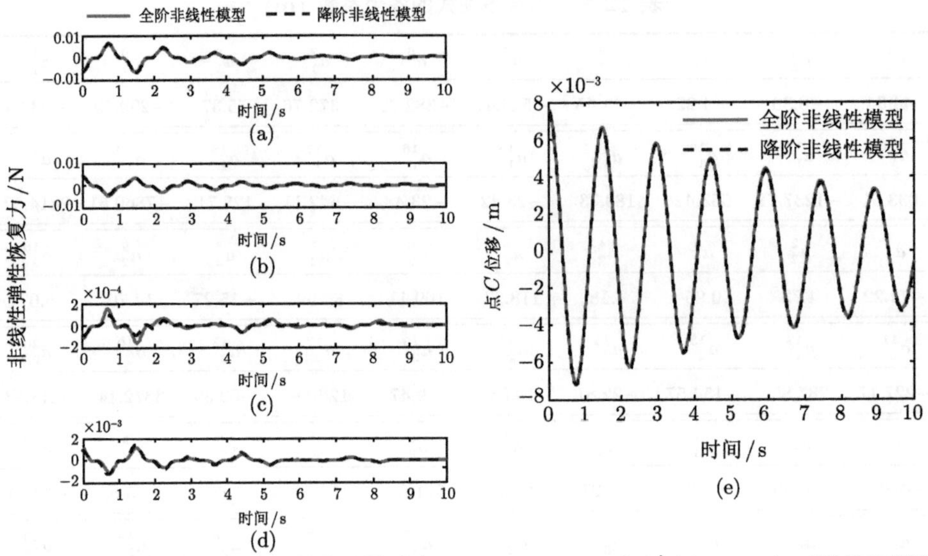

图 12-14　薄膜天线结构在初始位移激励为 $\boldsymbol{X}(0)=0.1\varphi_2\mathrm{m}$ 和 $\dot{\boldsymbol{X}}(0)=\mathbf{0}\mathrm{m/s}$ 时结构的降阶模型与全阶模型的对比

(a) 与第一阶模态坐标对应的非线性恢复力；(b) 与第二阶模态坐标对应的非线性恢复力；(c) 与第三阶模态坐标对应的非线性恢复力；(d) 与第四阶模态坐标对应的非线性恢复力；(e) 中点 C 的位移

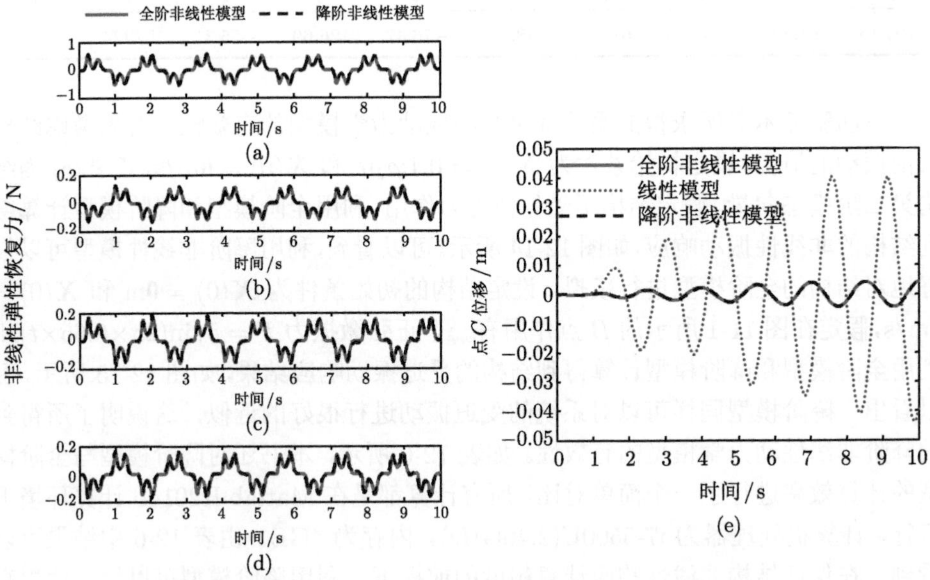

图 12-15　薄膜天线结构受迫振动时的降阶模型与全阶模型的对比

(a) 与第一阶模态坐标对应的非线性恢复力；(b) 与第二阶模态坐标对应的非线性恢复力；(c) 与第三阶模态坐标对应的非线性恢复力；(d) 与第四阶模态坐标对应的非线性恢复力；(e) 中点 C 的位移

表 12-6 降阶模型与全阶模型计算效率的对比

	每个计算步的平均耗时/s	
	全阶模型	降阶模型
自由振动情况	60	0.0005
受迫振动情况	23	0.0003

利用本书的降阶非线性模型所求得的薄膜天线结构在一阶共振频率附近的幅频特性曲线如图 12-16 所示。可以看到，结构的共振频率随着振动幅值的增加而不断增大，结构的振动呈现出明显的非线性"刚化"效应。

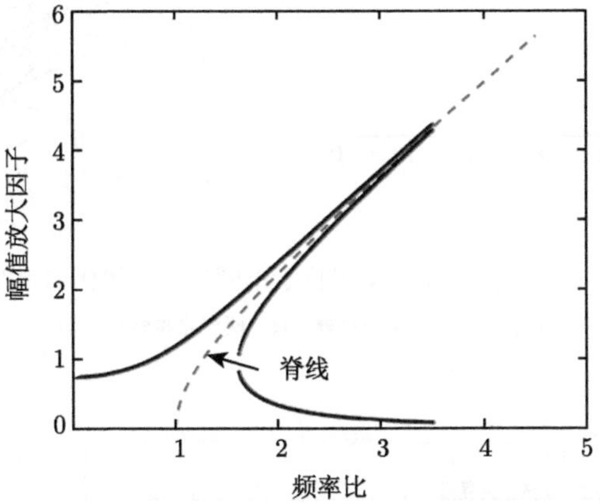

图 12-16 薄膜天线结构非线性降阶模型在一阶共振频率附近的幅频特性曲线

12.5.3 结构振动控制仿真

本小节采用张拉索作动的方式对薄膜天线结构的非线性振动控制进行仿真。首先，基于系统的线性化模型研究张拉索作动器的最优布置问题。张拉索作动器是通过实时调整张拉索的张力来改变结构的刚度，进而达到振动控制的目的。本书采用如下作动器优化准则 [15]：

$$F_p = \sum_{i=1}^{n} \lambda_i \tag{12-77}$$

其中，n 为控制系统的维数；λ_i 为矩阵 $\overline{\boldsymbol{K}}_{\mathrm{L}}^{-1}\overline{\boldsymbol{K}}_{\mathrm{c}}$ 的特征值。

这一优化准则代表了控制力对结构刚度阵的改变，F_p 值越大则表示单位控制力对结构刚度阵的影响越大，也即控制效率越高。基于式 (12-77)，本书分别计算了控制系统具有一对和两对张拉索作动器时 F_p 的值，具体如图 12-17 所示。在图 12-17(a) 中，x 轴表示张拉索作动器位置所对应的序号，y 轴表示作动器位于不同位置时 F_p 的值。同理，在图 12-17(b) 中，x 和 y 轴表示张拉索作动器位置所对应的序号，z 轴表示 F_p 的值。当优化准则取最大值时，表示作动器对结构的控制能力最强，其对应的位置即为张拉索作动器的最优位置。根据图 12-17 可以找到控制系统具有一对和两对张拉索作动器时作动器的最优位置，具体如图 12-18 所示。

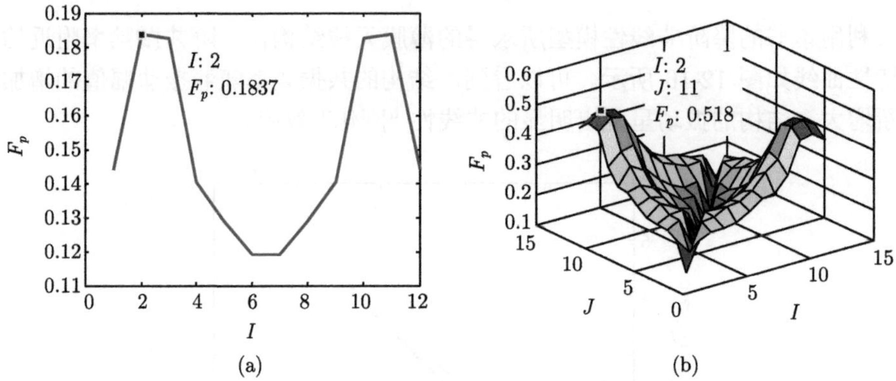

(a) (b)

图 12-17 张拉索作动器位于不同位置时优化准则的值

(a) 一对张拉索作动器；(b) 两对张拉索作动器

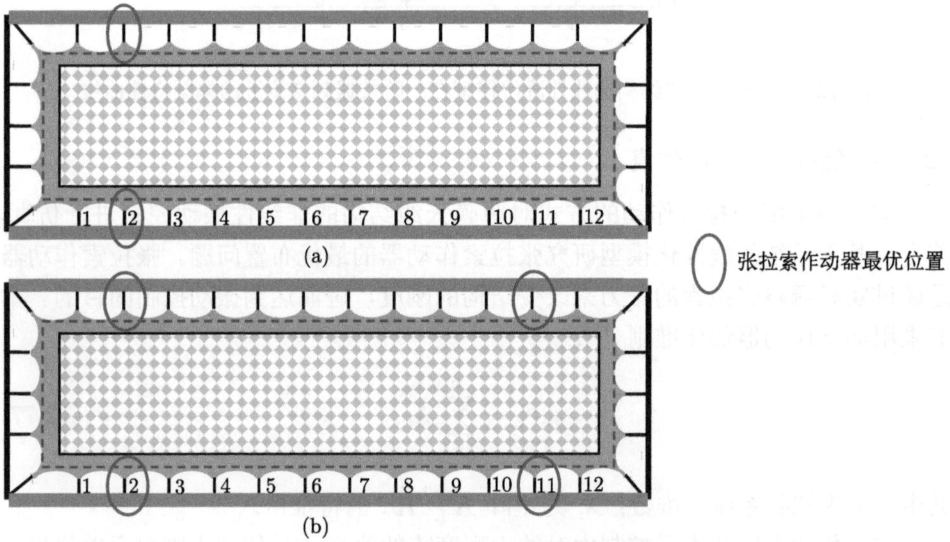

(a) (b)

图 12-18 张拉索作动器的最优位置

(a) 一对张拉索作动器；(b) 两对张拉索作动器

考虑系统的非线性自由振动控制。假设系统具有一对张拉索作动器，作动器的位置如图 12-18(a) 所示。控制反馈增益参数取值为 $k_p = 200\ \text{kg}\cdot\text{s/m}$。系统初

始条件为 $\boldsymbol{X}(0)=0.15\boldsymbol{\varphi}_2\mathrm{m}$ 和 $\dot{\boldsymbol{X}}(0)=\mathbf{0}\mathrm{m/s}$，系统上无外力作用。控制仿真的结果如图 12-19 所示，其中图 12-19(a) 为结构中点 C 的位移时程，图 12-19(b) 为结构整体振动的均方根 (RMS) 值 (代表了结构整体振动的强度)，图 12-19(c) 为张拉索作动器控制力时程。由图 12-19 可以看到，利用本书所设计的控制器，结构的非线性自由振动可以得到很好的抑制。

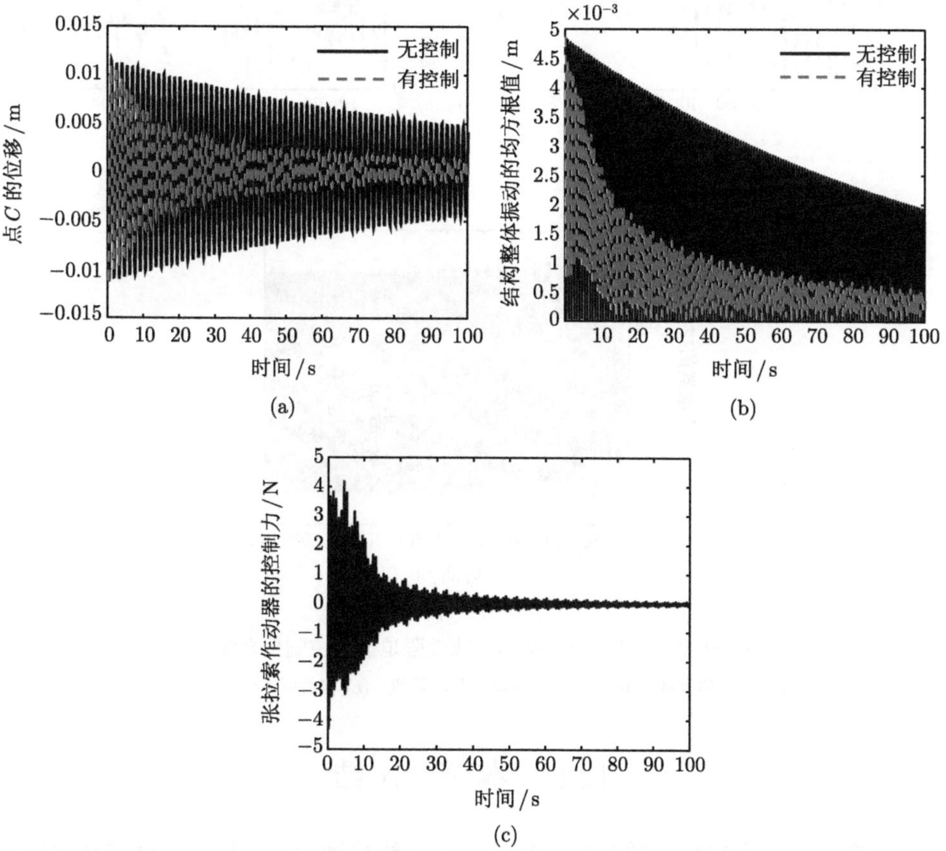

图 12-19 薄膜天线结构非线性自由振动控制仿真结果

(a) 点 C 的位移；(b) 结构整体振动的均方根值；(c) 张拉索作动器的控制力

为进一步验证所设计控制器的有效性，本书还对结构的非线性强迫振动控制进行了仿真分析。设定系统初始条件为 $\boldsymbol{X}(0)=\mathbf{0}\mathrm{m}$ 和 $\dot{\boldsymbol{X}}(0)=\mathbf{0}\mathrm{m/s}$，在薄膜天线结构支撑框架的端点 (图 11-1 所示 B 点) 处作用有正弦激振力 $F=2\sin(2\pi\times 0.65\times t)\mathrm{N}$。控制仿真结果如图 12-20 所示，可以看到，所设计的控制器同样可以对结构的强迫振动进行有效的抑制。这说明了本书所设计控制器的有效性。

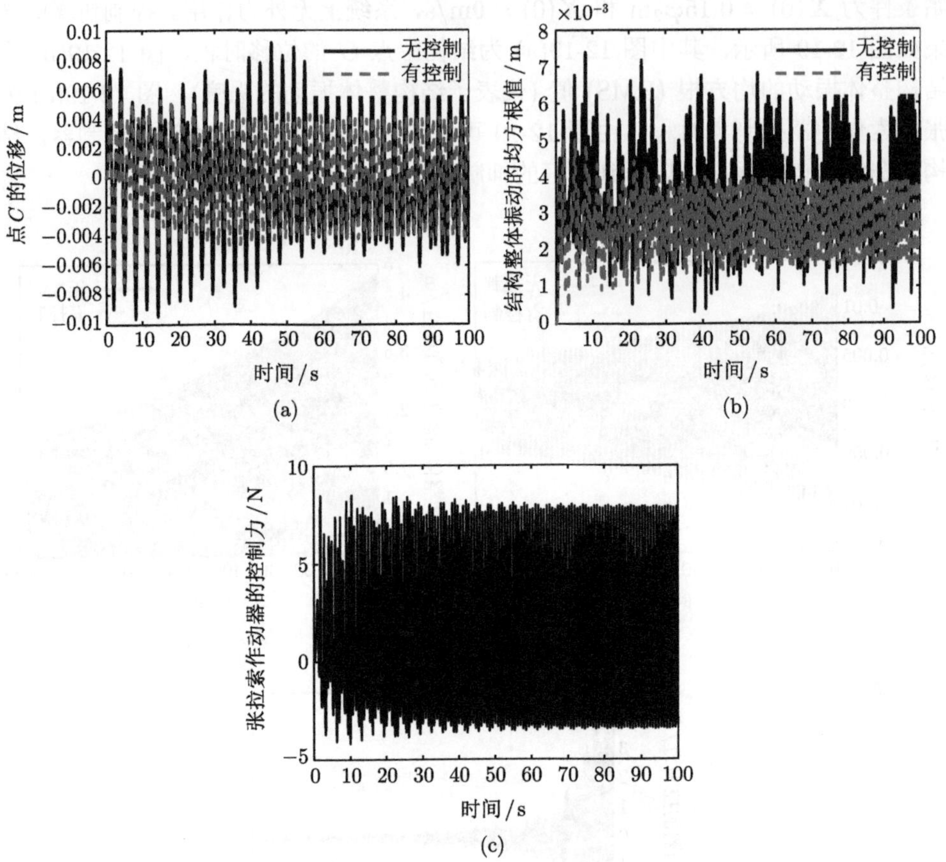

图 12-20　薄膜天线结构非线性强迫振动控制仿真结果

(a) 点 C 的位移；(b) 结构整体振动的均方根值；(c) 张拉索作动器的控制力

12.6　本章小结

本章对考虑大幅振动的薄膜天线结构的非线性动力学建模与振动控制问题进行了研究。基于 von Karman 大变形理论，采用非线性有限性方法建立了空间薄膜天线结构的非线性动力学模型。由于非线性刚度的存在，大幅振动会对薄膜天线结构起一定的“刚化”作用。考虑到薄膜天线结构非线性模型自由度高、计算代价大的问题，本章进行了非线性动力学模型降阶问题的研究，提出了一种基于多项式拟合的非线性模型降阶方法。与原始模型对比，降阶模型可以在精确模拟结构非线性动力学特性的前提下极大地减小计算量。基于非线性降阶模型，本章还提出了一种基于张拉索作动的非线性振动控制方法。通过调整张拉索中的张紧力来实时地控制结构的刚度，进而实现了结构整体振动的抑制。数值仿真结果表明，所提出的控制策略可以有效地对薄膜天线结构的大幅非线性振动进行抑制。本章的主要研究内容发表有文章 [16]~[19]。

参 考 文 献

[1] Shen Y, Zheng W, Wang X. Dynamic and vibration analysis of a SAR membrane antenna[C]//Proceedings of ASME International Mechanical Engineering Congress and Exposition, Seattle, Washington, 2007.

[2] Leipold M, Runge H, Sickinger C. Large SAR membrane antennas with lightweight deployable booms[C]//Proceedings of 28th ESA Antenna Workshop on Space Antenna Systems and Technologies, Noordwijk, Netherland, 2005.

[3] Fang H, Yang B, Ding H, et al. Dynamic analysis of large in-space deployable membrane antennas[C]//Proceedings of 13th International Congress on Sound and Vibration, Vienna, Austria, 2006.

[4] Amabili M. Nonlinear Vibrations and Stability of Shells and Plates[M]. Cambridge: Cambridge University Press, 2008.

[5] Feldmann P, Freund R W, Freund R W. Efficient linear circuit analysis by Padé approximation via the Lanczos process[J]. IEEE Transactions on Computer-Aided Design of Integrated Circuits and Systems, 1995, 14(5): 639-649.

[6] Pearson K. On lines and planes of closest fit to systems of points in space[J]. Philosophical Magazine, 1901, 2(11): 609-629.

[7] Moore B. Principal component analysis in linear systems: Controllability, observability, and model reduction[J]. IEEE Transactions on Automatic Control, 1981, 26(1): 17-32.

[8] Rewieński M, White J. Model order reduction for nonlinear dynamical systems based on trajectory piecewise-linear approximations[J]. Linear Algebra and its Applications, 2006, 415(2-3): 426-454.

[9] Rewieński M, White J. A trajectory piecewise-linear approach to model order reduction and fast simulation of nonlinear circuits and micromachine devices[J]. IEEE Transactions on Computer Aided Design of Integrated Circuits & Systems, 2003, 22(2): 155-170.

[10] Lall S, Marsden J E, Glavaški S. A subspace approach to balanced truncation for model reduction of nonlinear control systems[J]. International Journal of Robust & Nonlinear Control, 2010, 12(6): 519-535.

[11] Krysl P, Lall S, Marsden J E. Dimensional model reduction in nonlinear finite element dynamics of solids and structures[J]. International Journal for Numerical Methods in Engineering, 2010, 51(4): 479-504.

[12] Chaturantabut S, Sorensen D C. Nonlinear model reduction via discrete empirical interpolation[J]. SIAM Journal on entific Computing, 2011, 32(5): 2737-2764.

[13] Dong N, Roychowdhury J. Piecewise polynomial nonlinear model reduction[C]//Proceedings of the 40th annual Design Automation Conference, Anaheim, California, 2003.

[14] Issa J, Mukherjee R, Shaw S W. Vibration suppression in structures using cable actuators[J]. Journal of Vibration and Acoustics, 2010, 132(3): 031006.

[15] Issa J, Mukherjee R, Shaw S W. Control of space structures using cable actuators[C]// Proceedings of the ASME Dynamic Systems and Control Conference, Michigan, USA, 2008.

[16] Liu X, Cai G P, Peng F J, et al. Dynamic model and active vibration control of a membrane antenna structure[J]. Journal of Vibration and Control, 2018, 24(18): 4282-4296.

[17] Liu X, Cai G P, Peng F J, et al. Nonlinear vibration analysis of a membrane based on large deflection theory[J]. Journal of Vibration and Control, 2018, 24(12): 2418-2429.

[18] Liu X, Zhang H, Lv L L, et al. Vibration control of a membrane antenna structure using cable actuators[J]. Journal of the Franklin Institute, 2018, 355(5): 2424-2435.

[19] Liu X, Zhang H, Lv L L, et al. Nonlinear vibration control of a membrane antenna structure[J]. Proceedings of the Institution of Mechanical Engineers, Part G: Journal of Aerospace Engineering, 2019, 233(9): 3273-3285.

第 13 章　薄膜天线航天器非线性刚–柔耦合动力学建模与协同控制

13.1　引　　言

发射阶段，大型薄膜天线以折叠的状态与卫星本体一起由发射载体运载入轨；到达预定轨道后，天线逐步实现展开和锁定，与星体一起构成一个刚–柔耦合的挠性航天器。对于挠性航天器的动力学与控制问题，国内外学者进行了很多的研究工作。早期的航天器往往具有大的中心刚体平台，一般采用中心刚体占优的假设，即认为中心刚体的质量、转动惯量等在航天器整体中所占的比例具有绝对优势。此时，一般认为柔性附件的振动对整个耦合系统动力学特性的影响较小，从而将刚–柔耦合动力学问题转化成多刚体动力学与结构动力学问题的简单叠加，忽略二者之间的耦合 [1–3]。随着航天技术的进步和航天任务的多样化、复杂化，新一代航天器的有效载荷往往具有尺寸大、柔性高的特点。此时柔性结构的尺寸、体积和质量在航天器整体中占比很大，柔性附件的弹性振动与卫星本体的刚体运动之间存在强烈的耦合。为了解决挠性航天器的刚–柔耦合动力学建模问题，人们提出了“混合坐标法”。混合坐标法是一种使用离散坐标来表示航天器的整体运动，同时使用模态坐标来表示柔性体弹性变形的一种柔性多体系统建模方法 [4,5]。近年来，混合坐标法在航天领域得到了很多的应用。关晓东与杨雷 [6] 采用混合坐标法对带有大型柔性附件的变结构航天器进行了动力学分析，并利用 PID 控制器对航天器的姿态进行了控制。蒋建平与李东旭 [7] 以带有大型太阳能帆板的挠性航天器作为研究对象，采用假设模态法来离散柔性体的变形，基于 Kane 方程建立了系统的刚–柔耦合动力学模型。和兴锁等 [8] 研究了由中心体和若干个柔性附件组成的空间组合体的动力学建模问题，利用拉格朗日 (Lagrange) 方程建立了考虑柔性附件弹性振动的刚–柔耦合系统的动力学方程。Hu 等 [9] 采用混合坐标法对挠性航天器进行了动力学建模，并采用变结构输出反馈控制与最优正位置反馈控制相结合的方法，对航天器的姿态和振动进行了有效的控制。da Fonseca 等 [10] 研究了带有柔性太阳翼卫星的姿态与振动控制问题，分别利用反作用飞轮和压电片作为执行机构，实现了对卫星姿态以及太阳翼振动的有效控制。值得指出的是，目前已有的关于刚–柔耦合挠性航天器动力学建模与控制的研究工作一般只考虑柔性附件的线性振动，关于考虑柔性附件大幅非线性振动的非线性刚–柔耦合动力学建模与主动控制的研究则还较少。由于薄膜天线具有尺寸大、刚度低的特点，所以天线结构很容易发生大幅的几何非线性振动 [11,12]。为了更加准确地对系统的动力学特性进行分析并实现对航天器的有效控制，保障天线的在轨成像质量，则对薄膜天线航天器进行非线性刚–柔耦合动力学建模与主动协同控制的研究十分必要，这也是目前航天工程领域内亟待解决的重要问题。

本章首先对薄膜天线航天器进行非线性刚–柔耦合动力学建模，然后针对刚–柔耦合动力学模型进行姿态–振动协同控制器的设计，最后通过数值仿真对所研究的理论内容进行验证。

13.2 非线性刚–柔耦合动力学建模

本章以如图 13-1 所示的带有大型空间薄膜天线的卫星这一刚–柔耦合系统作为研究对象，系统主要包含两个关键部分，即卫星本体 (中心刚体) 和薄膜天线 (柔性附件)，星体与天线之间通过 4 根刚性杆实现固定连接。由于天线的质量和转动惯量在系统中占比很大，天线的弹性振动与星体的刚体运动之间将存在强烈的耦合。对于空间薄膜天线，结构的振动会直接破坏天线的形面精度，同时星体姿态稳定性的降低会影响天线的指向精度，这些问题都会给天线的有效在轨运行

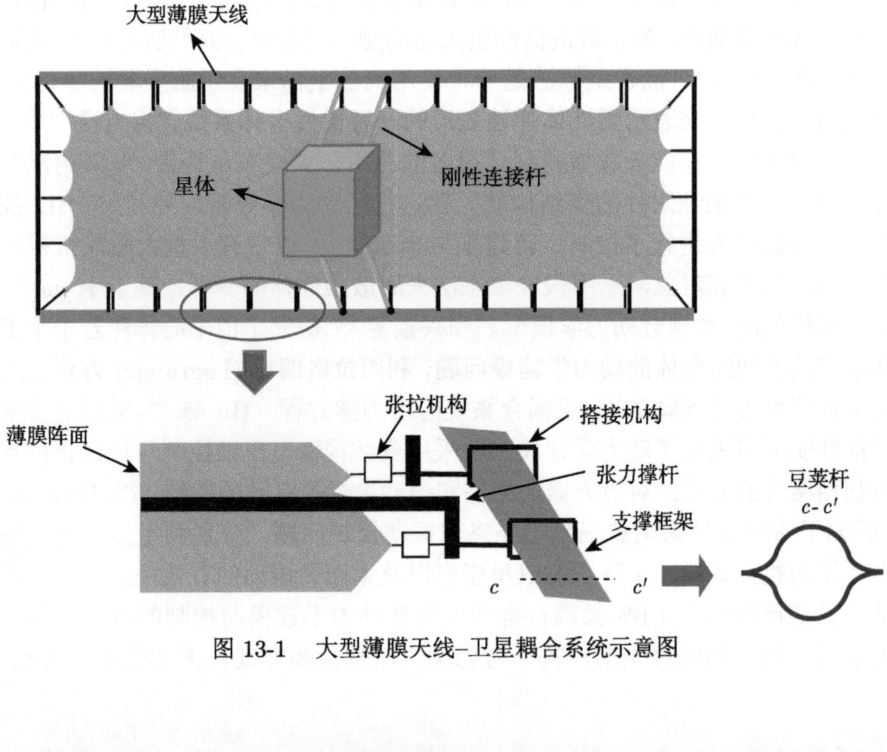

图 13-1 大型薄膜天线–卫星耦合系统示意图

带来不利影响。因此，为了确保系统具有良好的动力学品质、保障天线的高精度在轨成像，必须在前期对薄膜天线航天器进行精确的刚–柔耦合动力学分析。

如图 13-2 所示，定义惯性系 $C_0x_0y_0z_0$ 和位于星体中心的航天器连体系 $C_1x_1y_1z_1$。对于位于星体上的点 p_1 和位于薄膜天线结构上的点 p_2，其位移可表示为

$$\vec{r}_{p1} = \vec{r}_{C1} + \vec{\rho}_{C1p1} \tag{13-1}$$

$$\vec{r}_{p2} = \vec{r}_{C1} + \vec{\rho}_{C1p2} \tag{13-2}$$

其中，$\vec{r}_{C1}$ 表示 C_1 点的位移；$\vec{\rho}_{C1p1}$ 表示 p_1 点相对于 C_1 点的位移；$\vec{\rho}_{C1p2} = \vec{\rho}^{\,0}_{C1p2} + \vec{u}_{p2}$ 表示 p_2 点相对于 C_1 点的位移，这里 $\vec{\rho}^{\,0}_{C1p2}$ 表示 p_2 的牵连点相对于 C_1 点的位移，$\vec{u}_{p2}$ 表示 p_2 点的弹性变形。对于 $\vec{u}_{p2}$，其坐标形式可表示为

$$\boldsymbol{u}_{p2} = \boldsymbol{\Phi}\boldsymbol{a} \tag{13-3}$$

式中，$\boldsymbol{u}_{p2}$ 表示向量 $\vec{u}_{p2}$ 的坐标阵；$\boldsymbol{\Phi}$ 表示薄膜天线结构的模态矩阵；$\boldsymbol{a}$ 表示模态坐标。

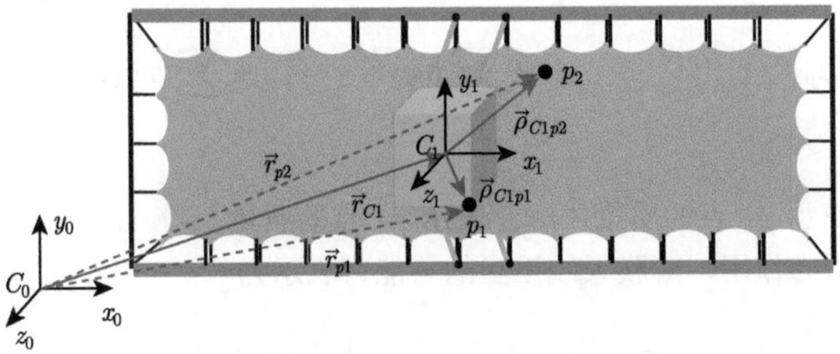

图 13-2 薄膜天线卫星坐标系示意图

根据式 (13-1) 和式 (13-2)，可推得

$$\dot{\vec{r}}_{p1} = \dot{\vec{r}}_{C1} + \vec{\omega} \times \vec{\rho}_{C1p1} \tag{13-4}$$

$$\dot{\vec{r}}_{p2} = \dot{\vec{r}}_{C1} + \vec{\omega} \times \vec{\rho}_{C1p2} + \vec{v}_{p2} \tag{13-5}$$

其中，$\vec{\omega}$ 表示卫星的旋转角速度，由于薄膜天线结构与星体直接为刚性连接，所以天线结构的角速度同样为 $\vec{\omega}$；$\vec{v}_{p2}$ 表示由 p_2 点的弹性变形引起的相对速度。$\vec{v}_{p2}$ 的表达式为

$$\vec{v}_{p2} = \overset{\circ}{\vec{u}}_{p2} \tag{13-6}$$

式中，$\overset{\circ}{\vec{u}}_{p2}$ 表示向量 $\vec{u}_{p2}$ 在连体坐标系 $C_1x_1y_1z_1$ 中的导数。$\boldsymbol{v}_{p2}$ 可表示为坐标形式：

$$\boldsymbol{v}_{p2} = \boldsymbol{\Phi}\dot{\boldsymbol{a}} \tag{13-7}$$

根据式 (13-4) 和式 (13-5)，薄膜天线卫星的动能可表示为

$$T = T_1 + T_2 \tag{13-8}$$

其中，T_1 表示星体的动能；T_2 表示薄膜天线结构的动能。T_1 和 T_2 的表达式为

$$\begin{aligned} T_1 &= \sum \frac{1}{2} m_{p1} \dot{\vec{r}}_{C1} \cdot \dot{\vec{r}}_{C1} + \sum m_{p1} \dot{\vec{r}}_{C1} \cdot (\vec{\omega} \times \vec{\rho}_{C1p1}) \\ &\quad + \sum \frac{1}{2} m_{p1} (\vec{\omega} \times \vec{\rho}_{C1p1}) \cdot (\vec{\omega} \times \vec{\rho}_{C1p1}) \\ &= \sum \frac{1}{2} m_{p1} \dot{\vec{r}}_{C1} \cdot \dot{\vec{r}}_{C1} + \sum \frac{1}{2} m_{p1} (\vec{\omega} \times \vec{\rho}_{C1p1}) \cdot (\vec{\omega} \times \vec{\rho}_{C1p1}) \end{aligned} \tag{13-9}$$

$$\begin{aligned} T_2 &= \sum \frac{1}{2} m_{p2} \dot{\vec{r}}_{C1} \cdot \dot{\vec{r}}_{C1} + \sum \frac{1}{2} m_{p2} (\vec{\omega} \times \vec{\rho}_{C1p2}) \cdot (\vec{\omega} \times \vec{\rho}_{C1p2}) + \sum \frac{1}{2} m_{p2} \vec{v}_{p2} \cdot \vec{v}_{p2} \\ &\quad + \sum m_{p1} \dot{\vec{r}}_{C1} \cdot (\vec{\omega} \times \vec{\rho}_{C1p2}) + \sum m_{p1} \dot{\vec{r}}_{C1} \cdot \vec{v}_{p2} + \sum m_{p1} \vec{v}_{p2} \cdot (\vec{\omega} \times \vec{\rho}_{C1p2}) \end{aligned} \tag{13-10}$$

式中，m_{p1} 表示 p_1 点的质量；m_{p2} 表示 p_2 点的质量。

不考虑引力作用，薄膜天线卫星的势能可表示为

$$U = \frac{1}{2} \boldsymbol{u}^{\mathrm{T}} \boldsymbol{K}_{\mathrm{L}} \boldsymbol{u} + U_{\mathrm{NL}}(\boldsymbol{u}) = \frac{1}{2} \boldsymbol{a}^{\mathrm{T}} \overline{\boldsymbol{K}}_{\mathrm{L}} \boldsymbol{a} + U_{\mathrm{NL}}(\boldsymbol{a}) \tag{13-11}$$

其中，第一项表示薄膜天线结构的线性弹性势能；$\boldsymbol{K}_{\mathrm{L}}$ 表示结构的线性刚度阵，$\overline{\boldsymbol{K}}_{\mathrm{L}} = \boldsymbol{\Phi}^{\mathrm{T}} \boldsymbol{K}_{\mathrm{L}} \boldsymbol{\Phi}$；$U_{\mathrm{NL}}$ 表示非线性弹性力的势能，$\mathbf{fit}(\boldsymbol{a}) = \dfrac{\partial U_{\mathrm{NL}}(\boldsymbol{a})}{\partial \boldsymbol{a}}$，这里 **fit** 表示 12.3 节中得到的非线性弹性力的拟合项。

基于式 (13-9)～式 (13-11)，利用拉格朗日方程，可推得薄膜天线航天器的非线性刚–柔耦合动力学模型为

$$\begin{aligned} \frac{\mathrm{d}}{\mathrm{d}t}\left(\frac{\partial T}{\partial \dot{\boldsymbol{r}}_{C1}}\right) &= \boldsymbol{F}_{C1} = (m_1 + m_2)\ddot{\boldsymbol{r}}_{C1} - \boldsymbol{A} \sum m_{p2} \tilde{\boldsymbol{\rho}}'_{C1p2} \boldsymbol{A}^{\mathrm{T}} \dot{\boldsymbol{\omega}} + \boldsymbol{A} \sum m_{p2} \boldsymbol{\Phi}' \ddot{\boldsymbol{a}} \\ &\quad + \tilde{\boldsymbol{\omega}} \tilde{\boldsymbol{\omega}} \boldsymbol{A} \sum m_{p2} \boldsymbol{\rho}'_{C1p2} + 2\tilde{\boldsymbol{\omega}} \boldsymbol{A} \sum m_{p2} \boldsymbol{\Phi}' \dot{\boldsymbol{a}} \end{aligned} \tag{13-12}$$

$$\frac{\mathrm{d}}{\mathrm{d}t}\left(\frac{\partial T}{\partial \boldsymbol{\omega}}\right)=\boldsymbol{M}_{C1}=\boldsymbol{A}\sum m_{p2}\tilde{\boldsymbol{\rho}}'_{C1p2}\boldsymbol{A}^{\mathrm{T}}\ddot{\boldsymbol{r}}_{C1}+\boldsymbol{A}(\boldsymbol{J}'^{1}_{C1}+\boldsymbol{J}'^{2}_{C1})\boldsymbol{A}^{\mathrm{T}}\dot{\boldsymbol{\omega}}$$
$$+\boldsymbol{A}\sum m_{p2}\tilde{\boldsymbol{\rho}}'_{C1p2}\boldsymbol{\Phi}'\ddot{\boldsymbol{a}}+\tilde{\boldsymbol{\omega}}\boldsymbol{A}\sum m_{p2}\tilde{\boldsymbol{\rho}}'_{C1p2}\boldsymbol{A}^{\mathrm{T}}\dot{\boldsymbol{r}}_{C1}$$
$$-\dot{\tilde{\boldsymbol{r}}}_{C1}\boldsymbol{A}\sum m_{p2}\boldsymbol{\Phi}'\dot{\boldsymbol{a}}+\tilde{\boldsymbol{\omega}}\boldsymbol{A}(\boldsymbol{J}'^{1}_{C1}+\boldsymbol{J}'^{2}_{C1})\boldsymbol{A}^{\mathrm{T}}\boldsymbol{\omega}$$
$$+2\boldsymbol{A}\sum m_{p2}\tilde{\boldsymbol{\rho}}'_{C1p2}\boldsymbol{A}^{\mathrm{T}}\tilde{\boldsymbol{\omega}}\boldsymbol{A}\boldsymbol{\Phi}'\dot{\boldsymbol{a}} \tag{13-13}$$

$$\frac{\mathrm{d}}{\mathrm{d}t}\left(\frac{\partial T}{\partial \dot{\boldsymbol{a}}}\right)+\frac{\partial U}{\partial \boldsymbol{a}}=\boldsymbol{F}_{\mathrm{a}}-\boldsymbol{F}_{\mathrm{Damp}}=\sum m_{p2}\boldsymbol{\Phi}'^{\mathrm{T}}\boldsymbol{A}^{\mathrm{T}}\ddot{\boldsymbol{r}}_{C1}+\sum m_{p2}(\boldsymbol{A}\tilde{\boldsymbol{\rho}}'_{C1p2}\boldsymbol{\Phi}')^{\mathrm{T}}\dot{\boldsymbol{\omega}}$$
$$+\sum m_{p2}\boldsymbol{\Phi}'^{\mathrm{T}}\boldsymbol{\Phi}'\ddot{\boldsymbol{a}}+2\sum m_{p2}\boldsymbol{\Phi}'^{\mathrm{T}}\boldsymbol{A}^{\mathrm{T}}\tilde{\boldsymbol{\omega}}\boldsymbol{A}\boldsymbol{\Phi}'\dot{\boldsymbol{a}}$$
$$+\sum m_{p2}\boldsymbol{\Phi}'^{\mathrm{T}}\boldsymbol{A}^{\mathrm{T}}\tilde{\boldsymbol{\omega}}\tilde{\boldsymbol{\omega}}\boldsymbol{A}\boldsymbol{\rho}'_{C1p2}+\overline{\boldsymbol{K}}_{\mathrm{L}}\boldsymbol{a}+\mathbf{fit}(\boldsymbol{a}) \tag{13-14}$$

其中，$\boldsymbol{z}=[z_1,z_2,z_3]^{\mathrm{T}}$ 表示向量 $\vec{z}$ 在惯性系 $C_0x_0y_0z_0$ 中的坐标形式，$\vec{z}$ 为任意向量；$\boldsymbol{z}'$ 表示向量 $\vec{z}$ 在连体系 $C_1x_1y_1z_1$ 中的坐标形式；$\tilde{\boldsymbol{z}}$ 表示向量 $\boldsymbol{z}$ 的反对称方阵，$\tilde{\boldsymbol{z}}=\begin{bmatrix}0 & -z_3 & z_2\\ z_3 & 0 & -z_1\\ -z_2 & z_1 & 0\end{bmatrix}$；$\boldsymbol{F}_{C1}$ 表示作用于 C_1 点的外力矢；$\boldsymbol{M}_{C1}$ 表示作用于 C_1 点的外力矩；$\boldsymbol{F}_{\mathrm{a}}$ 表示模态转换后作用于薄膜天线结构上的外力；$\boldsymbol{F}_{\mathrm{Damp}}$ 代表薄膜天线结构的阻尼力；$\boldsymbol{A}$ 表示连体系 $C_1x_1y_1z_1$ 与惯性系 $C_0x_0y_0z_0$ 间的坐标转换矩阵；$\boldsymbol{J}'^{1}_{C1}$ 和 $\boldsymbol{J}'^{2}_{C1}$ 分别表示星体和薄膜天线结构相对于 C_1 点的转动惯量。

13.3　姿态–振动协同控制

薄膜天线在轨运行时必须进行一定的姿态机动，以实现目标跟踪定位等任务。由于薄膜天线与星体间的刚–柔耦合作用，航天器的姿态运动与弹性振动会相互激发。一方面，姿态运动引起的弹性振动会破坏天线的型面精度，影响天线的工作性能；另一方面，天线的弹性振动也会影响卫星的姿态机动，导致航天器整体姿态精度的降低。因此，为了保障空间薄膜天线的有效在轨运行，对其进行姿态–振动的同步、协调控制十分必要。

图 13-3 是本书所提出的姿态–振动协同控制策略。该控制系统由两个子系统组成：姿态控制子系统和非线性振动控制子系统。在姿态控制子系统中，首先，采用时间–燃料最优控制方法计算航天器的姿态控制输入；然后，利用分力合成方法对姿态控制输入进行处理，使得航天器在完成目标姿态机动的同时尽可能小地引发柔性体

的弹性振动；最后，对姿态控制输入进行脉冲调制以满足姿态执行机构 (如姿态控制发动机) 对输入指令的需求。在非线性振动控制子系统中，利用 12.4 节所提出的基于张拉索作动的振动控制方法，对薄膜天线结构的非线性振动进行抑制。

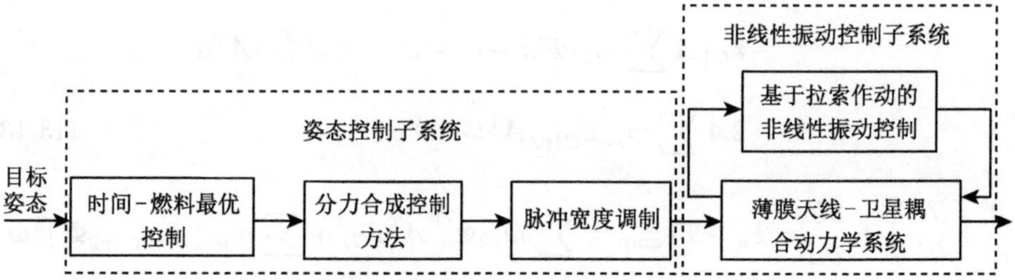

图 13-3 薄膜天线航天器姿态–振动协同控制示意图

13.3.1 时间–燃料最优控制

由于在轨航天器的燃料储备是有限的，所以往往希望航天器能以最小的燃料消耗在最短的时间内完成目标姿态机动。假定航天器的目标姿态机动为单轴的 rest-to-rest 运动，目标姿态机动角度为 $\theta_{\rm g}$。为了实现该目标，如图 13-4 所示的开关控制需要满足以下方程：

$$\frac{T_m}{J}t_1^2+\frac{T_m}{J}t_1(t_2-t_1)=\frac{T_m}{J}t_1t_2=\theta_{\rm g} \tag{13-15}$$

其中，T_m 表示发动机的扭转控制力矩；J 表示航天器的转动惯量；t_1 和 t_2 表示控制输入的开关切换时间。

基于时间–燃料最优的控制思想，选定目标函数为 [13]

$$y=W_t(t_1+t_2)+W_f\frac{T_m}{J}t_1 \tag{13-16}$$

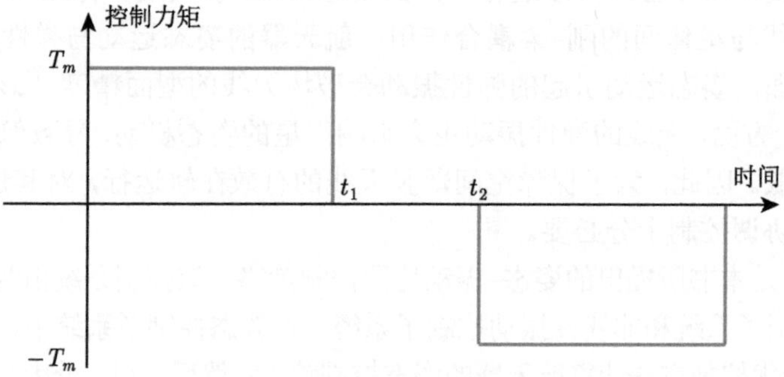

图 13-4 时间–燃料最优控制输入

其中，W_t 表示时间的权重值；W_f 表示燃料消耗的权重值。

基于式 (13-16)，通过对目标函数 y 进行寻优计算，可得到

$$t_1 = \sqrt{\frac{W_t\theta_{\mathrm{g}}}{\dfrac{T_m}{J}\left(W_t + 2\dfrac{T_m}{J}W_f\right)}}, \quad t_2 = \frac{J\theta_{\mathrm{g}}}{T_m t_1} \tag{13-17}$$

13.3.2 分力合成控制方法

分力合成振动抑制方法的实质是利用几个相同或相似的随时间变化的力作为分力，将分力按照一定的规律沿时间轴排列合成为系统的输入 [14]。它可以在实现指定刚体运动的同时有效地抑制对系统影响较大的任意多阶弹性振动分量。分力合成控制方法的基本原理如图 13-5 所示，以如下的单自由度系统为例：

$$\ddot{x} + \omega^2 x = F(t) \tag{13-18}$$

其中，x 表示系统的广义坐标；ω 为系统的固有频率，$T = 2\pi/\omega$ 为系统的振动周期；$F(t)$ 为系统的控制输入。

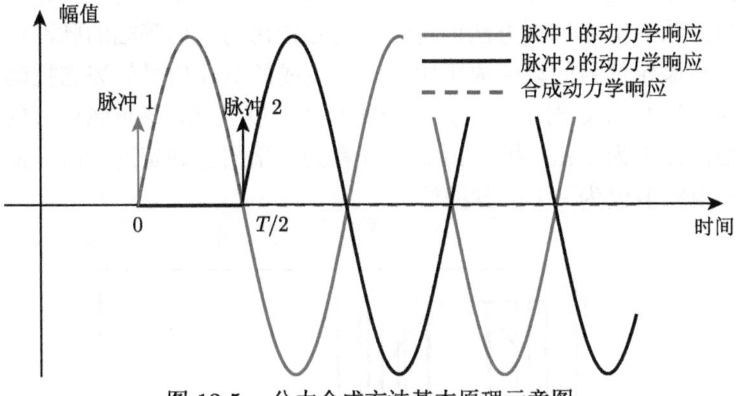

图 13-5　分力合成方法基本原理示意图

对于式 (13-18) 所示的线性系统，在零初始条件下的单位脉冲响应为一正弦函数。如果分别在零时刻、半周期时刻对系统施加一个等幅值的脉冲，则当这两个脉冲作用结束后系统将无振动。事实上，分力合成是一种振动自消除方法，先前指令激起的振动恰好被后面的指令消除 [15]。分力合成方法并不仅限于脉冲力，它对任意的时变作用力都是有效的，而分力合成中的“分力”就是指这种时变作用力。下面以定理的形式对分力合成方法进行阐述。

定理 1　对于零初始条件的无阻尼二阶系统，若将系统的 m 个振动周期划分为 n 等份 (m 不能为 n 的倍数)，并在每等份的起始点或与起始点差整数周期处施加相同的分力，则当所有作用力结束后系统将无振动。

定理 2　对于零初始条件的有阻尼二阶系统，若均分系统的 m 个有阻尼振动周期为 n 等份 (m 不能为 n 的倍数)，且在每等份的起始点或与起始点差整数个有阻尼振动周期处施加相似的分力，则当所有作用力结束后系统将无振动。

定理 2 中的“相似分力”是指时变规律相同、幅值比为某一常数的两个作用力。例如，两个不同幅值的脉冲、阶跃等作用力都可以称为相似力，而幅值比常数是与时间、频率和阻尼有关的振幅衰减系数。

定理 3　对于具有零初始条件的二阶系统，若分力可以抑制振动且对频率的变动具有 p 阶鲁棒性，则 n 个这样的分力按定理 1 或定理 2 形成的合成力就对频率的变动具有 $p+1$ 阶鲁棒性。

定理 4　如果分量合成控制输入可以抑制系统的前 $m-1$ 阶振动模态，以该控制输入作为分量，以第 m 阶固有频率作为目标频率，根据定理 1 或定理 2 合成的新的控制输入可以抑制系统的前 m 阶振动模态。

13.3.3　脉冲宽度调制

实际情况下，航天器的姿态控制发动机往往只能产生开关式的控制力矩，因此需要对控制输入进行脉冲调制。本书对分力合成控制生成的控制输入进行了脉冲宽度调制。脉冲宽度调制方法可将输入信号转化为一列等幅的脉冲信号，脉冲信号的宽度与原始信号的幅值成正比，同时生成的脉冲信号的姿态控制效果与原始信号相同。图 13-6 是对一个正弦信号的脉冲宽度调制，该正弦信号的频率设定为 1Hz，幅值设定为 1m。由图 13-6 可以看到，采用脉冲宽度调制，原始信号可被转化为一组幅值仅为 ±1 的脉冲信号。

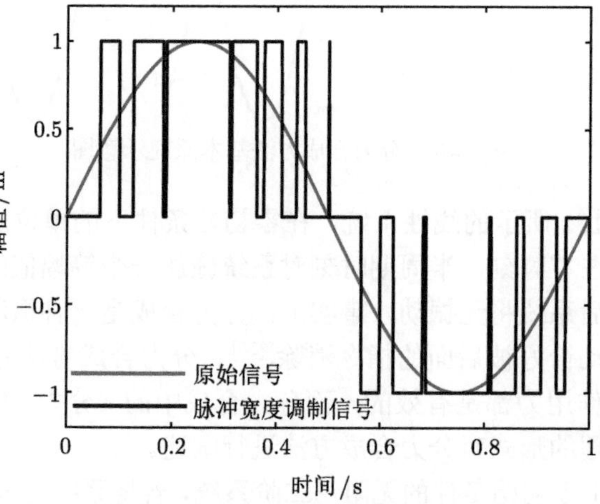

图 13-6　正弦信号的脉冲宽度调制

13.4 数值仿真

13.4.1 非线性刚–柔耦合动力学特性仿真

本节对薄膜天线航天器的刚–柔耦合动力学与协同控制进行数值仿真分析。薄膜天线结构的参数如表 11-1 所示，星体的参数如表 13-1 所示。设定薄膜天线航天器的目标姿态机动为：绕 y_1 轴单轴转动 30°。利用时间–燃料最优控制方法，可计算得到实现该目标姿态机动所需要的控制输入，如图 13-7 所示。这里姿态发动机的扭转力矩设定为 100N · m，时间的权重值设定为 $W_t = 1$，燃料消耗的权重值设定为 $W_f = 25$，计算得到控制输入指令的开关时间为 $t_1 = 5.045\text{s}$，$t_2 = 8.227\text{s}$。

表 13-1 星体的参数

参数	数值
长度/m	1
宽度/m	1
高度/m	1
质量/kg	150
转动惯量 J_{11}/(kg·m^2)	25
转动惯量 J_{22}/(kg·m^2)	25
转动惯量 J_{33}/(kg·m^2)	25

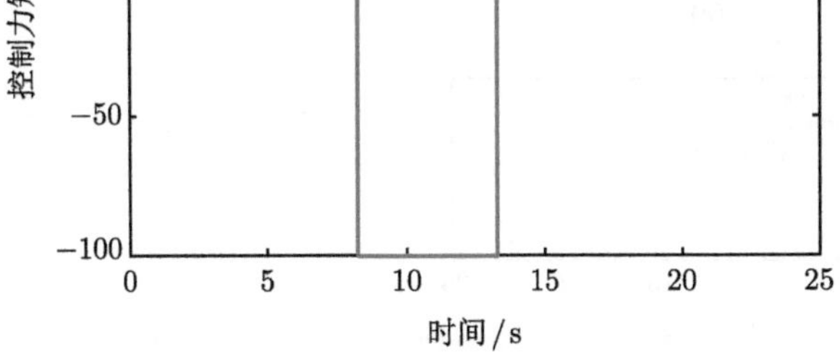

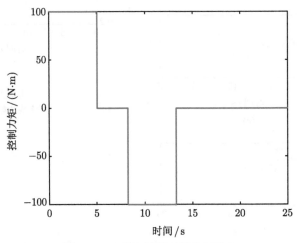

图 13-7 时间–燃料最优控制输入

首先考虑仅在时间–燃料最优控制输入下薄膜天线航天器的刚–柔耦合动力学响应。图 13-8 为姿态机动过程中薄膜天线航天器的动力学响应。为了对比，还计算了不考虑薄膜天线结构大幅非线性振动的系统响应，这可通过忽略式 (13-14) 中

的非线性力项 **fit**($\boldsymbol{a}$) 而计算得到。由图 13-8 可以看到，基于时间–燃料最优控制方法得到的控制输入能够使得薄膜天线航天器完成目标姿态机动。然而，由于薄膜天

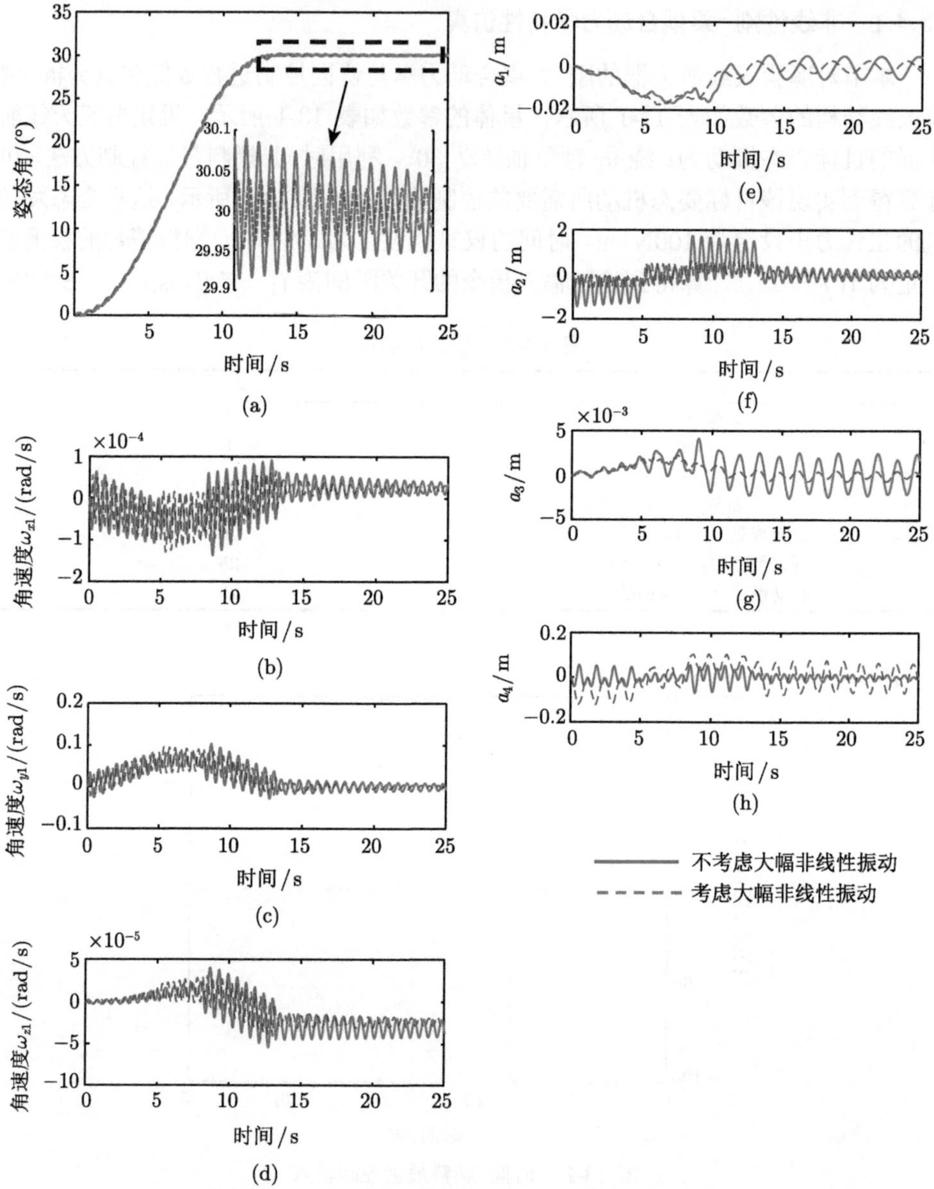

图 13-8 仅在时间–燃料最优控制输入下考虑和不考虑薄膜天线大幅振动的刚–柔耦合系统动力学响应

(a) 姿态角；(b) 沿 x_1 方向的角速度；(c) 沿 y_1 方向的角速度；(d) 沿 z_1 方向的角速度；(e) 一阶模态坐标；(f) 二阶模态坐标；(g) 三阶模态坐标；(h) 四阶模态坐标

线结构的弹性振动 (特别是结构第二阶模态的激发)，航天器的姿态角和姿态角速度存在较大的扰动，显然这会对薄膜天线航天器的正常工作带来不利影响。同时对比考虑大幅非线性振动和不考虑大幅非线性振动的模型的结果，可以看到，柔性附件的几何非线性会对系统的刚–柔耦合动力学行为带来显著影响，因此，为了准确地描述薄膜天线航天器的在轨动力学行为，有必要采取非线性刚–柔耦合动力学模型进行分析。图 13-9 是利用考虑大幅非线性振动和不考虑大幅非线性振动的模型计算得到的航天器绕 y_1 轴旋转的姿态角的频谱图。可以看到，考虑大幅非线性振动的模型得到的姿态角的特征频率要高于不考虑大幅非线性振动模型的结果，这主要是由几何非线性所引起的附加刚度导致的。

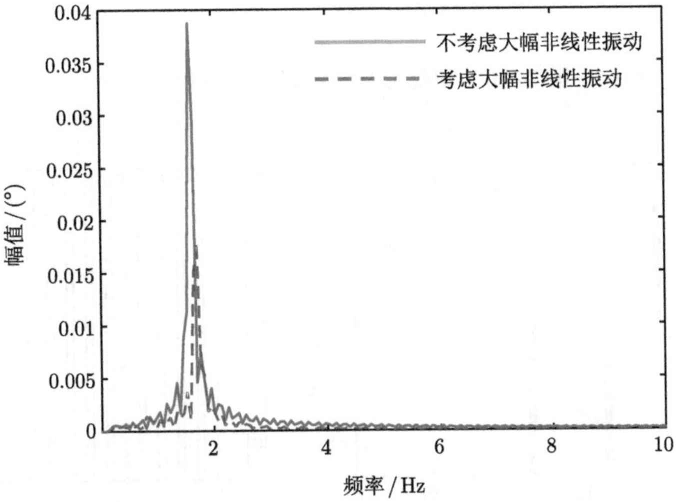

图 13-9 薄膜天线航天器绕 y_1 轴转动姿态角的频谱图

13.4.2 姿态–振动协同控制仿真

为了抑制由姿态机动引起的薄膜天线结构的弹性振动，本节采用了分力合成控制方法。将图 13-7 所示的控制输入作为一个分力，以薄膜天线航天器第二阶固有频率作为振动抑制的目标频率，设定分量数为 3，基于分力合成控制方法可得到航天器的姿态控制力矩，如图 13-10 所示。由于姿态发动机一般只能产生固定的控制力矩，所以采用脉冲宽度调制的方法对姿态控制输入进行转换处理，如图 13-11 所示。利用脉冲宽度调制方法，可以得到适用于姿态控制发动机的 "开关式" 控制输入。

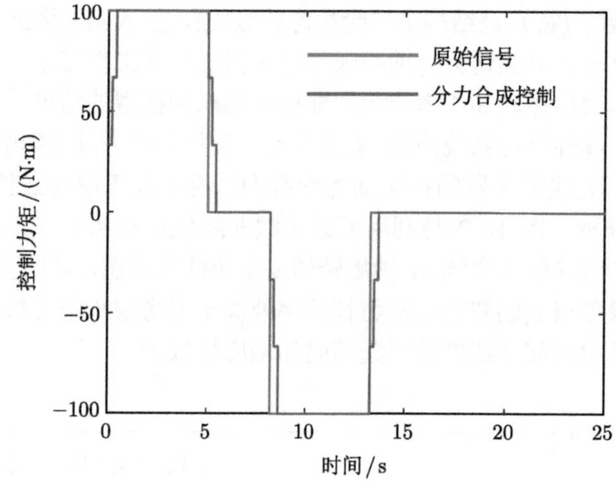

图 13-10 薄膜天线航天器分力合成控制力矩

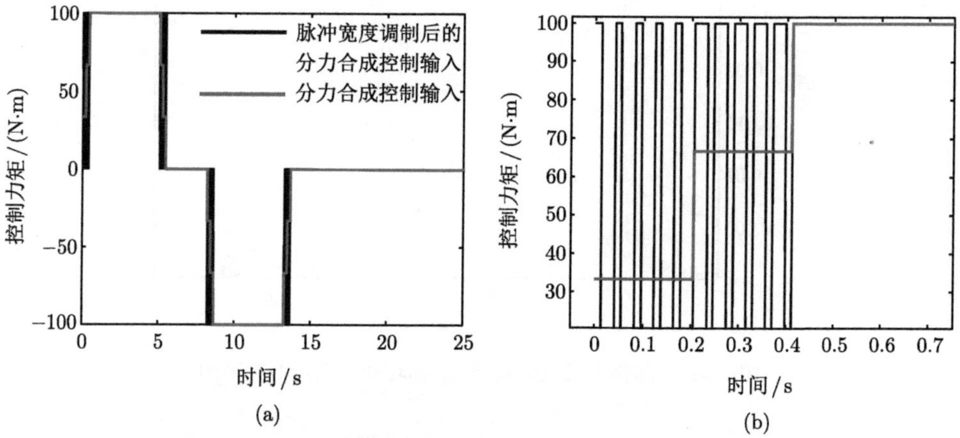

图 13-11 脉冲宽度调制后的薄膜天线航天器分力合成控制输入

(a) 全局图；(b) 局部放大图

采用脉冲宽度调制后的分力合成控制输入对薄膜天线航天器进行控制，计算得到系统的动力学响应，如图 13-12 和图 13-13 所示。图 13-12 是不考虑薄膜天线结构大幅非线性振动情况下的控制仿真结果，可以看到在此情况下，利用分力合成控制方法，可以在实现航天器目标姿态机动的同时很好地抑制柔性结构的振动，航天器的姿态角和角速度的精度得到了明显提高。图 13-13 是考虑薄膜天线结构大幅非线性振动情况下的控制仿真结果，可以看到，此时仅采用分力合成控制方法已经不能有效地抑制薄膜天线结构的弹性振动，航天器的姿态角和角速度依然存在较大的扰动。这一问题的主要原因在于：分力合成控制方法是基于受控

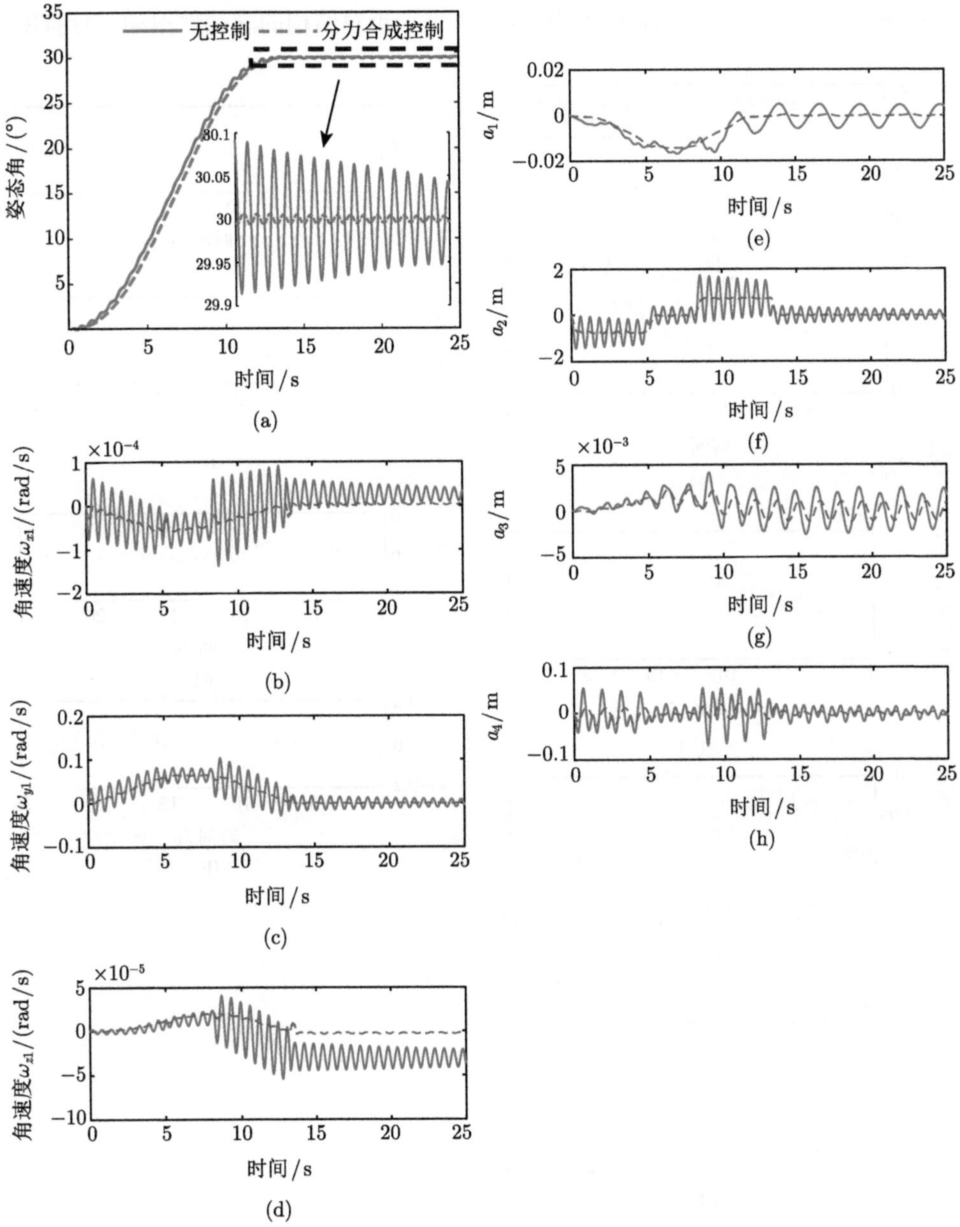

图 13-12 不考虑薄膜天线结构大幅非线性振动时分力合成控制下的薄膜天线航天器姿态机动过程中的动力学响应

(a) 姿态角；(b) 沿 x_1 方向的角速度；(c) 沿 y_1 方向的角速度；(d) 沿 z_1 方向的角速度；(e) 一阶模态坐标；(f) 二阶模态坐标；(g) 三阶模态坐标；(h) 四阶模态坐标

系统是线性的这一假设。因此，对于考虑薄膜天线结构大幅振动的非线性刚–柔耦合系统，需要在进行分力合成控制的同时，进一步对结构的非线性振动进行抑制。

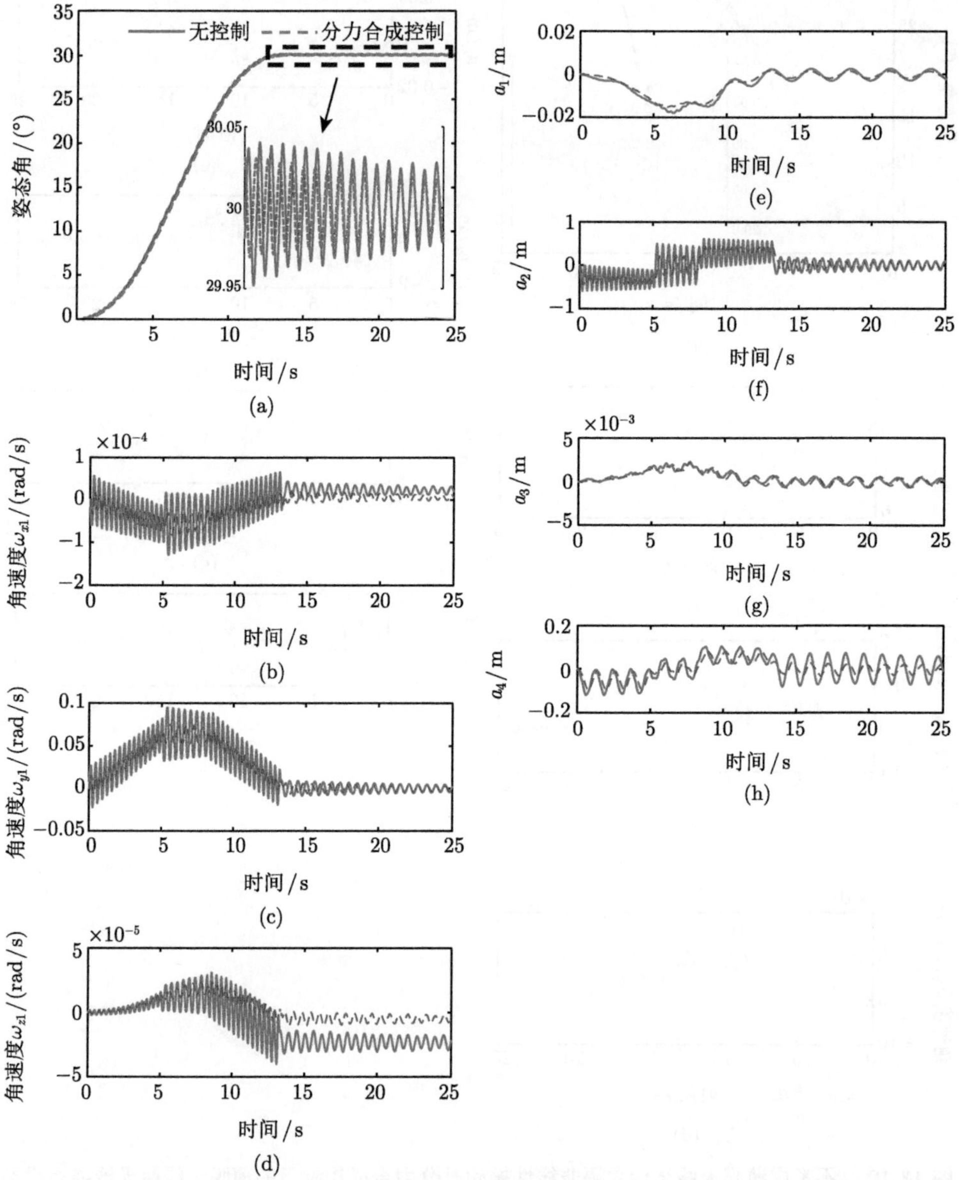

图 13-13　考虑薄膜天线结构大幅非线性振动时分力合成控制下的薄膜天线航天器姿态机动过程中的动力学响应

(a) 姿态角；(b) 沿 x_1 方向的角速度；(c) 沿 y_1 方向的角速度；(d) 沿 z_1 方向的角速度；(e) 一阶模态坐标；(f) 二阶模态坐标；(g) 三阶模态坐标；(h) 四阶模态坐标

采用如图 13-3 所示的协同控制策略，在分力合成控制的基础上进一步利用张拉索作动的方式，对薄膜天线结构的非线性振动进行控制，张拉索作动的控制律如式 (12-72) 所示。仿真得到非线性刚–柔耦合系统的协同控制响应，如图 13-14 所示。可以看到，所提出的协同控制方法可以对航天器姿态机动过程所引起的结构大幅非线性振动进行有效的抑制，提高姿态机动的精确性和稳定性。

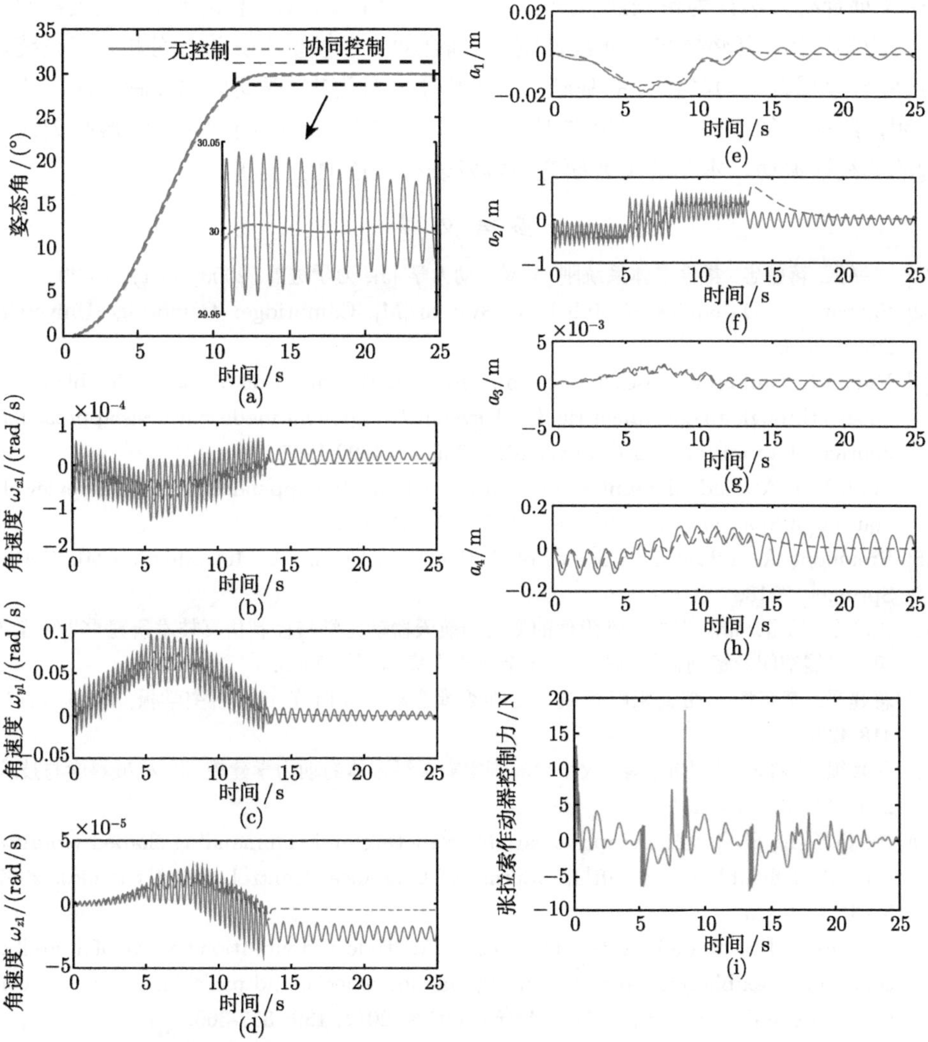

图 13-14 考虑薄膜天线结构大幅非线性振动时协同控制下的薄膜天线航天器姿态机动过程中的动力学响应

(a) 姿态角；(b) 沿 x_1 方向的角速度；(c) 沿 y_1 方向的角速度；(d) 沿 z_1 方向的角速度；(e) 一阶模态坐标；(f) 二阶模态坐标；(g) 三阶模态坐标；(h) 四阶模态坐标；(i) 张拉索作动器的控制力

13.5 本章小结

本章对薄膜天线航天器的非线性刚–柔耦合动力学建模与主动协同控制问题进行了研究。首先，考虑薄膜天线结构的大幅非线性振动，建立了薄膜天线航天器的非线性刚–柔耦合动力学模型。研究表明，柔性附件的几何非线性会对系统的刚–柔耦合动力学行为带来显著影响。因此，为了准确地描述薄膜天线航天器的在轨动力学行为，有必要采用非线性刚–柔耦合动力学模型对其进行分析。在系统非线性刚–柔耦合动力学模型的基础上，提出了一种姿态–振动协同控制方法。研究表明，所提出的协同方法可以在保障航天器姿态机动精度的同时抑制薄膜天线结构的非线性振动。本章的主要研究内容发表有文章 [18], [19]。

参考文献

[1] 洪嘉振, 蒋丽忠. 柔性多体系统刚–柔耦合动力学 [J]. 力学进展, 2000, 30(1): 15-20.

[2] Shabana A. Dynamics of Multibody Systems[M]. Cambridge: Cambridge University Press, 2020.

[3] Vidoni R, Gallina P, Boscariol P, et al. Modeling the vibration of spatial flexible mechanisms through an equivalent rigid-link system/component mode synthesis approach[J]. Journal of Vibration and Control, 2017, 23(12): 1890-1907.

[4] Modi V J. Attitude dynamics of satellites with flexible appendages - a brief review[J]. Journal of Spacecraft and Rockets, 1974, 11(11): 743-751.

[5] Preumont A. Vibration Control of Active Structures: An Introduction[M]. Berlin: Springer, 2018.

[6] 关晓东, 杨雷. 带有大型柔性附件的变结构航天器动力学与控制仿真技术研究 [C]// 全国第十二届空间及运动体控制技术学术会议论文集, 桂林, 2006.

[7] 蒋建平, 李东旭. 带太阳帆板航天器刚柔耦合动力学研究 [J]. 航空学报, 2006, 27(3): 418-422.

[8] 和兴锁, 邓峰岩, 张烈霞, 等. 大型空间刚柔耦合组合体的动力学建模 [J]. 机械科学与技术, 2004, 23(5): 543-545.

[9] Hu Q, Peng S, Gao H. Adaptive variable structure and commanding shaped vibration control of flexible spacecraft[J]. Journal of Guidance, Control, and Dynamics, 2007, 30(3): 804-815.

[10] da Fonseca I M, Rade D A, Goes L C, et al. Attitude and vibration control of a satellite containing flexible solar arrays by using reaction wheels, and piezoelectric transducers as sensors and actuators[J]. Acta Astronautica, 2017, 139: 357-366.

[11] Liu X, Cai G, Peng F, et al. Active control of large-amplitude vibration of a membrane structure[J]. Nonlinear Dynamics, 2018, 93(2): 629-642.

[12] Liu X, Zhang H, Lv L, et al. Nonlinear vibration control of a membrane antenna structure[J]. Proceedings of the Institution of Mechanical Engineers, Part G: Journal of Aerospace Engineering, 2019, 233(9): 3273-3285.

[13] Liu S W, Singh T. Fuel/time optimal control of spacecraft maneuvers[J]. Journal of Guidance, Control and Dynamics, 1997, 20: 394-397.

[14] 胡庆雷. 挠性航天器姿态机动的主动振动控制 [D]. 哈尔滨工业大学博士学位论文, 2006.

[15] 陕晋军, 刘暾. 挠性结构的分力合成主动振动抑制方法研究 [J]. 上海航天, 2001, 6: 28-37.

[16] Barr M. Pulse width modulation[J]. Embedded Systems Programming, 2001, 14: 103, 104.

[17] Shou Y X, Xu B, Liang X H, et al. Aerodynamic/reaction-jet compound control of hypersonic reentry vehicle using sliding mode control and neural learning[J]. Aerospace Science and Technology, 2021, 111: 106564.

[18] Liu X, Lv L L, Cai G P. Hybrid control of a satellite with membrane antenna considering nonlinear vibration[J]. Aerospace Science and Technology, 2021, 117: 106962.

[19] Fan L, Liu X, Cai G P. Attitude tracking and vibration control of membrane antenna satellite[J]. Journal of the Franklin Institute, 2020, 357: 10584-10599.

第 14 章　薄膜天线航天器的挠性参数在轨辨识

14.1　引　言

现代航天器日趋大型化和复杂化，这为探索太空提供更多便利的同时也带来了挠性突出的问题，使得系统模态呈现出低频、密集的特征。对于这种大型挠性结构，许多情况下进行地面系统组装都很困难，开展模态试验的难度则更大，而且地面试验设备有时也无法满足试验所需的条件。由于地面和太空环境的不同，挠性结构在两种环境下的振动行为也将不同，这会导致地面试验与实际在轨之间存在差异，因此即便完成了地面模态试验，所得到的数据也未必能够反映系统在轨的真实状态。另外，航天器结构挠性参数对于仿真模型的建立、在轨姿态控制等具有重要作用，精确的挠性参数值是系统动力学建模和控制设计的重要保障。因此，有必要开展航天器挠性参数在轨辨识技术的研究，以提高挠性参数的辨识精度。

本章以薄膜天线航天器作为对象，开展挠性参数在轨辨识技术的研究。首先，介绍两种航天器挠性参数的在轨辨识方法，即特征系统实现算法和基于协方差的随机子空间方法，阐述这两种方法的基本理论，并研究虚假模态的剔除问题。然后，采用这两种辨识方法开展薄膜天线航天器模态参数辨识的数值仿真研究。

14.2　挠性参数在轨辨识方法

14.2.1　特征系统实现算法

1. ERA 的基本理论

特征系统实现算法 (eigen-system realization algorithm, ERA) 是由美国国家航空航天局 (NASA) 的兰利 (Langley) 研究中心于 1984 年提出的一种时域整体模态参数辨识方法。该方法一经提出便成功地应用于“伽利略号” (Galileo) 航天器的试验模态分析、巨型太阳能电池板的模态试验、国际空间站和“和平号”空间站等大型柔性空间结构的在轨模态试验中，取得了良好的辨识结果。ERA 以系统的脉冲响应数据为计算依据，通过脉冲响应数据构造汉克尔 (Hankel) 分块矩阵，再对汉克尔 (Hankel) 矩阵进行奇异值分解 (SVD) 得到系统状态空间的最小实现，进而计算出系统的模态参数 [1]。该方法的基本理论如下。

考虑 n 维的线性时不变系统：

$$\begin{cases} \dot{\boldsymbol{x}}(t)=\widehat{\boldsymbol{A}}\boldsymbol{x}(t)+\widehat{\boldsymbol{B}}\boldsymbol{u}(t) \\ \boldsymbol{y}(t)=\boldsymbol{C}\boldsymbol{x}(t)+\boldsymbol{D}\boldsymbol{u}(t) \end{cases} \tag{14-1}$$

其中，$\boldsymbol{x}\in\Re^{2n\times 1}$ 为状态向量；$\widehat{\boldsymbol{A}}\in\Re^{2n\times 2n}$ 为系统矩阵；$\widehat{\boldsymbol{B}}\in\Re^{2n\times d}$ 为控制矩阵，这里 d 为输入通道数；$\boldsymbol{y}\in\Re^{q\times 1}$ 为输出向量，这里 q 为输出通道数；$\boldsymbol{u}\in\Re^{d\times 1}$ 为输入向量；$\boldsymbol{C}\in\Re^{q\times 2n}$ 为输出矩阵；$\boldsymbol{D}\in\Re^{q\times d}$ 为直接影响矩阵。

假定 $t=t_0$ 时初始条件为 $\boldsymbol{x}(t_0)$，则上式的解为

$$\boldsymbol{x}(t)=\mathrm{e}^{\widehat{\boldsymbol{A}}(t-t_0)}\boldsymbol{x}(t_0)+\int_{t_0}^{t}\mathrm{e}^{\widehat{\boldsymbol{A}}(t-\tau)}\widehat{\boldsymbol{B}}\boldsymbol{u}(\tau)\mathrm{d}\tau,\quad t\geqslant t_0 \tag{14-2}$$

假定采样周期为 T_s，令 $t=t_0+kT_s$，$k=0,1,2,\cdots$，$t_0=0$，则由式 (14-2) 得

$$\boldsymbol{x}(kT_s)=\mathrm{e}^{\widehat{\boldsymbol{A}}kT_s}\boldsymbol{x}(t_0)+\int_0^{kT_s}\mathrm{e}^{\widehat{\boldsymbol{A}}(kT_s-\tau)}\widehat{\boldsymbol{B}}\boldsymbol{u}(\tau)\mathrm{d}\tau \tag{14-3}$$

$$\begin{aligned} \boldsymbol{x}[(k+1)T_s]=&\mathrm{e}^{\widehat{\boldsymbol{A}}(k+1)T_s}\boldsymbol{x}(t_0)+\int_0^{(k+1)T_s}\mathrm{e}^{\widehat{\boldsymbol{A}}[(k+1)T_s-\tau]}\widehat{\boldsymbol{B}}\boldsymbol{u}(\tau)\mathrm{d}\tau \\ =&\mathrm{e}^{\widehat{\boldsymbol{A}}T_s}\mathrm{e}^{\widehat{A}kT_s}\boldsymbol{x}(t_0)+\mathrm{e}^{\widehat{\boldsymbol{A}}T_s}\int_0^{kT_s}\mathrm{e}^{\widehat{\boldsymbol{A}}(kT_s-\tau)}\widehat{\boldsymbol{B}}\boldsymbol{u}(\tau)\mathrm{d}\tau \\ &+\int_{kT_s}^{(k+1)T_s}\mathrm{e}^{\widehat{A}[(k+1)T_s-\tau]}\widehat{\boldsymbol{B}}\boldsymbol{u}(\tau)\mathrm{d}\tau \\ =&\mathrm{e}^{\widehat{\boldsymbol{A}}T_s}\boldsymbol{x}(kT_s)+\int_0^{T_s}\mathrm{e}^{\widehat{\boldsymbol{A}}s}\widehat{\boldsymbol{B}}\boldsymbol{u}(s)\mathrm{d}s \end{aligned} \tag{14-4}$$

其中，$s=(k+1)T_s-\tau$。

根据零阶保持器的性质，可令采样值在一个采样间隔内保持不变，由此可得

$$\boldsymbol{x}[(k+1)T_s]=\mathrm{e}^{\widehat{\boldsymbol{A}}T_s}\boldsymbol{x}(kT_s)+\int_0^{T_s}\mathrm{e}^{\widehat{\boldsymbol{A}}s}\mathrm{d}s\widehat{\boldsymbol{B}}\boldsymbol{u}(kT_s) \tag{14-5}$$

在上式中省略 T_s，则连续系统 (14-1) 的离散形式可表示为

$$\begin{cases} \boldsymbol{x}(k+1)=\boldsymbol{A}\boldsymbol{x}(k)+\boldsymbol{B}\boldsymbol{u}(k) \\ \boldsymbol{y}(k)=\boldsymbol{C}\boldsymbol{x}(k)+\boldsymbol{D}\boldsymbol{u}(k) \end{cases} \tag{14-6}$$

其中，$\boldsymbol{A}=\mathrm{e}^{\widehat{\boldsymbol{A}}T_s}$，$\boldsymbol{B}=\left(\int_0^{T_s}\mathrm{e}^{\widehat{\boldsymbol{A}}s}\mathrm{d}s\right)\widehat{\boldsymbol{B}}$。

利用系统的脉冲响应，构造 $(s+1)\times(t+1)$ 块汉克尔分块矩阵：

$$\boldsymbol{H}(\tau)=\begin{bmatrix}\boldsymbol{Y}_\tau & \boldsymbol{Y}_{\tau+1} & \cdots & \boldsymbol{Y}_{\tau+t}\\ \boldsymbol{Y}_{\tau+1} & \boldsymbol{Y}_{\tau+2} & \cdots & \boldsymbol{Y}_{\tau+t}\\ \vdots & \vdots & & \vdots\\ \boldsymbol{Y}_{\tau+s} & \boldsymbol{Y}_{\tau+s+1} & \cdots & \boldsymbol{Y}_{\tau+s+t}\end{bmatrix}\in R^{q(s+1)\times d(t+1)} \tag{14-7}$$

其中，$\boldsymbol{Y}_\tau=\boldsymbol{C}\boldsymbol{A}^\tau\boldsymbol{B}\in\Re^{q\times d}$ 表示系统的脉冲响应采样值。

把 $\boldsymbol{H}(\tau)$ 写成如下形式：

$$\boldsymbol{H}(\tau)=\overline{\boldsymbol{V}}_s\boldsymbol{A}^\tau\overline{\boldsymbol{W}}_t \tag{14-8}$$

其中，$\overline{\boldsymbol{V}}_s=[\boldsymbol{C}^{\mathrm{T}},(\boldsymbol{CA})^{\mathrm{T}},(\boldsymbol{CA}^2)^{\mathrm{T}},\cdots,(\boldsymbol{CA}^s)^{\mathrm{T}}]^{\mathrm{T}}$，$\overline{\boldsymbol{W}}_t=[\boldsymbol{B},\boldsymbol{AB},\boldsymbol{A}^2\boldsymbol{B},\cdots,\boldsymbol{A}^t\boldsymbol{B}]$，$\overline{\boldsymbol{V}}_s$、$\overline{\boldsymbol{W}}_t$ 分别为系统的可观和可控矩阵。对于阶次为 $2n$ 的系统，系统矩阵的最小维数为 $2n\times 2n$，倘若 $s+1\geqslant 2n$，$t+1\geqslant 2n$ 且系统可控可观，则有 $\overline{\boldsymbol{V}}_s$、$\overline{\boldsymbol{W}}_t$ 的阶次为 $2n$，此时汉克尔分块矩阵 $\boldsymbol{H}(\tau)$ 的阶次也为 $2n$。

对矩阵 $\boldsymbol{H}(0)$ 进行 SVD 分解 [2,3]：

$$\boldsymbol{H}(0)=\boldsymbol{UNV}^{\mathrm{T}} \tag{14-9}$$

其中，$\boldsymbol{U}$、$\boldsymbol{V}$ 为正交阵；$\boldsymbol{N}$ 为奇异值对角阵，其表达式为

$$\begin{aligned}&\boldsymbol{N}=\mathrm{diag}(d_1,d_2,\cdots,d_r,d_{r+1},\cdots)\\&d_1\geqslant d_2\geqslant\cdots\geqslant d_r\geqslant d_{r+1}\geqslant\cdots\geqslant 0\end{aligned} \tag{14-10}$$

r 可以由奇异值截断阈值 ε 确定：

$$\frac{d_r}{d_1}>\varepsilon,\quad \frac{d_{r+1}}{d_1}\leqslant\varepsilon \tag{14-11}$$

取 $\boldsymbol{U}_r$ 为 $\boldsymbol{U}$ 的前 $\boldsymbol{r}$ 列，$\boldsymbol{V}_r$ 为 $\boldsymbol{V}$ 的前 $\boldsymbol{r}$ 列，$\boldsymbol{N}_r=\mathrm{diag}(d_1,d_2,\cdots,d_r)$。定义如下矩阵：

$$\boldsymbol{E}_q^{\mathrm{T}}=[\boldsymbol{I}_q,\boldsymbol{0}_{q\times sq}],\quad \boldsymbol{E}_d^{\mathrm{T}}=[\boldsymbol{I}_d,\boldsymbol{0}_{d\times td}] \tag{14-12}$$

系统的最小实现 $(\boldsymbol{A}_r,\boldsymbol{B}_r,\boldsymbol{C}_r)$ 可以确定如下：

$$\begin{aligned}&\boldsymbol{A}_r=\boldsymbol{N}_r^{-1/2}\boldsymbol{U}_r^{\mathrm{T}}\boldsymbol{H}(1)\boldsymbol{V}_r\boldsymbol{N}_r^{-1/2}\\&\boldsymbol{B}_r=\boldsymbol{N}_r^{1/2}\boldsymbol{V}_r^{\mathrm{T}}\boldsymbol{E}_d\\&\boldsymbol{C}_r=\boldsymbol{E}_q^{\mathrm{T}}\boldsymbol{U}_r\boldsymbol{N}_r^{1/2}\end{aligned} \tag{14-13}$$

通过对系统矩阵 $\boldsymbol{A}_r$ 进行特征值分解，可以得到系统的固有频率、阻尼比等模态参数 [4]。

以上介绍了 ERA 的基本理论。在采用该方法进行参数辨识时，原则上需要知道系统的脉冲响应数据，即在脉冲激励下系统的响应。如果系统的输入不是脉冲激励，此时可以根据系统的输入和输出数据先采用观测器/卡尔曼滤波辨识 (observer/Kalman filter identification, OKID) 方法得到系统的单位脉冲响应，然后再采用 ERA 进行参数辨识。详细过程可以参见参考文献 [5]，在此不再赘述。

2. 模态参数辨识

对系统矩阵 $\boldsymbol{A}_r$ 进行特征值分解：

$$\boldsymbol{\psi}^{-1}\boldsymbol{A}_r\boldsymbol{\psi} = \boldsymbol{Z} \tag{14-14}$$

$$\boldsymbol{Z} = \mathrm{diag}(z_1, z_2, \cdots, z_r) \tag{14-15}$$

由振动理论可知

$$z_i = \mathrm{e}^{-\zeta_i\omega_i T_s \pm \mathrm{j}\omega_i\sqrt{1-\zeta_i^2}T_s}, \quad \mathrm{j} = \sqrt{-1}, \quad i = 1, 2, 3, \cdots, r \tag{14-16}$$

其中，ω_i 和 ζ_i 分别为动力学系统的无阻尼频率和阻尼比。

定义：

$$s_i = \frac{\ln(z_i)}{T_s} \tag{14-17}$$

从而有

$$\omega_i = \sqrt{\mathrm{Re}(s_i)^2 + \mathrm{Im}(s_i)^2}, \quad \zeta_i = -\frac{\mathrm{Re}(s_i)}{\sqrt{\mathrm{Re}(s_i)^2 + \mathrm{Im}(s_i)^2}} \tag{14-18}$$

通过上述特征值计算过程，就可以得到系统的模态参数信息。

14.2.2 基于协方差的随机子空间方法 (SSI-COV)

随机子空间方法 [6](stochastic subspace identification, SSI) 是由 Overschee 和 Moor 于 1991 年在第 30 届电气与电子工程师协会 (IEEE) 大会上首次提出的。该方法拥有自己独立的辨识算法，能够处理未知激励下的系统参数辨识问题，具有很高的辨识精度，成功地解决了许多大型工程结构的参数辨识问题 [7]。随机子空间方法可分为基于协方差的随机子空间方法 (SSI-COV) 和基于数据驱动的随机子空间方法 (SSI-DATA) 两大类。随机子空间方法不需要预先知道系统的输入数据，直接根据输出数据即可开展参数辨识研究。实际中，航天器的外部激励往往很难精确给出，常用的方法是将结构在正常工作时的环境载荷作为外部激励，并且近似地认为环境载荷具有与白噪声相同的特性，这样就可以直接利用随机子空间方法开展参数的在轨辨识工作。本小节主要对 SSI-COV 方法进行介绍，并将该方法应用于薄膜天线航天器的模态参数在轨辨识中。

在实际工程中，系统建模和测量过程都会存在误差，而且这些误差过程是随机过程，称为随机噪声。显然，随机噪声的影响是无法避免的。考虑随机噪声影响的一般线性时不变系统的离散时间状态空间方程可以表示为

$$\begin{cases} \boldsymbol{x}(k+1) = \boldsymbol{A}\boldsymbol{x}(k) + \boldsymbol{B}\boldsymbol{u}(k) + \boldsymbol{w}(k) \\ \boldsymbol{y}(k) = \boldsymbol{C}\boldsymbol{x}(k) + \boldsymbol{D}\boldsymbol{u}(k) + \boldsymbol{v}(k) \end{cases} \tag{14-19}$$

其中，$\boldsymbol{x}$ 为状态向量；$\boldsymbol{y}$ 为输出向量；$\boldsymbol{A}$ 为系统矩阵；$\boldsymbol{B}$ 为控制矩阵；$\boldsymbol{C}$ 为输出矩阵；$\boldsymbol{D}$ 为直接影响矩阵；$\boldsymbol{u}$ 为系统输入；$\boldsymbol{w}$ 表示处理过程和建模误差引起的噪声；$\boldsymbol{v}$ 表示传感器误差引起的噪声。$\boldsymbol{w}$ 和 $\boldsymbol{v}$ 都不可测，假定 $\boldsymbol{w}$ 和 $\boldsymbol{v}$ 为均值为零的白噪声且互不相关。

随机子空间法的基本前提是将环境激励假定为均值为零的白噪声，即在式 (14-19) 中将系统输入假定为零均值的白噪声。因此这里将系统输入 $\boldsymbol{u}$ 与噪声项 $\boldsymbol{w}$ 和 $\boldsymbol{v}$ 进行合并，最终得到系统的随机空间状态方程为

$$\begin{cases} \boldsymbol{x}(k+1) = \boldsymbol{A}\boldsymbol{x}(k) + \boldsymbol{w}(k) \\ \boldsymbol{y}(k) = \boldsymbol{C}\boldsymbol{x}(k) + \boldsymbol{v}(k) \end{cases} \tag{14-20}$$

随机子空间方法正是以系统的随机状态空间模型为基础进行模态参数识别的，通过对系统矩阵 $\boldsymbol{A}$ 和输出矩阵 $\boldsymbol{C}$ 进行运算可以得到系统的模态参数。下面给出随机子空间方法计算系统矩阵 $\boldsymbol{A}$ 和输出矩阵 $\boldsymbol{C}$ 的具体过程。

假设噪声 $\boldsymbol{w}$ 和 $\boldsymbol{v}$ 为白噪声，均值为零且互不相关，具体而言，$\boldsymbol{w}$ 是环境激励和建模误差引起的噪声向量，$\boldsymbol{v}$ 是测量噪声向量。二者满足如下方程：

$$E\left[\begin{pmatrix} \boldsymbol{w}(p) \\ \boldsymbol{v}(p) \end{pmatrix} \left(\boldsymbol{w}(p)^{\mathrm{T}}, \boldsymbol{v}(p)^{\mathrm{T}}\right)\right] = \begin{bmatrix} \boldsymbol{Q} & \boldsymbol{S} \\ \boldsymbol{S}^{\mathrm{T}} & \boldsymbol{R} \end{bmatrix} \delta_{pq}, \quad \delta_{pq} = \begin{cases} 1, & p = q \\ 0, & p \neq q \end{cases} \tag{14-21}$$

其中，E 为数学期望算子；$\boldsymbol{w}(p)$ 为 p 时刻的过程噪声；$\boldsymbol{v}(p)$ 为 p 时刻的测量噪声；δ_{pq} 为克罗内克 (Kronecker) delta 函数。

由式 (14-21) 可知，$E[\boldsymbol{w}(p)\boldsymbol{w}(q)^{\mathrm{T}}] = \boldsymbol{Q}$，$E[\boldsymbol{w}(p)\boldsymbol{v}(q)^{\mathrm{T}}] = \boldsymbol{S}$，$E[\boldsymbol{v}(p)\boldsymbol{v}(q)^{\mathrm{T}}] = \boldsymbol{R}$。由于 $\boldsymbol{w}$ 和 $\boldsymbol{v}$ 都是零均值的白噪声，所以 $\boldsymbol{w}(k)$、$\boldsymbol{v}(k)$ 与状态向量 $\boldsymbol{x}(k)$ 无关，故 $E[\boldsymbol{w}(k)\boldsymbol{x}(k)^{\mathrm{T}}] = \boldsymbol{0}$，$E[\boldsymbol{v}(k)\boldsymbol{x}(k)^{\mathrm{T}}] = \boldsymbol{0}$。

状态向量的自协方差矩阵 $\boldsymbol{\Sigma}_{xx}$ 为

$$
\begin{aligned}
\boldsymbol{\Sigma}_{xx} &= E[\boldsymbol{x}(k+1)\boldsymbol{x}(k+1)^{\mathrm{T}}] \\
&= E[(\boldsymbol{A}\boldsymbol{x}(k)+\boldsymbol{w}(k))(\boldsymbol{A}\boldsymbol{x}(k)+\boldsymbol{w}(k))^{\mathrm{T}}] \\
&= \boldsymbol{A}E[\boldsymbol{x}(k)\boldsymbol{x}(k)^{\mathrm{T}}]\boldsymbol{A}^{\mathrm{T}}+\boldsymbol{A}E[\boldsymbol{x}(k)\boldsymbol{w}(k)^{\mathrm{T}}] \\
&\quad +E[\boldsymbol{w}(k)\boldsymbol{x}(k)^{\mathrm{T}}]\boldsymbol{A}^{\mathrm{T}}+E[\boldsymbol{w}(k)\boldsymbol{w}(k)^{\mathrm{T}}] \\
&= \boldsymbol{A}\boldsymbol{\Sigma}_{xx}\boldsymbol{A}^{\mathrm{T}}+\boldsymbol{Q}
\end{aligned} \tag{14-22}
$$

状态向量与输出向量的协方差矩阵 $\boldsymbol{G}$ 为

$$
\begin{aligned}
\boldsymbol{G} &= E[\boldsymbol{x}(k+1)\boldsymbol{y}(k)^{\mathrm{T}}] \\
&= E[(\boldsymbol{A}x(k)+\boldsymbol{w}(k))(\boldsymbol{C}x(k)+\boldsymbol{v}(k))^{\mathrm{T}}] \\
&= \boldsymbol{A}E[\boldsymbol{x}(k)\boldsymbol{x}(k)^{\mathrm{T}}]\boldsymbol{C}^{\mathrm{T}}+\boldsymbol{A}E[\boldsymbol{x}(k)\boldsymbol{v}(k)^{\mathrm{T}}] \\
&\quad +E[\boldsymbol{w}(k)\boldsymbol{x}(k)^{\mathrm{T}}]\boldsymbol{C}^{\mathrm{T}}+E[\boldsymbol{w}(k)\boldsymbol{v}(k)^{\mathrm{T}}] \\
&= \boldsymbol{A}\boldsymbol{\Sigma}_{xx}\boldsymbol{C}^{\mathrm{T}}+\boldsymbol{S}
\end{aligned} \tag{14-23}
$$

定义输出向量的协方差矩阵为 $\boldsymbol{\Lambda}$，则 $\boldsymbol{\Lambda}_0 = E[\boldsymbol{y}(k)\boldsymbol{y}(k)^{\mathrm{T}}]$ 可表示为

$$
\begin{aligned}
\boldsymbol{\Lambda}_0 &= E[\boldsymbol{y}(k)\boldsymbol{y}(k)^{\mathrm{T}}] \\
&= E[(\boldsymbol{C}x(k)+\boldsymbol{v}(k))(\boldsymbol{C}x(k)+\boldsymbol{v}(k))^{\mathrm{T}}] \\
&= \boldsymbol{C}E[\boldsymbol{x}(k)\boldsymbol{x}(k)^{\mathrm{T}}]\boldsymbol{C}^{\mathrm{T}}+\boldsymbol{C}E[\boldsymbol{x}(k)\boldsymbol{v}(k)^{\mathrm{T}}]+E[\boldsymbol{v}(k)\boldsymbol{x}(k)^{\mathrm{T}}]\boldsymbol{C}^{\mathrm{T}}+E[\boldsymbol{v}(k)\boldsymbol{v}(k)^{\mathrm{T}}] \\
&= \boldsymbol{C}\boldsymbol{\Sigma}_{xx}\boldsymbol{C}^{\mathrm{T}}+\boldsymbol{R}
\end{aligned} \tag{14-24}
$$

由 $\boldsymbol{x}(k+1) = \boldsymbol{A}\boldsymbol{x}(k)+\boldsymbol{w}(k)$，得

$$
\begin{aligned}
\boldsymbol{x}(k+2) &= \boldsymbol{A}^2\boldsymbol{x}(k)+\boldsymbol{A}\boldsymbol{w}(k)+\boldsymbol{w}(k+1) \\
&\ \ \vdots \\
\boldsymbol{x}(k+i) &= \boldsymbol{A}^i\boldsymbol{x}(k)+\boldsymbol{A}^{i-1}\boldsymbol{w}(k)+\boldsymbol{A}^{i-2}\boldsymbol{w}(k+1)+\cdots \\
&= +\boldsymbol{A}\boldsymbol{w}(k+i-2)+\boldsymbol{w}(k+i-1)
\end{aligned} \tag{14-25}
$$

$\boldsymbol{\Lambda}_i = E[\boldsymbol{y}(k+i)\boldsymbol{y}(k)^{\mathrm{T}}]$ 可表示为

$$
\boldsymbol{\Lambda}_i = E[\boldsymbol{y}(k+i)\boldsymbol{y}(k)^{\mathrm{T}}]
$$

$$
\begin{aligned}
&= E[(\boldsymbol{Cx}(k+i)+\boldsymbol{v}(k))(\boldsymbol{Cx}(k)+\boldsymbol{v}(k))^{\mathrm{T}}]\\
&= E[(\boldsymbol{C}(\boldsymbol{A}^i\boldsymbol{x}(k)+\boldsymbol{A}^{i-1}\boldsymbol{w}(k)+\boldsymbol{A}^{i-2}\boldsymbol{w}(k+1)+\\
&\quad \cdots+\boldsymbol{Aw}(k+i-2)+\boldsymbol{w}(k+i-1))+v(k+i))(\boldsymbol{Cx}(k)+\boldsymbol{v}(k))^{\mathrm{T}}]\\
&= \boldsymbol{CA}^iE[\boldsymbol{x}(k)\boldsymbol{x}(k)^{\mathrm{T}}]\boldsymbol{C}^{\mathrm{T}}+\boldsymbol{CA}^{i-1}E[\boldsymbol{w}(k)\boldsymbol{v}(k)^{\mathrm{T}}]\\
&= \boldsymbol{CA}^i\boldsymbol{\Sigma}_{xx}\boldsymbol{C}^{\mathrm{T}}+\boldsymbol{CA}^{i-1}\boldsymbol{S}\\
&= \boldsymbol{CA}^{i-1}(\boldsymbol{A}\Sigma_{xx}\boldsymbol{C}^{\mathrm{T}}+\boldsymbol{S})\\
&= \boldsymbol{CA}^{i-1}\boldsymbol{G}
\end{aligned}
\tag{14-26}
$$

式 (14-24) 和式 (14-26) 从原理上论证了系统矩阵 $\boldsymbol{A}$、输出矩阵 $\boldsymbol{C}$ 和输出向量协方差矩阵之间的关系，证明了随机识别问题的可实现性。

SSI-COV 方法的基本思路是：首先由输出数据的协方差组成特普利茨 (Toeplitz) 分块矩阵，再通过对 Toeplitz 矩阵的 SVD 分解求出系统矩阵，最后由系统矩阵的特征值分解得到系统的模态参数。

Toeplitz 矩阵由一系列输出向量的协方差矩阵组成。假定测量的输出数据具有各态历经性，则输出的协方差矩阵，式 (14-26)，可以写为

$$
\boldsymbol{\Lambda}_i=\lim_{j\to\infty}\frac{1}{j}\sum_{k=0}^{j-1}\boldsymbol{y}(k+i)\boldsymbol{y}(k)^{\mathrm{T}} \tag{14-27}
$$

但是在实际测量中，只能测得有限个数据，假定为 j 个，则式 (14-27) 可以写为

$$
\boldsymbol{\Lambda}_i=\frac{1}{j}\sum_{k=0}^{j-1}\boldsymbol{y}(k+i)\boldsymbol{y}(k)^{\mathrm{T}} \tag{14-28}
$$

实际输出向量的协方差可按照式 (14-28) 进行计算。由其组成的 Toeplitz 矩阵如下：

$$
\boldsymbol{T}_{1|i}=\begin{bmatrix}
\boldsymbol{\Lambda}_i & \boldsymbol{\Lambda}_{i-1} & \boldsymbol{\Lambda}_{i-2} & \cdots & \boldsymbol{\Lambda}_1\\
\boldsymbol{\Lambda}_{i+1} & \boldsymbol{\Lambda}_i & \boldsymbol{\Lambda}_{i-1} & \cdots & \boldsymbol{\Lambda}_2\\
\boldsymbol{\Lambda}_{i+2} & \boldsymbol{\Lambda}_{i+1} & \boldsymbol{\Lambda}_i & \cdots & \boldsymbol{\Lambda}_3\\
\vdots & \vdots & \vdots & & \vdots\\
\boldsymbol{\Lambda}_{2i-1} & \boldsymbol{\Lambda}_{2i-2} & \boldsymbol{\Lambda}_{2i-3} & \cdots & \boldsymbol{\Lambda}_i
\end{bmatrix} \tag{14-29}
$$

SSI-COV 方法构造 Toeplitz 矩阵的主要目的是在保证信息量足够充分的前提下，尽量降低矩阵的维数。这样一来，可以极大地节省计算机的内存空间，提高数值计算速度，降低计算成本，有利于实现快速的在线辨识。

由式 (14-26) 知 $\boldsymbol{\Lambda}_i=\boldsymbol{C}\boldsymbol{A}^{i-1}\boldsymbol{G}$，故 Toeplitz 矩阵可以写为

$$\boldsymbol{T}_{1|i}=\begin{bmatrix}\boldsymbol{C}\boldsymbol{A}^{i-1}\boldsymbol{G} & \boldsymbol{C}\boldsymbol{A}^{i-2}\boldsymbol{G} & \boldsymbol{C}\boldsymbol{A}^{i-3}\boldsymbol{G} & \cdots & \boldsymbol{C}\boldsymbol{G}\\ \boldsymbol{C}\boldsymbol{A}^{i}\boldsymbol{G} & \boldsymbol{C}\boldsymbol{A}^{i-1}\boldsymbol{G} & \boldsymbol{C}\boldsymbol{A}^{i-2}\boldsymbol{G} & \cdots & \boldsymbol{C}\boldsymbol{A}\boldsymbol{G}\\ \boldsymbol{C}\boldsymbol{A}^{i+1}\boldsymbol{G} & \boldsymbol{C}\boldsymbol{A}^{i}\boldsymbol{G} & \boldsymbol{C}\boldsymbol{A}^{i-1}\boldsymbol{G} & \cdots & \boldsymbol{C}\boldsymbol{A}^{2}\boldsymbol{G}\\ \vdots & \vdots & \vdots & & \vdots\\ \boldsymbol{C}\boldsymbol{A}^{2i-2}\boldsymbol{G} & \boldsymbol{C}\boldsymbol{A}^{2i-3}\boldsymbol{G} & \boldsymbol{C}\boldsymbol{A}^{2i-4}\boldsymbol{G} & \cdots & \boldsymbol{C}\boldsymbol{A}^{i-1}\boldsymbol{G}\end{bmatrix} \tag{14-30}$$

式 (14-30) 也可以写为

$$\boldsymbol{T}_{1|i}=\begin{bmatrix}\boldsymbol{C}\\ \boldsymbol{C}\boldsymbol{A}\\ \boldsymbol{C}\boldsymbol{A}^{2}\\ \vdots\\ \boldsymbol{C}\boldsymbol{A}^{i-1}\end{bmatrix}[\boldsymbol{A}^{i-1}\boldsymbol{G},\cdots,\boldsymbol{A}^{2}\boldsymbol{G},\boldsymbol{A}\boldsymbol{G},\boldsymbol{G}]=\boldsymbol{\Gamma}_i\boldsymbol{\Delta}_i \tag{14-31}$$

其中，

$$\boldsymbol{\Gamma}_i=[\boldsymbol{C},\boldsymbol{C}\boldsymbol{A},\boldsymbol{C}\boldsymbol{A}^{2},\cdots,\boldsymbol{C}\boldsymbol{A}^{i-1}]^{\mathrm{T}} \tag{14-32}$$

$$\boldsymbol{\Delta}_i=[\boldsymbol{A}^{i-1}\boldsymbol{G},\cdots,\boldsymbol{A}^{2}\boldsymbol{G},\boldsymbol{A}\boldsymbol{G},\boldsymbol{G}] \tag{14-33}$$

这里，$\boldsymbol{\Gamma}_i$ 为扩展的可观测矩阵；$\boldsymbol{\Delta}_i$ 为逆向扩展的可控制矩阵。

对 Toeplitz 矩阵进行 SVD 分解：

$$\boldsymbol{T}_{1|i}=\boldsymbol{U}\overline{\boldsymbol{S}}\boldsymbol{V}^{\mathrm{T}}=[\boldsymbol{U}_1,\boldsymbol{U}_2]\begin{bmatrix}\boldsymbol{S}_1 & \boldsymbol{0}\\ \boldsymbol{0} & \boldsymbol{0}\end{bmatrix}\begin{bmatrix}\boldsymbol{V}_1^{\mathrm{T}}\\ \boldsymbol{V}_2^{\mathrm{T}}\end{bmatrix} \tag{14-34}$$

$$\boldsymbol{S}_1=\mathrm{diag}[\sigma_i],\quad \sigma_1\geqslant\sigma_2\geqslant\cdots\geqslant\sigma_r>0 \tag{14-35}$$

其中，$\boldsymbol{U}$、$\boldsymbol{V}$ 为正交矩阵；$\overline{\boldsymbol{S}}$ 为奇异值构成的对角矩阵，其对角线元素按照从大到小的顺序排列，其中不为零的元素的个数 r 称为系统的阶次。

当然，也可将式 (14-34) 写成

$$\boldsymbol{T}_{1|i}=\boldsymbol{U}_1\boldsymbol{S}_1\boldsymbol{V}_1^{\mathrm{T}}=(\boldsymbol{U}_1\boldsymbol{S}_1^{1/2}\boldsymbol{T})(\boldsymbol{T}^{-1}\boldsymbol{S}_1^{1/2}\boldsymbol{V}_1^{\mathrm{T}}) \tag{14-36}$$

由式 (14-31) 可得

$$\begin{aligned}\boldsymbol{\Gamma}_i&=\boldsymbol{U}_1\boldsymbol{S}_1^{1/2}\boldsymbol{T}\\ \boldsymbol{\Delta}_i&=\boldsymbol{T}^{-1}\boldsymbol{S}_1^{1/2}\boldsymbol{V}_1^{\mathrm{T}}\end{aligned} \tag{14-37}$$

其中，$\boldsymbol{T}$ 是 r 阶的非奇异矩阵，与 $\boldsymbol{T}$ 相乘本质上就是对原状态空间进行的一个等价变换。因此，可以用单位阵 $\boldsymbol{I}$ 来代替 $\boldsymbol{T}$。此时，式 (14-37) 变为

$$\begin{aligned}\boldsymbol{\Gamma}_i &= \boldsymbol{U}_1\boldsymbol{S}_1^{1/2}\\ \boldsymbol{\Delta}_i &= \boldsymbol{S}_1^{1/2}\boldsymbol{V}_1^{\mathrm{T}}\end{aligned} \tag{14-38}$$

根据式 (14-32) 和式 (14-33)，定义矩阵：

$$\boldsymbol{T}_{2|i+1} = \boldsymbol{\Gamma}_i\boldsymbol{A}\Delta_i = \begin{bmatrix} \boldsymbol{CA}^i\boldsymbol{G} & \boldsymbol{CA}^{i-1}\boldsymbol{G} & \boldsymbol{CA}^{i-2}\boldsymbol{G} & \cdots & \boldsymbol{CAG} \\ \boldsymbol{CA}^{i+1}\boldsymbol{G} & \boldsymbol{CA}^i\boldsymbol{G} & \boldsymbol{CA}^{i-1}\boldsymbol{G} & \cdots & \boldsymbol{CA}^2\boldsymbol{G} \\ \boldsymbol{CA}^{i+2}\boldsymbol{G} & \boldsymbol{CA}^{i+1}\boldsymbol{G} & \boldsymbol{CA}^i\boldsymbol{G} & \cdots & \boldsymbol{CA}^3\boldsymbol{G} \\ \vdots & \vdots & \vdots & & \vdots \\ \boldsymbol{CA}^{2i-1}\boldsymbol{G} & \boldsymbol{CA}^{2i-2}\boldsymbol{G} & \boldsymbol{CA}^{2i-3}\boldsymbol{G} & \cdots & \boldsymbol{CA}^i\boldsymbol{G} \end{bmatrix} \tag{14-39}$$

由式 (14-26) 可知

$$\boldsymbol{T}_{2|i+1} = \boldsymbol{\Gamma}_i\boldsymbol{A}\boldsymbol{\Delta}_i = \begin{bmatrix} \boldsymbol{\Lambda}_{i+1} & \boldsymbol{\Lambda}_i & \boldsymbol{\Lambda}_{i-1} & \cdots & \boldsymbol{\Lambda}_2 \\ \boldsymbol{\Lambda}_{i+2} & \boldsymbol{\Lambda}_{i+1} & \boldsymbol{\Lambda}_i & \cdots & \boldsymbol{\Lambda}_3 \\ \boldsymbol{\Lambda}_{i+3} & \boldsymbol{\Lambda}_{i+2} & \boldsymbol{\Lambda}_{i+1} & \cdots & \boldsymbol{\Lambda}_4 \\ \vdots & \vdots & \vdots & & \vdots \\ \boldsymbol{\Lambda}_{2i} & \boldsymbol{\Lambda}_{2i-1} & \boldsymbol{\Lambda}_{2i-2} & \cdots & \boldsymbol{\Lambda}_{i+1} \end{bmatrix} \tag{14-40}$$

可见，$\boldsymbol{T}_{2|i+1}$ 矩阵也可以利用协方差矩阵计算出来。将式 (14-38) 代入式 (14-40)，可得

$$\boldsymbol{A} = \boldsymbol{S}_1^{-1/2}\boldsymbol{U}_1^{\mathrm{T}}\boldsymbol{T}_{2|i+1}\boldsymbol{V}_1\boldsymbol{S}_1^{-1/2} \tag{14-41}$$

根据式 (14-32) 可知，$\boldsymbol{C}$ 是 $\boldsymbol{\Gamma}_i$ 矩阵的前 l 行，$\boldsymbol{G}$ 是 $\boldsymbol{\Delta}_i$ 矩阵的后 l 列。至此，系统矩阵 $\boldsymbol{A}$ 和输出矩阵 $\boldsymbol{C}$ 都已经计算出来，基本解决了系统参数辨识的问题。

14.2.3 虚假模态剔除

薄膜天线结构的模态具有低频、密集特征，在采用 ERA 或者 SSI-COV 方法对其进行挠性参数在轨辨识时，容易产生辨识参数的“遗漏”和“冗余”。“遗漏”和“冗余”问题总体上讲是由对辨识系统定阶不当所导致的，阶数选择过小会导致频率值的“遗漏”，阶数选择过大又会导致“冗余”。导致“遗漏”还有一个原因，那就是传感器的位置不当。例如，对于由一个中心刚体和左右两块太阳能帆板所构成的常规的航天器，因为两块帆板完全相同，所以航天器系统

存在对称模态，如果只采用中心体的速率陀螺信息进行在轨辨识，那么对称模态所对应的频率是无法辨识获得的。对于航天器挠性参数的在轨辨识，辨识系统的定阶是一个值得进行深入研究的问题。在对航天器的模态参数进行在轨辨识时，一般会采取过估计的策略，此时将会出现辨识参数的“冗余”，如何剔除由“冗余”带来的虚假模态一直是研究的难点。目前常用的虚假模态剔除方法有：模态幅值相干系数法 (modal amplitude coherence, MAC)、模态相位共线性法 (modal phase colinearity, MPC) 和稳定图方法。下面，分别对这三种方法进行简要介绍。

1. 模态幅值相干系数法

模态幅值相干系数法是通过模态的实际运动规律和该阶模态的理论运动规律之间的相关性来辨别模态的真假 [8]。对于线性系统，其每一阶模态的运动规律是已知的，即使受到微小扰动，真实模态的理论与实际运动之间仍然有较好的相关性，而虚假模态却不存在这样的性质。

假设辨识得到系统的最小实现为 $(\boldsymbol{A}_r, \boldsymbol{B}_r, \boldsymbol{C}_r)$，$\psi$ 为 $\boldsymbol{A}_r$ 的特征向量矩阵，则 $(\psi^{-1}\boldsymbol{A}_r\psi, \psi^{-1}\boldsymbol{B}_r, \boldsymbol{C}_r\psi)$ 也是系统的一个最小实现。将 $\psi^{-1}\boldsymbol{B}_r$ 表示为

$$\psi^{-1}\boldsymbol{B}_r = [\boldsymbol{b}_1, \boldsymbol{b}_2, \dots, \boldsymbol{b}_r]^{\mathrm{T}} \in \Re^{r\times d} \tag{14-42}$$

则行阵 $\overline{\boldsymbol{q}}_i^{\mathrm{T}} = [\boldsymbol{b}_i^{\mathrm{T}}, \mathrm{e}^{\mathrm{T}_s s_i}\boldsymbol{b}_i^{\mathrm{T}}, \cdots, \mathrm{e}^{t\mathrm{T}_s s_i}\boldsymbol{b}_i^{\mathrm{T}}] \in \Re^{1\times d(t+1)}$ 表示第 i 阶模态的理论幅值序列，其中符号 T_s、t 和 s_i 的定义与 14.2.1 小节相同。

令矩阵 $\boldsymbol{q} = \psi^{-1}\boldsymbol{N}_r^{-1/2}\boldsymbol{V}_r^{\mathrm{T}} = [\boldsymbol{q}_1, \boldsymbol{q}_2, \cdots, \boldsymbol{q}_r]^{\mathrm{T}} \in \Re^{r\times d(t+1)}$，其中符号 $\boldsymbol{N}_r$ 和 $\boldsymbol{V}_r$ 的定义与 14.2.1 小节相同，$\boldsymbol{q}_i$ 表示第 i 阶模态的实际幅值序列。

定义模态的幅值相干系数 MAC 为

$$\mathrm{MAC} = \frac{|\overline{\boldsymbol{q}}_i^{\mathrm{T}}\boldsymbol{q}_i|}{|\overline{\boldsymbol{q}}_i^{\mathrm{T}}|\,|\boldsymbol{q}_i|}, \quad i = 1, 2, \cdots, r \tag{14-43}$$

式 (14-43) 中 $0 \leqslant \mathrm{MAC} \leqslant 1$，当 $\mathrm{MAC} \to 1$ 时，表示该模态为真实模态；当 $\mathrm{MAC} \to 0$ 时，表示该模态为虚假模态。

2. 模态相位共线性法

模态相位共线性法是根据辨识得到的各阶模态向量的实部和虚部之间的关系来判断模态的真假 [8]。

定义矩阵：

$$\boldsymbol{\varPsi} = \boldsymbol{C}_r\psi = [\boldsymbol{\varPsi}_1, \boldsymbol{\varPsi}_2, \cdots, \boldsymbol{\varPsi}_r] \in \Re^{q\times r} \tag{14-44}$$

设定列向量 $\boldsymbol{l}=[1,1,\cdots,1]^{\mathrm{T}}\in\Re^{q\times 1}$，计算以下各量：

$$\overline{\Psi}_i=\frac{\boldsymbol{\Psi}_i^{\mathrm{T}}\boldsymbol{l}}{q},\quad \Delta\boldsymbol{\Psi}_i=\boldsymbol{\Psi}_i-\overline{\Psi}_i\boldsymbol{l},\quad \Psi_{rr}=\|\mathrm{Re}\Delta\boldsymbol{\Psi}_i\|^2,\quad \Psi_{ii}=\|\mathrm{Im}\Delta\boldsymbol{\Psi}_i\|^2$$
$$\Psi_{ri}=(\mathrm{Re}\Delta\boldsymbol{\Psi}_i)^{\mathrm{T}}(\mathrm{Im}\Delta\boldsymbol{\Psi}_i),\quad e=\frac{\Psi_{ii}-\Psi_{rr}}{2\Psi_{ri}},\quad \theta=\arctan[e+\mathrm{sgn}(e)\sqrt{1+\mathrm{e}^2}] \tag{14-45}$$

第 i 阶模态的模态相位共线性指标 MPC 为

$$\mathrm{MPC}=\frac{\Psi_{rr}+\Psi_{ri}\dfrac{2(\mathrm{e}^2+1)\sin\theta^2-1}{e}}{\Psi_{rr}+\Psi_{ii}} \tag{14-46}$$

式 (14-46) 中 $0\leqslant \mathrm{MPC}\leqslant 1$，当 $\mathrm{MPC}\to 1$ 时，表示该模态为真实模态；当 $\mathrm{MPC}\to 0$ 时，表示该模态为虚假模态。

3. 稳定图法

利用稳定图法剔除虚假频率，需要对系统阶次进行过估计，可以取系统阶次在一个范围内变化，因为系统矩阵的特征值是两两共轭的，所以选定的系统阶次必须是偶数。依次对每一个估计的阶次进行频率辨识，以频率值为横坐标、以假定系统的阶次为纵坐标绘制稳定图。因为对系统的阶次进行了过估计，所以绘制的稳定图中既有真实模态也有虚假模态。随着阶次的变化，真实模态的频率值聚集在某一频率区间内，而虚假模态则变得分散、不稳定 [9]。通过在稳定图中寻找“稳定”的频率点，即可获得系统的真实模态参数。

14.3 数值仿真

本章以如图 13-1 所示的薄膜天线航天器作为对象，进行模态参数在轨辨识研究。薄膜天线结构的参数如表 11-1 所示，星体的参数如表 13-1 所示。首先，采用有限元方法对薄膜天线航天器进行动力学建模，计算得到系统的前 6 阶固有频率和振型，如图 14-1 所示。在对系统进行刚–柔耦合动力学建模时，截取了柔性附件的前 6 阶振动模态。

参考文献 [10] 的研究结果，假定在系统上布置有 9 个测点，测点位置如图 14-2 所示，其中测点 $A\sim F$ 布置在薄膜天线的支撑框架上，测点 G 和 H 布置在薄膜天线的阵面上，测点 I 位于卫星的中点。利用各个测点测得的位移信号，采用 ERA 和 SSI-COV 方法对系统进行模态参数的在轨辨识。

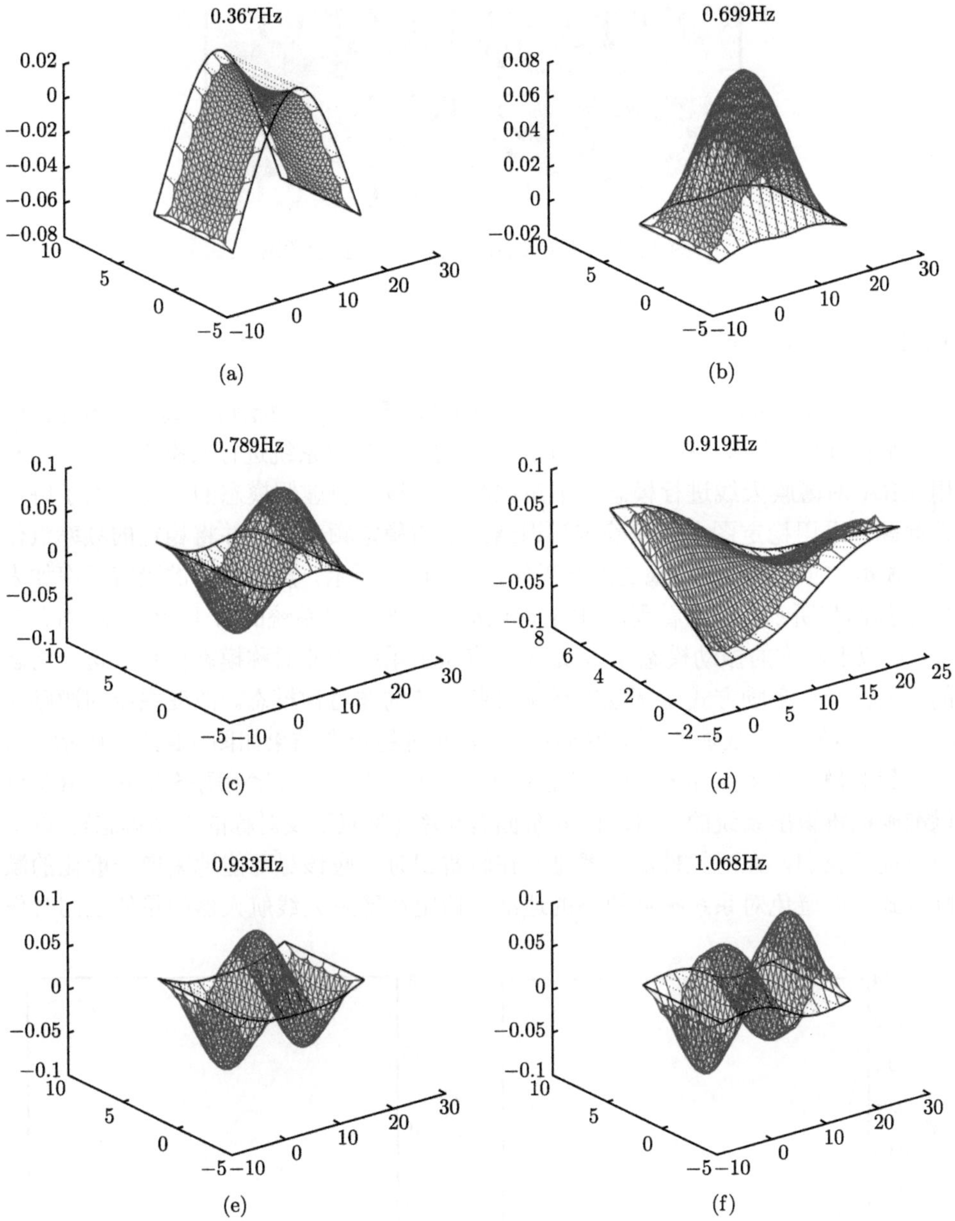

图 14-1 薄膜天线卫星前 6 阶振型

(a) 一阶振型；(b) 二阶振型；(c) 三阶振型；(d) 四阶振型；(e) 五阶振型；(f) 六阶振型

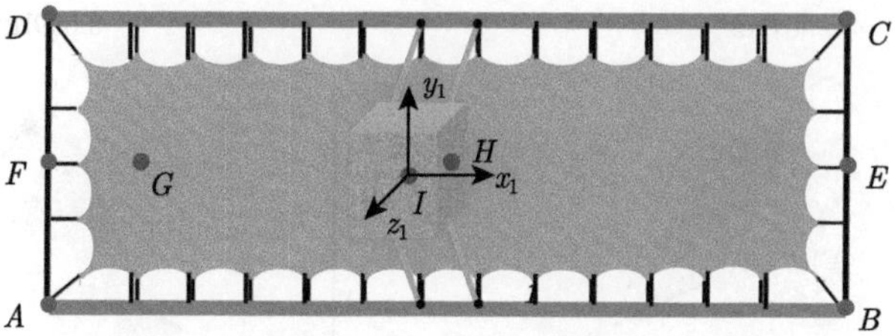

图 14-2　薄膜天线航天器测点布置示意图

14.3.1　ERA 的辨识结果

假设在卫星的中心点作用有 z_1 方向的脉冲激励 (记为激励方式 1)，脉冲激励信号如图 14-3 所示，利用所测得的信号通过 ERA 对系统进行模态参数辨识。利用 ERA 对薄膜天线进行模态参数辨识时，容易出现虚假模态的问题。为了解决该问题，采用稳定图方法来确定辨识结果中的稳定频率点，并将稳定的频率点作为“真实”的辨识结果。稳定图结果如图 14-4(a) 所示，辨识得到的固有频率如表 14-1 第四列所示。可以看到，ERA 可以准确地辨识出系统的第 1、2、5 阶固有频率 (对应于对称的振动模态)，但是无法辨识出系统的非对称模态信息。这一问题的原因在于，激励方式 1 无法有效地激起系统的非对称模态。改变系统的激励为沿 x_1 方向的脉冲激励 (记为激励方式 2)，此时稳定图结果如图 14-4(b) 所示，辨识得到的稳定频率点如表 14-1 第五列所示。可以看到，在此激励条件下，ERA 可以准确地辨识出系统的第 3、4、6 阶固有频率 (对应于反对称的振动模态)。以上分析提示我们，在对柔性航天器进行在轨辨识时，应该尽可能地采取一般化的激励方式，以避免对系统振动模态的遗漏。假定在薄膜天线航天器的星体上同时作

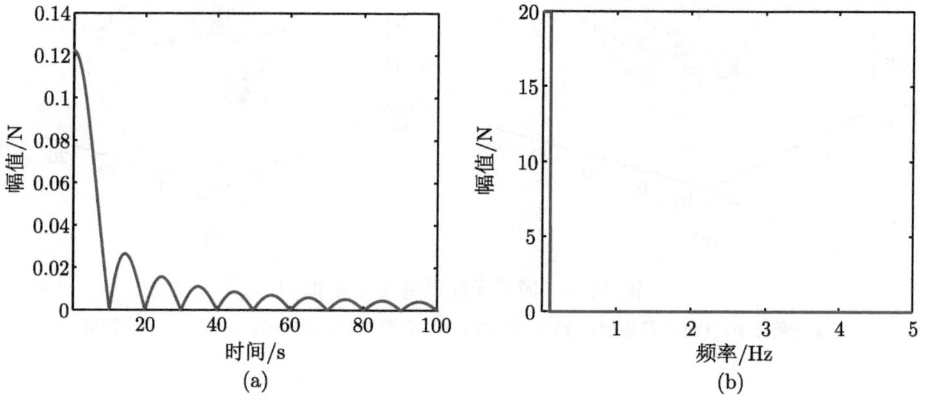

图 14-3　脉冲激励信号

(a) 时域图；(b) 频域图

用有沿 x_1、y_1 和 z_1 方向的脉冲激励 (记为激励方式 3)，稳定图结果如图 14-4(c) 所示，辨识得到的稳定频率点如表 14-1 第六列所示。可以看到，此时 ERA 可以准确地辨识出系统的全部前 6 阶固有频率。

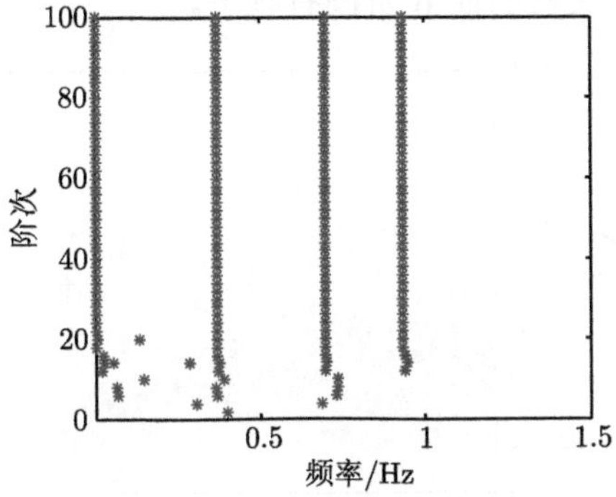

(a)

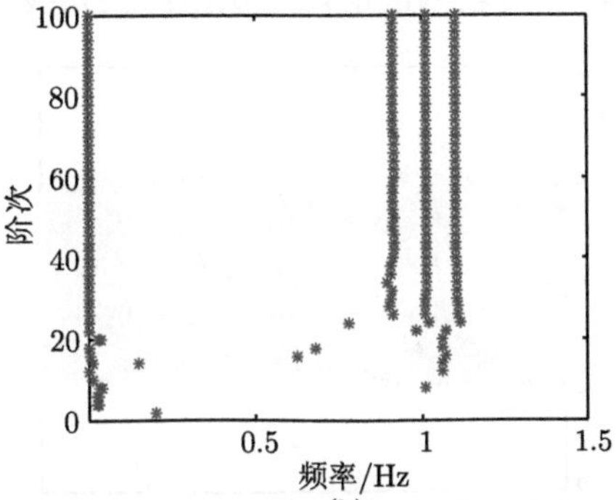

(b)

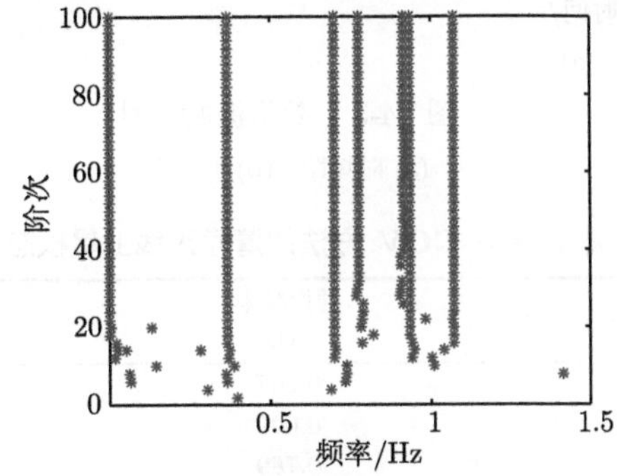

(c)

图 14-4　ERA 辨识结果的稳定图

(a) 激励方式 1；(b) 激励方式 2；(c) 激励方式 3

表 14-1　基于 ERA 的薄膜天线卫星模态参数辨识结果

模态阶次	理论频率 /Hz	振型 (对称/反对称)	ERA-激励方式 1 (相对误差)	ERA-激励方式 2 (相对误差)	ERA-激励方式 3 (相对误差)
1	0.367	对称	0.360 (−1.9%)	—	0.358 (−2.4%)
2	0.699	对称	0.699 (0%)	—	0.699 (0%)
3	0.789	反对称	—	0.777 (−1.9%)	0.789 (0%)
4	0.919	反对称	—	0.915 (−0.4%)	0.915 (−0.4%)
5	0.933	对称	0.933 (0%)	—	0.933 (0%)
6	1.068	反对称	—	1.072 (0.4%)	1.076 (0.7%)

14.3.2　SSI-COV 方法的辨识结果

在轨情况下薄膜天线航天器的激励信息往往难以获取，因此需要开展未知激励下的模态参数辨识。假定在薄膜天线的薄膜阵面上作用有如图 14-5 所示的白噪声激励，激励的均值设定为 0N，标准差为 1N。采用 SSI-COV 方法，利用如图 14-1 所示的 9 个测点的输出信号，辨识得到的系统固有频率如表 14-2 所示，辨识结果的稳定图如图 14-6 所示。可以看到，采用 SSI-COV 方法仅利用系统输出信号，即可较为准确地辨识出薄膜天线航天器的前 6 阶固有频率。

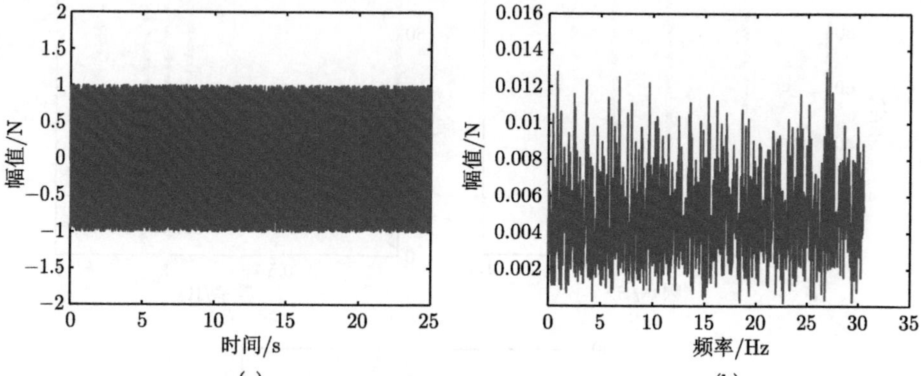

图 14-5　随机激励信号

(a) 时域图；(b) 频域图

表 14-2　基于 SSI-COV 方法的薄膜天线卫星模态参数辨识结果

模态阶次	理论频率/Hz	SSI-COV (相对误差)
1	0.367	0.352 (−4.1%)
2	0.699	0.676 (−3.3%)
3	0.789	0.786 (−0.4%)
4	0.919	0.893 (−2.8%)
5	0.933	0.931 (−0.2%)
6	1.068	1.042 (−2.4%)

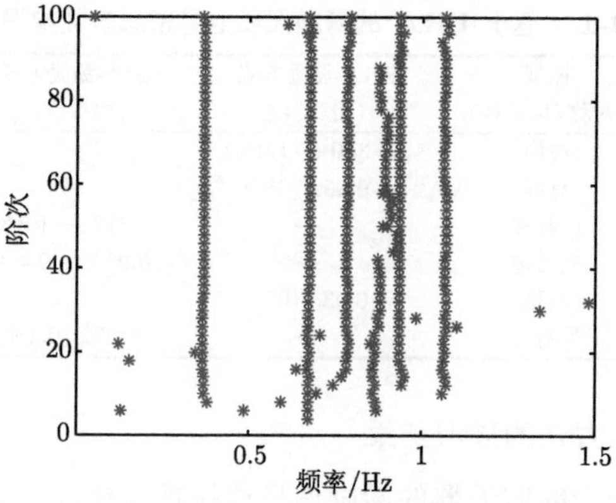

图 14-6　SSI-COV 辨识结果的稳定图

14.4 本章小结

本章对薄膜天线航天器的挠性参数在轨辨识问题进行了研究。首先，基于航天器在脉冲激励下的响应信号，采用 ERA 对系统的模态参数进行了辨识。为了解决虚假模态的问题，采用了稳定图方法来获取稳定的频率点。结果表明，采用 ERA 结合稳定图方法可以准确地辨识出系统的前 6 阶固有频率。然后，采用 SSI-COV 方法，研究了未知激励下的薄膜天线航天器模态参数的在轨辨识问题。结果表明，利用 SSI-COV 方法可以在仅利用输出信号的前提下较为精确地辨识出系统的前 6 阶固有频率。本章节的主要研究内容发表有文章 [10], [11]。

参考文献

[1] Juang J N, Pappa R S. An eigensystem realization algorithm for modal parameter identification and model reduction[J]. Journal of Guidance, Control and Dynamics, 1985, 8(5): 620-627.

[2] 傅志方. 振动模态分析与参数辨识 [M]. 北京: 机械工业出版社, 1990.

[3] Juang J N, Phan M. Identification and Control of Mechanical Systems[M]. New York: Cambridge University Press, 2001.

[4] 曹树谦, 张文德, 萧龙翔. 振动结构模态分析——理论、实验与应用 [M]. 2 版. 天津: 天津大学出版社, 2015.

[5] 谢永. 航天器挠性参数的在轨辨识与模型修正 [D]. 上海交通大学博士学位论文, 2016.

[6] Bart P, Roeck D. Reference-based stochastic subspace identification for output-only modal analysis[J]. Mechanical Systems and Signal Processing, 1999, 13(6): 855-878.

[7] Bart P, Roeck D. Stochastic system identification for operational modal analysis: A review[J]. Journal of Dynamic Systems, Measurement and Control, 2001, 123(4): 659-667.

[8] 李惠彬. 大型工程结构模态参数辨识技术 [M]. 北京: 北京理工大学出版社, 2007.

[9] 吕娟霞. 薄膜天线结构模态参数在轨辨识研究 [D]. 上海交通大学硕士学位论文, 2018.

[10] Fan L, Liu X, Cai G P. Dynamic modeling and modal parameters identification of satellite with large-scale membrane antenna[J]. Advances in Space Research, 2019, 63(12): 4046-4057.

第四篇
大型空间平面相控阵天线动力学与控制

第 15 章　绪论 4：大型空间平面相控阵天线动力学与控制

15.1　研究目的和意义

星载天线被广泛应用于空间对地无线通信、电子侦察、导航、遥感、深空探测及射电天文等领域，是卫星系统的“眼睛”和“耳朵”，起着决定性的作用。由于距离远，卫星接收到的信号微弱，故要求星载天线具有较高的增益。在过去几十年中，各航天大国对星载天线的探索和应用逐步深入，发展出了各种各样的天线形式，在民用和军事领域都取得了良好的效益 [1]。近年来，美国、欧盟和中国等对星载天线的性能提出了更高的要求，传统的低轨道星载天线已无法满足全球观测和地面动目标识别与跟踪的精度要求，迫切需要对高轨道、大孔径、高增益的新型天线技术加以研究 [2]。为此，美国国防高级研究计划局 (DARPA) 提出了新型天基雷达天线技术 (ISAT) 计划，以研究大型可展开空间雷达天线的关键技术，并试图确定一种可以提供持续全球观测和地面移动目标识别及跟踪能力的空间雷达结构 [3]。我国国务院新闻办公室发布的《2016 中国的航天》白皮书中指出：“中国将加快航天强国建设步伐，持续提升航天工业基础能力，加强关键技术攻关和前沿技术研究，继续实施载人航天、月球探测、北斗卫星导航系统、高分辨率对地观测系统、新一代运载火箭等重大工程，启动实施一批新的重大科技项目和重大工程，基本建成空间基础设施体系，拓展空间应用深度和广度，深入开展空间科学研究，推动空间科学、空间技术、空间应用全面发展。”上述航天科技工程的实施，迫切需求特征尺寸为 10 ~100 m 量级的大型或巨型可展开空间结构 [4]。

无论是全球观测还是地面动目标的识别与跟踪，都依赖于高分辨率的对地观测技术。对于卫星天线，距离向分辨率 (range resolution) 和方位向分辨率 (azimuthal resolution) 是两个非常重要的技术指标，直接反映了天线的观测性能。距离向分辨率是指垂直于卫星飞行方向上的分辨率，也就是卫星侧视方向的分辨率；方位向分辨率是指沿卫星飞行方向上的分辨率，也称沿迹分辨率。方位向分辨率取决于天线所在轨道的高度、天线的孔径等因素，约等于 $R\lambda/L$，其中 R 是天线与目标的距离，λ 是波长，L 是天线孔径。由此可见，在保持天线方位向分辨率不变的情况下，卫星所在的轨道越高，就越需要更大孔径的天线；相反，卫星若处于低轨道，则常规孔径的星载天线完全可以满足观测需要。但低轨卫星在未来的应用中是不合需要的，原因有如下几点 [5]。

(1) 卫星的视野取决于其所在的轨道高度，轨道越高则观测视野越大。对于全球观测这一任务，实现连续的全球覆盖大约需要 100 颗低轨道卫星，如此高昂的造价显然不能被接受。

(2) 卫星的有效观测视野很大程度上受到掠射角的影响。所谓掠射角，即目标视线与目标当地地平面之间的角度。低轨卫星的掠射角较低，一方面地形、树木和建筑会阻挡天线对目标的视野；另一方面，观测要求卫星的最小掠射角为 12°～20°，低轨卫星视野中的很大一部分浅掠射角区域又需要从有效观测视野中剔除。

(3) 识别和跟踪缓慢移动的物体需要雷达系统长时间 (至少若干秒) “盯着” 物体。低轨卫星相对于地球表面的速度较大，一般很难做到这一点。另外，实现连续跟踪需要多个卫星协同工作以保证所跟踪的目标始终处于视野中，这就要求在不同卫星之间进行切换，当一颗卫星穿过地平线时，下一颗卫星转而跟踪目标 [6]。这种切换降低了目标跟踪的成功率。通过将雷达天线移动到更高的轨道，可以很好地改善以上这些问题。在更高的轨道上，卫星的运动速度会降低，而且高轨卫星的视野较大，从而观测整个地球所需的卫星数量较少。

(4) 中轨及更高轨道的卫星几乎全部的轨道周期都沐浴在阳光下，而低轨卫星在黑暗中的时间几乎占据了其轨道周期的一半。这意味着低轨卫星必须携带足够的能源才能在太阳能不足的情况下长期运行，这也严重限制了低轨卫星的使用。

综合以上原因，常规孔径的相控阵天线已经不能满足高精度观测的需要，今后对大型乃至超大型天线的需求将更为迫切。

15.2 电补偿和机械补偿

随着天线结构尺寸的增大，人们不得不重新审视在小尺寸天线研究中不需重点考虑的若干问题。星载天线的服役环境与普通的地面天线相比存在很大不同，高真空、微重力以及周期性的温度变化都使得星载天线的研究工作更加复杂。其中，热载荷作为星载天线在太空环境中受到的最主要的载荷，自然引起人们的重视。一方面，航天器在服役周期内会周期性地经过日照区和阴影区，要长期经受行星、太阳和空间高低温的交替加热和冷却，天线结构会在高低温之间剧烈变化，高温会达到 160℃，低温会达到 −200℃。另一方面，由于结构自身不同部件之间的遮挡和辐射作用，也会导致星载天线各部分之间的受热不均匀，在结构内部形成较大的温度梯度。这两方面因素导致了天线结构表面的不同部位在同一时刻温度差异很大，在不同时刻的同一部位温度差异也很大，表现出了空间和时间上的周期性。这种结构中非均匀的温度分布和剧烈的高低温变化会引起结构整体的热应力和热膨胀，甚至会诱发结构的热致振动和热屈曲，进而导致整个卫星主体的指向精度和结构稳定性变差，引起卫星部分功能受创，严重情况下将导致整个卫星系统失效 [7,8]。对于常规孔径天线，其结构尺寸较小，因而具有较大的刚度，在受到热载荷等空间载荷作用时天线结构的变形可视为小变形，其形状改变对天线电性能的影响可以忽略不计。但是对于大型乃至超大型天线，其受到空间载荷作用后将会产生大的变形，致使天线结构上的波束发射器以及反射面偏离它们的设计位置，从而导致天线在观测方向上的增益达不到预期，极大地影响天线的正常工作。为解决这一问题，研究者们提出了两种方法：电补偿，机械补偿。下面分别对这两种补偿方法进行简介。

电补偿的思路是直接在辐射器发射波束时就利用移相器产生相应的相移，以抵消由物理变形造成的波束失真。这一方法实现起来较为容易，只需要测量出各个点位产生的实际波束与理想波束的波程差，计算出移相器所需的相移即可。使用电补偿的方法可以实现快速的补偿且能达到很高的精度，因此电补偿方面的研究一直受到研究者的关注，并取得了很多成果。机械补偿的思路是通过调节天线结构的变形，使得其上辐射器以及反射面的实际位置尽量地接近它们的设计位置。相比于电补偿，机械补偿的速度慢、精度低，且需要设计控制方法、增加控制装置，以实现对天线形状的调节。因此，目前关于机械补偿方面的研究尚不多。然而，机械补偿仍然值得高度重视，原因在于以下两点。

(1) 电补偿的有效性受限于结构变形的大小、结构变形的空间频率，以及控制装置的瞬态性能等。事实上，电补偿仅能用于结构变形不大的情况，一旦结构发生较大变形，电补偿将不再适用。

(2) 对于一些情况，机械补偿已经能使天线性能达到理想效果，此时就完全没必要再引入电补偿，这可以节约成本和降低系统复杂度。实际工程中，往往是先采用机械补偿粗调，将初始较大的变形控制到一定范围，然后用电补偿进行精调，使得补偿达到足够的精度，以此保证天线的性能。

至今为止，已经有许多科研人员在热变形分析、控制，以及变形对天线电性能的影响等方面做了大量研究。Du 等 [9] 针对索网反射面天线进行了形状调整研究，该研究通过最小化形面的均方根误差以确定控制力的调整策略。Shi 等 [10] 对于可展开索网反射面天线提出了基于反馈方法的动态形状控制研究，为了保证天线结构的温度稳定性以及抵抗外力干扰，研究中将轨道周期分为了若干温度区域，并对不同的温度区域设计了鲁棒 H_∞ 状态反馈控制器。Li 等 [11] 详细分析了引起天线反射面精度系统性误差的三个因素：抛物面的加工误差、装配误差、热应变导致的随机误差。他们使用蒙特卡罗方法详细分析了三个因素对反射面精度的影响程度，取得了有益的结论。Guo 等 [12] 针对一种折叠肋型网状反射面天线进行了形状精度优化，在考虑了大变形情况下的结构几何非线性基础上建立了结构的非线性有限元模型，并利用这一模型进行了一阶固有频率约束下的形状控制。值得在此指出的是，尽管人们在天线领域已经做了大量相关研究，但是总结现有的这些研究可以发现，现有工作中的研究对象大多为反射面天线，尤其是反射面天线中的网状反射面天线这一形式，对于更加新型且具备应用潜力的天线则仍然关注不足。

15.3 星载天线分类和相控阵天线研究现状

15.3.1 星载天线分类

星载天线的种类大致分为三类：星载可展开反射面天线，星载微电子机械天线，星载阵列天线 [1]。下面分别对这三种天线进行简介。

(1) 星载可展开反射面天线。依据不同结构形式又分为许多种类，常见的有周边桁架式索网反射面天线、径向肋式反射面天线、充气式反射面天线、构架式反射面天线、静电薄膜反射面天线等。这些不同结构形式的天线各有优缺点。目前星载可展开反射面天线作为当前应用最为广泛的一种天线类型，尽管技术较为成熟，但很难满足今后天线大型乃至超大型化的发展要求。

(2) 星载微电子机械天线。现代大容量、多功能、超宽带综合信息系统的迅速发展，使同一平台上搭载的信息子系统和天线的数量急剧增多。从降低系统的整体成本、减轻质量、减小平台雷达散射截面、实现良好的电磁兼容性等方面考虑，这种现象非常有害，已成为制约综合信息系统进一步发展的一大瓶颈。星载微电子机械天线的出现，使得以上问题在一定程度上得以解决，但由于目前许多技术尚不成熟，该类型天线离实际应用尚有较大的距离。

(3) 星载阵列天线。阵列天线具有更多的设计自由度，其形式包括线阵、平面阵、共形阵等。它采用电扫描的方式，完全避免了机械扫描的可展开反射面天线惯性大和速度慢，以及机械可移动装置导致可靠性下降和质量增加等缺点，能较好地实现高增益、窄波束、多目标、空分多址、自主控制等功能。其中的相控阵天线是当今发展最快、应用潜力最大的一种天线形式，不仅可用于多目标跟踪和反导预警，还可应用在空间飞行器、卫星通信及空中交通管制等方面 [13]。在航天大容量通信和微波遥感成像 SAR (合成孔径雷达) 的应用中，要求提供更宽的频带、更多的波束、更精细的波束地面分辨率，因此出现了大尺寸的平面有源相控阵天线。受运载设备尺寸限制，天线需采用折叠可展开结构，同时考虑用户需求的多样性、研制周期、在轨重构能力 (波束形状、波束位置、波束功率频率分配) 及项目风险等因素，经常采用可展开、模块化的有源相控阵天线。正是由于可展开和模块化的有源相控阵天线具有巨大的应用前景，其近年来逐渐得到了人们的广泛关注。

15.3.2 相控阵天线研究现状

下面对星载相控阵天线的国内外研究现状进行简介。相控阵天线的阵面上布置着许多辐射器，天线工作时，由激励器发出的电磁波经由移相器和放大器并最终通过对应的辐射器向空间发射。若要从太空观测地球上某一区域的情况，则赋予天线上每一移相器一定的相移，使得由天线阵面上不同辐射器发出的电磁波波前的连线垂直于预期的观测方向。这样的调节使得辐射波在观测方向上相干性很好，有利于在远场很好地干涉从而在观测方向得到高增益。相反，若给予移相器不合适的相移，则可能在观测方向产生异相甚至反相的辐射波形，其远场干涉的效果就会很差。若辐射器在空间中的实际位置与设计位置相偏离，则波束在观测方向的相干性将无法达到预期，从而降低天线的工作性能。对于星载相控阵天线，国内外许多学者研究和分析了结构位移场、电磁场及温度场之间的相互作用、相互影响。

1. 国外研究现状

国外主要从三个方面对星载阵列天线进行研究。

(1) 结构变形与误差对电性能的影响。关于星载天线阵面误差方面，Wang[14] 分析了天线典型机械误差和随机误差对天线电性能的影响，并指出若要使得星载有源相控阵天线获得 −10 dBi 平均副瓣电平，则阵面误差须控制在 1%波长范围以内。Ossowska 等 [15] 指出星载可展开有源相控阵天线阵面变形主要有三种形式——对称变形、非对称变形和随机变形，并分析了三种变形对天线电性能的影响。Zulch 等 [16] 针对美国空军和 NASA 机构研制的低轨道 L 波段 1.25GHz 的星载有源相控阵天线，分析了天线阵面变形对天线增益和对 GMTI 的影响。

(2) 电磁电路校准与补偿。Torres 等 [17] 分析了振动和热变形对天线电性能的影响，并通过外部相位参考方法来校正阵元位置误差。Pierro 等 [18] 分析了最大变形量为 10cm 的阵面变形对中轨道星载可展开有源相控阵天线波形和 GMTI (ground moving target indication) 的影响。针对结构变形补偿和校准技术，Takahashi 等 [19] 对星载可展开有源相控阵天线由发射升空时的振动和在轨热振动导致的结构变形提出了一种补偿方法，即分三个阶段校准：初始校准、发射前校准和在轨校准，最后对每个阵元的相位误差进行补偿。Lier 等 [20] 针对星载 Ku 频段 (16.3~16.8 GHz) 有源相控阵天线的阵面变形，提出了控制电路编码校准技术。

(3) 形状记忆与自动补偿。Song 等 [21] 将一种形状记忆合金丝嵌入蜂窝结构体中，用于精密空间结构的热变形补偿。Mcwatters 等 [22] 考虑了星载可展开有源相控阵天线在轨热环境、自身产生的热量、卫星平台的振动和机械变形，提出了天线自动校准和计量系统的概念，用于纠正在轨过程中的相位误差和机械变形。Peterman 等 [23] 提出天线变形测量系统 (ADMS)，即在星载可展开有源相控阵天线每个面板上安装记录器，记录阵元的初始位置，一旦出现阵面变形，移相器就会实时地对相位进行补偿，进而实现理想的波束。可见，国外不仅已发射一定数量的装备可展开有源相控阵天线的卫星，而且经过长时间的累积，在相关理论方面也取得了一定的研究成果。

2. 国内研究现状

我国虽已发射装备有源相控阵天线的卫星，但是数量少，技术与经验积累相对薄弱，与国外技术水平的差距较大，我国科研机构正在积极展开理论研究与试验验证。研究情况如下所述。

(1) 在星载有源相控阵天线的样机试验方面，南京电子技术研究所已研制口径为 3 m×3 m、S 波段的平面相控阵充气天线原理样机 [24]。上海微小卫星工程中心 (现中国科学院微小卫星创新研究院) 通过对 16 波束有源相控阵天线原理样机的测试，设计了具有“等通量”覆盖的平面阵列多波束发射天线，有效验证了星载数字波束形成技术 (digital beam forming, DBF) 多波束有源相控阵天线系统设计的可行性 [25]。

(2) 在星载有源相控阵天线阵面变形研究方面，中国科学院国家空间科学中心王宏建等 [26] 针对星载 Ku 频段波导裂缝天线提出了一种分析天线热变形对其电性能影响的新方法，并给出了数学计算公式。浙江大学关富玲等 [27] 针对蜂窝夹层架构建立了具有拉弯耦合效应的力学方程，分析了星载微带天线的热变形并进行了试验验证。北京航空航天大学陈杰等 [28] 根据星载有源相控阵天线结构特点提出热变形误差数学模型，并推导了天线阵面存在热变形误差时的方向图计算公式，同时指出阵面热变形主要有两种：弯曲和扭曲。空军工程大学张永顺等 [29] 研究了星载 SAR 阵面变形对天线波束的影响，将阵列天线位置误差等效为相位误差，并进行相位补偿。

(3) 在星载天线结构与电磁耦合研究方面，西安电子科技大学的机电耦合研究团队对星载天线相关理论开展了深入的研究，取得了杰出的成果。段宝岩等 [30,31] 从场的角度分析了有源相控阵天线结构位移场、电磁场和温度场的三场耦合关系，提出了天线机电热三场耦合模型，并进行了大量数值模拟分析与试验验证。朱敏波等 [32] 根据非耦合动力学理论及有限元法，利用半正弦波温度冲击模拟热动力载荷，分析了星载可展开天线的热振动，得出热振动响应明显大于静力学响应，并以铝蜂窝材料为例阐述了通过添加各种热控涂层来提高天线结构的空间稳定性的技术。

大型模块化可展开平面相控阵天线是星载相控阵天线中的一种极具应用潜力的天线形式。国防科技大学的李东旭教授团队 [33] 针对超大型平面相控阵天线进行了热致变形分析，分析过程考虑了太阳辐射、地球辐射和地球反照率的影响，通过控制体积法进行热分析获得了结构的温度分布，然后将其应用于结构分析有限元模型以计算天线的准静态变形；实验结果表明，所提出的方法有助于预测大型空间结构的热致变形，对设计主动控制系统以补偿形面精度误差具有重要意义。哈尔滨工业大学的曹登庆教授团队[34]基于能量等效原理和经典的 Timoshenko 梁理论，通过静力凝聚法建立了具有初始应力的平面相控阵天线的等效动力学模型，成功地将模块化的自应力索梁天线结构等效为各向异性的 Timoshenko 梁；仿真结果表明，等效梁模型的振动特性与原平面相控阵天线的振动特性相吻合，这说明等效梁模型具有令人满意的精度，因而有可能用于天线结构的振动控制。进一步地，曹登庆教授团队[35]还基于能量等效原理，应用哈密顿原理推导了天线运动所遵循的控制偏微分方程组，以此建立了等效梁模型；等效梁模型的运动控制方程组中包含了两组偏微分方程组，分别描述结构的弯曲–扭转耦合与弯曲–拉压耦合效应。

我国空间技术始于 20 世纪 50 年代，是在基础工业比较薄弱、科技水平相对落后的条件下，独立自主地发展起来的。经过 60 多年的艰苦奋斗和自主创新，我国在空间结构技术领域走出了一条适合我国国情、有自身特色的发展道路，卫星技术、载人航天技术和深空探测技术取得了一系列重大突破，实现了跨越式发展，取得了举世瞩目的成就。未来一段时间内，我国空间技术发展的矛盾将由以前的需求、投入不足而影响空间技术的发展，转化为空间技术水平、创新能力不能满足国家日益增长的需求。随着人类对高精度对地观测需求的日益增长，星载天线不可避免地朝着大型化方向发展，由此也带来了许多诸如非线性建模与控制等前所未有的力学科学与技术瓶颈问题，对这些问题的探索和良好解决，不但具有科学意义，而且具有极高的军民两用双重价值。

15.4 本篇研究内容

本篇以百米级平面相控阵天线为对象，对动力学建模、模型等效、热载荷分析、形面保持控制技术、振动主动控制等问题进行研究。大型空间桁架结构一般都带有绳索，一方面是通过绳索张拉提高结构的刚度，另一方面是为了在遭受外载荷时保持结构的完整性。本篇研究中，采用绳索作为作动装置以实现天线结构的形面保持和振动主动控制，这可以在不增加额外硬件控制装置的条件下完成控制任务，节约航天工程成本。本篇各章内容简介如下。

第 15 章，绪论。介绍大型空间平面相控阵天线的功能和发展历程，分析国内外的研究现状和存在的问题等。

第 16 章，基于变形模式分析的大型空间平面相控阵天线的形面保持控制技术。首先给出桁架结构系统的有限元模型，然后基于绳索作动器分别分析扭转、面内变形、面外变形三种情况下的变形控制问题，然后分析任意变形下的形面保持控制技术，最后进行数值仿真验证。

第 17 章，基于优化的大型空间平面相控阵天线的形面保持控制技术。首先引入 RMS 作为衡量形面精度的指标，在此基础上给出作动器数目预先确定情况下的目标函数，之后根据目标函数设计分层优化模型，并结合遗传算法给出任意变形下的最优作动器布置和最优控制力，最后进行数值仿真验证。

第 18 章，大型空间平面相控阵天线的热载荷分析及形面控制。首先，对天线整体结构所处的空间热环境进行介绍，分析影响结构温度场分布的各项空间热流条件；然后，基于空间热流与结构自身热辐射性质，使用热有限元方法建立结构的温度场分析模型，进一步可得到天线结构在任意轨道位置上由空间热环境引起的结构变形；之后，使用相同的有限元网格划分对天线结构的热致变形进行形面控制；最后，本章进行热致变形分析与形面控制的数值仿真验证。

第 19 章，大型空间平面相控阵天线的振动主动控制。绳索作动器具有可张拉不可压缩的特点，另外，绳索的控制力有上限。本章在考虑绳索作动器半程控制和控制力饱和的条件下，设计绳索作动器的控制律，以对桁架结构的振动进行主动抑制，另外，还采用粒子群优化算法研究绳索作动器的优化布置。本章给出控制律的详细设计过程，并且进行数值仿真验证。

第 20 章，大型空间平面相控阵天线的动力学模型等效与振动主动控制。首先基于微极连续介质理论得出大型天线桁架结构的等效微极梁模型，然后推导等效梁所得控制律与原桁架结构所得控制律之间的转换关系，最后进行基于等效梁对原桁架结构进行振动主动控制的数值仿真验证。

参 考 文 献

[1] Duan B Y, You G Q. Optimization of large cable-mesh surface antenna with both deployed and retracted states in space[C]// The 11th AIAA/ISSMO Multidisciplinary Analysis and Optimization Conference, Portsmouth, UK, 2006: 943-950.

[2] 段宝岩. 大型空间可展开天线的研究现状与发展趋势 [J]. 电子机械工程, 2017, 33(1): 1-14.

[3] Lane S A, Murphey T W, Zatman M. Overview of the innovative space-based radar antenna technology program[J]. Journal of Spacecraft and Rockets, 2011, 48(1): 135-145.

[4] 胡海岩, 田强, 张伟, 等. 大型网架式可展开空间结构的非线性动力学与控制 [J]. 力学进展, 2013, 43(4): 390-414.

[5] Corey L, Jaska E. Antenna development at DARPA[C]// Conference on Algorithms for Synthetic Aperture Radar Imagery XI, Orlando, FL, 2004: 29-42.

[6] Guerci J, Jaska E. ISAT—Innovative space-based-radar antenna technology[C]// IEEE International Symposium on Phased Array Systems and Technology, Boston, MA, 2003:

45-51.

[7] 张岳震. 大型索网发射面天线在轨振动与电性能分析 [D]. 西安电子科技大学硕士学位论文, 2016.

[8] 徐海强. 基于太空热环境下的可展开天线反射面调整的研究 [D]. 西安电子科技大学硕士学位论文, 2007.

[9] Du J L, Bao H, Cui C Z. Shape adjustment of cable mesh reflector antennas considering modeling uncertainties[J]. Acta Astronautica, 2014(97): 164-171.

[10] Xie Y M, Shi H, Alleyne A, et al. Feedback shape control for deployable mesh reflectors using gain scheduling method[J]. Acta Astronautica, 2016(121): 241-255.

[11] Tang Y Q, Li T J, Wang Z W, et al. Surface accuracy analysis of large deployable antennas[J]. Acta Astronautica, 2014(104): 125-133.

[12] Liu R W, Guo H W, Liu R Q, et al. Shape accuracy optimization for cable-rib tension deployable antenna structure with tensioned cables[J]. Acta Astronautica, 2017(140): 66-77.

[13] Rai E, Nishimoto S, Katada T, et al. Historical overview of phased array antennas for defense application in Japan[C]// Proceedings of International Symposium on Phased Array Systems and Technology, Boston, MA, 1996: 216-221.

[14] Wang H S C. Performance of phased-array antennas with mechanical errors[J]. IEEE Transactions on Aerospace and Electronic Systems, 1992, 28(2): 535-545.

[15] Ossowska A, Kim J H, Wiesbeck W. Influence of mechanical antenna distortions on the performance of the HRWS SAR system[C]// Proceedings of International Geoscience and Remote Sensing Symposium, Barcelona, Spain, 2007: 2152-2155.

[16] Zulch P, Hancock R, Mckay J. Array deformation performance impacts on a LEO L-band GMTI SBR[C]. Aerospace Conference, Big Sky, MT, 2005: 2171-2179.

[17] Torres F, Tanner A B, Brown S T. Analysis of array distortion in a microwave interferometric radiometer: Application to the GEOSTAR project[J]. IEEE Transactions on Geoscience and Remote Sensing, 2007, 45(7): 1958-1966.

[18] Pierro R S, Parker S E, Schneible R. SBR waveform and processing parameters as a function of array distortion[C]// Aerospace Conference, Big Sky, MT, 2006: 1-15.

[19] Takahashi T, Nakamoto N, Ohtsuka M. On-board calibration methods for mechanical distortions of satellite phased array antennas[J]. IEEE Transactions on Antennas and Propagation, 2012, 60(3): 1362-1372.

[20] Lier E, Zemlyansky M, Purdy D. Phased array calibration and characterization based on orthogonal coding: Theory and experimental validation[C]// IEEE International Symposium on Phased Array Systems and Technology, Waltham, MA, 2010: 271-278.

[21] Song G, Kelly B, Agrawal B N. Active position control of a shape memory alloy wire actuated composite beam[J]. Smart Materials and Structures, 2000, 9(5): 711-716.

[22] Mcwatters D, Freedman A, Michel T. Antenna auto-calibration and metrology approach for the AFRL/JPL space based radar[C]// Proceedings of Radar Conference, Philadelphia, PA, United States, 2004: 21-26.

[23] Peterman D, James K, Glavac V. Distortion measurement and compensation in a synthetic aperture radar phased-array antenna[C]// The 14th International Symposium on Antenna Technology and Applied Electromagnetics & the American Electromagnetics Conference, Ottawa, ON, 2010: 1-5.
[24] 徐东海. 天基预警雷达天线轻量化技术研究 [J]. 电子机械工程, 2008, 24(5): 26-27.
[25] 尚勇, 梁广, 余金培. 星载多波束相控阵天线设计与综合优化技术研究 [J]. 遥测遥控, 2012, 33(4): 37-45.
[26] 刘世华, 王宏建, 郝齐焱. 大型星载 Ku 波段波导缝隙阵列天线–宽频带设计及热变形分析 [J]. 空间科学学报, 2013, 33(2): 207-212.
[27] 韦娟芳, 关富玲, 赵人杰, 等. 星载微带阵天线的热变形分析及实验验证 [J]. 中国空间科学技术, 2002, 22(6):63-68.
[28] 陈杰, 周荫清. 星载 SAR 相控阵天线热变形误差分析 [J]. 北京航空航天大学学报, 2004, 30(9): 839-843.
[29] 曾祥能, 何峰, 张永顺. 星载 SAR 天线阵面形变分析与补偿方法 [J]. 国防科技大学学报, 2012, 34(3): 158-163.
[30] 冷国俊, 王伟, 段宝岩. 大型反射面天线电磁场与位移场场耦合模型及其在 65m 口径天线设计中的应用 [J]. 机械工程学报, 2012, 48(23): 1-9.
[31] 李鹏, 段宝岩, 郑飞. 考虑太阳照射的地基面天线机电耦合分析 [J]. 机械工程学报, 2012, 48(4): 136-145.
[32] 刘劲, 朱敏波, 曹罡. 星载可展开天线热振动数值分析 [J]. 中国空间科学技术, 2011, 31(2): 53-57.
[33] Wang J, Li D X, Jiang J P. Thermally induced deformation of ultra-large truss support membrane structure[J]. Journal of Aerospace Engineering, 2017, 231(13): 2502-2512.
[34] Liu M, Cao D Q, Zhu D F. Equivalent dynamic model of the space antenna truss with initial stress[J]. AIAA Journal, 2020, 58(4): 1851-1863.
[35] Liu M, Cao D Q, Zhu D F. Coupled vibration analysis for equivalent dynamic model of the space antenna truss[J]. Applied Mathematical Modelling, 2021(89): 285-298.

第 16 章　基于变形模式分析的大型空间平面相控阵天线的形面保持控制技术

16.1　引　　言

星载天线作为卫星的重要组成部分，被广泛应用于电子侦察、导航、遥感、对地无线通信等领域，起着决定性的作用。为保证天线具有较高增益，同时满足多功能、多波段、大容量、高功率的需求，星载天线不可避免地趋于大口径化。根据在航天领域的应用与研究现状，可展开天线分为反射面天线、阵列天线和微电子机械天线，其中反射面天线是各种空间通信卫星上使用最多的一类天线形式。反射面天线增大了天线的有效面积，从而增加了天线的增益，因此降低了对功率的要求。已有一些国内外学者对柔性可展开反射面形式的星载天线做了大量的研究工作 [1–5]，研制了试验样机，取得了显著成果，同时也有学者对研究进展作了很好的总结 [6]。然而，机械扫描的可展开反射面天线惯性大、速度慢，机械可移动装置的增加又往往引起了天线可靠性的下降、质量的增加等附加问题。而以卫星为平台的可展开有源相控阵天线，其一方面具有大孔径、轻型的结构，满足了星载信息装备结构方面的要求；另一方面具有高增益、作用距离远等特点，满足了星载信息装备功能方面的要求。因此，相控阵天线成为当今发展最快、应用潜力最大的一种天线形式。但在星载可展开有源相控阵天线中，存在着结构位移场、电磁场和温度场之间的相互影响，例如，卫星姿态变化或热应力会导致阵面变形，从而引起阵面激励源空间位置的变化，进而影响天线的电性能。基础的相控阵理论表明 [7–10]：为使得发射波波前的相位一致，必须校准从激励源到每个辐射源的路径。同相位的波前能够在远场很好地干涉，从而在预期的方向获得很高的增益，反之，干涉效果很差甚至会导致零增益。因此，为保证天线的性能，有必要采取一些补偿措施，如电补偿或机械补偿。目前，关于星载可展开平面相控阵天线电补偿方面的研究主要集中在结构变形对电性能的影响、电磁电路校准与补偿。例如，Ossowska 等 [11] 的研究指出，星载有源相控阵天线阵面变形主要有对称变形、非对称变形和随机变形，并分析了三种变形对天线电性能的影响。Hu 等 [12] 分析了天线典型机械误差和随机误差对天线电性能的影响。Takahashi 等 [13] 对星载可展开有源相控阵天线由发射升空时的振动和在轨热振动导致的结构变形提出了一种补偿方法。Peterman 等 [14] 提出了天线变形测量系统，即在星载可展开有源相控阵天线每个面板上安装记录器，记录阵元的初始位置，一旦出现阵面变形，移相器就会实时地对相位进行补偿，进而实现理想的波束。Mcwatters 等 [15] 考虑了星载可展开有源相控阵天线在轨热环境、自身产生的热量、卫星平台的振动和机械变形，提出了天线自动校准和计量系统的概念，用于纠正在轨过程中的相位误差和机械变形。

电补偿技术的成功应用，大大降低了结构位移场对于天线电性能的影响，然而机械补偿仍然值得关注 [16]，原因如下：① 电补偿的有效性常常受到结构位移大小，变形的空间频率和暂态性能的影响；② 电补偿的调节能力有限，有时需要采用结构补偿辅助调节；③ 加入结构补偿有时能够完全消除电补偿的需要，从而降低系统的复杂度和成本。

关于星载可展开平面相控阵天线机械补偿方面的研究还很少。例如：Song 等 [17] 将一种形状记忆合金丝嵌入蜂窝结构体中，用于精密空间结构的热变形补偿；Greschik 等 [16] 利用蒙特卡罗方法分析了支撑桁架杆件长度制造误差对天线整体几何误差的影响。另外，随着天线孔径的增大，天线结构的轻量化研究具有重要意义。有文献研究指出 [18]，星载可展开有源相控阵天线质量占整个卫星有效载荷的 80%以上，卫星有效载荷的轻量化主要集中于对于天线结构的轻量化。

针对上述机械补偿和轻量化的问题，本章介绍一种以天线结构中固有的绳索作为作动器的控制方法，这样就能够避免增加额外的控制装置以减轻天线整体的质量，并同时增加控制系统的可靠性。首先，详细描述所研究的空间平面相控阵天线的结构，并通过有限元法建立该相控阵天线的简化结构模型；然后，从天线结构的一般复杂变形中分析出三种基本的变形模式：面内弯曲变形、面外弯曲变形和扭转变形；接着，说明任何复杂的变形都是这三种基本变形的组合，因此可以通过对这三种基本变形的逐步控制而最终达到复杂变形控制的目的；最后，本章进行数值仿真以验证该控制方法的有效性，并进行结论总结。本章按照如下顺序组织：16.2 节首先描述平面相控阵天线的结构；16.3 节建立结构的有限元模型；16.4 节提出形面调整的控制策略；最后，16.5 节和 16.6 节进行数值仿真并给出相关的结论。

16.2 平面天线结构描述

本章研究的平面天线结构如图 16-1 所示，主要由收藏箱、天线阵面和支撑框架所构成。卫星发射前，天线阵面和支撑框架收藏在收藏箱内；当卫星入轨后，在驱动电机的驱动下，支撑框架带着天线阵面缓慢展开；展开完成后，支撑框架的铰链进行锁定，构成图 16-1 所示的最终结构形式。平面天线结构由若干个相同的子单元首尾相连所组成，各单元通过铰链连接，展开后铰链锁定。图 16-2 给出了一个子单元结构，它由纵梁、隔框和天线阵面所组成，两侧隔框的外廓为三角形，以保证结构稳定性。纵梁与两端的隔框固连，构成支撑框架, 天线阵面与两端的隔框通过铰链连接。每个子单元有 6 根绳索，如图 16-2 所示，图 16-2 中上方纵梁两端与天线阵面所在四边形的端点用绳索对角连接。同时，天线阵面所在的四边形也使用绳索对角连接。天线阵面所在的四边形的各个顶点上都布置了测量装置，可测量这些顶点的线位移。

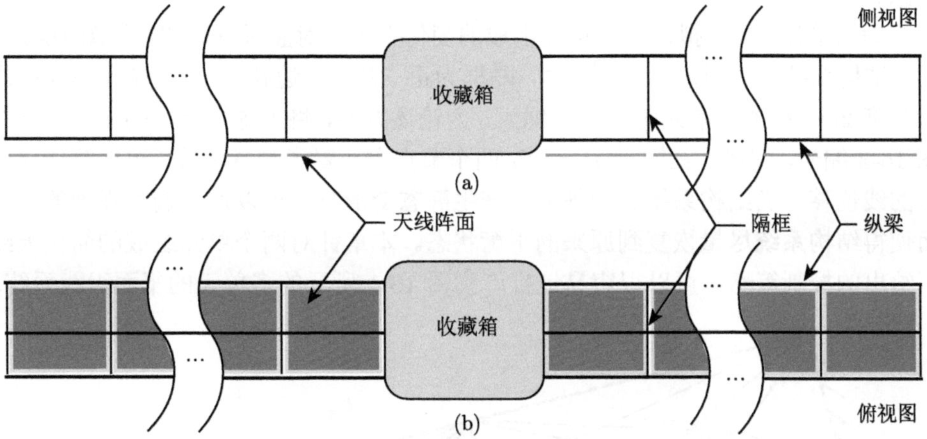

图 16-1 天线结构示意图

(a) 侧视图；(b) 俯视图

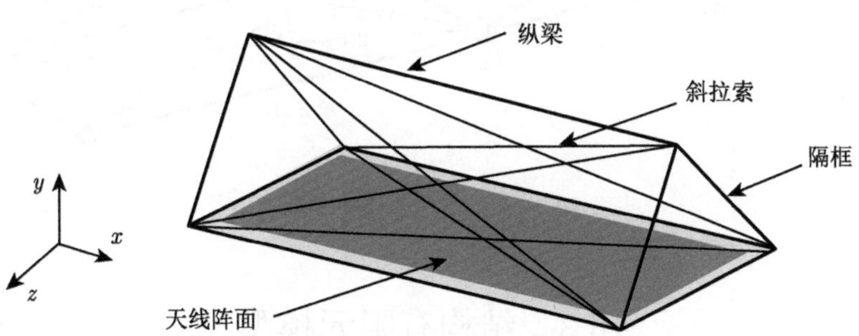

图 16-2 天线单跨结构示意图

对于航天大型结构，如大型空间站帆板、大型平面天线、网状天线等，一般都使用桁架作为支撑结构，而且桁架都带有绳索，这些绳索一方面用于提高桁架结构的刚度和稳定性，另一方面为了保证桁架结构整体的完整性。本章中的平面天线系统，因收藏箱两边天线长度都接近百米，系统在太空中受到热载荷等的作用后会产生弯曲、扭转等静态变形，所以需要采取控制措施来保持天线的平面度。本章研究中，将利用绳索的拉力作为控制力，来达到保持平面天线平面度的目的，这样就不用再在结构中增加额外的控制装置。

考虑到天线阵面与支撑框架下四边形之间是通过铰链进行连接的，天线阵面的调整是通过调节支撑框架下四边形的位形而得以实现的，也就是说，如果能将下四边形调整到水平面，那么天线阵面就能够处于水平面状态。另外，虽然百米天线总的变形量可能较大，但是每个单元的变形量为一小量，即每个单元中天线阵面的变形很小。因此本章中，可以先不考虑天线阵面而仅以简化天线作为研究对象。

为简单计，本章拟以两个单元组成的简化天线为对象进行研究，如图 16-3 所示。结构系统左端固定、右端自由，隔框为正三角形，边长 1m，每个子单元中纵梁长度 2m，每个子单元内有 6 根绳索。为论述方便，将支撑框架中的所有绳索如图 16-3 编号，另外，在图示 $P_1 \sim P_4$ 四个节点上布置了测量装置，可以测量这些点的线位移。当结构系统受到外力而产生静态变形时，可以通过调整绳索的拉力而使得结构系统尽量恢复到原来的平衡状态。本章针对两个单元组成的简化天线所给出的控制策略，可以很容易地推广到图 16-1 所示的多单元的平面天线系统。

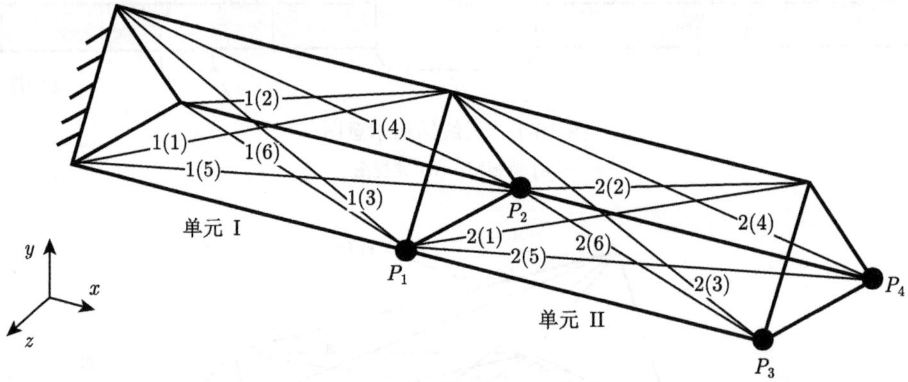

图 16-3 简化的两跨天线

16.3 结构有限元模型

在本节中，采用有限元法对简化的两跨天线结构进行离散。假定支撑框架的纵梁和隔框的材料相同。纵梁和隔框会产生弯曲和扭转变形，故本章使用空间梁单元对两者进行离散化。无阻尼自由振动的空间梁单元的有限元动力学方程可以写为

$$\boldsymbol{M}_e\ddot{\boldsymbol{X}}_e + \boldsymbol{K}_e\boldsymbol{X}_e = \boldsymbol{0} \tag{16-1}$$

式中，$\boldsymbol{X}_e = [\ u_1^e \quad v_1^e \quad w_1^e \quad \theta_{x1}^e \quad \theta_{y1}^e \quad \theta_{z1}^e \quad u_2^e \quad v_2^e \quad w_2^e \quad \theta_{x2}^e \quad \theta_{y2}^e \quad \theta_{z2}^e\ ]^{\mathrm{T}}$ 是梁单元 e 在单元局部坐标系 $O_e\text{-}x_ey_ez_e$ 下的位移坐标阵；$\boldsymbol{M}_e$ 和 $\boldsymbol{K}_e$ 分别是梁单元的

质量阵和刚度阵，表达如下：

$$
\boldsymbol{M}_e=\rho_e A_e l_e\begin{bmatrix}
\frac{1}{3} & 0 & 0 & 0 & 0 & 0 & \frac{1}{6} & 0 & 0 & 0 & 0 & 0\\
0 & \frac{13}{35} & 0 & 0 & 0 & \frac{11l_e}{210} & 0 & \frac{9}{70} & 0 & 0 & 0 & \frac{-13l_e}{420}\\
0 & 0 & \frac{13}{35} & 0 & \frac{-11l_e}{210} & 0 & 0 & 0 & \frac{9}{70} & 0 & \frac{13l_e}{420} & 0\\
0 & 0 & 0 & \frac{I_p}{3A_e} & 0 & 0 & 0 & 0 & 0 & \frac{I_p}{6A_e} & 0 & 0\\
0 & 0 & \frac{-11l_e}{210} & 0 & \frac{l_e^2}{105} & 0 & 0 & 0 & \frac{-13l_e}{420} & 0 & \frac{-l_e^2}{140} & 0\\
0 & \frac{11l_e}{210} & 0 & 0 & 0 & \frac{l_e^2}{105} & 0 & \frac{13l_e}{420} & 0 & 0 & 0 & \frac{-l_e^2}{140}\\
\frac{1}{6} & 0 & 0 & 0 & 0 & 0 & \frac{1}{3} & 0 & 0 & 0 & 0 & 0\\
0 & \frac{9}{70} & 0 & 0 & 0 & \frac{13l_e}{420} & 0 & \frac{13}{35} & 0 & 0 & 0 & \frac{-11l_e}{210}\\
0 & 0 & \frac{9}{70} & 0 & \frac{-13l_e}{420} & 0 & 0 & 0 & \frac{13}{35} & 0 & \frac{11l_e}{210} & 0\\
0 & 0 & 0 & \frac{I_p}{6A_e} & 0 & 0 & 0 & 0 & 0 & \frac{I_p}{3A_e} & 0 & 0\\
0 & 0 & \frac{13l_e}{420} & 0 & \frac{-l_e^2}{140} & 0 & 0 & 0 & \frac{11l_e}{210} & 0 & \frac{l_e^2}{105} & 0\\
0 & \frac{-13l_e}{420} & 0 & 0 & 0 & \frac{-l_e^2}{140} & 0 & \frac{-11l_e}{210} & 0 & 0 & 0 & \frac{l_e^2}{105}
\end{bmatrix}
\tag{16-2}
$$

$$
\boldsymbol{K}_e=\begin{bmatrix}
\frac{EA_e}{l_e} & 0 & 0 & 0 & 0 & 0 & \frac{-EA_e}{l_e} & 0 & 0 & 0 & 0 & 0\\
0 & \frac{12EI_z}{l_e^3} & 0 & 0 & 0 & \frac{6EI_z}{l_e^2} & 0 & \frac{-12EI_z}{l_e^3} & 0 & 0 & 0 & \frac{6EI_z}{l_e^2}\\
0 & 0 & \frac{12EI_y}{l_e^3} & 0 & \frac{-6EI_y}{l_e^2} & 0 & 0 & 0 & \frac{-12EI_y}{l_e^3} & 0 & \frac{-6EI_y}{l_e^2} & 0\\
0 & 0 & 0 & \frac{GI_p}{l_e} & 0 & 0 & 0 & 0 & 0 & \frac{-GI_p}{l_e} & 0 & 0\\
0 & 0 & \frac{-6EI_y}{l_e^2} & 0 & \frac{4EI_y}{l_e} & 0 & 0 & 0 & \frac{6EI_y}{l_e^2} & 0 & \frac{2EI_y}{l_e} & 0\\
0 & \frac{6EI_z}{l_e^2} & 0 & 0 & 0 & \frac{4EI_z}{l_e} & 0 & \frac{-6EI_z}{l_e^2} & 0 & 0 & 0 & \frac{2EI_z}{l_e}\\
\frac{-EA_e}{l_e} & 0 & 0 & 0 & 0 & 0 & \frac{EA_e}{l_e} & 0 & 0 & 0 & 0 & 0\\
0 & \frac{-12EI_z}{l_e^3} & 0 & 0 & 0 & \frac{-6EI_z}{l_e^2} & 0 & \frac{12EI_z}{l_e^3} & 0 & 0 & 0 & \frac{-6EI_z}{l_e^2}\\
0 & 0 & \frac{-12EI_y}{l_e^3} & 0 & \frac{6EI_y}{l_e^2} & 0 & 0 & 0 & \frac{12EI_y}{l_e^3} & 0 & \frac{6EI_y}{l_e^2} & 0\\
0 & 0 & 0 & \frac{-GI_p}{l_e} & 0 & 0 & 0 & 0 & 0 & \frac{GI_p}{l_e} & 0 & 0\\
0 & 0 & \frac{-6EI_y}{l_e^2} & 0 & \frac{2EI_y}{l_e} & 0 & 0 & 0 & \frac{6EI_y}{l_e^2} & 0 & \frac{4EI_y}{l_e} & 0\\
0 & \frac{6EI_z}{l_e^2} & 0 & 0 & 0 & \frac{2EI_z}{l_e} & 0 & \frac{-6EI_z}{l_e^2} & 0 & 0 & 0 & \frac{4EI_z}{l_e}
\end{bmatrix}
\tag{16-3}
$$

上式中，l_e 表示梁单元的长度；ρ_e 表示梁单元密度；A_e 表示梁单元的截面面积；E 是杨氏模量；I_p 是梁单元的极惯性矩；I_y 和 I_z 分别是梁单元绕 y 轴和 z 轴的惯性矩。

在本节部分，简化的天线结构被划分为 n 个单元。用 $O\text{-}xyz$ 表示结构的总体基，用 $O_e\text{-}x_e y_e z_e(e=1,2,\cdots,n)$ 表示第 e 个单元的局部基。总体基和局部基之间的转换矩阵如下所示：

$$\begin{bmatrix} u_i^e \\ v_i^e \\ w_i^e \end{bmatrix} = \boldsymbol{A}_e \begin{bmatrix} \overline{u}_i^e \\ \overline{v}_i^e \\ \overline{w}_i^e \end{bmatrix}, \quad \begin{bmatrix} \theta_{xi}^e \\ \theta_{yi}^e \\ \theta_{zi}^e \end{bmatrix} = \boldsymbol{A}_e \begin{bmatrix} \overline{\theta}_{xi}^e \\ \overline{\theta}_{yi}^e \\ \overline{\theta}_{zi}^e \end{bmatrix} \tag{16-4}$$

式 (16-4) 通过引入全局坐标和局部坐标间转换矩阵 $\boldsymbol{A}_e$，使我们能够用全局坐标系下的线位移 $[\ \overline{u}_i^e \quad \overline{v}_i^e \quad \overline{w}_i^e\ ]^{\mathrm{T}}$ 表示单元局部坐标系下的线位移 $[\ u_i^e \quad v_i^e \quad w_i^e\ ]^{\mathrm{T}}$，以及用全局坐标系下的角位移 $[\ \overline{\theta}_{xi}^e \quad \overline{\theta}_{yi}^e \quad \overline{\theta}_{zi}^e\ ]^{\mathrm{T}}$ 表示单元局部坐标系下的角位移 $[\ \theta_{xi}^e \quad \theta_{yi}^e \quad \theta_{zi}^e\ ]^{\mathrm{T}}$。式中，$i$ 表示单元 e 中的第 i 个节点。使用式 (16-4)，可以得到

$$\boldsymbol{X}_e = \boldsymbol{S}_e \overline{\boldsymbol{X}}_e \tag{16-5}$$

式中，$\overline{\boldsymbol{X}}_e = [\ \overline{u}_1^e \quad \overline{v}_1^e \quad \overline{w}_1^e \quad \overline{\theta}_{x1}^e \quad \overline{\theta}_{y1}^e \quad \overline{\theta}_{z1}^e \quad \overline{u}_2^e \quad \overline{v}_2^e \quad \overline{w}_2^e \quad \overline{\theta}_{x2}^e \quad \overline{\theta}_{y2}^e \quad \overline{\theta}_{z2}^e\ ]^{\mathrm{T}}$ 是序号为 e 的梁单元的全局坐标阵。梁单元全局坐标与局部坐标之间的转换矩阵表达如下：

$$\boldsymbol{S}_e = \begin{bmatrix} \boldsymbol{A}_e & 0 & 0 & 0 \\ 0 & \boldsymbol{A}_e & 0 & 0 \\ 0 & 0 & \boldsymbol{A}_e & 0 \\ 0 & 0 & 0 & \boldsymbol{A}_e \end{bmatrix} \tag{16-6}$$

第 e 个梁单元的全局坐标 $\overline{\boldsymbol{X}}_e$ 和结构整体的全局坐标 $\boldsymbol{X}$ 间的关系式为 $\overline{\boldsymbol{X}}_e = \boldsymbol{B}_e \boldsymbol{X}$，式中，$\boldsymbol{B}_e$ 是布尔指示矩阵。

简化天线结构的总动能和总势能可以表示如下：

$$T = \sum_{e=1}^{n} T_e = \frac{1}{2} \sum_{e=1}^{n} \dot{\overline{\boldsymbol{X}}}_e^{\mathrm{T}} \boldsymbol{M}_e \dot{\boldsymbol{X}}_e = \frac{1}{2} \sum_{e=1}^{n} \dot{\overline{\boldsymbol{X}}}_e^{\mathrm{T}} \boldsymbol{S}_e^{\mathrm{T}} \boldsymbol{M}_e \boldsymbol{S}_e \dot{\overline{\boldsymbol{X}}}_e \tag{16-7}$$

$$U = \sum_{e=1}^{n} U_e = \frac{1}{2} \sum_{e=1}^{n} \boldsymbol{X}_e^{\mathrm{T}} \boldsymbol{K}_e \boldsymbol{X}_e = \frac{1}{2} \sum_{e=1}^{n} \overline{\boldsymbol{X}}_e^{\mathrm{T}} \boldsymbol{S}_e^{\mathrm{T}} \boldsymbol{K}_e \boldsymbol{S}_e \overline{\boldsymbol{X}}_e \tag{16-8}$$

式中，T_e 和 U_e 分别表示第 e 跨天线单元的动能和势能；$\boldsymbol{M}_e$ 和 $\boldsymbol{K}_e$ 分别表示第 e 跨天线单元的质量阵和刚度阵。利用 $\overline{\boldsymbol{X}}_e = \boldsymbol{B}_e\boldsymbol{X}$，天线结构整体的质量阵和刚度阵可分别表示为

$$\begin{cases} \boldsymbol{M} = \sum\limits_{\mathbf{e=1}}^{n} \boldsymbol{B}_e^{\mathrm{T}} \boldsymbol{S}_e^{\mathrm{T}} \boldsymbol{M}_e \boldsymbol{S}_e \boldsymbol{B}_e \\ \boldsymbol{K} = \sum\limits_{\mathbf{e=1}}^{n} \boldsymbol{B}_e^{\mathrm{T}} \boldsymbol{S}_e^{\mathrm{T}} \boldsymbol{K}_e \boldsymbol{S}_e \boldsymbol{B}_e \end{cases} \tag{16-9}$$

因此，简化天线的动力学方程可以表示如下：

$$\boldsymbol{M}\ddot{\boldsymbol{X}} + \boldsymbol{K}\boldsymbol{X} = \mathbf{0} \tag{16-10}$$

16.4 控制描述

为方便阐述，在本节开始前先定义几个概念：

(1) 原始静平衡状态：支撑框架未受到任何外力时的位形；

(2) 初始静变形状态：支撑框架受到外界干扰但尚未施加控制力时的位形；

(3) 最终静变形状态：支撑框架受到外界干扰且加入控制力之后的位形。

另外，本章研究中做如下假定：

(1) 绳索只能承受拉力，不能承受压力；

(2) 当桁架天线结构处于未受控的初始静变形状态时，所有绳索的拉力为零；

(3) 工程实际中，卫星单侧 50m 长天线末端的最大变形不足 100mm，该变形量相较于天线尺寸为小量，各个节点在各自所在的天线单元中的变形量则更小，因此可以认为绳索产生的控制力的方向在天线形面调整过程中保持不变。

如前所述，本章所采用的形面主动控制方法是通过改变绳索的张力来调整支撑框架的位形，以使得天线阵面保持在同一平面内，因此需要建立结构节点位移与所受外力之间的关系。另外，考虑到结构由初始静变形状态调整到最终静变形状态是一个准静态过程，即结构在调节过程中的每一时刻都可以看作处于静平衡状态，因此可以采用支撑框架结构的静力学方程实现形面主动控制。由 16.3 节得到的结构动力学方程可以直接写出结构的有限元静力学方程为

$$\boldsymbol{K}\boldsymbol{X} = \boldsymbol{F}_0 + \boldsymbol{F}_u \tag{16-11}$$

式中，$\boldsymbol{K} \in \Re^{n\times n}$ 是 16.3 节得到的支撑框架结构的刚度阵；$\boldsymbol{X} \in \Re^{n\times n}$ 是结构总的位移坐标阵；$\boldsymbol{F}_0 \in \Re^{n\times n}$ 是结构所受外力等效到结构各个节点上的等效载荷；$\boldsymbol{F}_u \in \Re^{n\times n}$ 是绳索张力等效到结构节点上的控制力。

将式 (16-11) 变形，可以得到

$$\boldsymbol{X} = \boldsymbol{X}_0 + \boldsymbol{K}^{-1}\boldsymbol{F}_u \tag{16-12}$$

式中，$\boldsymbol{X}_0$ 就对应于支撑框架的初始静变形，其表达式为 $\boldsymbol{X}_0 = \boldsymbol{K}^{-1}\boldsymbol{F}_0$。

选取支撑框架所有绳索中的 r 根绳索作为控制绳，这些绳索上的张力组成的列阵为 $\boldsymbol{u} \in \Re^{r\times 1}$。由有限元基本理论，将绳索张力等效至支撑框架的每个节点的关系式如下：

$$\boldsymbol{F}_u = \boldsymbol{Q}\boldsymbol{u} \tag{16-13}$$

式中，$\boldsymbol{Q}$ 是转换矩阵，由本节开头部分的说明可知 $\boldsymbol{Q}$ 为一常值矩阵。

若记 $\boldsymbol{L} = \boldsymbol{K}^{-1}\boldsymbol{Q}$，则式 (16-12) 可相应写为

$$\boldsymbol{X} = \boldsymbol{X}_0 + \boldsymbol{L}\boldsymbol{u} \tag{16-14}$$

本章研究中使用绳索控制力来调整平面天线的状态，结构节点位移和绳索控制力的关系如式 (16-14) 所示。但是绳索控制力不需要保证结构中的所有节点都回到原始静平衡位置，只需保证关键节点能够回到静平衡位置即可。例如，对于图 16-3 所示的两跨结构，只需调整绳索的控制力使得 $P_1 \sim P_4$ 四个节点回到原始静平衡位置，即可保证两块平面天线处于同一平面，而其他节点的位移不重要，这样就可以由方程 (16-14) 列出 $P_1 \sim P_4$ 四个节点所对应的静平衡方程。

不失一般性，假定式 (16-14) 的 n 个方程中的前 r 个为关键位移分量对应的方程，则应成立：

$$\begin{cases} 0 = x_{01} + L_{11}u_1 + L_{12}u_2 + \cdots + L_{1r}u_r \\ 0 = x_{02} + L_{21}u_1 + L_{22}u_2 + \cdots + L_{2r}u_r \\ \qquad\vdots \\ 0 = x_{0r} + L_{r1}u_1 + L_{r2}u_2 + \cdots + L_{rr}u_r \end{cases} \tag{16-15}$$

由此方程组，就可以求得所需的 r 个控制力。

由上面论述可知，形面主动控制的关键之处在于选取合适的关键节点和相应的控制绳。下面，结合本章具体的研究对象进行阐述。实际中，天线受一定的载荷偏离原始位置，控制目标是使得天线阵面 (对应于 xz 平面) 回复原始位置。由于最多利用 12 根控制绳，也就是方程组 (16-14) 最多存在 12 个未知量，所以最多可以对 12 个位移分量进行精准控制，很自然的想法是保证 $P_1 \sim P_4$ 四个节点回复原始静平衡位置，即令它们的三个线位移分量全部等于 0，这样需要用到所有的控制绳。然而，经过验证，这样的方法可能要求某些绳索受压或需要某些绳

索提供特别大的控制力，这些情况都是实际中不允许的。事实上，稍加分析也可以知道，令 $P_1 \sim P_4$ 四个节点完全回复原始静平衡位置其实是一种十分苛刻的要求，实现起来应该难度很大。

本章针对以上问题提出一种新的控制策略。前已说明，尽管天线结构每个子单元的变形量很小，但天线整体的变形是由每个子单元的微小变形累积而成的，因此若能很好地控制每个子单元的微小变形，则天线整体的变形也就得以控制。经过分析容易知道，天线子单元的基本变形可以分为两类：面外变形，面内变形。其中，面外变形包括：扭转变形和面外弯曲变形；面内变形指的是面内弯曲变形。若能够从整体上实现对这些基本变形的控制，则也能控制由它们组合而成的复杂变形。下面，以子单元 I 为例就三种基本变形的控制分别加以论述。

16.4.1 扭转变形控制

当子单元扭转变形与图 16-4 所示扭矩作用下的扭转变形一致时，很容易分析出作用绳索 1(2) 和绳索 1(3) 都能够抵消这一扭转变形，二者任选一个或是同时作用均可。考虑到二者同时作用能够减小需要的控制力，有利于实际应用，因此这种情况下，选取绳索 1(2) 和绳索 1(3) 作为控制绳。顺便指出，若扭转的方向相反，则选取对偶的绳索，即绳索 1(1) 和绳索 1(4) 作为控制绳。

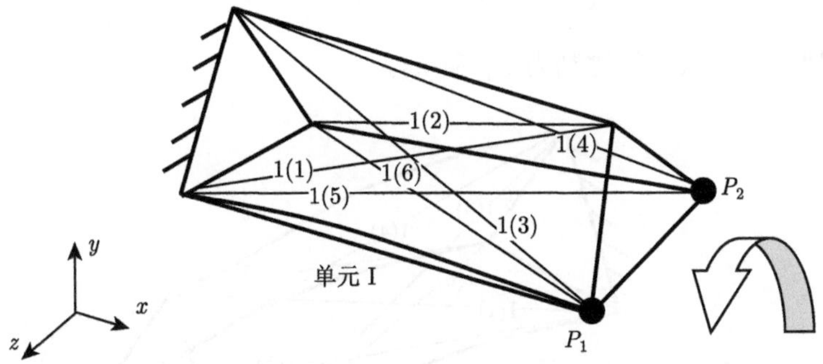

图 16-4 单跨天线扭转变形示意图

前已说明，待求的控制力数目对应于选取的控制方程数目，因此确定了需要使用的绳索之后还需在式 (16-14) 的 n 个方程中选取一个作为控制方程。要求当这个方程成立时，扭转变形得到控制。关于控制方程的选取，说明如下。

发生图 16-4 所示扭转变形时，$y(P_1)$ 和 $y(P_2)$ 的数值是所有位移分量中最大的，均可以用于表征扭转的程度，因此，若控制作用能够使得 $y(P_1) = y(P_2) = 0$，则可以认为扭转变形得到了控制。不失一般性，可以认为 $y(P_1)$ 对应于式 (16-14) 中的 x_1，$y(P_2)$ 对应于式 (16-14) 中的 x_2，这种情况下，式 (16-14) 变为

$$\begin{cases} 0 = x_{01} + L_{11}u_1 + L_{12}u_2 \\ 0 = x_{02} + L_{21}u_1 + L_{22}u_2 \end{cases} \tag{16-16}$$

由以上控制方程可以求得控制力 u_1 和 u_2。

16.4.2 面外弯曲变形控制

当子单元面外弯曲变形与图 16-5 所示弯矩作用下的弯曲变形一致时，容易确定应当选取绳索 1(3) 和绳索 1(4) 作为控制绳。顺便指出，若弯曲的方向相反，则选取对偶的绳索，即绳索 1(1) 和绳索 1(2) 作为控制绳。

此时的控制力有两个，因此需要在式 (16-14) 中选取两个控制方程才能确定出控制力的大小。要求当这两个控制方程成立时，面外弯曲变形得到控制。对于控制方程的选取，说明如下。

发生图 16-5 所示弯曲变形时，$y(P_1)$ 和 $y(P_2)$ 的数值是所有位移分量中最大的，可以用于表征面外弯曲的程度，因此，若控制作用能够使得 $y(P_1) = y(P_2) = 0$，则可以认为弯曲变形得到了控制，此时，控制方程可以写为

$$\begin{cases} 0 = x_{01} + L_{11}u_1 + L_{12}u_2 \\ 0 = x_{02} + L_{21}u_1 + L_{22}u_2 \end{cases} \tag{16-17}$$

由以上控制方程可以求得控制力 u_1 和 u_2。

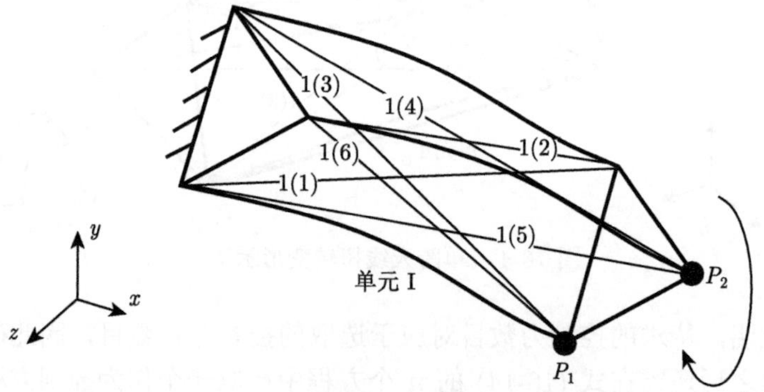

图 16-5 单跨天线面外弯曲变形示意图

16.4.3 面内弯曲变形控制

当子单元面内弯曲变形与图 16-6 所示弯矩作用下的弯曲变形一致时，容易确定应当选取绳索 1(5) 作为控制绳。顺便指出，若弯曲的方向相反，则选取对偶的绳索，即绳索 1(6) 作为控制绳。

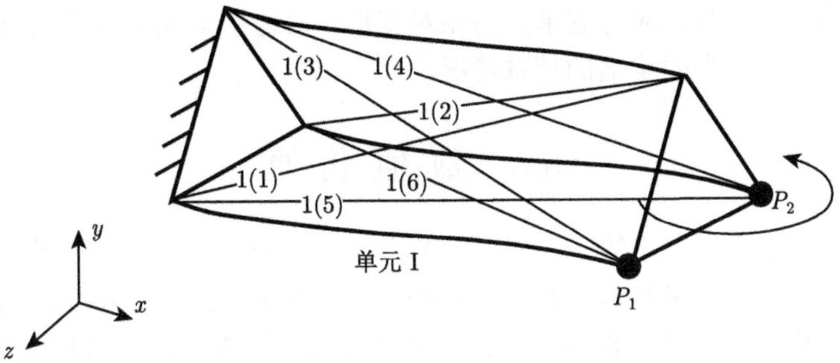

图 16-6 单跨天线面内弯曲变形示意图

此时的控制力有一个，因此需要在式 (16-14) 中选取一个控制方程才能确定出控制力的大小。要求当这个控制方程成立时，面内弯曲变形得到控制。对于控制方程的选取，说明如下。

发生图 16-6 所示弯曲变形时，$z(P_1)$ 和 $z(P_2)$ 的数值是所有位移分量中最大的，可以用于表征面内弯曲的程度。前已说明，隔框是相对刚性的，因此，近似成立 $z(P_1) \approx z(P_2)$，所以，若控制作用能够使得 $z(P_1)$ 和 $z(P_2)$ 中的任何一个等于 0，则可以认为弯曲变形得到了控制。不失一般性，可以认为 $z(P_1)$ 对应于式 (16-14) 中的 x_1，从而可以求得控制力 u_1。

16.4.4 复杂变形控制

最后，考虑复杂的变形情况，它一定可以拆分成面外变形部分和面内变形部分，解决的思路是将控制问题分解。第一步，消除复杂变形中的面外变形部分，实现这一步骤需要首先判断面外变形部分是以扭转变形为主还是以面外弯曲变形为主，然后对应上面的控制规律选出相应的控制绳。实际应用时，可以先假设面外变形部分以扭转变形为主，若计算结果中绳子的拉力全为正值，则说明假设成立，若计算结果中绳子的拉力出现负值，则说明面外变形部分是以面外弯曲变形为主的，此时控制绳的选取同 16.4.2 节中的讨论。第二步，消除复杂变形中的面内弯曲部分，此时控制绳和控制量的选取同 16.4.3 节中的讨论。可以想到，当加上后一步计算所得的控制力后，前一步所消除的变形状态可能又出现了，比如，控制面内弯曲部分所需的力加入后，前一步已消除的面外变形可能又出现了。但可以验证，经过上述两步的控制后，初始的变形将会减小很多，因此，可以不断进行以上两步的迭代过程，直至满足工程中的精度要求。但需要说明一点，尽管计算控制力是逐步进行，然而实际中，是将每次计算的控制力进行累加，最后一次性加到天线结构上的。以上所说的是针对一个子单元的控制，实际面对多个子单元组成的整体时，只需将各个单元的控制绳拉力加入整体未知量，将各个单元的控制方程加入整体控制方程，则可以求得全部控制绳的拉力。这里需要说明，判断各个单元的控制绳时，应考虑单元的相对变形，前述子单元 I 控制绳选取方案的分析只是单元左侧为固定端的特殊情况。

16.5 数值仿真

为了验证本章中提出的天线形面调节方法的正确性，以简化 2 跨天线模型为对象进行数值仿真，考察其固有频率和静态形面调节。此外，由于星载卫星天线不可避免地趋于大型化，也需要研究大尺寸天线，故本节还将进行 18 跨天线的仿真。对于简化 2 跨天线和 18 跨天线，左端都是固定的、右端是自由的。天线的隔框梁和纵梁的材料参数和几何尺寸见表 16-1。

表 16-1 隔框梁和纵梁的材料参数和几何尺寸

参数	隔框梁	纵梁
长度/m	1	2
截面形状	正方形	圆形
截面尺寸/cm	5(边长)	3(直径)
密度/ (kg/m^3)	2766	2766
杨氏模量/GPa	69	69
泊松比	0.3	0.3

简化天线可以通过有限元法进行划分。每个子单元中的划分如下：三角隔框每条边的梁划分为 10 个有限元，纵梁的有限元数也为 10。

16.5.1 模型验证

本节采用有限元法建立了简化的 2 跨天线结构模型，并用 MATLAB 编写了计算程序。同时，在 MSC.NASTRAN 软件中也建立了该结构模型。通过比较 MATLAB 程序和 MSC.NASTRAN 计算得到的简化 2 跨天线的前六阶固有频率来检验结构模型的正确性，如表 16-2 所示。从表 16-2 可以看出，MATLAB 程序计算的固有频率与 MSC.NASTRAN 软件计算的非常接近，因此可以认为本章通过有限元法建立的结构模型是正确的。

表 16-2 简化的 2 跨天线前 6 阶固有频率

固有频率/Hz	ω_1	ω_2	ω_3	ω_4	ω_5	ω_6
MATLAB	2.013	2.013	3.442	5.465	5.465	9.386
MSC.NASTRAN	2.008	2.008	3.422	5.452	5.452	9.334

16.5.2 2 跨结构形面调节

为了展示本章提出的控制策略的普遍性，给简化 2 跨天线一个复杂的初始变形。本节给定一个由以下外力引起的初始变形：在 P_1 点作用一个沿 y 轴正方向、大小为 200N 的力，在 P_3 点作用一个沿 y 轴负方向、大小为 150N 的力。形面调节程序需要实现的功能包括：根据节点 $P_1 \sim P_4$ 的位移，确定所需的控制绳索和控制方程，然后求解控制力的大小。前面已经说明，每轮控制循环后结构的变形都会减少 (包括两个步骤：面外变形控制和面内变形控制)。在仿真中，执行三轮控制循环之后，天线结构的变形就足够小了。表 16-3 列出了三轮控制循环的控制绳索以及相应的控制力。每轮控制循环包括两个步骤：面内变形控制和面外变形控制。所以三个控制循环包含六个控制步骤。

表 16-3 三轮控制循环中的控制绳索及相应控制力

	第一轮控制循环	第二轮控制循环	第三轮控制循环
面外变形控制绳索	1(1), 1(4), 2(2), 2(3)	1(2), 1(3), 2(1), 2(4)	1(1), 1(4), 2(2), 2(3)
绳索控制力/N	$F_{1(1)}$ =161.1238 $F_{1(4)}$ =32.5426 $F_{2(2)}$ =96.1977 $F_{2(3)}$ =484.7962	$F_{1(2)}$ =42.2432 $F_{1(3)}$ =42.2665 $F_{2(1)}$ =127.4225 $F_{2(4)}$ =127.5573	$F_{1(1)}$ =13.0371 $F_{1(4)}$ =13.0443 $F_{2(2)}$ =40.5424 $F_{2(3)}$ =40.5847
面内变形控制绳索	1(6), 2(5)	1(5), 2(6)	1(6), 2(5)
绳索控制力/N	$F_{1(6)}$ =84.5219 $F_{2(5)}$ =254.9976	$F_{1(5)}$ =26.0853 $F_{2(6)}$ =81.1327	$F_{1(6)}$ =8.0429 $F_{2(5)}$ =25.8144

这里需要强调，虽然每一轮控制循环的控制力是分步计算的，但最终的控制力是一次性施加到结构上的。例如，基于表 16-3 中的三轮控制循环的计算结果，最终控制力的大小为

$$F_{1(1)} = 161.1238 + 13.0371 = 174.1609\text{N}, \quad F_{1(2)} = 42.2432\text{N}$$

$$F_{1(3)} = 42.2665\text{N}, \quad F_{1(4)} = 32.5426 + 13.0443 = 45.5869\text{N}$$

$$F_{1(5)} = 26.0853\text{N}, \quad F_{1(6)} = 84.5219 + 8.0429 = 92.5648\text{N}$$

$$F_{2(1)} = 127.4225\text{N}, \quad F_{2(2)} = 96.1977 + 40.5424 = 136.7401\text{N}$$

$$F_{2(3)} = 484.7962 + 40.5847 = 525.3809\text{N}, \quad F_{2(4)} = 127.5573\text{N}$$

$$F_{2(5)} = 254.9976 + 25.8144 = 280.8120\text{N}, \quad F_{2(6)} = 81.1327\text{N}$$

为了验证本章提出的控制方法的有效性，采用 MSC.NASTRAN 计算的结果作为参考。在 MSC.NASTRAN 中，对简化 2 跨天线施加前述外力生成初始变形，然后加上 MATLAB 计算出的控制力。通过比较结构初始变形与控制后的变形来验证所提出的控制策略的有效性。表 16-4 给出了控制前后节点 $P_1 \sim P_4$ 的

位移，从表 16-4 可以看出：经过控制后，节点 $P_1 \sim P_4$ 的位移大大减小。而且节点 $P_1 \sim P_4$ 的沿 y 轴的位移分量经过三轮控制循环后已经非常小了，可以认为节点 $P_1 \sim P_4$ 在同一平面内。因此，本章提出的控制方法是有效的。

表 16-4 控制前后节点 $P_1 \sim P_4$ 的位移

位移量	节点	控制前	控制后
x 方向的位移分量/mm	P_1	−0.006	−0.012
	P_2	−0.006	−0.010
	P_3	−0.009	−0.034
	P_4	−0.009	−0.025
y 方向的位移分量/mm	P_1	5.479	−0.069
	P_2	2.116	0.069
	P_3	−12.603	0.165
	P_4	−5.415	−0.167
z 方向的位移分量/mm	P_1	0.971	0.001
	P_2	0.971	0.001
	P_3	−2.075	0.001
	P_4	−2.075	0.002
总位移/mm	P_1	5.564	0.070
	P_2	2.328	0.069
	P_3	12.773	0.168
	P_4	5.799	0.169

16.5.3 18 跨结构形面调节

上文已经提到，星载卫星天线不可避免地会趋于大型化，因此研究 18 跨天线是很有意义的。基于 16.5.2 节中的仿真结果，可以认为本章提出的控制策略是正确而有效的，因此本章将该控制方法用于 18 跨天线进行仿真。此处，施加如下的初始外力引起结构的变形：在 18 跨天线自由端的中点，施加一个大小为 45N、沿 y 轴负方向的力。与 2 跨天线仿真中相同，执行三个控制循环。对于简化的 18 跨天线，共有 108 根对角绳索，不便列出每根绳索的控制力。表 16-5 列出了每跨中控制绳索的最大控制力，从该表中可以看出：控制绳索中的最大控制力并不大，在可以接受的范围内。实际上，对角控制绳索能够提供的控制力有限，因此，如果计算出的控制力很大，则说明控制方法在实际中并不可行。

经过三轮控制循环，18 跨天线的变形急剧减小，如表 16-6 所示。可以看到：18 跨天线初始位移最大值为 10.14cm，经过控制后，天线位移最大值减小到 0.037mm。因此，可以得出结论：本章所提出的控制方法同样适用于大型空间平面相控阵天线的形面调节。

表 16-5 18 跨天线中每一跨内控制绳索的最大控制力

跨号	最大控制力/N
1	59.93
2	63.49
3	66.83
4	69.96
5	72.87
6	75.57
7	78.06
8	80.34
9	82.40
10	84.25
11	85.89
12	87.32
13	88.53
14	89.54
15	90.34
16	90.91
17	91.25
18	92.30

表 16-6 18 跨天线控制前后的最大位移

项目	控制前	控制后
最大位移	10.14cm	0.037mm

16.6 本 章 小 结

针对一种大型空间平面相控阵天线，本章提出了利用绳索作为作动器进行形面调整的新方法，并通过简化 2 跨天线和 18 跨天线模型进行了仿真。本章所提出的控制方法的难点在于控制绳索和控制方程的选取，本章将天线整体的变形控制问题等效为天线每跨的变形控制问题，并将天线单跨的复杂变形拆分为三种基本变形进行研究，从而探索出了理想的控制策略。从仿真结果来看，经过三轮控制循环，天线支撑框架的变形减小了两个数量级，完全可以满足工程的精度要求。另外，该控制方法利用天线原有绳索作为作动器进行天线形面调整，避免增加多余的控制装置，不但提高了天线的可靠性，也降低了天线的质量，对于未来大型相控阵天线形面的调整具有一定的借鉴意义。本章研究内容发表有文章 [19]。

参 考 文 献

[1] Zhang S X, Du J L, Li P. Design of shaped offset cable mesh reflector antennas considering structural flexible property[J]. Browse Journals & Magazines, 2017, 11(7): 1024-1030.

[2] Liu R W, Guo H W, Liu R Q, et al. Shape accuracy optimization for cable-rib tension deployable antenna structure with tensioned cables[J]. Acta Astronautica, 2017(140): 66-77.

[3] Wang L, Li D X. Simple technique for form-finding and tension determining of cable-network antenna reflectors[J]. Journal of Spacecraft and Rockets, 2013, 50(2): 479-481.

[4] Meguro A, Shintate K, Usui M, et al. In-orbit deployment characteristics of large deployable antenna reflector onboard engineering test satellite VIII[J]. Acta Astronautica, 2009, 65(9): 1306-1316.

[5] Zhang Y Q, Li N, Yang G G, et al. Dynamic analysis of the deployment for mesh reflector deployable antennas with the cable-net structure[J]. Acta Astronautica, 2017(131): 182-189.

[6] Zhang Y Q, Duan B Y, Li T J. Integrated design of deployment trajectory and control system for deployable space antennas[J]. Journal of Mechanical Engineering, 2011, 47(9): 21-28.

[7] William H, John A. Engineering Electromagnetics [M]. 8th ed. NewYork: McGraw-Hill, USA, 2012.

[8] Abid M. Spacecraft Sensors[M]. West Sussex, England, UK: Wiley, 2005.

[9] Mailloux R. Phased Array Antenna Handbook [M]. 2nd ed. Norwood, MA: Artech House, 2005.

[10] Fenn A. Adaptive Antennas and Phased Arrays for Radar and Communictions[M]. Norwood, MA: Artech House, 2008.

[11] Ossowska A, Kim J, Wiesbeck W. Influence of mechanical antenna distortion on the performance of the HRWS SAR system[C]// Proceeding of International Geoscience and Remote Sensing Symposium (IGARSS), Barcelona, Spain, July 23-28, 2007, 2152-2155.

[12] Hu K Y, Wang K, Wu P Z, et al. Analysis for electrical performance of antenna considering gravity deformation based on different band and elevation angle[J]. Advanced Materials & Mechanics, 2017(863): 266-272.

[13] Takahashi T, Nakamoto N, Ohtsuka M, et al. On-board calibration methods for mechanical distortions of satellite phased array antennas[J]. IEEE Transactions on Antennas and Propagation, 2012, 60(3): 1362-1372.

[14] Peterman D, James K, Glavac V. Distortion measurement and compensation in a synthetic aperture radar phased-array antenna[C]// 14th International Symposium on Antenna Technology and Applied Electromagnetics & the American Electromagnetics Conference (ANTEM-AMEREM), Ottawa, ON, July 5-8, 2010: 1-5.

[15] Mcwatters D, Freedman A, Michel T, et al. Antenna auto-calibration and metrology approach for the AFRL/JPL space based radar[C]// Proceedings of Radar Conference, Philadelphia, PA, United States, April 26-29, 2004: 21-26.

[16] Greschik G, Mikulas M M, Helms R G, et al. Strip antenna figure errors due to support truss member length imperfections[C]// 45th AIAA/ASME/ASCE/AHS/ASC

Structures, Structural Dynamics & Materials Conference, Palm Springs, California, April 19-22, 2004.

[17] Song G B, Kelly B, Agrawal B N. Active position control of a shape memory alloy wire actuated composite beam[J]. Smart Materials and Structures, 2000, 9(5): 711-716.

[18] Zhang J P, Li J X. Light-weighting technologies for the active phased array of space-borne radar[C]. China Antenna Annual Conference, Chengdu, China, October 14-16, 2009: 709-713.

[19] Zhou J Y, Lu G Y, Cai G P, et al. A novel static shape adjustment technique for linear phased array antenna[J]. Acta Mechanica Sinica, 2018, 34(6): 1145-1155.

第 17 章 基于优化方法的大型空间平面相控阵天线的形面保持控制技术

17.1 引 言

本章研究一种基于优化方法的大型空间平面相控阵天线的形面保持控制技术，并且对绳索作动器的布置位置和数量优化问题进行了研究。对于结构主动控制，作动器的优化包括两个方面：① 作动器数量的优化 [1]；② 作动器布置位置的优化 [2–4]。控制问题常常通过增加作动器的数量以实现更高的控制精度，但是这意味着需要消耗更多的能量。由于航天器本身携带的能源有限，而太阳能电池板产生的能量不足以供应太多的作动器，所以往往需要对作动器的数量加以限制。在实际应用中，在满足控制精度要求的前提下，作动器的数量应当尽可能地少。此外，在确定了作动器数量的情况下，还需要考虑作动器的最佳布置位置。不恰当的作动器布置有可能激发起结构未受控的模态，导致控制效果的下降甚至引起控制系统失稳。因此，必须充分考虑作动器布局的优化，以达到最佳的控制效果。

在作动器位置优化问题中，作动器位置参数是离散变量，0 表示某位置的作动器不起作用，1 表示某位置上的作动器起作用，因此所有的作动器布置情况都能用只包含元素 0 和 1 的向量表示。例如，对于一个含 5 个作动器的结构，若该结构的作动器位置参数为 $[0\ 1\ 0\ 1\ 0]^{\mathrm{T}}$，则说明在第 2 和第 4 个位置上的作动器参与控制，而其余三个作动器不起作用。同时，对应于每一种作动器的布置，还需要确定每个作动器的最优控制力，而控制力参数是连续变量。这样一类问题就属于混合变量优化问题，而且非线性很高，若将表征作动器布置的离散变量与表征最优控制力的连续变量这两类变量放在同一个设计空间加以考虑，则当问题的规模增大时，其求解将会变得非常困难，而且容易导致迭代过程的不收敛。目前，处理这类问题主要有两种思路：一种是将表示作动器布置的 0-1 离散变量也当作连续变量处理，并增加相应的约束条件，与控制力一同求解 [5]，但这种方法也不适合求解大规模的问题，因为变量的增加将导致求解效率低下；另一种方法是将该问题看作一个分层优化的问题，外层实现对作动器位置的优化，内层实现对作动器控制力的优化 [6,7]。事实上，该控制问题本身存在着一个层次结构，只有先给定了某种作动器的位置配置，才能进而实现对控制力的优化。因为，若某个位置上作动器不起作用就根本无法提供控制力，则在控制力优化问题中就不需要考虑该位置了，也就是说，内层的优化必须基于外层优化的结果。为了解决这个问题，本章采用了遗传算法和二次规划技术并将其应用在平面天线的形状控制中，这个方法成功地解决了作动器位置的优化，同时给出了最优控制力。

本章的研究对象与第 16 章中一致，结构描述和有限元建模的部分可以参考第 16 章的内容，本章不再重复。本章首先在第 16 章的基础上，给出含作动器布置变量的结构有限元模型；然后从本章的优化问题出发，确定该优化问题的设计变量、目标函数以及约束条件，并结合之前建立的结构有限元模型给出该优化问题的数学描述；接着，介绍针对该最优化模型的分层优化的求解思路；最后，本章进行数值仿真验证该方法的有效性，并总结相关的结论。本章按照如下顺序组织：17.2 节建立结构的有限元模型和最优化模型，介绍分层优化算法设计；17.3 节进行 2 跨天线和 18 跨天线的数值仿真；17.4 节总结相关的结论。

17.2 形面控制和作动器优化

17.2.1 等效方程

本节研究中采用的关于绳索的假设与第 16 章中相同，可以参见 16.4 节。第 16 章中已经建立了天线结构的有限元模型。为了便于读者阅读，特将本章推导中仍需用到的第 16 章中相关公式列出如下。天线的静平衡方程可以写为

$$\boldsymbol{K}\boldsymbol{X} = \boldsymbol{F}_0 + \boldsymbol{F}_u \tag{17-1}$$

式中，各项的意义在第 16 章中已有说明。

将式 (17-1) 变形后得到

$$\boldsymbol{X} = \boldsymbol{X}_0 + \boldsymbol{K}^{-1}\boldsymbol{F}_u \tag{17-2}$$

记天线结构中共有 r 根控制绳，这些绳索上的控制力排成的列阵为 $\boldsymbol{u}$。由于每跨都存在 6 根对角绳索，因此对于 18 跨天线，$r = 108$。本章研究在作动器数目确定的情况下进行位置优化，因此这 r 根控制绳并非全部使用，而是选用最优位置上的作动器，相应地，控制力列阵 $\boldsymbol{u}$ 中未被选用的作动器位置上元素为 0。方便起见，引入一个矩阵 $\boldsymbol{V}$ 代表作动器的位置配置，$\boldsymbol{V} = \mathrm{diag}(v_1, v_2, \cdots, v_r)$，若选用了第 i 个位置上的作动器，则 $v_i = 1$；若未选用第 i 个位置的作动器，则 $v_i = 0$。若非如此定义控制力列阵，则在研究作动器的数目对天线形面控制精度的影响时，需要改变作动器的数目，这就造成了每次求解的变量个数都不同，增加了求解难度。

根据有限元基本理论，控制力列阵 $\boldsymbol{u}$ 和 $\boldsymbol{F}_u$ 之间存在如下关系式：

$$\boldsymbol{F}_u = \boldsymbol{Q}\boldsymbol{V}\boldsymbol{u} \tag{17-3}$$

式中，$\boldsymbol{Q}$ 是实际控制力和节点等效控制力之间的变换矩阵。根据 16.4 节的假设，可以知道 $\boldsymbol{Q}$ 是一个常数矩阵。令 $\boldsymbol{G}_0=\boldsymbol{K}^{-1}\boldsymbol{V}\boldsymbol{Q}$，则式 (17-2) 可以重写为

$$\boldsymbol{X}=\boldsymbol{X}_0+\boldsymbol{K}^{-1}\boldsymbol{V}\boldsymbol{Q}\boldsymbol{u}=\boldsymbol{X}_0+\boldsymbol{G}_0\boldsymbol{u} \tag{17-4}$$

17.2.2 设计变量

作动器数目确定的情况下，作动器的位置和控制力的大小将直接影响到天线结构的形状控制精度，在本章的优化模型中，作动器的位置以及作动器产生的控制力被选为设计变量并且可以表示如下：

$$\boldsymbol{v}=(v_1,v_2,\cdots,v_r)^{\mathrm{T}} \tag{17-5}$$

$$\boldsymbol{u}=(u_1,u_2,\cdots,u_r)^{\mathrm{T}} \tag{17-6}$$

式中，r 为所有的作动器数目，$\boldsymbol{v}$ 为作动器位置变量，$\boldsymbol{u}$ 为控制力变量。注意位置变量 $v_i=1$ 表示第 i 个位置的作动器施加控制力，$v_i=0$ 时表示第 i 个位置的作动器不起作用，此时相应存在 $u_i=0$。

17.2.3 目标函数

天线形状控制精度的目标函数可以根据具体问题来确定，在实际中，要求的控制精度很高，故一般选用形面的均方根精度作为目标函数。某个测量点的位置均方根误差可以用下式描述：

$$\delta_i=\sqrt{x(P_i)^2+y(P_i)^2+z(P_i)^2} \tag{17-7}$$

式中，$x(P_i)$、$y(P_i)$ 和 $z(P_i)$ 是测量点 P_i 处 x、y 和 z 方向的位移分量，这些位移分量都是由理想静平衡状态开始测量的。前已说明，可以通过控制每个单元底面四边形顶点的位移实现对天线阵列的姿态控制，因此目标函数可以表示如下：

$$\sigma_r=\sqrt{\frac{1}{s}\sum_{i=1}^{s}\delta_i^2} \tag{17-8}$$

由上两式可见，如果所有的测量点都处于它们的理想位置，那么将得到 $\delta_i=0$ 以及 $\sigma_r=0$。

控制的目标就是使得目标函数取极小值，即

$$\min \quad \sigma_r=\sqrt{\frac{1}{s}\sum_{i=1}^{s}\delta_i^2} \tag{17-9}$$

为进一步研究，需要利用前面建立的有限元模型表示出目标函数。式 (17-2) 左端的 $\boldsymbol{X}$ 是所有有限元节点的位移分量组成的列阵，但目标函数只包括测量点处的位移，因此，需要将式 (17-4) 中对应于测量点位移的那些行提取出来。此时，式 (17-4) 变为

$$\boldsymbol{Y} = \boldsymbol{Y}_0 + \boldsymbol{G}\boldsymbol{u} \tag{17-10}$$

式中，$\boldsymbol{Y}$ 是测量点的位移分量组成的列阵；$\boldsymbol{Y}_0$ 是测量点的初始位移分量组成的列阵；$\boldsymbol{G}$ 是矩阵 $\boldsymbol{G}_0$ 中对应于测量点位移的那些行组成的矩阵。此时，目标函数可以表示如下：

$$\sigma_r(\boldsymbol{V}, \boldsymbol{u}) = \sqrt{\frac{1}{s}\boldsymbol{Y}^{\mathrm{T}}\boldsymbol{Y}} \tag{17-11}$$

17.2.4 约束条件

在实际的天线形状控制中，存在着各种各样的约束条件，一般的天线结构都需要满足比如结构基频约束、杆件的强度约束和压杆稳定性约束。而对于特定的控制问题，又具有额外的约束，这其中包括结构的控制精度约束、控制力约束、作动器数目约束等。本章研究中，默认结构满足一般的约束条件，仅考虑特定的控制问题方面的约束。这种对约束的处理有其合理性，因为本章研究的是静变形的调整，可以不考虑基频。同时杆件的强度约束和压杆稳定性约束也能够通过控制力约束得以实现，因此可以不考虑。于是，约束条件包括如下内容。

1) 控制精度约束

施加控制后，在满足总体均方根误差的条件下，向量 $\boldsymbol{Y}$ 中的元素，即各测量节点的位移 Y_i 均不能超过设定的最大值，因此控制精度约束可以表示为

$$|Y_i| \leqslant Y^{\max}, \quad i = 1, 2, \cdots, s \tag{17-12}$$

式中，$Y^{\max}$ 是控制所允许的测量点最大位移值组成的列阵，通过这一约束就能保证经过控制之后的测量点位移值不超过允许的范围，从而实现预期的控制精度。

2) 作动器位置变量约束

由于某个位置上的作动器只存在被选用和不被选用的情况，所以作动器位置变量只能取 0 和 1 这两个值，故可将作动器位置变量约束表示为

$$v_i = 0 \quad 或 \quad v_i = 1, \quad i = 1, 2, \cdots, r \tag{17-13}$$

3) 作动器数目约束

若在全部 r 个作动器中选择 p 个作动器进行控制，则作动器数目约束可以表示为

$$\sum_{i=1}^{r} v_i = p \tag{17-14}$$

4) 控制力约束

作动器产生的控制力必须在一定范围内，可表示为

$$u_i^{\min} \leqslant u_i \leqslant u_i^{\max}, \quad i=1,2,\cdots,r \tag{17-15}$$

式中，$u_i^{\min}$ 和 $u_i^{\max}$ 分别是第 i 个作动器的控制力下限和控制力上限，由于本章中的作动器为绳索，只能受拉而不能承压，所以在选择控制力下限时应确保满足：

$$u_i^{\min} \geqslant 0, \quad i=1,2,\cdots,r \tag{17-16}$$

17.2.5 最优化模型

前面几部分，基于有限元模型已建立了优化问题的目标函数、设计变量以及约束条件，因此，可以得到优化问题的数学描述：

$$\left\{\begin{array}{ll}\text{find} & \boldsymbol{v}=(v_1,v_2,\cdots,v_r)^{\mathrm{T}} \\ & \boldsymbol{u}=(u_1,u_2,\cdots,u_r)^{\mathrm{T}} \\ \min & \sigma_r(\boldsymbol{V},\boldsymbol{u})=\sqrt{\dfrac{1}{s}\boldsymbol{Y}^{\mathrm{T}}\boldsymbol{Y}} \\ \text{s.t.} & |\boldsymbol{Y}| \leqslant \boldsymbol{Y}^{\max} \\ & v_i=0 \quad \text{或} \quad v_i=1, \quad i=1,2,\cdots,r \\ & \displaystyle\sum_{i=1}^{r}\nu_i=p \\ & u_i^{\min} \leqslant u_i \leqslant u_i^{\max}, \quad i=1,2,\cdots,r\end{array}\right. \tag{17-17}$$

17.2.6 最优化问题求解

式 (17-17) 描述的优化问题是一个同时包含连续变量和离散变量的显示优化问题，仅利用传统的数学规划方法难以解决。因为作动器的位置变量和控制力之间存在联系，当作动器位置参数为 1 时，控制力的迭代是有效且有意义的；当作动器位置参数为 0 时，控制力的迭代是盲目且无意义的，当这两类设计变量放入同一个设计空间时，如果用传统的数学规划方法来处理，不能保证迭代的有效性，因此有必要将作动器位置变量和控制力变量分开进行优化。本章采用分层优化的策略，外层实现对作动器位置的优化，内层实现对作动器控制力的优化。

1. 作动器位置优化

作动器位置变量用 0 和 1 表示，故十分适合用二进制编码的遗传算法进行求解，表示作动器位置的二进制位串就对应于遗传学中的染色体。遗传算法一般用

于求解无约束优化问题，本章中需要考虑约束条件，因此需要利用罚函数进行处理，此时需要构建遗传算法中的适应度函数，适应度函数类似于传统优化中的目标函数，具体形式如下：

$$\varphi(\boldsymbol{V},\overline{\boldsymbol{u}},r_k)=\sigma_r(\boldsymbol{V},\overline{\boldsymbol{u}})+r_k\sum_{j=1}^{m}\langle g_j(\boldsymbol{V},\overline{\boldsymbol{u}})\rangle^2 \tag{17-18}$$

式中，$\overline{\boldsymbol{u}}$ 是作动器布置 $\boldsymbol{V}$ 给定后的最优控制力列阵；r_k 是一个正的罚因子；$j=1,2,\cdots,m$ 对应于所有的不等式约束；$\langle g_j(\boldsymbol{V},\overline{\boldsymbol{u}})\rangle$ 定义为

$$\langle g_j(\boldsymbol{V},\overline{\boldsymbol{u}})\rangle=\max(g_j(\boldsymbol{V},\overline{\boldsymbol{u}}),0)=\begin{cases}g_j(\boldsymbol{V},\overline{\boldsymbol{u}}), & g_j(\boldsymbol{V},\overline{\boldsymbol{u}})>0\\ 0, & g_j(\boldsymbol{V},\overline{\boldsymbol{u}})\leqslant 0\end{cases} \tag{17-19}$$

另外，$\sigma_r(\boldsymbol{V},\overline{\boldsymbol{u}})$ 和 $g_j(\boldsymbol{V},\overline{\boldsymbol{u}})$ 分别表示给定作动器位置变量 $\boldsymbol{V}$ 时，最优控制力 $\overline{\boldsymbol{u}}$ 所对应的目标函数值和约束值。

2. 控制力优化

外层遗传算法的种群进化过程中，每一个个体的适应度值的计算都需要进行相应的内层控制力变量优化。对于外层遗传算法给出的任意一个个体，作动器位置变量 $\boldsymbol{V}$ 也就确定了，因此内层控制力的优化问题也就可以利用传统的数学规范方法求解。此时，优化问题的数学形式可以表达为

$$\begin{cases}\text{find} & \overline{\boldsymbol{u}}=(\overline{u}_1,\overline{u}_2,\cdots,\overline{u}_r)^{\mathrm{T}}\\ \min & \sigma_r(\boldsymbol{V},\overline{\boldsymbol{u}})=\sqrt{\dfrac{1}{s}\boldsymbol{Y}^{\mathrm{T}}\boldsymbol{Y}}\\ \text{s.t.} & |\boldsymbol{Y}|\leqslant\boldsymbol{Y}^{\max}\\ & u_i^{\min}\leqslant\overline{u}_i\leqslant u_i^{\max},\quad i=1,2,\cdots,r\end{cases} \tag{17-20}$$

可以看到，上式给出了作动器位置变量 $\boldsymbol{V}$ 确定的情况下，使得目标函数 $\sigma_r(\boldsymbol{V},\overline{\boldsymbol{u}})$ 取最小值的控制力变量 $\overline{\boldsymbol{u}}$，此即给定作动器位置时的最优控制力。

考察目标函数的形式，可以看到最小化目标函数 $\sigma_r(\boldsymbol{V},\overline{\boldsymbol{u}})$ 等价于最小化 $\boldsymbol{Y}^{\mathrm{T}}\boldsymbol{Y}$，由式 (17-10) 可得

$$\boldsymbol{Y}^{\mathrm{T}}\boldsymbol{Y}=\boldsymbol{u}^{\mathrm{T}}\boldsymbol{G}^{\mathrm{T}}\boldsymbol{G}\boldsymbol{u}+2\boldsymbol{Y}_0^{\mathrm{T}}\boldsymbol{G}\boldsymbol{u}+\boldsymbol{Y}_0^{\mathrm{T}}\boldsymbol{Y}_0 \tag{17-21}$$

由于作动器位置变量 $\boldsymbol{V}$ 是确定值，所以 $\boldsymbol{G}$ 为常值阵，则式 (17-18) 中的优化问题就是一个典型的二次规划问题，可以利用顺序二次规划方法进行求解，得出最优解 $\overline{\boldsymbol{u}}$。

3. 求解过程

结合上述作动器位置优化和控制力优化，可以给出分层优化的过程如下：

(1) 外层生成一组随机的作动器布局，每个个体对应一个作动器布局；

(2) 对于外层给定的每个个体，内层计算出相应的最优控制力并将其返回给外层；

(3) 利用内层给出的最优控制力，外层计算每个个体的适应度函数值；

(4) 根据每个个体的适应度函数值，由遗传算法给出一个新的子代种群。

重复这些步骤，即可求得最优作动器布置和相应的最优控制力。

17.3 数值仿真

为了验证本章提出的方法的有效性，将分别研究简化的 2 跨天线和 18 跨天线。对于 2 跨天线，可以容易地根据结构力学的理论确定需要选择哪些对角绳索作为作动器，通过对比优化模型计算结果和理论分析的结果可以验证所提方法的正确性。对于简化的 18 跨天线，有必要进行深入研究。对于所研究的简化 2 跨天线和 18 跨天线，它们左端是固定的、右端是自由的。隔框梁和纵梁的参数在表 16-1 中已经给出。简化天线可以通过有限元法进行划分。每个子单元中的划分如下：三角隔框每条边的梁划分为 10 个有限元，纵梁的有限元数也为 10。仿真中，使用遗传算法通过模拟自然进化过程来获得最优的作动器布置，然后通过二次规划求解相应的控制力。遗传算法的基本参数如表 17-1 所示。

表 17-1 遗传算法的基本参数

参数	类型或数值
种群规模	200
种群初始取值范围	[0,1]
选择方式	均匀随机
交叉概率	0.8
变异概率	0.2
保留最优个体数	2
终止条件	进化代数

17.3.1 2 跨结构

首先研究简化的 2 跨天线。对于给定的初始位移，分层优化将给出最优作动器布置。基于结构力学理论同样可以确定最优作动器布置。如果优化结果与理论结果一致，则可以说明优化方法是正确的，那么对于 18 跨天线也可以用同样的优化方法进行研究。仿真中，给定的初始位移是由如下外力引起的：作用于节点

P_5 的沿 y 轴的负方向、大小为 200N 的力。如图 17-1 所示，P_5 是 P_3 和 P_4 的中点。节点 $P_1 \sim P_4$ 的初始位移和这些测量节点的初始均方根值见表 17-2。

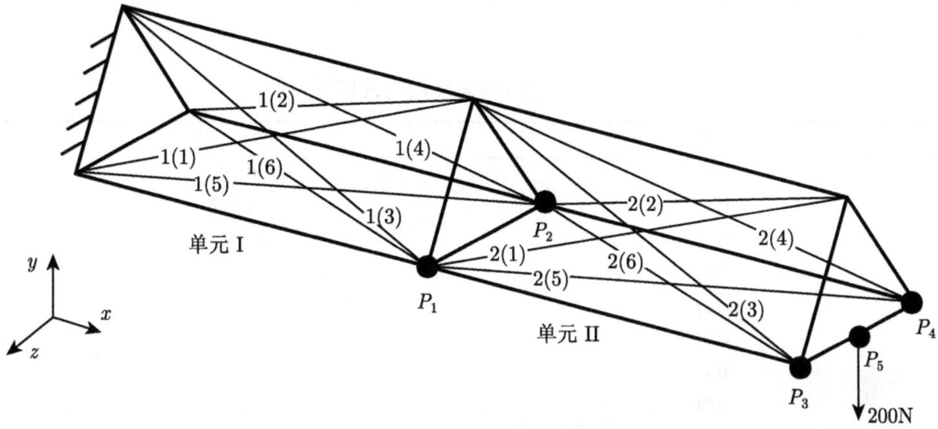

图 17-1　2 跨天线所受外力示意图

表 17-2　节点 $P_1 \sim P_4$ 的位移及均方根

类别	节点	数值
x 方向的位移分量/mm	P_1	−0.014
	P_2	−0.014
	P_3	−0.019
	P_4	−0.019
y 方向的位移分量/mm	P_1	−16.163
	P_2	−16.163
	P_3	−34.862
	P_4	−34.862
z 方向的位移分量/mm	P_1	0
	P_2	0
	P_3	0
	P_4	0
RMS/mm	27.477	

由于结构和载荷的对称性，节点 $P_1 \sim P_4$ 的位移也是对称的。实际上，根据结构力学的理论，可以知道在 x-y 平面发生了弯曲变形，所以计算结果是合理的。

在使用遗传算法优化作动器布置之前，有必要讨论一个特殊情况。如果令全部的对角绳索都作为作动器，则不需要外层优化。在这种情况下，最优控制力可以直接通过二次规划求解。表 17-3 显示了全部绳索都用于作动时产生的控制力。从表 17-3 可以看出，对角绳索 1(1) 和 1(2) 产生的控制力彼此接近，并且在关于 x-y 平面对称的对角绳索之间同样存在控制力的对称性。事实上，控制力的对称性是可以预测的，因为结构和载荷都是对称的。从表 17-3 中也可以看出，对角绳索 1(3)、1(4)、2(3) 和 2(4) 产生的控制力远大于其他控制力，这一结果表明，斜拉索 1(3)、1(4)、2(3) 和 2(4) 对于控制上述的初始变形是非常重要的，甚至是必不可少的。

表 17-3　全部绳索作动时的控制力

绳索序号	控制力/N
1(1)	0.577
1(2)	0.517
1(3)	259.187
1(4)	259.479
1(5)	32.197
1(6)	29.775
2(1)	0.591
2(2)	0.509
2(3)	259.232
2(4)	258.902
2(5)	31.829
2(6)	33.849

接下来，结合遗传算法和二次规划研究作动器数量变化时的最优作动器布置和相应的最优控制力。对于 2 跨天线，共有 12 根对角绳索，编号如图 17-1 所示。假设选择 p 根绳索作为作动器，则约束条件包括：

(1) 测量节点的最大位移应不大于 0.2mm；

(2) 作动器位置变量只能取 0 或 1；

(3) 作动器位置变量的总和应等于 p；

(4) 作动器产生的控制力必须在 0~260N。

表 17-4 显示了最优作动器布置和分层优化的其他详细结果。需要说明的是，作动器的最小数量为 4，如果作动器的数量少于 4，将无法得到可行解。对比表 17-2 和表 17-4 中的位移和均方根可以看出，优化后节点 $P_1 \sim P_4$ 的最大位移和均方根都大大降低。从表 17-4 也可以看出，无论作动器的数量如何，对角绳索 1(3)、1(4)、2(3) 和 2(4) 始终被选为作动器，这一结果与表 17-3 中得出的结论是一致的。基于结构力学理论，也可以得出结论：斜拉索 1(3)、1(4)、2(3) 和 2(4) 对于控制如图 17-1 所示的弯曲变形是必不可少的。根据以上结论，可以知道本章提出的作动器优化方法是正确的。值得注意的是，在理想条件下，RMS 应随着作动器数量的增加而严格降低。然而，遗传算法并不能保证全局最优解，因此表 17-4 中的 RMS 并未随着执行器数量的增加而严格降低。

表 17-4 2 跨天线分层优化的详细结果

作动器数量	作动器位置	最大位移/mm	RMS/mm
4	1(3),1(4),2(3),2(4)	0.0641	0.0591
5	1(3),1(4),2(2),2(3),2(4)	0.0989	0.0695
6	1(1),1(3),1(4),2(1),2(3),2(4)	0.1660	0.1225
7	1(1),1(2),1(3),1(4),2(1),2(3),2(4)	0.1386	0.1128
8	1(3),1(4),1(5),1(6),2(3),2(4),2(5),2(6)	0.1228	0.1199
9	1(1),1(2),1(3),1(4),1(5),2(2),2(3),2(4),2(5)	0.1895	0.1774
10	1(3),1(4),1(5),1(6),2(1),2(2),2(3),2(4),2(5),2(6)	0.1901	0.1944
11	1(1),1(2),1(3),1(4),1(5),2(1),2(2),2(3),2(4),2(5),2(6)	0.1648	0.1899

17.3.2 18 跨结构

17.3.1 节已经验证了本章提出的优化方法的正确性。所以 18 跨天线也可以用同样的方法进行研究。在本节中，将研究作动器数量变化时的最优作动器布置和相应的控制力，此外还将研究作动器数量对天线形面控制精度的影响。初始变形对应的外力为：在结构右端的中点沿 y 轴的负方向施加大小为 45N 的力。与 2 跨天线的情况类似，假设选择 p 根绳索作为作动器，约束已经包括：

(1) 测量节点的最大位移应不大于 10mm；

(2) 执行器位置变量只能取 0 或 1；

(3) 执行器放置变量的总和应等于 p；

(4) 执行器产生的控制力必须在 0~260N。

2 跨天线和 18 跨天线约束的唯一区别是最大允许位移从 0.2mm 变为 10mm。因为对于更大尺寸的天线，控制实现更加困难。当执行器的数量从 1 变为 108 时，本章提出的优化方法给出了最优的作动器布置和相应的控制力。结果表明，作动器的最小数量为 11，如果作动器少于 11，将无法得到可行解。当作动器数量等于 11 时，作动器的最优布置和相应的控制力如表 17-5 所示。从表 17-5 可以看出：

表 17-5 作动器数目最少时的作动器布置及相应的控制力

作动绳索序号	控制力/N
2(3)	259.997
3(3)	259.998
5(4)	259.996
8(4)	259.995
9(3)	259.998
11(4)	259.994
12(4)	259.994
14(2)	259.995
16(3)	259.987
17(4)	259.953
18(3)	240.184

作动器产生的所有控制力都已经接近于控制力的上限。这意味着每个作动器都很重要，不可或缺，因此作动器的最小数量确实应该是 11。这再次证明了优化方法的正确性。

当作动器数量为最小值 11 时，表 17-6 列出了结构测量点的最大位移和 RMS，并与控制前的初始值进行了比较。从表 17-6 可以看出：控制后最大位移和 RMS 均大大降低；此外，控制后的最大位移为 9.65mm，即所有测量节点的位移均小于 10mm，满足控制精度约束。

表 17-6 18 跨天线控制前后的位移和 RMS

类别	控制前	控制后
最大位移/mm	101.39	9.65
RMS/mm	58.26	6.14

最后，研究作动器数量对天线形面控制精度的影响。图 17-2 显示了位移均方根与作动器数量之间的关系。从图 17-2 中可以得到如下结论：

(1) 随着作动器数量的增加，RMS 波动并最终下降到一个很小的值。出现这种波动的原因是遗传算法不保证得到全局最优解，而是在满足终止条件时即停止。

(2) 当作动器数量少于 70 时，RMS 会波动，但超过 70 后，随着作动器数量的增加，RMS 几乎不会降低。因此，如果作动器的数量必须少于 70，那么增加作动器的数量对于提高控制精度的意义不大。

(3) 当作动器的数量在 70~99 时，RMS 会随着作动器数量的增加而波动并急剧下降。在这个区间内，增加作动器的数量会大大提高控制精度，但也意味着更多的能量消耗。因此需要在控制精度和能耗之间取得平衡；

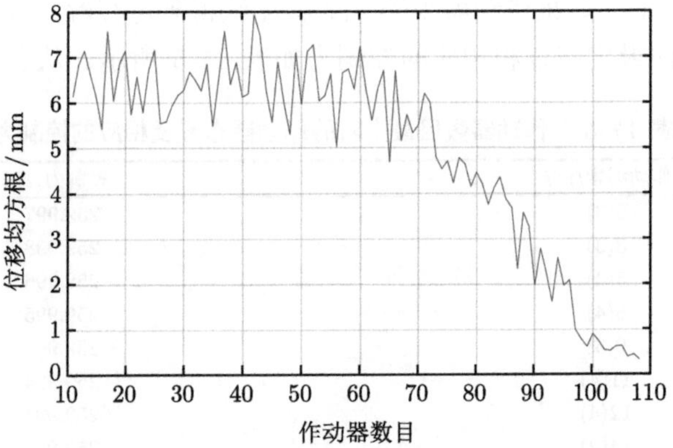

图 17-2 控制后的位移均方根与作动器数目关系图

(4) 当作动器数量超过 99 时，RMS 随作动器数量的增加而波动并缓慢下降，且 RMS 始终小于 1 mm。在这种情况下，RMS 的值已经很小，增加作动器的数量只会稍微提高控制精度，因此几乎不需要增加作动器。

17.4 本章小结

形面精度对于大型相控阵平面天线非常重要，本章提出了以结构固有的张拉索作为作动器的主动控制策略，以提高天线形面精度。由于作动器数量的限制，并非所有的对角绳索都可以作为作动器，因此要考虑作动器布置的优化问题。本章提出了一种分层优化方法来解决作动器的最优布置，并计算了相应的最优控制力。分层结构包含外层和内层，外层采用遗传算法实现作动器位置优化，内层采用二次规划法得到相应的最优控制力。对于外层中的每个个体，内层可以给出最优的控制力。利用从内层反馈的最优控制力，可以计算出外层每个个体的适应度函数值，然后通过遗传算法实现作动器位置的优化。分层优化方法可以应用于离散和连续变量的问题。仿真结果表明：经过控制后，结构最大位移和位移均方根均大大降低。对应于每一个不同的初始变形，都有一些关键作动器，它们是必不可少的，并且关键作动器的数量往往等于结构控制所需的最小作动器数量。作动器数量与形面精度的关系大致可分为三个阶段：在第一阶段，形面精度会随着作动器数量的增加而波动，但几乎不会降低；在第二阶段，形面精度会随着作动器数量的增加而波动并急剧下降；对于最后阶段，形面精度会随着作动器数量的增加而波动并缓慢下降。从作动器数量与形面精度的关系可以得出结论：在第一阶段和最后阶段，增加作动器对提高控制精度的意义不大；在第二阶段，随着作动器数量的增加，形面精度会大大提高。如果需要通过增加作动器的数量来提高形面精度，可以在第二阶段中选择最优的作动器数量。本章研究内容发表有文章 [8]。

参 考 文 献

[1] Wrona S, Mazur K, Pawełczyk M. Defining the optimal number of actuators for active device noise reduction applications[J]. Advances in Intelligent Systems and Computing, 2017(577): 291-300.

[2] An H C, Xian K C, Huang H. Actuator placement optimization for adaptive trusses using a two-level multipoint approximation method[J]. Struct Multidisc Optim, 2016(53): 29-48.

[3] Bruant I, Gallimard L, Nikoukar S. Optimal piezoelectric actuator and sensor location for active vibration control, using genetic algorithm[J]. Journal of Soundand Vibration, 2010(329): 1615-1635.

[4] Nestorović T, Trajkov M. Optimal actuator and sensor placement based on balanced reduced models[J]. Mechanical Systems and Signal Processing, 2013(36): 271-289.

[5] Wang Z, Cao Y Y, Zhao Y Z, et al. Modeling and optimal design for static shape control of smart reflector using simulated annealing algorithm[J]. Journal of Intelligent Material Systems and Structures, 2016, 27(5): 705-720.

[6] Ali A, Ghotbi E, Dhingra A K, Optimum placement of actuators in structural and control design using Stackelberg games[J]. Journal of Vibration and Control, 2015, 21(7): 1373-1382.

[7] Li W P, Huang H. Integrated optimization of actuator placement and vibration control for piezoelectric adaptive trusses[J]. Journal of Soundand Vibration, 2013(332): 17-32.

[8] Zhou J Y, Lu G Y, Cai G P, et al. Static shape adjustment and actuator layered optimization for planar phased array satellite antenna[J]. International Journal of Aeronautical and Space Sciences, 2019, 20(4): 891-901.

第 18 章 大型空间平面相控阵天线的热载荷分析及形面控制

18.1 引 言

近年来，空间星载对地观测天线系统为了满足高分辨率、多目标追踪等任务的需求，正逐步向大型化方向发展。目前，在轨运行的大口径观测卫星以携带反射面天线为主。然而，反射面天线的工作原理需要频繁进行机械扫描，同时天线结构质量大、扫描速度低。而有源相控阵天线则是通过相位控制来实现波束扫描，无机械惯性，因此可以实现高速扫描，而且能够同时进行多目标的搜索与跟踪，作用距离也更远 [1−3]，在军事或民用上均有广泛的用途。因此，开展相控阵天线技术的研究具有重要的科学意义和工程价值。

相控阵天线系统主要由大量天线单元、移相器与馈线系统组成 [4]，一般由可展开的桁架结构作为支撑。其工作原理要求所有天线单元的辐射波束相位必须严格校准，以保证天线在预期方向获得高增益 [5]，这就要求天线系统的支撑桁架结构必须保证天线阵面的形面精度。然而，航天器实际在轨运行时，所处的空间环境十分恶劣。宇宙空间中的温度极低，太阳辐射热流、地球辐射热流与频繁进出地影区对结构造成的温度影响十分剧烈，其变化范围可以达到 ±100℃[6]，而对于位于高轨道位置运行的航天结构而言，变化范围往往会更大。这些空间热流的改变以及结构自身构件之间的热辐射效应会导致航天器的柔性附件出现热致变形与振动，影响航天器的整体稳定性 [7,8]，并可能导致航天器出现故障而无法正常工作 [9]，严重影响相控阵天线系统的指向精度。历史上，由热致变形与振动而导致的故障案例屡见不鲜，例如 1990 年，NASA 的哈勃望远镜系统，结构中的太阳能电池阵温度分布不均，使得望远镜主镜面偏移，最终这一问题只得通过再次发射航天飞机更换结构中的太阳能电池阵面板才得以解决，整个过程造成了重大的损失。此外，还有日本“大隅号”卫星因温度失控导致仪器损坏失效、俄罗斯军用卫星多次因空间环境恶劣而提前退役，以及我国的试验卫星在轨运行时温度异常等事故 [10]。因此，对于星载大型空间平面相控阵天线系统，非常有必要对其整体结构进行在轨热致变形问题的研究，并且设计有效的形面控制策略与补偿措施，这便是本章涉及的主要内容。

针对星载天线与太阳能帆板等这样大型柔性空间结构的温度场以及热致变形

与振动现象，Boley[11, 12] 在 1956 年对以梁与板为主的空间结构的热致振动进行了初步的研究，建立了空间结构热分析的基本概念。在 1990 年哈勃望远镜故障问题出现后，空间热环境对航天器影响的相关研究再次成为热点。Thornton 和 Kim[13] 利用梁模型分析了哈勃望远镜太阳能电池板的弯曲变形，进而对结构的失效机理做出了解释。后续 Rand 和 Givoli [14,15] 以及 Cherchas 等 [16] 学者对大型航天器结构的温度场分析做出了不断的完善和发展。国内学者张海涛和朱敏波 [17] 对一种可展开反射面天线结构在轨运行时进出地影区时的温度场与热致振动现象进行了研究。程乐锦等 [18] 利用一种傅里叶 (Fourier) 有限元方法，对一类复杂的空间杆系结构的热致变形问题进行了分析，并用一些典型算例说明了该方法的有效性。目前，国内外对各种结构进行的温度场分析主要基于热网络法、热有限体积法与热有限元法，其中，热有限元法可以更方便地与后续的位移场分析进行对接，从而得到了更多的关注。

如第 15~17 章中所述，针对相控阵天线阵面产生的变形，控制补偿措施主要包括电补偿与机械补偿。目前已有一些相控阵天线电补偿方面的研究，研究内容主要包括结构变形对相控阵天线电性能的影响、电磁电路的校准与补偿等。例如，Peterman 等 [19] 设计了天线变形测量系统，即在相控阵天线每个面板上配置传感器记录阵面的初始位置，移相器可以针对产生的变形，实时地对相位进行补偿。Mcwatters 等 [20] 针对星载可展开有源相控阵天线在轨热环境、自身产生的热量、卫星平台的振动和机械变形，提出了天线自动校准和计量系统的概念，用于纠正在轨过程中的相位误差和机械变形。需要指出，虽然电补偿可以降低结构位移对天线电性能的影响，但是它的调节能力十分有限，其有效性常常受到结构位移的大小与振动的空间频率的影响。当天线结构的变形较大时，电补偿将无能为力，此时就需要采用机械补偿来对天线结构进行调节 [21]。机械补偿即是通过物理方式对天线结构施加控制力来保证天线的形面精度。目前针对相控阵天线阵面变形机械补偿方面的研究很少，相关研究主要集中在索网反射面天线结构上 [22−24]。Liu 等 [25] 基于非线性有限元法对一种典型的周边桁架式索网反射面天线进行了分析，以提高结构自振频率与形面精度为目的对结构的预应力分配进行了优化设计。Li 和 Cao[26] 对一大型索网天线结构进行了主动控制设计，在张拉绳索中布置 PZT 作动器进行形面调整。并且通过数值仿真对比了二次准则和极值准则在解决形面控制问题时的效果。王杰等 [27] 对一种空间桁架结构的热致振动进行了分析，基于主动位置反馈方法，使用 PZT 作动器对结构进行了振动控制。需要在此指出的是，目前国内外学者关于空间超大型相控阵天线相关问题的研究非常有限，大部分研究针对的都是结构尺寸较小的航天器。在未来，相控阵天线会达到百米以上的长度量级，其在轨运行时会由于热载荷而产生较大变形，如何对热致变形进行有效分析以及如何对天线形面精度进行有效控制，是值得进行深入探索的问题。

本章主要研究大型空间平面相控阵天线的温度场分析与天线形面热致变形的控制方法。首先，采用热有限元方法对天线整体结构进行温度场分析，得到整体结构在轨运行时的温度场分布，以及由温度变化引起的变形形式。之后，将结构的热致变形场与 17 章中的形面控制方法相结合，给出一种热致变形的形面主动控制方法，该方法将通常情况下用来增强结构刚度的被动绳索用作作动器来进行形面控制。同时，为解决作动器位置优化问题，本章中介绍一种将离散 PSO 算法 [28] 与二次优化算法进行结合，求解出最少的作动器数目及位置分配，并且同时得到绳索控制力的大小的方法。最后，进行数值仿真验证本文所提方法的有效性。本章组织结构如下：18.2 节建立结构的温度场分析模型，18.3 节提出形面调整的控制策略与作动器位置优化方法，18.4 节和 18.5 节进行数值仿真验证并给出仿真模拟实验后得到的结论。

18.2 热载荷分析

大型空间平面相控阵天线结构由于尺寸规模庞大，在轨运行时不可避免地会受到空间热载荷的影响而产生变形。如图 18-1 所示，当天线结构处于不同轨道位置时，各构件与辐射热流的夹角变化使得热载荷改变，天线结构的变形幅度也将不同。如引言中所述，天线结构在轨运行时的空间热载荷是引起结构变形的主要原因。有效的整体结构热载荷分析可以为后续的形面精度控制设计提供保障。本节对天线整体结构的温度场进行分析，针对热致变形的形面控制方法将在 18.3 节给出。

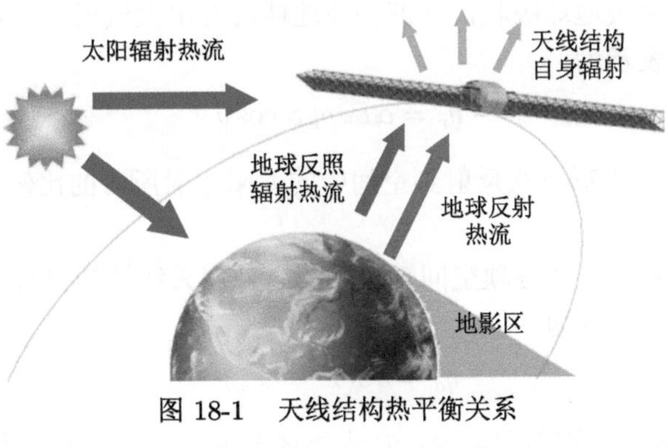

图 18-1 天线结构热平衡关系

18.2.1 空间热流

本小节对大型空间平面相控阵天线所处的空间热环境进行简述。天线结构在轨运行期间，其所处的太空环境接近真空，一般在热分析中忽略空气对流换热，仅考虑热传导和热辐射两种热量传递方式。热传导是天线结构各部件之间的主要热流传递方式，与材料的热导率有关。热辐射则是空间环境与结构之间的热量交换。此外，天线结构的各部件之间如果存在较大的视角系数 [10]，则需要考虑结构自身构件间的热辐射作用。天线结构的主要空间外热流来源包括太阳辐射热流、地球反照热流和地球辐射热流三种，分别简述如下。

1) 太阳辐射热流

天线结构各表面吸收的太阳辐射热流可表示为

$$q_s = \alpha F_{\mathrm{S}} S \cos\psi \tag{18-1}$$

式中，S 为太阳辐射常数，一般取为 $1355\mathrm{W/m^2}$；α 为物体表面对辐射的吸收率；F_{S} 为太阳辐射的视角系数，计算方法详见参考文献 [7]；ψ 表示太阳辐射热流方向与结构部件表面法线方向夹角。

2) 地球辐射热流

通常地球被视作 $T_e = 254\mathrm{K}$ 的黑体，根据斯特藩–玻尔兹曼 (Stefan-Boltzmann) 定律，航天器表面吸收的由地球发出的辐射热流为

$$q_e = \alpha F_{\mathrm{E}} \sigma T_e^4 \cos\theta \tag{18-2}$$

式中，σ 为斯特藩–玻尔兹曼常数，一般取值为 $5.67\times10^{-8}\mathrm{W/(m^2\cdot K^4)}$；$F_{\mathrm{E}}$ 是地球辐射热流的视角系数；θ 为地球辐射热流方向与结构各构件表面法线方向的夹角。

3) 地球反照热流

地球在围绕太阳运行的过程中，最主要的热量来源是太阳辐射热流。而同时太阳辐射的一部分被地球吸收，一部分被地球反射出大气层，后者称作地球反照辐射热流。可以表示为

$$q_r = \alpha F_{\mathrm{E}} \rho_{\mathrm{E}} S \cos\theta \tag{18-3}$$

式中，ρ_{E} 表示经过地球再次反射到空间中的太阳辐射所占的比例，一般近似取为 0.36[6]。

与此同时，除了上述各项空间辐射热流之外，天线结构自身也会向宇宙空间散发辐射热流，可表示为

$$q_d = \sigma\varepsilon(T^4 - T_{\mathrm{o}}^4) \tag{18-4}$$

式中，ε 为物体表面的辐射发射率；T 为物体温度；T_{o} 为天线结构所处的空间环境温度。

根据能量守恒原理，在单位时间内，天线结构从宇宙空间吸收的能量与结构自身产生的能量之和等于天线结构向宇宙空间排出的热量与结构自身内能变化之

和。所以，在轨运行的天线结构总体热平衡方程为

$$q_{\text{int}} + q_d = q_s + q_r + q_e \tag{18-5}$$

式中，q_{int} 表示天线结构内部的内能变化率。

18.2.2 热载荷作用下的结构模型

对于本章中的天线结构，由于收藏箱和导轨受到的热载荷对天线结构变形的影响很小，可以在热分析中忽略不计。绳索由于直径极小和材料热导率很低，故也可在热分析中不考虑绳索对温度场分布的影响。综上，本章热分析只考虑桁架结构和天线阵面的温度场。由于所研究的天线结构的各个天线单元都是相同的，为了便于描述，以一节天线单元为例对温度场分析中的结构模型进行描述，如图 18-2 所示。将支撑桁架结构看作空间刚架，平面相控阵天线阵列为刚架底部 1、2 号位置纵梁之间的平板。由于天线阵列与支撑桁架之间仅在每一节天线单元的四个底部顶点位置进行铰链连接，可以认为天线阵列与支撑桁架之间不存在热传导，而仅存在热辐射作用。并且，由于天线阵列与 1、2 号位置纵梁处于同一平面，辐射角系数很小，故认为 3 号纵梁与天线阵列之间的相互辐射为整体结构的主要内部辐射作用，不计桁架杆件之间的相互辐射作用。此外，当结构处于轨道上的部分位置时，3 号纵梁和隔板将处于天线阵列的阴影之中，温度水平将受到影响。

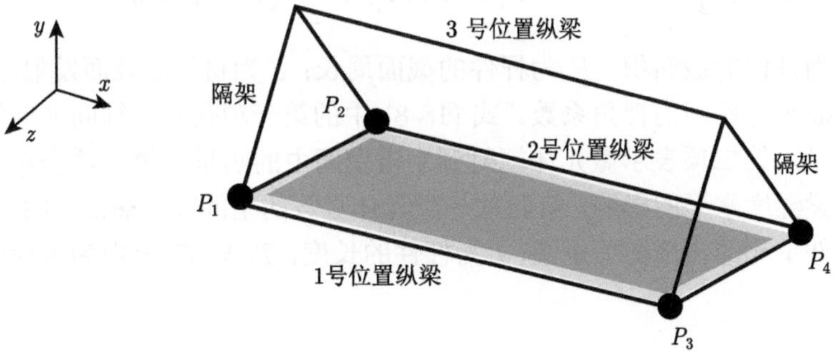

图 18-2 单节天线单元结构模型

由结构的尺寸、材料参数和 18.2.1 节中由轨道参数决定的各项空间热流，可计算得到结构的温度场，进而得到变形场。解决这类传导–辐射问题的常见数值方法包括热有限元法与热有限体积法等。由于热有限元法可以使温度场分析模型与之后的主动控制分析模型保持一致，减少烦琐的数据转换提高计算效率，故本节中采用热有限元法进行温度场计算。

对于三维瞬态温度场计算问题，由傅里叶导热定律可知物体的瞬态温度场

$T(x,y,z,t)$ 的微分方程为

$$\frac{\partial}{\partial x}\left(k_x\frac{\partial T}{\partial x}\right)+\frac{\partial}{\partial y}\left(k_y\frac{\partial T}{\partial y}\right)+\frac{\partial}{\partial z}\left(k_z\frac{\partial T}{\partial z}\right)-\sigma\varepsilon T^4+q_{\text{external}}=c\rho\frac{\partial T}{\partial \tau} \tag{18-6}$$

式中，k_x、k_y 与 k_z 分别为物体在 x、y 与 z 三个方向的热导率；q_{external} 为外部热载荷；c 为物体的比热容；ρ 为物体密度。

对于天线阵列，首先，由于各块阵面之间、阵面与支撑桁架之间都仅为铰链连接，可以认为不存在热传导。其次，用作支撑天线阵列面板的桁架结构对天线阵面的辐射角系数较小，可以不计桁架结构对天线阵面的辐射作用。所以，可以认为各块天线阵面是暴露在空间热流下的彼此独立的平板，根据能量平衡原理可直接计算出其温度值 T_p 的解析解，天线阵面的热平衡方程为

$$\alpha_p(q_s+q_r+q_e)A_p=\varepsilon_p\sigma T_p^4A_p \tag{18-7}$$

式中，α_p 为阵面的辐射吸收率；A_p 为阵面面积；ε_p 为阵面辐射发射率。

对于支撑桁架结构，为了得到其整体的温度场分布，本章将桁架杆件的温度场问题看作一维辐射–导热问题。对于结构中的每一根杆件，设其沿局部坐标系 x 轴方向的热导率为 k，忽略其直径方向的热导率。则杆件温度 $T(x)$ 的平衡微分方程为

$$kA\frac{\mathrm{d}^2T}{\mathrm{d}x^2}-P\sigma\varepsilon T^4+F_{\mathrm{L}}P\sigma\alpha\varepsilon_pT_p^4+\frac{1}{2}P(q_s+q_r+q_e)=0 \tag{18-8}$$

式中，A 为杆件的截面积；P 为杆件的截面周长；ε 为材料的表面发射率；F_{L} 表示天线阵面与杆件间的视角系数。式 (18-8) 中的第一项代表由轴向方向导入微元体中的热量，第二项表示微元体辐射到宇宙空间中的热量，第三项表示天线阵面辐射对纵梁温度水平的影响，第四项是微元体吸收的空间辐射热流。图 18-3 给出了一个杆件单元的热平衡关系图，l 为杆件的长度，T_i 与 T_j 分别为单元两侧节点的温度值。

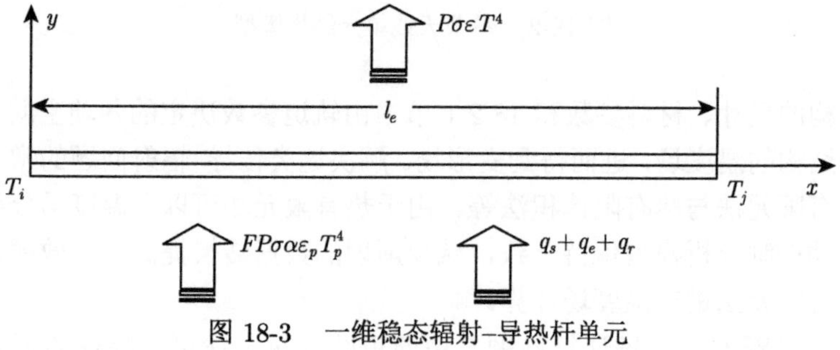

图 18-3 一维稳态辐射–导热杆单元

设天线整体结构由 N 节天线单元组成，对每一桁架单元的纵梁与组成隔架的杆件分别进行有限元离散，最终将整体结构划分为 n_e 个热辐射–传导有限元单元。由问题的微分方程可以得到单元泛函：

$$I^e = \int_{x_i}^{x_j} \left[\frac{1}{2}kA\left(\frac{\mathrm{d}T}{\mathrm{d}x}\right)^2 + \frac{1}{5}P\sigma\varepsilon T^5 - F_{\mathrm{L}}P\sigma\alpha\varepsilon_p T_p^4 \boldsymbol{T} - \frac{1}{2}P(q_s + q_r + q_e)T \right] \mathrm{d}x \tag{18-9}$$

设在每个单元内，温度为线性分布，则在局部坐标系的 x 轴方向：

$$T = a_1 + a_2 x \tag{18-10}$$

式中，a_1 与 a_2 为单元内温度分布插值函数，对于一个单元，两端节点温度可表示为

$$\begin{cases} T_i = a_1 + a_2 x_i \\ T_j = a_1 + a_2 x_j \end{cases} \tag{18-11}$$

由于单元长度 $l_e = x_j - x_i$，那么便可解出 a_1 与 a_2，则单元内的温度可表示为

$$T = \frac{1}{l_e}[(x_j - x)T_i + (x - x_i)T_j] \tag{18-12}$$

接下来分别计算 $\dfrac{\partial I^e}{\partial T_i}$ 和 $\dfrac{\partial I^e}{\partial T_j}$。在计算过程中，为了对出现的包含 T^4 的高次项进行线性化处理 [29]，使用了以下线性化近似方法：

$$\begin{aligned} &T^4 \cong 4T_r^3 T - 3T_r^4 \\ &T_r = \frac{T_i + T_j}{2} \end{aligned} \tag{18-13}$$

整理后对一个热辐射–传导单元整体可得

$$\begin{Bmatrix} \dfrac{\partial I^e}{\partial T_i} \\ \dfrac{\partial I^e}{\partial T_j} \end{Bmatrix} = \boldsymbol{k}_1 \boldsymbol{T}_e + \boldsymbol{k}_2 \boldsymbol{T}_e - \boldsymbol{q}_1 - \boldsymbol{q}_2 = \boldsymbol{0} \tag{18-14}$$

式中，

$$\boldsymbol{k}_1 = \frac{kA}{l_e}\begin{bmatrix} 1 & -1 \\ -1 & 1 \end{bmatrix}, \quad \boldsymbol{k}_2 = \frac{2}{3}P\sigma\varepsilon l_e T_r^3 \begin{bmatrix} 2 & 1 \\ 1 & 2 \end{bmatrix}$$

$$\boldsymbol{q}_1 = \frac{1}{4}P(q_s + q_r + q_e)l_e \begin{Bmatrix} 1 \\ 1 \end{Bmatrix}, \quad \boldsymbol{q}_2 = \left(\frac{3}{2}P\sigma\varepsilon l_e T_r^4 + \frac{1}{2}l_e FP\sigma\alpha\varepsilon_p T_p^4\right)\begin{Bmatrix} 1 \\ 1 \end{Bmatrix}$$

$$\boldsymbol{T}_e = [\ T_i \quad T_j\ ]^{\mathrm{T}}$$

其中，$\boldsymbol{k}_1$ 和 $\boldsymbol{k}_2$ 分别为单元的热传导刚度阵和单元热辐射刚度阵；$\boldsymbol{q}_1$ 和 $\boldsymbol{q}_2$ 分别为外热流载荷向量与热辐射载荷向量；l_e 为单元长度。以这些单元参数进行整体结构的热辐射–传导有限元模型的单元组集，得到整体求解域上的有限元列式：

$$\boldsymbol{K}_1\boldsymbol{T} + \boldsymbol{K}_2\boldsymbol{T} = \boldsymbol{Q}_1 + \boldsymbol{Q}_2 \tag{18-15}$$

式中，$\boldsymbol{K}_1$ 与 $\boldsymbol{K}_2$ 分别由单元热传导刚度阵 $\boldsymbol{k}_1$ 与热辐射刚度阵 $\boldsymbol{k}_2$ 组集形成；$\boldsymbol{Q}_1$ 与 $\boldsymbol{Q}_2$ 分别由单元外热流载荷向量 $\boldsymbol{q}_1$ 与热辐射载荷向量 $\boldsymbol{q}_2$ 组集形成；$\boldsymbol{T}$ 为所有有限元网格节点处的温度向量。令 $\boldsymbol{K}_T = \boldsymbol{K}_1 + \boldsymbol{K}_2$，$\boldsymbol{Q}_T = \boldsymbol{Q}_1 + \boldsymbol{Q}_2$，则式 (18-15) 可写为

$$\boldsymbol{K}_T\boldsymbol{T} = \boldsymbol{Q}_T \tag{18-16}$$

在这里需要说明，热有限元分析中的单元组集过程与位移有限元的单元组集过程并无不同。得到结构整体的有限元列式之后，通过牛顿–拉弗森迭代法求解式 (18-16)，即可得到天线整体结构的温度场分布结果。

18.3 天线结构热致变形分析与形面主动控制

为了保证天线在热载荷作用下的平面精度，本节中将介绍利用绳索作动器对天线形面热致变形进行主动控制的方法。首先，利用有限元方法中的空间梁单元理论，建立描述控制问题的平衡方程；之后，结合离散 PSO 算法 [28] 与二次优化算法，将控制问题转化为作动器最优化布置问题，得到满足形面精度要求的作动器位置及控制力。

18.3.1 结构控制模型

由于需要使用绳索作动器进行主动控制，本节中的天线结构模型与 18.2 节中的热分析模型稍有不同。以一节天线单元为例，结构控制分析的模型如图 18-4 所示。一节单元中共有 6 根绳索，P_5 点有两根绳索分别与 P_1 和 P_2 点相连，P_6 点有两根绳索分别与 P_3 和 P_4 点相连，最后天线单元底面沿对角线方向安装有两根绳索。相控阵天线阵面通过图中 P_1、P_2、P_3 与 P_4 四个点与天线支撑桁架铰接相连，因此天线形面热致变形的主动控制可以等效为控制这四个点的空间变形量；同时，由于相控阵天线的工作原理，结构在 x 方向的热致变形不影响天线阵面的

形面精度，所以最终主动控制的目标可以简化为使 P_1、P_2、P_3 与 P_4 四个铰点的 y 与 z 两个方向位移满足精度要求。

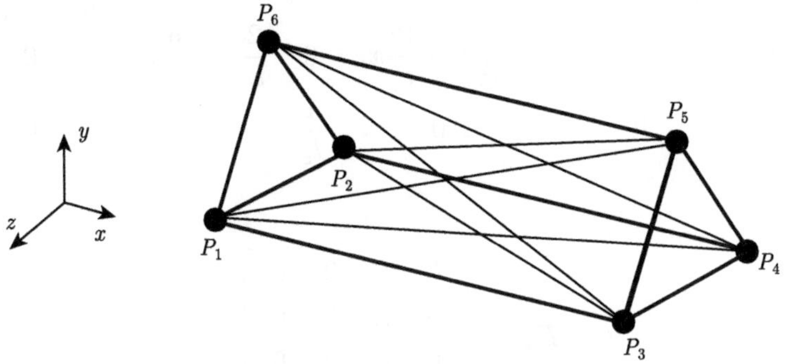

图 18-4 单节支撑桁架结构模型

本章在后续的分析中对绳索作动器做出的假设与前两章相同，为了方便读者理解，在这里再次给出这些假设条件：

(1) 绳索只可受拉，不可受压；

(2) 在绳索上施加主动控制力之前，全部绳索的张拉力为零；

(3) 天线整体结构的末端变形相较于天线自身尺寸为小量。

同样采用有限元方法对天线的整体支撑桁架结构进行建模，可以得到静力平衡方程为

$$\boldsymbol{K}\boldsymbol{X} = \boldsymbol{F}_{\text{external}} \tag{18-17}$$

式中，$\boldsymbol{K} \in \Re^{n\times n}$ 是整体背架结构的刚度阵；$\boldsymbol{X} \in \Re^{n\times 1}$ 是总位移坐标阵；$\boldsymbol{F}_{\text{external}}$ 表示外部载荷向量。由 18.2 节中的天线结构温度场可以得到整体结构的热等效热载荷为

$$\boldsymbol{F}_T = \sum_{e=1}^{n_e} \int_{\Omega_e} \boldsymbol{B}_e^{\mathrm{T}} \boldsymbol{D}_e \boldsymbol{\varepsilon}_T \mathrm{d}V \tag{18-18}$$

式中，$\boldsymbol{B}_e$ 矩阵为空间梁单元几何转换矩阵；$\boldsymbol{D}_e$ 为弹性矩阵。对于空间梁单元，$\boldsymbol{B}_e$ 与 $\boldsymbol{D}_e$ 的表达式分别为

$$\boldsymbol{B}_e = \begin{bmatrix} -\dfrac{1}{l_e} & 0 & 0 & 0 & 0 & 0 \\ 0 & \dfrac{6}{l_e^2}y - \dfrac{12}{l_e^3}xy & 0 & 0 & 0 & \dfrac{4}{l_e}y - \dfrac{6}{l_e^2}xy \\ 0 & 0 & \dfrac{6}{l_e^2}z - \dfrac{12}{l_e^3}xz & 0 & \dfrac{4}{l_e}z - \dfrac{6}{l_e^2}xz & 0 \\ 0 & 0 & 0 & -\dfrac{1}{l_e} & 0 & 0 \end{bmatrix}$$

$$\begin{matrix} \dfrac{1}{l_e} & 0 & 0 & 0 & 0 & 0 \\ 0 & -\dfrac{6}{l_e^2}y+\dfrac{12}{l_e^3}xy & 0 & 0 & 0 & \dfrac{2}{l_e}y-\dfrac{6}{l_e^2}xy \\ 0 & 0 & -\dfrac{6}{l_e^2}z+\dfrac{12}{l_e^3}xz & 0 & \dfrac{2}{l_e}z-\dfrac{6}{l_e^2}xz & 0 \\ 0 & 0 & 0 & \dfrac{1}{l_e} & 0 & 0 \end{matrix}\Bigg] \tag{18-19}$$

$$\boldsymbol{D}_e=\begin{bmatrix} E & 0 & 0 & 0 \\ 0 & E & 0 & 0 \\ 0 & 0 & E & 0 \\ 0 & 0 & 0 & G \end{bmatrix} \tag{18-20}$$

式 (18-18) 中的 $\boldsymbol{\varepsilon}_T$ 为梁单元轴向热应变，由于在分析中认为热膨胀效应仅影响梁单元的轴向应变，所以 $\boldsymbol{\varepsilon}_T$ 的表达式为

$$\boldsymbol{\varepsilon}_T=\frac{1}{2}\alpha_T\left(T_i+T_j-2T_{\mathrm{ref}}\right)\cdot\begin{bmatrix} 1 & 0 & 0 & 0 \end{bmatrix}^{\mathrm{T}} \tag{18-21}$$

式中，T_{ref} 为天线未变形时的参考温度；α_T 为材料的热膨胀系数。

设 $\boldsymbol{F}_u\in\Re^{n\times 1}$ 是绳索张拉力在结构上的等效载荷，则在施加热载荷与控制力后，结构的平衡方程为

$$\boldsymbol{K}\boldsymbol{X}=\boldsymbol{F}_T+\boldsymbol{F}_u \tag{18-22}$$

上式两边左乘 $\boldsymbol{K}^{-1}$，式 (18-22) 可写为

$$\boldsymbol{X}=\boldsymbol{K}^{-1}\boldsymbol{F}_T+\boldsymbol{K}^{-1}\boldsymbol{F}_u \tag{18-23}$$

记 $\boldsymbol{X}_0=\boldsymbol{K}^{-1}\boldsymbol{F}_T$，即结构的热致变形，则上式可以写为

$$\boldsymbol{X}=\boldsymbol{X}_0+\boldsymbol{K}^{-1}\boldsymbol{F}_u \tag{18-24}$$

记结构中全部绳索数量为 r，绳索张拉力向量 $\boldsymbol{u}\in\Re^{r\times 1}$。针对不同变形情况，能够控制结构变形达到所需精度的作动绳索位置分配与控制力大小需要分别确定。在分析中引入与绳索向量 $\boldsymbol{u}$ 对应的向量 $\boldsymbol{v}\in\Re^{r\times 1}$，用来代表作动绳索位置分配。$\boldsymbol{v}$ 中的全部元素为 0 或 1，1 代表对应位置的绳索被采用为作动器，0 则相反。$\boldsymbol{V}\in\Re^{r\times r}$ 是由 $\boldsymbol{v}$ 生成的对角方阵。

则式 (18-22) 中的 $\boldsymbol{F}_u$ 可以写作

$$\boldsymbol{F}_u=\boldsymbol{Q}\boldsymbol{V}\boldsymbol{u} \tag{18-25}$$

式中，$\boldsymbol{Q}$ 代表绳索控制力与等效有限元节点力的转换矩阵，为常值阵。

将 $\boldsymbol{F}_u$ 代入式 (18-24) 中，记 $\boldsymbol{G}_0=\boldsymbol{K}^{-1}\boldsymbol{QVu}$，可以得到

$$\boldsymbol{X}=\boldsymbol{X}_0+\boldsymbol{K}^{-1}\boldsymbol{QVu}=\boldsymbol{X}_0+\boldsymbol{G}_0\boldsymbol{u} \tag{18-26}$$

在实际情况下，位移能够被测量的节点数量有限，可考虑在悬挂天线阵列的桁架单元的铰接点 (图 18-4 中 P_1、P_2、P_3 与 P_4 所标示的位置) 布置位移传感器使其作为测量节点。记结构中共有 s 个测量节点。将式 (18-26) 中对应于测量节点的 y、z 方向位移数据提取出来，得到

$$\boldsymbol{Y}=\boldsymbol{Y}_0+\boldsymbol{Gu} \tag{18-27}$$

式中，$\boldsymbol{Y}$ 为测量节点最终的 y、z 方向位移向量；$\boldsymbol{Y}_0$ 为其热致变形位移向量；$\boldsymbol{G}$ 矩阵由 $\boldsymbol{G}_0$ 阵中对应于测量节点的行列组成。

18.3.2 最优化控制模型

为了衡量控制效果，本节中采用均方根误差函数作为衡量关键测量节点变形程度的标准。对于需要进行形面控制的天线整体结构，总体均方根误差可以表示为

$$\sigma_r=\sqrt{\frac{1}{s}\sum_{i=1}^{s}\left(y_i^2+z_i^2\right)} \tag{18-28}$$

式中，s 表示测量节点总数目；y_i 与 z_i 分别为各个测量节点在 y 轴与 z 轴方向上的位移。结合 18.3.1 节中的推导，将式 (18-25) 代入式 (18-28)，可知 σ_r 可进一步写为

$$\sigma_r=\sqrt{\frac{1}{s}\boldsymbol{Y}^{\mathrm{T}}\boldsymbol{Y}} \tag{18-29}$$

于是，优化问题的目标是找到合适的 $\boldsymbol{v}$ 与 $\boldsymbol{u}$，即张拉绳索位置安排与各绳索相应的作用力大小，使得最终的均方根误差 σ_r 满足所需要的精度。也就是说，优化问题的设计变量分别为 $\boldsymbol{u}$ 与 $\boldsymbol{v}$，目标函数为

$$\min \quad \sigma_r=\sqrt{\frac{1}{s}\boldsymbol{Y}^{\mathrm{T}}\boldsymbol{Y}} \tag{18-30}$$

下面简要说明一下优化问题的各项约束条件。首先，在满足总体均方根误差的条件下，向量 $\boldsymbol{Y}$ 中的元素，即各测量节点的位移 Y_i 均不能超过设定的最大值，表示为

$$|Y_i|\leqslant Y^{\max},\quad i=1,2,\cdots,s \tag{18-31}$$

由于向量 $\boldsymbol{v}$ 中的元素为 0 或 1，如前所述，意义是分别对应相应位置的绳索是否用作主动控制器，故 $p=\sum\limits_{i=1}^{r} v_i$ 表示全部作动绳索的数目。作为约束条件分别表示为

$$v_i=0 \quad \text{或} \quad v_i=1, \quad i=1,2,\cdots,r \tag{18-32}$$

$$\sum_{i=1}^{r} v_i=p \tag{18-33}$$

此外，由于绳索只能受拉不能受压，并且绳索控制力有其相应范围限制，则绳索作动器的控制力约束表示为

$$u_{\min} \leqslant u_i \leqslant u_{\max}, \quad i=1,2,\cdots,r \tag{18-34}$$

式中，控制力的下限同时需要满足 $u_{\min} \geqslant 0$。

综上所述，最终的优化问题模型可以描述为

$$\left\{\begin{array}{ll}\text{find} & \boldsymbol{v}=(v_1,\, v_2, \cdots,\, v_r)^{\mathrm{T}} \\ & \boldsymbol{u}=(u_1,\, u_2, \cdots,\, u_r)^{\mathrm{T}} \\ \min & \sigma_r(\boldsymbol{V}, \boldsymbol{u})=\sqrt{\dfrac{1}{s} \boldsymbol{Y}^{\mathrm{T}} \boldsymbol{Y}} \\ \text{s.t.} & |Y_i| \leqslant Y^{\max}, \quad i=1,2,\cdots,s \\ & v_i=0 \quad \text{或} \quad v_i=1, \quad i=1,\,2, \cdots,\, r \\ & \sum\limits_{i=1}^{r} v_i=p \\ & u_{\min} \leqslant u_i \leqslant u_{\max}, \quad i=1,\,2, \cdots,\, r\end{array}\right. \tag{18-35}$$

18.3.3 最优化控制问题求解

在优化问题模型中，设计变量 $\boldsymbol{v}$ 与 $\boldsymbol{u}$ 分别是离散与连续变量向量。为了求解此问题，首先按照绳索作动器位置向量 $\boldsymbol{v}$ 的约束条件生成离散 PSO 算法中的粒子，即将离散 PSO 算法中的每一个粒子看作一种作动器位置分配。将均方根误差函数的结果作为个体最优位置与全局最优位置的衡量标准。在离散 PSO 算法中采用动态惯性权重算法，粒子速度 v_{ij} 和位置 x_{ij} 的更新公式为

$$v_{ij}(t_{\mathrm{P}}+1)=w \cdot v_{ij}(t_{\mathrm{P}})+c_1 r_1(t_{\mathrm{P}})[p_{ij}(t_{\mathrm{P}})-x_{ij}(t_{\mathrm{P}})]+c_2 r_2(t_{\mathrm{P}})[g_j(t_{\mathrm{P}})-x_{ij}(t_{\mathrm{P}})] \tag{18-36a}$$

$$p(v_{ij})=1/[1+\exp(-v_{ij})] \tag{18-36b}$$

$$x_{ij}(t+1)=\begin{cases}1, & r_3<p(v_{ij})\\ 0, & r_3\geqslant p(v_{ij})\end{cases} \tag{18-36c}$$

式中，c_1 和 c_2 为学习因子；$i=1,2,\cdots,N_{\mathrm{p}}$ 为粒子个数；$j=1,2,\cdots,D$ 为粒子维数；r_1、r_2 与 r_3 为 $[0,1]$ 范围内的均匀随机数；p 为个体最优位置向量；g 为全局最优位置向量；w 为惯性权重，表达式为

$$w=w_{\max}-\frac{(w_{\max}-w_{\min})\cdot t_{\mathrm{P}}}{t_{\max}} \tag{18-37}$$

这里，$w_{\max}$ 与 $w_{\min}$ 分别为设定的最大、最小惯性权重；t_{P} 表示当前进化代数；$t_{\max}$ 表示最大进化代数。

在迭代演化计算过程中，离散 PSO 算法的粒子均作为作动器位置向量 $\boldsymbol{v}$ 参与到对应情况下最优控制力 $\boldsymbol{u}$ 的计算中。这样，控制力 $\boldsymbol{u}$ 的计算过程中作动器位置向量 $\boldsymbol{v}$ 已知。于是，对于每一个粒子，相对应的求解控制力 $\boldsymbol{u}$ 的优化问题可以描述为

$$\begin{cases}\text{find} & \boldsymbol{u}=(u_1,u_2,\cdots,u_r)^{\mathrm{T}}\\ \min & \sigma_r(\boldsymbol{V},\boldsymbol{u})=\sqrt{\dfrac{1}{s}\boldsymbol{Y}^{\mathrm{T}}\boldsymbol{Y}}\\ \text{s.t.} & |Y_i|\leqslant Y^{\max},\quad i=1,2,\cdots,s\\ & u_{\min}\leqslant u_j\leqslant u_{\max},\quad j=1,2,\cdots,r\end{cases} \tag{18-38}$$

由式 (18-35) 可以很直观地看出，寻找合适的 $\boldsymbol{u}$ 使得 σ_r 最小，等价于使得 $\boldsymbol{Y}^{\mathrm{T}}\boldsymbol{Y}$ 最小，代入 $\boldsymbol{Y}$ 的表达式 (18-23)，可得到

$$\boldsymbol{Y}^{\mathrm{T}}\boldsymbol{Y}=\boldsymbol{u}^{\mathrm{T}}\boldsymbol{G}^{\mathrm{T}}\boldsymbol{G}\boldsymbol{u}+\boldsymbol{2}\boldsymbol{Y}_0^{\mathrm{T}}\boldsymbol{G}\boldsymbol{u}+\boldsymbol{Y}_0^{\mathrm{T}}\boldsymbol{Y}_0 \tag{18-39}$$

将 PSO 算法中的粒子作为作动器位置向量代入后，式中 $\boldsymbol{G}$ 矩阵变为常值阵，于是问题变为一个典型的二次规划问题，可由二次规划算法计算得到 $\boldsymbol{u}$。进而得到对应情况下的均方根误差值，返回离散 PSO 算法中进行粒子群的迭代和更新。依照这样的迭代演化，最终得到通过绳索作动器将结构的热致变形进行主动控制的控制设计。

18.4 数值仿真

本节进行数值仿真，以验证本章理论方法的正确性和有效性。将以一个由 18 节天线单元 (N =18) 组成的大型空间平面相控阵天线结构为例，分别进行了结构

的温度场分析结果验证、热致变形仿真以及形面主动控制的数值仿真验证。进行数值模拟的天线整体结构如图 18-5 所示。在数值仿真中，设天线结构的左端是固定的。天线结构的纵梁、隔板、天线阵列面板的几何参数和材料特性与本篇前两章节中相同，为了便于读者理解，在这里将这些参数再次给出，如表 18-1 所示。并且在分析中认为这些材料参数与几何参数不随温度变化而改变。同时，表 18-2 中给出了温度场分析中需要使用的各项热力学参数。在本节的数值模拟中，天线结构的温度场分析、热致变形仿真与结构形面主动控制仿真采用的均是基于相同网格划分的有限元模型。在温度场分析中，结构纵梁和隔板均划分为热辐射–传导单元；而在结构形面主动控制仿真中，纵梁与隔板则为空间梁单元。

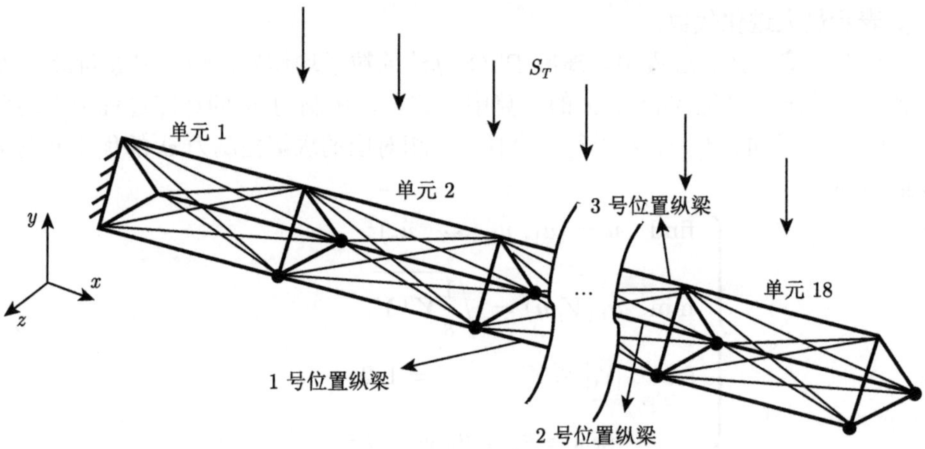

图 18-5　18 节天线单元结构示意图

表 18-1　热分析中的天线结构几何与物理参数

参数	纵梁	隔架	天线阵面	绳索
长度/m	2	1	—	2.23
横截面形状	圆形	正方形	—	圆形
横截面直径或边长/cm	3	5	—	0.5
密度 /(kg/m^3)	1600	1600	—	1800
杨氏模量/GPa	12	12	—	88
泊松比	0.3	0.3	—	0.3
热导率 /(W/(m·K))	32.11	32.11	—	0.5
热膨胀系数 /(m/(m·K))	9×10^{-6}	9×10^{-6}	—	1×10^{-7}
材料辐射吸收率	0.8	0.8	0.4	—
材料辐射发射率	0.8	0.8	0.8	—

表 18-2 热分析中的各项环境参数

参数项	数值
太阳辐射常数 $S/(\mathrm{W/m^2})$	1353
斯特藩–玻尔兹曼常量 σ /(W/(m^2·K^4))	5.67×10^{-8}
地球温度 T_e/K	260
地球反照辐射率 ρ_{E}	0.35
宇宙空间环境温度 T_{o}/K	−273
参考温度 T_{ref}/°C	22

18.4.1 温度场分析方法验证

为了验证在 18.2 节中介绍的热辐射–传导有限单元法在温度场和变形场分析中的正确性，将在设定的热流载荷作用下的天线结构温度场分布结果和热致变形结果与商用有限元软件 ANSYS 的分析结果进行了比较。在验证过程中使用的结构模型由 18 节天线单元组成，结构的各项参数见表 18-1 和表 18-2。天线结构设定为承受 S_T =1000W/m^2 的辐射热流载荷，热流方向为沿 y 轴向下 (如图 18-5 中标注所示)。采用商用有限元软件 ANSYS16.0 中的分析结果作为比较对象。在 ANSYS 软件中，天线结构模型采用能够进行温度场计算的 Solid90 单元，整体结构划分后的单元总数为 37419，节点总数为 90429。另外，在 MATLAB 中对本章的温度场分析方法进行编程实现。在使用本章的方法进行分析时，结构中纵梁和隔板都被划分为 10 个热辐射–传导有限元。最终，整体结构划分后的单元总数为 1110，节点总数为 1056。经过计算，ANSYS 软件的温度场分析结果如图 18-6 所示。由于天线结构尺寸规模较大，为了通过对比来验证本章中方法的正确性，本小节中选取了一条纵梁上各点的温度数据以及不同天线单元内同一位置纵梁上的温度分布梯度数据来进行对比。首先，图 18-7 显示了各个天线单元中 3 号位置纵梁中点处的温度对比结果。从图中可以看出，本章中所使用方法的计算结果与 ANSYS 软件的分析结果吻合情况较好，略高于有限元分析软件的计算结果，最大误差为 0.14 ℃。其次，图 18-8 和图 18-9 分别给出了在第 9 节和第 18 节天线单元中 3 号位置纵梁的温度梯度结果的比较。从图中可以看出，本章中方法的计算结果与 ANSYS 软件的分析结果吻合情况同样较好，也同样略高于有限元软件的分析结果，最大误差为 0.787 ℃。通过以上比较，验证了 18.2 节中的方法在温度场分析中的正确性。

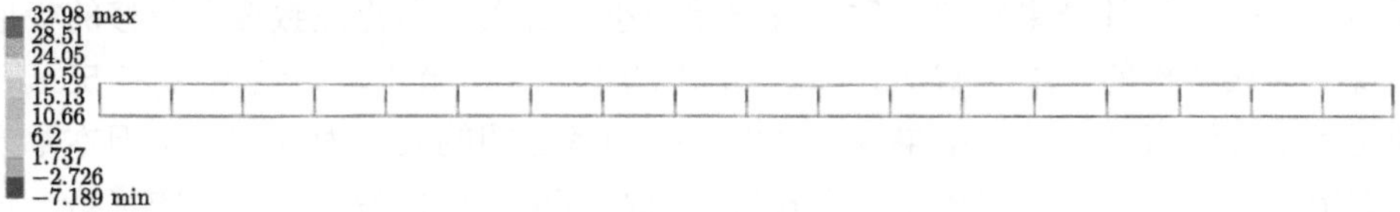

图 18-6 ANSYS 结构温度场分析结果

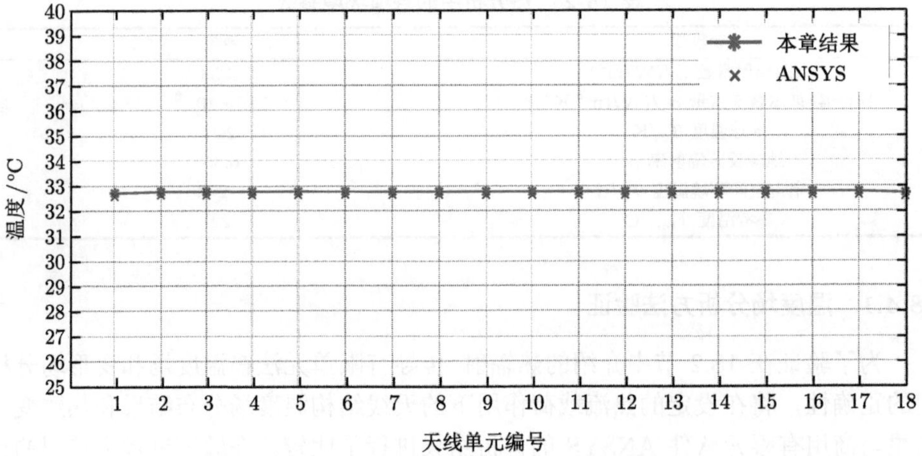

图 18-7　各单元 3 号位置纵梁中点处温度对比

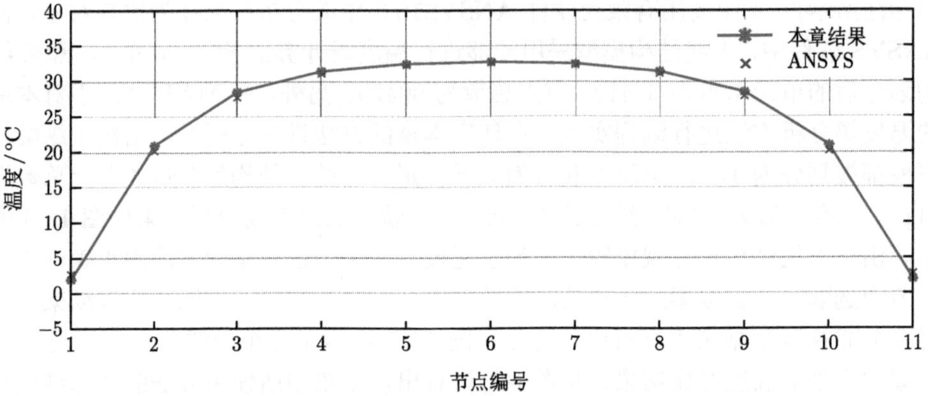

图 18-8　第 9 节天线单元 3 号位置纵梁温度分布对比

在上述热辐射载荷条件下，ANSYS 软件中的天线结构热致变形结果如图 18-10 所示。为了在后续内容中叙述方便，将位于各个位置纵梁上的处于各天线单元相连接处的节点定义为“关键节点”。由此，为了通过对比验证本章中的热致变形计算方法，在这里选择 1 号位置纵梁上的各个关键节点的热致变形位移进行比较。对比结果如图 18-11 所示，可见通过本章提出的方法分析得到的位移结果与 ANSYS 软件结果趋势一致，且误差较小。各关键节点热致变形位移的极值出现在天线结构的顶端。ANSYS 软件给出的顶端关键节点位移结果为 51.59mm，使用本章方法得到的分析结果为 51.83mm，两者之间的误差为 0.47%。但本章方法在节点数目以及单元自由度方面相较于 ANSYS 软件模型有着很大的优势，说明 18.2 节中的方法在结构热致变形分析上的效率较高。

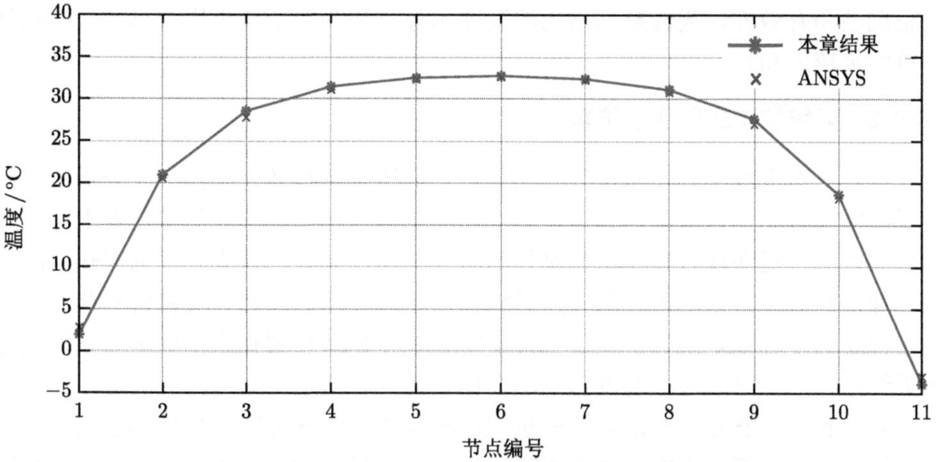

图 18-9 第 18 节天线单元 3 号位置纵梁温度分布对比

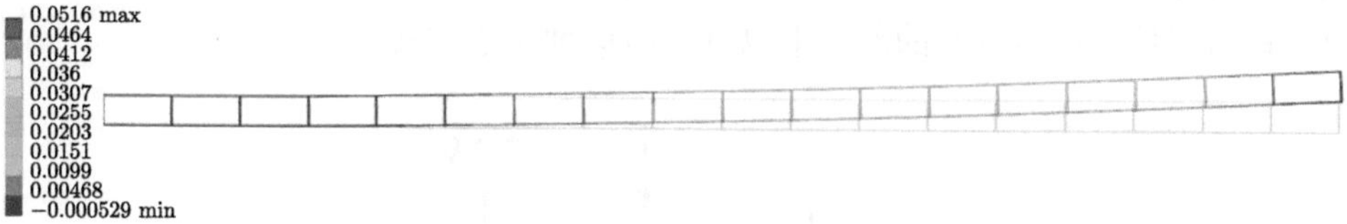

图 18-10 ANSYS 结构热致变形分析结果

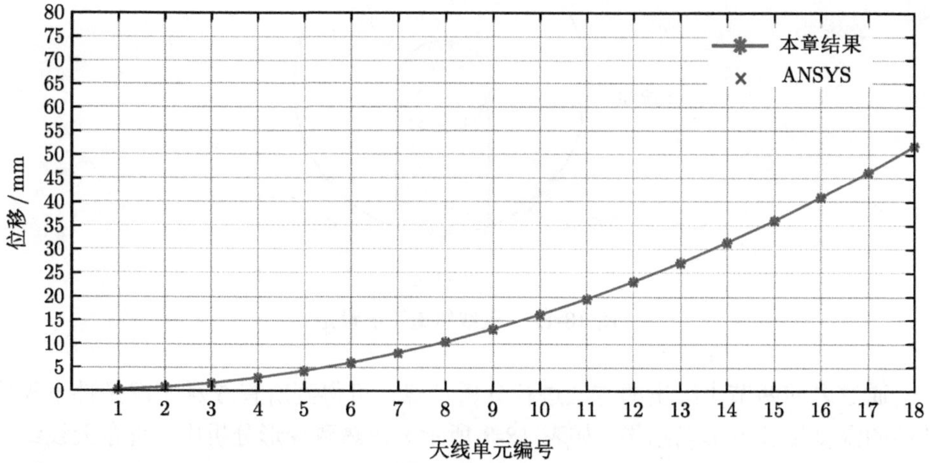

图 18-11 1 号位置纵梁关键节点处热致变形量对比

综上所述，通过将使用本章所提方法得到的计算结果与在 ANSYS 软件中建模计算所得结果进行对比，验证了所提出的方法在温度场分析和热致变形分析中的正确性和有效性，天线整体结构的温度场分布和变形场结果均与 ANSYS 软件计算结果较为吻合。

18.4.2 天线结构热致变形仿真

接下来对天线结构在轨运行时的热致变形情况进行数值模拟。在分析中，假设天线的运行轨道处于地球黄道平面上，并且由于相控阵天线的工作要求，天线阵列面板的法线在运行过程中始终指向地球方向。此外，认为太阳辐射热流的方向不变，同时，太阳辐射热流、地球辐射热流以及地球反照热流辐射载荷对于结构来说均为平行辐射源。在本节中共设置了 5 个轨道位置作为不同工况条件来分析天线结构的温度场分布与变形情况，如图 18-12 所示。需要注意的是，在工况 4 的条件下，每个天线单元中 3 号位置的纵梁以及大部分隔架杆件都会被天线阵列面板所遮挡。而在工况 5 的条件下，整个天线结构均处于地影之中，无法受到太阳辐射载荷与地球反照辐射载荷。此外，由于本章中分析的天线结构是由 N 个天线单元连接组成，1、2 或 3 号位置纵梁的表达也分别表示了每个天线单元中对应位置的部件，在接下来的部分中也将采用这种表达方式。

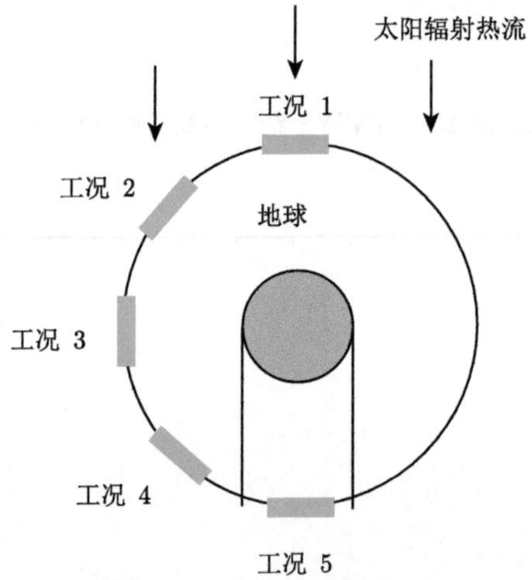

图 18-12 天线轨道工况设定

通过之前两节中给出的方法进行分析计算，可得到所有 5 种工况条件下天线结构的温度场和变形场结果，如表 18-3 所示。在热致变形分析中，贯穿天线结构的 3 根纵梁是主要关注对象。由于结构的对称性，1 号与 2 号位置纵梁上的温度梯度分布是相同的。因此，表 18-3 中仅列出了每个天线单元中 1 号位置与 3 号位置纵梁中点处的平均温度，分别用 T_1 和 T_3 表示。此外，结构热致变形的位移极值总是出现在结构的顶端，即最末端第 18 节天线单元的顶部。

表 18-3 温度场与结构热致变形仿真结果

工况条件	T_1/ ℃	T_3/ ℃	整体结构 y 轴方向位移极值/mm	整体结构 z 轴方向位移极值/mm
1	59.13	67.02	−69.3	0.28
2	34.72	39.86	−53.1	0.29
3	−92.04	−91.56	−5.9	0.21
4	32.58	24.50	136.5	0.26
5	−102.98	−108.38	83	−1.3

由表 18-3 中的数据可以看出：在工况 1 和工况 2 条件下，结构中的所有部件都完全暴露在太阳辐射热流下。而 3 号位置纵梁的平均温度高于 1 号位置纵梁和 2 号位置纵梁的平均温度，这是由于 3 号位置纵梁还会额外受到天线面板的辐射效应。天线结构的主要热致变形形式是沿 y 轴负方向的弯曲变形，其位移最大值出现在工况 1 位置。在工况 3 条件下，所有纵梁与天线面板的长度方向均与太阳辐射热流方向大致平行，这使得结构的整体温度较为平均，因此相应的结构热致变形也很小。在工况 4 条件下，3 号位置纵梁和大部分隔板处于天线面板的阴影中，其温度明显低于 1 号和 2 号位置纵梁。因此，天线结构的主要变形形式是沿 y 轴正方向的弯曲变形，并且此时的热致变形位移是所有工况中的最大值。在工况 5 条件下，天线整体结构处于地球阴影之中。地球辐射热流是唯一的外部热源。与工况 4 的情况类似，由于天线面板遮挡的影响，3 号位置纵梁的温度低于 1 号和 2 号位置纵梁。相应的变形形式也与工况 4 相似，但热致变形的位移极值较小。

由上述结果分析可知，结构的主要变形形式为沿 y 轴正、负方向的弯曲变形，如图 18-13 所示。下面将分别针对这两种热致变形形式，通过 18.3 节中的形面主动控制方法对结构施加控制力，探究本章中的方法对结构热致变形的控制效果。

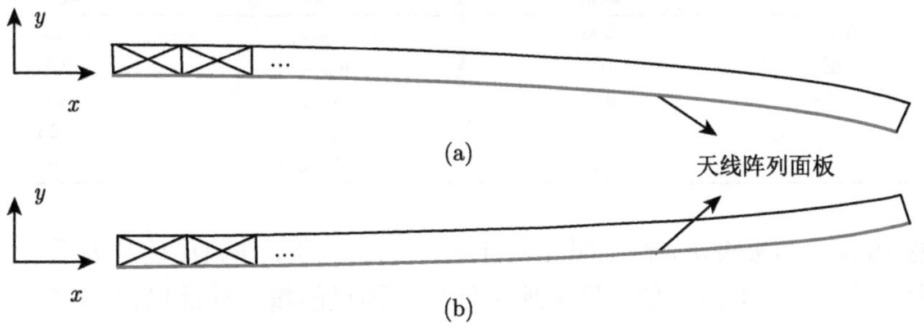

图 18-13 热载荷下结构变形形式

(a) 工况 1、2、3；(b) 工况 4、5

18.4.3　天线结构形面控制仿真

本节对 18.3 节中提出的天线结构形面控制方法进行数值仿真验证。为了便于接下来的描述，首先对绳索编号进行定义。绳索作动器的编号形式定义为 $A(b)$，其中 A 代表天线单元序号，$A = 1, 2, 3, \cdots, 18$；b 代表每个天线单元中不同位置的绳索，每一节天线单元内的绳索编号规则如图 18-14 所示。例如，3(2) 代表着第三节天线单元中的 2 号绳索。表 18-4 给出了离散 PSO 算法中的各项参数，需要说明，PSO 算法中的参数可以根据不同情况进行调整。由于工况 1 与工况 4 分别为两种热致变形形式的极值情况，所以首先针对这两种工况进行数值仿真。表 18-5 中分别给出了工况 1 和工况 4 条件下的最优绳索位置和控制力大小。对于工况 1，最少需要 9 根绳索作动器便可将天线结构保持在要求的精度范围内，当绳索个数少于 9 时将无法达到所要求的天线形面精度标准。对于工况 4，则至少需要 11 根绳索作动器。表 18-6 给出了工况 1 和工况 4 条件下绳索控制力施加前后关键节点在 y、z 方向的最大位移与 RMS 误差结果的对比。

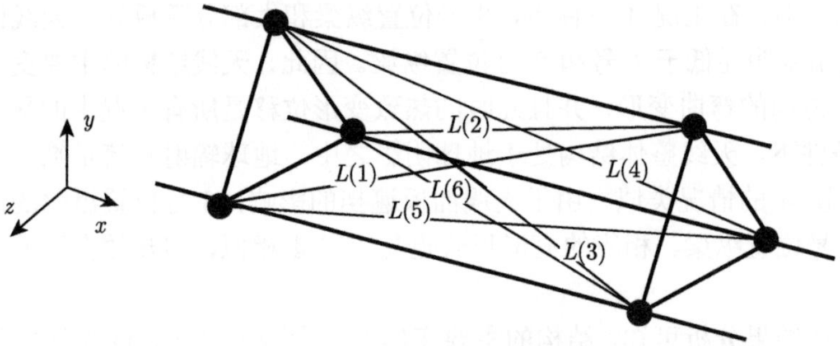

图 18-14　绳索作动器编号规则

表 18-4　PSO 算法中的各项参数

参数	取值	参数	取值
粒子数量	200	$w_{\max}$	0.8
粒子维度	108	$w_{\min}$	0.4
最大迭代次数	300	$v_{\max}$	25
c_1	3	$v_{\min}$	−25
c_2	3	$Y^{\max}$/mm	10

表 18-6 的结果表明，在工况 1 和工况 4 的条件下，在施加控制力后天线结构的最大位移从 ±100mm 左右显著地降低到了预设的精度标准以内。这里需要说明的是，预设的精度标准可以根据不同的天线工作要求进行调整。为验证所得方案的普适性，将以上工况 1 和工况 4 条件下的作动器分布方案分别应用于工况 2 和工况 5 条件下的结构热致变形形状控制分析，得到的绳索控制力结果如表 18-7

表 18-5 工况 1、工况 4 条件下绳索作动器位置与控制力

工况 1 条件下绳索作动器位置	控制力/N	工况 4 条件下绳索作动器位置	控制力/N
3(4)	20.0	1(6)	36.5
4(6)	38.5	3(5)	71.8
7(3)	59.6	4(1)	20.1
8(5)	31.9	6(3)	52.2
10(2)	67.0	7(2)	107.6
10(5)	20.1	8(3)	93.8
11(3)	25.6	9(4)	20.0
11(4)	46.2	9(6)	116.5
17(4)	20.0	11(1)	107.9
—	—	11(6)	101.7
—	—	18(5)	20.0

表 18-6 工况 1、工况 4 条件下形面控制前后天线结构最大位移对比

工况条件	对比参数	未控制	控制后
1	结构在 y 轴方向的最大位移/mm	−69.3	−9.9
	结构在 z 轴方向的最大位移/mm	0.28	5.2
	σ_rRMS 值/mm	33.6	4.9
4	结构在 y 轴方向的最大位移/mm	136.5	9.9
	结构在 z 轴方向的最大位移/mm	0.26	5.8
	σ_rRMS 值/mm	65.5	7.3

所示。施加控制力前后整体结构的最大变形位移与关键节点的 RMS 误差结果如表 18-8 所示。为了更清晰地展示主动控制前后天线结构形状的变化，将主动控制前后各个关键节点沿 y 轴的位移对比绘制如图 18-15 所示，图中的阴影部分代表预设需要达到的结构精度要求。

表 18-7 工况 2、工况 5 条件下绳索作动器位置与控制力

工况 2 条件下绳索作动器位置	控制力/N	工况 5 条件下绳索作动器位置	控制力/N
3(4)	20.0	1(6)	24.3
4(6)	25.1	3(5)	52.7
7(3)	43.5	4(1)	20.0
8(5)	20.3	6(3)	32.3
10(2)	54.5	7(2)	63.3
10(5)	20.0	8(3)	56.8
11(3)	20.0	9(4)	20.0
11(4)	34.2	9(6)	80.1
17(4)	20.0	11(1)	59.9
—	—	11(6)	63.0
—	—	18(5)	20.0

表 18-8 工况 2、工况 5 条件下形面控制前后天线结构最大位移对比

工况条件	对比参数	未控制	控制后
2	结构在 y 轴方向的最大位移/mm	−53.1	−9.9
	结构在 z 轴方向的最大位移/mm	0.29	4.0
	σ_r RMS 值/mm	28.8	4.1
5	结构在 y 轴方向的最大位移/mm	83	9.9
	结构在 z 轴方向的最大位移/mm	−1.3	4.5
	σ_r RMS 值/mm	65.9	6.6

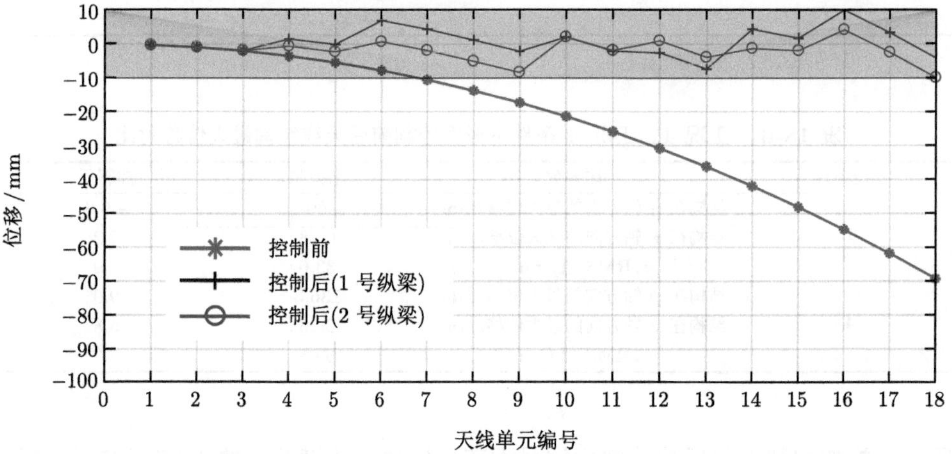

(a)

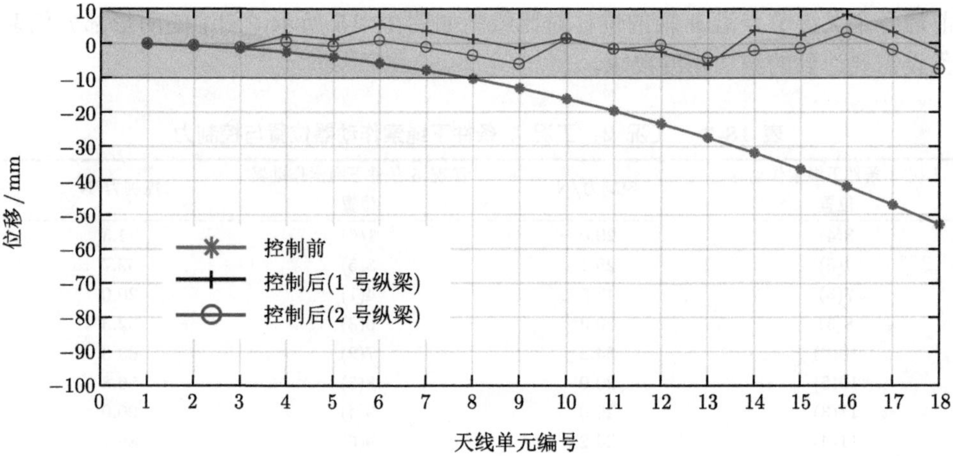

(b)

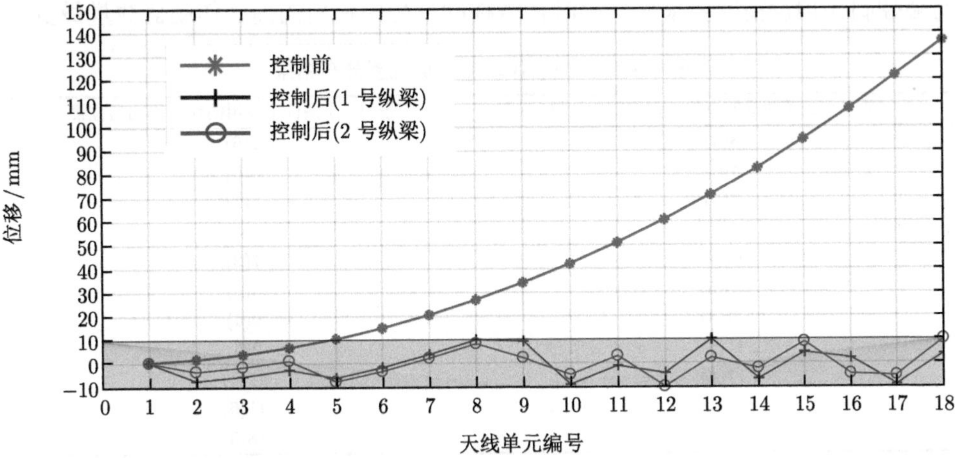

(c)

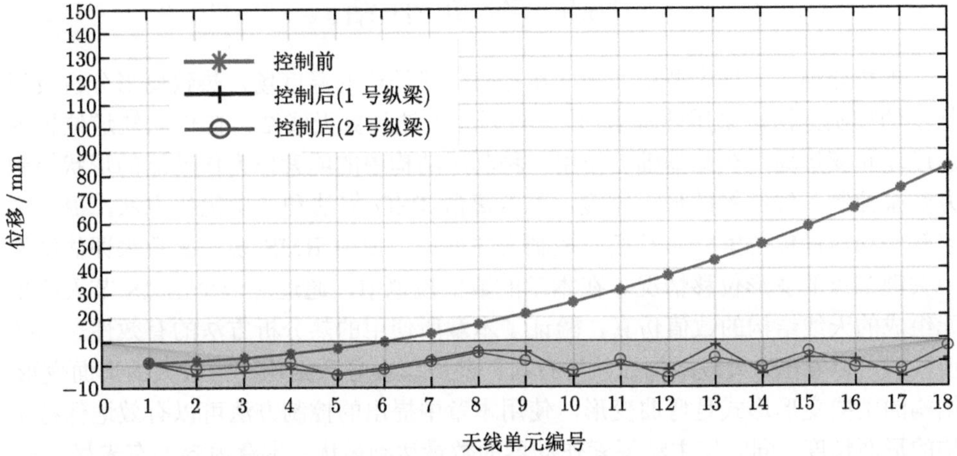

(d)

图 18-15 主动控制前后关键节点位移对比

(a) 工况 1；(b) 工况 2；(c) 工况 4；(d) 工况 5

由以上的计算结果数据中可以看出，在工况 1 和工况 4 条件下得到的绳索作动器分布方式同样可以控制所有其他工况下的热致变形，使天线结构整体的变形情况控制在预设的精度范围内，关键节点处的 RMS 误差明显减小。因此，对于数值模拟中确定的轨道和工况，在 108 根绳索中至少需要 20 根绳索作为主动作动器便可以满足控制精度要求，这些绳索的分布情况如表 18-9 中所示。然而在这里需要指出，在上述的控制过程中略微牺牲了天线结构在 z 方向的控制精度，如表 18-6 与表 18-8 中的数据所示。但这样的操作保证了所有关键节点 y 方向的位移均被控制在预设精度要求内，同时使得控制过程中使用的绳索作动器数量最少。

表 18-9 绳索作动器最优位置分布结果

工况 1、2 条件下使用的绳索作动器位置	工况 4、5 条件下使用的绳索作动器位置
3(4)	1(6)
4(6)	3(5)
7(3)	4(1)
8(5)	6(3)
10(2)	7(2)
10(5)	8(3)
11(3)	9(4)
11(4)	9(6)
17(4)	11(1)
—	11(6)
—	18(5)

18.5 本章小结

本章介绍了一种大型空间平面相控阵天线结构的温度场、热致变形分析及形状主动控制方法。采用热辐射–传导有限元方法计算天线结构在任意轨道位置的温度场和变形场，在此基础上使用一种利用结构中的绳索作为作动器的形状控制方法来控制天线结构的形面精度。结合离散 PSO 算法和二次优化方法，提出了求解作动器最优位置分布及相应控制力的理论。使用 RMS 误差函数来评估结构中关键节点的变形位移情况。在本章的数值模拟中，通过对一个由 18 节天线单元组成的天线结构的数值仿真，验证了本章所使用的热分析方法的有效性。从数值模拟可以看出，天线结构在轨运行时的热环境会导致结构产生较大的形面变形，结构的主要变形形式是弯曲变形，使用本章中提出的控制方法可以有效地保持结构的形面精度，同时使主动绳索作动器的数量达到最优。本章内容如有未尽之处，读者可参考本课题组就相关问题的已发表论文 [30]。

参 考 文 献

[1] Lambard T, Lafond O, Himdi M, et al. Ka-band phased array antenna for high-data-rate SATCOM[J]. Antennas and Wireless Propagation Letters, IEEE, 2012, 11: 256-259.

[2] Duan B Y. Theory and Method of Structural-Electromagnetic Coupling of Electronic Equipments and its Applications[M]. Beijing: Science Press, 2011.

[3] Luison C, Landini A, Angeletti P, et al. Aperiodic arrays for spaceborne SAR applications[J]. IEEE Transactions on Antennas and Propagation, 2012, 60(5): 2285-2294.

[4] Mailloux R. Phased Array Antenna Handbook. [M]. 2nd ed. Norwood, MA: Artech House, 2005.

[5] Kamoda H, Tsumochi J, Kuki T, et al. A study on antenna gain degradation due to digital phase shifter in phased array antennas[J]. Microwave and Optical Technology Letters, 2011, 53(8): 1743-1746.

[6] 闵桂荣. 卫星热控制技术 [M]. 北京: 宇航出版社, 1993.

[7] Johnston J, Thornton E A. An evaluation of thermally induced structural disturbances of spacecraft solar arrays[C]// 31st Intersociety Energy Conversion Engineering Conference, IECEC, 1996.

[8] Li L, Yuan J. Analysis and modeling of spacecraft with flexible solar panel disturbed by thermally induced motion[C]// 33rd Chinese Control Conference (CCC), 2014.

[9] Foster C L. Solar array induced disturbance of the Hubble Space Telescope pointing system[J]. Journal of Spacecraft and Rockets, 1995, 32(4): 634-644.

[10] 张淑杰. 空间可展桁架结构的设计与热分析 [D]. 浙江大学博士学位论文, 2001.

[11] Boley B A. Thermally induced vibrations of beams[J]. Journal of the Aeronautical Sciences, 1956, 23(2): 169-181.

[12] Boley B A. Theory of Thermal Stresses[M]. New York: John Wiley and Sons, 1960.

[13] Thornton E A. Kim Y A. Thermally induced bending vibrations of a flexible rolled up solar array[J]. Journal of Spacecraft and Rocket, 1993, 30(4): 438-448.

[14] Rand O, Givoli D. A finite element spectral method with application to the thermoelastic analysis of space structures[J]. International Journal for Numerical Methods in Engineering, 1990, 30(2): 291-306.

[15] Givoli D, Rand O. Harmonic finite-element thermoelastic analysis of space frames and trusses[J]. Journal of Thermal Stresses, 1993, 16(3): 233-248.

[16] Cherchas D B, Hughes P C. Attitude stability of a dual-spin satellite with a large flexible solar array[J]. Journal of Spacecraft and Rocket, 1973, 10(2): 126-132.

[17] 张海涛, 朱敏波. 星载可展开天线热振动分析 [D]. 西安电子科技大学博士学位论文, 2012.

[18] 程乐锦, 薛明德, 唐羽烨. 大型空间结构的热–结构动力学分析 [J]. 应用力学学报, 2004, 44(5): 27-36.

[19] Peterman D, James K, Glavac V. Distortion measurement and compensation in a synthetic aperture radar phased-array antenna[C]// 14th International Symposium on Antenna Technology and Applied Electromagnetics & the American Electromagnetics Conference, 2010.

[20] Mcwatters D, Freedman A, Michel T, et al. Antenna auto-calibration and metrology approach for the AFRL/JPL space based radar[C]// Proceedings of Radar Conference, 2004.

[21] Lou S, Wang W, Hu N, et al. Electrical compensation for shape distortion of large phased array under combined loads[C]// IEEE International Symposium on Antennas and Propagation & Usnc/ursi National Radio Science Meeting, 2017.

[22] Sultan C. Stiffness formulations and necessary and sufficient conditions for exponential stability of prestressable structures[J]. International Journal of Solids & Structures, 2013, 50(14): 2180-2195.

[23] Pellegrino S, Tibert A G. Review of form-finding methods for tensegrity structures[J]. International Journal of Space Structures, 2011, 18(4): 209-223.

[24] Barnes M R. Form finding and analysis of tension structures by dynamic relaxation[J]. International Journal of Space Structures, 1999, 14(2): 89-104.

[25] Liu R, Guo H, Liu R. Structural design and optimization of large cable–rib tension deployable antenna structure with dynamic constraint[J]. Acta Astronautica, 2018, 151(11): 160-172.

[26] Li T, Cao Y. Active shape adjustment of cable net structures with PZT actuators[J]. Aerospace Science & Technology, 2013, 26(1): 160-168.

[27] Wang J, Li D X, Jiang J. Integrated control of thermally induced vibration and quasi-static deformation of space truss[J]. Journal of Dynamic Systems Measurement & Control, 2016, 138(8): 1-8.

[28] Kennedy J, Eberhart R. A discrete binary version of the particle swarm algorithm[C]// IEEE International Conference on Systems, Man and Cybernetics, 1997.

[29] Lee H P. Application of finite-element method in the computation of temperature with emphasis on radiative exchanges[J]. AIAA Journal, 1972.

[30] Lu G Y, Zhou J Y, Cai G P, et al. Studies of thermal deformation and shape control of a space planar phased array antenna[J]. Aerospace Science and Technology, 2019, 93(11): 1-13.

第 19 章　大型空间平面相控阵天线的振动主动控制

19.1　引　　言

如 18 章中引言所述，大型空间平面相控阵天线在轨运行时会受到空间热辐射激励的影响。热辐射激励不但会引起天线的静态变形，而且有可能引起天线结构的振动。另外，天线卫星在进行姿态调整时，不可避免地也会引起天线结构的弹性振动。因为天线结构具有低频密集的动力学特征，一旦发生振动将会持续很长时间，势必会影响天线系统的正常工作 [1,2]，因此开展天线结构振动控制的研究具有重要意义。第 18 章对相控阵天线的热致静态变形控制问题进行了研究，本章将研究结构振动与主动控制的相关问题。

对于带有大型支撑桁架的航天器，结构振动的主动控制常常采用压电作动器，将桁架结构的某些杆件做成压电作动单元，利用压电杆的轴向控制力对结构的振动进行抑制。但是压电作动器一般对高频振动具有良好的动态反应，对低频振动则效果欠佳。对于本书中所介绍的百米级平面相控阵天线，结构振动以低频为主，采用绳索作动器进行振动主动控制效果更好 [3]。大型空间桁架一般都附带有绳索，以提高结构的刚度和保证结构的完整性，利用绳索作为作动器可以在不增加额外控制装置的条件下达到对结构振动进行控制的目的，具有简单易行和成本较低的优点。然而，在设计绳索作动器的控制律时有些问题必须予以考虑，例如，作动器的最优布置位置、绳索输出作动力的单向性和饱和性等，这些问题的良好解决是工程应用的必要前提。

作动器位置优化配置问题的关键是优化配置准则与优化算法的选取。目前常用的优化配置准则有：基于系统可控性的准则 [4]、基于系统能量耗散的准则 [5]、基于系统响应的准则 [6] 以及基于控制/观测溢出的准则 [7]。以这些准则为基础，目前存在很多相关研究。例如，Mehrabian 和 Aghil[8] 记录了 F-18 战斗机垂直尾翼的频率响应函数，并设计了旨在最大化频率响应函数峰值的最佳目标函数来进行作动器位置分析。Dhuri 和 Seshu[9] 研究了不同的作动器安装位置对结构固有频率的影响，提出了旨在通过使用压电作动器使结构动态特性的变化最小的优化目标函数。Wang 等 [10] 通过对控制矩阵进行奇异值分解提出了一种针对梁结构上的压电作动器进行优化配置的准则，该准则指标越大，在给定控制输入情况下压电作动器提供给系统的能量也越大。在优化问题的求解算法上，以 PSO 算法和遗传算法为代表的随机类算法近年来得到了极大的重视与应用 [11−13]，适合于处理维度较高的优化问题。本章研究中使用基于可控性准则的配置准则和 PSO 算法求解绳索作动器的优化布置问题。

关于考虑绳索输出作动力单向性与饱和性的控制律设计问题，目前也有一些研究成果。例如，Bernstein[14] 首先提出了一种含非二次型性能指标的最优控制方法，解决了一大类带有饱和约束的控制问题；Preumont 等 [15] 提出了使用绳索抑制大型柔性空间结构的振动，采用了积分力反馈算法来得到控制律；郭铁能 [16] 在 Bernstein 研究的基础上，针对单根绳索作动器对悬臂梁的振动控制进行了分析研究。Mitsugi 和 Yasaka[17] 使用蒙特卡罗法模拟分析了张力桁架结构的表面灵敏度，并使用摄动法推导了绳索作动器的控制算法。值得在此说明的是，以上的研究工作的对象均是悬臂梁或者简单、尺寸较小的二维结构，针对诸如本篇中的大型空间结构的研究工作还十分有限。

本章对大型空间平面相控阵天线的振动主动控制进行研究。首先，基于可控性准则与离散 PSO 算法研究作动器的优化布置；然后，介绍一种使用带约束的分段目标函数的非线性最优控制方法，将 LQR 控制与 Bang-Bang 控制结合起来，进行天线结构振动主动控制的控制律设计。本章内容安排如下：19.2 节介绍作动器位置优化分析方法，19.3 节阐述考虑作动器输出单向性与饱和性的控制律设计，19.4 节进行数值仿真验证文中控制方法的有效性，最后在 19.5 节中给出本章结论。

19.2　绳索作动器位置优化

本节将详细说明考虑绳索输出作动力单向性、饱和性约束的作动器位置优化分析方法。平面相控阵天线的结构示意图如图 16-1 所示。为便于读者理解，本章给出天线结构中的一节天线单元，如图 19-1 所示。图中红色线条表示主动绳索，

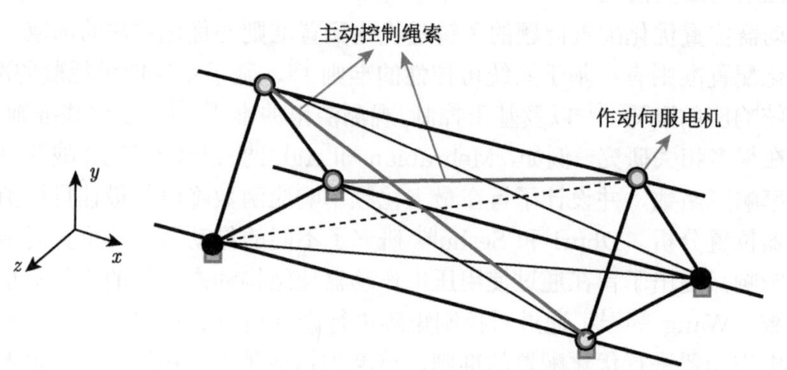

图 19-1　单节天线单元振动控制分析模型

两端端点为张拉绳索的伺服电机。衡量振动控制效果的主要指标在本章中将以每一节桁架底部悬挂天线面板的四个关键节点 (即图 19-1 中绿色方块标出的节点) 的空间三向位移与均方根误差来表示。此外需要说明的是，空间相控阵天线结构实际在轨运行时，空间热流将是引起结构变形与振动的最主要因素，可以认为结构的振动仍保持在线弹性范围内。基于此点，可以认为结构本身的刚度保持不变。至于结构中的其他被动绳索，其布置的目的更多的是防止在出现极端情况时结构产生过大的变形，在结构处于静止状态以及小变形范围内时可以认为它们保持松弛状态。

使用有限元方法，建立天线结构的 n 维自由度的动力学方程：

$$\boldsymbol{M}\ddot{\boldsymbol{x}} + \boldsymbol{C}\dot{\boldsymbol{x}} + \boldsymbol{K}\boldsymbol{x} = \boldsymbol{H}_a \cdot \boldsymbol{f}_u + \boldsymbol{F}_e \tag{19-1}$$

式中，$\boldsymbol{M}$、$\boldsymbol{C}$ 与 $\boldsymbol{K}$ 分别代表组集形成的结构总体质量阵、阻尼阵与刚度阵；$\boldsymbol{x} \in \Re^n$ 代表结构全部节点自由度的位移向量；$\boldsymbol{f}_u \in \Re^p$ 表示结构中主动绳索的作动力，即结构中共有 p 根绳索为主动作动绳索；$\boldsymbol{H}_a \in \Re^{n\times p}$ 为主动绳索的位置分布矩阵；$\boldsymbol{F}_e$ 表示结构受到的外部扰动力。需要指出，主动绳索作动器的控制力在分析中是被作为外力项施加在结构上的。

截取结构的前 m 阶模态坐标来表示各节点的位移向量：

$$\boldsymbol{x} = \boldsymbol{\Phi}\boldsymbol{q} \tag{19-2}$$

式中，$\boldsymbol{\Phi} \in \Re^{n\times m}$ 表示结构的前 m 阶阵型组成的振型矩阵；$\boldsymbol{q} \in \Re^m$ 为与之对应的模态坐标。将式 (19-2) 代入式 (19-1) 中，并左乘 $\boldsymbol{\Phi}^{\mathrm{T}}$，可以得到模态空间下解耦的结构动力学方程：

$$\overline{\boldsymbol{M}}\ddot{\boldsymbol{q}} + \overline{\boldsymbol{C}}\dot{\boldsymbol{q}} + \overline{\boldsymbol{K}}\boldsymbol{q} = \boldsymbol{\Phi}^{\mathrm{T}}\boldsymbol{H}_a\boldsymbol{f}_u + \boldsymbol{\Phi}^{\mathrm{T}}\boldsymbol{F}_e \tag{19-3a}$$

$$\begin{aligned} \overline{\boldsymbol{M}} &= \boldsymbol{\Phi}^{\mathrm{T}}\boldsymbol{M}\boldsymbol{\Phi} \\ \overline{\boldsymbol{C}} &= \boldsymbol{\Phi}^{\mathrm{T}}\boldsymbol{C}\boldsymbol{\Phi} \\ \overline{\boldsymbol{K}} &= \boldsymbol{\Phi}^{\mathrm{T}}\boldsymbol{K}\boldsymbol{\Phi} \end{aligned} \tag{19-3b}$$

对每一阶模态坐标 q_i，取 $\boldsymbol{z}_i = \{q_i\ \dot{q}_i\}^{\mathrm{T}}$，在考虑结构只产生初始变形不受外力的情况下，结合式 (19-3) 可得结构的状态空间方程：

$$\dot{\boldsymbol{Z}} = \boldsymbol{A}\boldsymbol{Z} + \boldsymbol{B}\boldsymbol{f}_u \tag{19-4a}$$

$$\boldsymbol{A} = \begin{bmatrix} \boldsymbol{A}_1 & & & \\ & \boldsymbol{A}_2 & & \\ & & \ddots & \\ & & & \boldsymbol{A}_m \end{bmatrix}, \quad \boldsymbol{A}_i = \begin{bmatrix} 0 & 1 \\ -\dfrac{k_i}{m_i} & -\dfrac{c_i}{m_i} \end{bmatrix} \tag{19-4b}$$

$$\boldsymbol{B}=\begin{bmatrix}\boldsymbol{B}_1\\ \boldsymbol{B}_2\\ \vdots\\ \boldsymbol{B}_m\end{bmatrix},\quad \boldsymbol{B}_i=\frac{1}{m_i}\begin{bmatrix}\boldsymbol{0}\\ -\boldsymbol{p}_i^{\mathrm{T}}\boldsymbol{H}_a\end{bmatrix} \tag{19-4c}$$

式中，$\boldsymbol{p}_i$ 为阵型矩阵 $\boldsymbol{\Phi}$ 的第 i 列。

为了进行作动器最优位置的分析，假设系统在初始时刻具有状态 $\boldsymbol{Z}_0$，要求系统在时间 $t=T_f$ 时达到最终状态 $\boldsymbol{Z}_t$，同时使如下的控制能量最小化：

$$\min \quad J_c=\int_0^{T_f}\boldsymbol{f}_u^{\mathrm{T}}(t)\cdot\boldsymbol{f}_u(t)\,\mathrm{d}t \tag{19-5}$$

由文献 [18] 可知，$\boldsymbol{f}_u(t)$ 可以写作

$$\boldsymbol{f}_u(t)=-\boldsymbol{B}^{\mathrm{T}}\mathrm{e}^{\overline{\boldsymbol{A}}(T_f-t)}[\boldsymbol{W}_c(T_f)]^{-1}(\mathrm{e}^{\overline{\boldsymbol{A}}T_f}\boldsymbol{Z}_0-\boldsymbol{Z}_t) \tag{19-6}$$

其中，$\boldsymbol{W}_c(T_f)=\displaystyle\int_0^{T_f}\mathrm{e}^{\overline{\boldsymbol{A}}\tau}\boldsymbol{B}\boldsymbol{B}^{\mathrm{T}}\mathrm{e}^{\overline{\boldsymbol{A}}^{\mathrm{T}}\tau}\,\mathrm{d}\tau$ 为系统的可控 Gramian 矩阵，其值越大，系统的输入能量越小。将式 (19-6) 代入式 (19-5) 中，J_c 的表达式变换成如下形式：

$$J_c=(\mathrm{e}^{\overline{\boldsymbol{A}}T_f}\boldsymbol{Z}_0-\boldsymbol{Z}_t)^{\mathrm{T}}[\boldsymbol{W}_c(T_f)]^{-1}(\mathrm{e}^{\overline{\boldsymbol{A}}T_f}\boldsymbol{Z}_0-\boldsymbol{Z}_t) \tag{19-7}$$

由 $\boldsymbol{W}_c(T_f)=\displaystyle\int_0^{T_f}\mathrm{e}^{\overline{\boldsymbol{A}}\tau}\boldsymbol{B}\boldsymbol{B}^{\mathrm{T}}\mathrm{e}^{\overline{\boldsymbol{A}}^{\mathrm{T}}\tau}\,\mathrm{d}\tau$ 可以看出，$\boldsymbol{W}_c$ 中的元素取决于 $\boldsymbol{B}$ 矩阵，即取决于结构中作动器位置的配置。最优的作动器位置配置可以使得 $\boldsymbol{W}_c$ 取值最大，且这个最优的配置不应当依赖未知的初始和结束条件。由式 (19-7) 可知，控制能量 J_c 也取决于 Gramian 矩阵 $\boldsymbol{W}_c$。因此，最小化控制能量等同于最大化可控矩阵 $\boldsymbol{W}_c$ 的某种范数。但同时 $\boldsymbol{W}_c$ 与时间 T_f 相关，并且时间 T_f 与响应的速度有关。在设计的开始阶段，时间 T_f 很可能是未知的。因此需要检验 $\boldsymbol{W}_c$ 对时间 T_f 的依赖性，式 (19-4) 代表的动力学系统的转换矩阵如下：

$$\begin{cases}\mathrm{e}^{\overline{\boldsymbol{A}}t}=\mathrm{diag}(\mathrm{e}^{\overline{\boldsymbol{A}}_it})\\ \mathrm{e}^{\overline{\boldsymbol{A}}_it}=\mathrm{e}^{-\xi_i\omega_it}\begin{bmatrix}\cos\omega_{hi}t-(\xi_i\omega_i/\omega_{hi})\sin\omega_{hi}t & -(\omega_i/\omega_{hi})\sin\omega_{hi}t\\ (\omega_i/\omega_{hi})\sin\omega_{hi}t & \cos\omega_{hi}t+(\xi_i\omega_i/\omega_{hi})\sin\omega_{hi}t\end{bmatrix}\end{cases} \tag{19-8}$$

式中，$\omega_{hi}=\omega_i\sqrt{1-\xi_i^2}$ 为阻尼固有频率。

由于 $\boldsymbol{W}_c$ 满足如下 Lyapunov 方程：

$$\boldsymbol{A}\boldsymbol{W}_c+\boldsymbol{W}_c\boldsymbol{A}^{\mathrm{T}}+\boldsymbol{B}\boldsymbol{B}^{\mathrm{T}}=\boldsymbol{0} \tag{19-9}$$

而 $\boldsymbol{W}_c$ 可以写为

$$\boldsymbol{W}_c = \int_0^{\infty} \mathrm{e}^{\overline{\boldsymbol{A}}\tau}\boldsymbol{B}\boldsymbol{B}^{\mathrm{T}}\mathrm{e}^{\overline{\boldsymbol{A}}^{\mathrm{T}}\tau}\,\mathrm{d}\tau = \boldsymbol{W}(T_f) + \int_{T_f}^{\infty} \mathrm{e}^{\overline{\boldsymbol{A}}\tau}\boldsymbol{B}\boldsymbol{B}^{\mathrm{T}}\mathrm{e}^{\overline{\boldsymbol{A}}^{\mathrm{T}}\tau}\,\mathrm{d}\tau \tag{19-10}$$

于是 $\boldsymbol{W}(T_f)$ 可写为

$$\boldsymbol{W}(T_f) = \boldsymbol{W}_c - \mathrm{e}^{\overline{\boldsymbol{A}}T_f}\boldsymbol{W}_c\mathrm{e}^{\overline{\boldsymbol{A}}^{\mathrm{T}}T_f} \tag{19-11}$$

式中，$\mathrm{e}^{\overline{\boldsymbol{A}}T_f}$ 的具体形式可见式 (19-8)，并且它的取值与作动器的位置没有关系，当系统为渐进稳定时 $\lim\limits_{T_f\to\infty} \mathrm{e}^{\overline{\boldsymbol{A}}T_f} = \boldsymbol{0}$。由于作动器的位置与时间 T_f 有关，而 T_f 的选择在很大程度上是任意选择的，所以为了消除对时间 T_f 的依赖性，对于渐近稳定系统，可以考虑满足式 (19-9) 的 Gramian 矩阵 $\boldsymbol{W}_c$ 作为作动器位置优化的评价标准。因此最小化 J_c 等同于最大化 $\boldsymbol{W}_c$ 的范数。

文献 [19] 中定义了一种有效的作动器位置优化准则：

$$\mathrm{Crit} = \mathrm{trace}(\boldsymbol{W}_c)\sqrt[2p]{\det \boldsymbol{W}_c}/\sigma(\lambda_i) \tag{19-12}$$

式中，λ_i 是 Gramian 矩阵 $\boldsymbol{W}_c$ 的特征值；$\sigma(\lambda_i)$ 是 λ_i 的标准差，其作用是惩罚那些同时具有很大和很小特征值的作动器分布位置；$\mathrm{trace}(\boldsymbol{W}_c)$ 为矩阵 $\boldsymbol{W}_c$ 的迹，代表着作动器传递给结构的总能量；$\sqrt[2p]{\det \boldsymbol{W}_c}$ 代表特征值的几何平均值。式 (19-12) 中 Crit 函数的取值越高，代表系统的可控度越好，因此最大的 Crit 函数值对应的作动器分布即为最优分布。

由于结构中的作动器位置有百余个，在求解方法上，本章中选择了搜索效率较高的 PSO 算法。假设结构中存在 r 个位置可供布置作动器，同时限制放置作动器的总数为 p。设向量 $\boldsymbol{v} \in \Re^r$，其中的元素为 1 或 0，分别代表着对应序号位置是否放置主动作动器。根据物理含义可由向量 $\boldsymbol{v}$ 列写出对应的作动器位置矩阵 $\boldsymbol{B}(\boldsymbol{v})$。

综上所述，天线结构作动器位置优化问题可以描述为

$$\begin{cases} \text{find} & \boldsymbol{v} = (v_1, v_2, \cdots, v_r)^{\mathrm{T}} \\ \max & \mathrm{Crit} = \mathrm{trace}(\boldsymbol{W}_c)\sqrt[2p]{\det \boldsymbol{W}_c}/\sigma(\lambda_i) \\ \text{s.t.} & v_i = 0 \quad 或 \quad v_i = 1, \quad i = 1, 2, \cdots, r \\ & \displaystyle\sum_{i=1}^{r} v_i = p \end{cases} \tag{19-13}$$

为了求解这个问题得到最优作动器位置分布，首先按照绳索作动器位置向量 $\boldsymbol{v}$ 约束条件生成离散 PSO 算法中的初始粒子群 $\boldsymbol{V} = [\boldsymbol{v}_1, \boldsymbol{v}_2, \cdots, \boldsymbol{v}_{N_p}]^{\mathrm{T}}$，$N_p$ 为粒

子个数，即是说将离散 PSO 算法中的每一个粒子看作一种作动器位置分配。将 Crit 函数值作为个体最优位置与全局最优位置的衡量标准。与第 18 章中的求解方法类似，在离散 PSO 算法中采用动态惯性权重算法，粒子速度 v_{ij} 和位置 x_{ij} 的更新公式为

$$v_{ij}(t_P+1)=w\cdot v_{ij}(t_P)+c_1r_1(t_P)[p_{ij}(t_P)-x_{ij}(t_P)]+c_2r_2(t_P)[g_j(t_P)-x_{ij}(t_P)] \tag{19-14a}$$

$$p(v_{ij})=1/[1+\exp(-v_{ij})] \tag{19-14b}$$

$$x_{ij}(t+1)=\begin{cases}1, & r_3<p(v_{ij})\\ 0, & r_3\geqslant p(v_{ij})\end{cases} \tag{19-14c}$$

式中，c_1 和 c_2 为学习因子；$i=1,2,\cdots,N_p$ 为粒子个数；$j=1,2,\cdots,r$ 为粒子维数；r_1、r_2 与 r_3 为 $[0,1]$ 范围内的均匀随机数；$\boldsymbol{p}$ 为个体最优位置向量；$\boldsymbol{g}$ 为全局最优位置向量；w 为惯性权重，表达式为

$$w=w_{\max}-\frac{(w_{\max}-w_{\min})\cdot t_P}{t_{\max}} \tag{19-15}$$

式中，$w_{\max}$ 与 $w_{\min}$ 分别为设定的最大、最小惯性权重；t_P 表示当前进化代数；$t_{\max}$ 表示最大进化代数。

综上所述，在 PSO 算法的迭代过程中，代表作动器位置分布的向量 $\boldsymbol{v}$ 不断地参与到对应情况下目标函数 Crit 的计算中，当迭代结果稳定时即可得到从 r 个待选位置中选定 p 个位置放置作动器的最优配置方案。

19.3　振动主动控制设计

本节介绍天线结构主动控制设计的研究。本章在分析中对绳索作动器做出的假设与前面章节相同，为了方便读者理解，在这里再次给出这些假设条件：

(1) 绳索只可受拉，不可受压，能够产生的作动力 $f_u\in[0,\ F_t]$；

(2) 在绳索上施加主动控制力之前，全部绳索的张拉力为零；

(3) 天线整体结构的末端变形相较于天线自身尺寸为小量。

如本章引言中所述，在分析中认为天线结构的振动仍保持在线弹性范围内。控制设计的主要目标是利用有限数量的主动绳索来抑制结构的振动，并考虑绳索输出作动力单向性与饱和性的限制。本节采用分段函数性能指标，将线性 LQR 控制与 Bang-Bang 最优控制相结合，使用哈密顿 (Hamilton) 函数取极值的方法推导出最优控制律。

传统的线性 LQR 方法的性能函数为

$$J_{\mathrm{L}}=\int_0^{\infty}\left[\frac{1}{2}\langle\boldsymbol{Z},\boldsymbol{R}_1\boldsymbol{Z}\rangle+\langle\boldsymbol{f}_u,\boldsymbol{R}_2\boldsymbol{f}_u\rangle\right]\mathrm{d}t \tag{19-16}$$

式中，$\boldsymbol{R}_1$ 和 $\boldsymbol{R}_2$ 分别为对状态变量和输入变量的加权矩阵。控制系统的里卡蒂 (Riccati) 方程以及最优控制律为

$$\boldsymbol{A}^{\mathrm{T}}\boldsymbol{P}+\boldsymbol{P}\boldsymbol{A}+\boldsymbol{R}_1-\boldsymbol{P}\boldsymbol{B}\boldsymbol{R}_2^{-1}\boldsymbol{B}^{\mathrm{T}}\boldsymbol{P}=\boldsymbol{0} \tag{19-17}$$

$$\boldsymbol{f}_u=-\boldsymbol{R}_2^{-1}\boldsymbol{B}^{\mathrm{T}}\boldsymbol{P}\boldsymbol{Z} \tag{19-18}$$

接下来考虑控制力受限的情况。当控制力的输出受限时，即只考虑输出峰值限制约束时：

$$\Omega\triangleq\left\{\boldsymbol{f}_u=[f_1,\,f_2,\,\cdots,f_p]^{\mathrm{T}}\in\Re^p:|f_i|\leqslant F_t,\quad i=1,2,\cdots,p\right\} \tag{19-19}$$

对应的性能指标函数为

$$J_B=\int_0^{\infty}\left[\langle\boldsymbol{Z},\boldsymbol{R}_1\boldsymbol{Z}\rangle+2\sum_{j=1}^{p}\langle\boldsymbol{P}_0\boldsymbol{b}_j,\boldsymbol{Z}\rangle\right]\mathrm{d}t \tag{19-20}$$

式中，$\boldsymbol{b}_j$ 为输入矩阵 $\boldsymbol{B}$ 中的第 j 列。

此时系统的 Hamilton 矩阵为

$$\boldsymbol{H}=-\frac{1}{2}\boldsymbol{Z}(t)^{\mathrm{T}}\boldsymbol{R}_1\boldsymbol{Z}(t)-\sum_{j=1}^{m}\boldsymbol{b}_j^{\mathrm{T}}\boldsymbol{P}_0(t)\boldsymbol{Z}(t)+\boldsymbol{\lambda}^{\mathrm{T}}(t)[\boldsymbol{A}\boldsymbol{Z}(t)+\boldsymbol{B}\boldsymbol{f}_u(t)] \tag{19-21}$$

式中，$\boldsymbol{\lambda}(t)=-\boldsymbol{P}_0(t)\boldsymbol{Z}(t)$。

根据庞特里亚金 (Pontryagin) 极大值原理，最优控制 $\boldsymbol{f}_u(t)$ 在时间段 $t_0\leqslant t\leqslant t_1$ 上产生的能够使得式 (19-20) 最小化的轨迹 $\boldsymbol{Z}(t)$ 必须满足下面的关系：

$$\boldsymbol{H}(t,\boldsymbol{Z}(t),\boldsymbol{f}_u(t),\boldsymbol{\lambda}(t))=\max_{f_u\in\Omega}\boldsymbol{H}(t,\boldsymbol{Z}(t),\boldsymbol{f}_u,\boldsymbol{\lambda}(t)) \tag{19-22}$$

同时，式中 $\boldsymbol{\lambda}(t)$ 必须满足协态方程：

$$\boldsymbol{\lambda}(t)=-\frac{\partial\boldsymbol{H}}{\partial\boldsymbol{Z}}=-\boldsymbol{A}^{\mathrm{T}}\boldsymbol{\lambda}(t)+\boldsymbol{R}_1\boldsymbol{Z}(t)+\sum_{j=1}^{p}\boldsymbol{P}_0\boldsymbol{b}_j\boldsymbol{Z}(t) \tag{19-23}$$

式中，$\boldsymbol{P}_0$ 为对称矩阵，满足如下 Lyapunov 微分方程：

$$\dot{\boldsymbol{P}}_0+\boldsymbol{A}^{\mathrm{T}}\boldsymbol{P}_0+\boldsymbol{P}_0\boldsymbol{A}+\boldsymbol{R}_1=\boldsymbol{0} \tag{19-24}$$

在稳态情况下，通过 Lyapunov 方程得到的矩阵 $\boldsymbol{P}_0$ 将趋于常值矩阵，即是说 $\boldsymbol{P}_0$ 满足如下稳态 Lyapunov 方程：

$$\boldsymbol{A}^{\mathrm{T}}\boldsymbol{P}_0+\boldsymbol{P}_0\boldsymbol{A}+\boldsymbol{R}_1=\boldsymbol{0} \tag{19-25}$$

于是，满足性能指标式 (19-20) 与约束式 (19-19) 的最优控制可以取为

$$\boldsymbol{f}_u(x)=-F_t\cdot\operatorname{sgn}\left\langle\boldsymbol{P}_0\boldsymbol{b}_j,\boldsymbol{Z}\right\rangle,\quad j=1,2,\cdots,p \tag{19-26}$$

类似地，接下来考虑当单向性约束与饱和性约束同时存在时的情况，即

$$\Omega_r\triangleq\left\{\boldsymbol{f}_u=[f_1,f_2,\cdots,f_p]^{\mathrm{T}}\in\Re^{p\times1}:0\leqslant f_i\leqslant F_t,\,i=1,2,\cdots,p\right\} \tag{19-27}$$

通过分段，定义如下的性能指标函数：

$$J=\int_0^{\infty}\left[\langle\boldsymbol{Z},\boldsymbol{R}_1\boldsymbol{Z}\rangle+h(\boldsymbol{Z},\boldsymbol{f}_u)\right]\mathrm{d}t \tag{19-28}$$

$$h(\boldsymbol{Z},\boldsymbol{f}_u)=\sum_{i=1}^{p}h_i(\boldsymbol{Z},\boldsymbol{f}_u),\quad i=1,2,\cdots,p \tag{19-29}$$

$$h_i(\boldsymbol{Z},\boldsymbol{f}_u)=\begin{cases}0, & \boldsymbol{b}_i^{\mathrm{T}}\boldsymbol{P}_0\boldsymbol{x}>0\\ \left\langle\boldsymbol{b}_i^{\mathrm{T}}\boldsymbol{P}_0\boldsymbol{x},\boldsymbol{b}_i^{\mathrm{T}}\boldsymbol{P}_0\boldsymbol{x}\right\rangle+f_i^2, & -1\leqslant\boldsymbol{b}_i^{\mathrm{T}}\boldsymbol{P}_0\boldsymbol{x}\leqslant0\\ -2\boldsymbol{b}_i^{\mathrm{T}}\boldsymbol{P}_0\boldsymbol{x}, & \boldsymbol{b}_i^{\mathrm{T}}\boldsymbol{P}_0\boldsymbol{x}<-1\end{cases} \tag{19-30}$$

式中，$\boldsymbol{P}_0$ 满足式 (19-25)，则最终的最优反馈控制律为

$$\begin{aligned}&\boldsymbol{f}_u(\boldsymbol{Z})=[f_1(\boldsymbol{Z}),f_2(\boldsymbol{Z}),\cdots,f_p(\boldsymbol{Z})]^{\mathrm{T}}\\&f_i(Z)=\begin{cases}0, & \boldsymbol{b}_i^{\mathrm{T}}\boldsymbol{P}_0\boldsymbol{Z}>0\\ -\boldsymbol{b}_i^{\mathrm{T}}\boldsymbol{P}_0\boldsymbol{Z}, & -F_t\leqslant\boldsymbol{b}_i^{\mathrm{T}}\boldsymbol{P}_0\boldsymbol{Z}\leqslant0\\ -F_t\cdot\operatorname{sgn}(\boldsymbol{b}_i^{\mathrm{T}}\boldsymbol{P}_0\boldsymbol{Z}), & \boldsymbol{b}_i^{\mathrm{T}}\boldsymbol{P}_0\boldsymbol{Z}<-F_t\end{cases}\end{aligned} \tag{19-31}$$

接下来需要证明，式 (19-31) 所表达的控制律能够使控制系统稳定，并且对分段性能指标式 (19-28) 来说是最优的。选取 Lyapunov 函数：

$$\boldsymbol{L}(\boldsymbol{z})=\boldsymbol{z}^{\mathrm{T}}\boldsymbol{P}_0\boldsymbol{z} \tag{19-32}$$

由于系统中存在着阻尼，结构的系统矩阵 $\boldsymbol{A}$ 为渐近稳定。根据 Lyapunov 方程式 (19-25)，$\boldsymbol{P}_0$ 存在且为非负定。于是有：

$$\begin{aligned}\dot{\boldsymbol{L}}(\boldsymbol{z}) &= \boldsymbol{L}'(\boldsymbol{z})\dot{\boldsymbol{z}} = 2\boldsymbol{P}_0\boldsymbol{z}(\boldsymbol{A}\boldsymbol{z}+\boldsymbol{B}\boldsymbol{f}_u)\\ &= \boldsymbol{z}^{\mathrm{T}}(\boldsymbol{A}^{\mathrm{T}}\boldsymbol{P}_0+\boldsymbol{P}_0\boldsymbol{A})\boldsymbol{z}+2\boldsymbol{z}^{\mathrm{T}}\boldsymbol{P}_0\boldsymbol{B}\boldsymbol{f}_u\\ &= -\boldsymbol{z}^{\mathrm{T}}\boldsymbol{R}_1\boldsymbol{z}-2\sum_{i\in I_l}\left\langle \boldsymbol{b}_i^{\mathrm{T}}\boldsymbol{P}_0\boldsymbol{z},\boldsymbol{b}_i^{\mathrm{T}}\boldsymbol{P}_0\boldsymbol{z}\right\rangle-2\sum_{i\in I_s}\left|\boldsymbol{b}_i^{\mathrm{T}}\boldsymbol{P}_0\boldsymbol{z}\right|\end{aligned} \tag{19-33}$$

$$I_l(z)\triangleq\left\{0\leqslant \boldsymbol{b}_i^{\mathrm{T}}\boldsymbol{P}_0\boldsymbol{z}\leqslant F_t\right\}$$

$$I_s(z)\triangleq\left\{F_t\leqslant \boldsymbol{b}_i^{\mathrm{T}}\boldsymbol{P}_0\boldsymbol{z}\right\}$$

式中，$\dot{\boldsymbol{L}}(\boldsymbol{z})$ 是 $\boldsymbol{L}(\boldsymbol{z})$ 对时间的全导数。由于 $\dot{\boldsymbol{L}}(\boldsymbol{z})<0$，所以控制系统是稳定的。

此外，控制系统的 Hamilton 函数为

$$H_c(\boldsymbol{z},\boldsymbol{L}'^{\mathrm{T}}(\boldsymbol{z}),\boldsymbol{f}_u)=\sum_{i\in I_l}(\boldsymbol{b}_i^{\mathrm{T}}\boldsymbol{P}_0\boldsymbol{z}+f_i)^2+2\sum_{i\in l_s}\left[\left|\boldsymbol{b}_i^{\mathrm{T}}\boldsymbol{P}_0\boldsymbol{z}\right|+\boldsymbol{b}_i^{\mathrm{T}}\boldsymbol{P}_0\boldsymbol{z}\right] \tag{19-34}$$

可以验证，当 $\boldsymbol{f}_u$ 取式 (19-31) 时，$H_c(\boldsymbol{z},\boldsymbol{L}'^{\mathrm{T}}(\boldsymbol{z}),\boldsymbol{f}_u)=0$。因此，控制力的表达式满足非线性控制器最优控制条件的要求 [14]，即在性能指标式 (19-20) 条件下，控制力输出式 (19-31) 是最优的。

19.4 数值仿真

本节进行数值仿真，以验证所提出方法的有效性。与之前章节相同，仍在数值模拟中考虑由 18 节天线单元组成的天线结构，结构左端固定、右端自由，如图 19-2 所示，对其在存在初始变形条件下的振动进行主动控制。结构中各部件

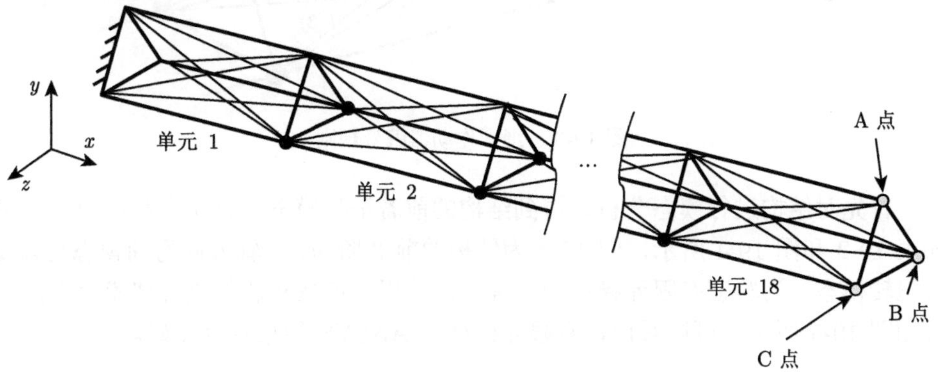

图 19-2 18 节天线单元结构示意图

的材料和几何参数与第 16~18 章中相同，为了方便读者阅读，在这里再次给出，如表 19-1 所示。首先，对结构进行有限元网格划分，每一节天线单元中的隔架与纵梁均划分为 10 个空间梁单元，整体结构的自由度数为 n =6336。需要说明，图 19-2 中所标记出的位于结构第 18 节桁架单元尖端的 A 点、B 点与 C 点将作为后续的数值模拟中的主要数据采样来源。为了方便后续对绳索位置进行说明，与第 18 章类似，定义每一节天线单元内的 6 根绳索编号顺序如图 19-3 所示，其中 $L=1,2,\cdots,18$ 代表天线单元编号。

表 19-1　振动控制中涉及的天线结构几何与物理参数

参数	纵梁	隔架
长度/m	2	1
横截面形状	圆形	正方形
横截面直径或边长/cm	3	5
密度 /(kg/m^3)	1600	1600
杨氏模量/GPa	12	12
泊松比	0.3	0.3
阻尼系数 C_α	0.02	0.02
阻尼系数 C_β	0.01	0.01

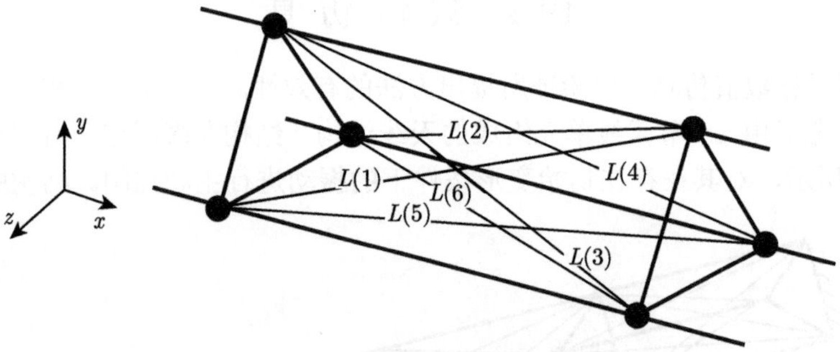

图 19-3　绳索作动器编号规则

首先对结构进行模态分析，得到结构的前若干阶模态固有频率和振型，结果如表 19-2 和图 19-4 所示，图 19-4 为结构的前 3 阶 y、z 轴方向弯曲模态与前 2 阶扭转模态。为验证有限元模型的正确性，使用 ANSYS 软件进行建模分析，结果如图 19-5 所示，可以看出，有限元模型与 ANSYS 结果吻合良好。

表 19-2 天线结构前 8 阶固有频率

自振频率	取值/Hz
ω_1	0.1251
ω_2	0.1251
ω_3	0.2304
ω_4	0.3827
ω_5	0.3827
ω_6	0.6779
ω_7	0.6779
ω_8	0.6909

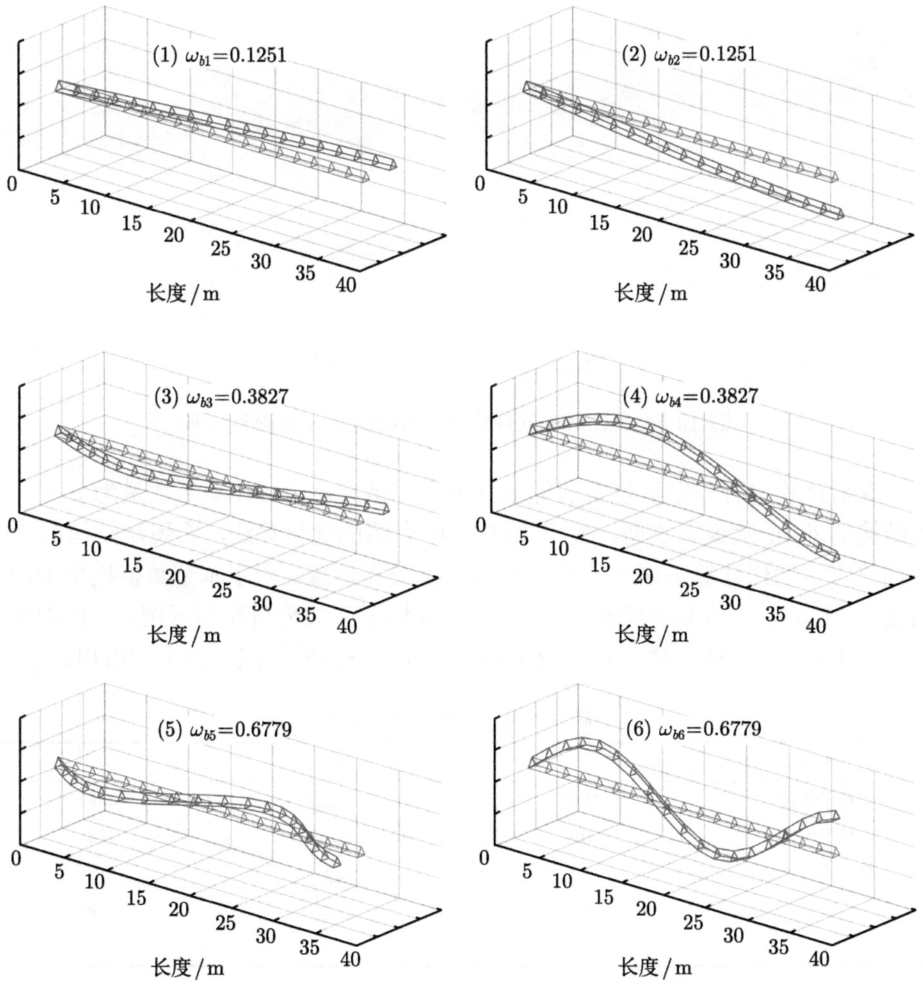

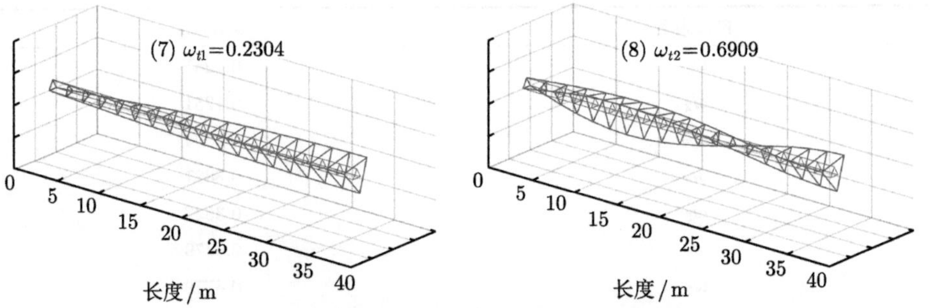

图 19-4 天线结构前 8 阶模态振型图

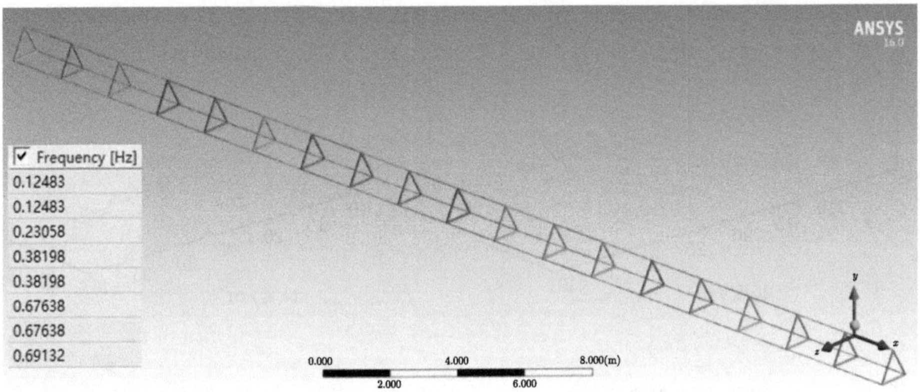

图 19-5 ANSYS 软件分析所得结构前 8 阶固有频率

在对结构进行作动器位置的优化分析中，指定使用的作动器数量为 p 后，代入结构的前 m 阶模态数据，使用 19.2 节中介绍的优化算法，实现从结构的 r 个待选位置中优化计算出这 p 个作动器的最优分布位置。对于本节数值模拟中的结构模型，r =108，在这里给出 m =8、p =18 情况下的分析作为示例，分析中使用的离散 PSO 算法的各项参数如表 19-3 所示，分析结果在表 19-4 中给出。

表 19-3 PSO 算法参数

参数		参数	
粒子数量	5000	$w_{\max}$	0.8
粒子维度	108	$w_{\min}$	0.4
最大迭代次数	50	$v_{\max}$	50
c_1	10	$v_{\min}$	−50
c_2	10	—	—

表 19-4 绳索作动器最优位置分布结果

m =8、p =18 条件下的分析结果	
1(1)	3(2)
1(2)	3(4)
1(3)	4(3)
1(4)	4(4)
1(5)	5(6)
2(1)	7(2)
2(3)	7(5)
2(5)	8(2)
3(1)	8(4)

为了更直观地表示作动器最优位置分布，图 19-6 给出了天线整体结构在 y 方向的俯视图，红色点划线代表结构顶部的纵梁，红色线段表示分析得到的作动器优化位置。可以看出，绳索作动器主要集中在结构左侧固定端根部以及第 7 节天线单元附近。结合图 19-4 中的扭转、弯曲振型图，可见最优分布时的作动器基本分布在结构振型变形最大的峰谷位置。

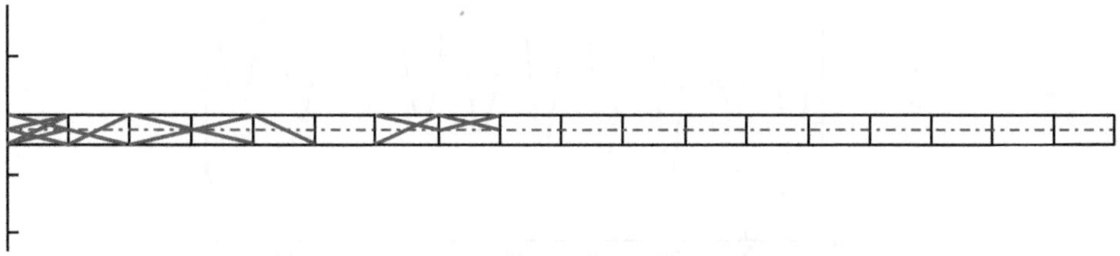

图 19-6 绳索作动器位置优化布置结果

接下来，应用上述分析得到的作动器优化布置方式对结构进行振动主动控制。设结构的尖端 (图 19-2 中 A 点) 受到沿 y 轴方向 $F_1 = 100\text{N}$ 的拉力与沿 z 轴方向 $F_2 = 50\text{N}$ 的拉力，产生初始变形。在 $t = 0$ 即初始时刻，撤去所有外力，结构产生自由振动，使用 19.3 节中推导的带有单向性与饱和性限制的最优控制律对结构的振动进行控制，同时将最优控制算法中的参数矩阵 $\boldsymbol{R}_1$ 设为对角元素均为 10 的对角阵，并设作动器控制力的峰值为 $F_{\text{t}} = 50\text{N}$。由于相控阵天线工作性质的要求，结构在 y 轴方向的振动是影响天线正常成像的最重要影响因素，如果要保证天线的性能，结构在 y 轴方向的变形与振动幅度需要控制在 ±10mm 以内。经过计算，图 19-7 给出了 A、B 与 C 三点的 y 轴方向位移时程曲线在控制前后的对比。由图中可以看出，施加控制后 A 点的振动幅度在 40 s 左右即被控制在 ±10mm 以内。此外，在初始时刻，各个天线单元连接处的全部 54 个尖端节点的位移均方根误差值为 360.5mm，而在施加主动控制 40 s 后，这些节点的最大均方根误差值降低到 4.8mm，整体结构几乎恢复到未变形的形状。与未施加控制的位移时程曲线相比，大大减少了振动衰减的时间。同时，B 点与 C 点的振动幅度同样在 40 s 左右即被控制在 ±10mm 以内。

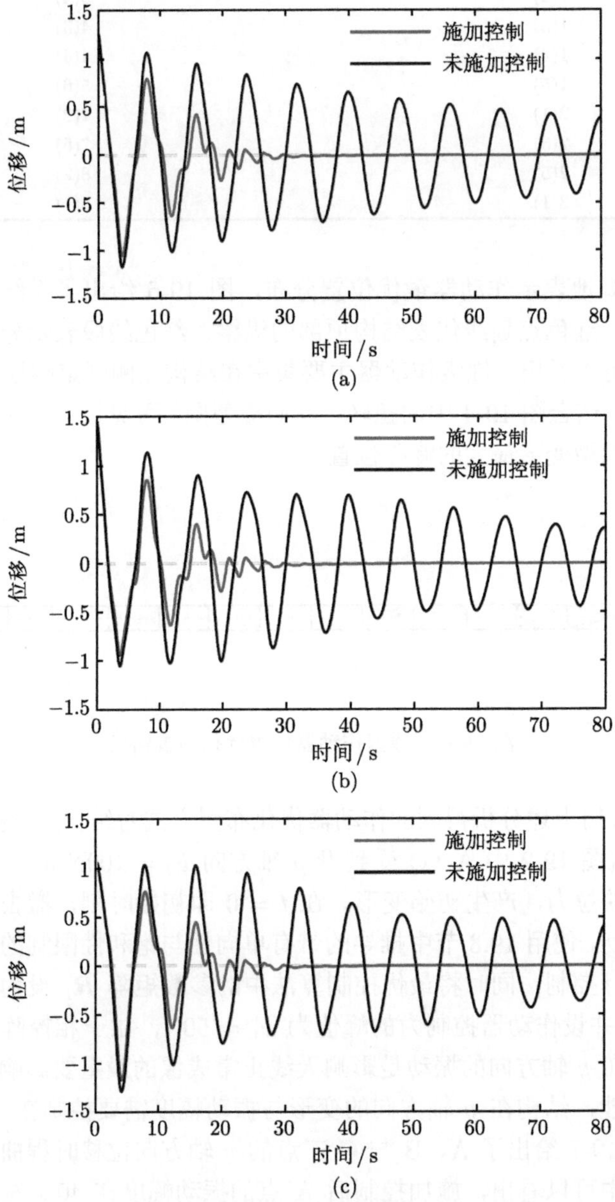

图 19-7 A、B 与 C 三点 y 轴方向位移时程曲线控制前后的对比

(a) A 点；(b) B 点；(c) C 点

为说明作动器位置优化方法的效果，将如图 19-8 中所示的作动器位置分布方

案作为对照。该方案中，将主动绳索全部布置在左侧三节天线单元中。经过计算同样可得到对应情况下 A、B、C 点的 y 轴方向位移时程曲线，如图 19-9 所示。可以看出，在同样施加控制 40s 左右时，A、B、C 点的振动幅度仍然无法被控制在 ±10mm 以内，需要 50s 左右才能实现控制目标。此外，图 19-10 给出了两种作动器分布方案下 A 点在 y 轴方向位移时程曲线的对比，前 20s 两种情况的振动相似，之后优化方法的结果迅速衰减，在 40s 时即被控制到静止状态。通过对比，说明了本章中绳索作动器优化位置分析方法的有效性。

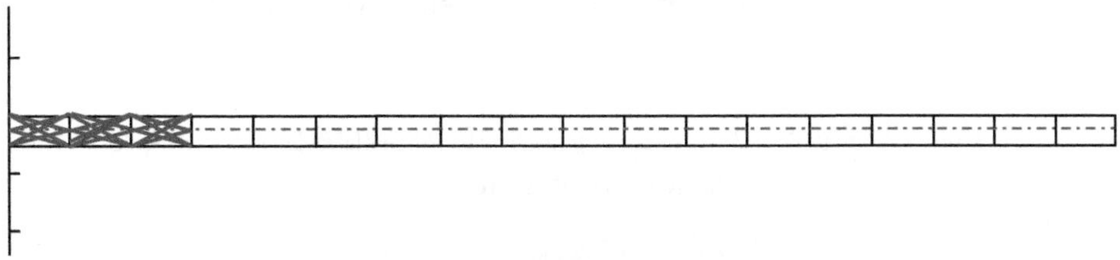

图 19-8 绳索作动器位置分布对比方案

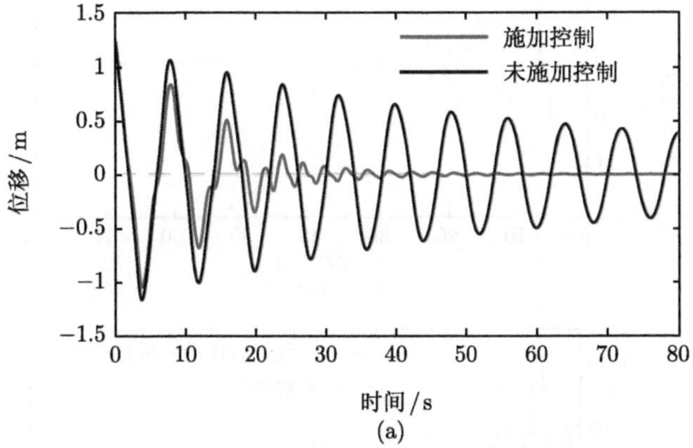

(a)

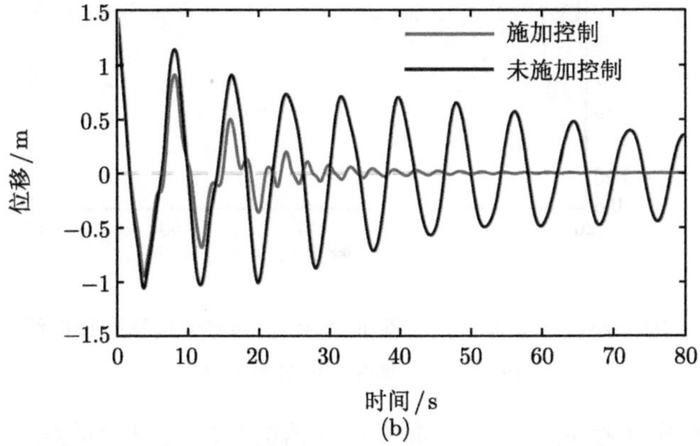

(b)

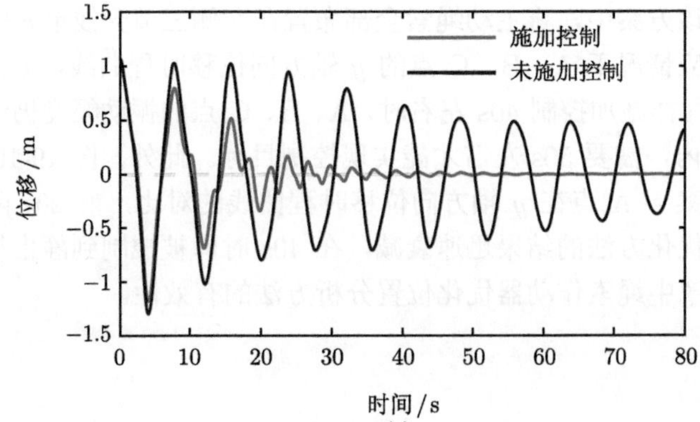

(c)

图 19-9　对照组 A、B 与 C 三点 y 轴方向位移时程曲线控制前后的对比

(a) A 点；(b) B 点；(c) C 点

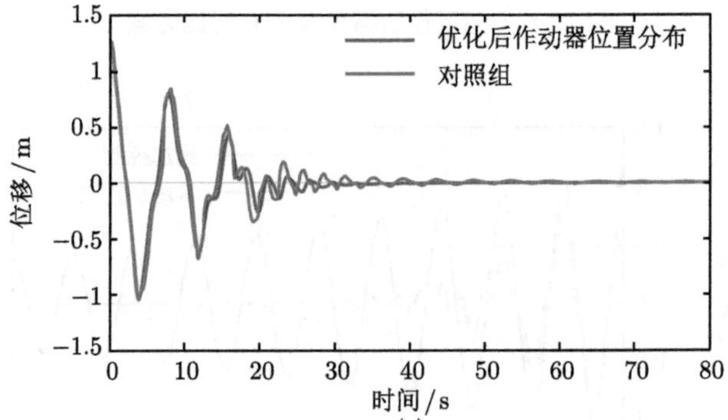

(a)

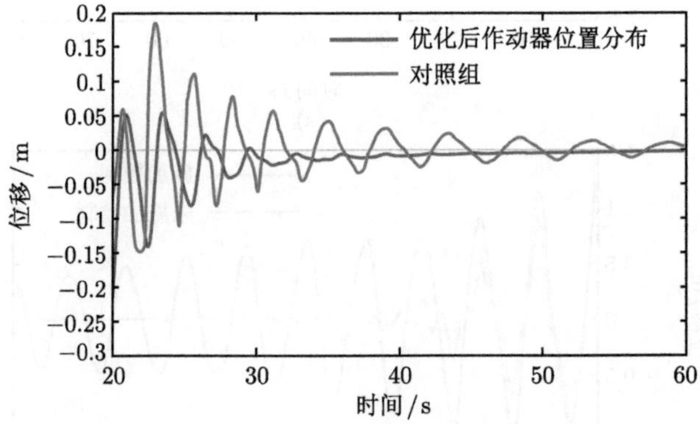

(b)

图 19-10　不同作动器布置条件下 A 点 y 轴方向位移时程曲线对比

(a) 整体时间域内；(b) 20～60s 内

图 19-11 给出了控制过程中各绳索作动器的控制力时程曲线。可以看出，各

绳索的作动力输出均满足给定的限制范围 $0 \leqslant f_{ui} \leqslant F_t$，满足单向性与饱和性的约束条件。

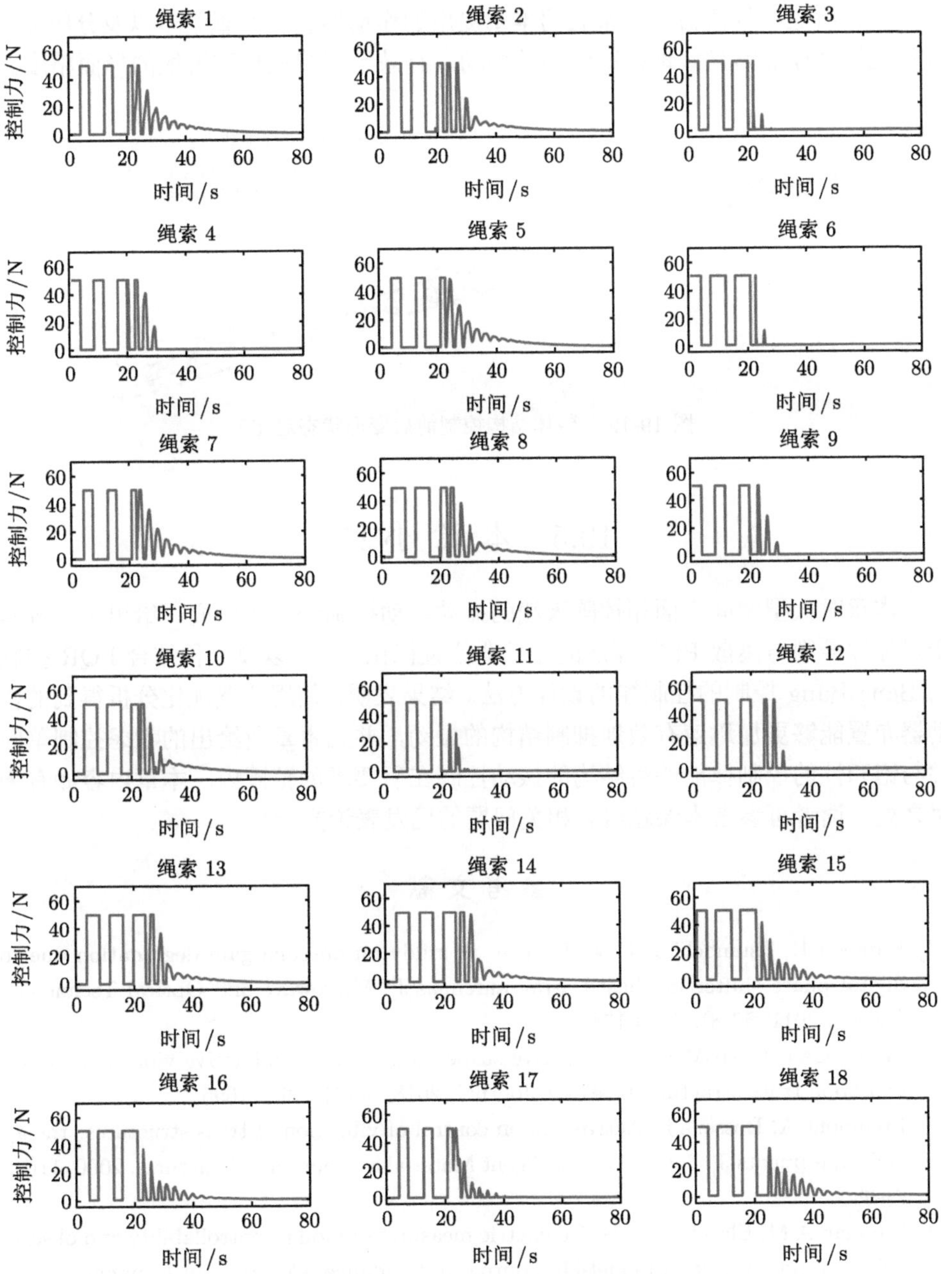

图 19-11　各绳索作动力时程曲线

图 19-12 给出了在振动开始时刻、施加控制后 40s 时的结构整体位移 (图中蓝色、红色虚线) 与未变形位置 (图中黑色实线) 的对比。可以从图中更加直观地看出，最终结构的振动被明显抑制，与未变形时的理想情况几乎重合。

综上所述，数值仿真结果表明本章提出的作动器优化布置策略以及分段非线性最优控制律能够良好地控制结构的振动，有效地保持相控阵天线的形面精度。

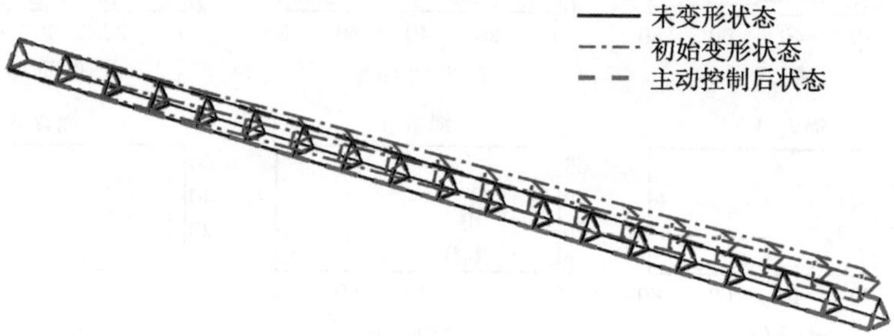

图 19-12　整体结构控制前后变形状态对比

19.5 本章小结

本章对大型空间平面相控阵天线的振动主动控制进行了研究，给出了一种基于可控性准则与离散 PSO 算法的作动器位置优化方法，以及一种结合 LQR 控制与 Bang-Bang 控制的控制律的设计方法。结果表明，使用位置优化分析得到的作动器布置能够更加迅速有效地抑制结构的振动，并且本章所给出的考虑控制单向性与饱和性的控制律能够将结构的振动控制在所要求的范围内。本章内容如有未尽之处，读者可参考本课题组就相关问题的已发表论文 [20]。

参考文献

[1] Kamoda H, Tsumochi J, Kuki T, et al. A study on antenna gain degradation due to digital phase shifter in phased array antennas[J]. Microwave and Optical Technology Letters, 2011, 53(8): 1743-1746.

[2] Ma G, Gao B, Xu M L, et al. Active suspension method and active vibration control of a hoop truss structure[J]. AIAA Journal, 2018, 56(4): 1689-1695.

[3] Preumont A, Bossens F. Active tendon control of vibration of truss structures: theory and experiments[J]. Journal of Intelligent Material Systems and Structures, 2000, 11(2): 91-99.

[4] Hamdan A M, Elabdalla A M. Geometric measures of modal controllability and observability of power system models[J]. Journal of Guidance, Control and Dynamics, 1989, 12(3): 421-428.

[5] Bruant I, Proslier L. Optimal location of actuators and sensors in active vibration control[J]. Journal of Intelligent Material Systems and Structures, 2005, 16: 197-206.
[6] Sunar M, Rao S S. Thermopiezoelectric control design and actuator placement[J]. AIAA Journal, 1997, 35(2): 534-539.
[7] Ryou J K, Park K Y, Kim S J. Electrode pattern design of piezoelectric sensors and actuators using genetic algorithms[J]. AIAA Journal, 1998, 36(2): 227-233.
[8] Mehrabian A R, Aghil Y. Optimal positioning of piezoelectric actuators on a smart fin using bio-inspired algorithms[J]. Aerospace Science and Technology, 2007, 11: 174-182.
[9] Dhuri K D, Seshu P. Piezo actuator placement and sizing for good control effectiveness and minimal change in original system dynamics[J]. Smart Materials and Structures, 2006, 15(6): 2526-2542.
[10] Wang Q, Wang C M. A controllability index for optimal design of piezoelectric actuators in vibration control of beam structures[J]. Journal of Sound and Structures, 2001, 242(3): 507-518.
[11] Barman S K, Jebieshia T R, Tiwari P, et al. Two-stage inverse method to detect delamination in composite beam using vibration responses[J]. AIAA Journal, 2019, 57(3): 1312-1322.
[12] Liu Q, Jrad M, Mulani S, et al. Global/local optimization of aircraft wing using parallel processing[J]. AIAA Journal, 2016, 54(11): 3338-3348.
[13] Chen X M, Agarwal R K. Optimization of wind turbine blade airfoils using a multi-objective genetic algorithm[J]. Journal of Aircraft, 2013, 50(2): 519-527.
[14] Bernstein D S. Nonquadratic cost and nonlinear feedback control[J]. International Journal of Robust & Nonlinear Control, 1993, 3: 211-229.
[15] Preumont A, Achkire Y, Bossens F. Active tendon control of large trusses[J]. AIAA Journal, 2000, 38(3): 493-498.
[16] 郭铁能. 空间柔性结构振动拉索控制 [D]. 清华大学博士学位论文, 2008.
[17] Mitsugi J, Yasaka T. Shape control of the tension truss antenna[J]. AIAA Journal, 1989, 28(2): 316-322.
[18] Hac A, Liu L. Sensor and actuator location in motion control of flexible structures[J]. Journal of Sound and Vibration, 1993, 167(2): 239-261.
[19] Leleu S, Aboukandil H, Bonnassieux Y. Piezoelectric actuators and sensors location for active control of flexible structures[J]. IEEE Transaction on Instrument and Measurement, 2001, 50(6): 1577-1582.
[20] Lu G Y, Zhou J Y, Cai G P. Active vibration control of a large space antenna structure using cable actuator[J]. AIAA Journal, 2021, 59(4): 1457-1468.

第 20 章　大型空间平面相控阵天线的动力学模型等效与振动主动控制

20.1　引　言

第 16~19 章对大型空间平面相控阵天线的形面保持与振动控制进行了研究，本章对天线的动力学模型等效与振动控制进行研究。对于空间桁架的动力学与控制问题，人们通常采用有限元方法进行建模与分析，该方法具有良好的收敛性，并且计算精度可以通过对单元的细小划分而得以保证。然而有限元方法所建立起的动力学模型的自由度往往很庞大，不便于直接进行主动控制的设计，通常的处理方法是通过模态截断进行控制设计，即通过对结构少数的低阶模态的控制而达到对整个结构进行振动控制的目的。除了以上模态控制，还有一种控制设计方式，该方式首先对复杂结构进行模型简化和等效，将复杂结构简化为简单的模型，然后使用等效模型进行动力学分析与控制设计。这种基于等效方式的分析方法可以大大简化动力学分析与控制设计的复杂性，值得进行深入探索。

对于空间桁架的模型等效，目前人们已经开展了一些研究工作。例如，Noor 等 [1-6] 基于能量等效原理和微极连续理论，提出了一种将梁式和板式周期桁架结构等效为空间梁状或板状连续体的建模方法。Liu 等 [7] 基于经典连续理论，建立了平面刚性连接重复单元的空间等效连续体模型，推导出了环形桁架刚接平面重复单元的等效空间梁模型。Liu 等 [8,9] 参考文献 [7] 并基于经典连续理论的平面 Timoshenko 等效梁模型，通过引入空间应变项建立了具有刚性连接的空间天线桁架的新的等效动力学模型，其在保证等效精度的同时相较于微极梁模型 [2] 更为简单，但该种等效梁方法仅适用于特殊带对角斜杆的三棱柱式桁架结构。近期 Liu 等 [10] 发现，对于等效梁模型，等效微极梁模型相较于等效经典梁模型，前者在处理连接结构时具有更高的精确度和更好的普适性。需要在此指出的是，尽管目前人们在模型等效方面已经取得了一些研究成果，但使用等效结构开展振动控制的研究还很少，仅有的研究还存在一些问题。例如，Salehian 等 [11] 将空间桁架结构等效为平面 Timoshenko 梁模型，基于等效梁模型通过最优控制方法对桁架的平面弯曲自由振动进行了主动控制，但是未考虑空间桁架中的扭转问题。Liu 等 [12] 将空间三棱柱式桁架简化为平面 Timoshenko 梁，对所得等效梁模型通过最优控制方法进行了主动振动控制，并将在等效梁中得到的控制力序列直接施加于原桁架结构中，进行了振动控制，但是这样的处理存在着振动幅值在控制后期没有迅速衰减至零的问题。

本章对大型空间平面相控阵天线桁架结构的动力学模型等效与主动控制问题进行研究，提出了一种可实际应用于原桁架物理空间的等效模型控制方法。与现有的用于桁架结构振动控制研究的等效平面 Timoshenko 梁模型不同，本章使用微极梁理论得到了更为精确的等效空间微极梁模型，解决了现有方法难以对不含有对角单元的桁架结构进行模型等效的问题；通过推导等效模型与原结构在控制力之间的转换关系，解决了将等效模型所得控制器返回应用于原桁架的问题。

20.2 等效动力学模型

本章的研究对象与第 16~19 章相同，均是不含有空间对角斜索或者斜杆的空间天线桁架，而 Liu 等 [8,9] 提出的等效 Timoshenko 梁理论仅可以用来等效带空间斜杆的空间天线桁架，因为原空间桁架结构中的对角斜杆单元提供了等效 Timoshenko 梁模型的剪切项，若模型不存在对角斜杆单元，则所得到的弹性矩阵将变得奇异，等效方法将会失效。Noor 等 [2] 使用微极连续体理论，成功地将不含对角斜杆的桁架结构等效为微极梁，所以本章将采用该理论，接下来将简单介绍将空间桁架等效为微极梁模型的主要过程和结论。

20.2.1 等效微极梁理论

为了描述桁架周期单元上任一点的运动，在单元的中心处建立笛卡儿坐标系 $O\text{-}xyz$，如图 20-1 所示，坐标原点位于截面的形心。依据微极连续体理论 [2]，可假设周期单元的各个位移和微旋转分量在横截面内线性变化：

$$
\begin{aligned}
&u = u^0 - y\phi_z^0 + z\phi_y^0, \quad v = v^0 + y\epsilon_y^0 + z\left(-\phi_x^0 + \frac{1}{2}\gamma_{yz}^0\right) \\
&w = w^0 + y\left(\phi_x^0 + \frac{1}{2}\gamma_{yz}^0\right) + z\epsilon_z^0, \quad \theta_x = \theta_x^0 + y\partial_y\theta_x^0 + z\partial_z\theta_x^0 \\
&\theta_y = \theta_y^0 + y\left(\psi^0 + \kappa^0\right) + z\partial_z\theta_y^0, \quad \theta_z = \theta_z^0 + y\partial_y\theta_z^0 + z\left(\psi^0 - \kappa^0\right)
\end{aligned}
\tag{20-1}
$$

式中，u^0、v^0 和 w^0 分别为横截面中心点三个方向的线位移；ϕ_x^0、ϕ_y^0 和 ϕ_z^0 分别为横截面绕三根轴的转角；θ_x^0、θ_y^0 和 θ_z^0 分别为横截面绕三根轴的微转角；ϵ_y^0 和 ϵ_z^0 分别为横截面中心处沿 y 轴和 z 轴的正应变；$\partial_y = \partial/\partial y$，$\partial_z = \partial/\partial z$；$\psi^0$ 和 κ^0 为微转角梯度。

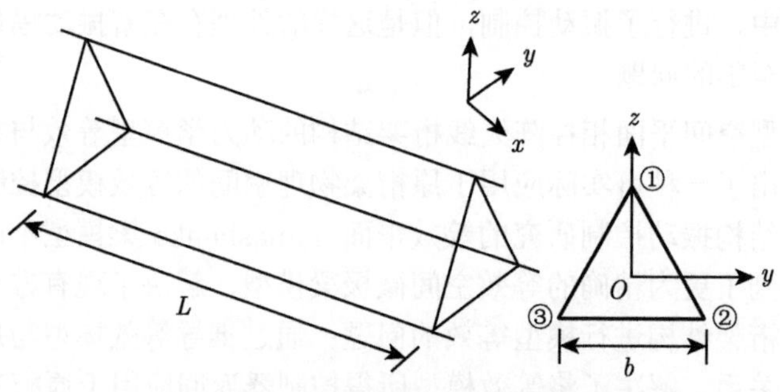

图 20-1 天线桁架周期单元示意图

根据能量等效原理 [13, 14]，即等效结构的应变能和动能与原空间桁架分别相等，可得到等效微极梁模型的对称弹性矩阵 $\boldsymbol{D}_{\mathrm{C}}$ 和对称惯性矩阵 $\boldsymbol{M}_{\mathrm{C}}$。弹性矩阵 $\boldsymbol{D}_{\mathrm{C}}$ 为一个 14×14 矩阵，其中上三角各非零元素表达式为

$$D_{1,1}=3E_lA_l$$

$$D_{2,2}=D_{3,3}=\frac{3}{2}\frac{1}{\lambda_1L^2}E_lI_l\left[-1+\lambda_2\left(5+2\lambda_2+\frac{3}{4}\frac{L}{b}\frac{G_bJ_b}{E_lI_l}\right)-\frac{1}{8}\left(\frac{L}{b}\right)^2\left(\frac{E_bI_{b2}}{E_lI_l}\right)^2\right]$$

$$D_{2,9}=-D_{3,8}=\frac{9}{2}\frac{1}{\lambda_1L^2}E_lI_l\left[5-\lambda_2^2+\left(1-\frac{\lambda_2}{2}\right)\frac{L}{b}\frac{G_bJ_b}{E_lI_l}\right]$$

$$D_{4,4}=D_{5,5}=\frac{b^2}{2}E_lA_l+\frac{9}{2}E_bI_{b2}\frac{L}{b}$$

$$D_{4,12}=D_{5,11}=-\frac{9}{2}\frac{L}{b}E_bI_{b2},\quad D_{6,6}=12\frac{b^2}{L^2}E_lI_l\left[1+\frac{3}{4}\left(\frac{L}{b}\right)^3\frac{E_bI_{b3}}{E_lI_l}\right]$$

$$D_{6,10}=-9\frac{L}{b}E_bI_{b3},\quad D_{6,13}=12\left(\frac{b}{L}\right)^2E_lI_l,\quad D_{7,7}=\frac{36}{bL}E_bI_{b3}$$

$$D_{8,8}=D_{9,9}=\frac{9}{L^2}E_lI_l\left[4\lambda_2-\frac{1}{4\lambda_1}\left(\frac{L}{b}\right)^2\left(\frac{E_bI_{b2}}{E_lI_l}\right)^2\right]$$

$$D_{10,10}=9\frac{L}{b}E_bI_{b3}+3G_lJ_l,\quad D_{11,11}=D_{12,12}=3E_lI_l\left(1+\frac{3}{2}\frac{L}{b}\frac{E_bI_{b2}}{E_lI_l}\right)$$

$$D_{13,13}=12\left(\frac{b}{L}\right)^2E_lI_l\left[1+\frac{1}{4}\frac{L}{b}\left(\frac{E_bI_{b2}}{E_lI_l}+\frac{G_bI_b}{E_lI_l}\right)\right]$$

$$D_{14,14}=b^2E_lI_l\left[1+\frac{3}{4}\frac{L}{b}\left(\frac{E_bI_{b2}}{E_lI_l}+\frac{G_bJ_b}{E_lI_l}\right)\right] \tag{20-2}$$

其中,

$$\lambda_1=1+\frac{1}{4}\frac{L}{b}\left(\frac{E_bI_{b2}}{E_lI_l}+\frac{1}{2}\frac{G_bJ_b}{E_lI_l}\right),\quad \lambda_2=1+\frac{1}{2}\frac{L}{b}\frac{E_bI_{b2}}{E_lI_l}$$

惯性矩阵 $\boldsymbol{M}_{\mathrm{C}}$ 为一个 10×10 矩阵，其中上三角各非零元素表达式为

$$\begin{aligned}
m_{1,1}&=m_{2,2}=m_{3,3}=3\left(\rho_lA_l+\frac{b}{L}\rho_bA_b\right)\\
m_{4,4}&=b^2\rho_lA_l+\frac{1}{5}\frac{b}{L}\rho_b\left(\frac{43}{14}b^2A_b+18I_{b3}\right)\\
m_{5,5}&=m_{6,6}=\frac{b^2}{2}\rho_lA_l+\frac{1}{5}\frac{b}{L}\rho_b\left(\frac{43}{28}b^2A_b+9I_{b2}\right)\\
m_{4,7}&=2m_{5,8}=2m_{6,9}=-\frac{3}{5}\frac{b}{L}\rho_b\left(\frac{3}{28}b^2A_b+I_{b3}\right)\\
m_{7,7}&=3\rho_lJ_l+\frac{1}{5}\frac{b}{L}\rho_b\left(\frac{b^2}{14}A_b+3I_{b3}\right)\\
m_{8,8}&=m_{9,9}=\frac{1}{5}\rho_l\left(\frac{L^2}{14}A_l+3I_l\right)+\frac{1}{2}\frac{b}{L}\rho_b\left(\frac{1}{70}b^2A_b+\frac{3}{5}I_{b2}+3J_b\right)\\
m_{10,10}&=b^2\left[\frac{1}{5}\rho_l\left(\frac{L^2}{42}A_l+I_l\right)+\frac{1}{4}\frac{b}{L}\rho_b\left(\frac{1}{210}b^2A_b+\frac{1}{5}I_{b2}+J_b\right)\right]
\end{aligned} \tag{20-3}$$

式中，下标 $j=l,b$ 分别表示纵梁和横梁；A_j、E_j 和 ρ_j 分别表示对于构件的横截面积、弹性模量和密度；I_{j2} 和 I_{j3} 分别表示构件对于 y 轴和 z 轴的惯性矩；J_j 表示各个构件的极惯性矩；L 和 b 分别表示纵梁和横梁的长度。

20.2.2 等效微极梁有限元模型

微极梁模型除了具有经典梁模型 (欧拉–伯努利 (Euler-Bernoulli) 梁和 Timoshenko 梁) 的位移和转角的六个自由度外，还具有只存在于微极梁理论中的三个微转角和一个微转角梯度的自由度，所得模型更为复杂，难以直接进行解析求解。因此，本章引入形函数，将连续梁模型进行离散求解，定义节点位移向量为

$$\Delta=\Big\{u_1,v_1,w_1,\phi_{x,1},\phi_{y,1},\phi_{z,1},\theta_{x,1},\theta_{y,1},\theta_{z,1},\psi_1,u_2,v_2,w_2,\phi_{x,2},\phi_{y,2},\phi_{z,2},$$

$$\left.\theta_{x,2},\theta_{y,2},\theta_{z,2},\psi_2\right\}^{\mathrm{T}} \tag{20-4}$$

则单元内部任意一点的位移可以表示为

$$\begin{gathered}u^0=N_1u_1+N_2u_2,\quad v^0=N_1v_1+N_2v_2,\quad w^0=N_1w_1+N_2w_2\\ \phi_x^0=N_1\phi_{x,1}+N_2\phi_{x,2},\quad \phi_y^0=N_1\phi_{y,1}+N_2\phi_{y,2},\quad \phi_z^0=N_1\phi_{z,1}+N_2\phi_{z,2}\\ \theta_x^0=N_1\theta_{x,1}+N_2\theta_{x,2},\quad \theta_y^0=N_1\theta_{y,1}+N_2\theta_{y,2},\quad \theta_z^0=N_1\theta_{z,1}+N_2\theta_{z,2}\\ \psi^0=N_1\psi_1+N_2\psi_2\end{gathered} \tag{20-5}$$

式中，差值形函数 N_1 和 N_2 分别为

$$N_1=1-\frac{x}{L_l},\quad N_2=\frac{x}{L_l} \tag{20-6}$$

其中，L_l 为梁单元长度。

根据式 (20-5) 可得到一个 10×20 的插值函数矩阵 $\boldsymbol{N}$，其中各非零元素为

$$N_{1,1}=N_{2,2}=N_{3,3}=N_{4,4}=N_{5,5}=N_{6,6}=N_{7,7}=N_{8,8}=N_{9,9}=N_{10,10}=N_1$$

$$N_{1,11}=N_{2,12}=N_{3,13}=N_{4,14}=N_{5,15}=N_{6,16}=N_{7,17}=N_{8,18}=N_{9,19}=N_{10,20}=N_2$$

依据等效微极梁模型的本构关系，则最终可得应变列阵：

$$\left[\epsilon_x^0,\gamma_{xy}^0,\gamma_{xz}^0,\kappa_y^0,\kappa_z^0,\kappa_x^0,r_x^0,r_y^0,r_z^0,\mu_{xx}^0,\mu_{xy}^0,\mu_{xz}^0,\psi^0,\partial_x\psi^0\right]^{\mathrm{T}}=\boldsymbol{B}\boldsymbol{\Delta} \tag{20-7}$$

其中，方程左端前六个应变分量为经典梁理论中的应变分量，后八个为只存在于微极梁理论中的应变分量。$\boldsymbol{B}$ 为一个 14×20 的应变矩阵，其中各非零元素为

$$B_{1,1}=B_{2,2}=B_{3,3}=B_{4,6}=B_{5,5}=-\frac{1}{l},\qquad B_{6,4}=B_{10,7}=B_{11,8}=B_{12,9}=B_{14,10}=-\frac{1}{l}$$

$$B_{1,11}=B_{2,12}=B_{3,13}=B_{4,16}=B_{5,15}=\frac{1}{l},\qquad B_{6,14}=B_{10,17}=B_{11,18}=B_{12,19}=B_{14,20}=\frac{1}{l}$$

$$B_{2,6}=B_{7,7}=B_{8,8}=B_{9,9}=-N_1,\qquad B_{2,16}=B_{7,17}=B_{8,18}=B_{9,19}=-N_2$$

$$B_{3,5}=B_{7,4}=B_{13,10}=N_1,\qquad B_{3,15}=B_{7,14}=B_{13,20}=N_2$$

$$B_{8,3}=B_{9,12}=\frac{1}{2l},\qquad B_{8,13}=B_{9,2}=-\frac{1}{2l}$$

$$B_{8,5}=B_{9,6}=\frac{N_1}{2},\qquad B_{8,15}=B_{9,16}=\frac{N_2}{2}$$

等效微极梁的单元质量矩阵和单元刚度矩阵表示如下：

$$\boldsymbol{M}^e = \int_{L_l} \boldsymbol{N}^{\mathrm{T}} \boldsymbol{M}_{\mathrm{C}} \boldsymbol{N} \mathrm{d}x, \quad \boldsymbol{K}^e = \int_{L_l} \boldsymbol{B}^{\mathrm{T}} \boldsymbol{D}_{\mathrm{C}} \boldsymbol{B} \mathrm{d}x \tag{20-8}$$

对单元刚度阵和单元质量阵进行组装可以得到等效梁动力学方程为

$$\boldsymbol{M}_{\mathrm{equ}} \ddot{\boldsymbol{x}} + \boldsymbol{C}_{\mathrm{equ}} \dot{\boldsymbol{x}} + \boldsymbol{K}_{\mathrm{equ}} \boldsymbol{x} = \boldsymbol{D}_{\mathrm{equ}} \boldsymbol{u} \tag{20-9}$$

其中，$\ddot{\boldsymbol{x}}$ 为包含等效梁节点位移的系统位移列向量；$\boldsymbol{M}_{\mathrm{equ}}$、$\boldsymbol{K}_{\mathrm{equ}}$ 和 $\boldsymbol{C}_{\mathrm{equ}}$ 分别为等效梁的总质量阵、总刚度阵和总阻尼阵；$\boldsymbol{D}_{\mathrm{equ}}$ 为作动器位置矩阵；$\boldsymbol{u}$ 为控制力列向量。

20.2.3 基于等效微极梁的控制设计

在结构控制系统中，最优控制方法得到了广泛应用。系统方程 (20-9) 自由度庞大，不便于控制设计，故采用模态控制方法进行控制律设计。截取系统前 q 阶模态，即 $\boldsymbol{x} = \boldsymbol{\Phi} \cdot \boldsymbol{q}$，其中 $\boldsymbol{\Phi}$ 为模态转换矩阵，可以得到系统低维动力学控制方程为

$$\overline{\boldsymbol{M}} \ddot{\boldsymbol{q}} + \overline{\boldsymbol{C}} \dot{\boldsymbol{q}} + \overline{\boldsymbol{K}} \boldsymbol{q} = \overline{\boldsymbol{D}} \boldsymbol{u} \tag{20-10}$$

式中，

$$\overline{\boldsymbol{M}} = \boldsymbol{\Phi}^{\mathrm{T}} \boldsymbol{M}_{\mathrm{equ}} \boldsymbol{\Phi}, \quad \overline{\boldsymbol{C}} = \boldsymbol{\Phi}^{\mathrm{T}} \boldsymbol{C}_{\mathrm{equ}} \boldsymbol{\Phi}, \quad \overline{\boldsymbol{K}} = \boldsymbol{\Phi}^{\mathrm{T}} \boldsymbol{K}_{\mathrm{equ}} \boldsymbol{\Phi}, \quad \overline{\boldsymbol{D}} = \boldsymbol{\Phi}^{\mathrm{T}} \boldsymbol{D}_{\mathrm{spa}}$$

方程 (20-10) 改写为状态方程的形式为

$$\begin{cases} \dot{\boldsymbol{y}} = \boldsymbol{A}_{\mathrm{equ}} \boldsymbol{y} + \boldsymbol{B}_{\mathrm{equ}} \boldsymbol{u} \\ \boldsymbol{z} = \boldsymbol{E}_{\mathrm{equ}} \boldsymbol{y} \end{cases} \tag{20-11}$$

式中，$\boldsymbol{y} = \begin{bmatrix} \boldsymbol{q} \\ \dot{\boldsymbol{q}} \end{bmatrix}$ 为系统状态向量；$\boldsymbol{A}_{\mathrm{equ}} = \begin{bmatrix} \boldsymbol{0} & \boldsymbol{I} \\ -\overline{\boldsymbol{M}}^{-1}\overline{\boldsymbol{K}} & -\overline{\boldsymbol{M}}^{-1}\overline{\boldsymbol{C}} \end{bmatrix}$ 为系统矩阵；$\boldsymbol{B}_{\mathrm{equ}} = \begin{bmatrix} \boldsymbol{0} \\ \overline{\boldsymbol{M}}^{-1}\overline{\boldsymbol{D}} \end{bmatrix}$ 为控制矩阵；$\boldsymbol{E}_{\mathrm{equ}}$ 为观测矩阵；$\boldsymbol{z}$ 为系统观测输出向量。

系统控制性能指标取为

$$J = \int_0^{\infty} \left[\boldsymbol{y}^{\mathrm{T}}(t) \boldsymbol{Q} \boldsymbol{y}(t) + \boldsymbol{u}^{\mathrm{T}}(t) \boldsymbol{R} \boldsymbol{u}(t) \right] \mathrm{d}t \tag{20-12}$$

其中，$\boldsymbol{Q}$ 和 $\boldsymbol{R}$ 分别为状态变量和控制输入力的权重矩阵，则最优控制律为

$$\boldsymbol{u}_{\mathrm{opt}} = -\boldsymbol{R}^{-1} \boldsymbol{B}_{\mathrm{equ}}^{\mathrm{T}} \boldsymbol{P} \boldsymbol{y} = \boldsymbol{K} \boldsymbol{y} \tag{20-13}$$

其中，$\boldsymbol{K}$ 为控制反馈增益矩阵，$\boldsymbol{P}$ 为如下 Riccati 方程的解：

$$\boldsymbol{A}_{\text{equ}}^{\text{T}}\boldsymbol{P}+\boldsymbol{P}\boldsymbol{A}_{\text{equ}}+\boldsymbol{Q}-\boldsymbol{P}\boldsymbol{B}_{\text{equ}}\boldsymbol{R}^{-1}\boldsymbol{B}_{\text{equ}}^{\text{T}}\boldsymbol{P}=\mathbf{0} \tag{20-14}$$

20.3 等效模型控制器向原结构的转换

在得到大型桁架结构的动力学等效梁模型后，可以根据梁模型进行控制器的设计。由于等效梁模型形式简单，控制设计可以大大简化，这也是要将复杂结构进行动力学等效的主要原因之一。现有关于动力学等效模型与控制设计的研究中，都只是简单地将基于等效梁所得到的控制力时间序列直接施加到原结构上，没有考虑控制器的转换问题。由于没有使用原结构中的状态量进行反馈，所以，这无疑将会导致控制误差，甚至控制系统失稳。因此，有必要研究等效梁中的控制器与原结构控制器之间的转换关系。

等效控制器转化流程如图 20-2 所示，图中展示了通过等效梁将原桁架结构的状态量反馈得到原桁架结构控制力的过程，主要有三个步骤：① 推导等效梁控制外力与原桁架结构控制外力之间的关系；② 推导等效梁中状态量与等效梁中控制力之间的关系；③ 推导原桁架结构状态变量与等效梁中状态变量之间的关系。其中，步骤 ② 已通过 20.2.2 节完成，所以，现在需要解决步骤 ① 和步骤 ③ 中的问题，这两个问题将在接下来的内容进行讨论。

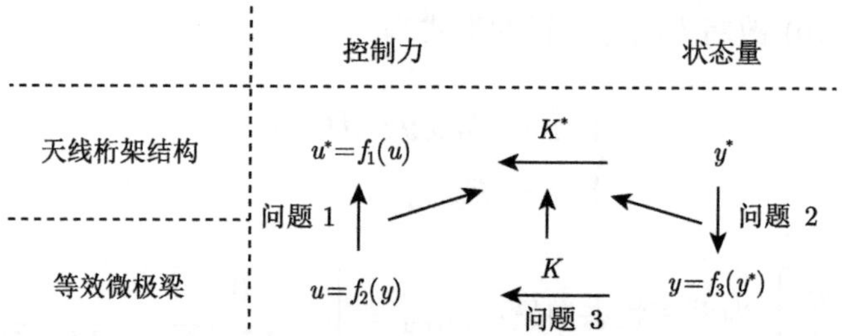

图 20-2 等效控制器转换流程示意图

20.3.1 控制力关系

为解决图 20-2 中所提的问题 1，首先讨论原桁架外力与等效梁外力的关系。假设在桁架结构节点 s 处作用集中力 P_x^s、P_y^s、P_z^s 和弯矩 $\mathcal{M}_x^s$、$\mathcal{M}_y^s$、$\mathcal{M}_z^s$，那么依据等效周期单元运动学假设式 (20-1)，可得外力对桁架结构做的总功为

$$W=\sum_{s}\left\{P_x^s\left(u^0-y^s\phi_z^0+z^s\phi_y^0\right)+P_y^s\left[v^0+y^s\epsilon_y^0+z^s\left(-\phi_x^0+\frac{1}{2}\gamma_{yz}^0\right)\right]\right.$$

$$+P_z^s\left[w^0+y^s\left(\frac{1}{2}\gamma_{yz}^0+\phi_x^0\right)+z^s\epsilon_z^0\right]+\mathcal{M}_x^s\left[\theta_x^0+y^s\partial_y\theta_x^0+z^s\partial_z\theta_x^0\right]$$

$$+\mathcal{M}_y^s\left[\theta_y^0+y^s\left(\psi^0+\kappa^0\right)+z^s\partial_z\theta_y^0\right]+\mathcal{M}_z^s\left[\theta_z^0+y^s\partial_y\theta_z^0+z^s\left(\psi^0-\kappa^0\right)\right]\Bigg\}$$

(20-15)

考虑到外力主要引起桁架结构的刚体运动，故在计算外力对桁架结构做功时忽略节点位移中的与应变有关的项，导致等效梁中的微转角和转角相同，即 $\theta_x=\phi_x$，$\theta_y=\phi_y$，$\theta_z=\phi_z$。因此，式 (20-15) 可简化为

$$W=\sum_s\left[P_x^s\left(u^0-y^s\phi_z^0+z^s\phi_y^0\right)+P_y^s\left(v^0-z^s\phi_x^0\right)\right.$$
$$\left.+P_z^s\left(w^0+y^s\phi_x^0\right)+\mathcal{M}_x^s\phi_x^0+\mathcal{M}_y^s\phi_y^0+\mathcal{M}_z^s\phi_z^0\right] \tag{20-16}$$

设 N_x^s、N_y^s、N_z^s、M_x^s、M_y^s 和 M_z^s 分别为在等效梁节点 s 处的等效集中力和等效弯矩，则在等效梁中，等效外力做的总功为

$$W_{\text{equ}}=\sum_s\left(N_x^s u^0+N_y^s v^0+N_z^s w^0+M_x^s\phi_x^0+M_y^s\phi_y^0+M_z^s\phi_z^0\right) \tag{20-17}$$

依据功的等效原理，即外力在原桁架结构做功与等效外力在等效梁中做功相同，将式 (20-16) 与式 (20-17) 对比整理，可得原桁架结构外力与等效梁等效外力之间的关系式：

$$\begin{aligned}
&N_x^s=P_x^s,\quad M_x^s=\mathcal{M}_x^s-P_y^s z^s+P_z^s y^s\\
&N_y^s=P_y^s,\quad M_y^s=\mathcal{M}_y^s+P_x^s z^s\\
&N_z^s=P_z^s,\quad M_z^s=\mathcal{M}_z^s-P_x^s y^s
\end{aligned} \tag{20-18}$$

作动器对桁架结构所提供的控制力也为桁架结构所受到的一种外力。所以，可将原桁架结构中不同种类的作动器在等效梁中等效为不同类型的力。本章所研究的作动器类型与第 19 章相同，不同之处在于本章中将绳索作动器做杆单元处理，第 19 章中已经详细描述了作动器的编号规则，在此不再赘述。

为方便分析，可将作动器提供的控制力分解为沿着截面方向和垂直于截面的作用力，如图 20-3 所示。图中上半部分中 $F_i(i=1,\cdots,6)$ 分别代表 6 种不同作动器在原桁架结构中所产生的外力，上标 v、p 分别表示垂直于截面和平行于截面的外力；下半部分 N_x、N_y、N_z、M_x、M_y 和 M_z 表示在等效梁中的等效控制外力，上标 le、ri 分别表示周期等效梁的左端和右端。

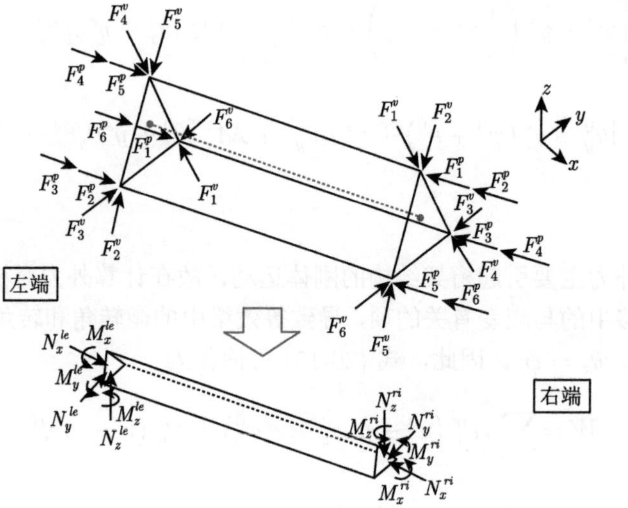

图 20-3 作动器的等效作动力示意图

参考外力等效关系式 (20-18)，可得周期单元两端对应的等效控制力关系：

$$
\begin{aligned}
&N_y^{ri}=\frac{1}{2}\left(F_1^v-F_2^v-F_4^v+F_5^v\right)-F_3^v+F_6^v, && N_y^{le}=-N_y^{ri}\\
&N_z^{ri}=\frac{\sqrt{3}}{2}\left(-F_1^v-F_2^v+F_4^v+F_5^v\right), && N_z^{le}=-N_z^{ri}\\
&M_x^{ri}=\frac{h}{3}\left(-F_1^v-F_2^v+F_4^v+F_5^v\right), && M_x^{le}=-M_x^{ri}\\
&N_x^{ri}=F_1^p+F_2^p+F_3^p+F_4^p+F_5^p+F_6^p, && N_x^{le}=-N_x^{ri}\\
&M_y^{ri}=\frac{h}{3}\left(F_3^p+F_4^p+F_5^p+F_6^p\right) && M_y^{le}=-\frac{h}{3}\left(F_1^p+F_2^p+F_3^p+F_6^p\right)\\
&\qquad -\frac{2h}{3}\left(F_1^p+F_2^p\right), && \qquad +\frac{2h}{3}\left(F_4^p+F_5^p\right)\\
&M_z^{ri}=\frac{b}{2}\left(F_3^p+F_4^p-F_5^p-F_6^p\right), && M_z^{le}=\frac{b}{2}\left(F_2^p+F_3^p-F_1^p-F_6^p\right)
\end{aligned}
\tag{20-19}
$$

则可将原桁架结构中每一个周期单元中的不同作动器提供的控制外力等效为等效周期梁单元中的六种不同类型的外力作用，具体关系式可表示为

$$
[N_x,N_y,N_z,M_x,M_y,M_z]_i^{\mathrm{T}}=\boldsymbol{f}_1^{'}(F_i),\quad i=1,\cdots,6 \tag{20-20}
$$

当然，也可以用等效梁中的控制外力表示原结构中的力，具体的表示为

$$
F_i=\boldsymbol{f}_1([N_x,N_y,N_z,M_x,M_y,M_z]_i^{\mathrm{T}}),\quad i=1,\cdots,6 \tag{20-21}
$$

式 (20-21) 就解决了原桁架结构中的控制力和等效梁中的控制力之间的关系。

20.3.2 状态量关系

为解决图 20-2 中所提的问题 2，首先需要解决等效梁中位移、转角与原桁架结构中位移和转角之间的关系。由于考虑原结构的位移为刚体运动，所以可将式 (20-1) 中与应变有关的项略去。假设原桁架结构中横截面各个点的产生位移 u_x、u_y 和 u_z 时，会在等效梁中对应的节点产生位移和转角 U_x、U_y、U_z、$U_{\phi x}$、$U_{\phi y}$ 和 $U_{\phi z}$。等效梁中的位移和转角可通过原结构中横截面的三个节点的位移表示，整理可得

$$\begin{aligned} U_x &= \frac{u_{x1}+u_{x2}+u_{x3}}{3}, \quad U_{\phi x} = \frac{u_{y2}-u_{y3}}{b} \\ U_y &= \frac{u_{y1}+u_{y2}+u_{y3}}{3}, \quad U_{\phi y} = \frac{u_{x3}-u_{x2}}{b} \\ U_z &= \frac{u_{z1}+u_{z2}+u_{z3}}{3}, \quad U_{\phi z} = \frac{-2u_{x1}+u_{x2}+u_{x3}}{2h} \end{aligned} \tag{20-22}$$

式中，U_x、U_y、U_z、$U_{\phi x}$、$U_{\phi y}$ 和 $U_{\phi z}$ 分别表示等效梁中的位移和转角；u 的下标 1、2、3 表示图 20-1 中原桁架结构横截面的节点序号；h 表示截面等边三角形的高；b 表示截面等边三角形的边长。

式 (20-22) 可以明显看出，只通过原结构中节点位移的三个自由度就可表示等效梁中位移和转角的六个自由度。令 $\boldsymbol{U}=[U_x,U_y,U_z,U_{\phi x},U_{\phi y},U_{\phi z}]^{\mathrm{T}}$ 为等效梁中的位移列阵，$\boldsymbol{U}^*=[u_{x1},u_{y1},u_{z1},u_{x2},u_{y2},u_{z2},u_{x3},u_{y3},u_{z3}]^{\mathrm{T}}$ 为原结构中截面节点的位移列阵，式 (20-22) 可表示为

$$\boldsymbol{U}=\boldsymbol{T}_a\boldsymbol{U}^* \tag{20-23}$$

其中，

$$\boldsymbol{T}_a=\begin{bmatrix} \frac{1}{3} & 0 & 0 & \frac{1}{3} & 0 & 0 & \frac{1}{3} & 0 & 0 \\ 0 & \frac{1}{3} & 0 & 0 & \frac{1}{3} & 0 & 0 & \frac{1}{3} & 0 \\ 0 & 0 & \frac{1}{3} & 0 & 0 & \frac{1}{3} & 0 & 0 & \frac{1}{3} \\ 0 & 0 & 0 & 0 & 1 & 0 & 0 & -1 & 0 \\ 0 & 0 & 0 & -1 & 0 & 0 & 1 & 0 & 0 \\ -\frac{2\sqrt{3}}{3} & 0 & 0 & \frac{\sqrt{3}}{3} & 0 & 0 & \frac{\sqrt{3}}{3} & 0 & 0 \end{bmatrix}$$

由于速度关系也存在着和位移相同的关系，所以通过式 (20-23) 便可以解决原桁架结构状态变量与等效梁中状态变量之间的关系 $\boldsymbol{y} = \boldsymbol{f}_3(\boldsymbol{y}^*)$。

20.3.3　等效控制器关系

通过式 (20-13)、式 (20-21) 和式 (20-23) 将原桁架结构的状态量与原桁架结构的控制力进行联系，具体地表示为

$$\boldsymbol{u}^* = \boldsymbol{f}_1\left(\boldsymbol{K}\boldsymbol{\Phi}^{-1}\begin{bmatrix}\boldsymbol{T}_a\\ \boldsymbol{T}_a\end{bmatrix}\boldsymbol{y}^*\right) \tag{20-24}$$

由于系统是线性的，所以 $\boldsymbol{f}_1\left(\boldsymbol{K}\boldsymbol{\Phi}^{-1}\begin{bmatrix}\boldsymbol{T}_a\\ \boldsymbol{T}_a\end{bmatrix}\boldsymbol{y}^*\right) = \boldsymbol{f}_1\left(\boldsymbol{K}\boldsymbol{\Phi}^{-1}\begin{bmatrix}\boldsymbol{T}_a\\ \boldsymbol{T}_a\end{bmatrix}\right)\boldsymbol{y}^*$。假设原结构的控制力与状态量之间的关系为 $\boldsymbol{u}^* = \boldsymbol{K}^*\boldsymbol{y}^*$，那么原结构中的控制律 $\boldsymbol{K}^*$ 可由等效梁中的控制律 $\boldsymbol{K}$ 表示

$$\boldsymbol{K}^* = \boldsymbol{f}_1\left(\boldsymbol{K}\boldsymbol{\Phi}^{-1}\begin{bmatrix}\boldsymbol{T}_a\\ \boldsymbol{T}_a\end{bmatrix}\right) \tag{20-25}$$

通过式 (20-25)，可方便地将等效梁中得到的控制器应用于原天线桁架结构模型中，由于推导过程不涉及控制器的设计，所以可推广至任意类型的控制器。

20.4　数 值 仿 真

本节采用与第 19 章相同的天线结构，几何尺寸和材料参数相同，在此不再赘述，为方便描述，仿真结构示意图如图 20-4 所示。对等效梁划分 18 个离散单元，取前 15 阶模态振型和模态坐标表示原模型的物理位移，进行控制器设计和分析。原天线桁架动力学模型将采用第 19 章的有限元模型。

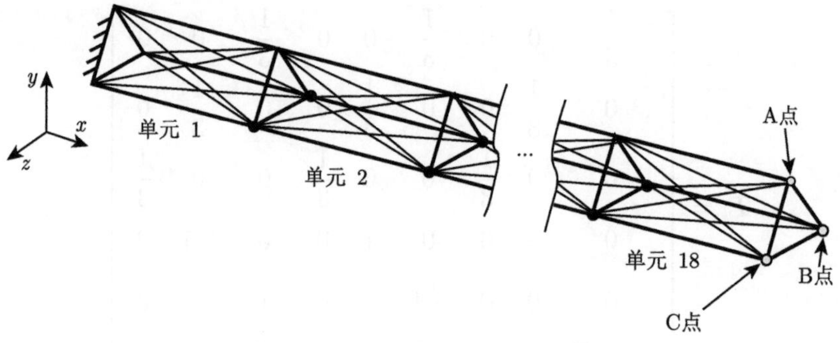

图 20-4　18 节天线单元结构示意图

20.4.1 等效模型验证

为确保文中所用到的原天线桁架动力学模型和等效梁模型的准确性，前 8 阶固有频率对比如表 20-1 所示，可以看出，本章的有限元模型能够取得与 ANSYS 软件几乎相同的结果。

表 20-1 结构的前八阶固有频率

阶数	ANSYS	自编有限元		等效微极梁	
	频率/Hz	频率/Hz	相对误差/ %	频率/Hz	相对误差/ %
1	0.1248^b	0.1251^b	0.21	0.1279^b	2.45
2	0.1248^b	0.1251^b	0.21	0.1279^b	2.45
3	0.2306^t	0.2304^t	0.26	0.2343^t	1.60
4	0.3820^b	0.3827^b	0.19	0.3926^b	2.79
5	0.3820^b	0.3827^b	0.19	0.3926^b	2.79
6	0.6764^b	0.6779^b	0.20	0.7002^b	3.52
7	0.6764^b	0.6779^b	0.20	0.7002^b	3.52
8	0.6913^t	0.6909^t	0.27	0.7049^t	1.97

注：b-弯曲模态；t-扭转模态。

20.4.2 控制仿真

依据第 19 章中所提的作动器优化配置准则和方法，计算存在 18 个作动器的最优分布情况，优化结果为：1(1), 1(2), 1(3), 1(5), 1(6), 2(3), 3(4), 4(6), 5(5), 6(5), 8(3), 8(5), 9(4), 10(1), 10(3), 11(1), 13(3), 15(1)。假设结构自由端 (图 20-4 中的 C 点) 受到 −10N 沿着 y 轴和 −10N 沿着 z 轴的外力，并在初始 $t=0$ 时刻将外力撤去。

依据 20.2.3 节中所设计的最优控制律，式 (20-12) 中 $\boldsymbol{Q}$ 和 $\boldsymbol{R}$ 取式 (20-26) 中的值：

$$
\begin{aligned}
\boldsymbol{Q} &= \mathrm{diag}(\underbrace{1000,\cdots,1000}_{15},\underbrace{1,\cdots,1}_{15}) \\
\boldsymbol{R} &= \mathrm{diag}(\underbrace{1,\cdots,1}_{18})
\end{aligned}
\tag{20-26}
$$

可得到基于等效梁的控制力和转换于原天线桁架的控制器。图 20-5 为 A、B 和 C 三点 y 方向的响应时间历程，其中蓝色虚线为直接将等效梁所得控制时间序列施加于原天线桁架结构上的结果，红色实线为本章等效模型控制器向原结构转换的方法，应用到了原结构中的反馈状态量。从对比结果可以看出，简单地将基于等效梁得到的控制力时间序列直接应用于原结构上并不能获得更好的控制效果，而采用本章所提出的转换控制器的方法可以有效地控制原天线桁架结构的振动。

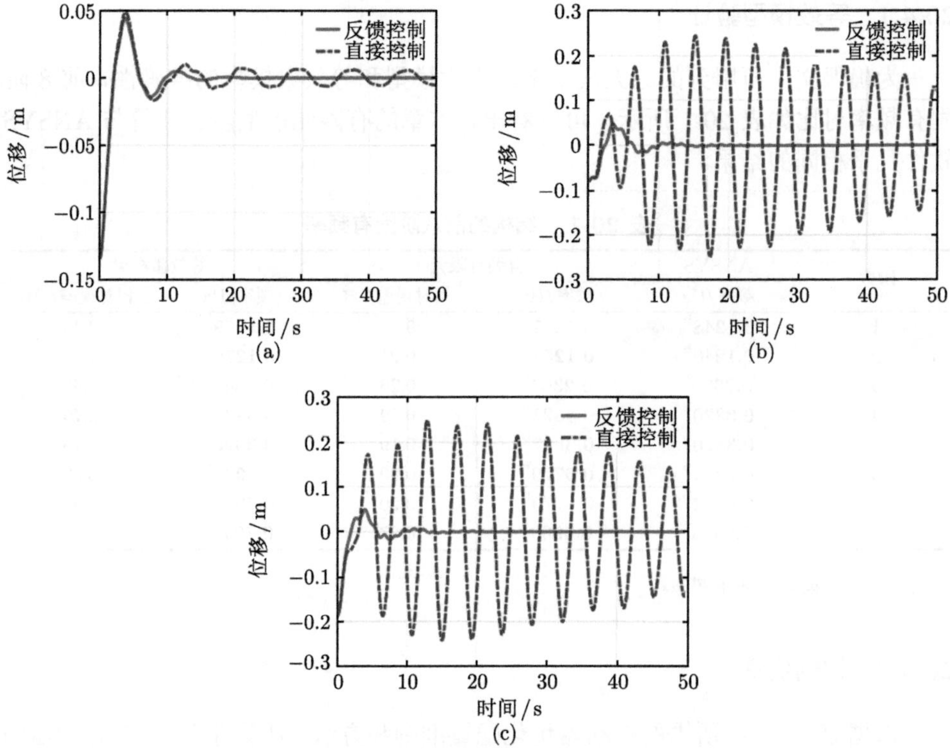

图 20-5　原天线桁架结构端部的 y 方向位移时间历程

(a) A 点；(b) B 点；(c) C 点

图 20-6 和图 20-7 分别比较了施加控制与未施加控制等效梁自由端与原桁架结构自由端截面中心广义位移的时间历程，由于结构主要产生沿 y 轴和 z 轴方向的横向振动与沿 x 轴方向的扭转，所以主要比较了这三个方向。为了验证原天线桁架结构中的控制结果，将 A 点、B 点和 C 点在 y 轴方向上的结果进行了对比，如图 20-8 所示。从图 20-8 可以明显看出，原天线结构的振动可以在很短的时间

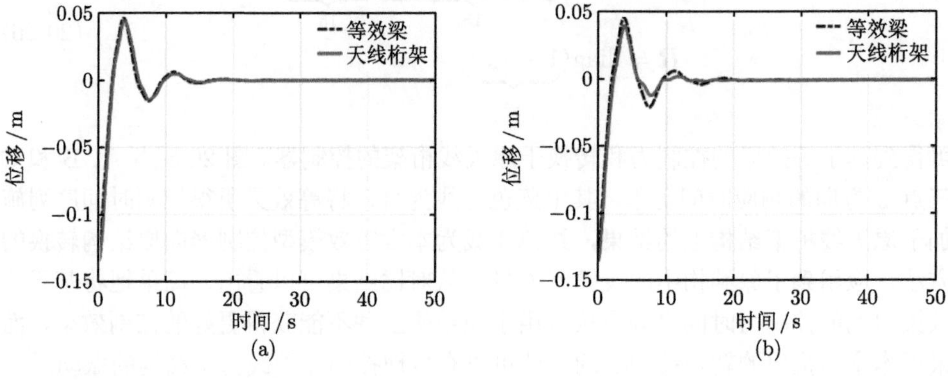

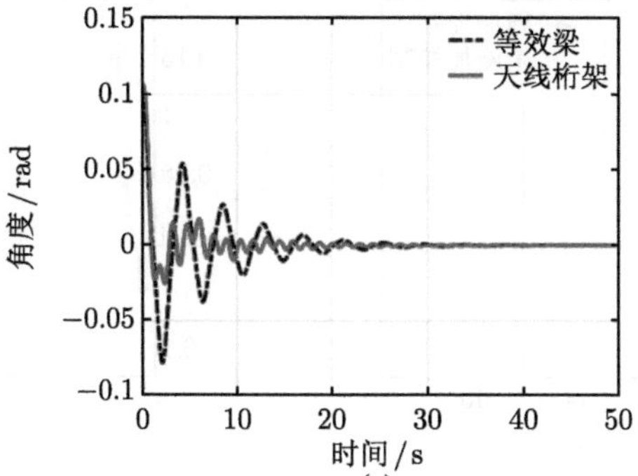

(c)

图 20-6 施加控制的等效梁自由端和原结构自由端截面中心时间历程

(a) y 方向位移；(b) z 方向位移；(c) x 方向扭转

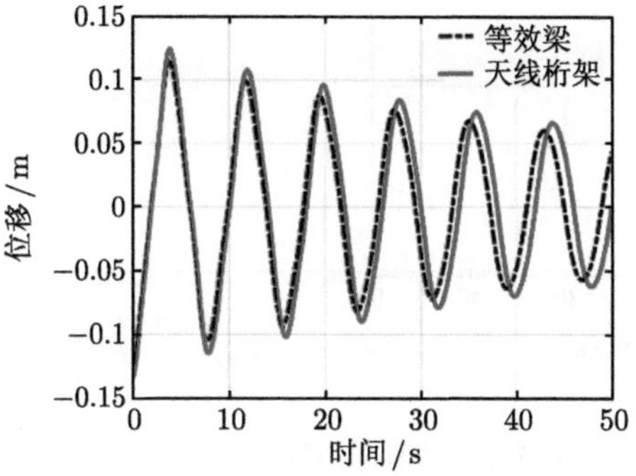

(a)

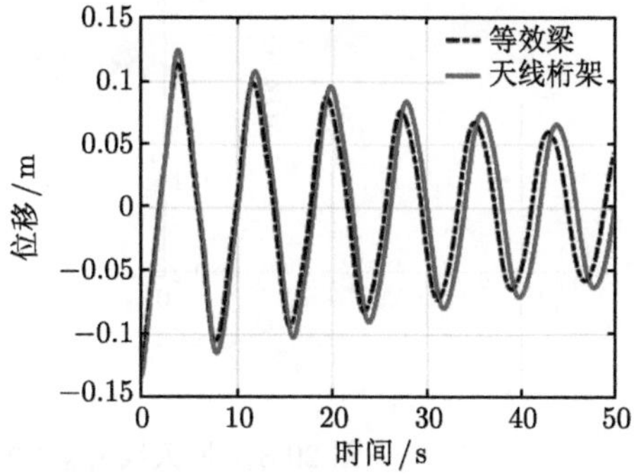

(b)

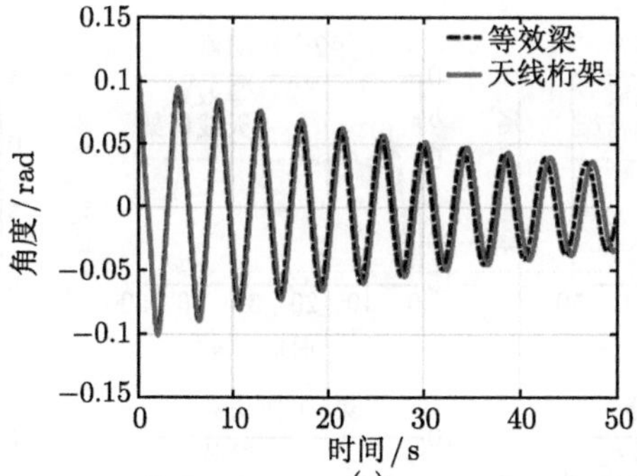

(c)

图 20-7 未施加控制的等效梁自由端和原结构自由端截面中心时间历程

(a) y 方向位移；(b) z 方向位移；(c) x 方向扭转

内被抑制。最后，比较了基于等效梁所得的控制力和应用转化控制器后原天线结构中产生的控制力，结果如图 20-9 所示。

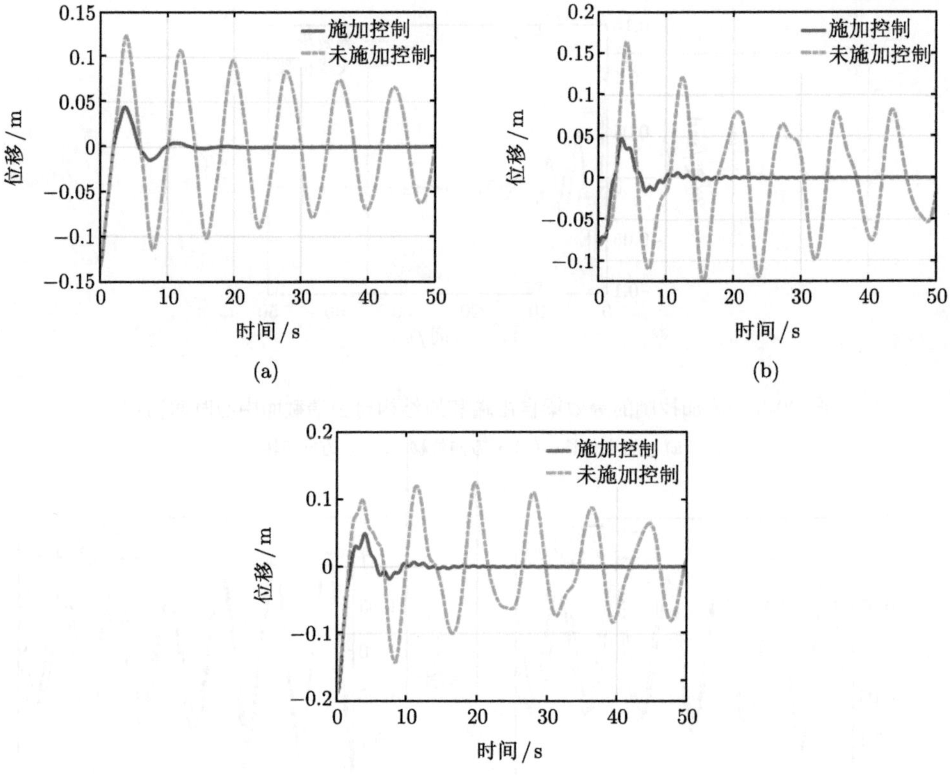

图 20-8 原天线桁架结构端部的 y 方向位移时间历程

(a) A 点；(b) B 点；(c) C 点

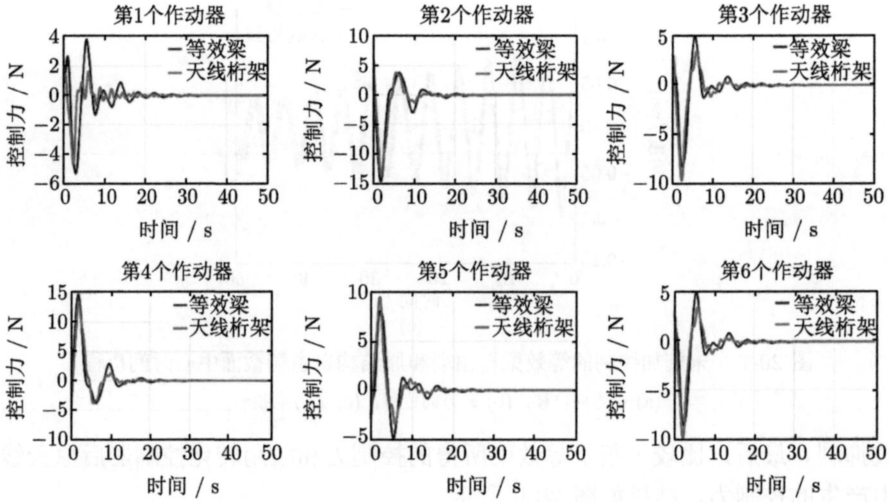

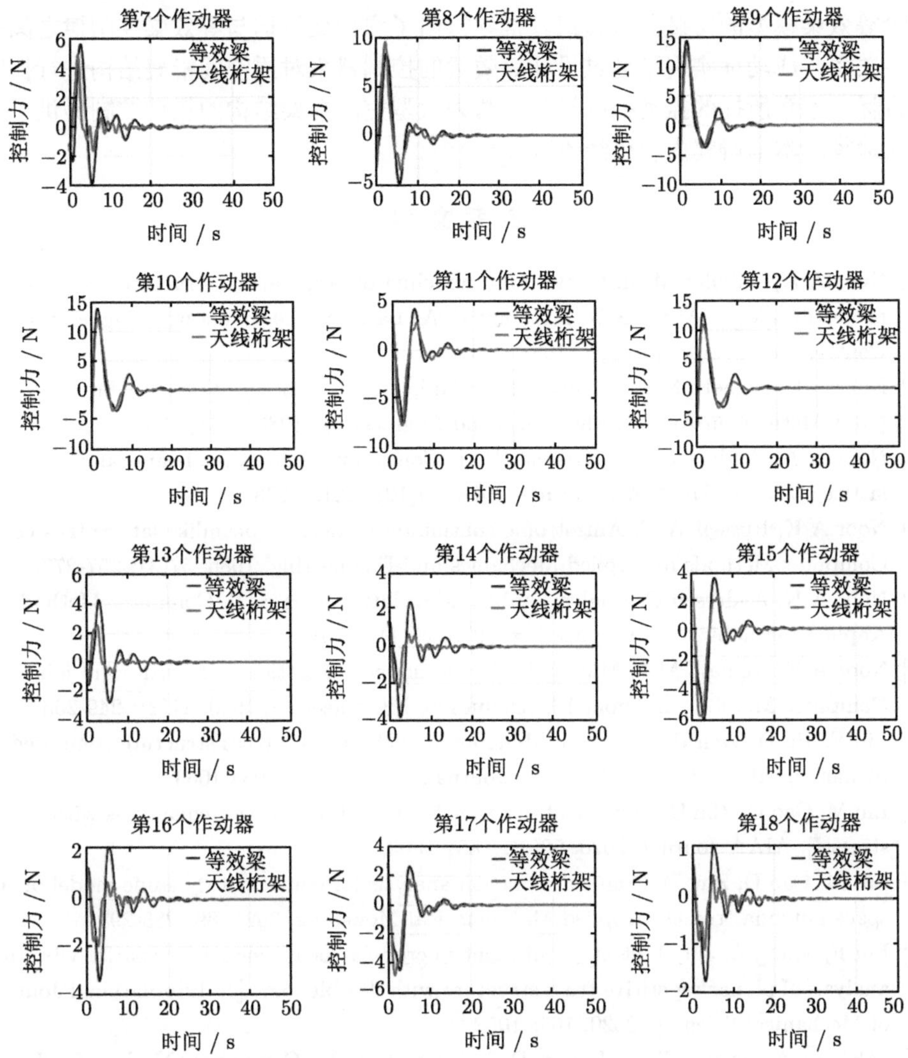

图 20-9 控制力时间历程比较

综上，数值模拟表明，本章提出的基于等效梁所设计的最优控制律可以有效地抑制原空间天线桁架结构的振动。

20.5 本章小结

本章将大型空间平面相控阵天线桁架结构等效为微极梁模型，提出了基于等效梁模型的最优控制器，解决了由于桁架模型自由度高而难以进行控制设计的问题。依据微极连续理论，推导了等效梁的刚度和质量矩阵，通过振型截断法得到低阶等效梁模型的常微分方程组。推导得出了原桁架结构与等效梁控制律之间的转换关系，成功地实现了通过设计等效梁的控制器来对原空间桁架结构进行控制的目标。本章所提的振动控制设计方法为大型空间桁架结构的振动控制提供了一种新途径。本章研究内容已经投寄文章 [15]。

参考文献

[1] Noor A K, Mikulas M M. Continuum modeling of large lattice structures: status and projections[M]// Atluri S N, Anthony K A. Large Space Structures: Dynamics and Control. New York: Springer, 1988: 1-34.

[2] Noor A K, Nemeth M P. Analysis of spatial beamlike lattices with rigid joints[J]. Computer Methods in Applied Mechanics and Engineering, 1980, 24(1): 35-59.

[3] Noor A K, Anderson M S, Greene W H. Continuum models for beam- and platelike lattice structures[J]. AIAA Journal, 1978, 16(12): 1219-1228.

[4] Noor A K, Russell W C. Anisotropic continuum models for beamlike lattice trusses[J]. Computer Methods in Applied Mechanics and Engineering, 1986, 57(3): 257-277.

[5] Noor A K, Andersen C. Analysis of beam-like lattice trusses[J]. Computer Methods in Applied Mechanics and Engineering, 1979, 20(1): 53-70.

[6] Noor A K, Nemeth M P. Micropolar beam models for lattice grids with rigid joints[J]. Computer Methods in Applied Mechanics and Engineering, 1980, 21(2): 249-263.

[7] Liu F, Jin D, Wen H. Equivalent dynamic model for hoop truss structure composed of planar repeating elements[J]. AIAA Journal, 2017, 55(3): 1058-1063.

[8] Liu M, Cao D, Zhu D. Equivalent dynamic model of the space antenna truss with initial stress[J]. AIAA Journal, 2020, 58(4): 1851-1863.

[9] Liu M, Cao D, Zhu D. Coupled vibration analysis for equivalent dynamic model of the space antenna truss[J]. Applied Mathematical Modelling, 2021, 89: 285-298.

[10] Liu F, Wang L, Jin D, et al. Equivalent micropolar beam model for spatial vibration analysis of planar repetitive truss structure with flexible joints[J]. International Journal of Mechanical Sciences, 2020, 165: 105202.

[11] Salehian A, Seigler T M, Inman D J. Control of the Continuum Model of a Large Flexible Space Structure[C]// Proceedings of the ASME 2006 International Mechanical Engineering Congress and Exposition, F, 2006.

[12] Liu M, Cao D, Li J, et al. Dynamic modeling and vibration control of a large flexible space truss[J]. Meccanica, 2022.

[13] 金栋平, 文浩, 刘福寿, 等. 空间结构动力学等效建模与控制 [M]. 北京: 科学出版社, 2021.

[14] 刘福寿. 大型空间结构动力学等效建模与振动控制研究 [D]. 南京航空航天大学博士学位论文, 2015.

[15] Shi J, Liu X, Cai G, et al. Active control of large space antenna truss structures using the equivalent beam model [J]. Acta Mechanica Sinica. (Revision)